Mathematik zu Elektrotechnik für Ingenieure

Wilfried Weißgerber

Mathematik zu Elektrotechnik für Ingenieure

Lehr- und Arbeitsbuch für das Grundstudium

2., korrigierte Auflage

Mit zahlreichen Beispielen, Abbildungen und Übungsaufgaben mit Lösungen

Wilfried Weißgerber
Wedemark, Deutschland

ISBN 978-3-658-40836-7 ISBN 978-3-658-40837-4 (eBook)
https://doi.org/10.1007/978-3-658-40837-4

Die Deutsche Nationalbibliothek verzeichnet diese Publikation in der Deutschen Nationalbibliografie; detaillierte bibliografische Daten sind im Internet über http://dnb.d-nb.de abrufbar.

Planung/Lektorat: Reinhard Dapper
Springer Vieweg ist ein Imprint der eingetragenen Gesellschaft Springer Fachmedien Wiesbaden GmbH und ist ein Teil von Springer Nature.
Die Anschrift der Gesellschaft ist: Abraham-Lincoln-Str. 46, 65189 Wiesbaden, Germany

Vorwort

Die Elektrotechnik lässt sich ohne Mathematik nicht erklären: man benötigt mathematische Modelle und Beschreibungen, um sich die elektromagnetischen Vorgänge vorstellen zu können. In den vielen Jahren meiner Lehrtätigkeit habe ich immer darauf geachtet, dass im Fachgebiet Mathematik die Voraussetzungen zum Verständnis der Elektrotechnik geschaffen wurden; die Stoffpläne beider Fächer waren von meinen Vorgängern hervorragend aufeinander abgestimmt. Leider ist das heute keine Selbstverständlichkeit mehr.
Deshalb habe ich in der letzten Auflage zu den einzelnen Kapiteln meiner drei Lehrbücher „Elektrotechnik für Ingenieure" Vorbemerkungen eingefügt, in denen auch auf die mathematischen Kenntnisse hingewiesen wird, die zum Verständnis des Inhalts notwendig sind.
Es gibt natürlich viele gute Mathematikbücher, in denen man sich das notwendige Wissen aneignen kann. Aber die Inhalte können nicht auf meine Lehrbücher abgestimmt sein, wie ich es als Hochschullehrer in meinen Parallelvorlesungen in Mathematik und Elektrotechnik realisieren konnte. Deshalb habe ich meinen drei Lehrbüchern dieses kompakte Mathematikbuch hinzufügt, das selbstverständlich auch für Nichtelektrotechniker nützlich sein kann.
In diesem Buch bin ich nicht auf Matrizen, Determinanten und Gleichungssysteme eingegangen, weil ich sie im Band 1, Abschnitt 2.3.6 behandelt habe. Auch auf die Darstellung sinusförmiger Wechselgrößen durch komplexe Zeitfunktionen habe ich hier verzichtet, weil sie ausführlich im Band 2, Abschnitt 4.2.2 beschrieben ist. Schließlich möchte ich noch darauf hinweisen, dass die Laplacetransformation, die Fourierreihen, die komplexen Reihen und das Fourierintegral im Band 3 ausführlich mit Übungsaufgaben behandelt sind.

Wedemark, im September 2018 *Wilfried Weißgerber*

Für die 2. Auflage habe ich den gesamten Text nebst Bildern und alle Berechnungen kontrolliert, einige wenige Fehler korrigiert und notwendige erklärende Ergänzungen eingefügt.

Wedemark, im Dezember 2022 *Wilfried Weißgerber*

Inhaltsverzeichnis

Anhang: Lösungen der Übungsaufgaben

Schreibweisen, Formelzeichen und Einheiten

Schreibweise mathematischer Größen

$a \quad b \quad c$	Zahlen
$y \quad x$	veränderliche skalare Größen
$\vec{a} \quad \vec{b} \quad \vec{r}$	vektorielle Größen
$\overline{x}$	arithmetischer Mittelwert
$\underline{z} = x + j \cdot y$	komplexe Zahlen
$f'(x) = \frac{df(x)}{dx} \qquad f''(x) = \frac{d^2 f(x)}{dx^2}$	differenzierte Funktionen
$\frac{\partial f(x)}{dx} \qquad \frac{\partial f(x)}{dy}$	erste partielle Ableitung
$\int f(x) \cdot dx \quad \int_a^x f(x) \cdot dx \quad \int_a^b f(x) \cdot dx$	integrierte Funktionen
$\hat{u} \quad \hat{i}$	Maximalwert, Amplitude

Die in diesem Band verwendete Formelzeichen physikalischer Größen

a	allgemeine Zahl, Basis der Potenzfunktion, Beschleunigung, Seitenlänge, Intervallgrenze
A	Zahlenmenge, Fläche, Konstante, Amplitude
b	Zahl, Länge, Intervallgrenze, Achsenabschnitt
B	Zahlenmenge, Konstante
C	Menge der komplexe Zahlen, Integrationskonstante, elektrische Kapazität
c	Zahl, Länge, konstante Zahl, Proportionalitätsgröße
d	Differential, Differenz, durchschnittliche Abweichung
D	Diskriminate, Definitionsbereich
e	Eulersche Zahl, Länge eines Vektors
f	Funktion, Abbildung

F	Menge der geordneten Zahlenpaare, Funktion
g	ganzrationale Zahl, ganzrationaler Ausdruck, Grenzwert, geometrisches Mittel
G	Gerade
h	ganzrationaler Ausdruck, Höhe, Häufigkeit, harmonisches Mittel
I	Integral, elektrischer Gleichstrom, Effektivwert des Stroms
i	laufender Index, Momentanwert des Stroms
j	imaginäre Einheit
K	Integrationskonstante, Konstante
k	laufender Index, natürliche Zahl
L	elektrische Induktivität
l	Länge
M	maximaler Funktionswert
m	natürliche Zahl, Steigung, minimaler Funktionswert, Masse
N	Menge der natürliche Zahlen, natürliche Zahl, Elementarereignisse
n	natürliche Zahl
P	Polynom, Punkt, ganzrationaler Ausdruck, Wirkleistung, Wahrscheinlichkeit
p	reelle Zahl, Produkt
Q	Menge der rationalen Zahlen, elektrische Ladung
q	reelle Zahl, quadratischer Mittelwert, Quotient
R	Menge der reelle Zahlen, ohmscher Widerstand, Verbreitungsbreite, Ereignisraum
r	rationale Zahl, Länge eines Ortsvektors, Betrag einer komplexen Zahl, Konvergenzradius
S	Schranke einer Zahlenfolge, Scheitelpunkt
s	Summe, Weg, mittlerer Fehler oder Standartabweichung, Partialsummen, Störfunktion
T	Term, mathematischer Ausdruck
t	Zeit, Parameter, durchschnittlicher Fehler
u	allgemeine Größe, abhängige Veränderliche, Grenzwert einer Zahlenfolge, rationale Zahl, Momentanwert der Spannung
U	elektrische Gleichspannung, Effektivwert der Spannung
v	abhängige Veränderliche, Grenzwert einer Zahlenfolge, Geschwindigkeit, Variationskoeffizient, wahrscheinliche Fehler, Korrekturen, nichtsinusförmige Wechselgröße
V	Volumen
W	Energie, Arbeit
X	Menge der unabhängigen Veränderlichen, Definitionsbereich, wahrer Zahlenwert
x	unabhängige Veränderliche, Variable, Komponente eines Vektors, Beobachtungswert
Y	Menge der abhängigen Veränderlichen, Wertebereich, wahrer Zahlenwert
y	Veränderliche, Variable, Komponente eines Vektors
Z	Menge der ganzen rationalen Zahlen

z	reelle Zahl, Veränderliche, Variable, Komponente eines Vektors
α	Winkel, reeller Exponent der Potenzfunktion, linearer Ausdehnungskoeffizient
β	Winkel
δ	Differenz
Δ	Differenz, Abkürzung bei irrationalen algebraischen Funktionen
ε	Abstand, Abweichung
λ	Parameter, reelle Zahl
μ	Parameter, reelle Zahl
σ	Parameter
φ	Funktion, Argument einer komplexen Zahl
ψ	Funktion
ω	Kreisfrequenz
Φ	Wahrscheinlichkeitsintegral, Funktion
$\overline{x}$	arithmetischer Mittelwert
$\underline{z}$	komplexe Zahl
$\underline{w}$	komplexe Zahl
∂	Differential der partiellen Ableitung
ϑ	Temperatur
$\vec{a}$	Vektor
$\vec{b}$	Vektor
$\vec{c}$	Vektor
$\vec{f}$	Vektor
$\vec{d}$	Vektor, Differenzvektor
$\vec{e}$	Vektor, Einsvektor
$\vec{E}$	elektrischer Feldstärkevektor
$\vec{F}$	Kraftvektor
$\vec{0}$	Nullvektor
$\vec{r}$	Ortsvektor
$\vec{s}$	Wegvektor
$\hat{u}$	Maximalwert, Amplitude der Spannung
$\hat{i}$	Maximalwert, Amplitude des Stroms

Schreibweise von Zehnerpotenzen

$10^{-12} = \text{p} = \text{Piko}$	$10^{-2} = \text{c} = \text{Zenti}$	$10^{3} = \text{k} = \text{Kilo}$
$10^{-9} = \text{n} = \text{Nano}$	$10^{-1} = \text{d} = \text{Dezi}$	$10^{6} = \text{M} = \text{Mega}$
$10^{-6} = \mu = \text{Mikro}$	$10^{1} = \text{da} = \text{Deka}$	$10^{9} = \text{G} = \text{Giga}$
$10^{-3} = \text{m} = \text{Milli}$	$10^{2} = \text{h} = \text{Hekto}$	$10^{12} = \text{T} = \text{Tera}$

1. Algebraische Grundlagen

1.1 Aufbau des Zahlensystems

1.1.1 Übersicht über das Zahlensystem

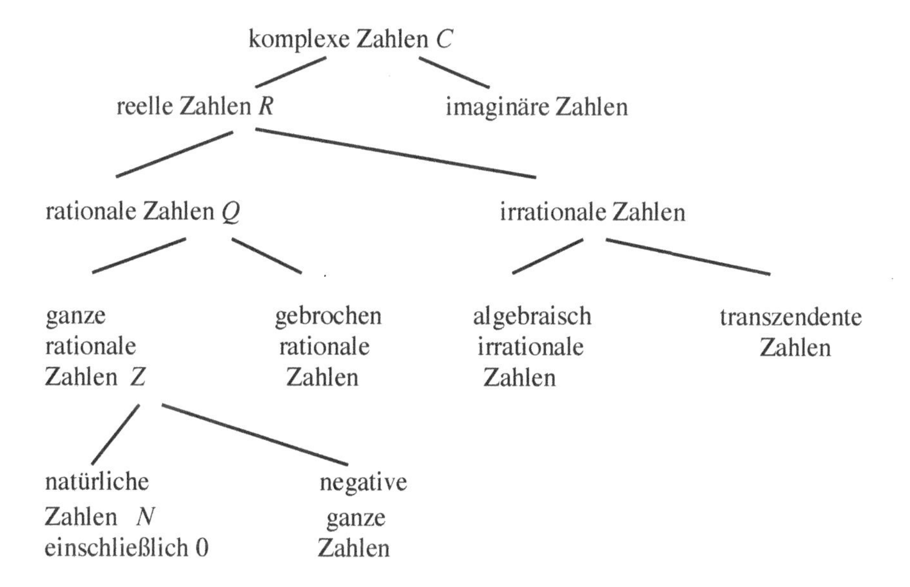

1.1.2 Ganze rationale Zahlen

natürliche Zahlen

Beim Zählen von Mengenelementen werden die natürlichen Zahlen $1,2,3,4,...n,...$ verwendet. Aus einer natürlichen Zahl n ergibt sich die nächst höhere Zahl $n+1$, wenn ein Element hinzugefügt wird.
Es gibt abzählbar unendlich viele natürliche Zahlen.

Addition:
Die Summe s zweier natürlicher Zahlen a und b ist wieder eine natürliche Zahl:

$$s = a + b \quad \text{mit } a,b,s \in N \qquad (1.1)$$

s ist die Summe, a und b sind die Summanden.

W. Weißgerber, *Mathematik zu Elektrotechnik für Ingenieure*,
https://doi.org/10.1007/978-3-658-40837-4_1

Multiplikation:
Da sich die Multiplikation durch fortgesetzte Addition erklären lässt, gilt entsprechendes für die Multiplikation zweier natürlicher Zahlen:

$$p = a \cdot b \quad \text{mit} \quad a, b, p \in N \tag{1.2}$$

p ist das Produkt, a und b sind die Faktoren.
Addition und Multiplikation lassen sich unbeschränkt ausführen.

Subtraktion:
Die Subtraktion ist im Bereich der natürlichen Zahlen nicht unbeschränkt ausführbar:

$$d = a - b \quad \text{mit} \quad a > b \quad \text{und} \quad a, b, d \in N \tag{1.3}$$

d ist die Differenz, a ist der Minuend und b der Subtrahend.
Sind der Minuend und der Subtrahend die gleiche natürliche Zahl, dann muss der Bereich der natürlichen Zahlen um die Null erweitert werden:

$$d = a - a = 0 \quad \text{mit} \quad b = a \tag{1.4}$$

negative ganze Zahlen

Um die Subtraktion uneingeschränkt ausführen zu können, muss der Bereich der natürlichen Zahlen einschließlich der Null um die negativen Zahlen erweitert werden: Mit $b > a$ ist die ganze Zahl d negativ. Die negativen Zahlen werden aus den natürlichen Zahlen durch Vorsetzen des Minuszeichens gebildet: -1, -2, -3, ...

ganze rationale Zahlen

Die Vereinigungsmenge der natürlichen Zahlen (positive ganze Zahlen), der Null und der negativen Zahlen ist die Menge der ganzen rationalen Zahlen Z,
d.h

$$N \subset Z \quad \text{oder} \quad Z = [\ldots, -3. -2, -1, 0, 1, 2, 3, \ldots] \tag{1.5}$$

in der die Grundrechenoperationen Addition, Subtraktion und Multiplikation uneingeschränkt ausgeführt werden können:

Mit $a \in Z$ und $b \in Z$
sind $a + b \in Z$ $a - b \in Z$ $a \cdot b \in Z$

Darstellung der ganzen Zahlen

Die ganzen Zahlen lassen sich Punkten auf einer Geraden zuordnen, wobei benachbarte Punkte um die Einheit „1" voneinander entfernt sind:

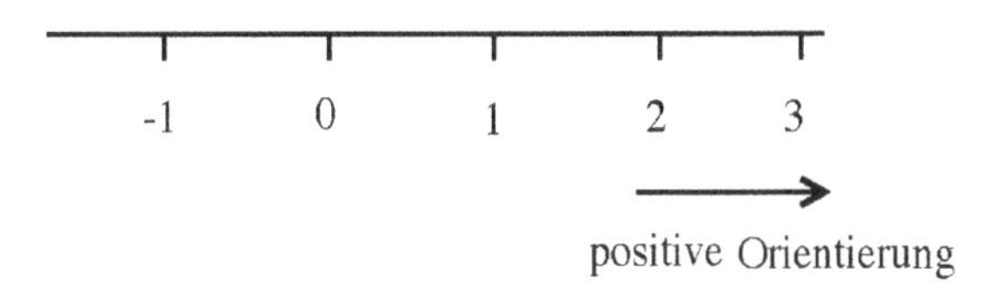

1.1.3 Rationale Zahlen

rationale Zahlen

Im Bereich der ganzen Zahlen ist die vierte Grundrechenart, die Division, nicht uneingeschränkt durchführbar, weil der Quotient zweier ganzer Zahlen nicht eine ganze Zahl zu sein braucht.

Beispiel:
Die ganze Zahl 12 (Dividend) ist durch die ganzen Zahlen 1, 2, 3, 4, 6 und 12 (Divisoren) teilbar, wobei jeweils eine ganze Zahl (Quotient) entsteht. Ist der Divisor dagegen die ganze Zahl 5, dann ist der Quotient eine ganze Zahl und ein Bruchstück der ganzen Zahl 1.

Die ganzen rationalen Zahlen müssen um die gebrochen rationalen Zahlen zu den rationalen Zahlen erweitert werden:

Die Vereinigungsmenge der ganzen Zahlen und der positiven und negativen Brüche heißt die Menge der rationalen Zahlen Q, d.h.

$$Z \subset Q$$

in der die vier Grundrechenoperationen Addition, Subtraktion, Multiplikation und Division uneingeschränkt durchführbar sind.
Jede rationale Zahl lässt sich also in der Form

$$r = \frac{p}{q} \qquad (1.6)$$

$$\text{mit } \; p,q \in Z, \; r \in Q \; \text{ und } \; q \neq 0$$

darstellen, d.h. als Bruch zweier ganzer Zahlen.

Gebrochen rationale Zahlen

Ergibt die Division einer ganzen Zahl durch eine andere ganze Zahl keine ganze Zahl, die ungleich Null ist, dann ist der Quotient eine gebrochene rationale Zahl (Bruch).
Gebrochen rationale Zahlen lassen sich durch Division entweder in endliche oder periodisch unendliche Dezimalzahlen überführen.

Beispiele: $\frac{1}{2} = 0{,}5 \qquad \frac{1}{3} = 0{,}\overline{3}$

Ob sich eine endliche oder eine periodisch unendliche Zahl ergibt, hängt vom Stellenwertsystem ab, bei dem die Stelle einer Ziffer innerhalb einer Zahl ihren Wert angibt.
Im Dezimalsystem gibt es die zehn Ziffern 0,1,2,...,9, im Binär- oder Dualsystem nur die zwei Ziffern 0,1, im Dreiersystem die drei Ziffern 0,1,2 und im Siebenersystem die Ziffern 0, 1, 2, ..., 5, 6. Der Wert ergibt sich durch die Ziffer multipliziert mit dem Wert der Stelle
$...10^2 10^1 10^0, 10^{-1} 10^{-2}...$ bzw. $...2^3 2^2 2^1 2^0, 2^{-1} 2^{-2} 2^{-3}...$ bzw. $...3^2 3^1 3^0, 3^{-1} 3^{-2}...$ bzw. $...7^2 7^1 7^0, 7^{-1} 7^{-2}...$

Beispiele:

Dezimalsystem		Stellenwertsystem der Basis 3:
$0{,}\overline{3} = \frac{1}{3}$	$\Rightarrow$	$\underset{3^0,3^{-1}}{0{,}1} = \underset{3^1 3^0}{\frac{1}{10}}$
Dezimalsystem		**Stellenwertsystem der Basis 7:**
$0{,}\overline{142857} = \frac{1}{7}$	$\Rightarrow$	$\underset{7^0,7^{-1}}{0{,}1} = \underset{7^1 7^0}{\frac{1}{10}}$

Umgekehrt lässt sich jede periodisch unendliche Dezimalzahl als Bruch zweier ganzer Zahlen schreiben:

$$z = 0,\overline{a_1 a_2 a_3 \ldots\ a_k \ldots\ a_n}$$

$$10^n \cdot z = a_1 a_2 a_3 \ldots\ a_k \ldots\ a_n\ ,\ \overline{a_1 a_2 a_3 \ldots\ a_k \ldots\ a_n}$$

$$10^n \cdot z - z = (10^n - 1)z = a_1 a_2 a_3 \ldots\ a_k \ldots\ a_n$$

$$z = \frac{a_1 a_2 a_3 \ldots\ a_k \ldots\ a_n}{10^n - 1} = \frac{p}{q} \tag{1.7}$$

Beispiele:

$z = 0{,}\overline{376}$ mit $n = 3$

$10^3 \cdot z = 376{,}\overline{376}$

$z = \frac{376}{10^3 - 1} = \frac{376}{999}$

$z = 0{,}0038\overline{426}$ mit $n = 7$

$10^7 \cdot z = 38426{,}\overline{426}$

$10^4 \cdot z = 38{,}\overline{426}$

$\left(10^7 - 10^4\right) \cdot z = 38388$

mit $10^7 = 10\,000\,000$

$-10^4 = \quad 10\,000$

$9\,990\,000$

$z = \frac{38388}{9\,990\,000}$

1.1.4 Reelle Zahlen

Algebraische irrationale Zahlen

Die algebraische Operation Wurzelziehen führt zu den algebraisch irrationalen Zahlen, die sich nicht mehr durch einen Bruch zweier ganzer Zahlen darstellen lassen. Sie werden durch unendliche nichtperiodische Dezimalbrüche beschrieben.

Beispiel: $\sqrt{2} = 1,4142...$

Algebraisch irrationale Zahlen sind Lösungen algebraischer Gleichungen, die sich in der allgemeinen Form

$$a_n x^n + a_{n-1} x^{n-1} + ... + a_1 x + a_0 = 0$$

mit $a_i \in R$ (reelle Zahlen)
und $n \in N$

darstellen lassen.

Transzendente Irrationalzahlen

Zahlen, die keine Lösung algebraischer Gleichungen und keine rationalen Zahlen sind, werden transzendente Irrationalzahlen genannt.
Beispiele:
Logarithmen der meisten rationalen Zahlen, die Zahl π und die Eulersche Zahl e:

$$\pi = 3,14159265358979323846 2...$$
$$e = 2,71828182845904523536 0...$$

Reelle Zahlen

Die Gesamtheit der rationalen und der irrationalen Zahlen ist die Menge der reellen Zahlen

$$Q \subset R \,.$$

Die Menge der reellen Zahlen ist nicht mehr abzählbar. Sie lassen sich eineindeutig (umkehrbar eindeutig) den Punkten der Zahlengeraden zuordnen und liegen auf der Zahlengeraden „unendlich dicht".

1.1.5 Komplexe Zahlen

Imaginäre Zahlen

Beim Wurzelziehen einer negativen reellen Zahl entsteht keine reelle Lösung. Da sich jede negative reelle Zahl als Produkt der reellen Zahl und -1 darstellen und aus der reellen Zahl die Wurzel ziehen lässt, bleibt immer die Wurzel aus -1 übrig, die imaginäre Einheit j:

$$j = +\sqrt{-1} \quad \text{mit} \quad j^2 = -1 \tag{1.8}$$

Der Bereich der reellen Zahlen wird also um die imaginären Zahlen

$$j \cdot y \quad \text{mit} \quad y \in R$$

erweitert.

Beispiel: $\sqrt{-2} = \sqrt{2 \cdot (-1)} = \sqrt{-1} \cdot \sqrt{2} = \sqrt{-1} \cdot 1{,}4142... = j \cdot 1{,}4142...$

Komplexe Zahlen

Jede komplexe Zahl ist die Summe einer reellen und einer imaginären Zahl

$$\underline{z} = x + j \cdot y \tag{1.9}$$

Die Menge der komplexen Zahlen C enthält die Menge der reellen Zahlen R und der imaginären Zahlen:

$$R \subset C$$

Beispiel:

$$\underline{z} = 3 + j \cdot 2{,}5$$

Um eine komplexe Zahl darstellen zu können, muss zur Zahlengeraden mit reellen Zahlen eine weitere Zahlengerade mit der imaginären Einheit j hinzugefügt werden.

Die Ebene zur Darstellung komplexer Zahlen heißt Gaußsche Zahlenebene.

Zum Beispiel:

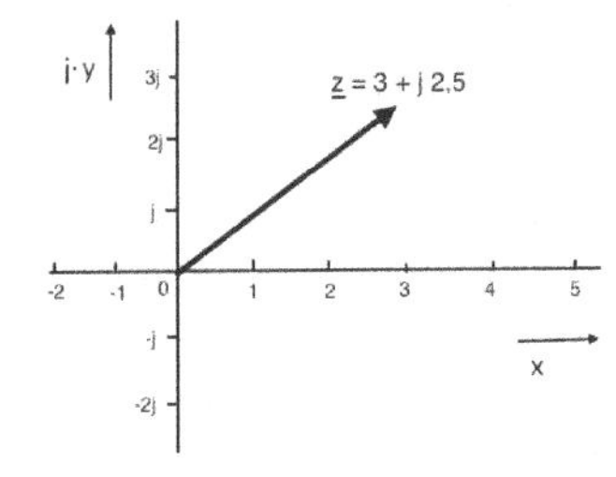

Die komplexen Zahlen werden im Kapitel 9 ausführlich behandelt.

1.2 Bruchrechnung

Bezeichnungen

Ein Bruch (Quotient) ergibt sich durch Division eines Zählers (Dividend) und eines Nenners (Divisor):

$$c = \frac{a}{b}$$

Eine andere Schreibweise ist

$$c = a : b \qquad (a \text{ zu } b)$$

größte gemeinsame Teiler

Den ggT von ganzen Zahlen erhält man aus dem Produkt der gemeinsamen Primfaktoren dieser Zahlen. Eine Primzahl ist eine ganze Zahl p, die nur durch sich selbst und die ganze Zahl 1 teilbar ist.
Beispiele von Primzahlen: $2, 3, 5, 7, 11, \ldots$

Beispiel zu ggT:
Der ggT von den Zahlen 4,12 und 16 ist gesucht:

$$4 = 2 \cdot 2 = 2^2$$

$$12 = 2 \cdot 2 \cdot 3 = 2^2 \cdot 3$$

$$16 = 2 \cdot 2 \cdot 2 \cdot 2 = 2^2 \cdot 2^2$$

d.h. ggT $2^2 = 4$.

Anwendung: Kürzen von Brüchen

kleinstes gemeinsames Vielfache

Das kgV von ganzen Zahlen erhält man aus dem Produkt von allen vorkommenden Potenzen, deren Exponenten am größten sind.
Beispiel von kgV:
Das kgV von den Zahlen 4,12 und 16 ist gesucht:

$$4 = 2 \cdot 2 = 2^2$$

$$12 = 2 \cdot 2 \cdot 3 = 2^2 \cdot 3$$

$$16 = 2 \cdot 2 \cdot 2 \cdot 2 = 2^4$$

d.h. $2^4 \cdot 3 = 16 \cdot 3 = 48$

Anwendung: Suchen des Hauptnenners

Kürzen von Brüchen

Ein Bruch lässt sich kürzen, indem Zähler und Nenner durch die gleiche ganze Zahl dividiert wird. Der Wert des Bruchs ändert sich nicht.

Beispiel:

$$\frac{4}{16}=\frac{\frac{4}{4}}{\frac{16}{4}}=\frac{1}{4}$$

Erweitern von Brüchen

Einen Bruch erweitern heißt, Zähler und Nenner mit der gleichen ganzen Zahl zu multiplizieren. Der Wert des Bruchs ändert sich nicht.

Beispiel:

$$\frac{5}{6}=\frac{5\cdot 2}{6\cdot 2}=\frac{10}{12}$$

Addition und Subtraktion von Brüchen

Gleichnamige Brüche (gleicher Nenner) werden addiert bzw. subtrahiert, indem man ihre Zähler addiert bzw. subtrahiert und die Zählersumme bzw. Zählerdifferenz durch den gemeinsamen Nenner dividiert.

Beispiel:

$$\frac{7}{8}+\frac{1}{8}=\frac{7+1}{8}=\frac{8}{8}=1 \qquad \frac{7}{8}-\frac{1}{8}=\frac{7-1}{8}=\frac{6}{8}=\frac{3}{4}$$

Ungleichnamige Brüche (ungleicher Nenner) werden vor dem Addieren bzw. Subtrahieren gleichnamig gemacht, indem sie auf ihren Hauptnenner (das kleinste gemeinsame Vielfache, kgV) gebracht werden.

Beispiel:

$$\frac{1}{12}-\frac{3}{16}=\frac{4}{48}-\frac{9}{48}=\frac{4-9}{48}=-\frac{5}{48}$$

Multiplikation eines Bruchs mit einer ganzen Zahl

Ein Bruch wird mit einer ganzen Zahl multipliziert, indem der Zähler mit dieser Zahl multipliziert und das Produkt durch den Nenner dividiert wird:

$$\frac{a}{b}\cdot x=\frac{a\cdot x}{b} \tag{1.10}$$

Beispiel: $\frac{3}{8}\cdot 4=\frac{3\cdot \not{4}}{\not{8}_2}=\frac{3}{2}$

Bevor man die Multiplikation im Zähler und ausführt, sollte man, wenn es geht, den Bruch kürzen.

Multiplikation von Brüchen

Ein Bruch wird mit einem Bruch multipliziert, indem jeweils Zähler mit Zähler und Nenner mit Nenner multipliziert wird und das Zählerprodukt durch das Nennerprodukt dividiert wird:

$$\frac{a}{b} \cdot \frac{c}{d} = \frac{a \cdot c}{b \cdot d} \tag{1.11}$$

Beispiel:

$$\frac{2}{3} \cdot \frac{3}{2} = \frac{\not{2}^1 \cdot \not{3}^1}{\not{3}_1 \cdot \not{2}_1} = 1$$

Bevor man die Multiplikationen im Zähler und Nenner ausführt, sollte man, wenn es geht, den Bruch kürzen.

Reziproke Zahlen

Zwei Zahlen heißen reziprok zueinander, wenn ihr Produkt den Wert 1 ergibt:

$$a \cdot \frac{1}{a} = \frac{a}{a} = 1 \tag{1.12}$$

d.h. a und $\frac{1}{a}$ sind reziprok zueinander.

Beispiele:

$$3 \cdot \frac{1}{3} = \frac{3}{3} = 1 \qquad \frac{2}{3} \cdot \frac{3}{2} = \frac{6}{6} = 1$$

Der Wert einer Zahl wird durch die Multiplikation mit einem Paar reziproker Zahlen nicht geändert, weil es eine Multiplikation mit 1 ist:

$$a \cdot \left(b \cdot \frac{1}{b} \right) = a \cdot \frac{b}{b} = a \tag{1.13}$$

Division eines Bruchs durch eine ganze Zahl

Ein Bruch wird durch eine ganze Zahl dividiert, indem sein Nenner mit der Zahl multipliziert und der Zähler durch das erhaltene Produkt dividiert wird:

$$\frac{\frac{a}{b}}{x} = \frac{a}{b \cdot x}$$

Beispiel:

$$\frac{6}{7} : 3 = \frac{6}{7 \cdot 3} = \frac{\not{6}^2}{7 \cdot \not{3}} = \frac{2}{7}$$

Division von Brüchen

Ein Bruch wird durch einen Bruch dividiert, indem der Zählerbruch mit dem Kehrwert des Nennerbruchs multipliziert wird:

$$\frac{\frac{a}{b}}{\frac{c}{d}}=\frac{a}{b}\cdot\frac{d}{c}=\frac{a\cdot d}{b\cdot c} \tag{2.14}$$

Beispiel: $\frac{3}{8}:\frac{5}{4}=\frac{3}{8_2}\cdot\frac{4^1}{5}=\frac{3}{2\cdot 5}=\frac{3}{10}$

Division von Summen

Eine Summe bzw. Differenz wird durch eine Zahl dividiert, indem jeder Summand bzw. Subtrahend durch die Zahl dividiert und die einzelnen Quotienten addiert bzw. subtrahiert werden:

$$\frac{a+b+c-d}{x}=\frac{a}{x}+\frac{b}{x}+\frac{c}{x}-\frac{d}{x} \tag{1.15}$$

Die Umkehrung gilt **nicht**:

$$\frac{x}{a+b+c-d}\neq\frac{x}{a}+\frac{x}{b}+\frac{x}{c}-\frac{x}{d} \quad !$$

Eine Summe wird durch eine andere Summe geteilt, indem das erste Glied des Dividenden durch das erste Glied des Divisors dividiert wird, der erhaltene Quotient mit dem ganzen Divisor multipliziert, die sich ergebenen Produkte von dem Dividenden subtrahiert und mit dem Rest wie oben verfahren wird.

Beispiel 1:

$$\frac{a^2x^3+(ab+ad)x^2+(ac+bd)x+cd}{ax+d}=$$

$$\begin{array}{l}
\left(a^2x^3+(ab+ad)x^2+(ac+bd)x+cd\right):(ax+d)=ax^2+bx+c\\
\underline{-\left(a^2x^3+\qquad adx^2\right)}\\
\qquad abx^2+(ac+bd)x+cd\\
\qquad \underline{-\left(abx^2\qquad\quad +bdx\right)}\\
\qquad\qquad acx\qquad +cd\\
\qquad\qquad \underline{-(acx\qquad +cd)}\\
\qquad\qquad\qquad 0
\end{array}$$

Beispiel 2:

$$\frac{16bx+8ax-24cx-20by-10ay+30cy}{2a+4b-6c}=$$

$$(16bx+8ax-24cx-20by-10ay+30cy):(2a+4b-6c)=$$

$$(8ax+16bx-24cx-10ay-20by+30cy):(2a+4b-6c)=4x-5y$$

$$-(8ax+16bx-24cx)$$

$$\overline{-10ay-20by+30cy}$$

$$\underline{-(-10ay-20by+30cy)}$$

$$0$$

1.3 Potenzrechnung

1.3.1 Definitionen und Bezeichnungen

Begriff „Potenz“

Potenzen mit natürlichen Zahlen als Exponenten sind Abkürzungen für Produkte aus gleichen Faktoren:

$a^n = a \cdot a \cdot a \cdot ... \cdot a$ mit n Faktoren

Dabei heißen

a^n Potenzwert

a Basis mit $a \in R$

n Exponent mit $n \in N$ (1.16)

Für den Exponenten ist $n=1$ eingeschlossen:

$a^1 = a$ (1.17)

Außerdem wird definiert:

$a^0 = 1$ mit $a \neq 0$ (1.18)

Eine Potenz mit negativem Exponenten ist gleich dem reziproken Wert derselben Potenz mit positivem Exponenten:

$$a^{-n} = \frac{1}{a^n} \qquad (1.19)$$

mit $a \neq 0$ und $n \in N$

Eine Potenz mit einer beliebigen rationalen Zahl als Exponenten ist gleich dem Wurzelwert

$$a^{\frac{g}{n}} = \sqrt[n]{a^g} \qquad (1.20)$$

mit a positive reelle Zahl $g \in Z$ und $n \in N$

Beispiel: $$2^{\frac{-3}{4}} = \sqrt[4]{2^{-3}} = \sqrt[4]{\frac{1}{2^3}} = \frac{1}{\sqrt[4]{8}}$$

1.3.2 Das Rechnen mit Potenzen

Potenzen mit positiver und negativer Basis

Ist die Basis einer Potenz positiv und der Exponent eine ganze Zahl, dann ist der Potenzwert ebenfalls positiv:

$$\text{mit} \quad a > 0 \quad \text{ist} \quad a^p > 0 \quad \text{mit} \quad p \in Z$$

Beispiel:

$$a = 2 \qquad p = 0: \quad 2^0 = 1 > 0$$

$$p = 2: \quad 2^2 = 4 > 0$$

$$p = -2: \quad 2^{-2} = \frac{1}{2^2} = \frac{1}{4} > 0$$

Ist die Basis einer Potenz negativ und der Exponent eine gerade ganze Zahl, so ist der Potenzwert positiv:

$$\text{mit} \quad a < 0 \quad \text{ist} \quad a^{2p} < 0 \quad \text{mit} \quad p \in Z$$

Beispiel:

$$a = -2 \qquad p = 0: \quad (-2)^0 = 1 > 0$$

$$p = 1: \quad (-2)^2 = 4 > 0$$

$$p = -1: \quad (-2)^{-2} = \frac{1}{(-2)^2} = \frac{1}{4} > 0$$

Ist die Basis einer Potenz negativ und der Exponent eine ungerade ganze Zahl, so ist der Potenzwert negativ:

$$\text{mit} \quad a < 0 \quad \text{ist} \quad a^{2p-1} < 0 \quad \text{mit} \quad p \in Z$$

<u>Beispiel:</u>

$$a=-2 \qquad p=0: \quad (-2)^{-1}=\frac{1}{-2}<0$$

$$p=1: \quad (-2)^{1}=-2<0$$

$$p=2: \quad (-2)^{3}=-8<0$$

$$p=-1: \quad (-2)^{-3}=\frac{1}{(-2)^{3}}=\frac{1}{-8}<0$$

$$p=-2: \quad (-2)^{-5}=\frac{1}{(-2)^{5}}=\frac{1}{-32}<0$$

Addition und Subtraktion von Potenzen

Potenzen mit gleicher Basis und gleichem Exponenten werden addiert bzw. subtrahiert, indem ihre Zahlenfaktoren (Koeffizienten) addiert bzw. subtrahiert werden:

$$m\cdot a^{n}+n\cdot a^{n}-l\cdot a^{n}=(m+n-l)\cdot a^{n} \tag{1.21}$$

<u>Beispiel:</u>

$$6\cdot a^{4}+4\cdot a^{4}+7a^{2}-5\cdot a^{2}=(6+4)\cdot a^{4}+(7-5)\cdot a^{2}=10a^{4}+2a^{2}$$

Multiplikation von Potenzen

Potenzen mit gleicher Basis werden multipliziert, indem die Exponenten addiert werden und die Basis mit der Summe der Exponenten potenziert wird:

$$a^{m}\cdot a^{n}=a^{m+n} \qquad \text{mit } m,\, n\in N \tag{1.22}$$

$$\underbrace{a\cdot a\cdot\ldots\cdot a}_{\substack{m\\ \text{Faktoren}}}\cdot\underbrace{a\cdot a\cdot\ldots\cdot a}_{\substack{n\\ \text{Faktoren}}}=\underbrace{a\cdot a\cdot\ldots\cdot a}_{\substack{m+n\\ \text{Faktoren}}}$$

<u>Erweiterung:</u> $m,n\in Q,R$

<u>Beispiel:</u>

$$2^{2}\cdot 2^{3}=2^{2+3}=2^{5}$$

$$4\cdot 8=32$$

Potenzen mit gleichem Exponenten werden multipliziert, indem das Produkt der Basis mit dem gemeinsamen Exponenten potenziert wird:

$$a^n \cdot b^n = (a \cdot b)^n \quad (1.23)$$

mit $n \in N$

Erweiterung: $n \in Q, R$

Beispiel:

$$3^2 \cdot 4^2 = (3 \cdot 4)^2$$
$$9 \cdot 16 = 12^2 = 144$$

Umkehrung:
Ein Produkt $a \cdot b$ wird potenziert, indem die einzelnen Faktoren a und b potenziert und die Potenzen multipliziert werden.

Division von Potenzen

Potenzen mit gleicher Basis werden dividiert, indem die Basis mit der Differenz der Exponenten potenziert wird:

$$\frac{a^m}{a^n} = a^{m-n} \quad \text{mit} \quad m, n \in N \quad (1.24)$$

das bedeutet

$$\frac{\overbrace{a \cdot a \cdot a \cdot \ldots \cdot a}^{m \text{ Faktoren}}}{\underbrace{a \cdot a \cdot a \cdot \ldots \cdot a}_{n \text{ Faktoren}}} = \underbrace{a \cdot a \cdot a \cdot \ldots \cdot a}_{(m-n) \text{ Faktoren}}$$

speziell: $m = n$:

$$\frac{a^n}{a^n} = a^{n-n} = a^0 = 1$$

Erweiterung: $n, m \in Q, R$

Beispiel: $2^5 : 2^3 = \frac{2^5}{2^3} = 2^{5-3} = 2^2 = 4$

Umkehrung:
Lässt sich der Exponent einer Potenz als Differenz darstellen, so kann der Potenzwert als Quotient angegeben werden.

Potenzen mit gleichem Exponenten werden dividiert, indem der Quotient der Basen mit dem gemeinsamen Exponenten potenziert wird:

$$\frac{a^n}{b^n} = \left(\frac{a}{b}\right)^n \quad \text{mit} \quad n \in N \tag{1.25}$$

Beispiel:

$$\frac{6^2}{2^2} = \left(\frac{6}{2}\right)^2 = 3^2 = 9$$

$$\frac{36}{4} = 9$$

Umkehrung:
Ein Quotient wird potenziert, indem Zähler und Nenner einzeln potenziert werden und die Zählerpotenz durch die Nennerpotenz dividiert wird.

Potenzieren von Potenzen

Potenzen werden potenziert, indem die Exponenten miteinander multipliziert werden:

$$\left(a^m\right)^n = \left(a^n\right)^m = a^{m \cdot n} \quad \text{mit} \quad m,n \in Z \tag{1.26}$$

d.h.

$$\underbrace{(a \cdot a \cdot \ldots \cdot a)^n}_{m \text{ mal}} = \underbrace{\underbrace{a \cdot a \cdot \ldots \cdot a}_{m} \cdot \underbrace{a \cdot a \cdot \ldots \cdot a}_{m} \cdot \ldots \cdot \underbrace{a \cdot a \cdot \ldots \cdot a}_{m}}_{n \text{ mal}}$$

Beispiel:

$$\left(2^3\right)^2 = 2^{3 \cdot 2} = 2^6$$

$$8^2 = 64$$

Umkehrung:
Ist der Exponent einer Potenz ein Produkt, dann kann dafür eine Potenz mit einem der Faktoren als Exponent gesetzt werden, die mit dem anderen Faktor potenziert wird. Die Exponenten m und n können also auch vertauscht werden:

$$\left(a^m\right)^n = \left(a^n\right)^m = a^{n \cdot m}$$

Potenzieren von Summen und Differenzen

Eine Summe oder Differenz wird potenziert, indem die Potenz in ein Produkt verwandelt und die entstehenden Klammern ausmultipliziert werden.
Eine algebraische Summe aus zwei Gliedern nennt man ein Binom:

$$(a+b)^n \quad \text{mit} \quad n \in Z$$

Das Binom n-ten Grades lässt sich mit dem Pascalschen Dreieck entwickeln

1	$(a+b)^0 = 1$
1 1	$(a+b)^1 = 1a + 1b$
1 2 1	$(a+b)^2 = 1a^2 + 2ab + 1b^2$
1 3 3 1	$(a+b)^3 = 1a^3 + 3a^2b + 3ab^2 + 1b^3$
1 4 6 4 1	$(a+b)^4 = 1a^4 + 4a^3b + 6a^2b^2 + 4ab^3 + 1b^4$
1 5 10 10 5 1	$(a+b)^5 = 1a^5 + 5a^4b + 10a^3b^2 + 10a^2b^3 + 5ab^4 + 1b^5$
	usw.

Weitere Zusammenhänge

$$a^2 - b^2 = (a+b)(a-b) \tag{1.27}$$

$$a^3 + b^3 = (a^2 - ab + b^2)(a+b) \tag{1.28}$$

$$a^3 - b^3 = (a^2 + ab + b^2)(a-b) \tag{1.29}$$

$$a^4 - b^4 = (a^2 + b^2)(a+b)(a-b) \tag{1.30}$$

1.4 Radizieren (Wurzelrechnen)

1.4.1 Definitionen und Bezeichnungen

Begriff „Wurzel"

Die n-te Wurzel aus einer nichtnegativen Zahl a ist die Zahl z, deren n-te Potenz gleich a ist, wenn n eine natürliche Zahl ist:

$$\sqrt[n]{a} = a^{\frac{1}{n}} = z \qquad \text{oder} \qquad z^n = \left(a^{\frac{1}{n}}\right)^n = a^{\frac{n}{n}} = a \tag{1.31}$$

mit $a \geq 0$ und $n \in N$

Das Radizieren oder Wurzelziehen ist die erste Umkehrung des Potenzierens, d.h. in der Potenz wird die Basis bei gegebenen Potenzwert und gegebenen Exponenten gesucht.
Dabei heißen

$z = \sqrt[n]{a}$	Wurzelwert
a	Radikant
n	Wurzelexponent

Beispiel: $\sqrt[2]{49} = 7$ oder $7^2 = 49$

Ergänzungen:

1. Der Wurzelexponent „2“ bei der Quadratwurzel wird im allgemeinen weggelassen:

$$\sqrt[2]{a} = \sqrt{a} \tag{1.32}$$

2. Jede Wurzel mit geradem Wurzelexponenten hat zwei Wurzelwerte, die sich durch das Vorzeichen unterscheiden:

$$\sqrt[2n]{a} = \pm z \quad \text{oder} \quad (\pm z)^{2n} = z^{2n} = a \tag{1.33}$$

Beispiel: $\sqrt[4]{16} = \pm 2$ oder $(\pm 2)^4 = 2^4 = 16$

3. Ist der Wurzelexponent ungerade, so wird definiert:

$$\sqrt[2n+1]{-a} = -\sqrt[2n+1]{a} = -z \tag{1.34}$$

Beispiel: $\sqrt[3]{-27} = -\sqrt[3]{27} = -3$ denn $(-3)^3 = -27$

4. Der Ausdruck $\sqrt{-a}$ ist im Reellen nicht erklärt und führt auf eine imaginäre Zahl:

$$\sqrt{-a} = \sqrt{(-1) \cdot a} = \sqrt{-1} \cdot \sqrt{a} = j \cdot \sqrt{a} \tag{1.35}$$

5. Radizieren und nachfolgendes Potenzieren mit dem gleichen Exponenten heben einander auf:

$$\left(\sqrt[n]{a}\right)^n = a \tag{1.36}$$

6. $\left(\sqrt[n]{0}\right)^n = 0, \quad \text{da } 0^n = 0$ (1.37)

Ermitteln von Wurzeln

Mit Hilfe von Rechnern und Tabellen lassen sich Quadrat- und Kubikwurzeln errechnen bzw. ablesen.

Beispiele:

$$\sqrt{9} = 3 \quad \sqrt{121} = 11 \quad \sqrt{729} = 27$$

$$\sqrt[3]{8} = 2 \quad \sqrt[3]{125} = 5 \quad \sqrt[3]{729} = 9$$

$$\sqrt{7{,}8} = 2{,}79285 \quad \sqrt[3]{820} = 9{,}36$$

1.4.2 Wurzelrechnen

Da ein Wurzelwert als Potenzwert mit gebrochenem Exponenten dargestellt werden kann, gelten die gleichen Rechenregeln für das Wurzelrechnen wie für die Potenzrechnung.

Addition und Subtraktion von Wurzeln

Wurzeln mit gleichem Radikanden und gleichen Wurzelexponenten werden addiert bzw. subtrahiert, indem ihre Zahlenfaktoren addiert bzw. subtrahiert werden:

$$a\cdot\sqrt[n]{z}+b\cdot\sqrt[n]{z}-c\cdot\sqrt[n]{z}=(a+b-c)\cdot\sqrt[n]{z}$$
$$=a\cdot z^{\frac{1}{n}}+b\cdot z^{\frac{1}{n}}-c\cdot z^{\frac{1}{n}}=(a+b-c)\cdot z^{\frac{1}{n}} \qquad (1.38)$$

Radizieren von Produkten

Ein Produkt wird radiziert, indem die einzelnen Faktoren radiziert und die Wurzelwerte multipliziert werden:

$$\sqrt[n]{a\cdot b}=\sqrt[n]{a}\cdot\sqrt[n]{b}=(a\cdot b)^{\frac{1}{n}}=a^{\frac{1}{n}}\cdot b^{\frac{1}{n}} \qquad (1.39)$$

Beispiel:

$$\sqrt{9\cdot 25}=\sqrt{9}\cdot\sqrt{25}=3\cdot 5=15$$
$$\sqrt{9\cdot 25}=\sqrt{225}=15$$

Umkehrung:
Wurzeln mit gleichem Exponenten, das sind gleichnamige Wurzeln, werden multipliziert, indem die Wurzel aus dem Produkt der Radikanden gezogen wird.

Ergänzung:
Wird ein vor der Wurzel stehender Faktor unter die Wurzel gebracht, so muss er mit dem Wurzelexponent potenziert werden:

$$a\cdot\sqrt[n]{b}=\sqrt[n]{a^n\cdot b}\ , \quad \text{denn} \quad \sqrt[n]{a^n}=a$$
$$=a\cdot b^{\frac{1}{n}}=a^{\frac{n}{n}}\cdot b^{\frac{1}{n}}=(a^n\cdot b)^{\frac{1}{n}} \qquad (1.40)$$

Beispiel:

$$3\cdot\sqrt{4}=\sqrt{3^2\cdot 4}=\sqrt{36}=6$$
$$=3\cdot 2=6$$

Radizieren von Quotienten

Ein Bruch wird radiziert, indem Zähler und Nenner einzeln radiziert und die Zählerwurzel durch die Nennerwurzel dividiert wird:

$$\sqrt[n]{\frac{a}{b}} = \frac{\sqrt[n]{a}}{\sqrt[n]{b}} = \left(\frac{a}{b}\right)^{\frac{1}{n}} = \frac{a^{\frac{1}{n}}}{b^{\frac{1}{n}}} \tag{1.41}$$

Beispiel:

$$\sqrt{\frac{36}{9}} = \frac{\sqrt{36}}{\sqrt{9}} = \frac{6}{3} = 2$$

Umkehrung:
Wurzeln mit gleichem Wurzelexponenten werden dividiert, indem man den Quotienten der Radikanden mit dem gemeinsamen Wurzelexponenten radiziert.

Radizieren von Potenzen

Eine Potenz wird radiziert, indem die Wurzel aus der Basis gezogen wird und der Wurzelwert mit dem Exponenten der Potenzbasis potenziert wird:

$$\sqrt[n]{a^m} = \left(\sqrt[n]{a}\right)^m = \left(a^m\right)^{\frac{1}{n}} = \left(a^{\frac{1}{n}}\right)^m = a^{\frac{m}{n}} \tag{1.42}$$

Beispiel:

$$\sqrt{4^4} = \left(\sqrt{4}\right)^4 = 2^4 = 16$$

Umkehrung:
Eine Wurzel wird potenziert, indem der Radikand potenziert und der erhaltene Potenzwert radiziert wird.

Radizieren von Wurzeln

Eine Wurzel wird radiziert, indem der Radikand mit dem Produkt der Wurzelexponenten radiziert wird:

$$\sqrt[n]{\sqrt[m]{a}} = \sqrt[n\cdot m]{a} = \left(a^{\frac{1}{m}}\right)^{\frac{1}{n}} = a^{\frac{1}{m\cdot n}} \tag{1.43}$$

Beispiel:

$$\sqrt[3]{\sqrt{64}} = \sqrt[6]{64} = 2$$
$$\sqrt[3]{8} = 2$$

Erweitern und Kürzen der Wurzel- und Potenzexponenten

Wurzel- und Potenzexponenten dürfen gleichzeitig mit derselben Zahl multipliziert und durch dieselbe Zahl dividiert werden:

$$\sqrt[n]{a^m} = \sqrt[k \cdot n]{a^{k \cdot m}} = a^{\frac{m}{n}} = a^{\frac{k \cdot m}{k \cdot n}} \qquad (1.44)$$

Beispiel:

$$\sqrt[3]{8} = \sqrt[3 \cdot 2]{8^2} = \sqrt[6]{64} = 2$$

$$\sqrt[n]{a^m} = \sqrt[\frac{n}{k}]{a^{\frac{m}{k}}} = a^{\frac{m}{n}} = a^{\frac{m \cdot k}{k \cdot n}} \qquad (1.45)$$

Beispiel:

$$\sqrt[4]{2^8} = \sqrt[\frac{4}{2}]{2^{\frac{8}{2}}} = \sqrt[2]{2^4} = \sqrt{16} = 4$$

1.5 Logarithmen

1.5.1 Definitionen und Bezeichnungen

Begriff Logarithmus

Der Logarithmus einer Zahl z ist der Exponent n, mit dem die Basis a potenziert werden muss, um den Numerus z zu erhalten:

$$n = \log_a z \qquad \text{oder} \qquad a^n = z \qquad (1.46)$$

$$\text{mit} \quad a, z \in R \quad a, z > 0 \quad a \neq 1 \quad (1^n = 1)$$

Die Logarithmenrechnung ist die zweite Umkehrung der Potenzrechnung.

Dabei heißen

$n = \log_a z$	Logarithmus
a	Basis
z	Numerus oder Logarithmand

Beispiele:

$$\log_3 27 = 3 \quad \text{oder} \quad 3^3 = 27$$
$$\log_5 25 = 2 \quad \text{oder} \quad 5^2 = 25$$
$$\log_{10} 100 = 2 \quad \text{oder} \quad 10^2 = 100$$
$$\log_{10} 10 = 1 \quad \text{oder} \quad 10^1 = 10$$
$$\log_{10} 1 = 0 \quad \text{oder} \quad 10^0 = 1$$

Logarithmensysteme

Alle Logarithmen der gleichen Basis bilden ein Logarithmensystem. Außer der Null und der 1 kann jede positive Zahl eine Logarithmenbasis sein:
Beispiele:

$$\log_2 1 \quad \log_2 2 \quad \log_2 3 \quad \ldots$$
$$\log_{10} 1 \quad \log_{10} 2 \quad \log_{10} 3 \quad \ldots$$

Insbesondere gilt:

1. Der Logarithmus von 1 ist bei jeder Basis gleich Null:
$$\log_a 1 = 0 \quad \text{oder} \quad a^0 = 1 \qquad (1.47)$$
$$\text{mit} \quad a \in R \quad \text{und} \quad a > 0$$

2. Sind Basis und Numerus gleich, so ist der Logarithmus gleich 1:
$$\log_a a = 1 \quad \text{oder} \quad a^1 = a \qquad (1.48)$$

3. Der Logarithmus von Null ist $-\infty$, wenn die Basis größer als 1 ist
$$\log_a 0 = -\infty \quad \text{oder} \quad a^{-\infty} = \frac{1}{a^{\infty}} \to 0 \quad \text{mit } a > 1 \qquad (1.49)$$

3. Logarithmen mit der Basis 10 nennt man Briggsche Logarithmen oder dekadische oder Zehner- oder gewöhnliche Logarithmen. Man schreibt:
$$\log_{10} z = \lg z \qquad (1.50)$$

4. In der Wissenschaft und Technik spielen die natürlichen Logarithmen zur Basis e eine große Rolle. Man schreibt:
$$\log_e z = \ln z \qquad (1.51)$$

Anmerkung: Definition der Eulerschen Zahl e:

$$e = \lim_{n \to 0} \left(1 + \frac{1}{n}\right)^{\frac{1}{n}} \quad \text{oder} \quad e = \lim_{n \to \infty} \left(1 + \frac{1}{n}\right)^n$$

$$e = \frac{1}{0!} + \frac{1}{1!} + \frac{1}{2!} + \ldots = 2{,}7182\ldots \quad \text{wobei } n! = 1 \cdot 2 \cdot 3 \cdot \ldots \cdot n \quad \text{und } 0! = 1$$

1.5.2 Das Rechnen mit Logarithmen

Die Rechenregeln mit Logarithmen lassen sich aus den Rechenregeln für Potenzen herleiten, da die Logarithmenrechnung die Umkehrung der Potenzrechnung ist.

Logarithmen von Produkten

Ein Produkt wird logarithmiert, indem jeder Faktor einzeln logarithmiert und die Logarithmen addiert werden:

$$\log_a(u \cdot v) = \log_a u + \log_a v \qquad (1.53)$$

Nachweis:

$$\log_a u = x \quad \text{oder} \quad a^x = u$$
$$\log_a v = y \quad \text{oder} \quad a^y = v$$
$$\log_a(u \cdot v) = z \quad \text{oder} \quad a^z = u \cdot v = a^x \cdot a^y = a^{x+y}$$
$$\text{d.h.} \quad z = x + y$$

Das Multiplizieren wird durch das Logarithmieren in die Addition überführt.
Anwendung: Rechenstab
Beispiel:

$$\lg(10 \cdot 100) = \lg 10 + \lg 100 = 1 + 2 = 3$$
$$\text{denn} \quad \lg 10 = 1 \quad \lg 100 = 2 \quad \lg 1000 = 3 \quad \left(10^3 = 1000\right)$$

Logarithmus von Quotienten

Ein Quotient wird logarithmiert, indem Zähler und Nenner einzeln logarithmiert und die erhaltenen Werte subtrahiert werden:

$$\log_a\left(\frac{u}{v}\right) = \log_a u - \log_a v \qquad (1.54)$$

Nachweis:

$$\log_a u = x \quad \text{oder} \quad a^x = u$$
$$\log_a v = y \quad \text{oder} \quad a^y = v$$
$$\log_a\left(\frac{u}{v}\right) = z \quad \text{oder} \quad a^z = \frac{u}{v} = \frac{a^x}{a^y} = a^{x-y}$$
$$\text{d.h.} \quad z = x - y$$

Die Division wird durch das Logarithmieren in eine Subtraktion überführt.
Anwendung: Rechenstab
Beispiel: $\lg\frac{1000}{10} = \lg 1000 - \lg 10 = 3 - 1 = 2$

$$\text{denn} \quad \lg 1000 = 3 \quad \lg 10 = 1 \quad \lg 100 = 2 \quad (10^2 = 100)$$

Logarithmus einer Potenz

Eine Potenz wird logarithmiert, indem die Basis der Potenz logarithmiert und der erhaltene Wert mit dem Exponenten der Potenz multipliziert wird:

$$\log_a\left(z^n\right) = n \cdot \log_a z \qquad (1.55)$$

mit $z, a > 0$ und $a \neq 1$

Nachweis:

$$\log_a z = x \qquad \text{oder} \qquad a^x = z$$

$$\log_a\left(z^n\right) = y \qquad \text{oder} \qquad a^y = z^n = \left(a^x\right)^n = a^{n \cdot x}$$

d.h. $y = n \cdot x$

Das Potenzieren wird durch das Logarithmieren in das Multiplizieren überführt.

Beispiel:

$$\lg 10^3 = 3 \cdot \lg 10 = 3 \cdot 1 = 3$$

$$\lg 1000 = 3 \qquad \text{denn} \quad 10^3 = 1000$$

Logarithmus einer Wurzel

Eine Wurzel wird logarithmiert, indem der Radikand logarithmiert und der erhaltene Wert durch den Wurzelexponenten dividiert wird:

$$\log_a\left(\sqrt[n]{z}\right) = \log_a\left(z^{\frac{1}{n}}\right) = \frac{1}{n} \cdot \log_a z \qquad (1.56)$$

Das Logarithmieren einer Wurzel lässt sich durch das Logarithmieren einer Potenz erklären, da eine Wurzel als Potenz mit gebrochenem Exponenten darstellbar ist:

$$\sqrt[n]{z} = z^{\frac{1}{n}}$$

Das Radizieren wird durch das Logarithmieren in das Dividieren überführt.

1.5.3 Zusammenhang zwischen den Logarithmensystemen

Umrechnen von Logarithmen

Von einer Zahl z ist der Logarithmus eines Logarithmensystems gegeben. Der Logarithmus dieser Zahl zu einer anderen Basis soll errechnet werden:

Gegeben: $y = \log_c z$ gesucht: $x = \log_a z$

Die Logarithmen lassen sich in Potenzschreibweise angeben:

$y = \log_c z$ oder $c^y = z$

$x = \log_a z$ oder $a^x = z$

d.h. $c^y = a^x$

Beide Potenzen lassen sich nach der Basis c logarithmieren:

$$\log_c\left(c^y\right) = y \cdot \log_c c = y$$

$$= \log_c\left(a^x\right) = x \cdot \log_c a$$

d.h. $y = x \cdot \log_c a$

Mit $y = \log_c z$ und $x = \log_a z$

ergibt sich

$$\log_c z = \log_a z \cdot \log_c a$$

und

$$\log_a z = \frac{\log_c z}{\log_c a} \tag{1.57}$$

speziell: $z = c$

$$\log_a c = \frac{1}{\log_c a} \tag{1.58}$$

Das ist ein Vertauschen der Basen und Numeri.

Anmerkung:
Die häufigsten Umrechnungen werden bei Logarithmen mit den Basen 10, 2 und e vorgenommen.
Beispiel:

$a = 10$ und $c = e$

$$\lg z = \frac{\ln z}{\ln 10} = \frac{\ln z}{2{,}3026} = 0{,}4343 \cdot \ln z$$

$a = e$ und $c = 10$

$$\ln z = \frac{\lg z}{\lg e} = \frac{\lg z}{0{,}4343} = 2{,}3026 \cdot \lg z$$

Damit ergibt sich

$$\lg z = \frac{\ln z}{\ln 10} = \ln z \cdot \lg e$$

$$\frac{1}{\ln 10} = \lg e = 0{,}4343 = M \tag{1.59}$$

Der Umrechnungsfaktor von natürlichen Logarithmen in Zehnerlogarithmen wird Modul der Zehnerlogarithmen genannt:

$$\lg z = M \cdot \ln z$$

und

$$\ln z = \frac{1}{M} \cdot \lg z \qquad \text{mit} \quad M = 0{,}4343 \tag{1.60}$$

1.5.4 Die dekadischen Logarithmen

Dekadische Logarithmen

Für die Logarithmen mit der Basis 10 gelten folgende Sätze:

1. Die dekadischen Logarithmen der Zehnerpotenzen sind ganze Zahlen.
2. Die dekadischen Logarithmen aller anderen positiven Numeri liegen zwischen diesen ganzen Zahlen.
3. Die Logarithmen aller Numeri zwischen 1 und 10 liegen zwischen 0 und 1.
4. Die Logarithmen aller Numeri zwischen 0 und 1 sind negative Zahlen.

Erläuterung:

$$1000 = 10^3 \qquad \lg 1000 = \lg 10^3 = 3 \cdot \lg 10 = 3$$

$$100 = 10^2 \qquad \lg 100 = 2$$

$$10 = 10^1 \qquad \lg 10 = 1$$

$$1 = 10^0 \qquad \lg 1 = 0$$

$$0{,}1 = 10^{-1} \qquad \lg 0{,}1 = \lg \frac{1}{10} = \lg 1 - \lg 10 = -1$$

$$0{,}01 = 10^{-2} \qquad \lg 0{,}01 = \lg \frac{1}{100} = \lg 1 - \lg 100 = -2$$

allgemein:

$$10^n \qquad \lg 10^n = n$$

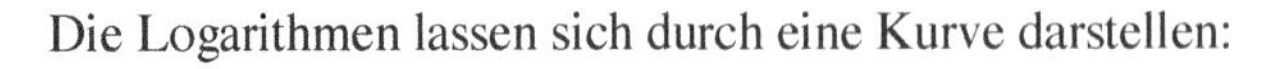
Die Logarithmen lassen sich durch eine Kurve darstellen:

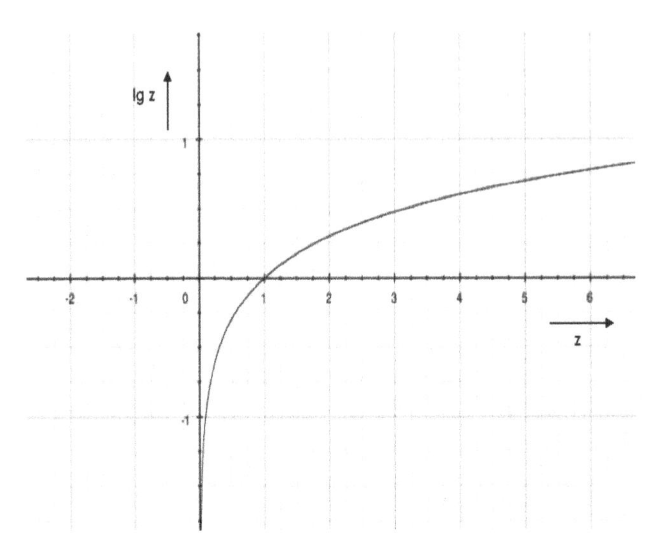

Rechnen mit dekadischen Logarithmen

Alle positiven reellen Zahlen lassen sich als Potenzen der Basis 10 darstellen. Die Exponenten sind dann die dekadischen Logarithmen dieser Zahlen.

<u>Beispiele:</u>

$1000 = 10^3$	$\lg 1000 = 3$
$350 = 10^{2,5441}$	$\lg 350 = 2,5441$
$100 = 10^2$	$\lg 100 = 2$
$35 = 10^{1,5441}$	$\lg 35 = 1,5441$
$10 = 10^1$	$\lg 10 = 1$
$3,5 = 10^{0,5441}$	$\lg 3,5 = 0,5441$
$1 = 10^0$	$\lg 1 = 0$
$0,35 = 10^{0,5441-1} = 10^{-0,4559}$	$\lg 0,35 = 0,5441 - 1 = -\ 0,4559$
	$\lg 0,35 = \lg \frac{35}{100} = \lg 35 - \lg 100 = 1,5441 - 2$

oder

$\lg 350 = 2,5441$	$\lg 0,35 = 0,5441 - 1$
$\lg 35 = 1,5441$	$\lg 0,035 = 0,5441 - 2$
$\lg 3,5 = 0,5441$	$\lg 0,0035 = 0,5441 - 3$

Dabei heißen die Zahlen hinter dem lg (350, 35, ..., 0,035) Numerus, die unveränderliche Ziffernfolge hinter dem Komma Mantisse und die Zahl vor dem Komma einschließlich der Zahlen -1, -2, -3, ... Kennziffer oder Kennzahl. Die Kennzahl des Logarithmus ergibt sich aus der Stellenzahl des Numerus, die Mantisse ist in Logarithmentafeln tabelliert.

Der Numerus (positive reelle Zahl) z wird in ein Produkt aus einer Zehnerpotenz und einer Zahl $\hat{z}$ zwischen 1 und 10 zerlegt:

$$z = \hat{z} \cdot 10^k \qquad \text{mit} \qquad 1 \le \hat{z} < 10 \tag{1.61}$$

Dabei ist $\hat{z}$ durch die Ziffernfolge von z bestimmt, 10^k gibt die Größenordnung von z an.
Diese Zerlegung entspricht der Zerlegung des dekadischen Logarithmus in eine Summe aus einer ganzen Zahl (Kennziffer) und einem Dezimalbruch (Mantisse):

$$\lg z = \lg \hat{z} + \lg 10^k$$

$$\lg z = \lg \hat{z} + k \tag{1.62}$$

$$\text{mit} \quad 0 \le \lg \hat{z} < 1 \quad \text{d.h.} \quad \lg \hat{z} = 0, \ldots$$

Beispiel:

$$350 = 3{,}5 \cdot 10^2 \qquad \lg 350 = \lg 3{,}5 + 2 = 0{,}5441 + 2 = 2{,}5441$$

$$0{,}035 = 3{,}5 \cdot 10^{-2} \qquad \lg 0{,}035 = \lg 3{,}5 - 2 = 0{,}5441 - 2 = -1{,}4559$$

Merkregeln:

1. Die Kennziffer des dekadischen Logarithmus ist immer um 1 niedriger als die Stellenzahl des Numerus, sofern der Numerus größer als 1 ist.
2. Ist der Numerus kleiner als 1, dann ist die Kennziffer negativ und zwar gleich der Anzahl der vorn stehenden Nullen, wobei die Null vor dem Komma mitgerechnet wird.

Rechenbeispiel:
Der dekadische Logarithmus von x ist gesucht:

$$x = \frac{d^4 \cdot e^3}{\sqrt{\left(a^2 + b\right) \cdot \sqrt[3]{c}}}$$

1. Umschreiben der Wurzeln als Potenzen:

$$x = d^4 \cdot e^3 \cdot \left(a^2 + b\right)^{-\frac{1}{2}} \cdot c^{-\frac{1}{6}}$$

2. Logarithmieren nach den Logarithmenregeln:

$$\lg x = 4 \cdot \lg d + 3 \cdot \lg e - \frac{1}{2} \cdot \lg\left(a^2 + b\right) - \frac{1}{6} \cdot \lg c$$

1.6 Ungleichungen

Definition

Als Ungleichung bezeichnet man die Verknüpfung zweier algebraischer Ausdrücke durch eines der folgenden Zeichen

$>$	größer	$<$	kleiner	$\neq$	verschieden von
$\geq$	größer oder gleich	$\leq$	kleiner oder gleich		

Eine Ungleichung zu lösen bedeutet zu bestimmen, innerhalb welcher Grenzen sich die unbekannten Größen bewegen dürfen, damit die Ungleichung richtig bleibt.

Eigenschaften

1. Änderung des Sinnes des Ungleichheitszeichens:

$$\text{aus } a>b \quad \text{folgt } b<a$$
$$\text{aus } a<b \quad \text{folgt } b>a \qquad (1.63)$$

2. Transitivität:

$$\text{aus } a>b \quad \text{und } b>c \quad \text{folgt } a>c$$
$$\text{aus } a<b \quad \text{und } b<c \quad \text{folgt } a<c \qquad (1.64)$$

3. Durch Addition oder Subtraktion einer Größe auf beiden Seiten ändert sich der Sinn der Ungleichung nicht:

$$\text{aus } a>b \quad \text{folgt } a\pm c>b\pm c$$
$$\text{aus } a<b \quad \text{folgt } a\pm c<b\pm c \qquad (1.65)$$

4. Addition von Ungleichungen:
Zwei gleichsinnige Ungleichungen können seitenweise addiert werden:

$$\text{aus } a>b \quad \text{und } c>d \quad \text{folgt } a+c>b+d$$
$$\text{aus } a<b \quad \text{und } c<d \quad \text{folgt } a+c<b+d \qquad (1.66)$$

5. Subtraktion von Ungleichungen:
Von einer Ungleichung lässt sich eine ihr ungleichsinnige Ungleichung seitenweise subtrahieren, wobei der Sinn der ersten Ungleichung beibehalten wird

$$\text{aus } a>b \quad \text{und } c<d \quad \text{folgt } a-c>b-d$$
$$\text{aus } a<b \quad \text{und } c>d \quad \text{folgt } a-c<b-d \qquad (1.67)$$

Gleichsinnige Ungleichungen lassen sich nicht gliedweise subtrahieren.

6. Multiplikation und Division von Ungleichungen:
   Multipliziert oder dividiert man eine Ungleichung mit ein und derselben positiven Zahl, so bleibt der Sinn der Ungleichung erhalten.

$$\text{aus } a > b \text{ und } c > 0 \text{ folgt } a \cdot c > b \cdot c \text{ und } \frac{a}{c} > \frac{b}{c}$$

$$\text{aus } a < b \text{ und } c > 0 \text{ folgt } a \cdot c < b \cdot c \text{ und } \frac{a}{c} < \frac{b}{c} \qquad (1.68)$$

   Multipliziert man die Ungleichung dagegen beiderseitig mit einer negativen Zahl, so muss der Sinn des Ungleichungszeichens geändert werden.

$$\text{aus } a > b \text{ und } c < 0 \text{ folgt } a \cdot c < b \cdot c \text{ und } \frac{a}{c} < \frac{b}{c}$$

$$\text{aus } a < b \text{ und } c < 0 \text{ folgt } a \cdot c > b \cdot c \text{ und } \frac{a}{c} > \frac{b}{c} \qquad (1.69)$$

7. Kehrwertbildung:

   Wenn von einer Ungleichung der Kehrwert gebildet, dann kehrt sich der Sinn der Ungleichung um:

$$\text{aus } a > b \quad \text{folgt} \quad \frac{1}{a} < \frac{1}{b} \qquad (1.70)$$

   <u>Nachweis:</u>

   mit $a > b$ und $c = a \cdot b$ mit $c > 0$

   ergibt: $\frac{a}{c} > \frac{b}{c}$ bzw. $\frac{\cancel{a}^1}{\cancel{a} \cdot b} > \frac{\cancel{b}^1}{a \cdot \cancel{b}}$

1.7 Gleichungen

1.7.1 Der Begriff der Gleichung und Gleichwertigkeit

Gleichungen

Unter einer Gleichung versteht man einen Ausdruck der Form

$$T_1 = T_2$$

wobei T_1 und T_2 zwei algebraische Ausdrücke, genannt Terme, sind.

Die Gleichheit zweier Terme kann durch eine Gleichung ausgedrückt werden (wahre Gleichheitsaussage), eine Gleichung muss aber nicht immer eine Gleichheit beschreiben (falsche oder unwahre Gleichheitsaussage).

Beispiel:

$7+2=3+6$ "wahr"

$2+4=3+7$ "unwahr" oder "falsch"

Enthalten die Terme T_1 und T_2 Variablen, dann kann über die Gleichheit der Gleichung erst dann entschieden werden, wenn die Variablen mit Werten aus ihren Wertebereichen belegt werden.

Beispiel:

$5x=4+3y$

$x=1$ und $y=1$: $5=4+3$ "falsch"

$x=2$ und $y=2$: $10=4+6$ "wahr"

In Gleichungen mit nur einer Variablen sind die Terme T_1 und T_2 von dieser Variablen abhängig:

$$T_1(x)=T_2(x)$$

Die Belegung der Variablen x mit zulässigen Zahlen aus dem Wertebereich X ergibt „wahre" und „falsche" Gleichheitsaussagen. Diejenigen Zahlen aus dem Wertebereich X, für die die Gleichung eine wahre Aussage darstellt, heißen Lösungen dieser Gleichung.

Die Menge aller Lösungen einer Gleichung $T_1(x)=T_2(x)$ über dem Wertebereich $X=\{x\}$ heißt Lösungsmenge L oder Erfüllungsmenge E.

Beispiel: $T_1(x)=T_2(x)$

$x^2+7=7x-3$

bei einem Wertebereich $X=\{1,2,3,...,6\}$

$x=1$: $1^2+7=7\cdot 1-3$ $8=4$ falsch

$x=2$: $2^2+7=7\cdot 2-3$ $11=11$ wahr

$x=3$: $3^2+7=7\cdot 3-3$ $16=18$ falsch

$x=4$: $4^2+7=7\cdot 4-3$ $23=25$ falsch

$x=5$: $5^2+7=7\cdot 5-3$ $32=32$ wahr

$x=6$: $6^2+7=7\cdot 6-3$ $43=39$ falsch

d.h. $L=\{2,5\}$ oder $E=\{2,5\}$

bezüglich $x^2+7=7x-3$ und $x=1,2,...,6$

Gleichwertigkeit von Gleichungen

Die Lösungsmenge einer Gleichung lässt sich in den wenigsten Fällen durch Einsetzen der zugelassenen Variablenwerte herausfinden, weil der Variablenbereich eine unendlich große Menge darstellt. Um die Lösungsmenge einer Gleichung zielgerichtet ermitteln zu können, muss die Gleichung in eine andere, gleichwertige Gleichung umgeformt werden, aus der die Lösungsmenge sofort ersichtlich ist.
Gleichungen heißen gleichwertig oder äquivalent, wenn die Ursprungsgleichung und die umgeformte Gleichung einen identischen Lösungsbereich haben.
Operationen, mit denen äquivalente Gleichungen ineinander überführt werden können, sind:

1. Addiert bzw. subtrahiert man auf beiden Seiten einer Gleichung $T_1 = T_2$ denselben, für alle in der Gleichung zugelassenen Variablenwerte definierten Term T, so ist die Gleichung $T_1 \pm T = T_2 \pm T$ der ursprünglichen Gleichung $T_1 = T_2$ gleichwertig:

$$T_1 \pm T = T_2 \pm T \tag{1.71}$$

mit T_1, T_2, T über X definiert

2. Multipliziert bzw. dividiert man beide Seiten einer Gleichung $T_1 = T_2$ mit demselben T, der bei allen in der Gleichung zugelassenen Variablenwerte einen von Null verschiedenen Wert hat, so ist die Gleichung $T_1 \cdot T = T_2 \cdot T$ bzw. $T_1 / T = T_2 / T$ der ursprünglichen Gleichung $T_1 = T_2$ gleichwertig:

$$T_1 \cdot T = T_2 \cdot T \qquad \text{bzw.} \quad \frac{T_1}{T} = \frac{T_2}{T} \tag{1.72}$$

mit T_1, T_2, T über X definiert

Im folgenden sollen verschiedene Gleichungstypen behandelt werden.

1.7.2 Lineare Gleichungen mit einer Unbekannten

Gleichung

Die allgemeine Form der linearen Gleichungen mit einer Unbekannten lautet:

$$a \cdot x + b = 0 \tag{1.73}$$

mit a, b Koeffizienten

Der Typ heißt linear, wenn die Variable x nur in der ersten Potenz auftritt.
Lösung: Die Lösung ergibt sich durch Elimination von x:

$$x = -\frac{b}{a} \qquad \text{mit} \quad a \neq 0 \tag{1.74}$$

1.7.3 Quadratische Gleichungen mit einer Variablen

Quadratische Gleichungen

Eine Gleichung ist quadratisch, wenn die Variable in der zweiten Potenz und in keiner höheren als der zweiten Potenz vorkommt.

Beispiel:

$$3x^2 - 2x + 9 = 0$$

1. Sonderfall:

Eine rein quadratische Gleichung enthält die Variable nur in der zweiten Potenz.

Allgemeine Form der Gleichung:

$$a \cdot x^2 = b \qquad (1.75)$$

Lösung:

$$x_{1,2} = \pm\sqrt{\frac{b}{a}} \quad \text{mit} \quad a \neq 0 \qquad (1.76)$$

Beispiel:

$$7x^2 = 63$$

$$x_{1,2} = \pm\sqrt{\frac{63}{7}} = \pm\sqrt{9}$$

$$x_1 = +3 \quad \text{und} \quad x_2 = -3$$

Das Ergebnis kann durch Einsetzen der Lösung kontrolliert werden.

2. Sonderfall:

Allgemeine Form der Gleichung:

$$(a - b \cdot x)^2 = c \qquad (1.77)$$

Lösung:

$$a - b \cdot x = \pm\sqrt{c}$$

$$b \cdot x = a - \left(\pm\sqrt{c}\right)$$

$$x_{1,2} = \frac{a \mp \sqrt{c}}{b} \qquad (1.78)$$

Beispiel:

$$(16 - 4x)^2 = 64$$

$$x_1 = \frac{16 - \sqrt{64}}{4} = \frac{16 - 8}{4} = 2$$

$$x_2 = \frac{16 + \sqrt{64}}{4} = \frac{16 + 8}{4} = 6$$

Das Ergebnis kann durch Einsetzen der Lösung kontrolliert werden.

3. Sonderfall:
In der quadratischen Gleichung fehlt das konstante Glied.
Allgemeine Form der Gleichung:

$$a \cdot x^2 + b \cdot x = 0$$

$$\text{oder} \quad (a \cdot x + b) \cdot x = 0 \qquad (1.79)$$

Lösung:

1. Lösung: $x_1 = 0$

2. Lösung: $a \cdot x + b = 0$

$$x_2 = -\frac{b}{a} \qquad (1.80)$$

4. Sonderfall: $(a - b \cdot x)^2 + c \cdot (a - b \cdot x) = 0$ (1.81)

Lösung:

$$(a - b \cdot x) \cdot (a - b \cdot x) + c \cdot (a - b \cdot x) = 0$$

$$(a - b \cdot x) \cdot [(a - b \cdot x) + c] = 0$$

1. Lösung:

$$a - b \cdot x = 0$$

$$x_1 = \frac{a}{b} \quad \text{mit } b \neq 0 \qquad (1.82)$$

2. Lösung:

$$a - b \cdot x + c = 0$$

$$x_2 = \frac{a + c}{b} \quad \text{mit } b \neq 0 \qquad (1.83)$$

Beispiel: $(9 - 5x)^2 + 4 \cdot (9 - 5x) = 0$

$$a = 9 \quad b = 5 \quad c = 4$$

$$x_1 = \frac{9}{5} \qquad x_2 = \frac{13}{5}$$

Normalform der quadratischen Gleichung

Die Normalform einer quadratischen Gleichung mit einer Unbekannten wird in der allgemeinen Form folgendermaßen angegeben:

$$x^2 + p \cdot x + q = 0 \qquad (1.84)$$

Lösung: $x^2 + p \cdot x = -q$

$$x^2 + p \cdot x + \left(\frac{1}{2} \cdot p\right)^2 = -q + \left(\frac{1}{2} \cdot p\right)^2$$

Die quadratische Ergänzung ergibt eine äquivalente Gleichung, die nach x aufgelöst wird:

$$\left(x+\frac{1}{2}\cdot p\right)^2=\left(\frac{1}{2}\cdot p\right)^2-q$$

$$x+\frac{1}{2}\cdot p=\pm\sqrt{\left(\frac{p}{2}\right)^2-q}=\pm\sqrt{\frac{p^2}{4}-q}$$

$$x_{1,2}=-\frac{p}{2}\pm\sqrt{\left(\frac{p}{2}\right)^2-q}=-\frac{p}{2}\pm\sqrt{\frac{p^2}{4}-q} \quad (1.85)$$

Beispiel:

$$x^2+x-12=0$$

$$x_{1,2}=-\frac{1}{2}\pm\sqrt{\frac{1}{4}+12}$$

$$x_{1,2}=-\frac{1}{2}\pm\sqrt{\frac{1+48}{4}}$$

$$x_{1,2}=-\frac{1}{2}\pm\sqrt{\frac{49}{4}}=-\frac{1}{2}\pm\frac{7}{2}$$

$$x_1=3 \quad \text{und} \quad x_2=-4$$

Das Ergebnis kann durch Einsetzen der Lösung kontrolliert werden.

Allgemeine Form

Die allgemeine Form der quadratischen Gleichung

$$a\cdot x^2+b\cdot x+c=0 \quad (1.86)$$

wird bei der Lösung zunächst in die Normalform überführt, indem die Gleichung durch den Koeffizienten von x^2 dividiert wird:

$$x^2+\frac{b}{a}\cdot x+\frac{c}{a}=0$$

$$x_{1,2}=-\frac{b}{2\cdot a}\pm\sqrt{\left(\frac{b}{2\cdot a}\right)^2-\frac{c}{a}}$$

$$x_{1,2}=-\frac{b}{2\cdot a}\pm\sqrt{\frac{b^2-4\cdot a\cdot c}{4\cdot a^2}}$$

$$x_{1,2}=-\frac{b}{2\cdot a}\pm\frac{1}{2\cdot a}\cdot\sqrt{b^2-4\cdot a\cdot c}$$

$$x_{1,2}=\frac{1}{2\cdot a}\left(-b\pm\sqrt{b^2-4\cdot a\cdot c}\right) \quad (1.87)$$

Vietascher Wurzelsatz für quadratische Gleichungen

Der Vietasche Wurzelsatz bietet eine einfache Möglichkeit, die Richtigkeit der Lösungen einer quadratischen Gleichung zu überprüfen:

1. Die Summe der Lösungen einer quadratischen Gleichung in ihrer Normalform
$$x^2 + p \cdot x + q = 0$$
ist gleich dem negativen Koeffizienten von x:
$$x_1 + x_2 = -p \qquad (1.88)$$

2. Das Produkt der Lösungen ist gleich dem konstanten Term der Normalform
$$x_1 \cdot x_2 = q \qquad (1.89)$$

<u>Nachweis:</u>
Die Normalform der quadratischen Gleichung

$$x^2 + p \cdot x + q = 0$$

hat die Lösungen $x_1 = -\frac{p}{2} + \sqrt{\left(\frac{p}{2}\right)^2 - q}$ und $x_2 = -\frac{p}{2} - \sqrt{\left(\frac{p}{2}\right)^2 - q}$

Dann ist $x_1 + x_2 = -\frac{p}{2} + \sqrt{\left(\frac{p}{2}\right)^2 - q} - \frac{p}{2} - \sqrt{\left(\frac{p}{2}\right)^2 - q}$

$$x_1 + x_2 = -p$$

und
$$x_1 \cdot x_2 = \left(-\frac{p}{2} + \sqrt{\left(\frac{p}{2}\right)^2 - q}\right) \cdot \left(-\frac{p}{2} - \sqrt{\left(\frac{p}{2}\right)^2 - q}\right)$$

$$x_1 \cdot x_2 = \frac{p^2}{4} - \left[\left(\frac{p}{2}\right)^2 - q\right]$$

$$x_1 \cdot x_2 = q$$

<u>Beispiele quadratischer Gleichungen:</u>

1. $x^2 - 2x - 3 = 0$

$$x_{1,2} = +1 \pm \sqrt{1+3}$$

$$x_{1,2} = 1 \pm 2$$

$$x_1 = 3 \quad \text{und} \quad x_2 = -1$$

$$x_1 + x_2 = -p = 2 \qquad x_1 \cdot x_2 = q = -3$$

2. $x^2 - 2x + 1 = 0$

$$x_{1,2} = +1 \pm \sqrt{1-1}$$
$$x_1 = 1 \quad \text{und} \quad x_2 = 1$$
$$x_1 + x_2 = -p = 2 \qquad x_1 \cdot x_2 = q = 1$$

3. $x^2 - 2x + 5 = 0$

$$x_{1,2} = +1 \pm \sqrt{1-5}$$
$$x_{1,2} = +1 \pm \sqrt{(-1)\cdot 4}$$
$$x_{1,2} = +1 \pm j \cdot 2$$
$$x_1 = 1 + j \cdot 2 \quad \text{und} \quad x_2 = 1 - j \cdot 2$$
$$x_1 + x_2 = -p = 2$$
$$x_1 \cdot x_2 = q = (1 + j \cdot 2)\cdot(1 - j \cdot 2)$$
$$x_1 \cdot x_2 = q = 1 - 4 \cdot j^2 = 5 \quad \text{mit} \quad j^2 = \left(\sqrt{-1}\right)^2 = -1$$

Produktform der quadratischen Gleichung

Mit Hilfe des Vietaschen Wurzelsatzes lässt sich eine quadratische Gleichung auch in Produktform angeben:

$$x^2 + px + q = (x - x_1)\cdot(x - x_2) = 0 \qquad (1.90)$$

Nachweis: $(x - x_1)\cdot(x - x_2) = x^2 - (x_1 + x_2)\cdot x + x_1 \cdot x_2 = 0$

1.7.4 Gleichungen höheren Grades

Für die Lösung von Gleichungen höheren Grades gibt es keinen Lösungsansatz, mit dem Nullstellen direkt errechnet werden können. Die Nullstellen werden mit Hilfe von Rechnern nach iterativen Methoden (Newtonsches Tangentenverfahren, Sekantenverfahren) ermittelt. Mittels einer iterativ errechneten Nullstelle lässt sich durch Division der Grad der Gleichung um 1 erniedrigen.

Beispiel einer Gleichung 3. Grades:
Die Gleichung 3. Grades lässt sich genauso wie die quadratische Gleichung in Produktform darstellen

$$x^3 + 3x^2 - x - 3 = (x - x_1)\cdot(x - x_2)\cdot(x - x_3) = 0$$

Durch Probieren lässt sich hier eine Nullstelle ermitteln:

$$x_1 = 1: \qquad 1 + 3 - 1 - 3 = 0 \quad \text{wahr}$$

Die Gleichung 3. Grades lässt sich nun durch Division auf eine quadratische Gleichung erniedrigen:

$$\left(x^3+3x^2-x-3\right):(x-1)=x^2+4x+3$$
$$\underline{-\left(x^3-x^2\right)}$$
$$4x^2-x$$
$$\underline{-\left(4x^2-4x\right)}$$
$$3x-3$$
$$\underline{-(3x-3)}$$
$$0$$

$$x^2+4x+3=0$$
$$x_{2,3}=-2\pm\sqrt{4-3}=-2\pm 1$$
$$x_2=-1 \quad \text{und} \quad x_3=-3$$

Spezielle Form einer Gleichung 3. Grades:

Ist der Absolutwert einer Gleichung 3. Grades gleich Null, dann lässt sich x ausklammern. Damit steht eine Nullstelle mit $x_1=0$ fest, denn ein Produkt ist dann Null, wenn einer der Faktoren Null ist.
Für die sich ergebende quadratische Gleichung lassen sich mit der p-q-Formel die restlichen beiden Nullstellen bestimmen:

$$x^3+3x^2-x=0$$
$$x\cdot\left(x^2+3x-1\right)=0$$
$$x_1=0$$
$$x_{2,3}=-\frac{3}{2}\pm\sqrt{\frac{9+4}{4}} \qquad x_2=\frac{-3+\sqrt{13}}{2} \quad \text{und} \quad x_3=\frac{-3-\sqrt{13}}{2}$$

Spezielle Gleichung 4. Grades

Kommen in der Gleichung 4. Grades nur geradzahlige Exponenten von x vor, dann kann die Gleichung durch Substitution $x^2=u$ in eine Gleichung 2. Grades umgewandelt und nach der p-q-Formel gelöst werden.

Beispiel: $x^4+5x^2-36=0$

mit $x^2=u$

$$u^2+5u-36=0$$
$$u_{1,2}=-\frac{5}{2}\pm\sqrt{\frac{25+144}{4}}=-\frac{5}{2}\pm\frac{13}{2}$$
$$u_1=4 \quad \text{und} \quad u_2=-9$$

mit $x=\pm\sqrt{u}$

$$x_1=+2 \qquad x_2=-2 \qquad x_3=+\sqrt{-9}=3\cdot j \qquad x_4=-\sqrt{-9}=-3\cdot j$$

1.7.5 Exponentialgleichungen

Definition

Eine Gleichung heißt Exponentialgleichung, wenn die Variable in einem Exponenten vorkommt.

Einfache Typen von Exponentialgleichungen

1. Typ: $a^x = b$ (1.91)

mit $a, b \in R$

Lösung:
Beide Seiten der Gleichung werden zur gleichen Basis logarithmiert, z.B. mit der Basis 10:

$$\lg a^x = \lg b$$

$$x \cdot \lg a = \lg b \quad \Rightarrow \quad x = \frac{\lg b}{\lg a}$$

Beispiel: $1{,}32^x = 5{,}41$

$$x = \frac{\lg 5{,}41}{\lg 1{,}32} = \frac{0{,}7332}{0{,}1206}$$

$$x = 6{,}08$$

2. Typ: $a^x = a^c$ (1.92)

Lösung:
Die Lösung lässt sich durch direkten Exponentenvergleich ablesen, weil die Exponentialfunktion $y = a^x$ monoton verläuft und weil auf beiden Seiten die gleiche Basis a steht:

$$x = c$$

Allgemeine Form der Exponentialgleichungen

$$\sum_{i=1}^{n} a_i^{T_i(x)} = 0 \qquad (1.93)$$

wobei $\mathrm{T}_i(x)$ ein Term in Abhängigkeit von x ist.

Für die Lösung kann kein allgemein gültiges Rezept gegeben werden. Den Lösungsweg wählt man von Fall zu Fall verschieden.

Beispiel 1: $4^{2x+3} - 2^{4x+3} = 3^{x+3} + 3^x$

Lösung:
Auf beiden Seiten wird die gleiche Basis hergestellt.

$$\left(2^2\right)^{2x+3} - 2^{4x+3} = 3^{x+3} + 3^x$$
$$2^{4x+6} - 2^{4x+3} = 3^{x+3} + 3^x$$
$$2^{4x} \cdot 2^6 - 2^{4x} \cdot 2^3 = 3^x \cdot 3^3 + 3^x$$
$$2^{4x} \cdot 2^3 \cdot \left(2^3 - 1\right) = 3^x \cdot \left(3^3 + 1\right)$$
$$2^{4x} \cdot 8 \cdot 7 = 3^x \cdot 28$$
$$2^{4x} \cdot 2 = 3^x$$

Nun werden beide Seiten logarithmiert:

$$\lg\left(2^{4x} \cdot 2\right) = \lg 3^x$$
$$\lg 2^{4x} + \lg 2 = \lg 3^x$$
$$4x \cdot \lg 2 + \lg 2 = x \cdot \lg 3$$
$$4x \cdot \lg 2 - x \cdot \lg 3 = -\lg 2$$
$$x = -\frac{\lg 2}{4 \cdot \lg 2 - \lg 3}$$
$$x = -\ 0{,}414$$

Beispiel 2: $e^{2x} + e^x = 2$

Lösung:
Durch die Substitution $e^x = u$ mit $0 \leq u < \infty$ ergibt sich eine quadratische Gleichung in u:

$$u^2 + u = 2$$
$$u^2 + u - 2 = 0$$
$$u_{1,2} = -\frac{1}{2} \pm \sqrt{\frac{1}{4} + \frac{8}{4}} = -\frac{1}{2} \pm \frac{3}{2}$$

$u_1 = 1$ und $u_2 = -2$ entfällt, weil e^x nicht negativ sein kann

$$u = e^x = 1$$
$$\lg e^x = \lg 1 = 0$$
$$x \cdot \lg e = 0$$
$$x = 0$$

<u>Beispiel 3:</u> $e^{x-1} - e^{2-x} = 2$

<u>Lösung:</u>

$$e^{x} \cdot e^{-1} - e^{2} \cdot e^{-x} = 2$$

Durch die Substitution

$$e^{x} = u \quad \text{mit} \quad 0 \leq u < \infty$$

$$\text{und} \quad \mathrm{e}^{-x} = \frac{1}{e^{x}} = \frac{1}{u} = u^{-1}$$

ergibt sich eine quadratische Gleichung in u:

$$u \cdot e^{-1} - e^{2} \cdot u^{-1} = 2$$

$$u^{2} \cdot e^{-1} - e^{2} - 2 \cdot u = 0$$

$$u^{2} - 2 \cdot e \cdot u - e^{3} = 0$$

$$u_{1,2} = e \pm \sqrt{e^{2} + e^{3}} = e \pm e \cdot \sqrt{1+e}$$

$$u_{1} = e \cdot \left(1 + \sqrt{1+e}\right)$$

und

$$u_{2} = e \cdot \left(1 - \sqrt{1+e}\right)$$

entfällt, weil e^{x} nicht negativ sein kann.

Das Zwischenergebnis

$$u = e \cdot \left(1 + \sqrt{1+e}\right) = e^{x}$$

wird logarithmiert:

$$x = \ln\left[e \cdot \left(1 + \sqrt{1+e}\right)\right]$$

$$x = \ln e + \ln\left(1 + \sqrt{1+e}\right)$$

$$x = 1 + \ln\left(1 + \sqrt{1+e}\right)$$

$$x = 2{,}0744$$

Übungsaufgaben zum Kapitel 1

Behandeln Sie folgende algebraische Ausdrücke:

1.1 $\left(a^3+b^3\right):(a+b)=$

1.2 $\left(240x^3-103x^2-18x\right):\left(15x^2+2x\right)=$

1.3 $\frac{x-y}{2x}-(1-y)=$

1.4 $\frac{9x-13}{6x-15y}-\frac{2x+3}{20y-8x}-\frac{7(x-1)}{4x-10y}=$

1.5 $\frac{m}{n-1}\cdot\frac{n^2-2n+1}{m+mn}=$

1.6 $\left(x^2-2+\frac{1}{x^2}\right):\left(x-\frac{1}{x}\right)=$

1.7 $\dfrac{\frac{(m+n)^2}{b}}{\frac{m^2-n^2}{a}}=$

1.8 $\dfrac{\frac{2a-3b}{2a+3b}-\frac{2a+3b}{2a-3b}}{\frac{2a+3b}{2a-3b}-\frac{2a-3b}{2a+3b}}=$

Berechnen Sie folgende Potenz- und Wurzelausdrücke:

1.9 $\left(\frac{4x^3y^{-1}z^2}{5u^{-2}r}\right)^3:\left(\frac{u^{-1}r^2}{2x^2y^3z^{-1}}\right)^{-4}=$ (Lösung ohne negative Exponenten)

1.10 $\left(\frac{x^{-n}y^{2n}}{z^n w^{-2n}}\right)^{-m}=$ (Lösung ohne Klammer und ohne Bruchstrich)

1.11 $\left(\sqrt{\frac{2xy^3}{z^5}}\right)^3\cdot\left(\sqrt[4]{\frac{8x^3y^5}{z^7}}\right)^2=$ (Lösung ohne negative Exponenten)

1.12 $\frac{2x}{\sqrt{x+b}-\sqrt{b}}=$ (Lösung mit reellem Nenner)

Ermitteln Sie folgende Logarithmen:

1.13 $\log_{100}10$

1.14 $\log_3\sqrt[4]{27}$

1.15 $\log\frac{\sqrt[3]{b^2}}{\sqrt{a}}$

1.16 $\log\frac{\sqrt[3]{a+b\sqrt{c}}}{\sqrt{3ab}}$

1.17 $\log\left(m^2-n^2\right)$

Berechnen Sie x in folgenden Gleichungen:

1.18 $(x+a+b)^2-(x-a-b)^2=na+nb$

1.19 $\frac{1}{x+a}+\frac{1}{x-a}=\frac{4}{3a}$

1.20 $x^3-1=0$

1.21 $\sqrt{x+3}=\sqrt{x-2}+1$

1.22 $b^x\cdot a^{x-2}=c^{x+3}$

2. Die Funktion

2.1 Zahlenmengen und Punktmengen und das kartesische Koordinatensystem

Definition der Menge

Jede Zusammenfassung einer Anzahl einzelner, wohl unterschiedener Objekte mit gemeinsamem Merkmal zu einer Gesamtheit wird als Menge bezeichnet.
Beispiele:
Zahlenmengen: $N = \{1,2,3,...\}$ natürliche Zahlen
R reelle Zahlen

Darstellung: Aufführen der Mengenelemente
Angabe der Eigenschaft
Beispiel: $X = \{x|\ |x| < 1 \wedge x \in R\}$
(Der senkrechte Strich nach dem Mengenelement bedeutet „für die gilt")

Zahlenmengen und Punktmengen

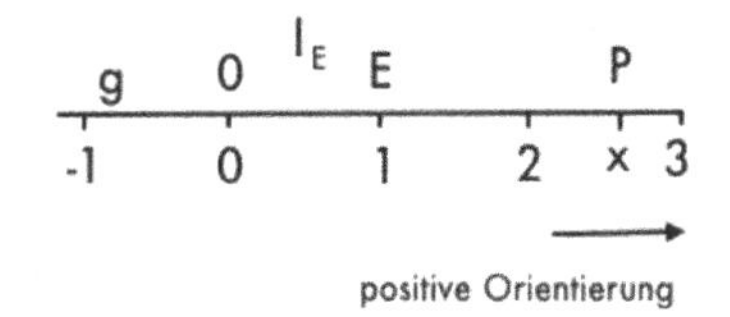

Die Menge R der reellen Zahlen lässt sich geometrisch als Zahlengerade darstellen. Dabei wird die Einslänge l_E der Geraden durch zwei Punkte 0 und E festgelegt, denen die Zahlen 0 und 1 zugeordnet werden. Damit wird der Geraden g eine positive Orientierung gegeben. Einer beliebigen reellen Zahl $x \in R$ wird dann der Punkt P auf der Geraden g zugeordnet, der vom Punkt 0 den Abstand $x \cdot l_E$ hat. Zahlenmengen lassen sich als lineare Punktmengen, das sind Punktmengen in eindimensionaler Ausdehnung, darstellen.

Zahlenpaare und ebene Punktmengen

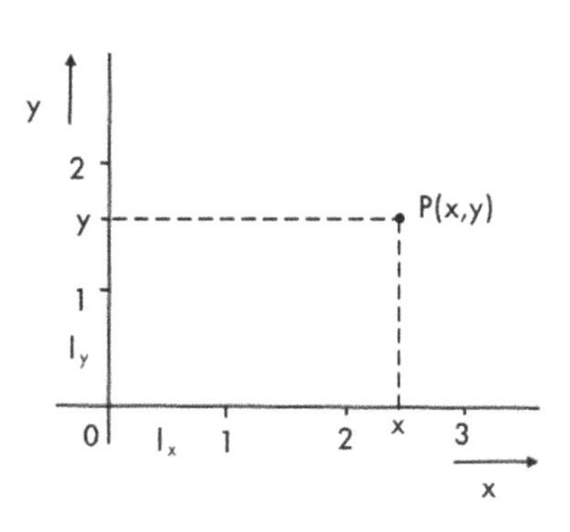

Mengen von Zahlenpaaren werden Punktmengen in der Ebene zugeordnet. Entsprechend müssen zwei Zahlengeraden mit den Einslängen l_x und l_y zur Verfügung stehen, um den beiden linearen Zahlenmengen jeweils Punktmengen zuordnen zu können. Diese werden zweckmäßig senkrecht aufeinander dargestellt.

W. Weißgerber, *Mathematik zu Elektrotechnik für Ingenieure*,
https://doi.org/10.1007/978-3-658-40837-4_2

Mit Hilfe dieses kartesischen Koordinatensystems wird jedem Punkt $P(x,y)$ der Ebene ein geordnetes Zahlenpaar (x,y) zugeordnet:

$$P(x,y) \leftrightarrow (x,y) \qquad (2.1)$$

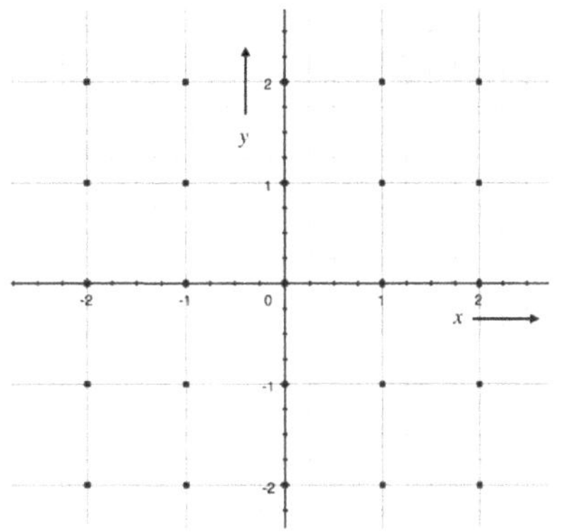

<u>Beispiel:</u> $A = \{(x,y) \mid x,y \in Z\}$

Die Menge dieser Zahlenpaare mit ganzen Zahlen bzw. die Menge der Punkte mit ganzzahligen Koordinaten stellen die Gitterpunkte der Ebene dar.

2.2 Funktionsbegriff

Abbildung

Zwei Mengen A und B sind gegeben. Den Elementen der Menge A sind Elemente der Menge B zugeordnet. Die Zuordnung wird durch die Menge der Zahlenpaare (a_i, b_i) ausgedrückt und mit F bezeichnet. F ist eine Abbildung von A auf B.

<u>Beispiel:</u>

$A = \{a_1, a_2, a_3\}$

$B = \{b_1, b_2, b_3, b_4\}$

$F = \{(a_1,b_1),(a_1,b_2),(a_2,b_2),(a_3,b_1),(a_3 b_4)\}$

Funktion

Ist jedem Element x einer Menge X genau ein Element y der Menge Y zugeordnet, so ist die Abbildung F eindeutig, und die Menge der geordneten Paare (x, y) wird mit Funktion bezeichnet. Die Abbildung F bedeutet, dass sich die y-Werte durch eine Rechenoperation mit den x-Werten ergeben. Die Menge X ist der Definitionsbereich, die Menge Y der Wertebereich. Da die gegebene Funktion F jedem x nur ein y zuordnet, besteht das Bild von x nur jeweils aus einem Element $y = F(x)$, wobei x unabhängige Veränderliche, Variable oder Argument und y abhängige Veränderliche, abhängige Variable oder Funktionswert heißen.

<u>Beispiel:</u> X positive Zahlen $\qquad Y$ Quadratzahlen

$x_1 = 1$	$y_1 = 1$
$x_2 = 2$	$y_2 = 4$
$x_3 = 3$	$y_3 = 9$
$\vdots$	$\vdots$

Die Funktion lautet für dieses Beispiel: $y = F(x) = x^2$

Reelle Funktionen

Sind der Definitionsbereich X und der Wertebereich Y Mengen reeller Zahlen, dann sind die zugehörigen Funktionen reelle Funktionen.

Darstellung: Aus der Darstellung einer reellen Funktion muss eindeutig hervorgehen, welche Zahlenpaare (x, y) zur Funktion F gehören.

1. Angabe der Zahlenpaare: $(x_1, y_1), (x_2, y_2), \ldots$
2. Wertetabelle:

x	x_1	x_2	x_3	x_4
$y = F(x)$	y_1	y_2	y_3	y_4

Beispiele: Messtechnik, Wertetabellen logarithmischer Funktionen

3. Grafische Darstellung im kartesischen Koordinatensystem:
Zuordnung von Zahlenpaaren zu ebenen Punktmengen. Die Punktmengen der uns interessierenden Funktionen bilden vorwiegend Kurven.

4. Analytische Darstellung: Funktionsgleichung
F ist die Menge der reellen Zahlenpaare (x, y), die der Gleichung $y = F(x)$ genügen:

$$F = \{(x,y) \mid y = F(x) \wedge x \in X, y \in Y\} \tag{2.2}$$

Meistens genügt die Angabe der Funktionsgleichung $y = F(x)$ oder $y = f(x)$.

2.3 Formen der analytischen Darstellung reeller Funktionen

Explizite Form

Steht die abhängige Variable y allein auf einer Seite, dann liegt die explizite Form der Funktionsgleichung vor.

Beispiel: $y = \frac{x}{2} - 1$

Implizite Form

Ist die abhängige Variable y in der Funktionsgleichung nicht isoliert auf einer Seite, dann handelt es sich um eine Funktionsgleichung in implizierter Form.

Beispiele:

$$x - 2y - 2 = 0$$
$$x = 2y + 2$$
$$x - 2 = 2y$$
$$T(x,y) = x - 2y = 2$$

Parameterdarstellung

Anstelle einer Abbildung f von X auf Y werden zwei Abbildungen φ von T auf X und ψ von T auf Y vorgenommen, d.h. anstelle von $y = f(x)$ treten die beiden Funktions-Gleichungen

$$y = \psi(t) \quad \text{und} \quad x = \varphi(t) \qquad (2.3)$$

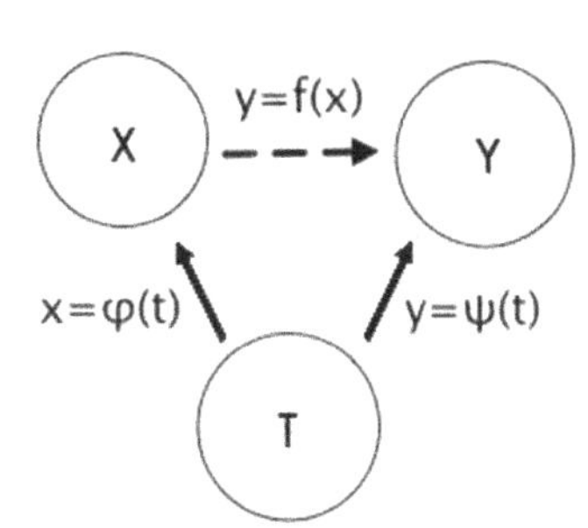

T ist die Menge der reellen Parameterwerte t.

Beispiel:
Parameterdarstellung obiger Funktion:

$y = \frac{x}{2} - 1$: $\qquad x = 2t \qquad y = t - 1$

Wertetabelle:

t	-2	-1	0	1	2
x	-4	-2	0	2	4
y	-3	-2	-1	0	1

Darstellung:

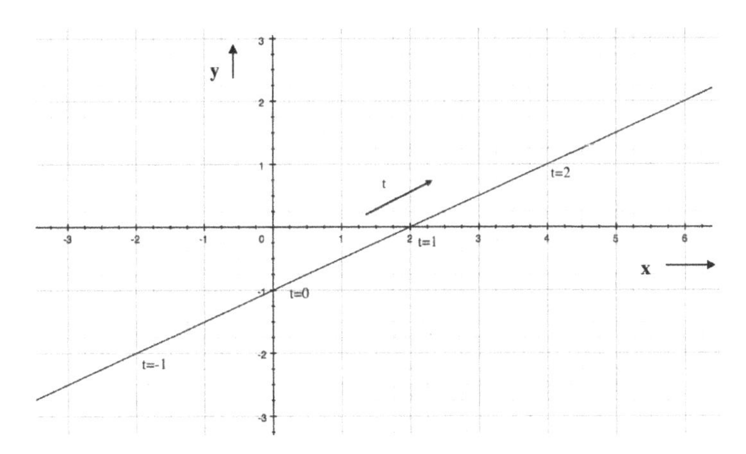

Die Parameterwerte t geben der Geraden eine positive Orientierung. Diese Parameterdarstellung wird in die Form $y = f(t)$ überführt, indem jeweils t eliminiert und gleichgesetzt wird.

Zum Beispiel: $\quad t = \frac{x}{2} = y + 1 \quad \Rightarrow \quad y = \frac{x}{2} - 1$

Anwendung:
Analytische Darstellung von Raumkurven, z.B. Schraubenlinien.

Andere Form der Parameterdarstellung

Eine gegebene Funktion $y = f(x)$ kann durch die mittelbare Funktion $y = \psi(t)$ ersetzt werden, wobei eine Zwischenabbildung von T auf X durch $x = \varphi(t)$ erfolgt.
Die Parameterdarstellung lautet dann

$$y = f\left[\varphi(t)\right] = \psi(t) \qquad (2.4)$$

mit $x = \varphi(t)$

Beispiel: $y = f(x) = \frac{x}{2} - 1 \qquad x = \varphi(t) = 4t + 2 \qquad y = \psi(t) = \frac{4t+2}{2} - 1 = 2t$

Anwendung: Substitution in der Integralrechnung

2.4 Größengleichung und zugeschnittene Größengleichung

Größengleichungen

In der Naturwissenschaft und Technik treten Funktionen auf, deren Wertepaare Größen sind wie Länge, Masse, Spannung, Strom, Zeit usw. Sie werden deshalb Größengleichungen genannt.
Definition einer physikalischen Größe:

Größe = Zahlenwert mal Einheit

Die Größengleichungen enthalten also Zahlen und Einheiten.

Beispiel: Grundgesetz der Dynamik

$$F = m \cdot a$$

Weg-Zeit-Funktion der beschleunigten Bewegung

$$s = s_0 + v_o \cdot t + \frac{1}{2} \cdot a \cdot t^2$$

Zugeschnittene Größengleichungen

Mit $\text{Zahlenwert} = \frac{\text{Größe}}{\text{Einheit}}$

lassen sich die Größengleichungen in Funktionsgleichungen mit reellen Variablen überführen, die dann zugeschnittene Größengleichungen genannt werden. In diesen Gleichungen ist jede Größe durch die Einheit dividiert, in der sie gemessen wird. Damit lassen sich reelle Variablen einführen; die zugeschnittenen Größengleichungen sind also reelle Funktionen.

Zum Beispiel:

$$s = s_0 + v_0 \cdot t + \frac{1}{2} \cdot a \cdot t^2$$

$$s = 2m + 12\frac{m}{s} \cdot t + \frac{1}{2} \cdot 16\frac{m}{s^2} \cdot t^2$$

Division durch m: $\frac{s}{m} = 2 + 12 \cdot \frac{t}{s} + 8 \cdot \left(\frac{t}{s}\right)^2$

Mit $y = \frac{s}{m}$ und $x = \frac{t}{s}$

ergibt sich die Funktionsgleichung $y = 2 + 12x + 8x^2$

Die Zuordnung von Größen zu Zahlenwerten gestattet es, Funktionen, deren Wertepaare physikalische Größen sind, wie reelle Funktionen zu behandeln:

Größe u mit Einheit $[u]$ $\Rightarrow$ Zahlenwert $x = \frac{u}{[u]}$ (2.5)

Zum Beispiel:

Darstellung der Größengleichung

$$s = 8\frac{m}{s^2} \cdot t^2 + 12\frac{m}{s} \cdot t + 2m$$

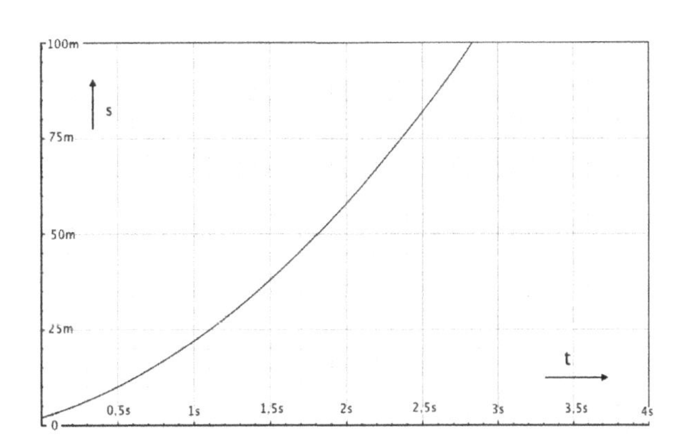

Darstellung der zugeschnittenen Größengleichung

$y = 8x^2 + 12x + 2$

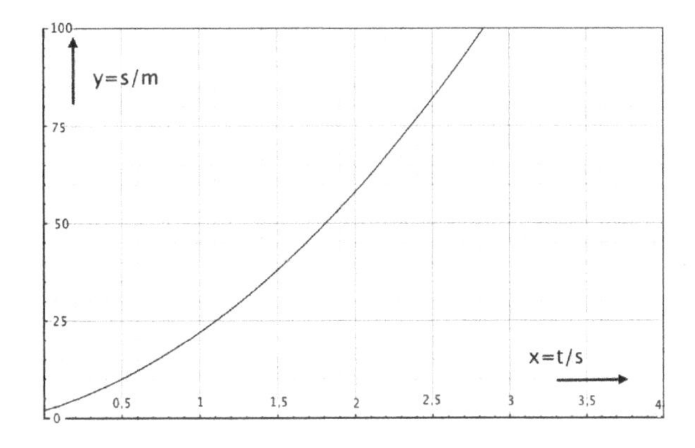

2.5 Einteilung und elementare Eigenschaften der reellen Funktionen

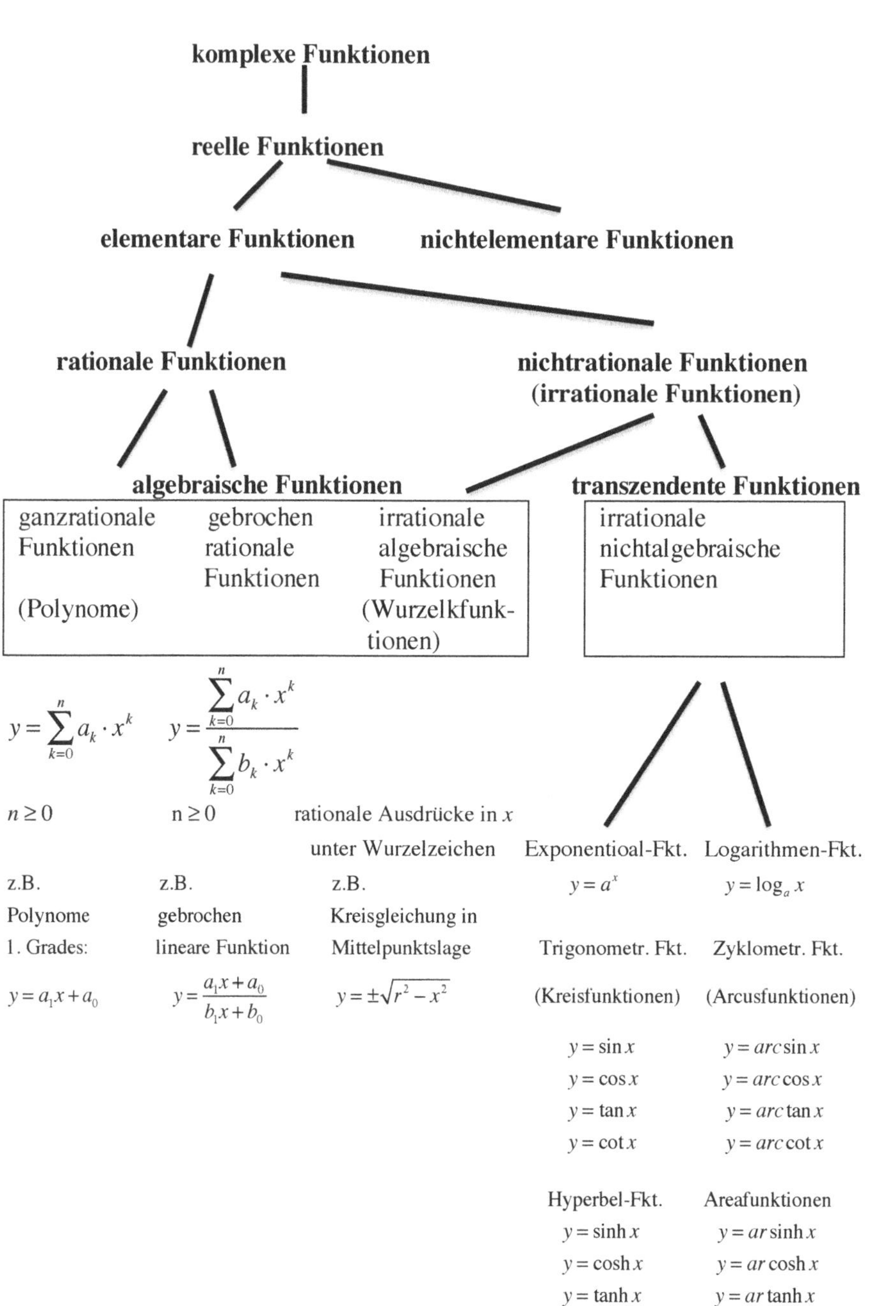

Elementare Funktionen

Elementare Funktionen sind durch Formeln definiert, in denen nur endlich viele algebraische oder transzendente Operationen mit der unabhängigen Variablen, den Funktionen und Konstanten ausgeführt werden. Unter diesen Operationen versteht man die vier Grundrechenarten, das Potenzieren, das Radizieren, das Logarithmieren, das Aufsuchen einer trigonometrischen oder inversen trigonometrischen Funktion u.s.w.

Nichtelementare Funktionen

Funktionen, die nicht elementar sind, lassen sich verschiedenartig definieren, z.B. durch einfache Beschreibung der Zuordnung zwischen den Werten der unabhängigen und abhängigen Variablen oder mit Hilfe mehrerer mathematischer Formeln.
Beispiele:

$$y=|x|=\begin{cases}-x & \text{für } x\le 0\\ x & \text{für } x\ge 0\end{cases} \qquad y=Signum\ x \quad y=\begin{cases}-1 & \text{für } x<0\\ 0 & \text{für } x=0\\ 1 & \text{für } x>0\end{cases}$$

$\sigma(t)$ die Sprungfunktion $\qquad \delta(\mathrm{t})$ die Deltafunktion

Algebraische und transzendente Funktionen

Eine algebraische Funktion lässt sich durch die algebraische Gleichung

$$P_n(x)\cdot y^n+P_{n-1}(x)\cdot y^{n-1}+...+P_1(x)\cdot y+P_0(x)=0 \tag{2.6}$$

beschreiben, wobei $P_i(x)$ Polynome i-ten Grades sind.
Die Rechenoperationen des Addierens, Subtrahierens, Multiplizierens, Dividierens, Potenzierens mit konstanten Exponenten sind auf die unabhängige Veränderliche angewendet. Alle nicht algebraische Funktionen werden als transzendente Funktionen bezeichnet.

Ganzrationale Funktionen oder Polynome

Funktionen, die sich durch die Gleichung

$$y=a_n\cdot x^n+a_{n-1}\cdot x^{n-1}+...+a_2\cdot x^2+a_1\cdot x+a_0=\sum_{k=0}^{n}a_k\cdot x^k$$

mit $n\ge 0$ und ganzzahlig (2.7)

$a_n,\ a_{n-1},...,\ a_2,\ a_1,\ a_0$ reelle Zahlen

beschreiben lassen, werden mit $a_n\neq 0$ ganzrationale Funktion (Polynom) n-ten Grades genannt. Im kartesischen Koordinatensystem stellen sie ununterbrochene Kurven ohne Knicke dar.

Beispiel:
$y = x^5 + 4x^4 + 2x^3 - 2x^2 + x - 3$

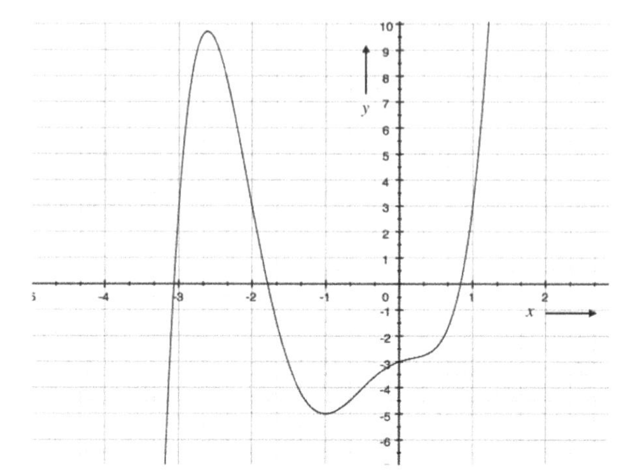

Gleichungen n-ten Grades

Wird $y = 0$ gesetzt, entsteht eine Gleichung n-ten Grades, für die n reelle und komplexe Lösungen $x_1, x_2, \ldots, x_n$ existieren, wobei mehrfache Lösungen entsprechend ihrer Vielfachheit gezählt werden.
Geometrisch sind diese Lösungen die reellen und komplexen Schnittpunkte der ganzrationalen Funktion $y = f(x)$ mit der x-Achse, die so genannten Nullstellen.

Mit nur reellen Nullstellen lässt sich ein Polynom n-ten Grades durch die Produktdarstellung in Linearfaktoren angeben:

$$y = a_n \cdot (x - x_1) \cdot (x - x_2) \cdot (x - x_3) \cdot \ldots \cdot (x - x_n) \tag{2.8}$$

Polynom 1. Grades oder lineare Funktion

$$y = a_1 \cdot x + a_0 \quad \text{mit} \quad n = 1 \tag{2.9}$$

Im kartesischen Koordinatensystem ist die lineare Funktion eine Gerade.
Häufig wird die Funktion in der Form

$$y = m \cdot x + b \tag{2.10}$$

angegeben, wobei m der Anstieg und b der Achsenabschnitt auf der y-Achse ist.
Beispiel: $y = 2x - 1$

Die Nullstelle ergibt sich aus

$$a_1 \cdot x + a_0 = 0$$

und ist $x_1 = -\dfrac{a_0}{a_1}$ (2.11)

zum Beispiel:

$$2x - 1 = 0 \quad x_1 = -\frac{-1}{2} = 0{,}5$$

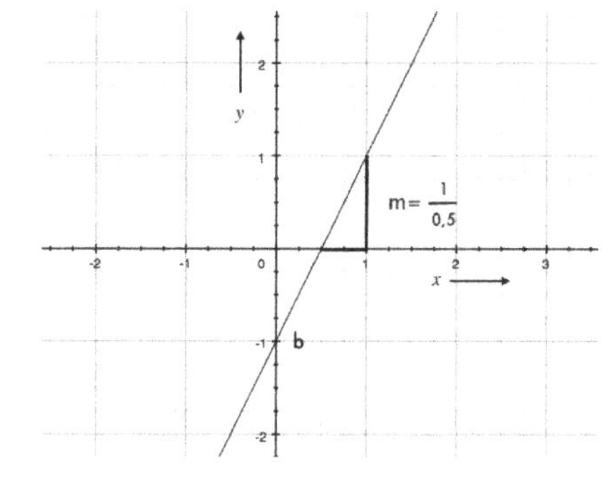

Polynom 2. Grades oder quadratisches Polynom

$$y = a_2 \cdot x^2 + a_1 \cdot x + a_0 \quad \text{mit} \quad n = 2 \qquad (2.12)$$

Im kartesischen Koordinatensystem ist das quadratische Polynom eine Parabel 2. Ordnung mit vertikaler Symmetrieachse, die nach oben oder unten geöffnet ist. Der Scheitelpunkt S liegt bei

$$S\left(-\frac{a_1}{2a_2},\ a_0 - \frac{a_1^2}{4a_2}\right) \qquad (2.13)$$

Beispiele: $y = -2x^2 + 4x - 1$ mit $a_2 < 0$ (Parabel nach unten geöffnet)

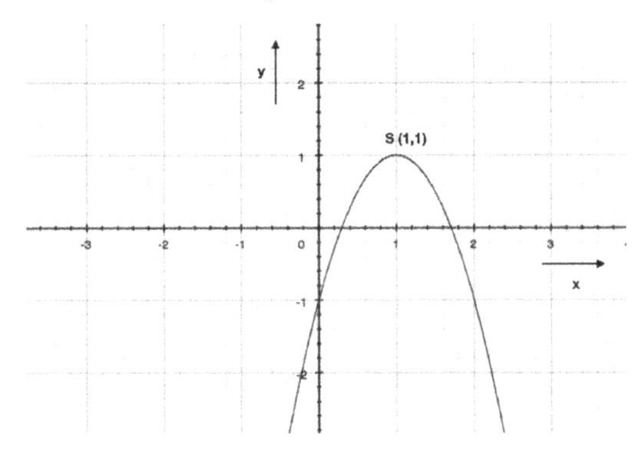

$y = 2x^2 + 4x - 1$ mit $a_2 > 0$ (Parabel nach oben geöffnet)

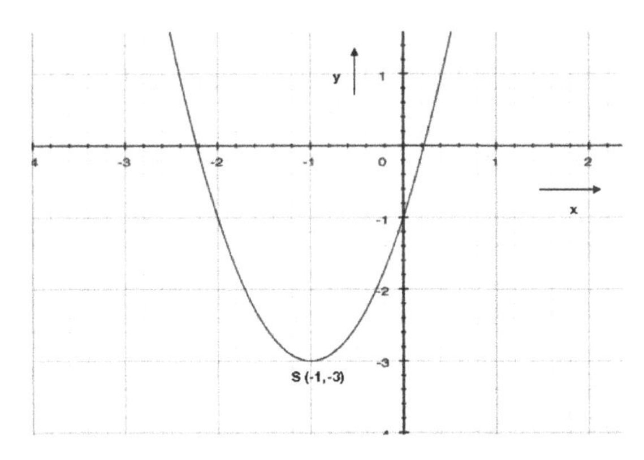

Gleichungen 2. Grades oder quadratische Gleichungen

$a_2 \cdot x^2 + a_1 \cdot x + a_0 = 0$

oder

$$x^2 + p \cdot x + q = 0 \qquad (2.14)$$

Die beiden Nullstellen ergeben sich aus

$$x_{1,2} = \frac{1}{2a_2} \cdot \left(-a_1 \pm \sqrt{a_1^{\,2} - 4a_2 a_0}\right)$$

bzw.

$$x_{1,2} = -\frac{p}{2} \pm \sqrt{\frac{p^2}{4} - q} \qquad (pq\text{-Formel}) \qquad (2.15)$$

Der Radikand (Diskriminante) D entscheidet über die Art der auftretenden Lösungen (Nullstellen):

$D > 0$	zwei reelle Lösungen (zwei reelle Wurzeln)
$D = 0$	zwei identische Lösungen (Doppelwurzel)
$D < 0$	zwei konjugiert komplexe Lösungen (zwei konjugiert komplexe Wurzeln)

Zum Beispiel:

$y = -2x^2 + 4x - 1 = 0$ oder $x^2 - 2x + 0{,}5 = 0$

$x_{1,2} = \frac{1}{2 \cdot (-2)} \cdot \left(-\,4 \pm \sqrt{4^2 - 4 \cdot (-2) \cdot (-1)}\right)$ $\quad x_{1,2} = 1 \pm \sqrt{1 - 0{,}5}$

$x_{1,2} = -\frac{1}{4} \cdot \left(-4 \pm \sqrt{16 - 8}\right) = 1 \mp \sqrt{\frac{16 - 8}{16}}$ $\quad x_{1,2} = 1 \pm 0{,}707$

$x_1 = 1{,}707 \quad x_2 = 0{,}293$ $\quad x_1 = 1{,}707 \quad x_2 = 0{,}293$

Für Gleichungen ab 3. Grades gibt es keine entsprechende pq-Formel.
Bei Gleichungen dritten Grades kann durch Probieren mit $x = 0,\ \pm 1,\ \pm 2, \ldots$ eine Lösung gefunden werden, mit deren Hilfe die kubische Gleichung in eine quadratische Gleichung durch Division überführt werden kann (siehe 1.7.4).
Im allgemeinen führen bei Gleichungen $n \geq 3$ nur Näherungsverfahren zu Lösungen.

Gebrochen rationale Funktionen

Funktionen, die sich durch die Funktionsgleichung

$$y = \frac{g(x)}{h(x)} = \frac{a_n x^n + a_{n-1} x^{n-1} + \ldots + a_1 x + a_0}{b_m x^m + b_{m-1} x^{m-1} + \ldots + b_1 x + b_0} \qquad (2.16)$$

beschreiben lassen, sind gebrochen rationale Funktionen, deren Zähler und Nenner jeweils aus ganzrationalen Ausdrücken $g(x)$ und $h(x)$ bestehen. Die Konstanten a_i und b_i sind reelle Zahlen.

Ist $n < m$, dann ist die Funktion echt gebrochen, ist $n \geq m$, dann ist die Funktion unecht gebrochen. Jede unecht gebrochene rationale Funktion lässt sich durch eine Division in die Summe einer ganzrationalen Funktion und einer echt gebrochen rationalen Funktion überführen:

$$y = \frac{g(x)}{h(x)} = p(x) + \frac{r(x)}{h(x)} \tag{2.17}$$

<u>Beispiel:</u> $y = \frac{x^2}{x-1}$ mit $n = 2$ und $m = 1$

$$x^2 : (x-1) = x + 1 + \frac{1}{x-1} \qquad \text{d.h.} \quad p(x) = x + 1 \qquad \frac{r(x)}{h(x)} = \frac{1}{x-1}$$

$$\begin{array}{l} \underline{-(x^2 - x)} \\ \quad x \\ \underline{-(x-1)} \\ \quad 1 \end{array}$$

Im kartesischen Koordinatensystem dargestellt, weisen die gebrochen rationalen Funktionen Unstetigkeitsstellen auf:

Pole: $h(x) = 0$ und $g(x) \neq 0$

Lücken: $h(x) = 0$ und $g(x) = 0$

<u>Beispiel:</u> $y = \frac{x^2 + 1}{2x} = \frac{x}{2} + \frac{1}{2x} = p(x) + \frac{r(x)}{h(x)}$

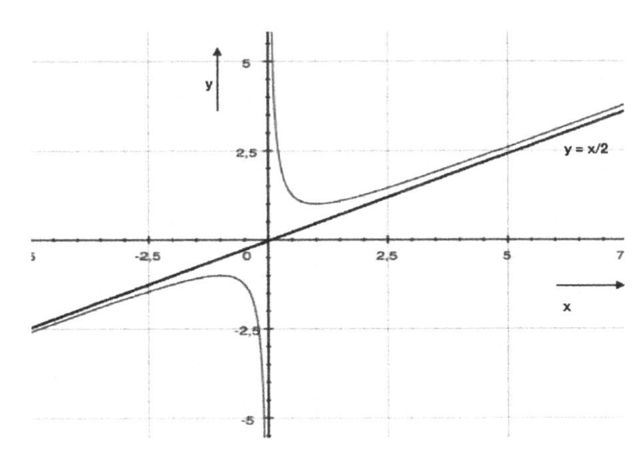

Die Kurven nähern sich asymptotisch den Kurven ihrer rationalen Anteile $p(x)$.

Irrationale algebraische Funktionen

Alle algebraischen Funktionen, die nicht rational sind, werden irrationale algebraische Funktionen genannt. In diesen Funktionen stehen rationale Ausdrücke in x unter Wurzelzeichen.

Beispiel:

$$y=\begin{cases}\sqrt{ax^2+bx+c} & (1)\\ -\sqrt{ax^2+bx+c} & (2)\end{cases}$$

wobei $\Delta=4ac-b^2$ (2.18)

Beispiel: Ellipse $a<0$ und $\Delta<0$:

$y=\pm\sqrt{-x^2+3x+2}$ mit $a=-1$ $b=3$ $c=2$ $\Delta=-\ 4\cdot 2-9=-17<0$

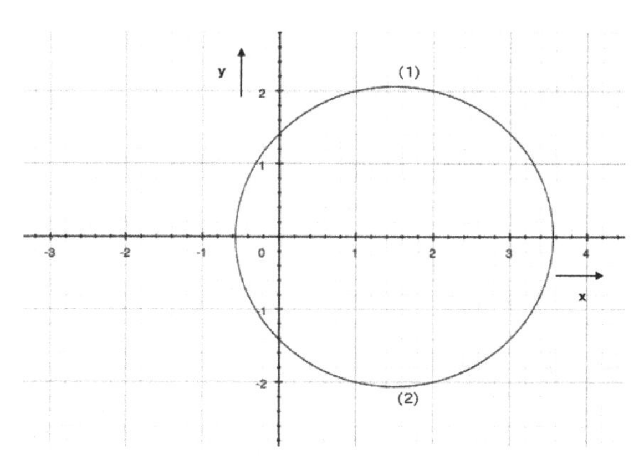

Beispiel: Hyperbel $a>0$ und $\Delta>0$:

$y=\pm\sqrt{x^2+x+2}$ mit $a=1$ $b=1$ $c=2$ $\Delta=4\cdot 2-1=7>0$

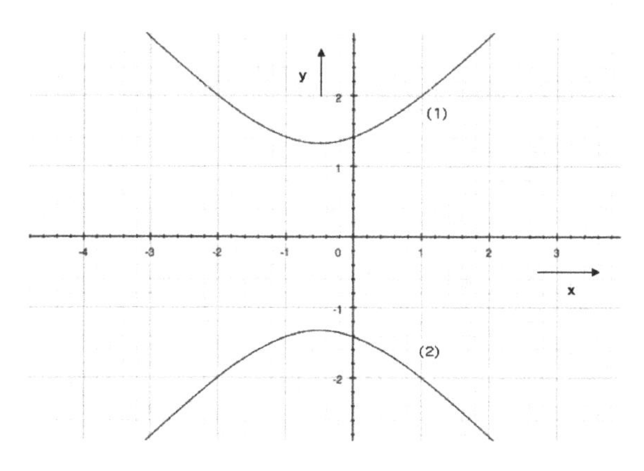

Beispiel: Hyperbel $a > 0$ und $\Delta < 0$:

$y = \pm\sqrt{x^2 + 3x + 1}$ mit $a = 1$ $b = 3$ $c = 1$ $\Delta = 4 - 9 = -5 < 0$

Wurzelgleichungen

Gleichungen, bei denen die Unbekannte x auch unter Wurzelzeichen vorkommt, lassen sich im Allgemeinen durch wiederholtes Potenzieren lösen.
Beispiel:
Die Ermittlung der Nullstellen der Funktion $y = \sqrt{2x+15} - \sqrt{x+4} - 2$ führt über die Wurzelgleichung $\sqrt{2x+15} - \sqrt{x+4} - 2 = 0$, die durch beidseitiges Quadrieren gelöst wird:

$$\sqrt{2x+15} - \sqrt{x+4} = 2$$
$$\left(\sqrt{2x+15}\right)^2 = \left(2 + \sqrt{x+4}\right)^2$$
$$2x + 15 = 4 + 4\cdot\sqrt{x+4} + x + 4$$
$$(x+7)^2 = 4^2\cdot\left(\sqrt{x+4}\right)^2$$
$$x^2 + 14x + 49 = 16x + 64$$
$$x^2 - 2x - 15 = 0$$
$$x_{1,2} = 1 \pm \sqrt{1+15} = 1 \pm 4$$
$$x_1 = 5 \qquad x_2 = -3$$

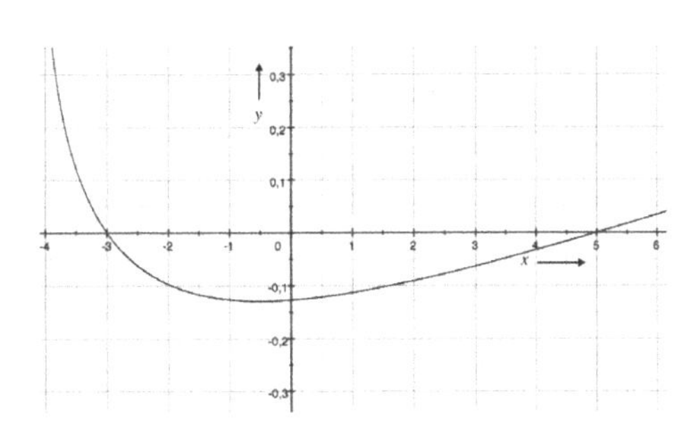

Exponentialfunktionen

Die allgemeine Funktionsgleichung der Exponentialfunktion lautet

$$y = a^x \quad \text{mit} \quad a > 0 \quad \text{und} \quad a \neq 1, \text{ reell} \tag{2.19}$$

Sie ist im Bereich $-\infty < x < \infty$ definiert.

Beispiele:

$y = 2^x$ (1)

$y = e^x$ (2)

$y = 10^x$ (3)

$y = \left(\frac{1}{10}\right)^x$ (4)

$y = \left(\frac{1}{e}\right)^x$ (5)

$y = \left(\frac{1}{2}\right)^x$ (6)

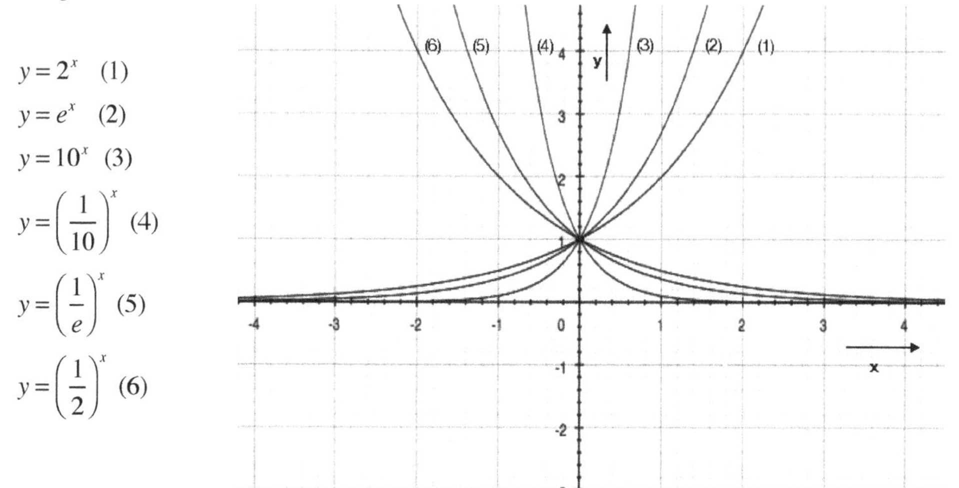

Die „natürliche" Exponentialfunktion $y = e^x$ mit $e = 2{,}718...$ hat in der Naturwissenschaft, insbesondere in der Elektrotechnik bei Ausgleichsvorgängen, eine große Bedeutung.

Logarithmische Funktionen

Die Logarithmenfunktionen sind die Umkehrfunktionen der Exponentialfunktionen und haben die allgemeine Funktionsgleichung:

$$y = \log_a x = \frac{\ln x}{\ln a} \quad \text{oder} \quad x = a^y \quad \text{mit} \quad a > 0,\ \neq 1,\ \text{reell} \qquad (2.20)$$

Sie sind im Reellen nur für $x > 0$ definiert.

Beispiele:

$y = \log_2 x = \operatorname{ld} x$ (1)

$y = \ln x$ (2)

$y = \log_{10} = \lg x$ (3)

$y = \log_{\frac{1}{10}} x$ (4)

$y = \log_{\frac{1}{e}} x$ (5)

$y = \log_{\frac{1}{2}} x$ (6)

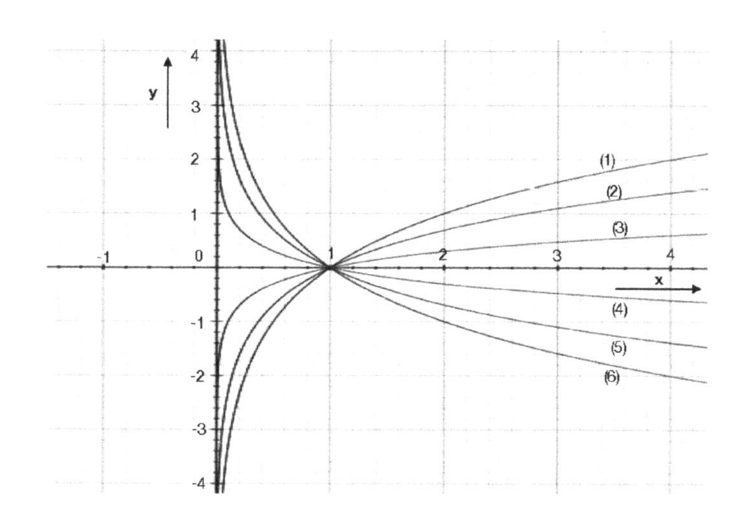

Trigonometrische Funktionen

Die vier trigonometrischen Funktionen sind:

$y = \sin x$ (1)

$y = \cos x$ (2)

(2.21)

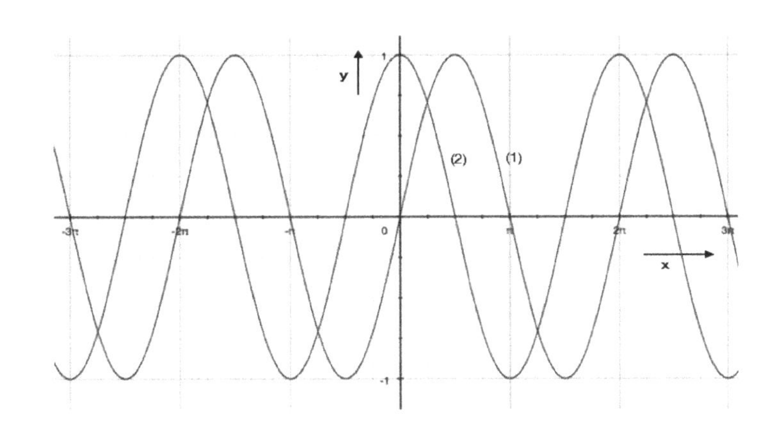

Der Definitionsbereich der Sinus- und Kosinusfunktion ist $-\infty < x < \infty$; der Wertebereich liegt zwischen -1 und $+1$.

$y = \tan x$ (3)

$y = \cot x$ (4)

(2.22)

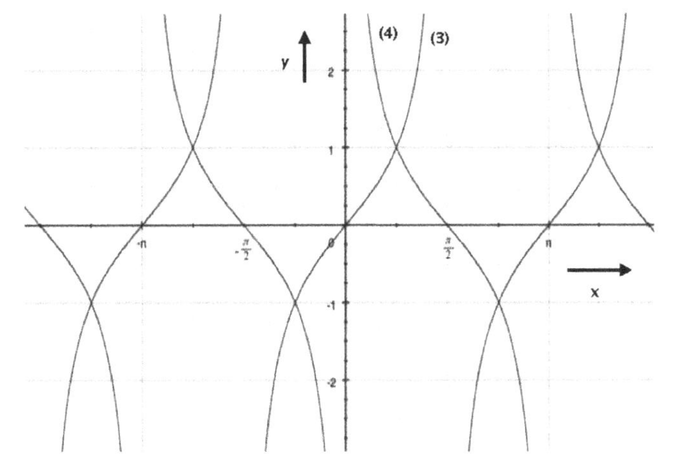

Bei der Tangens- und der Kotangensfunktion liegen der Definitions- und Wertebereich bei $-\infty < x < \infty$. Sie besitzen Unendlichkeitsstellen bei

$$x = (2k+1) \cdot \frac{\pi}{2} \qquad (y = \tan x)$$

$$x = k \cdot \pi \qquad (y = \cot x) \qquad \text{mit} \quad k = 0, \pm 1, \pm 2, \ldots \qquad (2.23)$$

Zusammenhänge zwischen den Kreisfunktionen mit gleichem Argument:

$$\cos^2 x + \sin^2 x = 1 \qquad \tan x = \frac{\sin x}{\cos x} \qquad \cot x = \frac{\cos x}{\sin x} = \frac{1}{\tan x}$$

Kreisfunktionen mit negativem Argument

$$\sin(-x) = -\sin x \quad \cos(-x) = \cos x \quad \tan(-x) = -\tan x \quad \cot(-x) = -\cot x$$

Additionstheoreme:

$$\sin(u \pm v) = \sin u \cdot \cos v \pm \cos u \cdot \sin v \qquad \cos(u \pm v) = \cos u \cdot \cos v \mp \sin u \cdot \sin v$$

$$\tan(u \pm v) = \frac{\tan u \pm \tan v}{1 \mp \tan u \cdot \tan v} \qquad \cot(u \pm v) = \frac{\cot u \cdot \cot v \mp 1}{\cot u \pm \cot v}$$

Kreisfunktionen und Einheitskreis:

$$x^2 + y^2 = 1 \qquad y = \pm\sqrt{1-x^2}$$
$$\cos^2 t + \sin^2 t = 1$$

$$x_P = \cos t \quad \text{und} \quad y_P = \sin t$$
$$x_S = \cot t \qquad y_R = \tan t$$

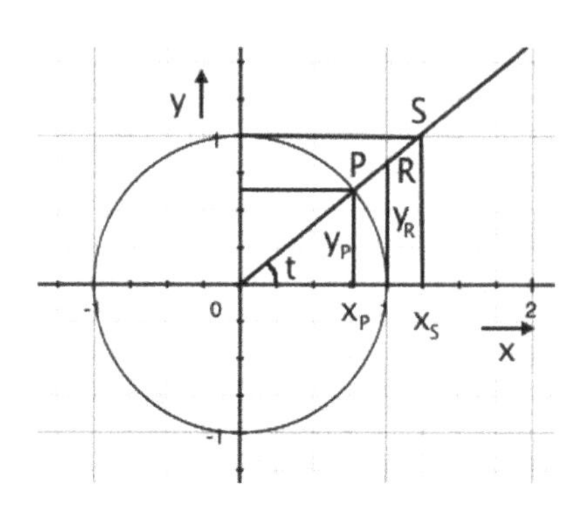

Zyklometrische Funktionen

Die vier zyklometrischen Funktionen oder Arcus-Funktionen sind die Umkehrfunktionen der trigonometrischen Funktionen:

$y = arc\sin x$ (1)
$y = arc\cos x$ (2)
(2.24)

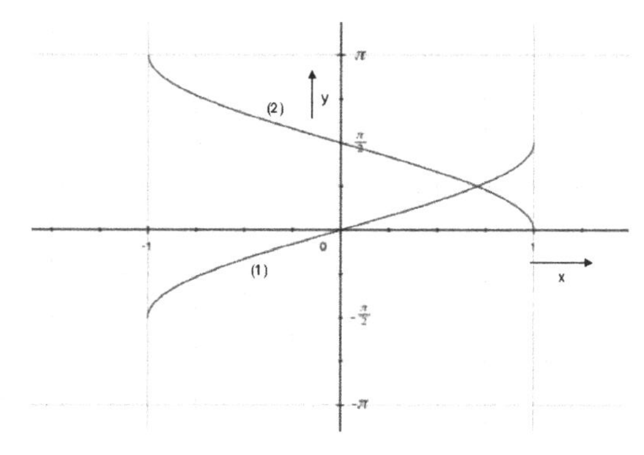

$y = arc\tan x$ (3) $y = arc\cot x$ (4) (2.25)

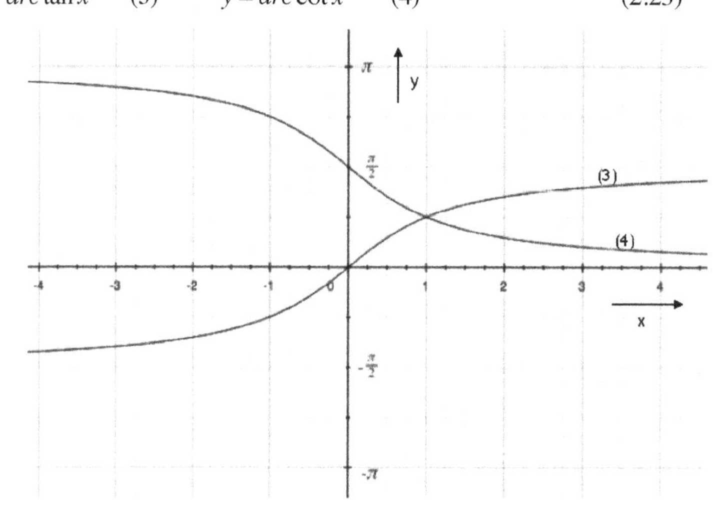

Hyperbelfunktionen

Die Hyperbelfunktionen besitzen ähnlich wie die trigonometrischen Funktionen zum Einheitskreis Beziehungen zur Einheitshyperbel $x^2 - y^2 = 1$ und sind über die Exponentialfunktionen definiert:

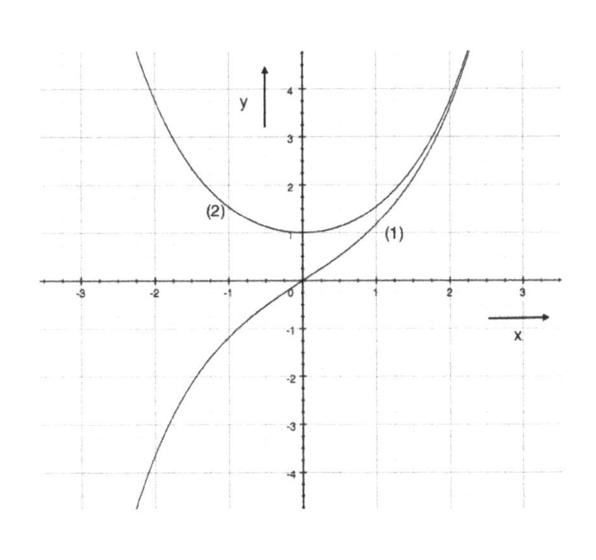

$$y = \sinh x = \frac{e^x - e^{-x}}{2} \quad (1)$$

$$y = \cosh x = \frac{e^x + e^{-x}}{2} \quad (2)$$

(2.26)

Die cosh-Funktion ist als „Kettenkurve" bekannt, weil eine beidseitig aufgehängte Kette nach dieser Funktion durchhängt.

$$y = \tanh x = \frac{e^x - e^{-x}}{e^x + e^{-x}} \quad (1) \qquad y = \coth x = \frac{e^x + e^{-x}}{e^x - e^{-x}} \quad (2) \qquad (2.27)$$

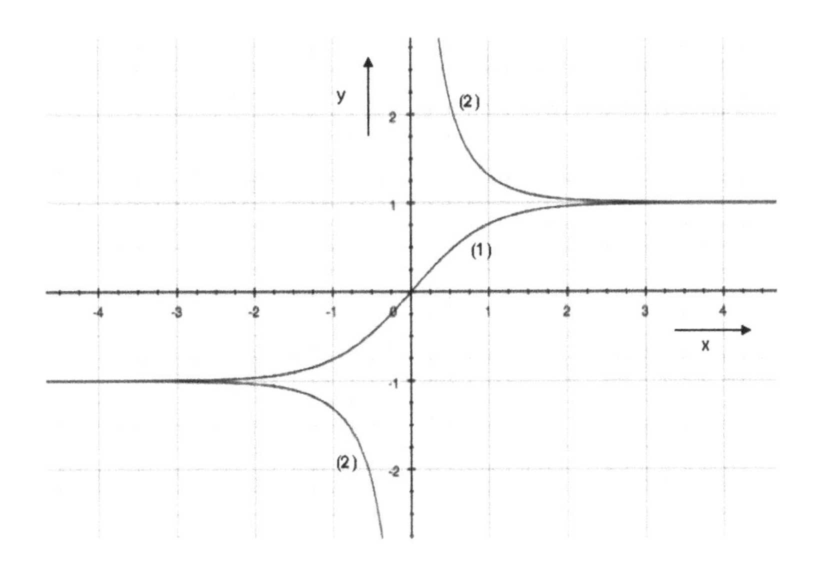

Zusammenhänge zwischen den Hyperbelfunktionen mit gleichem Argument:

$$\cosh^2 x - \sinh^2 x = 1 \qquad \tanh x = \frac{\sinh x}{\cosh x} \qquad \coth x = \frac{\cosh x}{\sinh x} = \frac{1}{\tanh x}$$

Hyperbelfunktionen mit negativem Argument:

$$\sinh(-x) = -\sinh x \quad \cosh(-x) = \cosh x \quad \tanh(-x) = -\tanh x \quad \coth(-x) = -\coth x$$

Additionstheoreme:

$$\sinh(u \pm v) = \sinh u \cdot \cosh v \pm \cosh u \cdot \sinh v \qquad \cosh(u \pm v) = \cosh u \cdot \cosh v \pm \sinh u \cdot \sinh v$$

$$\tanh(u \pm v) = \frac{\tanh u \pm \tanh v}{1 \pm \tanh u \cdot \tanh v} \qquad \coth(u \pm v) = \frac{1 \pm \coth u \cdot \coth v}{\coth u \pm \coth v}$$

Außerdem gilt: $\cosh x + \sinh x = e^x$ und $\cosh x - \sinh x = e^{-x}$

Hyperbelfunktionen und Einheitshyperbel:

$$x^2 - y^2 = 1 \qquad y = \pm\sqrt{x^2 - 1}$$

$$\cosh^2 t - \sinh^2 t = 1$$

$$x_P = \cosh t \quad \text{und} \quad y_P = \sinh t$$

$$x_S = \coth t \qquad y_R = \tanh t$$

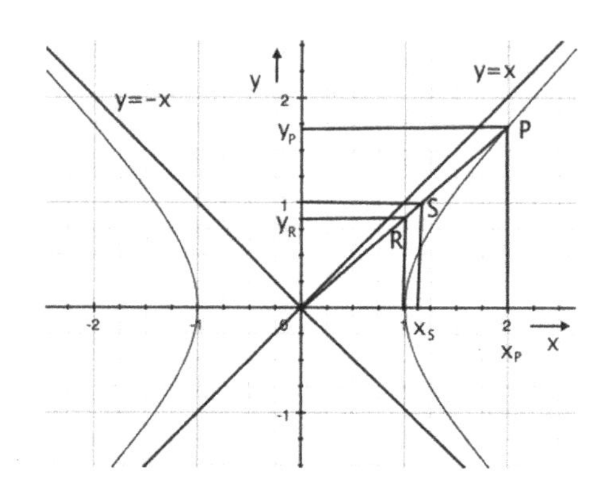

Areafunktionen

Die vier Areafunktionen sind die Umkehrfunktionen der Hyperbelfunktionen und können über die Logarithmenfunktionen beschrieben werden:

$$y = ar\sinh x$$

$$y = \ln\left(x + \sqrt{x^2 + 1}\right) \qquad (1)$$

$$y = ar\cosh x$$

$$y = \ln\left(x + \sqrt{x^2 - 1}\right) \qquad (2)$$

(2.28)

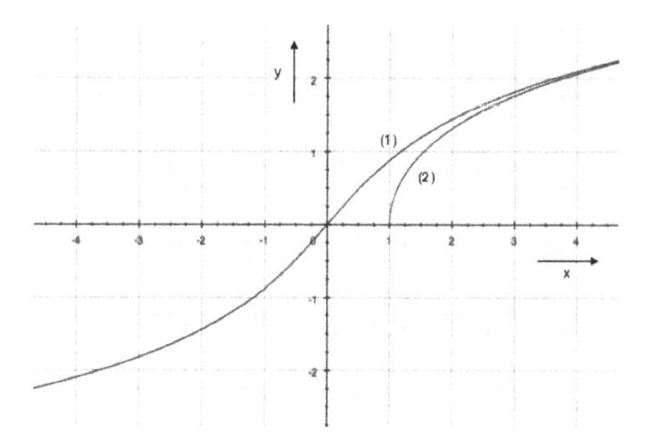

Der Definitions- und Wertebereich der Areasinus-Funktion reicht jeweils von $-\infty$ bis $+\infty$. Bei der Areakosinus-Funktion ist der Definitionsbereich $x \geq 1$ und der Wertebereich $y \geq 0$.

$y = ar\tanh x$

$$y = \frac{1}{2} \cdot \ln\left(\frac{1+x}{1-x}\right) \qquad (1)$$

$y = ar\coth x$

$$y = \frac{1}{2} \cdot \ln\left(\frac{x+1}{x-1}\right) \qquad (2)$$

(2.29)

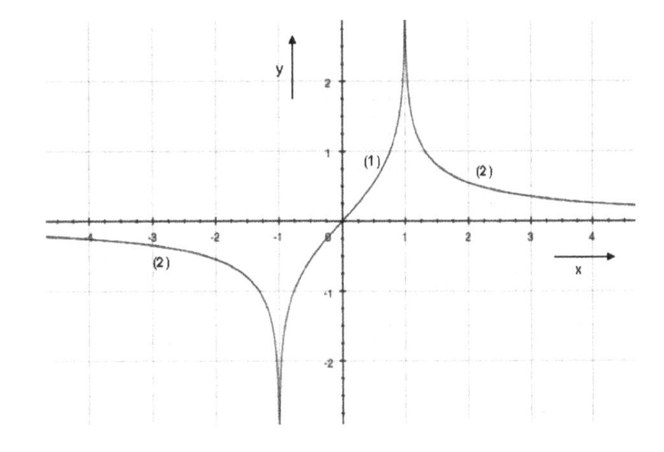

Die Areatangens-Funktion existiert für $|x| < 1$, die Areakotangens-Funktion für $|x| > 1$.

Potenzfunktion

Als Potenzfunktion wird die algebraische Funktion bezeichnet, die durch die Gleichung

$$y = a \cdot x^{\alpha} \quad \text{mit} \quad \alpha \text{ reell} \qquad (2.30)$$

beschrieben wird. In Abhängigkeit von α kann sie eine ganzrationale, gebrochen rationale oder eine irrationale algebraische Funktion sein.

Potenzfunktion mit $a = 1$:

$$y = x^{\alpha} \qquad (2.31)$$

Unabhängig von α gehört dann der Punkt (1;1) zu der Kurvenschar, die diese Gleichung beschreibt, denn mit $x = 1$ ist $y = 1^{\alpha} = 1$.

Folgende Fälle sind für die Potenzfunktion $y = x^{\alpha}$ zu unterscheiden:

$\alpha = 0$: $\quad y = x^0 = 1$

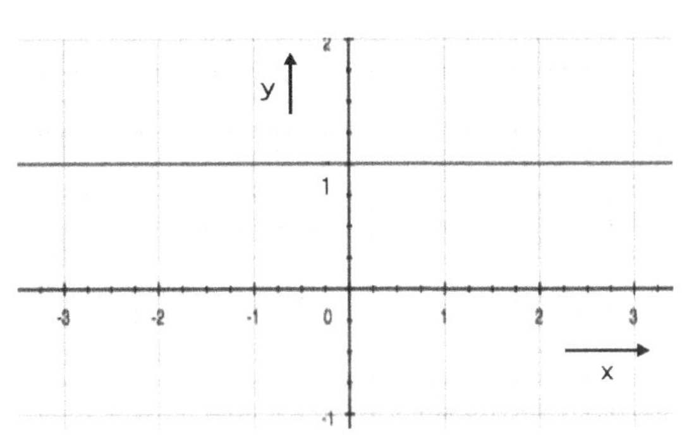

$\alpha = n$

(ganzrationale Funktionen):

$y = x^n$ mit $n = 1,2,3,...$

d.h. $y = x$ Gerade

$y = x^2$ Normalparabel

$y = x^3$ Parabel

usw.

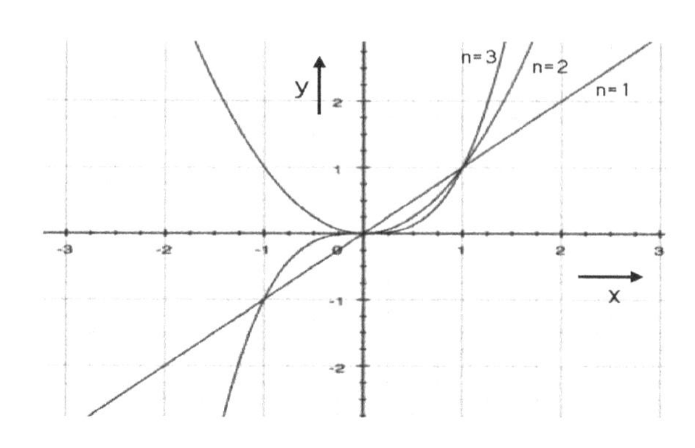

$\alpha = -n$

(gebrochenrationale Funktionen):

$y = x^{-n} = \frac{1}{x^n}$

mit $n = 1,2,3,...$

d.h. $y = \frac{1}{x}$ Hyperbel

$y = \frac{1}{x^2}$ Hyperbel

$y = \frac{1}{x^3}$ Hyperbel

usw.

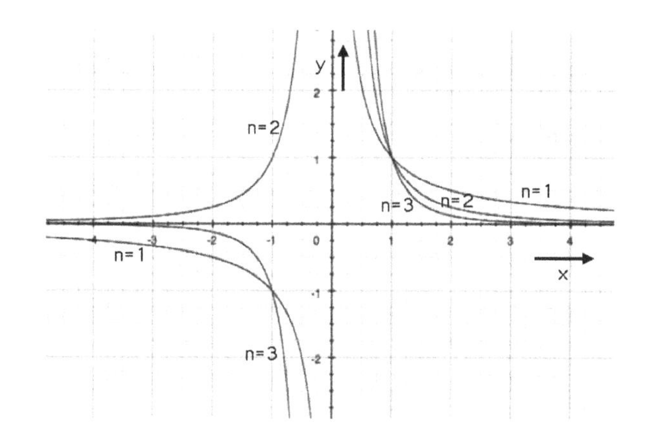

α keine ganze Zahl

(irrationale algebraische Funktionen):

$\alpha = \frac{1}{n}$: $y = x^{\frac{1}{n}} = \sqrt[n]{x}$

mit $n = 1,2,3,...$

d.h. $y = \sqrt[1]{x} = x$ Gerade

$y = \sqrt[2]{x} = \sqrt{x}$ Parabel

$y = \sqrt[3]{x}$ Parabel

usw.

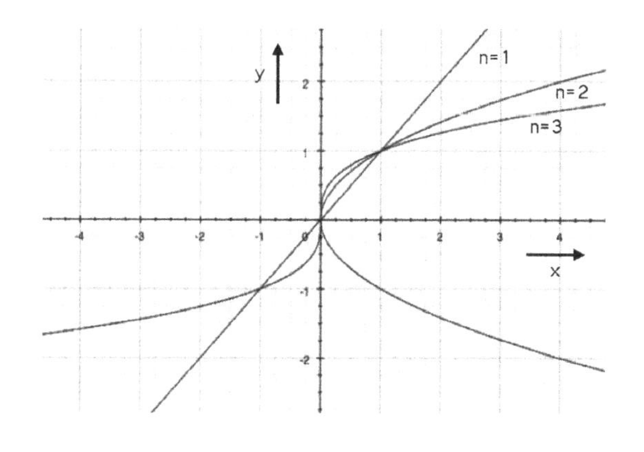

α keine ganze Zahl (irrationale algebraische Funktionen):

$\alpha = -\frac{1}{n}$: $\qquad y = x^{-\frac{1}{n}} = \frac{1}{\sqrt[n]{x}}$

mit $\quad n = 1,2,3,...$

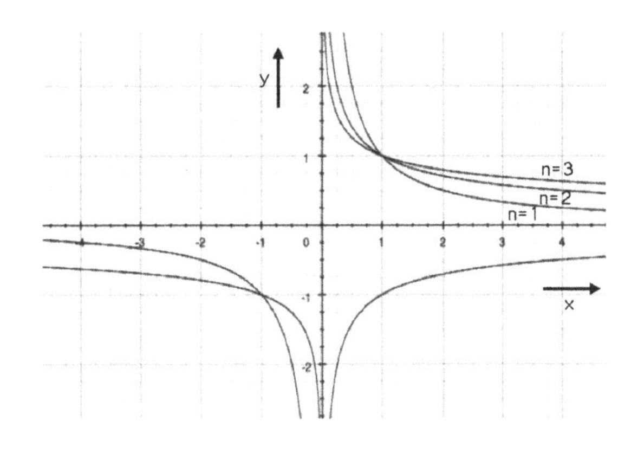

d.h. $y = \frac{1}{x}$ Hyperbel

$y = \frac{1}{\sqrt[2]{x}} = \frac{1}{\sqrt{x}}$ Hyperbel

$y = \frac{1}{\sqrt[3]{x}}$ Hyperbel

usw.

Potenzfunktion mit $a \neq 1$

Die gleichen Fallunterscheidungen lassen sich für die Funktion

$$y = a \cdot x^{\alpha}$$

durchführen. Sie hat die gleichen Eigenschaften wie die behandelten Funktionen $y = a \cdot x^{\alpha}$. Der Faktor $|a| > 1$ bewirkt eine Streckung und der Faktor $|a| < 1$ eine Stauchung der Kurven in Richtung der y-Achse.

<u>Beispiel:</u> $\qquad y = a \cdot x^2 \qquad$ mit $\quad a = \frac{1}{2}$, 1 und 2

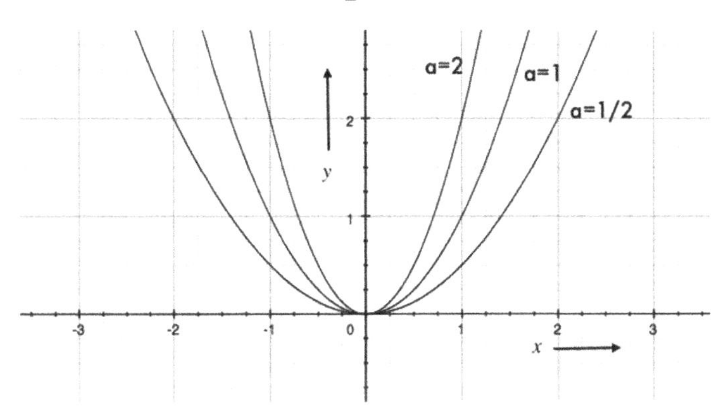

Zusammengesetzte Funktionen

Kombinationen der aufgeführten algebraischen und transzendenten Funktionen, bei denen eine Funktion auch als unabhängige Variable in einer anderen Funktion stehen kann, werden zusammengesetzte Funktionen genannt.
Beispiele:

$y = \ln \sin x$ (1)

$y = \dfrac{\ln x + \sqrt{\arcsin x}}{x^2 + 5e^x}$ (2)

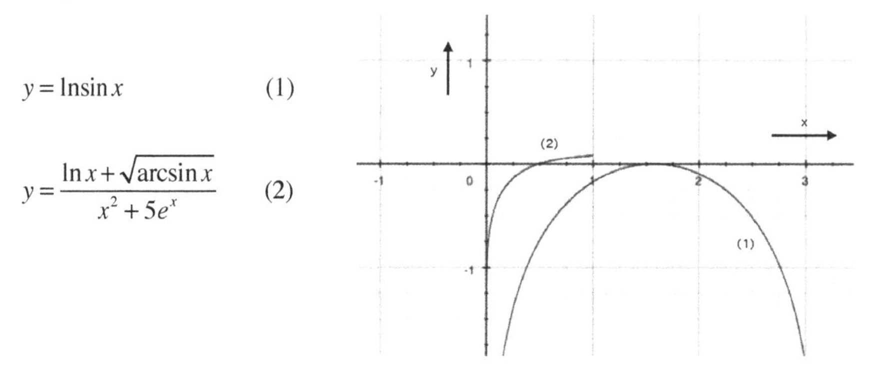

Elementare Eigenschaften reeller Funktionen

Gerade Funktionen

Funktionen, bei denen für alle x

$$f(x) = f(-x) \tag{2.32}$$

gilt, werden gerade Funktionen genannt. Sie sind axialsymmetrisch zur y-Achse, d.h. sie können durch Spiegelung an der y-Achse ineinander überführt werden.
Beispiele:
Potenzfunktion $y = x^2$ (1) Kosinusfunktion $y = \cos x$ (2)

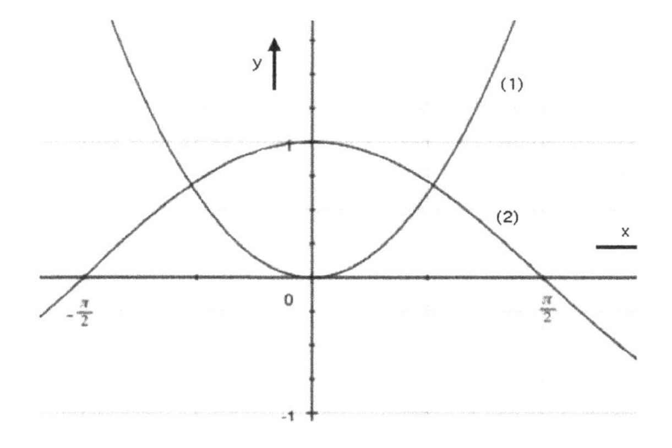

Ungerade Funktionen

Funktionen, bei denen für alle x

$$f(x) = -f(-x) \tag{2.33}$$

gilt, werden ungerade Funktionen genannt. Sie sind zentralsymmetrisch, d.h. sie können durch Drehung um 180° um den Koordinatenursprung ineinander überführt werden.
Beispiele:
Potenzfunktion $y = x^3$ (1)
Sinusfunktion $y = \sin x$ (2)

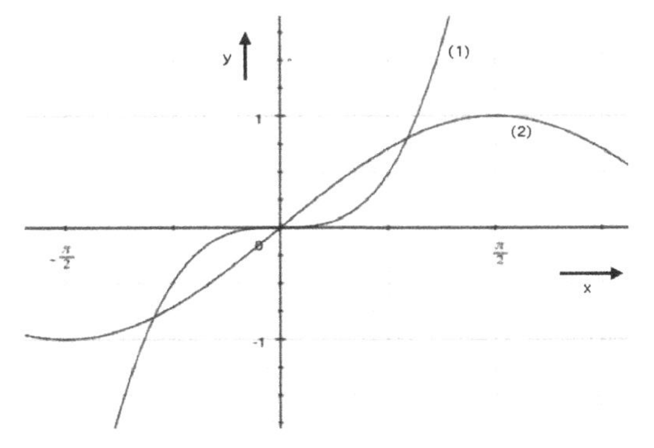

Periodische Funktionen

Periodische Vorgänge sind solche Vorgänge, bei denen sich nach Verstreichen einer bestimmten festen Zeit T der Vorgang zyklisch wiederholt.
Beispiele:
Periodisch wiederkehrende Jahreszeiten mit $T = 1$ Jahr
Periodische Netz-Sinus-Spannungen mit $T = 20ms$

Mathematisch werden periodische Vorgänge durch periodische Funktionen beschrieben.
Definition: Eine Funktion f heißt periodisch, wenn für alle

$$x \in X \quad \text{und} \quad x + ka \in X \qquad f(x + ka) = f(x) \quad \text{mit} \quad k = 0, \pm 1, \pm 2, \ldots \tag{2.34}$$

gilt. Die Kontante a heißt Periode der Funktion f.

Beispiele:

$$\left.\begin{array}{l} y = \sin x = \sin(x + 2k\pi) \\ y = \cos x = \cos(x + 2k\pi) \end{array}\right\} \quad a = 2\pi$$

$$\left.\begin{array}{l} y = \tan x = \tan(x + k\pi) \\ y = \cot x = \cot(x + k\pi) \end{array}\right\} \quad a = \pi \tag{2.35}$$

(Bilder: siehe *Trigonometrische Funktionen)*

Umkehrfunktionen oder inverse Funktionen

Durch die Funktion f wird jedem $x \in X$ ein $y \in Y$ zugeordnet, d.h. es werden die geordneten Paare $(x;y)$ gebildet. Wird umgekehrt jedem $y \in Y$ eindeutig ein $x \in X$ zugeordnet, dann wird diese Abbildung Umkehrfunktion oder inverse Funktion $f^{-1} = \varphi$ genannt. Während $(x;\, y) \in f$ ist, enthält die Umkehrfunktion die Paare $(y;\, x) \in \varphi$. Funktionswert und Argument vertauschen ihre Rollen. Zum einen wird der Funktionswert bei gegebenem Argument gesucht, zum anderen wird das Argument bei gegebenen Funktionswert ermittelt.
Umgekehrt ist aber auch f die Umkehrfunktion von φ. Funktion und Umkehrfunktion sind zueinander invers.

Beispiel:

Funktion f:

$$y = f(x) = \frac{1}{2}x - 1$$

vertauschen von x und y:

$$x = f(y) = \frac{1}{2}y - 1$$

Umkehrfunktion φ:

$$y = \varphi(x) = 2x + 2$$

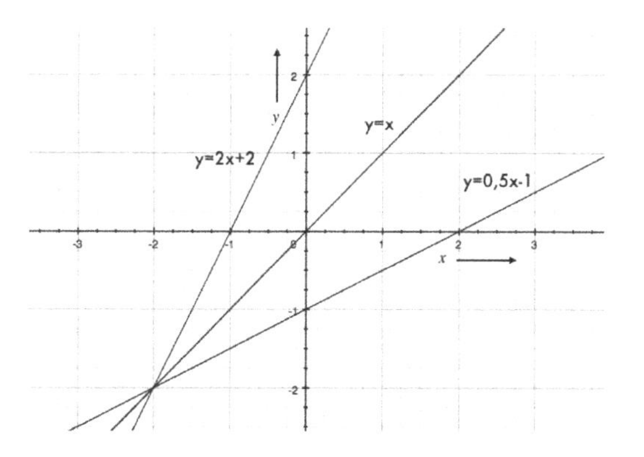

Die Bilder von Funktion und Umkehrfunktion liegen im kartesischen Koordinatensystem bei gleich geteilten Koordinaten spiegelsymmetrisch zur Geraden $y = x$.

Weitere Beispiele:
Exponential-Funktionen und Logarithmen-Funktionen
Trigonometrische Funktionen und Zyklometrische Funktionen
Hyperbelfunktionen und Areafunktionen
(Bilder: siehe *Transzendente Funktionen*)

komplexe Funktionen

Bei komplexen Funktionen werden komplexe Zahlen auf andere komplexe Zahlen abgebildet. Am Ende des Kapitels 9 wird auf derartige Funktionen hingewiesen. In Weißgerber: Elektrotechnik für Ingenieure 2 wird die Transformation einer gemischten Schaltung in eine Reihenschaltung ausführlich behandelt, wobei eine spezielle Formel mit komplexen Zahlen eine konforme Abbildung ermöglicht und zum bekannten Kreisdiagramm führt.

Übungsaufgaben zum Kapitel 2

2.1 Stellen Sie die beiden Zahlenmengen

$$A = \{x| \ |x| \geq 1 \wedge x \in R\} \qquad \text{und} \qquad B = \{x| \ |x| > 1 \wedge x \in Z\}$$

als lineare Punktmengen auf der Zahlengeraden dar.

2.2 Die Menge der Zahlenpaare ist durch

$$A = \{(x,y)| \ x \in R \wedge y \in N\}$$

gegeben. Wie sieht die ebene Punktmenge im kartesischen Koordinatensystem aus, die der Menge der Zahlenpaare zugeordnet werden kann?

2.3 Stellen Sie die Funktion $y = 2x + 1$ durch

1. Angabe der Zahlenpaare
2. durch eine Wertetabelle
3. grafisch und
4. durch die ausführliche Funktionsgleichung

dar, wenn der Definitionsbereich nur aus ganzen Zahlen besteht und durch das Intervall $-1 < x \leq 4$ beschränkt ist.

2.4 Stellen Sie folgende Funktionen als Abbildungen im kartesischen Koordinatensystem dar, wobei $x \in R$ und $y \in R$ sind:

1. $F = \{(x,y)| \ y > 2x - 1\}$
2. $F = \{(x,y)| \ x < 3 \wedge y \geq -1\}$
3. $F = \{(x,y)| \ y = x^2 + 1 \wedge x \leq 0\}$
4. $F = \{(x,y)| \ y = |x|\}$
5. $F = \{(x,y)| \ y = |x + 1|\}$
6. $F = \{(x,y)| \ y = x + |x|\}$
7. $F = \{(x,y)| \ y = x \cdot |x - 2|\}$
8. $F = \{(x,y)| \ |x - y| < 1\}$

2.5 Bestimmen Sie den Definitionsbereich X und den Wertevorrat Y der folgenden reellen Funktionen:

1. $y = -x$
2. $y = 3x + 2$
3. $y = +\sqrt{1 - x^2}$
4. $y = 4 - \sqrt{x + 5}$
5. $y = \cos 3x$
6. $y = 2 + e^x$

2.6 Wie lautet die Parameterdarstellung der Geradengleichung $y = 4x + 3$, wenn die unabhängige Variable durch $x = -t/2$ vom Parameter abhängt. Stellen Sie die Gerade im kartesischen Koordinatensystem dar, wobei die Parameter t als Elemente der Menge T angegeben werden sollen: $T = \{t| \ -2 < t \leq 2 \wedge t \in Z\}$

2.7 Geben Sie aus der Parameterdarstellung $y = 3t - 2$ und $x = t$ die Funktionsgleichung für $y = f(x)$ an.

2.8 Stellen Sie folgende Funktionen $y = f(x)$ in Parameterdarstellung im kartesischen Koordinatensystem dar und bilden Sie die analytische Form $y = f(x)$:

1. $x = \frac{1}{2}t^2 \quad y = t$
2. $x = 2t + 1 \quad y = t(t+2)$
3. $x = t^2 \quad y = \frac{1}{2}t^3$
4. $x = \cos t \quad y = \sin t$

2.9 Stellen Sie fest, ob die folgenden Funktionen gerade oder ungerade sind oder ob sie keine der beiden Eigenschaften besitzen:

1. $y = x^6 - 2x^2 + 4$
2. $y = \tan x$
3. $y = \cosh x$
4. $y = +\sqrt{1 - x^2}$
5. $y = ar\coth x$
6. $y = x^2 - \sin 2x$
7. $y = \cos x \cdot \sin^2 x$
8. $y = \tan x + \cos x$
9. $y = |x| + 2$
10. $y = \sin|x|$

2.10 Wie lauten die Funktionsgleichungen der inversen Funktionen $y = \varphi(x)$ der folgenden Funktionen:

1. $y = x$
2. $y = 3x + 2$
3. $y = a^x$
4. $y = \tan x$
5. $y = 2x$
6. $y = x^2$
7. $y = e^x$
8. $y = \arcsin x$
9. $y = 2^x + 1$
10. $y = 1 + \ln x$
11. $y = \ln(\ln x)$

Diskutieren Sie die inverse Funktion zu $y = x^2$.

2.11 Die Funktion $y = f(t) = A \cdot \sin(\omega t + \varphi)$ beschreibt die so genannte harmonische Schwingung, wobei A die Amplitude mit $A > 0$, ω die Kreisfrequenz mit $\omega = 2\pi f$, $\omega t + \varphi$ der Phasenwinkel und φ der Nullphasenwinkel genannt werden. Zeichnen Sie für einen Nullphasenwinkel $\varphi = \pi / 4$ und einer Amplitude $A = 2$ die Funktion $y = f(x) = f(\omega t)$. Wie hängen die Kreisfrequenz ω und die Periodendauer T (kurz: Periode) dieser periodischen Funktion $f(t) = f(t + kT)$ bzw. $f(\omega t) = f(\omega t + k2\pi)$ mit $k = 0, \pm 1, \pm 2, \ldots$ zusammen?

2.12 Folgende Funktionswerte sind zu ermitteln:

1. $y = arc\sin 0{,}5\sqrt{2}$
2. $y = arc\cos(-0{,}5)$
3. $y = arc\tan\sqrt{3}$
4. $y = ar\sinh 4$
5. $y = ar\coth 1{,}5$
6. $y = ar\tanh(-0{,}75)$

3. Vektoralgebra

3.1 Grundbegriffe der Vektorrechnung

Skalare Größen

Größen, deren Werte durch positive oder negative Zahlen (Maßzahl und Maßeinheit) gekennzeichnet werden können, heißen Skalare oder skalare Größen.
Beispiele:
Masse, Zeit, Temperatur, Arbeit.

Vektorielle Größen

Größen, denen außer einem durch Maßzahl und Maßeinheit festgelegten Betrag noch eine bestimmte Richtung zukommt, werden Vektoren oder vektorielle Größen genannt. Sie werden durch gerichtete Strecken (Pfeile) im Raum dargestellt.
Beispiele:
Kraft, Geschwindigkeit, Beschleunigung, elektrische und magnetische Feldstärke.

freie Vektoren

Ein freier Vektor ist an keinen Ort gebunden; er kann beliebig parallel verschoben werden.
Beispiel:
Darstellung einer Verschiebung oder translatorischen Bewegung eines Körpers.

liniengebundene Vektoren

Liniengebundene Vektoren können längs ihrer Wirkungslinien verschoben werden.
Beispiel:
Eine auf einen Körper wirkende Kraft ändert sich nicht längs ihrer Wirkungslinie,
d.i. die Verbindungslinie der Angriffspunkte.

ortsgebundene Vektoren

Ortsgebundene Vektoren sind einem bestimmten Punkt des Raums zugeordnet.
Beispiel:
Die elektrische Feldstärke eines elektrostatischen Feldes ist ortsabhängig.

Darstellung von Vektoren

Vektoren werden durch lateinische Buchstaben mit aufgesetztem Pfeil dargestellt.
Früher wurden kleine und große Frakturbuchstaben verwendet.
(siehe auch DIN 1303 vom März 1987)

W. Weißgerber, *Mathematik zu Elektrotechnik für Ingenieure*,
https://doi.org/10.1007/978-3-658-40837-4_3

Beispiele

Kraft $\vec{F}$

Elektrische Feldstärke $\vec{E}$

Radiusvektor $\vec{r}$, $\overrightarrow{0P}$

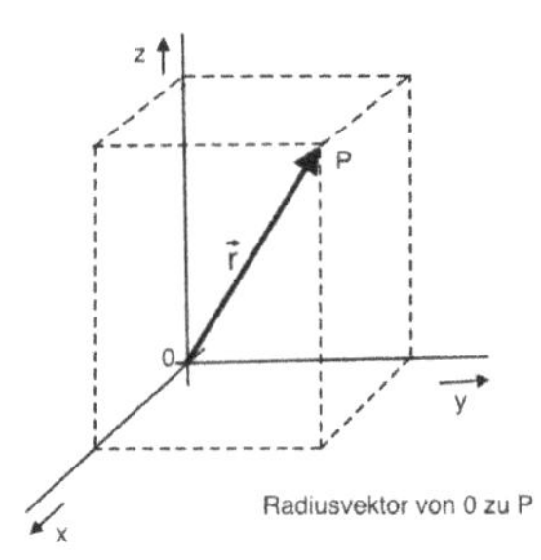

Betrag eines Vektors

Die Maßzahl der Länge des Pfeils, der den Vektor darstellt, wird Betrag des Vektors genannt und durch Betragsstriche oder durch lateinische Buchstaben gekennzeichnet.

Beispiele:

$$|\vec{F}| = F \qquad |\vec{E}| = E \qquad |\vec{r}| = r$$

Gleichheit von Vektoren

Zwei Vektoren sind gleich, wenn sie in Betrag und Richtung übereinstimmen:

$$\vec{a} = \vec{b}$$

$$\overrightarrow{AB} = \overrightarrow{CD} \qquad (3.1)$$

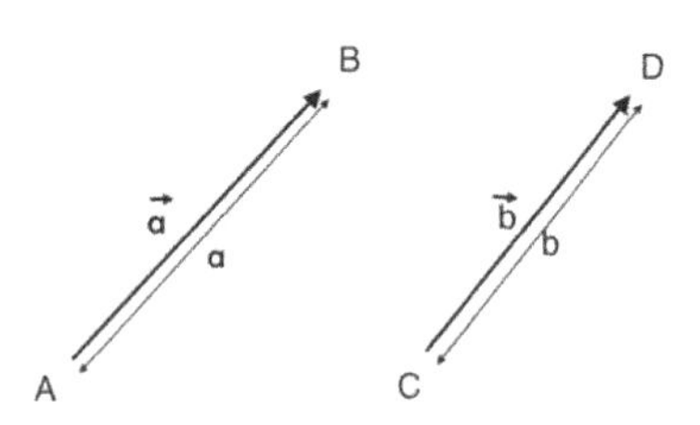

Addition von Vektoren

Die Summe mehrerer Vektoren $\vec{a}$, $\vec{b}$, $\vec{c}$, $\vec{d}$, $\vec{e}$ ist ein Vektor $\vec{f} = \overrightarrow{AF}$, der den Polygonzug ABCDEF schließt, der aus den einzelnen Summanden gebildet wird.

Beispiel:

$$\vec{a} + \vec{b} + \vec{c} + \vec{d} + \vec{e} = \vec{f} \qquad (3.2)$$

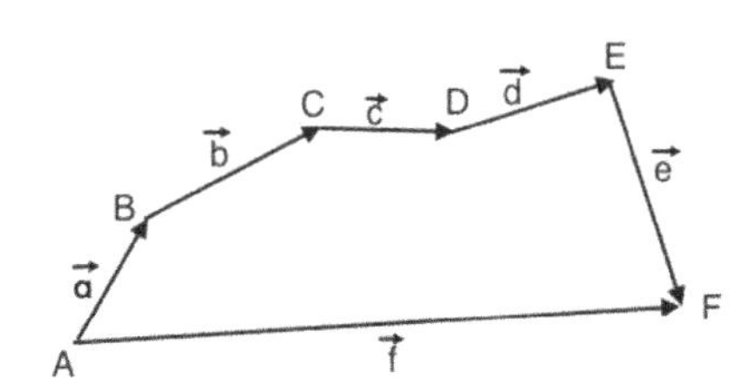

Die Summe zweier Vektoren $\vec{a} = \overrightarrow{AB}$ und $\vec{b} = \overrightarrow{AD}$ ist der Vektor $\vec{c} = \overrightarrow{AC}$. Der Summenvektor bildet die Diagonale des Parallelogramms ABCD:

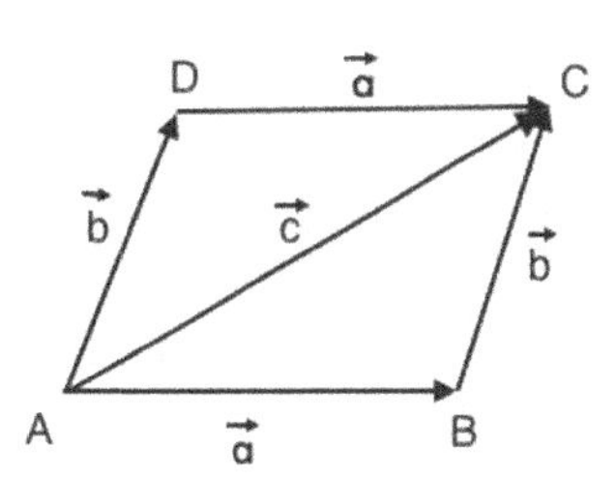

$$\vec{a} + \vec{b} = \vec{c}$$

$$\overrightarrow{AB} + \overrightarrow{AD} = \overrightarrow{AC} \qquad (3.3)$$

Um zwei Vektoren $\vec{a}$ und $\vec{b}$ zu addieren, wird der Vektor $\vec{b}$ so parallel verschoben, dass sein Anfangspunkt auf dem Endpunkt des Vektors $\vec{a}$ fällt. Der Summenvektor $\vec{c} = \vec{a} + \vec{b}$ führt vom Anfangspunkt des Vektors $\vec{a}$ bis zum Endpunkt des verschobenen Vektors $\vec{b}$. Für Vektoren gilt das Kommutativgesetz

$$\vec{a} + \vec{b} = \vec{b} + \vec{a} \qquad (3.4)$$

und das Assoziativgesetz

$$\left(\vec{a} + \vec{b}\right) + \vec{c} = \vec{a} + \left(\vec{b} + \vec{c}\right) = \vec{a} + \vec{b} + \vec{c} \qquad (3.5)$$

Bei der Addition von drei Vektoren im Raum ist der Summenvektor $\vec{d}$ die Raumdiagonale eines Parallelflächners, eines Spats:

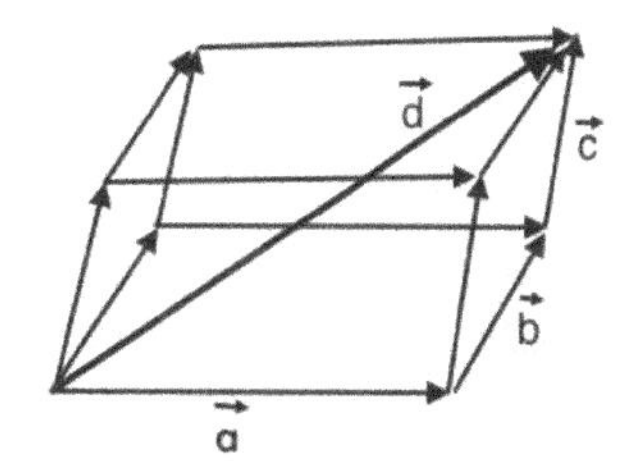

$$\vec{a} + \vec{b} + \vec{c} = \vec{d}$$

Subtraktion von Vektoren

Als Differenz zweier Vektoren $\vec{a}$ und $\vec{b}$ wird die Summe der Vektoren $\vec{a}$ und $-\vec{b}$ bezeichnet:

$$\vec{d} = \vec{a} - \vec{b} = \vec{a} + \left(-\vec{b}\right) \qquad (3.6)$$

Der Differenzvektor $\vec{d}$ zum Vektor $\vec{b}$ addiert, ergibt den Vektor $\vec{a}$:

$$\vec{a} = \vec{b} + \vec{d}$$

d.h. der Differenzvektor $\vec{d}$ führt vom Endpunkt von $\vec{b}$ zum Endpunkt von $\vec{a}$.

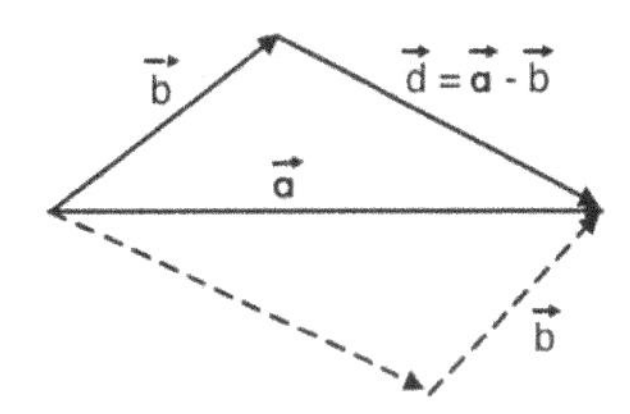

Nullvektor

Wird von einem beliebigen Vektor $\vec{a}$ der gleiche Vektor $\vec{a}$ abgezogen, dann entsteht der Nullvektor $\vec{o}$, dessen Richtung unbestimmt ist:

$$\vec{o} = \vec{a} - \vec{a} \qquad \text{mit } |\vec{o}| = 0 \qquad (3.7$$

Dreiecks-Ungleichung

Aus der Darstellung der Summe zweier Vektoren durch ein Dreieck ergibt sich die so genannte Dreiecksungleichung:

$$|\vec{a} + \vec{b}| \leq |\vec{a}| + |\vec{b}| \qquad (3.8)$$

Die Summe der Beträge der beiden Vektoren $\vec{a}$ und $\vec{b}$ ist immer größer als der Betrag des Summenvektors $\vec{a}$ und $\vec{b}$. Liegen $\vec{a}$ und $\vec{b}$ in gleicher Richtung, dann im Grenzfall die Summe der Beträge gleich dem Betrag des Summenvektors

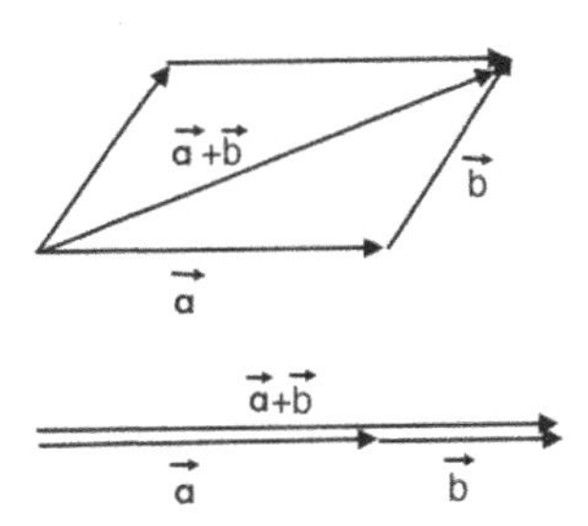

Erweiterung:

Der Betrag des Differenzvektors $\vec{a} - \vec{b}$ ist immer größer (im Grenzfall gleich) als die Differenz der Beträge der beiden Vektoren $\vec{a}$ und $\vec{b}$:

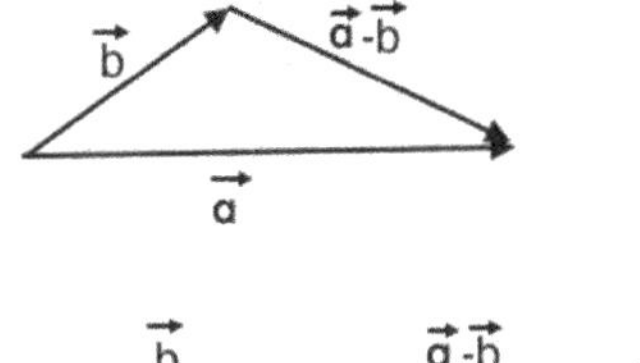

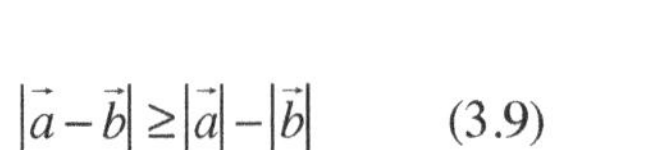

$$|\vec{a} - \vec{b}| \geq |\vec{a}| - |\vec{b}| \qquad (3.9)$$

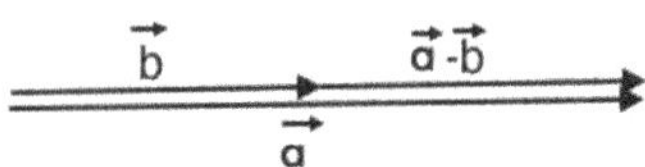

Multiplikation eines Vektors mit einem Skalar

Ein Vektor $\vec{b} = \lambda \cdot \vec{a}$ ist ein Vektor, der parallel zu $\vec{a}$ verläuft und dessen Betrag das $|\lambda|$-fache des Betrags von $\vec{a}$ ist. Dabei ist λ eine beliebige reelle Zahl. $\vec{a}$ und $\vec{b}$ sind also so genannte kollineare Vektoren.

Betrag des Vektors $\lambda \cdot \vec{a}$:

$$|\lambda \cdot \vec{a}| = |\lambda| \cdot |\vec{a}| \tag{3.10}$$

d.h.

$\vec{b} = \lambda \cdot \vec{a} \uparrow\uparrow \vec{a}$ für $\lambda > 0$

$\vec{b} = \lambda \cdot \vec{a} \uparrow\downarrow \vec{a}$ für $\lambda < 0$

$\vec{b} = \lambda \cdot \vec{a} = \vec{o}$ für $\lambda = 0$

Entsprechend gelten das Kommutativgesetz

$$\lambda \cdot \vec{a} = \vec{a} \cdot \lambda \tag{3.11}$$

das Assoziativgesetz

$$\lambda_1 (\lambda_2 \cdot \vec{a}) = \lambda_2 (\lambda_1 \cdot \vec{a}) = \lambda_1 \cdot \lambda_2 \cdot \vec{a} \tag{3.12}$$

und zwei Distributivgesetze

$$\lambda \cdot (\vec{a} + \vec{b}) = \lambda \cdot \vec{a} + \lambda \cdot \vec{b} \tag{3.13}$$

$$(\lambda_1 + \lambda_2) \cdot \vec{a} = \lambda_1 \cdot \vec{a} + \lambda_2 \cdot \vec{a} \tag{3.14}$$

wobei λ, λ_1 und λ_2 reelle Zahlen sind.

Einheitsvektor oder Einsvektor

Alle Vektoren $\vec{a}$ lassen sich als Produkt eines Einsvektors $\vec{e_a}$ und eines Skalars λ

$$\vec{a} = \lambda \cdot \vec{e_a} \quad \text{mit} \quad |\vec{e_a}| = 1 \tag{3.15}$$

darstellen, wenn der Einsvektor $\vec{e_a}$ und der Vektor $\vec{a}$ gleichgerichtet sind und der Betrag des Einsvektors 1 ist. Dann ist

$$\vec{a} = |\vec{a}| \cdot \vec{e_a} = a \cdot \vec{e_a} \tag{3.16}$$

a
$\vec{a}$
1
$\vec{e_a}$

Aus einem beliebigen Vektor $\vec{a}$ lässt sich der zugehörige gleichgerichtete Einsvektor $\vec{e_a}$ mit dem Betrag 1 ermitteln:

$$\vec{e_a} = \frac{\vec{a}}{|\vec{a}|} = \frac{\vec{a}}{a} \tag{3.17}$$

Beispiel:

Im elektrostatischen Feld zweier positiver Punktladungen Q_1 und Q_2 wird die Kraft $\vec{F}$ durch das Coulombsche Gesetz beschrieben:

$$\vec{F} = k \cdot \frac{Q_1 \cdot Q_2}{r^3} \cdot \vec{r} = k \cdot \frac{Q_1 \cdot Q_2}{r^2} \cdot \vec{r_0}$$

mit $\vec{r_0} = \frac{\vec{r}}{r}$

(siehe Weißgerber: Elektrotechnik für Ingenieure, Band 1, Abschnitt 3.3.3, S. 181)

3.2 Vektoren in einem rechtwinkligen Koordinatensystem

Komponentendarstellung in einem rechtwinkligen Koordinatensystem

Für das Rechnen mit Vektoren ist es zweckmäßig, den Anfangspunkt der Vektoren in den Ursprung 0 eines rechtwinkligen x,y,z-Koordinatensystem zu legen. Dieses Koordinatensystem ist ein Rechtssystem. Das bedeutet: Wird die x-Achse mit der kürzeren Drehung in die y-Achse gedreht, dann zeigt die Fortbewegungsrichtung einer Rechtsschraube in Richtung von z.

Bekannt ist diese Regel auch als **Rechte-Hand-Regel:**

Die x-Achse wird auf dem kürzesten Weg in die y-Achse gedreht. Die Drehrichtung zeigt in die Richtung der gekrümmten Finger der rechten Hand, und der Daumen zeigt dann in die Richtung der z-Achse.

Diese Vektoren vom Koordinatenursprung 0 zu einem beliebigen Punkt P werden Orts- oder Radiusvektoren genannt. Die durch das Koordinatensystem festgelegten Richtungen x, y, z lassen sich durch Einsvektoren $\vec{e_x}$, $\vec{e_y}$ und $\vec{e_z}$ angeben. Das von den Einsvektoren gebildete „Dreibein" wird Basis genannt.

Die Komponentendarstellung eines beliebigen Radiusvektors $\vec{r}$ mit Basisvektoren lautet dann:

$$\overrightarrow{OP} = \vec{r} = x \cdot \vec{e_x} + y \cdot \vec{e_y} + z \cdot \vec{e_z} \qquad (3.18)$$

oder in Matrizenschreibweise als Spaltenmatrix:

$$\vec{r} = \begin{pmatrix} x \\ y \\ z \end{pmatrix} \qquad (3.19)$$

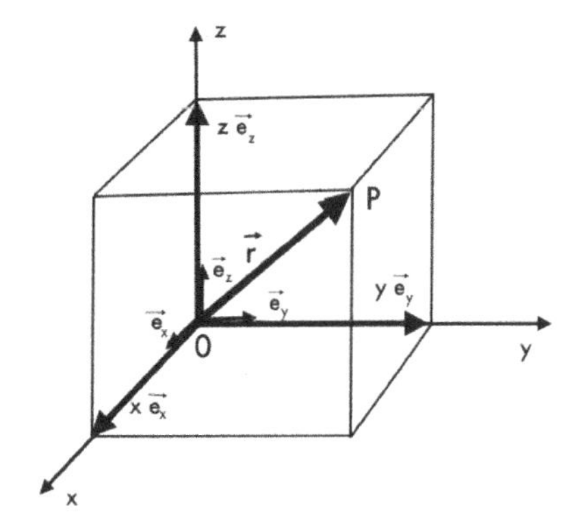

Die Matrizenrechnung wird hier im Zusammenhang mit der Vektorrechnung angewendet.

Ausführlich wird sie in Weißgerber: Elektrotechnik für Ingenieure, Band 1, Abschnitt 2.3.6, S.108 bis S.117 behandelt.

Dabei sind $x \cdot \vec{e_x}, y \cdot \vec{e_y}$ und $z \cdot \vec{e_z}$ die Komponenten des Vektors $\vec{r}$ und x, y und z die Koordinaten des Vektors bzw. des Punktes P, zu dem der Ortsvektor $\vec{r}$ von 0 aus führt. Bei vorgegebenen Koordinatensystem mit der Basis $\vec{e_x}$, $\vec{e_y}$ und $\vec{e_z}$ kann jedem Punkt des Raums ein Ortsvektor und umgekehrt jedem Ortsvektor ein Punkt zugeordnet werden.

Beispiel: $\vec{r} = 2 \cdot \vec{e_x} + 4 \cdot \vec{e_y} - 3 \cdot \vec{e_z}$ bzw. $P(2;\ 4;\ -3)$

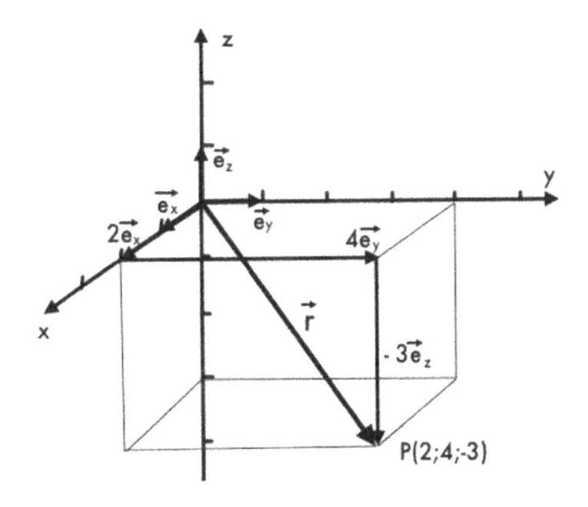

Gleichheit zweier Vektoren

Zwei Ortsvektoren sind bei gleicher Basis gleich, wenn ihre Komponenten gleich sind:

$$\vec{r_1} = \vec{r_2}$$

Mit der Komponentenschreibweise und der Matrizenschreibweise

$$\begin{aligned} \vec{r_1} &= x_1 \cdot \vec{e_x} + y_1 \cdot \vec{e_y} + z_1 \cdot \vec{e_z} \\ \vec{r_2} &= x_2 \cdot \vec{e_x} + y_2 \cdot \vec{e_y} + z_2 \cdot \vec{e_z} \end{aligned} \qquad \vec{r_1} = \begin{pmatrix} x_1 \\ y_1 \\ z_1 \end{pmatrix} = \begin{pmatrix} x_2 \\ y_2 \\ z_2 \end{pmatrix} = \vec{r_2} \qquad (3.20)$$

ergibt sich

$$x_1 = x_2 \quad y_1 = y_2 \quad z_1 = z_2$$

Zwei Matrizen sind gleich, wenn sie vom gleichen Typ sind und in allen ihren entsprechenden Elementen übereinstimmen.

Addition und Subtraktion zweier Vektoren bei gleicher Basis

Die Komponenten der Summe bzw. der Differenz zweier Vektoren sind gleich den Summen bzw. Differenzen der entsprechenden Koordinaten der beiden Vektoren:

Mit $\vec{r_1} = x_1 \cdot \vec{e_x} + y_1 \cdot \vec{e_y} + z_1 \cdot \vec{e_z}$

$\vec{r_2} = x_2 \cdot \vec{e_x} + y_2 \cdot \vec{e_y} + z_2 \cdot \vec{e_z}$

ergibt sich

$$\vec{r_1} \pm \vec{r_2} = (x_1 \pm x_2) \cdot \vec{e_x} + (y_1 \pm y_2) \cdot \vec{e_y} + (z_1 \pm z_2) \cdot \vec{e_z} \tag{3.21}$$

Oder in Matrizenschreibweise:

$$\begin{pmatrix} x_1 \\ y_1 \\ z_1 \end{pmatrix} \pm \begin{pmatrix} x_2 \\ y_2 \\ z_2 \end{pmatrix} = \begin{pmatrix} x_1 \pm x_2 \\ y_1 \pm y_2 \\ z_1 \pm z_2 \end{pmatrix} \tag{3.22}$$

Die Matrizenaddition oder Matrizensubtraktion kann nur ausgeführt werden, wenn die Matrizen vom gleichen Typ sind. Die entsprechenden Elemente werden dann addiert bzw. subtrahiert.

Beispiel: $\vec{r_1} = \vec{e_x} + 2 \cdot \vec{e_y} - 3 \cdot \vec{e_z}$ $\quad \vec{r_1} + \vec{r_2} = 3 \cdot \vec{e_x} - \vec{e_y} - 4 \cdot \vec{e_z}$

$\vec{r_2} = 2 \cdot \vec{e_x} - 3 \cdot \vec{e_y} - \vec{e_z}$ $\quad \vec{r_1} - \vec{r_2} = - \vec{e_x} + 5 \cdot \vec{e_y} - 2 \cdot \vec{e_z}$

in Matrizenschreibweise

$$\begin{pmatrix} 1 \\ 2 \\ -3 \end{pmatrix} + \begin{pmatrix} 2 \\ -3 \\ -1 \end{pmatrix} = \begin{pmatrix} 3 \\ -1 \\ -4 \end{pmatrix} \quad \text{bzw.} \quad \begin{pmatrix} 1 \\ 2 \\ -3 \end{pmatrix} - \begin{pmatrix} 2 \\ -3 \\ -1 \end{pmatrix} = \begin{pmatrix} -1 \\ 5 \\ -2 \end{pmatrix}$$

Multiplikation eines Vektors und eines Skalars bei gleicher Basis

Das Produkt eines Vektors mit einem Skalar ergibt einen Vektor, dessen Komponenten die Produkte der entsprechenden Koordinaten des ursprünglichen Vektors mit dem Skalar sind:

$$\vec{r} = x \cdot \vec{e_x} + y \cdot \vec{e_y} + z \cdot \vec{e_z}$$

$$\lambda \cdot \vec{r} = \lambda \cdot x \cdot \vec{e_x} + \lambda \cdot y \cdot \vec{e_y} + \lambda \cdot z \cdot \vec{e_z} \tag{3.23}$$

in Matrizenschreibweise

$$\lambda \cdot \vec{r} = \lambda \cdot \begin{pmatrix} x \\ y \\ z \end{pmatrix} = \begin{pmatrix} \lambda \cdot x \\ \lambda \cdot y \\ \lambda \cdot z \end{pmatrix} \tag{3.24}$$

Eine Matrix wird mit einem Faktor multipliziert, indem jedes Element mit dem Faktor multipliziert wird.

<u>Beispiel:</u>

$\vec{r} = 3 \cdot \vec{e_x} - \vec{e_y} - 4 \cdot \vec{e_z}$

und $\lambda = 2$

$2 \cdot \vec{r} = 6 \cdot \vec{e_x} - 2 \cdot \vec{e_y} - 8 \cdot \vec{e_z}$

$$2 \cdot \vec{r} = 2 \cdot \begin{pmatrix} 3 \\ -1 \\ -4 \end{pmatrix} = \begin{pmatrix} 2 \cdot 3 \\ 2 \cdot (-1) \\ 2 \cdot (-4) \end{pmatrix} = \begin{pmatrix} 6 \\ -2 \\ -8 \end{pmatrix}$$

Besitzt jedes Element einer Matrix den gleichen Faktor, dann kann dieser Faktor vor die Matrix geschrieben werden.

Betrag eines Vektors

Nach dem Satz des Pythagoras für rechtwinklige Dreiecke ($c^2 = a^2 + b^2$) ist der Betrag eines Ortsvektors:

$$\left|\vec{r}\right| = r = \sqrt{x^2 + y^2 + z^2} \qquad (3.25)$$

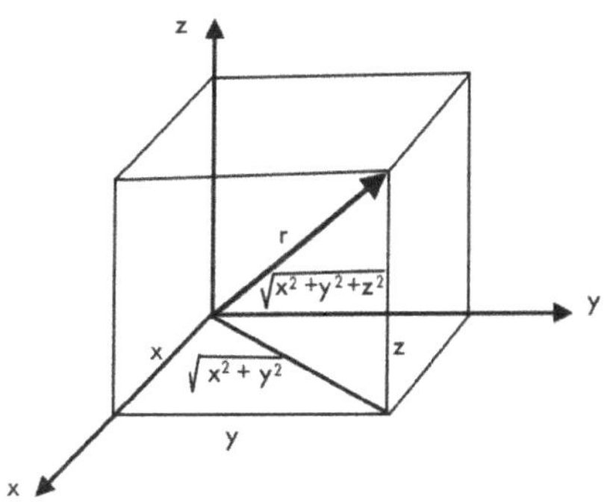

Abstand zweier Punkte im Raum

Zwei Punkte P_1 und P_2 sind durch ihre Ortsvektoren gegeben:

$$P_1: \quad \vec{r_1} = x_1 \cdot \vec{e_x} + y_1 \cdot \vec{e_y} + z_1 \cdot \vec{e_z}$$

$$P_2: \quad \vec{r_2} = x_2 \cdot \vec{e_x} + y_2 \cdot \vec{e_y} + z_2 \cdot \vec{e_z}$$

Der Abstand der beiden Punkte ist mit

$$\overline{P_1P_2} = \vec{r_2} - \vec{r_1} = (x_2 - x_1) \cdot \vec{e_x} + (y_2 - y_1) \cdot \vec{e_y} + (z_2 - z_1) \cdot \vec{e_z}$$

und

$$\vec{r_2} - \vec{r_1} = \begin{pmatrix} x_2 \\ y_2 \\ z_2 \end{pmatrix} - \begin{pmatrix} x_1 \\ y_1 \\ z_1 \end{pmatrix} = \begin{pmatrix} x_2 - x_1 \\ y_2 - y_1 \\ z_2 - z_1 \end{pmatrix}$$

beträgt

$$\overline{P_1P_2} = \left|\vec{r_2} - \vec{r_1}\right| = \sqrt{(x_2 - x_1)^2 + (y_2 - y_1)^2 + (z_2 - z_1)^2} \qquad (3.26)$$

Der Richtungskosinus des Ortsvektors

Der Ortsvektor $\vec{r}$ in Komponentendarstellung $\vec{r} = x \cdot \vec{e_x} + y \cdot \vec{e_y} + z \cdot \vec{e_z}$ ist nicht nur durch seinen Betrag, sondern auch durch seine Richtung bestimmt. Diese kann durch die Winkel des Vektors mit den drei Basisvektoren $\vec{e_x}$, $\vec{e_y}$ und $\vec{e_z}$ (diese liegen auf den Koordinatenachsen) beschrieben werden:

$$\cos\left(\vec{r}, \vec{e_x}\right) = \frac{x}{r} \qquad \cos\left(\vec{r}, \vec{e_y}\right) = \frac{y}{r} \qquad \cos\left(\vec{r}, \vec{e_z}\right) = \frac{z}{r} \tag{3.27}$$

und mit

$$r^2 = x^2 + y^2 + z^2 = r^2 \cdot \cos^2\left(\vec{r}, \vec{e_x}\right) + r^2 \cdot \cos^2\left(\vec{r}, \vec{e_y}\right) + r^2 \cdot \cos^2\left(\vec{r}, \vec{e_z}\right)$$

ergibt sich

$$\cos^2\left(\vec{r}, \vec{e_x}\right) + \cos^2\left(\vec{r}, \vec{e_y}\right) + \cos^2\left(\vec{r}, \vec{e_z}\right) = 1$$

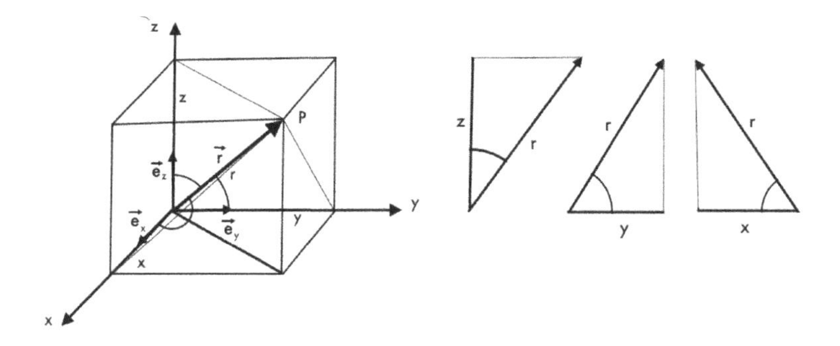

Geradengleichung im Raum

Punkt-Richtungs-Form:
Ist eine Gerade durch einen Punkt $P_0(x_0, y_0, z_0)$ und die Richtung des Vektors $\vec{a}$ mit

$$\vec{a} = a_x \cdot \vec{e_x} + a_y \cdot \vec{e_y} + a_z \cdot \vec{e_z}$$

gegeben, dann lautet die Geradengleichung mit dem Parameter λ:

$$\vec{r} = \vec{r_0} + \lambda \cdot \vec{a} \tag{3.28}$$

in Komponentenschreibweise

$$x \cdot \vec{e_x} + y \cdot \vec{e_y} + z \cdot \vec{e_z} = \left(x_0 + \lambda \cdot a_x\right) \cdot \vec{e_x} + \left(y_0 + \lambda \cdot a_y\right) \cdot \vec{e_y} + \left(z_0 + \lambda \cdot a_z\right) \cdot \vec{e_z}$$

und in Matrizenschreibweise

$$\vec{r}=\begin{pmatrix} x \\ y \\ z \end{pmatrix}=\begin{pmatrix} x_0 \\ y_0 \\ z_0 \end{pmatrix}+\lambda\cdot\begin{pmatrix} a_x \\ a_y \\ a_z \end{pmatrix}=\begin{pmatrix} x_0 \\ y_0 \\ z_0 \end{pmatrix}+\begin{pmatrix} \lambda\cdot a_x \\ \lambda\cdot a_y \\ \lambda\cdot a_z \end{pmatrix}=\begin{pmatrix} x_0+\lambda\cdot a_x \\ y_0+\lambda\cdot a_y \\ z_0+\lambda\cdot a_z \end{pmatrix} \qquad (3.29)$$

Damit ergibt sich

$$x = x_0 + \lambda\cdot a_x$$
$$y = y_0 + \lambda\cdot a_y$$
$$z = z_0 + \lambda\cdot a_z$$

$$\lambda=\frac{x-x_0}{a_x}=\frac{y-y_0}{a_y}=\frac{z-z_0}{a_z}$$

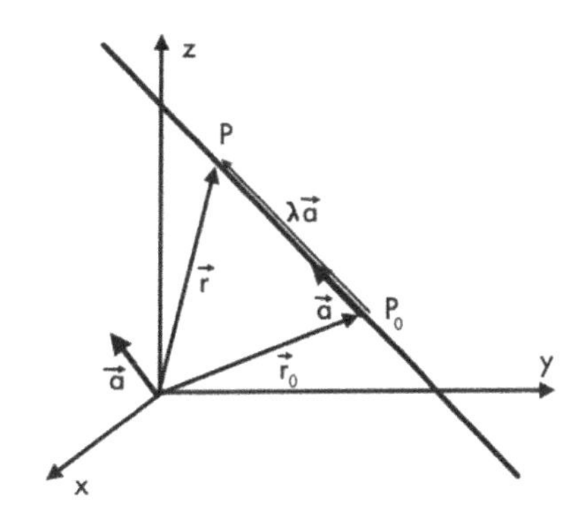

Zweipunkte-Form:
Ist eine Gerade durch zwei Punkte $P_1(x_1,y_1,z_1)$ und $P_2(x_2,y_2,z_2)$ gegeben, dann ist die Richtung der Geraden durch den Differenzvektor $\vec{r_2}-\vec{r_1}$ festgelegt, wobei λ wieder ein Parameter ist:

$$\vec{r}=\vec{r_1}+\lambda\cdot\left(\vec{r_2}-\vec{r_1}\right) \qquad (3.30)$$

in Komponentenschreibweise

$$x\cdot\vec{e_x}+y\cdot\vec{e_y}+z\cdot\vec{e_z}=\left[x_1+\lambda\cdot(x_2-x_1)\right]\cdot\vec{e_x}+\left[y_1+\lambda\cdot(y_2-y_1)\right]\cdot\vec{e_y}+\left[z_1+\lambda\cdot(z_2-z_1)\right]\cdot\vec{e_z}$$

in Matrizenschreibweise

$$\vec{r}=\begin{pmatrix} x \\ y \\ z \end{pmatrix}=\begin{pmatrix} x_1 \\ y_1 \\ z_1 \end{pmatrix}+\lambda\cdot\begin{pmatrix} x_2-x_1 \\ y_2-y_1 \\ z_2-z_1 \end{pmatrix}=\begin{pmatrix} x_1 \\ y_1 \\ z_1 \end{pmatrix}+\begin{pmatrix} \lambda\cdot(x_2-x_1) \\ \lambda\cdot(y_2-y_1) \\ \lambda\cdot(z_2-z_1) \end{pmatrix}=\begin{pmatrix} x_1+\lambda\cdot(x_2-x_1) \\ y_1+\lambda\cdot(y_2-y_1) \\ z_1+\lambda\cdot(z_2-z_1) \end{pmatrix} \tag{3.31}$$

Damit ergibt sich

$$x=x_1+\lambda\cdot(x_2-x_1)$$

$$y=y_1+\lambda\cdot(y_2-y_1) \qquad \lambda=\frac{x-x_1}{x_2-x_1}=\frac{y-y_1}{y_2-y_1}=\frac{z-z_1}{z_2-z_1}$$

$$z=z_1+\lambda\cdot(z_2-z_1)$$

Ebenen-Gleichung im Raum

Die beiden folgenden Ebenen-Gleichungen sind Parameterdarstellungen:

1. Die Ebene ist gegeben durch einen Punkt P_0 und durch zwei nicht kollineare Vektoren $\vec{a}$ und $\vec{b}$:

$$\vec{r}=\vec{r_0}+\lambda\cdot\vec{a}+\mu\cdot\vec{b} \tag{3.32}$$

mit λ, μ Parameter

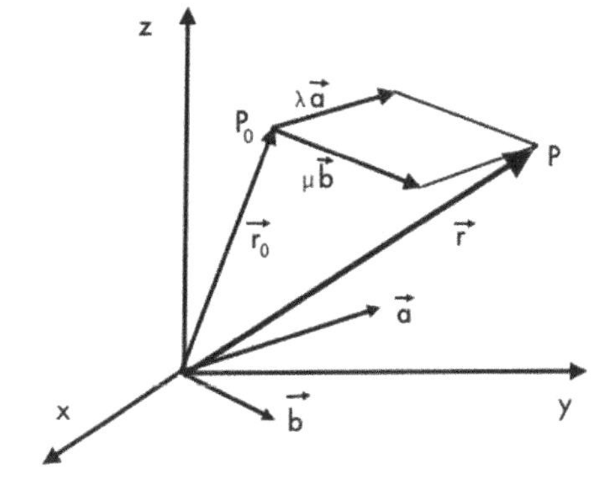

in Matrizenschreibweise:

$$\vec{r}=\begin{pmatrix} x \\ y \\ z \end{pmatrix}=\begin{pmatrix} x_0 \\ y_0 \\ z_0 \end{pmatrix}+\lambda\cdot\begin{pmatrix} a_x \\ a_y \\ a_z \end{pmatrix}+\mu\cdot\begin{pmatrix} b_x \\ b_y \\ b_z \end{pmatrix}=\begin{pmatrix} x_0+\lambda\cdot a_x+\mu\cdot b_x \\ y_0+\lambda\cdot a_y+\mu\cdot b_y \\ z_0+\lambda\cdot a_z+\mu\cdot b_z \end{pmatrix} \tag{3.33}$$

2. Die Ebene ist gegeben durch drei Punkte P_1, P_2 und P_3:

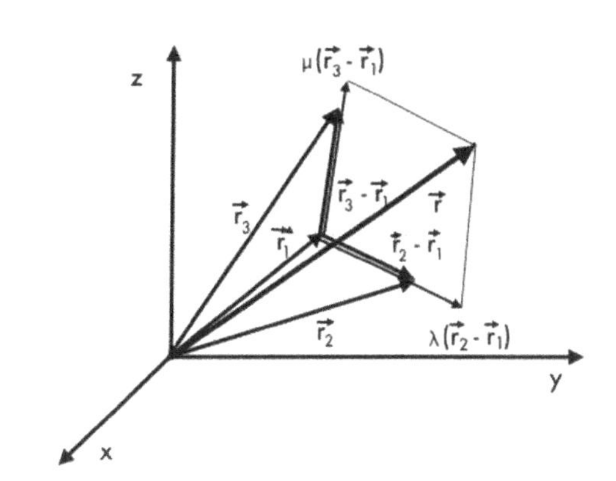

$$\vec{r} = \vec{r}_1 + \lambda \cdot (\vec{r}_2 - \vec{r}_1) + \mu \cdot (\vec{r}_3 - \vec{r}_1)$$

mit λ, μ Parameter

(3.34)

$$\begin{aligned}\vec{r} = x_1 \cdot \vec{e}_x + y_1 \cdot \vec{e}_y + z_1 \cdot \vec{e}_z + \\ + \lambda \cdot \left[(x_2 - x_1) \cdot \vec{e}_x + (y_2 - y_1) \cdot \vec{e}_y + (z_2 - z_1) \cdot \vec{e}_z\right] + \\ + \mu \cdot \left[(x_3 - x_1) \cdot \vec{e}_x + (y_3 - y_1) \cdot \vec{e}_y + (z_3 - z_1) \cdot \vec{e}_z\right]\end{aligned}$$

in Matrizenschreibweise:

$$\vec{r} = \begin{pmatrix} x \\ y \\ z \end{pmatrix} = \begin{pmatrix} x_1 \\ y_1 \\ z_1 \end{pmatrix} + \lambda \cdot \begin{pmatrix} x_2 - x_1 \\ y_2 - y_1 \\ z_2 - z_1 \end{pmatrix} + \mu \cdot \begin{pmatrix} x_3 - x_1 \\ y_3 - y_1 \\ z_3 - z_1 \end{pmatrix} = \begin{pmatrix} x_1 + \lambda \cdot (x_2 - x_1) + \mu \cdot (x_3 - x_1) \\ y_1 + \lambda \cdot (y_2 - y_1) + \mu \cdot (y_3 - y_1) \\ z_1 + \lambda \cdot (z_2 - z_1) + \mu \cdot (z_3 - z_1) \end{pmatrix}$$

(3.35)

Beispiel: Gesucht ist die Gleichung der Ebene, die durch die drei Punkte $P_1(-1;4;1)$, $P_2(3;-2;2)$ und $P_3(2;7;-3)$ bestimmt ist.

$$\begin{aligned}\vec{r} = -\vec{e}_x + 4 \cdot \vec{e}_y + \vec{e}_z \\ + \lambda \cdot \left[(3+1) \cdot \vec{e}_x + (-2-4) \cdot \vec{e}_y + (2-1) \cdot \vec{e}_z\right] \\ + \mu \cdot \left[(2+1) \cdot \vec{e}_x + (7-4) \cdot \vec{e}_y + (-3-1) \cdot \vec{e}_z\right]\end{aligned}$$

$$\vec{r} = -\vec{e}_x + 4 \cdot \vec{e}_y + \vec{e}_z + \lambda \cdot \left[4 \cdot \vec{e}_x - 6 \cdot \vec{e}_y + \vec{e}_z\right] + \mu \cdot \left[3 \cdot \vec{e}_x + 3 \cdot \vec{e}_y - 4 \cdot \vec{e}_z\right]$$

$$\vec{r} = (-1 + 4\lambda + 3\mu) \cdot \vec{e}_x + (4 - 6\lambda + 3\mu) \cdot \vec{e}_y + (1 + \lambda - 4\mu) \cdot \vec{e}_z$$

$$\vec{r} = \begin{pmatrix} x \\ y \\ z \end{pmatrix} = \begin{pmatrix} -1 + \lambda \cdot (3+1) + \mu \cdot (2+1) \\ 4 + \lambda \cdot (-2-4) + \mu \cdot (7-4) \\ 1 + \lambda \cdot (2-1) + \mu \cdot (-3-1) \end{pmatrix} = \begin{pmatrix} -1 + 4\lambda + 3\mu \\ 4 - 6\lambda + 3\mu \\ 1 + \lambda - 4\mu \end{pmatrix}$$

3.3 Das Skalarprodukt

Definition des Skalarprodukts

Unter dem Skalarprodukt oder inneren Produkt $\vec{a} \cdot \vec{b}$ zweier Vektoren $\vec{a}$ und $\vec{b}$ versteht man das Produkt aus ihren Beträgen und dem Kosinus des von den beiden Vektoren eingeschlossenen Winkels:

$$\vec{a} \cdot \vec{b} = |\vec{a}| \cdot |\vec{b}| \cdot \cos\angle(\vec{a}, \vec{b}) = a \cdot b \cdot \cos\angle(\vec{a}, \vec{b}) \qquad (3.36)$$

Das skalare Produkt ist eine skalare Größe.

speziell:
Ein skalares Produkt zweier Vektoren wird gleich Null, wenn wenigstens einer der beiden Vektoren der Nullvektor ist, oder wenn beide Vektoren senkrecht aufeinander stehen, weil dann der $\cos\angle(\vec{a}, \vec{b}) = \cos 90^0 = 0$ ist.

Beispiel 1:
Verschieben eines Körpers längs eines Weges
(Bewegen eines schienengebundenen Fahrzeugs)

Die verrichtete Arbeit ist dann

$$W = \vec{F} \cdot \vec{s} = F \cdot s \cdot \cos\angle(\vec{F}, \vec{s})$$

$$W = F_S \cdot s$$

$$\text{mit} \quad F_S = F \cdot \cos\angle(\vec{F}, \vec{s})$$

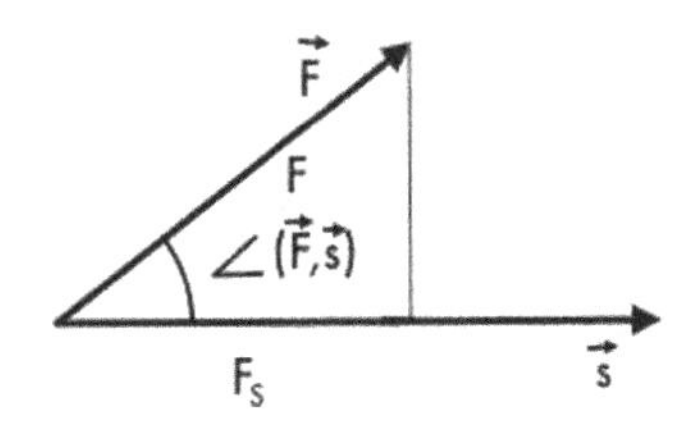

wobei F_S die Kraftkomponente in Richtung des Weges ist.

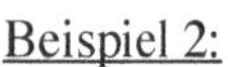

Beispiel 2:
Verschieben einer Ladung Q im elektrostatischen Feld

$$dW = \vec{F} \cdot d\vec{l} = Q \cdot \vec{E} \cdot d\vec{l} = Q \cdot E \cdot dl \cdot \cos\angle(\vec{E}, d\vec{l})$$

$$W_{12} = \int_1^2 dW = \int_1^2 \vec{F} \cdot d\vec{l} = Q \cdot \int_1^2 \vec{E} \cdot d\vec{l}$$

(siehe Weißgerber:
Elektrotechnik für Ingenieure, Band 1, Abschnitt 3.3.3, S. 184 und S. 185)

Rechengesetze für Skalarprodukte

Kommutatives Gesetz:

$$\vec{a} \cdot \vec{b} = \vec{b} \cdot \vec{a} \tag{3.37}$$

$$a \cdot b \cdot \cos\varphi = b \cdot a \cdot \cos(-\varphi) \qquad \text{mit} \quad \angle(\vec{a},\vec{b}) = \varphi$$

Assoziatives Gesetz:

$$(\lambda \cdot \vec{a}) \cdot \vec{b} = \vec{a} \cdot (\lambda \cdot \vec{b}) = \lambda \cdot (\vec{a} \cdot \vec{b}) \tag{3.38}$$

Für drei Vektoren gilt das assoziative Gesetz im Allgemeinen **nicht**:

$$\vec{a} \cdot (\vec{b} \cdot \vec{c}) \neq (\vec{a} \cdot \vec{b}) \cdot \vec{c} \qquad !$$

Distributivgesetz:

$$\vec{a} \cdot (\vec{b} + \vec{c}) = \vec{a} \cdot \vec{b} + \vec{a} \cdot \vec{c} \tag{3.39}$$

Beweis durch die Komponentendarstellung:

$$\vec{a} \cdot (\vec{b} + \vec{c}) = \vec{a} \cdot \vec{b} + \vec{a} \cdot \vec{c}$$

$$\vec{a} \cdot (\vec{b} + \vec{c}) = (a_x \vec{e_x} + a_y \vec{e_y} + a_z \vec{e_z}) \cdot \left[(b_x + c_x)\vec{e_x} + (b_y + c_y)\vec{e_y} + (b_z + c_z)\vec{e_z}\right]$$

$$\vec{a} \cdot (\vec{b} + \vec{c}) = a_x(b_x + c_x) + a_y(b_y + c_y) + a_z(b_z + c_z) \qquad \vec{e_x} \cdot \vec{e_x} = 1 \quad \vec{e_x} \cdot \vec{e_y} = 0 \quad \text{u.s.w.}$$

$$\vec{a} \cdot (\vec{b} + \vec{c}) = a_x b_x + a_x c_x + a_y b_y + a_y c_y + a_z b_z + a_z c_z$$

$$\vec{a} \cdot \vec{b} + \vec{a} \cdot \vec{c} = (a_x \vec{e_x} + a_y \vec{e_y} + a_z \vec{e_z}) \cdot (b_x \vec{e_x} + b_y \vec{e_y} + b_z \vec{e_z}) + (a_x \vec{e_x} + a_y \vec{e_y} + a_z \vec{e_z}) \cdot (c_x \vec{e_x} + c_y \vec{e_y} + c_z \vec{e_z})$$

$$\vec{a} \cdot \vec{b} + \vec{a} \cdot \vec{c} = a_x b_x + a_y b_y + a_z b_z + a_x c_x + a_y c_y + a_z c_z$$

Beispiele für die Rechengesetze:

1. $\vec{a} \cdot \vec{a} = |\vec{a}| \cdot |\vec{a}| \cdot \cos 0^0 = a \cdot a \cdot 1 = a^2$, d.h. der Betrag des Vektors $\vec{a}$ ist: $a = \sqrt{(\vec{a})^2}$

2. $(\vec{a} + \vec{b})^2 = (\vec{a} + \vec{b}) \cdot (\vec{a} + \vec{b})$

$$(\vec{a} + \vec{b})^2 = (\vec{a})^2 + \vec{a} \cdot \vec{b} + \vec{b} \cdot \vec{a} + (\vec{b})^2$$

$$(\vec{a} + \vec{b})^2 = (\vec{a})^2 + 2 \cdot \vec{a} \cdot \vec{b} + (\vec{b})^2$$

$$(\vec{a} + \vec{b})^2 = a^2 + 2 \cdot a \cdot b \cdot \cos\angle(\vec{a},\vec{b}) + b^2$$

3. $$\vec{e_x} \cdot \vec{e_x} = \left|\vec{e_x}\right| \cdot \left|\vec{e_x}\right| \cdot \cos 0^0 = 1 \cdot 1 \cdot 1 = 1$$

$$\vec{e_x} \cdot \vec{e_x} = \vec{e_y} \cdot \vec{e_y} = \vec{e_z} \cdot \vec{e_z} = 1$$

oder $\left(\vec{e_x}\right)^2 = \left(\vec{e_y}\right)^2 = \left(\vec{e_z}\right)^2 = 1$

4. $$\vec{e_x} \cdot \vec{e_y} = \left|\vec{e_x}\right| \cdot \left|\vec{e_y}\right| \cdot \cos 90^0 = 1 \cdot 1 \cdot 0 = 0$$

$$\vec{e_x} \cdot \vec{e_y} = \vec{e_x} \cdot \vec{e_z} = \vec{e_y} \cdot \vec{e_x} = \vec{e_y} \cdot \vec{e_z} = \vec{e_z} \cdot \vec{e_x} = \vec{e_z} \cdot \vec{e_y} = 0$$

5. $$\vec{r_1} \cdot \vec{r_2} = \left(x_1 \vec{e_x} + y_1 \vec{e_y} + z_1 \vec{e_z}\right) \cdot \left(x_2 \vec{e_x} + y_2 \vec{e_y} + z_2 \vec{e_z}\right)$$

$$\vec{r_1} \cdot \vec{r_2} = x_1 x_2 + y_1 y_2 + z_1 z_2$$

oder

$$\vec{r_1} \cdot \vec{r_2} = \begin{pmatrix} x_1 \\ y_1 \\ z_1 \end{pmatrix} \cdot \begin{pmatrix} x_2 \\ y_2 \\ z_2 \end{pmatrix} = x_1 x_2 + y_1 y_2 + z_1 z_2$$

Das Skalarprodukt zweier Vektoren in Komponentendarstellung ist gleich der Summe der Produkte der gleichartigen Koordinaten der beiden Vektoren.

Falksches Schema

Die Matrizenmultiplikation wird durch das Falksche Schema übersichtlich:
Die Komponenten des ersten Vektors werden links als Zeile dargestellt und die Komponenten des zweiten Vektors werden als Spalte geschrieben.
Dann wird das erste Element der Zeile mit dem ersten Element Spalte multipliziert, dann das zweite Element der Zeile mit dem zweiten Element der Spalte multipliziert und schließlich das dritte Element der Zeile mit dem dritten Element der Spalte multipliziert. Die drei Produkte werden aufsummiert und ergeben das skalare Produkt der beiden Radiusvektoren.

$$\begin{array}{ccc|c} & & & x_2 \\ & & & y_2 \\ & & & z_2 \\ \hline x_1 & y_1 & z_1 & x_1 x_2 + y_1 y_2 + z_1 z_2 \end{array}$$

Damit wird das Prinzip der Matrizenmultiplikation erläutert, die bei der Darstellung und Berechnung von Gleichungssystemen hilfreich sein kann (z.B. in der Elektrotechnik bei der Behandlung der Netzberechnungsverfahren und der Vierpoltheorie). Hier wird allgemein eine (m,n)-Matrix mit einer (n,p)-Matrix multipliziert.
(siehe Weißgerber: Elektrotechnik für Ingenieure, Band 1, Abschnitt 2.3.6, S. 111- und S. 112 und Band 3, Abschnitt 10.7.6, S. 245 bis 247).

3.4 Das Vektorprodukt

Definition des Vektorprodukts

Unter dem vektoriellen oder äußeren Produkt $\vec{a}\times\vec{b}$ (lies: a Kreuz b) zweier Vektoren $\vec{a}$ und $\vec{b}$ versteht man einen Vektor, der

1. senkrecht auf $\vec{a}$ und $\vec{b}$ steht, also auf der Fläche senkrecht steht, die von den beiden Vektoren aufgespannt wird,

2. so orientiert ist, dass die kürzest mögliche Drehung von $\vec{a}$ nach $\vec{b}$ mit der Richtung von $\vec{a}\times\vec{b}$ als Fortschreitungsrichtung einer Rechtsschraube ergibt, d.h. $\vec{a}$, $\vec{b}$ und $\vec{a}\times\vec{b}$ bilden in dieser Reihenfolge ein Rechtssystem,

3. den folgenden Betrag hat:

$$\left|\vec{a}\times\vec{b}\right| = \left|\vec{a}\right|\cdot\left|\vec{b}\right|\cdot\sin\left(\vec{a},\vec{b}\right) \qquad (3.40)$$

$$\text{mit} \quad 0 \le \angle\left(\vec{a},\vec{b}\right) \le \pi$$

Mit Hilfe der Rechte-Hand-Regel lässt sich der Produktvektor einfach ermitteln:

Wird mit den gekrümmten Fingern der rechten Hand der erste Faktor $\vec{a}$ auf dem kürzesten Weg in den zweiten Faktor $\vec{b}$ gedreht, dann zeigt der Daumen in die Richtung des Vektorprodukts $\vec{a}\times\vec{b}$.

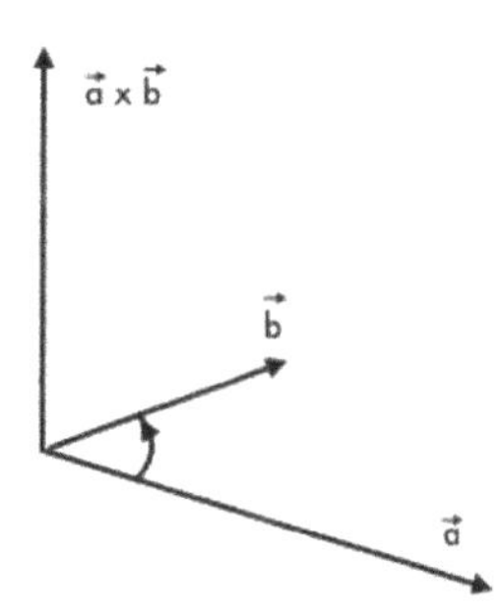

speziell:
Das Vektorprodukt zweier Vektoren hat den Wert Null, wenn wenigstens einer der beiden Vektoren der Nullvektor ist, oder wenn die beiden Vektoren parallel sind, denn dann ist der Winkel zwischen beiden Vektoren Null und $\sin 0^0 = 0$:

$$\vec{a}\times\vec{b} = \vec{0} \qquad (3.41)$$

Beispiel 1:

Drehmoment $\vec{M}$ eines um eine Achse drehbaren Zylinders:

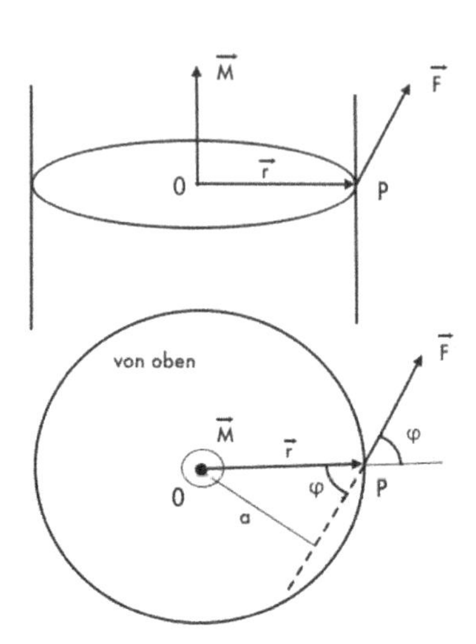

Am Zylindermantel greift im Punkt P die Kraft $\vec{F}$ an. Der Vektor vom Punkt 0 auf der Drehachse zum Angriffspunkt P ist $\vec{r} = \overrightarrow{0P}$.

Die Vektoren $\vec{F}$ und $\vec{r}$ schließen den Winkel φ ein. Der Betrag des Moments auf den Zylinder ergibt sich aus Kraft mal Hebelarm

$$M = F \cdot a = \left|\vec{F}\right| \cdot a = \left|\vec{F}\right| \cdot \left|\vec{r}\right| \cdot \sin\varphi$$

$$\text{mit} \quad a = \left|\vec{r}\right| \cdot \sin\varphi$$

Wird das Drehmoment als Vektor

$$\vec{M} = \vec{r} \times \vec{F}$$

nach den genannten Definitionsbedingungen dargestellt, dann werden die Richtung der Drehachse und die Drehrichtung erfasst, d.h. im mathematisch positiven Sinn von oben betrachtet.

Beispiel 2:

Kraftwirkung auf elektrische Ladungen im Magnetfeld

$$\vec{F}_{mag} = Q \cdot \left(\vec{v} \times \vec{B}\right)$$

$$\text{mit} \quad F_{mag} = Q \cdot v \cdot B \cdot \sin\angle\left(\vec{v}, \vec{B}\right)$$

(siehe Weißgerber:
Elektrotechnik für Ingenieure, Band 1, Abschnitt 3.4.6.1, S. 289 und S. 290)

Betrag des Vektorprodukts zweier Vektoren

Laut Definition ist der Betrag des Vektorprodukts

$$\left|\vec{a}\times\vec{b}\right| = \left|\vec{a}\right|\cdot\left|\vec{b}\right|\cdot\sin\angle\left(\vec{a},\vec{b}\right) \qquad (3.42)$$

Der Betrag ist gleich dem Flächeninhalt des Parallelogramms, das von den Vektoren $\vec{a}$ und $\vec{b}$ aufgespannt wird:

$$A = h\cdot\left|\vec{a}\right|$$

mit $\sin\varphi = \dfrac{h}{\left|\vec{b}\right|}$

$$A = \left|\vec{a}\right|\cdot\left|\vec{b}\right|\cdot\sin\varphi = a\cdot b\cdot\sin\varphi$$

Rechengesetze für Vektorprodukte

Alternativgesetz:

$$\vec{a}\times\vec{b} = -\left(\vec{b}\times\vec{a}\right) \qquad (3.43)$$

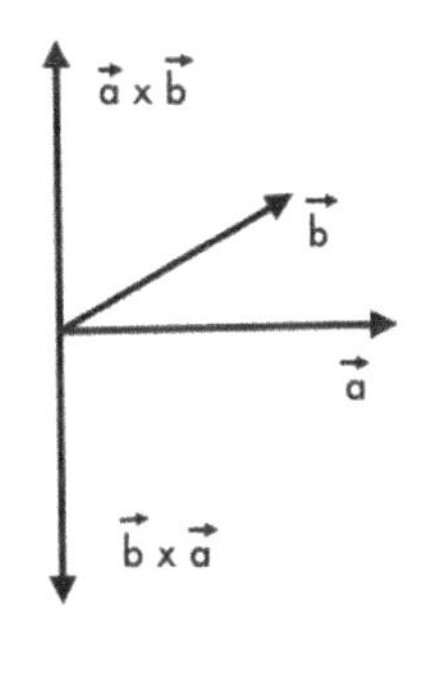

Assoziativgesetz:

$$n\cdot\left(\vec{a}\times\vec{b}\right) = \left(n\cdot\vec{a}\right)\times\vec{b} = \vec{a}\times\left(n\cdot\vec{b}\right) \qquad (3.44)$$

Die Parallelogrammfläche, die durch die Vektoren $\vec{a}$ und $\vec{b}$ aufgespannt wird, wächst auf das n-fache, wenn eine Seite (Vektor) den n-fachen Betrag annimmt.

Anmerkung:
Im Allgemeinen ist aber

$$\vec{a}\times\left(\vec{b}\times\vec{c}\right) \neq \left(\vec{a}\times\vec{b}\right)\times\vec{c} \qquad !$$

Distributivgesetz:

$$\vec{a}\times\left(\vec{b}+\vec{c}\right) = \vec{a}\times\vec{b}+\vec{a}\times\vec{c} \qquad (3.45)$$

Für den speziellen Fall, dass $\vec{a}$, $\vec{b}$ und $\vec{c}$ komplanar sind, d.h. auf einer Ebene liegen, ist obiges Gesetz sofort einzusehen:
die Parallelogrammfläche, die von den Vektoren $\vec{a}$ und $\vec{b}+\vec{c}$ aufgespannt wird, ist gleich der Summe der Parallologrammflächen, die von den Vektoren $\vec{a}$ und $\vec{b}$ und von den Vektoren $\vec{a}$ und $\vec{c}$ aufgespannt werden.
Dieser Sachverhalt gilt allgemein auch für die Spat-Parallelogrammflächen.

<u>Beispiele:</u>

1. $$(\vec{a}+\vec{b})\times(\vec{a}+\vec{b})=\vec{a}\times\vec{a}+\vec{b}\times\vec{a}+\vec{a}\times\vec{b}+\vec{b}\times\vec{b}$$
$$(\vec{a}+\vec{b})\times(\vec{a}+\vec{b})=\vec{0}-(\vec{a}+\vec{b})+(\vec{a}+\vec{b})+\vec{0}=\vec{0}$$

2. $$(\vec{a}+\vec{b})\times(\vec{a}-\vec{b})=\vec{a}\times\vec{a}+\vec{b}\times\vec{a}-(\vec{a}\times\vec{b})-(\vec{b}\times\vec{b})$$
$$(\vec{a}+\vec{b})\times(\vec{a}-\vec{b})=\vec{0}-(\vec{a}+\vec{b})-(\vec{a}+\vec{b})-\vec{o}$$
$$(\vec{a}+\vec{b})\times(\vec{a}-\vec{b})=-2(\vec{a}+\vec{b})=2(\vec{b}\times\vec{a})$$

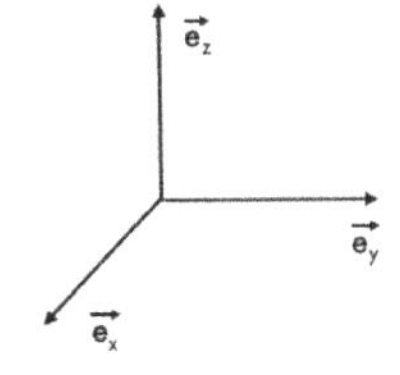

3. $$\vec{e_x}\times\vec{e_x}=0 \qquad \vec{e_y}\times\vec{e_y}=0 \qquad \vec{e_z}\times\vec{e_z}=0$$
$$\vec{e_x}\times\vec{e_y}=\vec{e_z} \qquad \vec{e_x}\times\vec{e_z}=-\vec{e_y} \qquad \vec{e_y}\times\vec{e_z}=\vec{e_x}$$
$$\vec{e_y}\times\vec{e_x}=-\vec{e_z} \qquad \vec{e_z}\times\vec{e_x}=\vec{e_y} \qquad \vec{e_z}\times\vec{e_y}=-\vec{e_x}$$

4. $$\vec{r_1}\times\vec{r_2}=(x_1\vec{e_x}+y_1\vec{e_y}+z_1\vec{e_z})\times(x_2\vec{e_x}+y_2\vec{e_y}+z_2\vec{e_z})$$
$$\begin{aligned}\vec{r_1}\times\vec{r_2}=\;&x_1\vec{e_x}\times x_2\vec{e_x}+x_1\vec{e_x}\times y_2\vec{e_y}+x_1\vec{e_x}\times z_2\vec{e_z}\\&+y_1\vec{e_y}\times x_2\vec{e_x}+y_1\vec{e_y}\times y_2\vec{e_y}+y_1\vec{e_y}\times z_2\vec{e_z}\\&+z_1\vec{e_z}\times x_2\vec{e_x}+z_1\vec{e_z}\times y_2\vec{e_y}+z_1\vec{e_z}\times z_2\vec{e_z}\end{aligned}$$

$$\begin{aligned}\vec{r_1}\times\vec{r_2}=\;&x_1x_2(\vec{e_x}\times\vec{e_x})+x_1y_2(\vec{e_x}\times\vec{e_y})+x_1z_2(\vec{e_x}\times\vec{e_z})\\&+y_1x_2(\vec{e_y}\times\vec{e_x})+y_1y_2(\vec{e_y}\times\vec{e_y})+y_1z_2(\vec{e_y}\times\vec{e_z})\\&+z_1x_2(\vec{e_z}\times\vec{e_x})+z_1y_2(\vec{e_z}\times\vec{e_y})+z_1z_2(\vec{e_z}\times\vec{e_z})\end{aligned}$$

$$\begin{aligned}\vec{r_1}\times\vec{r_2}=\;&0 \qquad +x_1y_2\cdot\vec{e_z} \qquad +x_1z_2\cdot(-\vec{e_y})\\&+y_1x_2\cdot(-\vec{e_z}) \quad + \quad 0 \qquad +y_1z_2\cdot\vec{e_x}\\&+z_1x_2\cdot\vec{e_y} \qquad +z_1y_2\cdot(-\vec{e_x}) \quad + \quad 0\end{aligned}$$

$$\vec{r_1} \times \vec{r_2} = (y_1 z_2 - z_1 y_2) \cdot \vec{e_x} + (z_1 x_2 - x_1 z_2) \cdot \vec{e_y} + (x_1 y_2 - y_1 x_2) \cdot \vec{e_z} \qquad (3.46)$$

Das Vektorprodukt lässt sich auch durch eine Determinante 3. Ordnung darstellen, die nach der ersten Zeile entwickelt werden kann:

$$\vec{r_1} \times \vec{r_2} = \begin{vmatrix} \vec{e_x} & \vec{e_y} & \vec{e_z} \\ x_1 & y_1 & z_1 \\ x_2 & y_2 & z_2 \end{vmatrix} = \vec{e_x} \cdot \begin{vmatrix} y_1 & z_1 \\ y_2 & z_2 \end{vmatrix} - \vec{e_y} \cdot \begin{vmatrix} x_1 & z_1 \\ x_2 & z_2 \end{vmatrix} + \vec{e_z} \cdot \begin{vmatrix} x_1 & y_1 \\ x_2 & y_2 \end{vmatrix}$$

(siehe Weißgerber: Band 1, Abschnitt 2.3.6.2, S.114 und S.115)
Das erste Element der oberen Zeile hat ein positives Vorzeichen, das zweite Element ist negativ, das dritte ist positiv. Die drei Unterdeterminanten 2. Ordnung entstehen durch Streichen der jeweiligen Spalte und Zeile des Elements, in der sich das Element befindet.
Die Unterdeterminanten 2. Ordnung werden durch kreuzweises Multiplizieren ermittelt, wobei das Produkt von links oben nach rechts unten positiv und von rechts oben nach links unten negativ ist:

$$\vec{r_1} \times \vec{r_2} = \vec{e_x} \cdot (y_1 z_2 - z_1 y_2) - \vec{e_y} \cdot (x_1 z_2 - z_1 x_2) + \vec{e_z} \cdot (x_1 y_2 - y_1 x_2)$$

Mehrfache Produkte

Gemischtes Produkt oder Spatprodukt:
Das Volumen eines von drei Vektoren aufgespannten Spats ist

$$(\vec{a} \times \vec{b}) \cdot \vec{c} = (\vec{b} \times \vec{c}) \cdot \vec{a} = (\vec{c} \times \vec{a}) \cdot \vec{b} = V \qquad (3.47)$$

in Determinantenform

$$(\vec{r_1} \times \vec{r_2}) \cdot \vec{r_3} = \begin{vmatrix} x_1 & y_1 & z_1 \\ x_2 & y_2 & z_2 \\ x_3 & y_3 & z_3 \end{vmatrix} \qquad (3.48)$$

Vektorielles Produkt dreier Vektoren:

$$\vec{a} \times (\vec{b} \times \vec{c}) = (\vec{a} \cdot \vec{c}) \cdot \vec{b} - (\vec{b} \cdot \vec{c}) \cdot \vec{a} \qquad (3.49)$$

Produkte zweier Vektorprodukte:

$$(\vec{a} \times b) \cdot (\vec{c} \times \vec{d}) = (\vec{a} \cdot \vec{c}) \cdot (\vec{b} \cdot \vec{d}) - (\vec{a} \cdot \vec{d}) \cdot (\vec{b} \cdot \vec{c})$$
$$(\vec{a} \times b) \times (\vec{c} \times \vec{d}) = (\vec{a} \cdot \vec{b} \cdot \vec{d}) \cdot \vec{c} - (\vec{a} \cdot \vec{b} \cdot \vec{c}) \cdot \vec{d} = (\vec{a} \cdot \vec{c} \cdot \vec{d}) \cdot \vec{b} - (\vec{b} \cdot \vec{c} \cdot \vec{d}) \cdot \vec{a} \qquad (3.50)$$

Übungsaufgaben zum Kapitel 3

3.1 An einem Verteilermast greifen in einem Punkt vier Kräfte $\vec{F_1}$, $\vec{F_2}$, $\vec{F_3}$ und $\vec{F_4}$ an, die in einer Ebene liegen sollen:

$$F_1 = 4kN \qquad F_2 = 3kN \qquad F_3 = 4{,}4kN \qquad F_4 = 3{,}8kN$$

$$\angle\left(\vec{F_1}, \vec{F_2}\right) = 120° \quad \angle\left(\vec{F_2}, \vec{F_3}\right) = 70° \quad \angle\left(\vec{F_3}, \vec{F_4}\right) = 80°$$

Zeichnerisch sind Betrag und Richtung der resultierenden Kraft $\vec{F_R}$ zu ermitteln.

3.2 Wie groß sind die in den beiden Stäben der Längen s_1 und s_2 eines Drehkrans auftretende Kräfte, wenn der Kran eine Last von $F_Q = 18kN$ trägt?

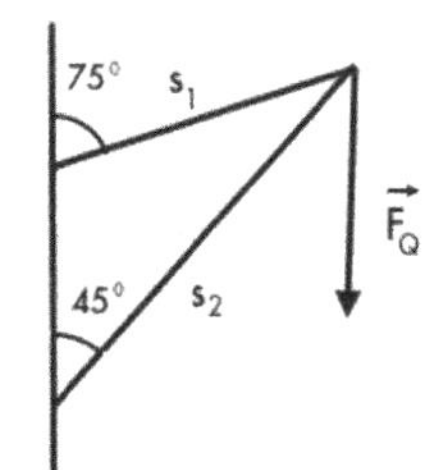

3.3 Ermitteln Sie von den beiden Vektoren

$$\vec{a} = 6 \cdot \vec{e_x} + 2 \cdot \vec{e_y} - 3 \cdot \vec{e_z}$$

$$\vec{b} = \frac{11}{15} \cdot \vec{e_x} - \frac{2}{3} \cdot \vec{e_y} + \frac{2}{15} \cdot \vec{e_z}$$

die zugehörigen Einsvektoren.

3.4 Ermitteln Sie vom Radiusvektor $\vec{r} = 4 \cdot \vec{e_x} - 3 \cdot \vec{e_y} + 2 \cdot \vec{e_z}$ die Länge des Vektors, den zugehörigen Einsvektor und die Winkel, die der Vektor mit den Basisvektoren bildet. Kontrollieren Sie das Ergebnis mit Hilfe einer Zeichnung.

3.5 Ein Vektor ergibt sich aus drei Vektoren $\vec{r} = \vec{a} + \vec{b} - \vec{c}$, wobei $\vec{a} = 3 \cdot \vec{e_x} - \vec{e_y} + 2 \cdot \vec{e_z}$ $\quad \vec{b} = -2 \cdot \vec{e_x} + 3 \cdot \vec{e_y}$ $\quad \vec{c} = 5 \cdot \vec{e_x} - 2 \cdot \vec{e_y} + 2 \cdot \vec{e_z}$.

Stellen Sie den Ortsvektor dar und ermitteln Sie die Winkel mit den Koordinatenachsen.

3.6 Zwei Ortsvektoren $\vec{r_1} = 3 \cdot \vec{e_x} - 2 \cdot \vec{e_y} - \vec{e_z}$ und $\vec{r_2} = \vec{e_x} + 4 \cdot \vec{e_y} + 2 \cdot \vec{e_z}$ schließen einen Winkel φ ein.

Ermitteln Sie die Gleichung der Geraden, die diesen Winkel halbiert.

3.7 Es ist die Vektorgleichung der Geraden durch den Punkt $P_0(-2;\ 3;\ 5)$ in Richtung des Vektors $\vec{r_1} = 3 \cdot \vec{e_x} - \vec{e_y} + 2 \cdot \vec{e_z}$ aufzustellen.

Welche Punkte ergeben sich für $\lambda = 0,\ \pm 1,\ \pm 3$?

3.8 Entwickeln Sie die Geradengleichung, die durch die beiden Punkte $P_1(-1;\ 0;\ 4)$ und $P_2(0;\ 1;\ 1)$ gegeben ist.
Wie lautet die Ebenengleichung, die durch die Gerade und durch den Punkt $P_3(2;\ 2;\ 2)$ verläuft? Liegt der Punkt $P(3;\ 3;\ -1)$ in der Ebene? Wenn ja, ermitteln Sie λ und μ.

3.9. Weisen Sie die Gültigkeit der binomischen Formel $(\vec{a}+\vec{b})\cdot(\vec{a}-\vec{b})$ nach.

3.10 Berechnen Sie das Skalarprodukt zweier Vektoren, deren Beträge 1 und 2 sind und die einen Winkel von $30°$, $60°$, $90°$ und $150°$ miteinander haben.

3.11 Multiplizieren Sie skalar die beiden Vektoren

$$\vec{r_1} = -3\cdot\vec{e_x} - 2\cdot\vec{e_y} + 5\cdot\vec{e_z}$$

und $$\vec{r_2} = 5\cdot\vec{e_x} - 10\cdot\vec{e_y} - \vec{e_z}$$

Wie liegen die beiden Vektoren zueinander?

3.12 Berechnen Sie das Vektorprodukt $\vec{r_1}\times\vec{r_2}$, wenn

1. $$\vec{r_1} = 2\cdot\vec{e_x} + 0{,}5\cdot\vec{e_y} - \vec{e_z}$$
$$\vec{r_2} = 0{,}5\cdot\vec{e_x} - 2\cdot\vec{e_y} + \vec{e_z}$$

2. $$\vec{r_1} = 3\cdot\vec{e_x} + 2\cdot\vec{e_y} - 0{,}5\cdot\vec{e_z}$$
$$\vec{r_2} = -3\cdot\vec{e_x} - 2\cdot\vec{e_y} + 0{,}5\cdot\vec{e_z}$$

3.13 Leiten Sie die Formel für den Tangens des Winkels ab, der von den beiden Vektoren $\vec{a}$ und $\vec{b}$ gebildet wird. Verwenden Sie dabei die Definitionen des Skalarprodukts und des Vektorprodukts.

4. Folgen und Grenzwerte

4.1 Zahlenfolgen

Begriff der Folge

Eine Menge von Zahlen, für die eine bestimmte Numerierungsvorschrift gegeben ist, heißt eine Zahlenfolge. Die Zahlenfolge enthält eine erste Zahl x_1, eine zweite Zahl x_2, usw. Die Numerierungsvorschrift f ordnet also jeder natürlichen Zahl n ein Glied x_n der Zahlenmenge $\{x_n\}$ zu. Eine reelle Zahlenfolge ist deshalb eine reelle Funktion, deren Definitionsbereich die Menge der natürlichen Zahlen ist:

$$x_n = f(n) \tag{4.1}$$
$$\text{mit } n \in N \quad \text{oder } n = 1, 2, 3, ...$$

Diese Funktion wird allgemeines Glied der Zahlenfolge oder Bildungsgesetz der Zahlenfolge genannt.

Beispiele:

$$f(n) = 2n \qquad \{x_n\} = \{2, 4, 6, ..., 2n, ...\}$$

$$f(n) = \frac{1}{n} \qquad \{x_n\} = \left\{\frac{1}{1}, \frac{1}{2}, \frac{1}{3}, ..., \frac{1}{n}, ...\right\}$$

$$f(n) = n^2 \qquad \{x_n\} = \{1, 4, 9, ..., n^2, ...\}$$

$$f(n) = \frac{n-1}{n} \qquad \{x_n\} = \left\{0, \frac{1}{2}, \frac{2}{3}, \frac{3}{4}, ..., \frac{n-1}{n}, ...\right\}$$

$$f(n) = 2 \qquad \{x_n\} = \{2, 2, 2, ..., 2, ...\}$$

$$f(n) = (-1)^n \qquad \{x_n\} = \{-1, +1, -1, ..., (-1)^n, ...\}$$

Das geometrische Bild einer Zahlenfolge als Funktion $f(n)$ ist eine Menge diskreter, also isolierter Punkte, die keinen zusammenhängenden Kurvenzug ergeben.

Zum Beispiel:

$f(n) = (-1)^n$

f(n)
+1
-1
1 2 3 4 5 6 7
n

W. Weißgerber, *Mathematik zu Elektrotechnik für Ingenieure*,
https://doi.org/10.1007/978-3-658-40837-4_4

Eigenschaften einer Zahlenfolge

Eine Zahlenfolge heißt monoton wachsend, wenn für alle n gilt: $x_n < x_{n+1}$,

monoton fallend, wenn für alle n gilt: $x_n > x_{n+1}$,

alternierend, wenn für alle n gilt: $x_n \cdot x_{n+1} < 0$,

konstant, wenn für alle n gilt: x_n konstant.

Sie ist nach unten beschränkt, wenn sich eine Zahl S_1 angeben lässt, die kleiner oder gleich aller Glieder der Zahlenfolge ist:

$$S_1 \leq x_n \quad \text{für alle } n \tag{4.2}$$

Entsprechend ist eine Zahlenfolge nach oben beschränkt, wenn sich eine Zahl S_2 angeben lässt, die größer oder gleich aller Glieder der Zahlenfolge ist:

$$S_2 \geq x_n \quad \text{für alle } n \tag{4.3}$$

Die Zahlen S_1 und S_2 heißen untere und obere Schranke der Zahlenfolge.

Beispiel: $f(n) = \frac{1}{n} \qquad \{x_n\} = \left\{\frac{1}{1}, \frac{1}{2}, \frac{1}{3}, \frac{1}{4}, \frac{1}{5}, \frac{1}{6}, \frac{1}{7}, \ldots\right\}$

d.h. $0 < x_n \leq 1 \qquad S_1 = 0$ und $S_2 = 1$

Grenzwert einer Zahlenfolge: Konvergente Zahlenfolgen

Kommen die Glieder einer Zahlenfolge für gegen unendlich strebendes n einer bestimmten Zahl g unbegrenzt näher, so heißt die Zahlenfolge konvergent und g wird der Grenzwert der Zahlenfolge genannt. Man sagt, die Zahlenfolge strebt mit wachsendem n gegen den Grenzwert g und schreibt:

$$\lim_{n \to \infty} x_n = g \tag{4.4}$$

oder $x_n \to g$ für $n \to \infty$

lies: limes x_n gleich g für n gegen unendlich.

Das Symbol $n \to \infty$ besagt, dass n unbeschränkt ist. Es gibt also kein letztes Glied der Zahlenfolge. Der Abstand zwischen den Gliedern der Folge und der Zahl g wird immer kleiner. Existiert ein Grenzwert g der Zahlenfolge, dann kann der Abstand kleiner als jede vorgeschriebene Zahl ε sein:

$$|x_n - g| < \varepsilon \quad \text{für alle } n \text{ und } \varepsilon > 0 \tag{4.5}$$

Beispiel: $\{x_n\} = \left\{1, \frac{1}{2}, \frac{1}{3}, \frac{1}{4}, \ldots, \frac{1}{n}, \ldots\right\}$

$\lim\limits_{n\to\infty} \frac{1}{n} = 0$ d.h. $g = 0$ oder $\frac{1}{n} \to 0$ für $n \to \infty$

Nachweis der Konvergenz:

$$|x_n - g| = \frac{1}{n} < \varepsilon$$

Wird z.B. $\varepsilon = 10^{-6}$ gewählt, dann ist $\frac{1}{n} < 10^{-6}$ bzw. $n > 10^6$

d.h. für alle Glieder der Zahlenfolge mit der Nummerierung 10^6 ist die Bedingung erfüllt.

Nullfolge

Ist der Grenzwert einer Zahlenfolge $g = 0$, so nennt man diese konvergente Folge eine Nullfolge.

Divergente Zahlenfolgen

Nichtkonvergente Folgen heißen divergent. Sie besitzen keinen Grenzwert:

$$\lim_{n\to\infty} x_n = \pm\infty \qquad (4.6)$$

Arithmetische Zahlenfolgen

Eine Zahlenfolge $\{x_n\}$ mit einer konstanten Differenzenfolge $\{\Delta x_n\}$ ist eine arithmetische Folge. Die Differenzenfolge ergibt sich aus der jeweiligen Differenz $x_{n+1} - x_n$ zweier benachbarter Glieder. Jedes Glied der arithmetischen Zahlenfolge ist das arithmetische Mittel seiner Nachbarglieder:

$$x_n = \frac{x_{n-1} + x_{n+1}}{2} \qquad (4.7)$$

Ausgenommen ist hier das erste Glied der arithmetischen Folge.

Beispiel: $\{x_n\} = \{1, 3, 5, 7, 9, \ldots, 2n-1, \ldots\}$

$\{\Delta x_n\} = \{2, 2, 2, 2, \ldots 2, \ldots\}$

z.B. $n = 3$: $x_3 = \frac{3+7}{2} = 5$ (arithmetisches Mittel)

Geometrische Zahlenfolge

Eine Zahlenfolge $\{x_n\}$, bei der der Quotient $\frac{x_{n+1}}{x_n}$ zweier benachbarter Glieder für alle n denselben Wert q hat, ist eine geometrische Zahlenfolge. Jedes Glied ist das geometrische Mittel seiner beiden Nachbarglieder:

$$x_n = \sqrt{x_{n-1} \cdot x_{n+1}} \tag{4.8}$$

Ausgenommen ist hier das erste Glied der geometrischen Folge.

Beispiele:

$$\{x_n\} = \{1,2,4,8,16,...\} \qquad q = 2$$

$$\{x_n\} = \left\{-2, \frac{2}{3}, -\frac{2}{9}, \frac{2}{27}, ...\right\} \qquad q = -\frac{1}{3}$$

Teilsummenfolgen

Diese Folgen enthalten als Glieder Teilsummen:

$$\{x_n\} = \left\{\sum_{i=1}^{n} a_i\right\} = \{a_1, a_1 + a_2, a_1 + a_2 + a_3, ...\} \tag{4.9}$$

Beispiel: $\{x_n\} = \left\{\sum_{i=1}^{n} 7 \cdot 10^{-i}\right\} = \{0{,}7;\ 0{,}77;\ 0{,}777;\ ...\}$

Rechnen mit Grenzwerten – Grenzwertsätze

Sind $\{u_n\}$ und $\{v_n\}$ konvergente Zahlenfolgen und sind ihre Grenzwerte

$$\lim_{n\to\infty} u_n = u \quad \text{und} \quad \lim_{n\to\infty} v_n = v$$

so gilt:

$$\lim_{n\to\infty}(u_n \pm v_n) = \lim_{n\to\infty} u_n \pm \lim_{n\to\infty} v_n = u \pm v \tag{4.10}$$

$$\lim_{n\to\infty}(u_n \cdot v_n) = \lim_{n\to\infty} u_n \cdot \lim_{n\to\infty} v_n = u \cdot v \tag{4.11}$$

$$\lim_{n\to\infty} \frac{u_n}{v_n} = \frac{\lim\limits_{n\to\infty} u_n}{\lim\limits_{n\to\infty} v_n} = \frac{u}{v} \qquad \text{mit } v \neq 0 \tag{4.12}$$

Beispiele:

1. $\{x_n\} = \dfrac{n-1}{n}$ $\qquad \lim\limits_{n\to\infty} \dfrac{n-1}{n} = \lim\limits_{n\to\infty}\left(1-\dfrac{1}{n}\right) = \lim\limits_{n\to\infty} 1 - \lim\limits_{n\to\infty}\dfrac{1}{n} = 1$

2. $\{x_n\} = n^2$ $\qquad \lim\limits_{n\to\infty} n^2 = \lim\limits_{n\to\infty} n \cdot \lim\limits_{n\to\infty} n = \infty$ divergente Folge

3. $\{x_n\} = \{0{,}7;\ 0{,}77;\ 0{,}777;\ \ldots\}$ $\qquad \lim\limits_{n\to\infty} x_n = \dfrac{7}{9}$

4. $$\lim_{n\to\infty}\left(1+\frac{1}{n}\right)^n = e = 2{,}71828\ldots \qquad (4.13)$$
   Eulersche Zahl, d.i. die Basis des natürlichen Logarithmus

5. Die Zahl π als Grenzwert:
   In und um den Kreis werden regelmäßige Vielecke angenommen, deren Umfang mit E_n und U_n bezeichnet werden:

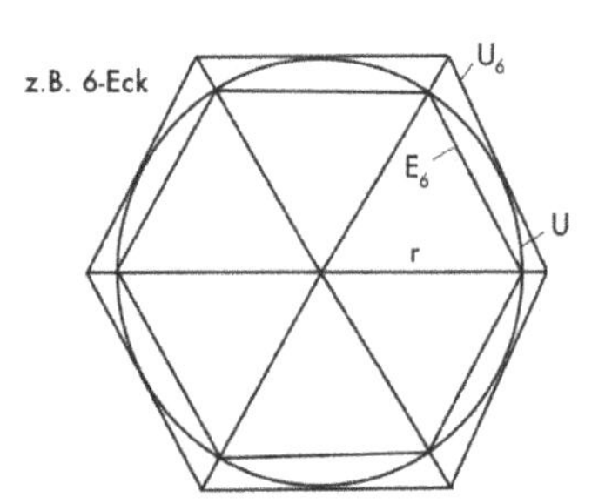

   Umfang des Kreises: $\lim\limits_{n\to\infty} E_n = \lim\limits_{n\to\infty} U_n = U$

   $$\Rightarrow \qquad \lim_{n\to\infty}\frac{E_n}{2r} = \lim_{n\to\infty}\frac{U_n}{2r} = \pi = 3{,}1416\ldots$$

4.2 Grenzwert einer Funktion und zusammengesetzter Funktionen

Problemstellung

Es gibt Funktionen, die für bestimmte x-Werte nicht definiert sind. Sie sind an diesen Stellen unstetig. Z.B. existiert für die gebrochen rationale Funktion

$$y = \frac{x^2-1}{x-1}$$

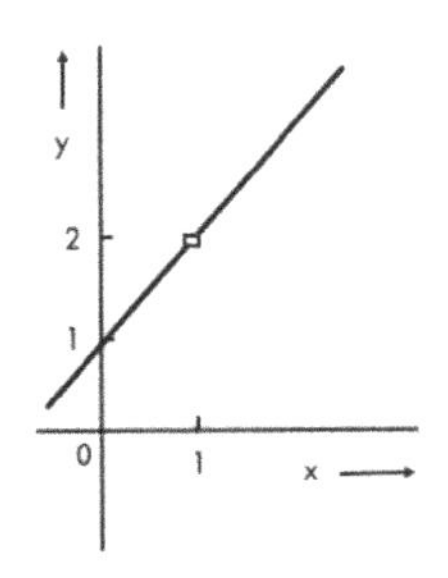

an der Stelle $x = 1$ der Funktionswert nicht, da

$$y = f(1) = \frac{0}{0} \quad \text{ist.}$$

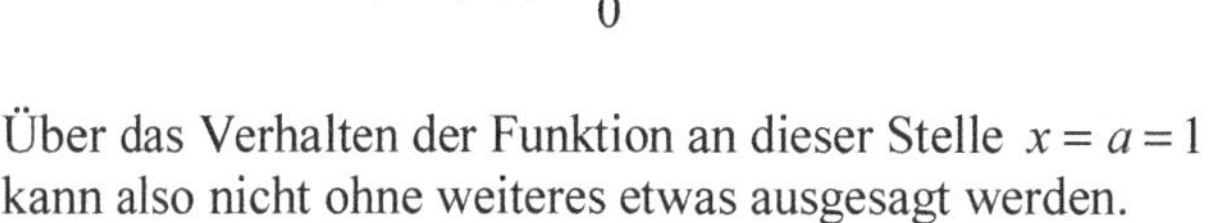

Über das Verhalten der Funktion an dieser Stelle $x = a = 1$ kann also nicht ohne weiteres etwas ausgesagt werden.

Grenzwert einer Funktion

Um dennoch einen Überblick über das Verhalten der Funktion an dieser Stelle $x = a$ zu bekommen, wird irgendeine gegen a konvergierende Folge von Argumentwerten

$$\{x_n\} = \{x_1, x_2, x_3, x_4, \ldots, x_n, \ldots\} \quad \text{mit} \quad \lim_{n\to\infty} x_n = a$$

ausgewählt und die Folge der zugehörigen Funktionswerte

$$\{f(x_n)\} = \{f(x_1), f(x_2), f(x_3), f(x_4), \ldots, f(x_n), \ldots\}$$

auf ihre Konvergenz untersucht. Wenn dann für jede gegen a konvergierende Argumentenfolge die zugehörige Ordinatenfolge ebenfalls konvergiert, so erklärt man diesen Grenzwert als „Grenzwert der Funktion" an der betreffenden Stelle $x = a$ und kann ihn als Funktionswert definieren, d.h. die Lücke schließen.

<u>Zum Beispiel:</u>

Der Funktionswert der Funktion

$y = \dfrac{x^2 - 1}{x - 1}$ ist an der Stelle $x = a = 1$ undefiniert.

Mit der Argumentenfolge: $x_n = \dfrac{n-1}{n}$ $\quad \{x_n\} = \left\{0, \dfrac{1}{2}, \dfrac{2}{3}, \dfrac{3}{4}, \ldots\right\}$ mit $a = \lim\limits_{n\to\infty} \dfrac{n-1}{n} = 1$

x_n	0	1/2	2/3	3/4	4/5
$f(x_n)$	1	3/2	5/3	7/4	9/5

ergibt sich die Ordinatenfolge $\{f(x_n)\} = \{1;\ 1{,}5;\ 1{,}67;\ 1{,}75;\ \ldots\}$ mit $\lim\limits_{n\to 1} f(x_n) = 2$

Um die Lücke zu füllen, wird der Grenzwert 2 als Funktionswert definiert:

$$y = \begin{cases} \dfrac{x^2 - 1}{x - 1} & \text{für } x \neq 1 \\ 2 & \text{für } x = 1 \end{cases}$$

Definition des Grenzwertes einer Funktion

Konvergiert bei jeder Annäherung von x gegen a die zugehörige Folge der Funktionswerte $f(x)$ gegen einen Grenzwert g, so heißt g der allgemeine Grenzwert der Funktion $f(x)$ an der Stelle $x = a$ und man schreibt

$$\lim_{x\to a} f(x) = g \quad \text{oder} \quad f(x) \to g \quad \text{für} \quad x \to a \tag{4.14}$$

Der Funktionswert an der Stelle a und der Grenzwert an der Stelle a sind also zwei ganz verschiedene Begriffe:

Den Funktionswert $f(a)$ - falls er existiert - erhält man, indem man in die Funktionsgleichung $x=a$ setzt.

Den Grenzwert $\lim_{x\to a} f(x)$ ermittelt man durch den Grenzübergang.

Zum Beispiel:

Für die $y=\frac{x^2-1}{x-1}$ existiert der Funktionswert für $x=a=1$ nicht: $f(a)=f(1)=\frac{0}{0}$.

Mit der Argumentenfolge $\{x_n\}=\left\{0,\frac{1}{2},\frac{2}{3},\frac{3}{4},\frac{4}{5},...\right\}$, die nach dem Bildungsgesetz

$x_n=\frac{n-1}{n}$ ermittelt wird und den Grenzwert $\lim_{x\to\infty}\frac{n-1}{n}=a=1$ hat, wird der Grenzwert der

Ordinatenfolge $\{f(x_n)\}=\left\{1,\frac{3}{2},\frac{5}{3},\frac{7}{4},\frac{9}{5},...\right\}$ gebildet : $\lim_{x\to 1}\frac{x^2-1}{x-1}=2$.

Für dieses Beispiel kann der Grenzwert auch nach einer Umformung direkt ermittelt werden:

$$\lim_{x\to 1}\frac{x^2-1}{x-1}=\lim_{x\to 1}\frac{(x+1)\cdot(x-1)}{x-1}=\lim_{x\to 1}(x+1)=2$$

Der Grenzübergang kann aber auch durchgeführt werden, indem in der Funktionsgleichung $y=f(x)$ für x die Argumentenfolge $x_n=f(n)$ eingesetzt wird und der Grenzübergang für $n\to\infty$ vorgenommen wird:

$$\lim_{x\to a} f(x)=\lim_{n\to\infty} f(x_n) \qquad (4.15)$$

Zum Beispiel:

$$\lim_{n\to\infty} f(x_n)=\lim_{n\to\infty}\frac{\left(\frac{n-1}{n}\right)^2-1}{\frac{n-1}{n}-1}=\lim_{n\to\infty}\frac{(n-1)^2-n^2}{n^2\cdot\frac{n-1}{n}-n^2}=\lim_{n\to\infty}\frac{n^2-2n+1-n^2}{n^2-n-n^2} \qquad \text{mit} \quad x_n=\frac{n-1}{n}$$

$$\lim_{n\to\infty} f(x_n)=\lim_{n\to\infty}\frac{2n-1}{n}=\lim_{n\to\infty}\frac{2-\frac{1}{n}}{1}=2 \qquad \text{mit} \quad \lim_{n\to\infty}\frac{1}{n}=0$$

Für die Durchführung des Grenzübergangs gibt es keine einfache rechnerische Anweisung, so dass es ratsam ist, den Verlauf der Bildkurve im kartesischen Koordinatensystem zu Hilfe zu nehmen.

Rechtsseitiger und linksseitiger Grenzwert von Funktionen

Es gibt Funktionen, für die an der Stelle a der Grenzwert nicht eindeutig ist:
Werden Argumentenfolgen $\{x_n\}$ verwandt, die von links und rechts an a konvergieren, so sind die Grenzwerte der zugehörigen Folgen der Funktionswerte unterschiedlich.

Definition:

Hat die Folge der Funktionswerte $\{f(x_n)\}$ den Grenzwert g^+ für jede beliebige gegen a konvergierende Folge $\{x_n\}$, deren Glieder sämtlich größer als a sind, so heißt g^+ rechtsseitiger Grenzwert der Funktion $f(x)$ an der Stelle a:

$$\lim_{x \to a+0} f(x) = g^+ = f(a_+) \quad \text{oder} \quad f(x) \to g^+ \quad \text{für } x \to a+0 \tag{4.16}$$

Analog wird der linksseitige Grenzwert der Funktion $f(x)$ definiert:

$$\lim_{x \to a-0} f(x) = g^- = f(a_-) \quad \text{oder} \quad f(x) \to g^- \quad \text{für } x \to a-0 \tag{4.17}$$

Sind rechtsseitiger und linksseitiger Grenzwert der Funktion $f(x)$ an der Stelle a gleich, dann sind sie gleich dem allgemeinen Grenzwert g der Funktion:

$$\lim_{x \to a+0} f(x) = \lim_{x \to a-0} f(x) = \lim_{x \to a} f(x) = g \tag{4.18}$$

Beispiel:

Ermittlung der Grenzwerte der Funktion

$$f(x) = \begin{cases} x+2 & \text{für } x < 0 \\ 0 & \text{für } x = 0 \\ x-2 & \text{für } x > 0 \end{cases}$$

an der Stelle $x = 0$: (Sprungstelle)

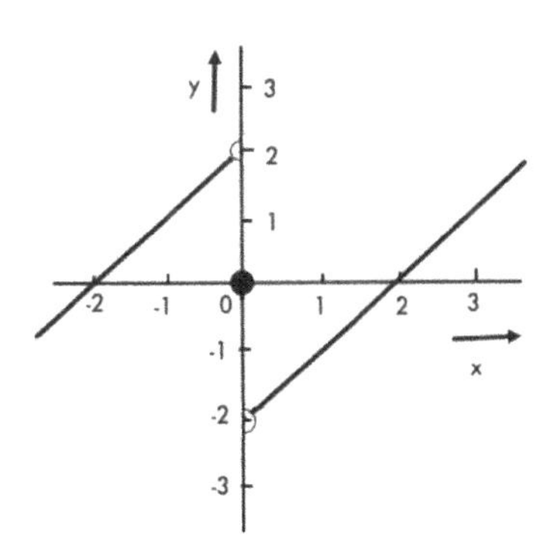

rechtsseitiger Grenzwert:

$$\lim_{x \to +0} f(x) = f(0_+) = -2$$

linksseitiger Grenzwert:

$$\lim_{x \to -0} f(x) = f(0_-) = +2$$

Beispiel:

Für die Funktion $y = \frac{\sin x}{x}$ soll der Grenzwert für $x \to 0$ ermittelt werden.

Der Funktionswert an der Stelle $x = 0$ ist mit $y = f(0) = \frac{0}{0}$ undefiniert.

Bei der Ermittlung des Grenzwertes $\lim\limits_{x \to 0} \frac{\sin x}{x}$ geht man von folgender Ungleichung aus:

$$\sin x < x < \tan x \qquad \text{für } x \neq 0,$$

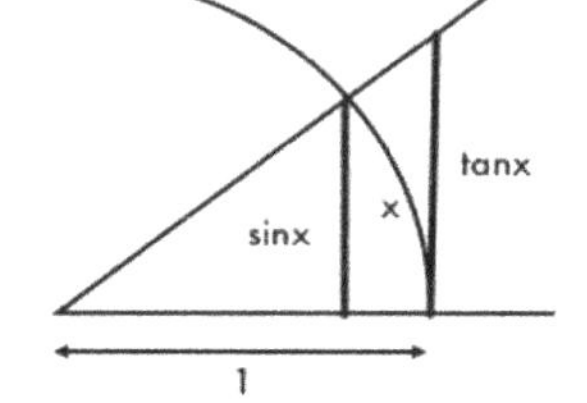

die mit Hilfe des Einskreises erklärt ist.
Die Ungleichung wird durch $\sin x$ geteilt:

$$1 < \frac{x}{\sin x} < \frac{\tan x}{\sin x} = \frac{1}{\cos x}$$

Wird der Kehrwert gebildet, dann drehen sich nach Gleichung (1.70) die Anordnungszeichen um:

$$1 > \frac{\sin x}{x} > \cos x$$

Beim Grenzübergang $x \to +0$ geht $\cos x \to 1$. Da die obere Grenze mit 1 (linke Seite der Ungleichung) unverändert bleibt, muss der Grenzwert 1 sein:

$$\lim_{x \to +0} \frac{\sin x}{x} = 1$$

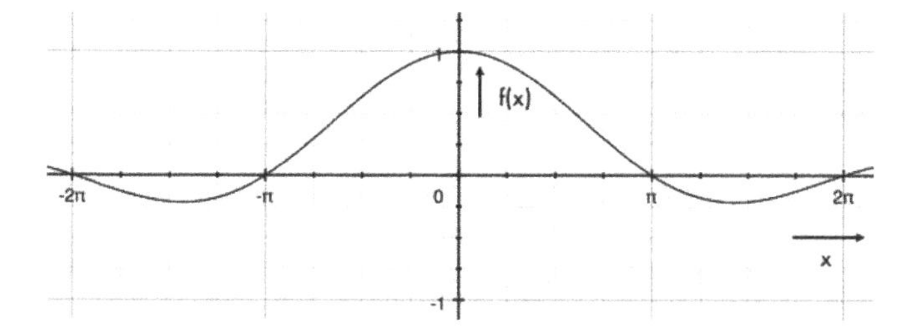

Weil die Funktion

$$f(x) = \frac{\sin x}{x} \text{ mit}$$

$$f(-x) = \frac{\sin(-x)}{-x} = \frac{-\sin x}{-x} = \frac{\sin x}{x} = f(x)$$

gerade ist (siehe Gl. 2.32), muss für jede Annäherung $x \to 0$ der Grenzwert

$$\lim_{x \to 0} \frac{\sin x}{x} = 1 \tag{4.19}$$

Die Lücke der Funktion bei $x = 0$ kann geschlossen werden, indem der Grenzwert 1 zum gesonderten Funktionswert erklärt wird.

Rechenregeln für Grenzwerte von Funktionen

Der Grenzwert der Summe zweier Funktionen ist gleich der Summe der Grenzwerte beider Funktionen:

$$\lim_{x\to a}\left[f_1(x)+f_2(x)\right]=\lim_{x\to a}f_1(x)+\lim_{x\to a}f_2(x) \tag{4.20}$$

Beispiel: $\lim_{x\to\infty}\left(1-\frac{1}{x}\right)=\lim_{x\to\infty}1+\lim_{x\to\infty}\left(-\frac{1}{x}\right)=1+0=1$

Der Grenzwert des Produkts zweier Funktionen ist gleich dem Produkt der Grenzwerte beider Funktionen:

$$\lim_{x\to a}\left[f_1(x)\cdot f_2(x)\right]=\lim_{x\to a}f_1(x)\cdot\lim_{x\to a}f_2(x) \tag{4.21}$$

Beispiel: $\lim_{x\to 0}\frac{\tan x}{x}=\lim_{x\to 0}\frac{\sin x}{x}\cdot\lim_{x\to 0}\frac{1}{\cos x}=1\cdot 1=1$

Der Grenzwert eines Quotienten zweier Funktionen ist gleich dem Quotienten der Grenzwerte beider Funktionen:

$$\lim_{x\to a}\frac{f_1(x)}{f_2(x)}=\frac{\lim_{x\to a}f_1(x)}{\lim_{x\to a}f_2(x)} \quad \text{mit} \quad \lim_{x\to a}f_2(x)\neq 0 \tag{4.22}$$

speziell: $f_1(x)=1$ und $f_2(x)=f(x)$

$$\lim_{x\to a}\frac{1}{f(x)}=\frac{1}{\lim_{x\to a}f(x)} \tag{4.23}$$

Beispiele: $\lim_{x\to\infty}\tanh x=\lim_{x\to\infty}\frac{e^x-e^{-x}}{e^x+e^{-x}}=\lim_{x\to\infty}\frac{1-e^{-2x}}{1+e^{-2x}}=\frac{1}{1}=1$

$\lim_{x\to\infty}\coth x=\lim_{x\to\infty}\frac{1}{\tanh x}=\frac{1}{1}=1$

(siehe Gl. 2.27)

Grenzwert von gebrochen rationalen Funktionen

Bei gebrochen rationalen Funktionen, deren Grenzwert für $x \to \pm\infty$ ermittelt werden soll, dividiere man zuerst Zähler und Nenner durch die höchste gemeinsame x-Potenz und führe dann den Grenzübergang durch. Es ist dann allgemein

$$\lim_{x\to\pm\infty} \frac{a_n x^n + a_{n-1}x^{n-1} + \ldots + a_0}{b_m x^m + b_{m-1}x^{m-1} + \ldots + b_0} = \begin{cases} 0 & \text{für } m > n \\ \dfrac{a_n}{b_m} & \text{für } m = n \\ \pm\infty & \text{für } m < n \end{cases} \qquad (4.24)$$

Soll der Grenzwert für eine Lücke bei $x = a$, das ist eine gemeinsame Nullstelle vom Zähler- und Nennerpolynom, bestimmt werden, so dividiere man zuerst Zähler und Nenner durch die höchste gemeinsame Potenz von $x - a$ und führe dann den Grenzübergang von x nach a durch.

Beispiele:

1. $$\lim_{x\to\infty} \frac{3x^2 - 4x + 5}{x^2 + 2x - 1} = \lim_{x\to\infty} \frac{3 - \frac{4}{x} + \frac{5}{x^2}}{1 + \frac{2}{x} - \frac{1}{x^2}} = \frac{\lim\limits_{x\to\infty}\left(3 - \frac{4}{x} + \frac{5}{x^2}\right)}{\lim\limits_{x\to\infty}\left(1 + \frac{2}{x} - \frac{1}{x^2}\right)}$$

$$\lim_{x\to\infty} \frac{3x^2 - 4x + 5}{x^2 + 2x - 1} = \frac{\lim\limits_{x\to\infty} 3 - \lim\limits_{x\to\infty} \frac{4}{x} + \lim\limits_{x\to\infty} \frac{5}{x^2}}{\lim\limits_{x\to\infty} 1 + \lim\limits_{x\to\infty} \frac{2}{x} - \lim\limits_{x\to\infty} \frac{1}{x^2}} = \frac{3}{1} = 3$$

2. $$\lim_{x\to a} \frac{x^3 - a^3}{x - a} = \lim_{x\to a}\left(x^2 + ax + a^2\right) = a^2 + a^2 + a^2 = 3a^2$$

mit

$$\begin{array}{l} \left(x^3 - a^3\right) : \left(x - a\right) = x^2 + ax + a^2 \\ \underline{-\left(x^3 - ax^2\right)} \\ \qquad ax^2 - a^3 \\ \quad \underline{-\left(ax^2 - a^2x\right)} \\ \qquad\qquad a^2x - a^3 \\ \qquad\quad \underline{-\left(a^2x - a^3\right)} \\ \qquad\qquad\qquad 0 \end{array}$$

4.3 Stetigkeit einer Funktion

Funktionswerte für $x = a$:

Folgende Sonderfälle für einen Funktionswert $f(a)$ können auftreten:

1. Die Funktion $f(a)$ ist nicht definiert.
2. Der Grenzwert $\lim\limits_{x \to a} f(x)$ ist nicht vorhanden.
3. Der Grenzwert stimmt mit dem Funktionswert $f(a)$ nicht überein:
   $\lim\limits_{x \to a} f(x) \neq f(a)$
4. Der Grenzwert stimmt mit dem Funktionswert für $x = a$ überein:
   $\lim\limits_{x \to a} f(x) = f(a)$

Unstetige und stetige Funktionen

Ist einer der ersten drei Fälle erfüllt, so ist die Funktion für $x = a$ unstetig.
Eine Funktion $y = f(x)$ ist an der Stelle $x = a$ dann stetig, wenn die Funktion $f(x)$ an der Stelle $x = a$ mit $f(a)$ definiert ist, der Grenzwert $\lim\limits_{x \to a} f(x)$ existiert und gleich einer bestimmten Zahl g ist und wenn $f(a) = g$ ist.
Eine Funktion $y = f(x)$ ist an einer Stelle $x = a$ also stetig, wenn dort der Funktionswert und der Grenzwert existieren und beide übereinstimmen:

$$\lim_{x \to a} f(x) = f(a) \qquad (4.25)$$

Stetige Funktionen

Die wichtigsten im ganzen Definitionsbereich stetigen Funktionen sind:
(siehe Abschnitt 2.5: Einteilung und elementare Eigenschaften der reellen Funktionen)

1. ganzrationale Funktionen (Polynome)
   speziell: lineare Funktionen $y = a_1 x + a_0$,
   quadratische Funktionen $y = a_2 x^2 + a_1 x + a_0$, Potenzfunktionen $y = x^n$ mit $n > 0$
2. Exponentialfunktionen $y = a^x$ mit $a > 0,\ a \neq 1$
3. Logarithmischen Funktionen $y = \log_a x$ mit $a > 0,\ a \neq 1$
4. Sinus- und Kosinusfunktionen $y = \sin x$ und $y = \cos x$
5. Hyperbelfunktionen $y = \sinh x$, $y = \cosh x$ und $y = \tanh x$

Beispiele von unstetigen Funktionen

1. $\lim\limits_{x \to a} f(x)$ existiert nicht und $\lim\limits_{x \to a} f(x)$ existiert nicht

<u>Beispiel 1:</u> Oszillationspunkt der Funktion

$f(x) = \sin\frac{1}{x}$ für $x = a = 0$ d.h. $f(0) = \sin\frac{1}{0}$

$\lim\limits_{x \to 0} \sin\frac{1}{x}$ existiert nicht, weil kein bestimmter Grenzwert existiert

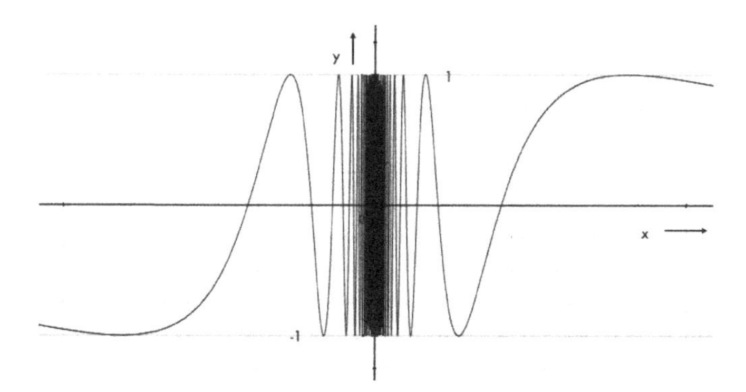

Nullstellen bei $\frac{1}{x} = \pm\pi,\ \pm 2\pi,\ \ldots$ bzw. $x = \pm\frac{1}{\pi},\ \pm\frac{1}{2\pi},\ \ldots$

Bei $x \to 0$ pendelt die Bildkurve immer schneller auf und ab.

<u>Beispiel 2:</u> Unendlichkeitsstelle der Funktion $f(x) = \frac{1}{x-1}$ bei $x = 1$

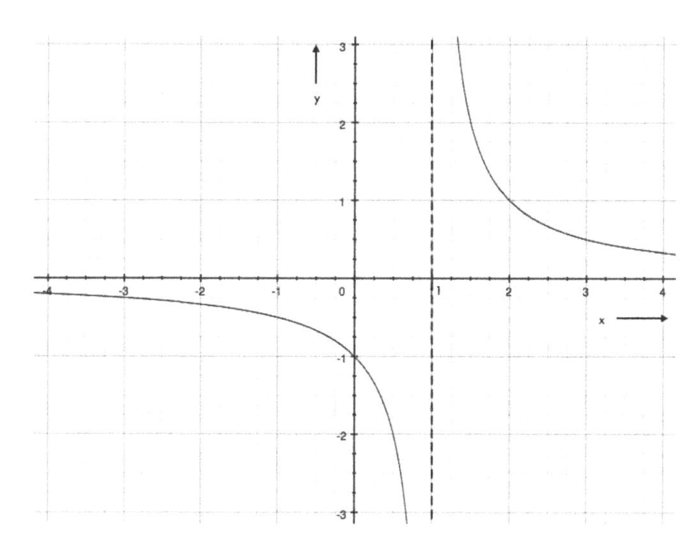

2. $f(a)$ existiert und

$\lim\limits_{x \to a} f(x)$ existiert nicht

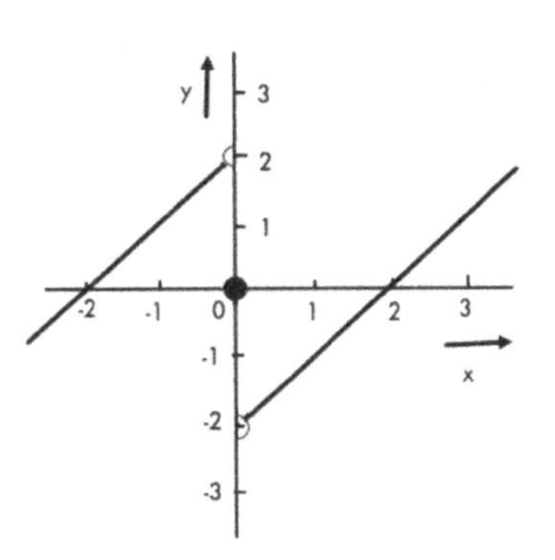

Beispiel: Sprungstelle der Funktion

$$f(x) = \begin{cases} x+2 & \text{für } x < 0 \\ 0 & \text{für } x = 0 \\ x-2 & \text{für } x > 0 \end{cases}$$

an der Stelle $x = 0$:

3. $f(a)$ existiert nicht und $\lim\limits_{x \to a} f(x)$ existiert

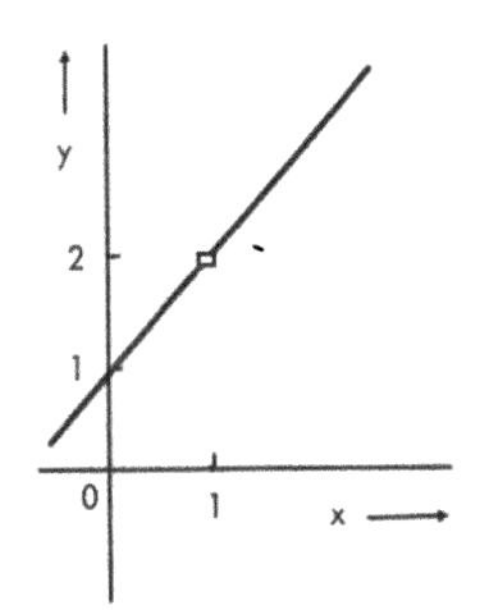

Beispiel: Lücke der Funktion $f(x) = \dfrac{x^2 - 1}{x - 1}$ bei $x = 1$

$$f(1) = \frac{0}{0} \qquad \lim_{x \to 1} \frac{x^2 - 1}{x - 1} = 2$$

4. $\left.\begin{array}{l} f(a) \text{ existiert} \\ \lim\limits_{x \to a} f(x) \text{ existiert} \end{array}\right\}$ $\lim\limits_{x \to a} f(x) \neq f(a)$

Beispiel: Einsiedlerpunkt

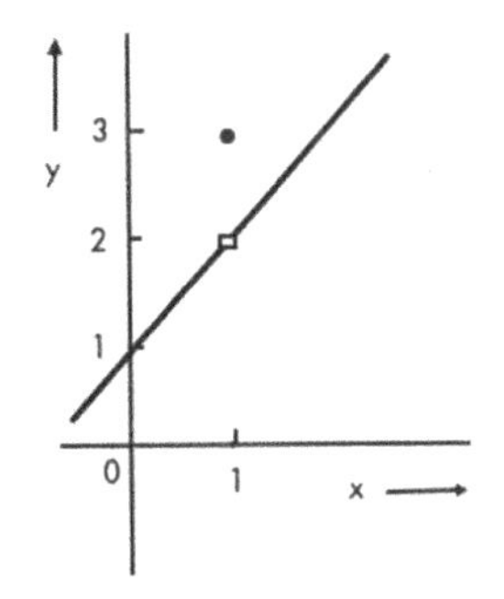

$$f(x) = \begin{cases} \dfrac{x^2 - 1}{x - 1} & \text{für } x \neq 1 \\ 3 \text{ für } & x = 1 \end{cases}$$

Da die Funktion $f(x) = \dfrac{x^2 - 1}{x - 1}$ bei $x = 1$ nicht definiert ist, kann dort ein beliebiger Funktionswert gewählt werden.

Übungsaufgaben zum Kapitel 4

4.1 Die ersten vier Glieder der Zahlenfolgen sind anzugeben, von denen das Bildungsgesetz bekannt ist:

$$f(n) = -4n \qquad f(n) = \frac{1}{2n-1} \qquad f(n) = \left(1+\frac{1}{n}\right)^n \qquad f(n) = \frac{1}{1\cdot 2\cdot 3\cdot \ldots \cdot n} = \frac{1}{n!}$$

4.2 Wie lautet das erste Glied der arithmetischen Zahlenfolge, von der die beiden Glieder $x_4 = -2$ und $x_6 = 4$ bekannt sind?

4.3 Die Grenzwerte folgender Zahlenfolgen sind zu bestimmen:

$$1.\ \lim_{n\to\infty}\frac{4}{2n+1} \quad 2.\ \lim_{n\to\infty}\frac{2n^2+3}{n-1} \quad 3.\ \lim_{n\to\infty}\frac{4n^3-2}{10n^3+3n} \quad 4.\ \lim_{n\to\infty}5^{-n} \quad 5.\ \lim_{n\to\infty}\left(\frac{2}{7}\right)^{-n}$$

$$6.\ \lim_{n\to\infty}\frac{a\cdot n}{n+1} \quad 7.\ \lim_{n\to\infty}\frac{(n+3)^2}{n^2-1} \quad 8.\ \lim_{n\to\infty}\frac{1}{1+a^n},\ \text{ wenn } |a|<1 \text{ oder } |a|>1$$

4.4 Wie lautet der Grenzwert der Teilsummenfolge

$$f(n) = \sum_{i=1}^{n} 3\cdot 10^{-i}$$

4.5 Für die gebrochen rationale Funktion $y = \frac{x^3-8}{x-2}$ ist der Grenzwert für $x \to +2$ zu ermitteln, wobei die Argumentenfolge $x_n = \frac{2n+1}{n}$ mit dem Grenzwert 2 für $n \to \infty$ zu verwenden ist.
Kontrollieren Sie das Ergebnis, indem Sie den Grenzübergang direkt durchführen.

4.6 Mit Hilfe der Rechenregeln für Grenzwerte von Funktionen sind die folgenden Grenzwerte zu berechnen:

$$\lim_{x\to 0}\frac{\sin^2 x}{x} \qquad \lim_{x\to 0}\frac{\sin x\cdot\cos x}{x} \qquad \lim_{x\to 0}\frac{\tan x}{x} \qquad \lim_{x\to +0}\left(\sin x - \frac{\cos x}{x}\right)$$

4.7 Die Grenzwerte folgender gebrochen rationaler Funktionen sind zu bestimmen:

$$\lim_{x\to -\infty}\frac{2x^2-2}{x^3-3x} \qquad \lim_{x\to 2}\frac{x^4-16}{x-2}$$

4.8 Sind folgende Funktionen stetig?

$$1.\ y = x\cdot\sin x \quad 2.\ y = \frac{2x-4}{x-2} \quad 3.\ y = \frac{x^2+1}{x+1} \quad 4.\ y = \begin{cases} 1 & \text{für } x>0 \\ 0 & \text{für } x=0 \\ -1 & \text{für } x<0 \end{cases}$$

5. Differentialrechnung

5.1 Die Ableitung der Funktion als Grenzwert des Differenzenquotienten

Problemstellung

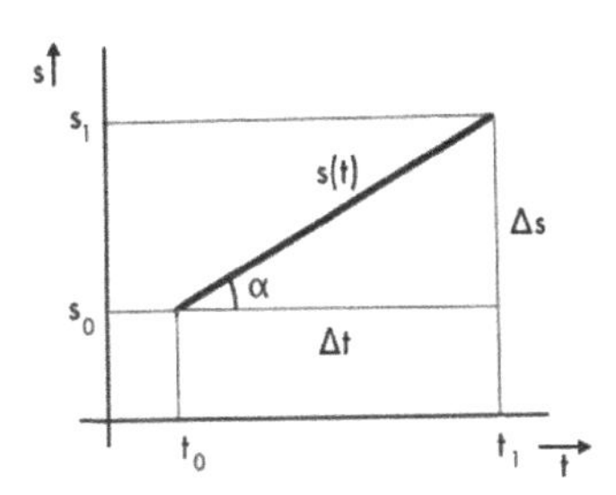

Bei einer gleichförmigen Bewegung eines Körpers ist zur Zeit t_0 die Strecke $s_0(t_0)$ und zur Zeit t_1 die Strecke $s_1(t_1)$ zurückgelegt. Die Geschwindigkeit v ist gleich dem Quotienten aus zurückgelegtem Weg und der Zeitspanne:

$$v = \frac{s_1(t_1) - s_0(t_0)}{t_1 - t_0} = \frac{\Delta s}{\Delta t} = \tan\alpha$$

Der Anstieg der Geraden $s(t)$ ist gleich dem Differenzenquotienten $\Delta s / \Delta t$ und ein Maß für die Geschwindigkeit.

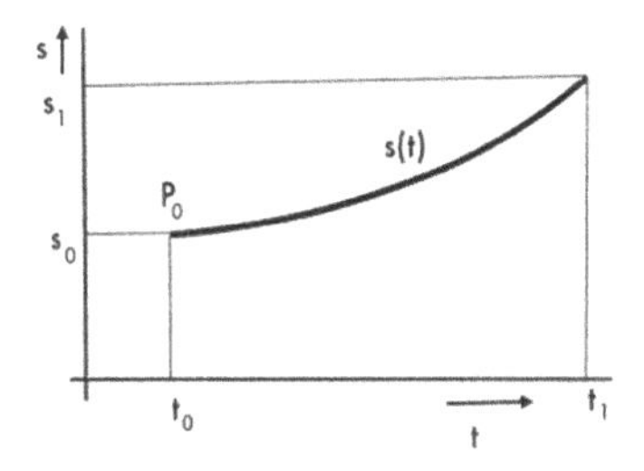

Wird der Körper ungleichmäßig, also beschleunigt, bewegt, dann ist die Weg-Zeit-Funktion keine Gerade; die Geschwindigkeit ist in jedem Punkt unterschiedlich. Sie lässt sich nicht mehr durch den Differenzenquotienten erfassen, weil er undefiniert ist: 0/0. Ein Punkt hat keine räumliche Ausdehnung ($\Delta s = 0$), und die Zeitspanne, in der der Körper durch den Punkt geht, ist ebenfalls Null ($\Delta t = 0$), d.h. die Geschwindigkeit ist nach obiger Formel nicht berechenbar.

Die jeweilige Geschwindigkeit in einem Punkt wird durch den „Anstieg" in einem Punkt der Kurve angegeben; der Anstieg in einem Kurvenpunkt ist gleich dem Anstieg der Tangente in diesem Punkt. Soll z.B. die Geschwindigkeit im Punkt P_0 ermittelt werden, dann ist im Punkt P_0 der Anstieg der Tangente zu bestimmen.

Ähnliche Probleme treten auch bei der Bestimmung der Augenblicksbeschleunigung, der Ermittlung der Stromstärke in einem Kondensator und der Spannung einer Induktivität (siehe Weißgerber: Elektrotechnik für Ingenieure, Band 1, Seite 200 und 315) und geometrisch bei der Berechnung des Tangentenanstiegs in einem beliebigen Kurvenpunkt auf. Diese Probleme – einschließlich der Geschwindigkeitsbestimmung in einem Punkt – lassen sich also auf das Tangentenproblem überführen.

Anstieg der Tangente als Grenzwert

Der Anstieg der Tangente in einem Kurvenpunkt soll deshalb für die stetige Funktion $y = f(x)$ im Punkt P_0 ermittelt werden.

W. Weißgerber, *Mathematik zu Elektrotechnik für Ingenieure*,
https://doi.org/10.1007/978-3-658-40837-4_5

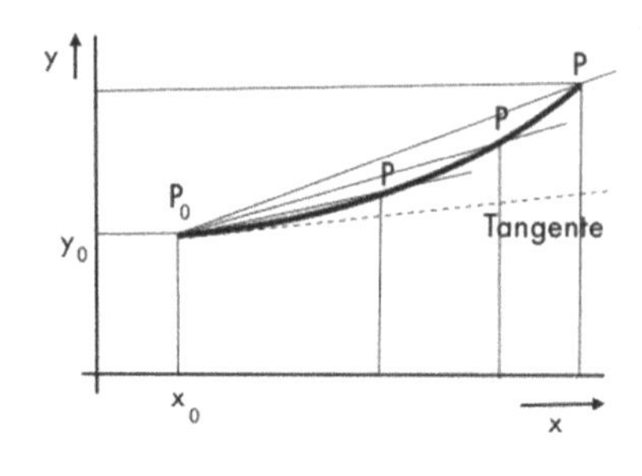

Eine Gerade ist durch zwei Größen bestimmt, z.B. durch einen Punkt und den Anstieg. Von der Tangente ist aber nur der Punkt P_0 bekannt, nicht aber der Anstieg. Wird nun ein beliebiger Kurvenpunkt P mit P_0 verbunden, dann entsteht jeweils eine Sekante $\overline{PP_0}$, die zur Tangente wird, wenn der Punkt P in den Punkt P_0 übergeht. Dabei führt die Sekantenschar eine Drehung um den Punkt P_0 aus. Der Anstieg der Sekanten ist gleich dem Diffenzenquotienten

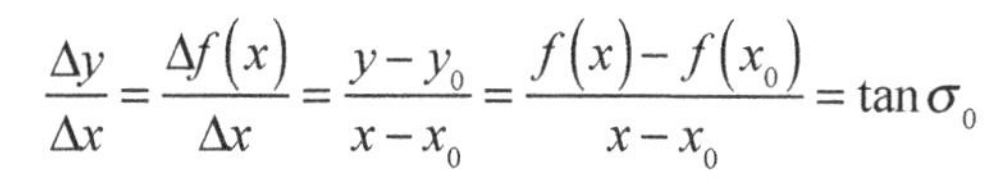

$$\frac{\Delta y}{\Delta x} = \frac{\Delta f(x)}{\Delta x} = \frac{y - y_0}{x - x_0} = \frac{f(x) - f(x_0)}{x - x_0} = \tan \sigma_0$$

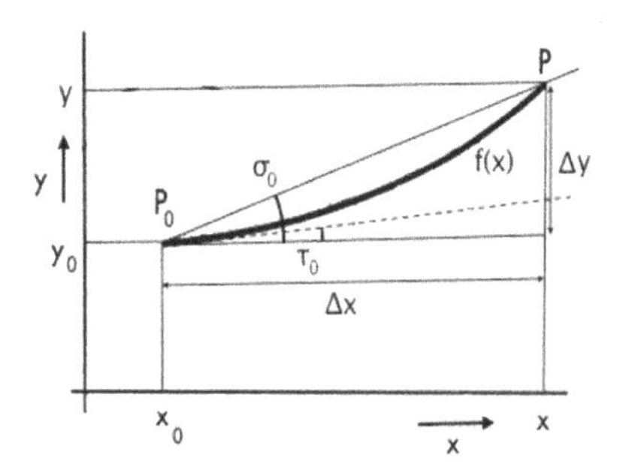

oder mit $x = x_0 + \Delta x$ bzw. $\Delta x = x - x_0$

und $f(x) = f(x_0 + \Delta x)$

$$\frac{\Delta y}{\Delta x} = \frac{f(x_0 + \Delta x) - f(x_0)}{\Delta x} \tag{5.1}$$

Wandert der Punkt P zum Punkt P_0, dann bilden die Differenzenquotienten eine Folge mit dem Grenzwert des Anstiegs der Tangente im Punkt P_0

$$\lim_{x \to x_0} \frac{y - y_0}{x - x_0} = \lim_{x \to x_0} \frac{f(x) - f(x_0)}{x - x_0} = \tan \tau_0 \tag{5.2}$$

oder

$$\lim_{\Delta x \to 0} \frac{\Delta y}{\Delta x} = \lim_{\Delta x \to 0} \frac{f(x_0 + \Delta x) - f(x_0)}{\Delta x} = \tan \tau_0 \tag{5.3}$$

Definition: Differentiation einer Funktion $y = f(x)$

Für eine Funktion $y = f(x)$ mit $x_0 \in X,\ y_0 \in Y$ gibt der Grenzwert des Differenzenquotienten

$$\lim_{\Delta x \to 0} \frac{\Delta y}{\Delta x} = \lim_{\Delta x \to 0} \frac{\Delta f(x)}{\Delta x} = \lim_{\Delta x \to 0} \frac{f(x_0 + \Delta x) - f(x_0)}{\Delta x}$$

den Anstieg der Tangente an der Stelle x_0 an. Der Anstieg der Tangente ist gleichbedeutend mit dem Anstieg der Kurve in einem Punkt der Kurve.

Der Grenzwert des Differenzenquotienten heißt Ableitung der Funktion $y = f(x)$ an der Stelle x_0. Differenzieren oder Ableiten einer Funktion bedeutet das Bilden des obigen Grenzwertes. Mathematisch wird die Differentiation von $y = f(x)$ mit einem Strich beschrieben:

$$y_0' = f'(x_0) = \lim_{\Delta x \to 0} \frac{f(x_0 + \Delta x) - f(x_0)}{\Delta x} \tag{5.4}$$

Bilden des Grenzwertes

Der Grenzwert des Differenzenquotienten kann nun nicht einfach ermittelt werden, indem $\Delta x = 0$ gesetzt wird. Das ergäbe den undefinierten Ausdruck

$$\frac{f(x_0 + 0) - f(x_0)}{0} = \frac{0}{0}$$

Der Differenzenquotient muss zunächst in eine Form gebracht werden, die den Grenzübergang $\Delta x \to 0$ ermöglicht. Und diese notwendige Umformung ist für verschiedene Funktionen unterschiedlich, wie bei der Herleitung der Grundregeln der Differentiation im Abschnitt 5.3 gezeigt wird.

Beispiel:
Differentiation der Funktion $y = f(x) = x^2$ an der Stelle $x_0 = 0{,}5$:

1. Bilden des Grenzwertes für $y = x^2$:

$$y_0' = f'(x_0) = \lim_{\Delta x \to 0} \frac{(x_0 + \Delta x)^2 - x_0^2}{\Delta x}$$

$$y_0' = f'(x_0) = \lim_{\Delta x \to 0} \frac{x_0^2 + 2 \cdot x_0 \cdot \Delta x + (\Delta x)^2 - x_0^2}{\Delta x}$$

$$y_0' = f'(x_0) = \lim_{\Delta x \to 0} \frac{2 \cdot x_0 \cdot \Delta x + (\Delta x)^2}{\Delta x}$$

$$y_0' = f'(x_0) = \lim_{\Delta x \to 0} (2 \cdot x_0 + \Delta x)$$

$$y_0' = f'(x_0) = 2 \cdot x_0$$

Der Grenzwert des Differenzenquotienten kann nur berechnet werden, nachdem das Binom $(x_0 + \Delta x)^2$ ausgeklammert wurde.

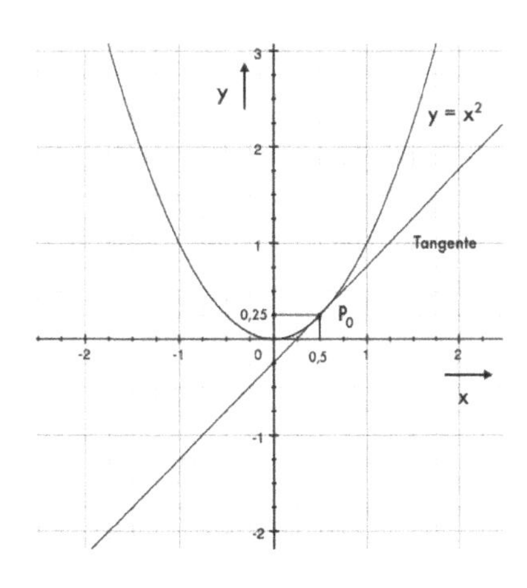

2. Einsetzen von $x_0 = 0{,}5$:

$y_0' = f'(0{,}5) = 2 \cdot 0{,}5 = 1$ d.h. $\tan \tau_0 = 1$ $\tau_0 = 45^0$

Der Anstieg der Tangente im Punkt $P_0(0{,}5;\ 0{,}25)$ beträgt 45^0.

Der Grenzwert des Differenzenquotienten wird also für eine Funktion $y = f(x)$ zunächst für ein allgemeines x_0 gebildet und dann erst wird für x_0 der Zahlenwert eingesetzt. Für x_0 besteht damit keine Einschränkung, d.h. es lässt sich für jedes x_0 die Steigung der Funktion berechnen.

Zum Beispiel: $y = x^2$

x_0	$-0{,}5$	$0{,}5$	1	2
$2 \cdot x_0$	-1	1	2	4
τ_0	-45^0	45^0	63^0	76^0

Die Ableitungsfunktion als Steigungsfunktion

Wird für jeden x-Wert einer Funktion $y = f(x)$ die Ableitung, d.h. der Grenzwert, gebildet, so entsteht eine Funktion $y' = f'(x)$ mit den Wertepaaren $(x, y') \in f'$. Diese Funktion wird Ableitungsfunktion oder Steigungsfunktion genannt, weil sie für jede Abszissengröße x den Steigungswert der Stammfunktion $y = f(x)$ angibt.

Beispiele:

1. Stammfunktion:

$$y = f(x) = x^2$$

Ableitung an der Stelle x_0:

$$y_0' = f'(x_0) = 2 \cdot x_0$$

Ableitungsfunktion:

$$y' = f'(x) = 2 \cdot x$$

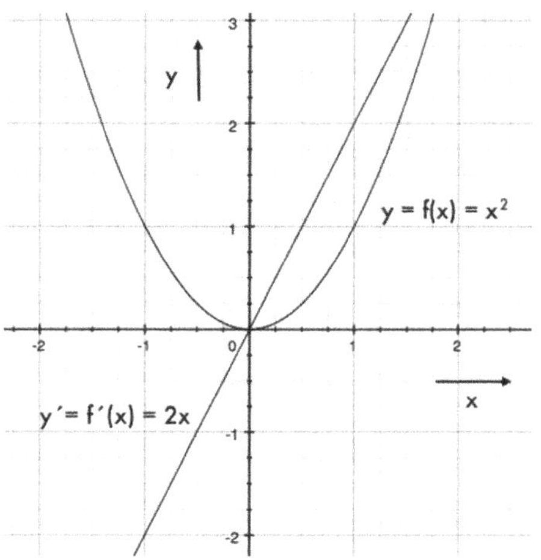

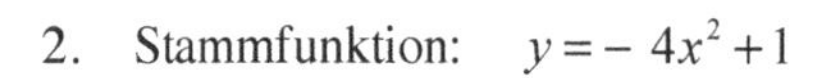

2. Stammfunktion: $y = -4x^2 + 1$

Ableitung und Ableitungsfunktion:

$$y' = \lim_{\Delta x \to 0} \frac{f(x + \Delta x) - f(x)}{\Delta x}$$

$$y' = \lim_{\Delta x \to 0} \frac{\left[-4(x + \Delta x)^2 + 1\right] - \left[-4x^2 + 1\right]}{\Delta x}$$

$$y' = \lim_{\Delta x \to 0} \frac{-4 \cdot \left(x^2 + 2 \cdot x \cdot \Delta x + (\Delta x)^2\right) + 1 + 4x^2 - 1}{\Delta x}$$

$$y' = \lim_{\Delta x \to 0} \frac{-4x^2 - 8 \cdot x \cdot \Delta x - 4 \cdot (\Delta x)^2 + 4x^2}{\Delta x} = \lim_{\Delta x \to 0} \frac{-8 \cdot x \cdot \Delta x - 4 \cdot (\Delta x)^2}{\Delta x}$$

$$y' = \lim_{\Delta x \to 0} \left(-8 \cdot x - 4 \cdot \Delta x\right)$$

$$y' = -8x$$

Differenzierbarkeit und Stetigkeit einer Funktion

Bei der Behandlung der Grenzwerte von Funktionen im Abschnitt 4.2 wurde deutlich, dass es auch Funktionen gibt, für die bei bestimmten x-Werten der Grenzwert nicht existiert, d.h. dass er an diesen Stellen nicht stetig ist.

Eine Funktion $y = f(x)$ ist an der Stelle x_0 differenzierbar, wenn die Funktion f an der Stelle x_0 definiert ist, d.h. wenn $y_0 = f(x_0)$ angegeben werden kann, und der allgemeine Grenzwert

$$\lim_{\Delta x \to 0} \frac{f(x_0 + \Delta x) - f(x_0)}{\Delta x}$$

existiert und einer bestimmten Zahl y_0 ist.

Die im Abschnitt 4.3 definierte Stetigkeit kann mit der Differenzierbarkeit verglichen werden:

Jede differenzierbare Funktion ist stetig, aber nicht jede stetige Funktion ist differenzierbar.

Beispiel:
Die Betragsfunktion

$$y = |x| = \begin{cases} -x & \text{für } x \le 0 \\ x & \text{für } x \ge 0 \end{cases}$$

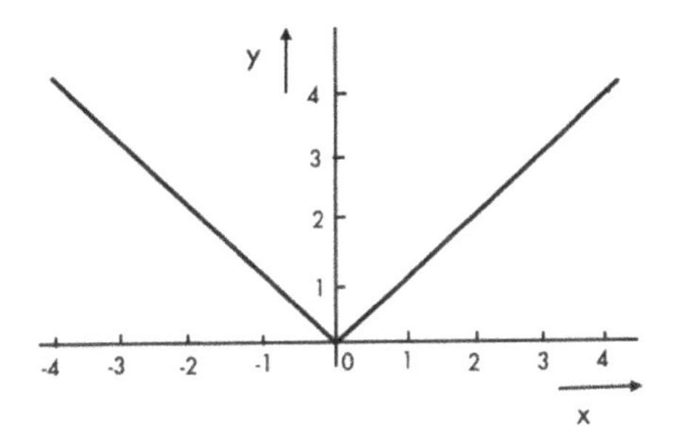

hat bei $x = 0$ einen Knick. Sie ist dort stetig, weil der Funktionswert und der Grenzwert existieren und gleich sind. Differenzierbar ist sie dort nicht, weil bei $x = 0$ keine eindeutige Steigung angegeben werden kann.

Ist eine Funktion bei x_0 unstetig, so ist sie dort nicht differenzierbar, weil an einer Unstetigkeitsstelle kein Tangentenanstieg ermittelt werden kann.

Beispiele:
Im Abschnitt 4.3 wurden Beispiele von unstetigen Funktionen wie Oszillationspunkt, Unendlichkeitsstelle, Sprungstelle und Lücke vorgestellt, für die an den angegebenen Stellen eine Steigung nicht sinnvoll ist.

5.2 Das Differential und der Differentialquotient

Das Differential und der Differentialquotient

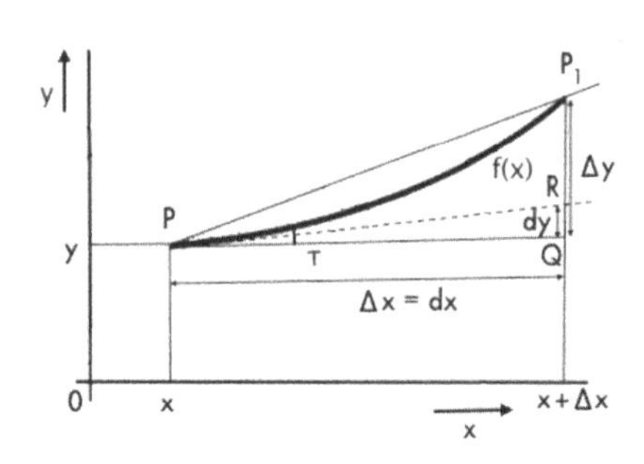

Wird der x-Wert einer Funktion $y = f(x)$ um Δx erhöht, dann ändert sich der zugehörige Funktionswert um Δy. Im kartesischen Koordinatensystem werden ein beliebiger Punkt $P(x, y)$ und ein benachbarter Punkt $P_1(x + \Delta x,\ y + \Delta y)$ betrachtet.

Wird im Punkt $P(x, y)$ die Tangente eingezeichnet, dann lässt sich ihr Anstieg durch die Ableitung der Funktion $y' = f'(x) = \tan\tau$ angeben. Geometrisch bedeutet der Anstieg der Tangenten

$$\tan\tau = \frac{\overline{QR}}{\overline{PQ}} = \frac{dy}{\Delta x} = f'(x)$$

Die Strecke $\overline{QR}$ wird Differential genannt und mit $dy = d\,f(x)$ bezeichnet.

Δy gibt also die wirkliche Änderung des Funktionswertes y bei Änderung des x-Wertes um Δx an,

dy liefert die Änderung des Funktionswertes y bei Änderung des x-Wertes um Δx, wenn die Funktion $y = f(x)$ von $P(x, y)$ an linear längs der Tangenten fortgesetzt gedacht wird.

Beispiele:

1. $y = f(x) = x^2$

   Zuwachs der Funktion bei Änderung von x um Δx:

   $\Delta y = f(x + \Delta x) - f(x) = (x + \Delta x)^2 - x^2 = x^2 + 2 \cdot x \cdot \Delta x + (\Delta x)^2 - x^2$

   $\Delta y = 2 \cdot x \cdot \Delta x + (\Delta x)^2$

   Differential der Funktion:

   $dy = d\,f(x) = f'(x) \cdot \Delta x = 2 \cdot x \cdot \Delta x$

2. $y = f(x) = x$

   Zuwachs der Funktion bei Änderung von x um Δx:

   $\Delta y = f(x + \Delta x) - f(x) = (x + \Delta x) - x = \Delta x$

   Differential der Funktion:

   $dy = d\,f(x) = f'(x) \cdot \Delta x = 1 \cdot \Delta x = \Delta x = dx$

   Aus dem Differential der Geradengleichung $y = x$ folgt die Schreibweise $\Delta x = dx$.

Definition:

Das Differential der Funktion $y = f(x)$ ist gleich dem Produkt aus dem Inkrement (Zuwachs) $\Delta x = dx$ und der Ableitung der Funktion:

$$dy = y' \cdot dx \qquad (5.5)$$

Rechnen mit Differentialen

Aus den Grundregeln der Differentiation, die im folgenden Abschnitt behandelt werden, folgen die Rechenregeln mit Differentialen:

$$\begin{array}{ll} y = c & dy = 0 \\ y = a \cdot f(x) & dy = d\left[a \cdot f(x)\right] = a \cdot df(x) \\ y = u + v & dy = d(u+v) = du + dv \\ y = u \cdot v & dy = d(u \cdot v) = v \cdot du + u \cdot dv \\ y = \dfrac{u}{v} & dy = d\left(\dfrac{u}{v}\right) = \dfrac{v \cdot du - u \cdot dv}{v^2} \end{array}$$

Differentialquotient

Aus der Definitionsgleichung des Differentials

$$dy = f'(x) \cdot \Delta x = f'(x) \cdot dx$$

lässt sich der Differentialquotient definieren:
Der Quotient der Differentiale und die Ableitung einer Funktion sind nur verschiedene Darstellungsformen für die differenzierte Funktion:

$$\frac{dy}{dx} = f'(x) \qquad (5.6)$$

wobei dy das Differential der Stammfunktion $y = f(x)$ und
dx das Differential der Geradenfunktion $y = x$ mit $dx = \Delta x$ ist.
Weil die Ableitung der Funktion $y = f(x)$ der Grenzwert des Differenzenquotient ist

$$f'(x) = \lim_{\Delta x \to 0} \frac{\Delta y}{\Delta x}$$

ist auch der Grenzwert des Differenzenquotienten gleich dem Differentialquotienten:

$$\lim_{\Delta x \to 0} \frac{\Delta y}{\Delta x} = \frac{dy}{dx} \qquad (5.7)$$

5.3 Grundregeln der Differentiation

Ableitung einer konstanten Funktion - Konstantenregel

$$y = f(x) = c$$

Differenzenquotient:

$$\frac{\Delta y}{\Delta x} = \frac{f(x+\Delta x) - f(x)}{\Delta x} = \frac{c-c}{\Delta x} = 0$$

Ableitung:

$$y' = f'(x) = 0 \tag{5.8}$$

Die Ableitung einer konstanten Funktion ist gleich Null, denn der Anstiegswinkel einer Parallelen zur x-Achse ist gleich Null.

Ableitung einer Funktion mit konstantem Faktor - Faktorregel

$$y = a \cdot f(x)$$

Differenzenquotient:

$$\frac{\Delta y}{\Delta x} = \frac{a \cdot f(x+\Delta x) - a \cdot f(x)}{\Delta x} = a \cdot \frac{f(x+\Delta x) - f(x)}{\Delta x}$$

Ableitung (Grenzwert):

$$y' = \lim_{\Delta x \to 0} a \cdot \frac{f(x+\Delta x) - f(x)}{\Delta x} = a \cdot \lim_{\Delta x \to 0} \frac{f(x+\Delta x) - f(x)}{\Delta x} \tag{5.9}$$

Ein konstanter Faktor bleibt beim Differenzieren erhalten.

<u>Beispiel:</u>

$$y = x^2 \qquad y' = 2x$$

$$y = 2x^2 \qquad y' = 2 \cdot 2x = 4x$$

Ableitung der Summe mehrerer Funktionen - Summenregel

$$y = f(x) = u(x) + v(x)$$

Differenzenquotient:

$$\frac{\Delta y}{\Delta x} = \frac{f(x+\Delta x) - f(x)}{\Delta x} = \frac{[u(x+\Delta x) + v(x+\Delta x)] - [u(x) + v(x)]}{\Delta x}$$

$$\frac{\Delta y}{\Delta x} = \frac{u(x+\Delta x) - u(x)}{\Delta x} + \frac{v(x+\Delta x) - v(x)}{\Delta x}$$

Ableitung (Grenzwert):

$$y' = \lim_{\Delta x \to 0} \left[\frac{u(x+\Delta x) - u(x)}{\Delta x} + \frac{v(x+\Delta x) - v(x)}{\Delta x} \right]$$

$$y' = \lim_{\Delta x \to 0} \frac{u(x+\Delta x) - u(x)}{\Delta x} + \lim_{\Delta x \to 0} \frac{v(x+\Delta x) - v(x)}{\Delta x}$$

$$y' = [u(x) + v(x)]' = u'(x) + v'(x) \qquad (5.10)$$

Die Ableitung einer Summe von Funktionen ist gleich der Summe der Ableitungen der Summanden. Eine Summe von Funktionen wird also differenziert, indem jeder Summand einzeln differenziert und dann addiert wird. Diese Regel gilt auch für endlich viele Summanden.

Beispiel:

$$y = 3x^2 + x - 1$$

$$u = 3x^2 \qquad u' = 3 \cdot 2x = 6x$$

$$v = x \qquad v' = 1$$

$$w = -1 \qquad w' = 0$$

$$y' = 6x + 1$$

Ableitung des Produkts zweier und mehrerer Funktionen – Produktenregel

$$y = f(x) = u(x) \cdot v(x)$$

Differenzenquotient:

$$\frac{\Delta y}{\Delta x} = \frac{f(x+\Delta x) - f(x)}{\Delta x} = \frac{[u(x+\Delta x) \cdot v(x+\Delta x)] - [u(x) \cdot v(x)]}{\Delta x}$$

$$\frac{\Delta y}{\Delta x} = \frac{u(x+\Delta x)\cdot v(x+\Delta x) - u(x)\cdot v(x) - u(x)\cdot v(x+\Delta x) + u(x)\cdot v(x+\Delta x)}{\Delta x}$$

Ergänzung im Zähler: $-u(x)\cdot v(x+\Delta x) + u(x)\cdot v(x+\Delta x)$

$$\frac{\Delta y}{\Delta x} = \frac{u(x+\Delta x) - u(x)}{\Delta x}\cdot v(x+\Delta x) + \frac{v(x+\Delta x) - v(x)}{\Delta x}\cdot u(x)$$

$$\frac{\Delta y}{\Delta x} = \frac{\Delta u(x)}{\Delta x}\cdot v(x+\Delta x) + \frac{\Delta v(x)}{\Delta x}\cdot u(x)$$

Ableitung (Grenzwert):

$$y' = \lim_{\Delta x\to 0}\frac{\Delta u(x)}{\Delta x}\cdot \lim_{\Delta x\to 0} v(x+\Delta x) + \lim_{\Delta x\to 0}\frac{\Delta v(x)}{\Delta x}\cdot \lim_{\Delta x\to 0} u(x)$$

$$y' = \left[u(x)\cdot v(x)\right]' = u'(x)\cdot v(x) + u(x)\cdot v'(x)$$

kurz: $(uv)' = u'v + uv'$ (5.11)

Besteht die Funktion aus drei Faktoren, dann kann die Ableitung aus obiger Regel hergeleitet werden, indem zwei Faktoren wie ein Faktor behandelt werden:

$$y = u\cdot v\cdot w = (u\cdot v)\cdot w$$

Ableitung:

$$y' = (u\cdot v)'\cdot w + (u\cdot v)\cdot w'$$

$$y' = (u'v + u\cdot v')\cdot w + (u\cdot v)\cdot w'$$

$$y' = u'\cdot v\cdot w + u\cdot v'\cdot w + u\cdot v\cdot w' \quad (5.12)$$

Die Produktregel lässt sich auf Funktionen mit n Faktoren erweitern:

$$y = u_1\cdot u_2\cdot u_3\cdot \ldots\cdot u_n$$

Ableitung:

$$y' = u_1'\cdot u_2\cdot u_3\cdot u_n + u_1\cdot u_2'\cdot u_3\cdot u_n + \ldots + u_1\cdot u_2\cdot u_3\cdot u_n' \quad (5.13)$$

Ein Produkt aus n Funktionsfaktoren wird differenziert, indem nur der erste Faktor, dann nur der zweite Faktor und schließlich der letzte Faktor differenziert werden und die entstehenden Produkte addiert werden.

Beispiel: $y=\left(-x^{2}\right)\cdot(2x-1)=-2x^{3}+x^{2}$

mit $u=-x^{2}\quad u'=-2x\qquad v=2x-1\quad v'=2$

$y'=u'v+uv'=(-2x)\cdot(2x-1)+\left(-x^{2}\right)\cdot 2=-4x^{2}+2x-2x^{2}$

$y'=-6x^{2}+2x$

Ableitung des Quotienten zweier Funktionen – Quotientenregel

$$y=f(x)=\frac{u(x)}{v(x)}\qquad \text{mit}\quad v(x)\neq 0$$

Differenzenquotient:

$$\frac{\Delta y}{\Delta x}=\frac{1}{\Delta x}\cdot\left(f(x+\Delta x)-f(x)\right)$$

$$\frac{\Delta y}{\Delta x}=\frac{1}{\Delta x}\cdot\left(\frac{u(x+\Delta x)}{v(x+\Delta x)}-\frac{u(x)}{v(x)}\right)$$

$$\frac{\Delta y}{\Delta x}=\frac{1}{\Delta x}\cdot\frac{u(x+\Delta x)\cdot v(x)-v(x+\Delta x)\cdot u(x)}{v(x+\Delta x)\cdot v(x)}$$

$$\frac{\Delta y}{\Delta x}=\frac{1}{v(x+\Delta x)\cdot v(x)}\cdot\frac{u(x+\Delta x)\cdot v(x)-v(x+\Delta x)\cdot u(x)+u(x)\cdot v(x)-u(x)\cdot v(x)}{\Delta x}$$

Ergänzung im Zähler: $+u(x)\cdot v(x)-u(x)\cdot v(x)$

$$\frac{\Delta y}{\Delta x}=\frac{1}{v(x+\Delta x)\cdot v(x)}\cdot\left[\frac{u(x+\Delta x)-u(x)}{\Delta x}\cdot v(x)-\frac{v(x+\Delta x)-v(x)}{\Delta x}\cdot u(x)\right]$$

$$\frac{\Delta y}{\Delta x}=\frac{1}{v(x+\Delta x)\cdot v(x)}\cdot\left[\frac{\Delta u(x)}{\Delta x}\cdot v(x)-\frac{\Delta v(x)}{\Delta x}\cdot u(x)\right]$$

Ableitung (Grenzwert):

$$y'=\left[\frac{u(x)}{v(x)}\right]'=\frac{u'(x)\cdot v(x)-u(x)\cdot v'(x)}{\left[v(x)\right]^{2}}$$

$$kurz:\quad\left(\frac{u}{v}\right)'=\frac{u'v-uv'}{v^{2}}\tag{5.14}$$

Beispiel: $y = f(x) = -\frac{x^2}{2x-1}$

mit $u = -x^2 \quad u' = -2x \quad v = 2x-1 \quad v' = 2$

$$y' = \frac{-2x \cdot (2x-1) - (-x^2) \cdot 2}{(2x-1)^2} = \frac{-4x^2 + 2x + 2x^2}{4x^2 - 4x + 1} = \frac{-2x^2 + 2x}{4x^2 - 4x + 1}$$

Ableitung der Umkehrfunktion

Bei der Umkehrfunktion werden aus den Paaren $(x,y) \in f$ die Paare $(y,x) \in \varphi$ gebildet, d.h. die Zuordnung von x -Werten zu y -Werten wird umgekehrt:

$$y = f(x) \qquad x = \varphi(y)$$

Die Umkehrfunktion wird gebildet, indem die Funktionsgleichung $y = f(x)$ nach x aufgelöst wird und dann x und y vertauscht werden.

Beispiel: $y = f(x) = \frac{1}{2}x - 2 \qquad x = \varphi(y) = 2y + 4 \qquad y = \varphi(x) = 2x + 4$

Wird aber nach der inversen Abbildung die Umkehrfunktion in der Form $x = \varphi(y)$ belassen, d.h. werden x und y nicht vertauscht, dann lässt sich die Ableitung der Umkehrfunktion $\varphi'(y)$ aus der Ableitung der ursprünglichen Funktion $f'(x)$ herleiten:

Differenzenquotient der Umkehrfunktion:

$$\frac{\Delta x}{\Delta y} = \frac{\Delta x}{f(x+\Delta x) - f(x)} = \frac{1}{\dfrac{f(x+\Delta x) - f(x)}{\Delta x}}$$

Ableitung der Umkehrfunktion:

$$\varphi'(y) = \lim_{\Delta y \to 0} \frac{\Delta x}{\Delta y} = \lim_{\Delta x \to 0} \frac{1}{\dfrac{f(x+\Delta x) - f(x)}{\Delta x}} = \frac{1}{f'(x)}$$

Ist f eine eineindeutige (umkehrbar eindeutige), im Intervall (a,b) differenzierbare Funktion und ist $f'(x) \neq 0$ für $x \in (a,b)$, so ist auch die Umkehrfunktion $f^{-1} = \varphi$ im Intervall (a,b) differenzierbar und hat dort die Ableitung

$$\varphi'(y) = \frac{1}{f'(x)} \tag{5.15}$$

Beispiel:

$$y = f(x) = x^2 \quad \text{mit } x > 0\ , y > 0$$

$$y' = f'(x) = 2x \quad \text{mit } x > 0$$

$$x = \varphi(y) = \sqrt{y} \quad \text{mit } y > 0,\ x > 0$$

$$\varphi'(y) = \frac{1}{f'(x)} = \frac{1}{2x} = \frac{1}{2\sqrt{y}}$$

Ableitung der Potenzfunktion – Potenzregel

$$y = f(x) = x^n \quad \text{mit } n > 0 \text{ und ganzzahlig}$$

Differenzenquotient (nach Gl. 5.2):

$$\frac{\Delta y}{\Delta x} = \frac{f(x) - f(x_0)}{x - x_0} = \frac{x^n - x_0^{\ n}}{x - x_0}$$

Ist $x \neq x_0$, dann kann die Division ausgeführt werden:

$$\frac{\Delta y}{\Delta x} = \frac{x^n - x_0^{\ n}}{x - x_0} = x^{n-1} + x_0 \cdot x^{n-2} + x_0^{\ 2} \cdot x^{n-3} + \ldots + x_0^{\ n-2} \cdot x + x_0^{\ n-1}$$

Beispiele:

$n = 2$:

$$\begin{array}{l} \left(x^2 - x_0^{\ 2}\right) : \left(x - x_0\right) = x + x_0 \\ \underline{-\left(x^2 - x_0 \cdot x\right)} \\ \qquad x_0 \cdot x - x_0^{\ 2} \\ \qquad \underline{-\left(x_0 \cdot x - x_0^{\ 2}\right)} \\ \qquad\qquad 0 \end{array}$$

$n = 3$:

$$\begin{array}{l} \left(x^3 - x_0^{\ 3}\right) : \left(x - x_0\right) = x^2 + x_0 \cdot x + x_0^{\ 2} \\ \underline{-\left(x^3 - x_0 \cdot x^2\right)} \\ \qquad x_0 \cdot x^2 - x_0^{\ 3} \\ \qquad \underline{-\left(x_0 \cdot x^2 - x_0^{\ 2} \cdot x\right)} \\ \qquad\qquad x_0^{\ 2} \cdot x - x_0^{\ 3} \\ \qquad\qquad \underline{-\left(x_0^{\ 2} \cdot x - x_0^{\ 3}\right)} \\ \qquad\qquad\qquad 0 \end{array}$$

Ableitung (Grenzwert):

$$y' = f'(x) = \lim_{x \to x_0} \frac{f(x) - f(x_0)}{x - x_0} = \lim_{x \to x_0} \frac{x^n - x_0^{\ n}}{x - x_0}$$

$$y' = \lim_{x \to x_0} \left(x^{n-1} + x_0 \cdot x^{n-2} + x_0^{\ 2} \cdot x^{n-3} + \ldots + x_0^{\ n-2} \cdot x + x_0^{\ n-1} \right) = n \cdot x_0^{\ n-1}$$

und allgemein für alle x:

$$y' = n \cdot x^{n-1} \tag{5.16}$$

Beim Differenzieren der Potenzfunktion $y = x^n$ wird der Exponent als Faktor gesetzt und der neue Exponent um 1 erniedrigt.

Beispiele: $y = x^2$ $\quad$ $y = -3x^3$

$y' = 2x$ $\quad$ $y' = -9x^2$

Erweiterung der Potenzregel

Die Ableitung der Potenzfunktion mit reellem Exponenten α erfolgt wie die Ableitung der Potenzfunktion mit ganzem Exponenten n:

$$y = x^\alpha \qquad y' = f'(x) = \alpha \cdot x^{\alpha - 1} \tag{5.17}$$

spezielle Fälle:

$\alpha = -n$: $\quad y = x^{-n} = \dfrac{1}{x^n} \qquad y' = f'(x) = -n \cdot x^{-n-1}$

Beispiel: $\alpha = -2$: $\quad y = x^{-2} = \dfrac{1}{x^2} \qquad y' = f'(x) = -2 \cdot x^{-3} = -\dfrac{2}{x^3}$

$\alpha = \dfrac{1}{n}$: $\quad y = x^{\frac{1}{n}} = \sqrt[n]{x} \qquad y' = f'(x) = \dfrac{1}{n} \cdot x^{\frac{1}{n} - 1} = \dfrac{1}{n} \cdot x^{-\frac{n-1}{n}} = \dfrac{1}{n \cdot \sqrt[n]{x^{n-1}}}$

Beispiel: $\alpha = \dfrac{1}{2}$: $\quad y = x^{\frac{1}{2}} = \sqrt{x} \qquad y' = f'(x) = \dfrac{1}{2} \cdot x^{-\frac{1}{2}} = \dfrac{1}{2 \cdot \sqrt{x}}$

$\alpha = -\dfrac{1}{n}$: $\quad y = x^{-\frac{1}{n}} = \dfrac{1}{\sqrt[n]{x}} \qquad y' = f'(x) = -\dfrac{1}{n} \cdot x^{-\frac{1}{n} - 1} = -\dfrac{1}{n} \cdot x^{-\frac{n+1}{n}} = -\dfrac{1}{n \cdot \sqrt[n]{x^{n+1}}}$

Beispiel: $\alpha = -\dfrac{1}{2}$: $\quad y = x^{-\frac{1}{2}} = \dfrac{1}{\sqrt{x}} \qquad y' = f'(x) = -\dfrac{1}{2} \cdot x^{-\frac{3}{2}} = -\dfrac{1}{2 \cdot \sqrt{x^3}}$

Ableitung von mittelbaren oder zusammengesetzten Funktionen - Kettenregel

Zusammengesetzte oder mittelbare Funktionen bestehen aus elementaren Funktionen.

Beispiel: $y = f(x) = \sin(2x+3)$

Die Funktion $u = \varphi(x) = 2x+3$ ist die innere Funktion, $y = \psi(u) = \sin u$ die äußere Funktion. Zuerst wird x auf u abgebildet und dann u auf y abgebildet:

$$y = f(x) = \psi[\varphi(x)] = \psi(u) \qquad (5.18)$$

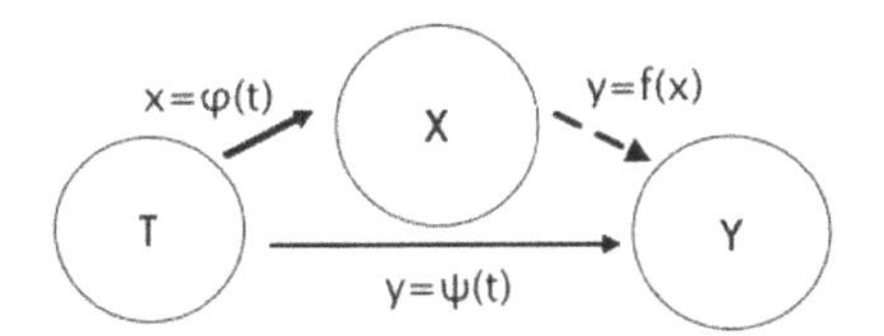

Wie bereits bei der Parameterdarstellung von Funktionen behandelt, kann diese Zweifachabbildung veranschaulicht werden.

Differenzenquotient:

Für die äußere und innere Funktion werden die Differenzenquotienten ermittelt:

$$\frac{\Delta y}{\Delta u} = \frac{\psi(u+\Delta u) - \psi(u)}{\Delta u} \qquad \frac{\Delta u}{\Delta x} = \frac{\varphi(x+\Delta x) - \varphi(x)}{\Delta x},$$

deren Produkt ergibt

$$\frac{\Delta y}{\Delta u} \cdot \frac{\Delta u}{\Delta x} = \frac{\Delta y}{\Delta x}$$

Ableitung (Grenzwert):

Der Grenzwert des Differenzenquotient $\frac{\Delta y}{\Delta x}$ für $\Delta x \to 0$ lässt sich nach dem Grenzwertsatz für Produkte (Gl. 4.21) aus den Grenzwerten der Differenzenquotienten der äußeren und inneren Funktion angeben:

$$\lim_{\Delta x \to 0} \frac{\Delta y}{\Delta x} = \lim_{\Delta x \to 0} \frac{\Delta y}{\Delta u} \cdot \lim_{\Delta x \to 0} \frac{\Delta u}{\Delta x}$$

$$\frac{dy}{dx} = \frac{dy}{du} \cdot \frac{du}{dx} \qquad (5.19)$$

Diese „Kettenregel" kann auch anders geschrieben werden:

Mit $\frac{dy}{du} = \psi'(u)$ und $\frac{du}{dx} = \varphi'(x)$

ergibt sich die Form

$$f'(x) = \psi'(u) \cdot \varphi'(x) \qquad (5.20)$$

Die Ableitung einer mittelbaren Funktion $y = f(x) = \psi[\varphi(x)] = \psi(u)$ ist gleich dem Produkt der Ableitungen von äußerer und innerer Funktion.

Zum Beispiel: $y = f(x) = \sin(2x+3)$

$y = \psi(u) = \sin u$ äußere Funktion

$u = \varphi(x) = 2x+3$ innere Funktion

Ableitungen: $\frac{dy}{du} = \psi'(u) = \cos u$ $\quad \frac{du}{dx} = \varphi'(x) = 2$

(siehe Gl. 5.27)

$$f'(x) = \frac{dy}{dx} = \frac{dy}{du} \cdot \frac{du}{dx} = \cos(u) \cdot 2 = 2 \cdot \cos(2x+3)$$

Gibt es in einer mittelbaren Funktion mehrere innere Funktionen, dann muss für die Differentiation die Kettenregel entsprechend erweitert werden:

Für die Funktion $y = f(x) = f_1\{f_2[f_3(x)]\}$

mit $u = f_3(x) \quad v = f_2(u) \quad y = f_1(v)$

und $\frac{du}{dx} = f_3'(x) \quad \frac{dv}{du} = f_2'(u) \quad \frac{dy}{dv} = f_1'(v)$

ist dann die Ableitung

$$\frac{dy}{dx} = \frac{dy}{dv} \cdot \frac{dv}{du} \cdot \frac{du}{dx} \tag{5.21}$$

oder

$$f'(x) = f_1'(v) \cdot f_2'(u) \cdot f_3'(x) \tag{5.22}$$

Beispiel: $y' = \sin^2(2x+3)$

$y = f_1(v) = v^2 \qquad \frac{dy}{dv} = 2 \cdot v = 2 \cdot \sin(2x+3)$

$v = f_2(u) = \sin u \qquad \frac{dv}{du} = \cos u = \cos(2x+3)$

$u = f_3(x) = 2x+3 \qquad \frac{du}{dx} = 2$

$y' = 2 \cdot v \cdot \cos u \cdot 2$

$y' = 2 \cdot \sin u \cdot \cos u \cdot 2$

$y' = 4 \cdot \sin(2x+3) \cdot \cos(2x+3)$

5.4 Differentiation transzendenter Funktionen

Ableitung der logarithmischen Funktionen

$$y = \log_a x$$

Differenzenquotient:

$$\frac{\Delta y}{\Delta x} = \frac{f(x+\Delta x) - f(x)}{\Delta x} = \frac{\log_a(x+\Delta x) - \log_a x}{\Delta x}$$

Mit Gl. 1.54 ist $\log_a(x+\Delta x) - \log_a x = \log_a \frac{x+\Delta x}{x}$

$$\frac{\Delta y}{\Delta x} = \frac{1}{\Delta x} \cdot \log_a\left(1 + \frac{\Delta x}{x}\right) = \frac{1}{x} \cdot \frac{x}{\Delta x} \cdot \log_a\left(1 + \frac{\Delta x}{x}\right)$$

Mit Gl. 1.55 ist $\frac{x}{\Delta x} \cdot \log_a\left(1 + \frac{\Delta x}{x}\right) = \log_a\left(1 + \frac{\Delta x}{x}\right)^{\frac{x}{\Delta x}}$

$$\frac{\Delta y}{\Delta x} = \frac{1}{x} \cdot \log_a\left(1 + \frac{\Delta x}{x}\right)^{\frac{x}{\Delta x}}$$

Wird $\frac{x}{\Delta x} = n$ gesetzt, dann ist

$$\frac{\Delta y}{\Delta x} = \frac{1}{x} \cdot \log_a\left(1 + \frac{1}{n}\right)^n$$

Ableitung (Grenzwert):

$$y' = \lim_{\Delta x \to 0} \frac{1}{x} \cdot \log_a\left(1 + \frac{\Delta x}{x}\right)^{\frac{x}{\Delta x}}$$

Mit $\Delta x \to 0$ ist $\frac{x}{\Delta x} = n \to \infty$

Bei einer stetigen Funktion können die Limesvorschrift und äußere Funktionsvorschrift vertauscht werden:

$$y' = \frac{1}{x} \cdot \log_a \lim_{n\to\infty}\left(1 + \frac{1}{n}\right)^n$$

Nach Gl. 4.13 ist $\lim_{n\to\infty}\left(1 + \frac{1}{n}\right)^n = e$.

Dieser Wert ändert sich nicht, wenn n durch eine beliebige reelle Zahl ersetzt wird (ohne Beweis).

Damit ergibt sich für die Ableitung

$$y' = \frac{1}{x} \cdot \log_a e$$

und mit Gl. 1.57 mit $z = x$ und $c = e$

$$\log_a x = \frac{\log_c x}{\log_c a} = \frac{\log_e x}{\log_e a} = \frac{\ln x}{\ln a}$$

und mit $x = e$

$\log_e e = \ln e = 1$ weil $c = \log_e e \quad e = e^c$ d.h. $c = 1$

$$y' = \frac{1}{x} \cdot \frac{\ln e}{\ln a} = \frac{1}{x \cdot \ln a}$$

$$y' = \left(\log_a x\right)' = \frac{1}{x} \cdot \log_a e = \frac{1}{x \cdot \ln a} \tag{5.23}$$

Ableitung der natürlichen Logarithmusfunktion mit $a = e$

$$y' = \left(\ln x\right)' = \frac{1}{x} \cdot \log_e e = \frac{1}{x} \cdot \ln e \qquad \text{oder} \qquad y' = \left(\ln x\right)' = \frac{1}{x \cdot \ln e}$$

$$y' = \left(\ln x\right)' = \frac{1}{x} \tag{5.24}$$

Ableitung der Exponentialfunktionen

$$y = a^x$$

Da die Exponentialfunktion die Umkehrfunktion der logarithmischen Funktion ist und da die Ableitung der logarithmischen Funktion bekannt ist, kann die Ableitung der Exponentialfunktion nach Gl. 5.15 ermittelt werden:

$$\varphi'(y) = \frac{1}{f'(x)}$$

$$y = f(x) = a^x \qquad x = \varphi(y) = \log_a y \qquad \varphi'(y) = \frac{1}{y} \cdot \log_a e = \frac{1}{y \cdot \ln a}$$

$$f'(x) = \frac{1}{\varphi'(y)} = y \cdot \ln a$$

und mit $y = a^x$

$$y' = \left(a^x\right)' = a^x \cdot \ln a \quad \text{mit} \quad a > 0 \tag{5.25}$$

Ableitung der natürlichen Exponentialfunktionen

$$y' = \left(e^x\right)' = e^x \tag{5.26}$$

Beispiele:

1. $y = 2 \cdot \ln x \qquad y' = \frac{2}{x}$

2. $y = \ln f(x)$

nach der Kettenregel: $y' = \frac{1}{f(x)} \cdot f'(x)$

$$y' = \frac{f'(x)}{f(x)}$$

3. $y = \ln \ln x \qquad y' = \frac{1}{\ln x} \cdot \frac{1}{x}$

4. $y = \ln \frac{1-x^2}{1+x^2}$

nach der Ketten- und Quotientenregel:

$$y' = \frac{1+x^2}{1-x^2} \cdot \frac{-2x(1+x^2) - 2x(1-x^2)}{(1+x^2)^2} = -\frac{2x(1+x^2+1-x^2)}{1-x^4}$$

$$y' = -\frac{4x}{1-x^4}$$

oder nach dem Logarithmengesetz (Gl. 1.54) und der Kettenregel:

$$y = \ln(1-x^2) - \ln(1+x^2)$$

$$y' = \frac{1}{1-x^2} \cdot (-2x) - \frac{1}{1+x^2} \cdot (2x) = -2x \cdot \left(\frac{1}{1-x^2} + \frac{1}{1+x^2} \right)$$

$$y' = -2x \cdot \left(\frac{1+x^2+1-x^2}{1-x^4} \right) = -\frac{4x}{1-x^4}$$

5. $y = e^{-k^2x^2}$

nach der Kettenregel:

$$y' = e^{-k^2x^2} \cdot (-k^2 \cdot 2x) = -2k^2xe^{-k^2x^2}$$

6. $y = 2^{\lg x}$

$$y' = 2^{\lg x} \cdot \ln 2 \cdot \frac{1}{x} \cdot \lg e = 2^{\lg x} \cdot \frac{1}{x} \cdot \lg 2 \qquad \text{mit} \quad \ln 2 \cdot \lg e = lg2 \quad \text{(nach Gl.1.59)}$$

7. $y = e^{\sqrt{x}} \cdot \cos(ax+b)$

nach der Produkten- und Kettenregel:

$$y' = e^{\sqrt{x}} \cdot \frac{1}{2\sqrt{x}} \cdot \cos(ax+b) - a \cdot e^{\sqrt{x}} \cdot \sin(ax+b)$$

Differenzieren nach Logarithmieren – logarithmische Differentiation

Die Ableitung der Exponentialfunktion $y = f(x) = a^x$ wurde ermittelt, indem die zugehörige inverse Funktion, die logarithmische Funktion, abgeleitet wurde. Sie kann aber auch auf eine andere Weise in zwei Schritten ermittelt werden:

1. Logarithmieren zur Basis e:

   $\ln y = \ln a^x = x \cdot \ln a$

2. Differenzieren nach x nach der Kettenregel:

   $\frac{1}{y} \cdot y' = \ln a \qquad y' = y \cdot \ln a \qquad y' = a^x \cdot \ln a$

Diese „logarithmische Differentiation" lässt sich auf differenzierbare Funktionen der Form

$y = f(x) = u^v$

mit $u = \varphi(x)$ und $v = \psi(x)$

anwenden:

1. Logarithmieren zur Basis e:

   $\ln y = \ln u^v = v \cdot \ln u$

2. Differenzieren nach x nach der Kettenregel und Produktregel:

   $\frac{1}{y} \cdot y' = v' \cdot \ln u + v \cdot \frac{1}{u} \cdot u'$

   $$y' = y \cdot \left[v' \cdot \ln u + \frac{u' \cdot v}{u} \right] = u^v \cdot \left[v' \cdot \ln u + \frac{u' \cdot v}{u} \right]$$

<u>Beispiele:</u> 1. $y = x^x$

Logarithmieren $\ln y = x \cdot \ln x$

Differnzieren $\frac{y'}{y} = 1 \cdot \ln x + x \cdot \frac{1}{x}$

$y' = y \cdot (\ln x + 1) = x^x \cdot (\ln x + 1)$

oder nach der angegebenen Formel:

$y = x^x$

mit $u = x$ und $v = x$

$$y' = x^x \cdot \left[1 \cdot \ln x + \frac{1 \cdot x}{x} \right] = x^x \cdot (\ln x + 1)$$

2. $y = (\sin x)^{\ln x}$

Logarithmieren $\ln y = \ln x \cdot \ln \sin x$

Differenzieren $\frac{y'}{y} = \frac{1}{x} \cdot \ln \sin x + \ln x \cdot \frac{1}{\sin x} \cdot \cos x$

$$y' = (\sin x)^{\ln x} \cdot \left[\frac{\ln \sin x}{x} + \cot x \cdot \ln x \right]$$

Ableitung der trigonometrischen Funktionen

Ableitung der Sinusfunktion: $y = \sin x$

Differenzenquotient:

$$\frac{\Delta y}{\Delta x} = \frac{f(x+\Delta x) - f(x)}{\Delta x} = \frac{\sin(x+\Delta x) - \sin x}{\Delta x}$$

Mit dem Additionstheorem $\sin u - \sin v = 2 \cdot \cos\frac{u+v}{2} \cdot \sin\frac{u-v}{2}$

ergibt sich $\dfrac{\Delta y}{\Delta x} = \dfrac{2 \cdot \cos\frac{2x+\Delta x}{2} \cdot \sin\frac{\Delta x}{2}}{\Delta x} = \dfrac{\sin\frac{\Delta x}{2}}{\frac{\Delta x}{2}} \cdot \cos\left(x + \dfrac{\Delta x}{2}\right)$

Ableitung (Grenzwert):

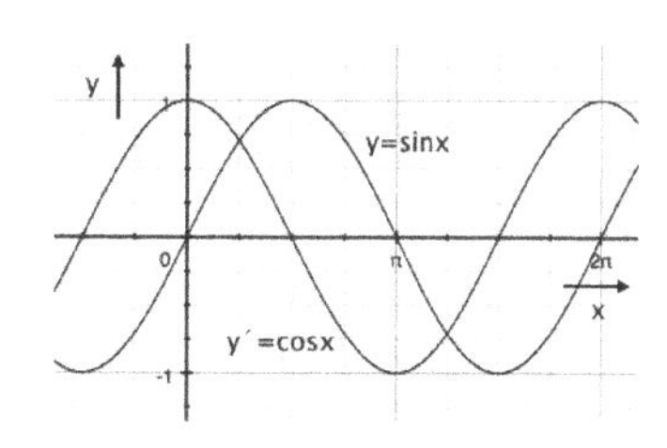

$$y' = \lim_{\Delta x \to 0} \frac{\Delta y}{\Delta x} = \lim_{\Delta x \to 0} \frac{\sin\frac{\Delta x}{2}}{\frac{\Delta x}{2}} \cdot \lim_{\Delta x \to 0} \cos\left(x + \frac{\Delta x}{2}\right)$$

$y' = 1 \cdot \cos x$ mit Gl. 4.19

$$y' = (\sin x)' = \cos x \tag{5.27}$$

Ableitung der Kosinusfunktion: $y = \cos x$

Differenzenquotient:

$$\frac{\Delta y}{\Delta x} = \frac{f(x+\Delta x) - f(x)}{\Delta x} = \frac{\cos(x+\Delta x) - \cos x}{\Delta x}$$

Mit dem Additionstheorem $\cos u - \cos v = -2 \cdot \sin\frac{u+v}{2} \cdot \sin\frac{u-v}{2}$

ergibt sich $\dfrac{\Delta y}{\Delta x} = -\dfrac{2 \cdot \sin\frac{2x+\Delta x}{2} \cdot \sin\frac{\Delta x}{2}}{\Delta x} = -\dfrac{\sin\frac{\Delta x}{2}}{\frac{\Delta x}{2}} \cdot \sin\left(x + \dfrac{\Delta x}{2}\right)$

Ableitung (Grenzwert):

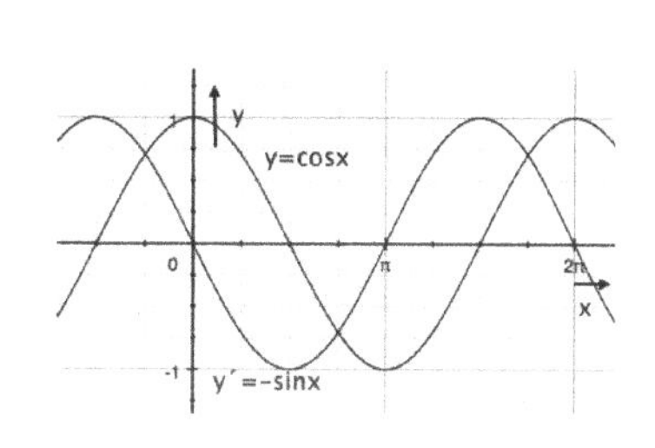

$$y' = \lim_{\Delta x \to 0} \frac{\Delta y}{\Delta x} = -\lim_{\Delta x \to 0} \frac{\sin\frac{\Delta x}{2}}{\frac{\Delta x}{2}} \cdot \lim_{\Delta x \to 0} \sin\left(x + \frac{\Delta x}{2}\right)$$

$y' = -1 \cdot \sin x$ mit Gl. 4.19

$$y' = (\cos x)' = -\sin x \tag{5.28}$$

Ableitung der Tangensfunktion: $y = \tan x = \dfrac{\sin x}{\cos x}$

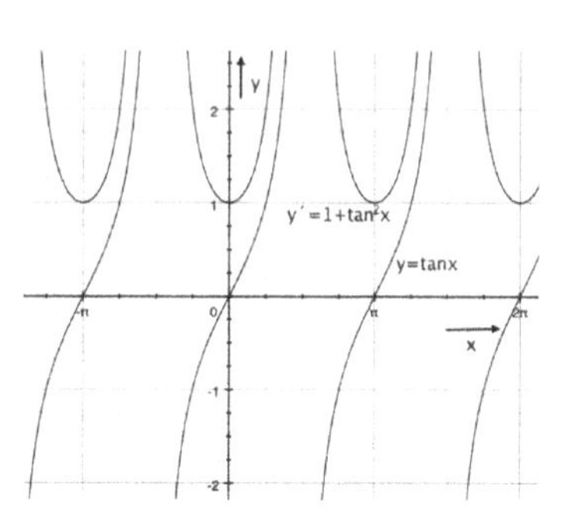

Mit der Quotientenregel (Gl. 5.14) ergibt sich

$$y' = \frac{\cos x \cdot \cos x + \sin x \cdot \sin x}{\cos^2 x}$$

$$y' = \frac{\cos^2 x + \sin^2 x}{\cos^2 x} = \frac{1}{\cos^2 x}$$

$$y' = \left(\tan x\right)' = \frac{1}{\cos^2 x} = 1 + \tan^2 x \qquad (5.29)$$

Ableitung der Kotangensfunktion:

$$y = \cot x = \frac{1}{\tan x} = \frac{\cos x}{\sin x}$$

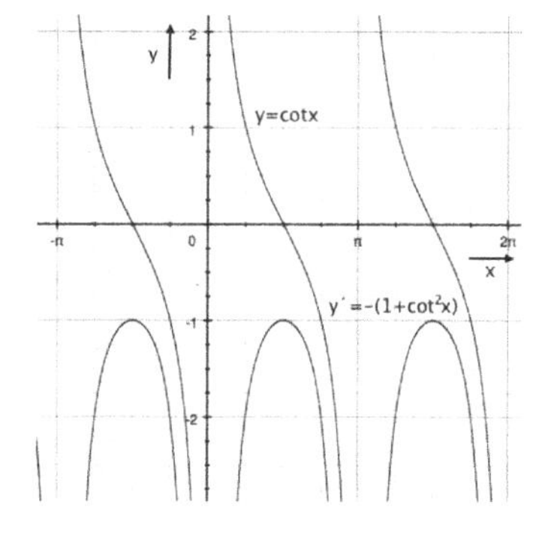

Mit der Quotientenregel (Gl. 5.14) ergibt sich

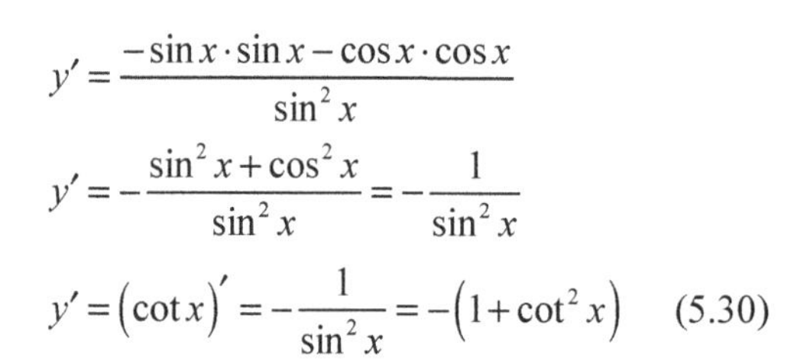

$$y' = \frac{-\sin x \cdot \sin x - \cos x \cdot \cos x}{\sin^2 x}$$

$$y' = -\frac{\sin^2 x + \cos^2 x}{\sin^2 x} = -\frac{1}{\sin^2 x}$$

$$y' = \left(\cot x\right)' = -\frac{1}{\sin^2 x} = -\left(1 + \cot^2 x\right) \qquad (5.30)$$

<u>Beispiel:</u> $y = -2x \cdot \sin x$

Mit der Faktorregel (Gl. 5.9) und der Produktenregel (Gl. 5.11) ergibt sich

$y' = -2 \cdot \left(\sin x + x \cdot \cos x\right)$

Ableitung der zyklometrischen Funktionen

Ableitung der Arcus-Sinusfunktion:

$$y = f\left(x\right) = arc\sin x \qquad x = \varphi(y) = \sin y$$

Mit der Ableitung der inversen Funktionen $f'\left(x\right) = \dfrac{1}{\varphi'\left(y\right)}$ ergibt sich

$$y' = \left(\arcsin x\right)' = \frac{1}{\cos y} = \frac{1}{\sqrt{1-\sin^2 y}}$$

$$y' = \left(\arcsin x\right)' = \frac{1}{\sqrt{1-x^2}} \qquad (5.31)$$

Ableitung der Arcus-Kosinusfunktion: $y = f(x) = arc\cos x \qquad x = \varphi(y) = \cos y$

Mit $y = arc\cos x = \frac{\pi}{2} - arc\sin x$ ergibt sich

$$y' = (arc\cos x)' = -\frac{1}{\sqrt{1-x^2}} \tag{5.32}$$

Ableitung der Arcus-Tangensfunktion: $y = f(x) = arc\tan x \qquad x = \varphi(y) = \tan y$

Mit der Ableitung der inversen Funktionen $f'(x) = \frac{1}{\varphi'(y)}$ ergibt sich

$$y' = (arc\tan x)' = \frac{1}{1+\tan^2 y}$$

$$y' = (arc\tan x)' = \frac{1}{1+x^2} \tag{5.33}$$

Ableitung der Arcus-Kotangensfunktion: $y = f(x) = arc\cot x \qquad x = \varphi(y) = \cot y$

Mit $y = arc\cot x = \frac{\pi}{2} - arc\tan x$ ergibt sich

$$y' = (arc\cot x)' = -\frac{1}{1+x^2} \tag{5.34}$$

Ableitung der Hyperbelfunktionen

Die Hyperbelfunktionen werden durch natürliche Exponentialfunktionen gebildet, deren Ableitungen bereits ermittelt wurden. Deshalb lassen sich die Ableitungen der Hyperbelfunktionen sofort angeben:

Mit $(e^x)' = e^x$ und $(e^{-x})' = -e^{-x}$ (Kettenregel)

ergeben sich

$$(\sinh x)' = \frac{1}{2}\cdot(e^x + e^{-x}) = \cosh x \tag{5.35}$$

$$(\cosh x)' = \frac{1}{2}\cdot(e^x - e^{-x}) = \sinh x \tag{5.36}$$

$$(\tanh x)' = \left(\frac{\sinh x}{\cosh x}\right)' = \frac{\cosh^2 x - \sinh^2 x}{\cosh^2 x}$$

$$(\tanh x)' = \frac{1}{\cosh^2 x} = 1 - \tanh^2 x \tag{5.37}$$

$$(\coth x)' = \left(\frac{\cosh x}{\sinh x}\right)' = \frac{\sinh^2 x - \cosh^2 x}{\sinh^2 x}$$

$$(\coth x)' = -\frac{1}{\sinh^2 x} = 1 - \coth^2 x \tag{5.38}$$

Ableitung der Areafunktionen

Die Ableitungen der Areafunktionen lassen sich aus den Ableitungen der Hyperbelfunktionen oder logarithmischen Funktionen herleiten:

Ableitung der Areasinus-Funktion $y = ar\sinh x \qquad \sinh y = x$

Differentiation nach x mit der Kettenregel:

$$\cosh y \cdot y' = 1 \qquad \text{oder} \qquad y' = \frac{1}{\cosh y}$$

und mit $\cosh y = \sqrt{\sinh^2 y + 1} = \sqrt{x^2 + 1}$ ergibt sich

$$y' = \frac{1}{\sqrt{x^2 + 1}} \tag{5.39}$$

oder

$$y = ar\sinh x = \ln\left(x + \sqrt{x^2 + 1}\right)$$

$$y' = \frac{1}{x + \sqrt{x^2 + 1}} \cdot \left(1 + \frac{1}{2\sqrt{x^2 + 1}} \cdot 2x\right)$$

$$y' = \frac{1 + \frac{x}{\sqrt{x^2 + 1}}}{x + \sqrt{x^2 + 1}} \cdot \frac{\sqrt{x^2 + 1}}{\sqrt{x^2 + 1}} = \frac{\sqrt{x^2 + 1} + x}{x + \sqrt{x^2 + 1}} \cdot \frac{1}{\sqrt{x^2 + 1}} = \frac{1}{\sqrt{x^2 + 1}}$$

Ableitung der Areakosinus-Funktion $y = ar\cosh x \qquad \cosh y = x$

Differentiation nach x mit der Kettenregel:

$$\sinh y \cdot y' = 1 \qquad \text{oder} \qquad y' = \frac{1}{\sinh y}$$

und mit $\sinh y = \sqrt{\cosh^2 y - 1} = \sqrt{x^2 - 1}$ ergibt sich

$$y' = \frac{1}{\sqrt{x^2 - 1}} \tag{5.40}$$

oder

$$y = ar\cosh x = \ln\left(x + \sqrt{x^2 - 1}\right)$$

$$y' = \frac{1}{x + \sqrt{x^2 - 1}} \cdot \left(1 + \frac{1}{2\sqrt{x^2 - 1}} \cdot 2x\right)$$

$$y' = \frac{1 + \frac{x}{\sqrt{x^2 - 1}}}{x + \sqrt{x^2 - 1}} \cdot \frac{\sqrt{x^2 - 1}}{\sqrt{x^2 - 1}} = \frac{\sqrt{x^2 - 1} + x}{x + \sqrt{x^2 - 1}} \cdot \frac{1}{\sqrt{x^2 - 1}} = \frac{1}{\sqrt{x^2 - 1}}$$

Ableitung der Areatangens-Funktion $y = ar\tanh x \qquad \tanh y = x$

Differentiation nach x mit der Kettenregel:

$$\left(1-\tanh^2 y\right)\cdot y' = 1 \qquad \text{oder} \qquad y' = \frac{1}{1-\tanh^2 y}$$

$$y' = \frac{1}{1-x^2} \tag{5.41}$$

Ableitung der Areakotangens-Funktion $y = ar\coth x \qquad \coth y = x$

Differentiation nach x mit der Kettenregel:

$$\left(1-\coth^2 y\right)\cdot y' = 1 \qquad \text{oder} \qquad y' = \frac{1}{1-\coth^2 y}$$

$$y' = \frac{1}{1-x^2} \tag{5.42}$$

Beispiele:

1. $y = \sinh^3 x \qquad y' = 3\cdot\sinh^2 x\cdot\cosh x$
2. $y = \ln\sqrt{\cosh x} = \frac{1}{2}\cdot\ln\cosh x \qquad y' = \frac{1}{2}\cdot\frac{1}{\cosh x}\cdot\sinh x = \frac{1}{2}\cdot\tanh x$
3. $y = \sqrt{\cosh(\cos x)} \qquad y' = \frac{1}{2\sqrt{\cosh(\cos x)}}\cdot\sinh(\cos x)\cdot(-\sin x) = -\frac{\sin x\cdot\sinh(\cos x)}{2\sqrt{\cosh(\cos x)}}$
4. $y = e^{\tanh x^2} \qquad y' = e^{\tanh x^2}\cdot\left(1-\tanh^2 x^2\right)\cdot 2x$
5. $y = \coth e^{\sqrt{x}} \qquad y' = \left(1-\coth^2 e^{\sqrt{x}}\right)\cdot e^{\sqrt{x}}\cdot\frac{1}{2\sqrt{x}}$
6. $y = ar\sinh\sqrt{x^2-1} \quad y' = \frac{1}{\sqrt{\left(\sqrt{x^2-1}\right)^2+1}}\cdot\frac{1}{2\sqrt{x^2-1}}\cdot 2x = \frac{1}{\sqrt{x^2-1+1}}\cdot\frac{x}{\sqrt{x^2-1}} = \frac{1}{\sqrt{x^2-1}}$
7. $y = ar\coth\cosh x \qquad y' = \frac{1}{1-\cosh^2 x}\sinh x = \frac{\sinh x}{-\sinh^2 x} = -\frac{1}{\sinh x}$
8. $y = ar\coth\frac{1}{1-x^2} \qquad y' = \frac{1}{1-\left(\frac{1}{1-x^2}\right)^2}\cdot\frac{2x}{\left(1-x^2\right)^2}$

weil $\left(\frac{1}{1-x^2}\right)' = \left[\left(1-x^2\right)^{-1}\right]' = -1\cdot\left(1-x^2\right)^{-2}\cdot(-2x) = \frac{2x}{\left(1-x^2\right)^2}$

$$y' = \frac{\left(1-x^2\right)^2}{\left(1-x^2\right)^2-1}\cdot\frac{2x}{\left(1-x^2\right)^2} = \frac{2x}{1-2x^2+x^4-1} = \frac{2}{x^3-2x}$$

5.5 Ableitungen höherer Ordnung

Sofern die zu einer Stammfunktion $y = f(x)$ gebildete Ableitungsfunktion $y' = f'(x)$ selbst wieder differenzierbar ist, kann diese nochmals abgeleitet werden. Man erhält dann die „zweite Ableitungsfunktion“ $y'' = f''(x)$ oder die „Ableitung zweiter Ordnung“. Auch diese kann gegebenenfalls weiter abgeleitet werden und so fort. Als Ableitungsfunktion k-ter Ordnung oder als k-te Ableitung der Stammfunktion $y = f(x)$ wird die durch k-maliges Ableiten von $y = f(x)$ entstehende Funktion bezeichnet:

$$y^{(k)} = f^{(k)}(x) \tag{5.43}$$

In differentieller Schreibweise

ist die erste Ableitung $y' = \frac{dy}{dx}$,

die zweite Ableitung $$y'' = \frac{dy'}{dx} = \frac{d}{dx}\left(\frac{dy}{dx}\right) = \frac{d^2y}{dx} \tag{5.44}$$

die dritte Ableitung $$y''' = \frac{d^3y}{dx} \tag{5.45}$$

die vierte Ableitung $$y^{(4)} = \frac{d^4y}{dx} \tag{5.46}$$

die n-te Ableitung $$y^{(n)} = \frac{d^ny}{dx} \tag{5.47}$$

Beispiel: $y = x^3 + 2x^2 - x - 1$

$y' = 3x^2 + 4x - 1$

$y'' = 6x + 4$

$y''' = 6$

$y^{(4)} = 0$

Die n-te Ableitung einer ganzrationalen Funktion (Polynom) n-ten Grades ist eine Konstante:

$$y = a_n x^n + a_{n-1} \cdot x^{n-1} + \ldots + a_2 \cdot x^2 + a_1 \cdot x + a_0$$

$$y^{(n)} = n! \cdot a_n \tag{5.48}$$

mit

$n! = 1 \cdot 2 \cdot 3 \cdot 4 \cdot \ldots \cdot (n-1) \cdot n$ (n Fakultät)

Beispiel: siehe oben $y''' = 1 \cdot 2 \cdot 3 \cdot a_3 = 1 \cdot 2 \cdot 3 \cdot 1 = 6$

5.6 Mittelwertsatz der Differentialrechnung

Satz von Rolle

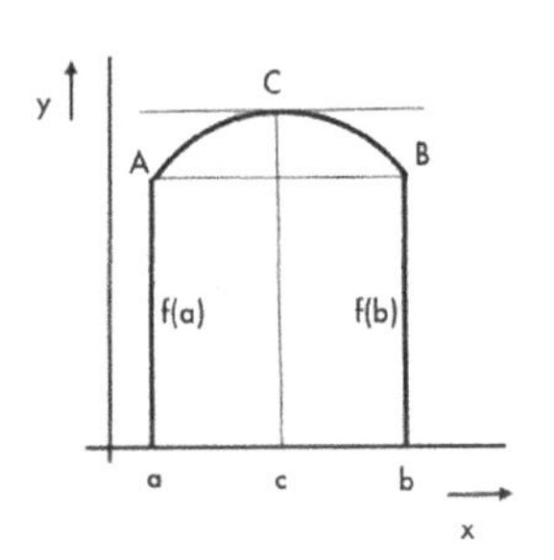

Wenn eine Funktion $y = f(x)$ im offenen Intervall $(a;b)$ differenzierbar und im abgeschlossenen Intervall $[a;b]$ stetig ist und wenn $f(a) = f(b)$ ist, dann ist mindestens an einer Stelle $x = c$ innerhalb des Intervalls $f'(c) = 0$.
Beim geschlossenen Intervall gehören die Randwerte a und b zum Intervall, beim offenen Intervall sind sie nicht Teil der Menge X des Intervalls. An den Stelle $x = a$ und $x = b$ können also die Funktionen Knicke haben, die keine eindeutigen Tangenten zulassen.
An der Stelle $x = c$ besitzt die Kurve $y = f(x)$ den Anstieg $y'(c) = 0$, d.h. die Tangente liegt im Punkt C waagerecht.

Mittelwertsatz der Differentialrechnung

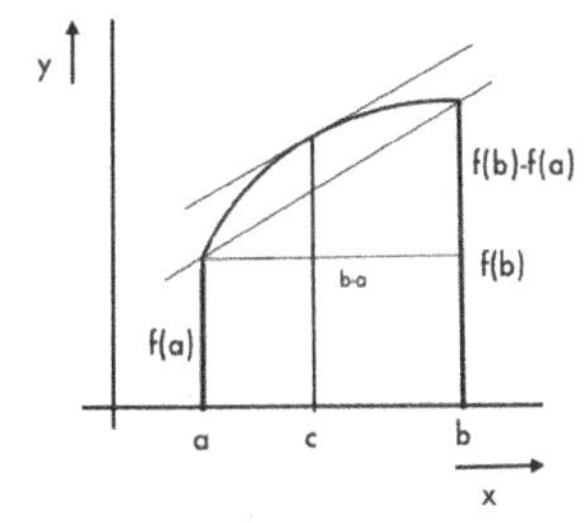

Wenn eine Funktion $y = f(x)$ im offenen Intervall $(a;b)$ differenzierbar und im abgeschlossenen Intervall $[a;b]$ stetig ist, dann existiert mindestens ein x-Wert im Intervall $a < x < b$, für den der Differenzenquotient gleich der Ableitung an einer Stelle $x = c$ ist:

$$\frac{f(b) - f(a)}{b - a} = f'(c) \qquad (5.49)$$

An der Stelle $x = c$ besitzt die Kurve $y = f(x)$

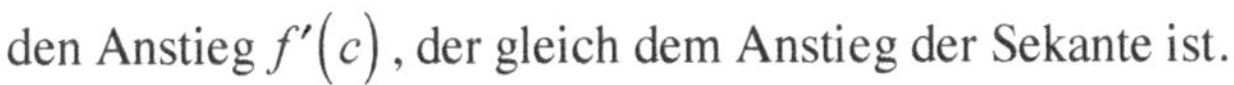

den Anstieg $f'(c)$, der gleich dem Anstieg der Sekante ist.

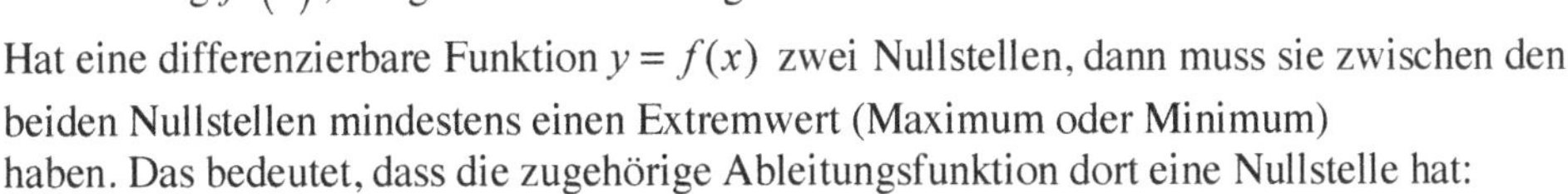

Hat eine differenzierbare Funktion $y = f(x)$ zwei Nullstellen, dann muss sie zwischen den beiden Nullstellen mindestens einen Extremwert (Maximum oder Minimum) haben. Das bedeutet, dass die zugehörige Ableitungsfunktion dort eine Nullstelle hat:

$$f'(c) = 0$$

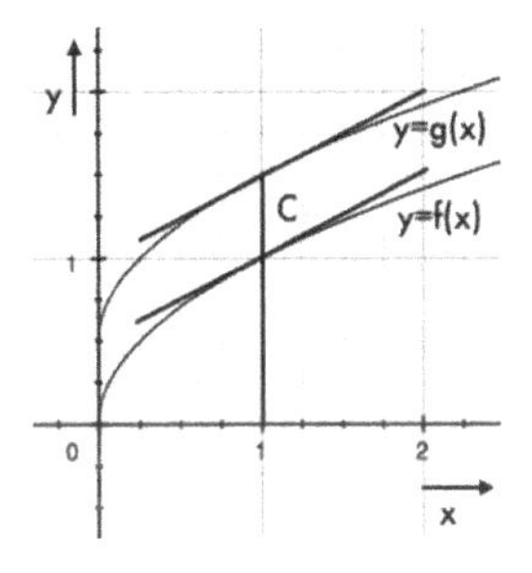

Sind zwei Funktionen $y = f(x)$ und $y = g(x)$ in einem Intervall differenzierbar und sind ihre Ableitungsfunktionen gleich, dann unterscheiden sich ihre Funktionswerte um eine additive Konstante:

$$f'(x) = g'(x) \quad f(x) = g(x) + C$$

5.7 Die Regel von Bernoulli und de l'Hospital für die Grenzwertberechnung

Regel von Bernoulli und de l'Hospital

Besteht eine Funktion aus dem Quotienten einer Zählerfunktion $f(x)$ und einer Nennerfunktion $g(x)$, dann kann der Grenzwert für $x \to a$ gebildet werden, indem die Zählerfunktion und die Nennerfunktion getrennt differenziert werden und anschließend der Grenzübergang vorgenommen wird:

$$\lim_{x\to a}\frac{f(x)}{g(x)}=\lim_{x\to a}\frac{f'(x)}{g'(x)} \tag{5.50}$$

Ist dieser Grenzwert wieder unbestimmt, dann kann die wiederholte Anwendung der Regel einen Grenzwert ergeben. Es muss aber nach jeder Differentiation der Grenzübergang vorgenommen werden, ehe eine weitere Differentiation durchgeführt wird. Die Regel kann angewendet werden, wenn der Grenzwert die undefinierte Form $\frac{0}{0}$ oder $\frac{\infty}{\infty}$ hat.
In manchen Fällen liefert aber diese Regel keinen Grenzwert, obwohl er existiert.
Bei der Differentiation darf nicht die Quotientenregel angewendet werden, weil die Funktion als Quotient zweier selbständiger Funktionen aufgefasst wird.

Beispiele:

1. $\lim_{x\to 0}\frac{\sin x}{x}\to\frac{0}{0}$ $\qquad \lim_{x\to 0}\frac{\sin x}{x}=\lim_{x\to 0}\frac{\cos x}{1}=1$

2. $\lim_{x\to 0}\frac{x}{\tan x}\to\frac{0}{0}$ $\qquad \lim_{x\to 0}\frac{x}{\tan x}=\lim_{x\to 0}\frac{1}{1+\tan^2 x}=1$

3. $\lim_{x\to 3}\frac{x^2-7x+12}{x^2-8x+15}\to\frac{0}{0}$ $\qquad \lim_{x\to 3}\frac{x^2-7x+12}{x^2-8x+15}=\lim_{x\to 3}\frac{2x-7}{2x-8}=\frac{-1}{-2}=\frac{1}{2}$

4. $\lim_{x\to 0}\frac{1-\cosh x}{x^2}\to\frac{0}{0}$ $\qquad \lim_{x\to 0}\frac{1-\cosh x}{x^2}=\lim_{x\to 0}\frac{-\sinh x}{2x}\to\frac{0}{0}$ (1. Differentiation)

   $\lim_{x\to 0}\frac{-\sinh x}{2x}=\lim_{x\to 0}\frac{-\cosh x}{2}=-\frac{1}{2}$ (2. Differentiation)

5. $\lim_{x\to 0_+}\frac{\ln x}{\cot x}\to\frac{-\infty}{+\infty}$ $\qquad \lim_{x\to 0}\frac{\frac{1}{x}}{\frac{-1}{\sin^2 x}}=-\lim_{x\to 0}\frac{\sin^2 x}{x}\to\frac{0}{0}$ (1. Differentiation)

   $-\lim_{x\to 0}\frac{\sin^2 x}{x}=-\lim_{x\to 0}\frac{2\cdot\sin x\cdot\cos x}{1}=0$ (2. Differentiation)

6. $\lim\limits_{x\to\infty}\frac{x^n}{e^x}\to\frac{\infty}{\infty}$ $\quad \lim\limits_{x\to\infty}\frac{x^n}{e^x}=\lim\limits_{x\to\infty}\frac{n\cdot x^{n-1}}{e^x}\lim\limits_{x\to\infty}\frac{n\cdot(n-1)\cdot x^{n-2}}{e^x}=\ldots=\lim\limits_{x\to\infty}\frac{n!}{e^x}$

1. Diff. 2. Diff. n-te Diff.

Alle anderen undefinierten Formen lassen sich auf die Formen $\frac{0}{0}$ oder $\frac{\infty}{\infty}$ umwandeln:

$\frac{0}{0}$ oder $\frac{\infty}{\infty}$ $\quad f(x)\to 0$ und $g(x)\to\infty$ $\quad f(x)\cdot g(x)=\frac{f(x)}{\frac{1}{g(x)}}\to\frac{0}{0}$

oder $f(x)\cdot g(x)=\frac{g(x)}{\frac{1}{f(x)}}\to\frac{\infty}{\infty}$

$\infty - \infty$ $\quad f(x)\to 0$ und $g(x)\to 0$ $\quad \frac{1}{f(x)}-\frac{1}{g(x)}=\frac{g(x)-f(x)}{f(x)\cdot g(x)}\to\frac{0}{0}$

1^∞ $\quad f(x)\to 1$ und $g(x)\to\infty$

0^0 $\quad f(x)\to 0$ und $g(x)\to 0$

∞^0 $\quad f(x)\to\infty$ und $g(x)\to 0$

$\Bigg\}\quad f(x)^{g(x)}=e^{\ln\left[f(x)^{g(x)}\right]}=e^{g(x)\cdot\ln f(x)}\to e^{0\cdot\infty}$ (siehe oben)

Beispiele:

1. $\lim\limits_{x\to 0_+}(\sin x\cdot\coth x)\to 0\cdot\infty$

$$\lim_{x\to 0}(\sin x\cdot\coth x)=\lim_{x\to 0}\frac{\sin x}{\tanh x}=\lim_{x\to 0}\frac{\cos x}{1-\tanh^2 x}=\frac{1}{1}=1$$

2. $\lim\limits_{x\to 0}\left(\frac{1}{\tan x}-\frac{1}{\tanh x}\right)\to\infty-\infty$

$$\lim_{x\to 0}\left(\frac{1}{\tan x}-\frac{1}{\tanh x}\right)=\lim_{x\to 0}\frac{\tanh x-\tan x}{\tan x\cdot\tanh x}\to\frac{0}{0}$$

$$\lim_{x\to 0}\frac{\tanh x-\tan x}{\tan x\cdot\tanh x}=\lim_{x\to 0}\frac{\frac{\sinh x}{\cosh x}-\frac{\sin x}{\cos x}}{\frac{\sin x}{\cos x}\cdot\frac{\sinh x}{\cosh x}}=\lim_{x\to 0}\frac{\frac{\sinh x\cdot\cos x-\sin x\cdot\cosh x}{\cosh x\cdot\cos x}}{\frac{\sin x\cdot\sinh x}{\cos x\cdot\cosh x}}$$

$$\lim_{x\to 0}\frac{\sinh x\cdot\cos x-\sin x\cdot\cosh x}{\sin x\cdot\sinh x}\to\frac{0}{0}$$

$$\lim_{x\to 0}\frac{\sinh x\cdot\cos x-\sin x\cdot\cosh x}{\sinh x\cdot\sin x}$$
$$=\lim_{x\to 0}\frac{\cosh x\cdot\cos x-\sinh x\cdot\sin x-\cos x\cdot\cosh x-\sin x\cdot\sinh x}{\cosh x\cdot\sin x+\sinh x\cdot\cos x}$$

(1. Differentiation)

$$\lim_{x\to 0}\frac{-2\cdot\sin x\cdot\sinh x}{\cosh x\cdot\sin x+\sinh x\cdot\cos x}\to\frac{0}{0}$$

$$\lim_{x\to 0}\frac{-2\cdot\cos x\cdot\sinh x-2\cdot\sin x\cdot\cosh x}{\sinh x\cdot\sin x+\cosh x\cdot\cos x+\cosh x\cdot\cos x-\sinh x\cdot\sin x}$$ (2. Differentiation)

$$=-\lim_{x\to 0}\frac{\cos x\cdot\sinh x+\sin x\cdot\cosh x}{\cosh x\cdot\cos x}=\frac{0}{1}=0$$

3. $\lim\limits_{x\to 0}x^x\to 0^0$

$$\lim_{x\to 0}x^x=\lim_{x\to 0}e^{\ln x^x}=\lim_{x\to 0}e^{x\cdot\ln x}=\lim_{x\to 0}e^{\frac{\ln x}{\frac{1}{x}}}\to e^{\frac{-\infty}{\infty}}$$

$$\lim_{x\to 0}e^{\frac{\ln x}{\frac{1}{x}}}=e^{\lim\limits_{x\to 0}\frac{\ln x}{\frac{1}{x}}}=e^{\lim\limits_{x\to 0}\frac{\frac{1}{x}}{-\frac{1}{x^2}}}=e^{\lim\limits_{x\to 0}(-x)}=e^0=1$$

4. $\lim\limits_{x\to 0}\left(\frac{1}{x}\right)^{\sin x}\to\infty^0$

$$\lim_{x\to 0}\left(\frac{1}{x}\right)^{\sin x}=\lim_{x\to 0}e^{\ln\left(\frac{1}{x}\right)^{\sin x}}=\lim_{x\to 0}e^{\sin x\cdot\ln\frac{1}{x}}=\lim_{x\to 0}e^{\frac{-\ln x}{\frac{1}{\sin x}}}\to e^{\frac{-\infty}{\infty}}$$

$$\lim_{x\to 0}e^{\frac{-\ln x}{\frac{1}{\sin x}}}=e^{\lim\limits_{x\to 0}\frac{-\ln x}{\frac{1}{\sin x}}}=e^{\lim\limits_{x\to 0}\frac{-\frac{1}{x}}{-\frac{\cos x}{\sin^2 x}}}=e^{\lim\limits_{x\to 0}\frac{\sin^2 x}{x\cdot\cos x}}\to e^{\frac{0}{0}}$$ (1. Differentiation)

$$e^{\lim\limits_{x\to 0}\frac{\sin^2 x}{x\cdot\cos x}}=e^{\lim\limits_{x\to 0}\frac{2\sin x\cdot\cos x}{\cos x-x\cdot\sin x}}=e^0=1$$ (2. Differentiation)

Regeln und Formeln der Differentialrechnung

	Ableitungsschreibweise	Differentialquotient
Konstante Funktion	$(C)' = 0$	$\frac{dC}{dx} = 0$
Konstanter Faktor	$[a \cdot f(x)]' = a \cdot f'(x)$	$\frac{d[a \cdot f(x)]}{dx} = a \cdot \frac{df(x)}{dx}$
Summenregel	$(u+v)' = u' + v'$	$\frac{d(u+v)}{dx} = \frac{du}{dx} + \frac{dv}{dx}$
Produktregel	$(u \cdot v)' = u' \cdot v + u \cdot v'$	$\frac{d(u \cdot v)}{dx} = v \cdot \frac{du}{dx} + u \cdot \frac{dv}{dx}$
Quotientenregel	$\left(\frac{u}{v}\right)' = \frac{u' \cdot v - u \cdot v'}{v^2}$	$\frac{d\left(\frac{u}{v}\right)}{dx} = \frac{1}{v^2} \cdot \left(v \cdot \frac{du}{dx} - u \cdot \frac{dv}{dx}\right)$
Kettenregel	$[\psi(\varphi(x))]' = \psi'(u) \cdot \varphi'(x)$ mit $u = \varphi(x)$	$\frac{dy}{dx} = \frac{dy}{du} \cdot \frac{du}{dx}$
Umkehrfunktion	$\varphi'(y) = \frac{1}{f'(x)}$	

Funktionen	Ableitungen
Potenzfunktion	$(x^\alpha)' = \frac{d(x^\alpha)}{dx} = \alpha \cdot x^{\alpha-1}$
Exponentialfunktion	$(a^x)' = \frac{d(a^x)}{dx} = a^x \cdot \ln a$ $(e^x)' = \frac{d(e^x)}{dx} = e^x$
Logarithmusfunktion	$(\log_a x)' = \frac{d(\log_a x)}{dx} = \frac{1}{x} \cdot \log_a e = \frac{1}{x \cdot \ln a}$ $(\ln x)' = \frac{d(\ln x)}{dx} = \frac{1}{x}$
Differentiation nach Logarithmieren	$(u^v)' = \frac{d(u^v)}{dx} = u^v \cdot \left(v' \cdot \ln u + \frac{u' \cdot v}{u}\right)$ mit $u = \varphi(x)$ $v = \psi(x)$

Regeln und Formeln der Differentialrechnung

Trigonometrische Funktionen	Ableitung der Trigonometrischen Funktionen
Sinusfunktion	$(\sin x)' = \frac{d(\sin x)}{dx} = \cos x$
Kosinusfunktion	$(\cos x)' = \frac{d(\cos x)}{dx} = -\sin x$
Tangensfunktion	$(\tan x)' = \frac{d(\tan x)}{dx} = \frac{1}{\cos^2 x} = 1 + \tan^2 x$
Kotangensfunktion	$(\cot x)' = \frac{d(\cot x)}{dx} = -\frac{1}{\sin^2 x} = -(1 + \cot^2 x)$

Zyklometrische Funktionen	Ableitung der Zyklometrischen Funktionen
Arcus Sinus Funktion	$(arc\sin x)' = \frac{d(arc\sin x)}{dx} = \frac{1}{\sqrt{1-x^2}}$
Arcus Kosinus Funktion	$(arc\cos x)' = \frac{d(arc\cos x)}{dx} = -\frac{1}{\sqrt{1-x^2}}$
Arcus Tangens Funktion	$(arc\tan x)' = \frac{d(arc\tan x)}{dx} = \frac{1}{1+x^2}$
Arcus Kotangens Funktion	$(arc\cot x)' = \frac{d(arc\cot x)}{dx} = -\frac{1}{1+x^2}$

Hyperbelfunktionen	Ableitung der Hyperbelfunktionen
Hperbelsinus-Funktion	$(\sinh x)' = \frac{d(\sinh x)}{dx} = \cosh x$
Hyperbelkosinus-Funktion	$(\cosh x)' = \frac{d(\cosh x)}{dx} = \sinh x$
Hyperbeltangens-Funktion	$(\tanh x)' = \frac{d(\tanh x)}{dx} = \frac{1}{\cosh^2 x} = 1 - \tanh^2 x$
Hyperbelkotangens-Funktion	$(\coth x)' = \frac{d(\coth x)}{dx} = -\frac{1}{\sinh^2 x} = 1 - \coth^2 x$

Areafunktionen	Ableitung der Areafunktionen
Area Sinus Funktion	$(ar\sinh x)' = \frac{d(ar\sinh x)}{dx} = \frac{1}{\sqrt{x^2+1}}$
Area Kosinus Funktion	$(ar\cosh x)' = \frac{d(ar\cosh x)}{dx} = \frac{1}{\sqrt{x^2-1}}$
Area Tangens Funktion	$(ar\tanh x)' = \frac{d(ar\tanh x)}{dx} = \frac{1}{1-x^2}$
Area Kotangens Funktion	$(ar\coth x)' = \frac{d(ar\coth x)}{dx} = \frac{1}{1-x^2}$

Übungsaufgaben zum Kapitel 5

5.1 Für folgende Funktionen ist jeweils der Differenzenquotient aufzustellen und die Ableitungsfunktion durch Grenzübergang zu ermitteln:

1. $y=-x^2$ 2. $y=3x^2+x-1$ 3. $y=2x-1$ 4. $y=-2x^3+x^2$ 5. $y=\sqrt{x}$

5.2 Sind folgende Funktionen laut Definition differenzierbar?

1. $y=2x^2$ an der Stelle $x_0=-1$ 2. $y=\frac{1}{x}$ an der Stelle $x_0=0$

5.3 Ermitteln Sie für die Funktion $y=\sqrt{x}$ den Ordinatenzuwachs Δy und das Differential dy, wenn bezüglich des Punktes P(1;1) der Abszissenzuwachs $\Delta x=3$ betragen soll. Stellen Sie die Funktion, den Ordinatenzuwachs Δy und das Differential dy im kartesischen Koordinatensystem dar und vergleichen Sie das rechnerische mit dem zeichnerischen Ergebnis.

5.4 Für hinreichend kleines Δx ist der Unterschied zwischen Δy und dy sehr klein. Dieser Sachverhalt soll für die Funktion $y=3x^2+x-1$ nachgewiesen werden. Wie lauten die Gleichungen für Δy und dy für diese Funktionsgleichung und wie groß ist der Unterschied $\Delta y-dy$? Wie groß ist der Unterschied an der Stelle $x=-1$, wenn der Zuwachs einmal $\Delta x=0{,}1$ und einmal $\Delta x=0{,}01$ beträgt?

5.5 Die in der Aufgabe 5.1 angegebenen Funktionen sind mit Hilfe der hergeleiteten Differentiationsregeln zu differenzieren und die Ergebnisse zu vergleichen.

5.6 Von folgenden Funktionen ist jeweils die Ableitungsfunktion zu ermitteln:

1. $y=7x^4-2x^3+x-5$
2. $y=\sqrt{3}\cdot x^2-0{,}75x+\pi$
3. $y=\sum_{i=0}^{n}a_i\cdot x^i$
4. $y=\left(x^2-7x+5\right)\cdot\left(x^3-1\right)$
5. $y=\left(x+a\right)^3\cdot\left(x-a\right)$
6. $y=\left(x-1\right)\left(2x-3\right)\left(7-x\right)$
7. $y=\frac{1}{x^2+1}$
8. $y=x^3-x+\frac{1}{x^4}-\frac{2}{x}$
9. $y=\frac{\left(x-2\right)^2}{x^5}$
10. $y=\sqrt{3x^2-4}$
11. $y=x^{-\sqrt{3}}$
12. $y=\sin x^2$
13. $y=\sqrt{3x^2-7x+5}$
14. $y=\sqrt{\frac{x}{1-x^2}}$
15. $y=\sqrt[7]{x^3}$
16. $y=4\cdot\sin^2\left(\frac{x}{2}-1\right)$
17. $y=\sqrt{1+\cos^2 x}$
18. $y=x^2\cdot\sqrt[4]{x^3}$
19. $y=arc\tan\left(x-1\right)$
20. $y=arc\cot\left(\cos x\right)$

5.7 Bilden Sie die 1., 2., 3. und 4. Ableitung der beiden folgenden Funktionen:

1. $y=3x^4-2x^2+3$ 2. $y=-\sin x$

5.8 Ermitteln Sie von den Funktionen $y=f(x)=2x-1$ und $y=f(x)=\tan x$ die Ableitungen der zugehörigen Umkehrfunktionen $\varphi'\left(y\right)$. Kontrollieren Sie die Ergebnisse, indem Sie die Umkehrfunktionen ermitteln und diese differenzieren.

5.9 Für welche x-Werte besitzt die Funktion $y = \sin^2 x$ im Intervall $0 < x < 2\pi$ die Ableitung $y' = f'(x) = 0$?

5.10 Mit Hilfe des Mittelwertsatzes ist der x-Wert der Funktion $y = x^2 - 2$ zu berechnen, wo die Tangente an die Kurve den gleichen Anstieg hat wie die Sekante durch die Kurvenpunkte mit den x-Werten $x_1 = 0$ und $x_2 = -2$.
Kontrollieren Sie das Ergebnis mit Hilfe einer entsprechenden Zeichnung.

5.11 Folgende Funktionen sind zu differenzieren:

1. $y = x \cdot \ln x$
2. $y = \lg\ \cos x$
3. $y = \log_2 3x$
4. $y = \ln\ \tan \dfrac{x}{2}$
5. $y = \ln(x \cdot \cos x)$
6. $y = \tan \sqrt{\ln x}$
7. $y = 2^x$
8. $y = \dfrac{\sin x}{e^x}$
9. $y = a^x \cdot x^a$
10. $y = e^{\cos x}$
11. $y = e^{\ln x}$
12. $y = \ln e^{2x-1}$

5.12 Die Ableitungen folgender Funktionen sind zu ermitteln, indem zunächst logarithmiert und dann differenziert werden soll:

1. $y = \sqrt[x]{\cot x}$
2. $y = \left(1 + \dfrac{1}{x}\right)^x$
3. $y = x^{x \cdot \cos x}$
4. $y^x = 2 \cdot e^x$

5.13 Von folgenden Funktionen sind die Ableitungsfunktionen zu ermitteln:

1. $y = arc\sin x + arc\cos x$
2. $y = arc\sin \sqrt{1 - x^2}$
3. $y = x \cdot arc\cot \dfrac{x}{4}$
4. $y = x \cdot arc\sin\left(\dfrac{x}{a}\right) + \sqrt{a^2 - x^2}$
5. $y = \tanh \dfrac{x}{2}$
6. $y = \ln\ \cosh 2x$
7. $y = \sqrt{\dfrac{\cosh 2x - 1}{\cosh 2x + 1}}$
8. $y = e^{\sinh x}$
9. $y = ar\cosh\left(\dfrac{1}{\cos x}\right)$
10. $y = ar\tanh \dfrac{2x}{1 + x^2}$
11. $y = \cosh^2 x + \sinh^2 x$
12. $y = x \cdot ar\sinh x - \sqrt{x^2 + 1}$

5.14 Mit Hilfe der Regel von Bernoulli-de l'Hospital sind folgende Grenzwerte zu ermitteln:

1. $\lim\limits_{x \to 8} \dfrac{3 - \sqrt{x+1}}{x^2 - 64}$
2. $\lim\limits_{x \to 0} \dfrac{2\cos x + x^2 - 2}{\sin x - x - x^3}$
3. $\lim\limits_{x \to 0} \dfrac{\sin x - x}{e^{\sin x} - e^x}$
4. $\lim\limits_{x \to 0} \dfrac{x - \sin x}{x \cdot \cos x}$
5. $\lim\limits_{x \to \infty} \dfrac{bx + a}{\ln(1 + e^x)}$
6. $\lim\limits_{x \to \infty} \dfrac{\ln x}{\sqrt{x^2 - 1}}$
7. $\lim\limits_{x \to 0} (e^x - 1)\ln 3x$
8. $\lim\limits_{x \to 1} \sqrt[3]{(1 - x^2)}\ ar\tanh x$
9. $\lim\limits_{x \to 0} (1 - \cos x) \cdot \cot x$
10. $\lim\limits_{x \to 1} \left(\dfrac{1}{\ln x} - \dfrac{1}{x - 1}\right)$
11. $\lim\limits_{x \to 0} (\sin x)^x$
12. $\lim\limits_{x \to \infty} x^{\frac{1}{x}}$

6. Grundlagen der Integralrechnung

6.1 Das unbestimmte Integral

6.1.1 Problemstellung und Begriff des unbestimmten Integrals

Problemstellung

Die Aufgabe der Differentialrechnung ist, von einer gegebenen differenzierbaren Funktion $y = f(x)$ die Ableitung zu ermitteln:

$$y' = f'(x) = \frac{df(x)}{dx}$$

Beispiele:

1. Der Weg s ist in Abhängigkeit von t gegeben,
   gesucht ist die Geschwindigkeit v: $\quad v = \frac{ds}{dt}$
2. Die Spannung u an einer Kapazität C ist gegeben,
   gesucht ist der Strom i durch die Kapazität: $\quad i = C \cdot \frac{du}{dt}$
3. Der Strom i durch eine Induktivität L ist gegeben,
   gesucht ist die Spannung u an der Induktivität: $\quad u = L \cdot \frac{di}{dt}$

Die Aufgabe der Integralrechnung ist die umgekehrte: Zu einer gegebenen stetigen Ableitungsfunktion $f(x) = F'(x)$ soll die ursprüngliche Stammfunktion $F(x)$ ermittelt werden, aus der die gegebene Funktion durch Ableiten hervorgegangen ist:

$$f(x) = F'(x) \;\Rightarrow\; F(x)$$

Beispiele:

1. Die Geschwindigkeit v ist gegeben,
   der Weg s ist gesucht: $\quad v = \frac{ds}{dt} \;\Rightarrow\; s(t)$
2. Der Strom i durch die Kapazität C ist gegeben,
   die Spannung u ist gesucht: $\quad i = C \cdot \frac{du}{dt} \;\Rightarrow\; u(t)$
3. Die Spannung u an der Induktivität L ist gegeben,
   der Strom i ist gesucht: $\quad u = L \cdot \frac{di}{dt} \;\Rightarrow\; i(t)$

Die Integralrechnung ist also die Umkehrung der Differentialrechnung:
Zur gegebenen Funktion f wird eine Funktion F gesucht, die die Bedingung $F'(x) = f(x)$ erfüllt. Diese gesuchte Funktion wird Stammfunktion oder Integralfunktion genannt.

W. Weißgerber, *Mathematik zu Elektrotechnik für Ingenieure*,
https://doi.org/10.1007/978-3-658-40837-4_6

In einfachen Fällen kann die Integralfunktion sofort angegeben werden, wenn die Ableitung $f(x) = F'(x)$ gegeben ist:

gegeben: $f(x) = F'(x)$	e^x	a	$2x$	$1/x$	$\cos x$	$\sin x$
gesucht: $F(x)$	e^x	$a \cdot x$	x^2	$\ln x$	$\sin x$	$-\cos x$

Die Differentiation von $F(x)$ als Umkehrung der Integralrechnung ergibt jeweils die gegebene Funktion $f(x) = F'(x)$. Aus dieser Kontrolle der Ergebnisse in der Tabelle wird aber auch ersichtlich, dass zu den oben angegebenen Integralfunktionen $F(x)$ jede beliebige Konstante C dazu addiert werden kann, weil diese bei der Differentiation wegfällt:

Beispiel: $\quad F(x) = x^2 + C \qquad F'(x) = 2x$

Die gesuchte Integralfunktion $F(x)$ ist also nicht eindeutig:
Die Umkehrung der Differentiation führt zu einer Menge von Integralfunktionen, die sich jeweils um eine beliebige reelle Konstante C unterscheiden.

Unbestimmtes Integral

Für die Menge aller Stamm- oder Integralfunktionen zu einer Funktion $f(x)$ wird das Integralzeichen verwendet:

$$\int f(x) \cdot dx = \{F(x) + C \mid F'(x) = f(x) \wedge C \in R\}$$
$$\text{kurz:} \quad \int f(x) \cdot dx = F(x) + C \tag{6.1}$$

lies: Integral über $f(x) \cdot dx$ gleich $F(x) + C$

Die Menge aller Integralfunktionen wird wegen der beliebigen reellen Konstanten C unbestimmtes Integral genannt. $f(x)$ ist der Integrand, x die Integrationsvariable und C die Integrationskonstante. Das Ermitteln der Integralfunktion als Rechenoperation heißt Integrieren bzw. Integration und bedeutet das Suchen der zugehörigen Integralfunktionen.

Beispiel:

Für die Funktion $f(x) = \cos x$ ist das unbestimmte Integral gesucht:

$$\int \cos x \cdot dx = \sin x + C$$

mit $\quad \dfrac{d[\sin x + C]}{dx} = \dfrac{d(\sin x)}{dx} + \dfrac{dC}{dx} = \dfrac{d(\sin x)}{dx} = \cos x \quad$ mit $\quad \dfrac{dC}{dx} = 0$

Andere Schreibweise des unbestimmten Integrals

Nach dem Integralzeichen steht nicht die Ableitung, sondern das Differential der gesuchten Integralfunktion: Das unbestimmte Integral kann deshalb auch in der Form

$$\int f(x) \cdot dx = \int dF(x) = F(x) + C \tag{6.2}$$

angegeben werden, weil $f(x) \cdot dx = dF(x)$.

Geometrische Deutung des unbestimmten Integrals

Die Gesamtheit der Funktionen des unbestimmten Integrals $F(x)+C$ entspricht geometrisch einer Menge von Bildkurven, wobei jedem speziellen C-Wert eineindeutig eine Integralkurve zugeordnet werden kann. Da sich zwei Kurven $F(x)+C_1$ und $F(x)+C_2$ durch Parallelverschiebung in y-Achsenrichtung zur Deckung bringen lassen, stellt das unbestimmte Integral geometrisch eine Schar unendlich vieler Integralkurven dar, die untereinander konkruent sind.

Beispiel:

Gegeben ist die Funktion $f(x) = 2x$, deren unbestimmtes Integral analytisch und geometrisch erläutert werden soll.

Das unbestimmte Integral von $f(x)= 2x$ lautet:

$$\int 2x \cdot dx = x^2 + C .$$

Alle Funktionen der Kurvenschar, die durch das unbestimmte Integral beschrieben werden, haben die Eigenschaft

$$\frac{d\left(x^2 + C\right)}{dx} = 2x$$

Das unbestimmte Integral stellt also geometrisch eine Schar von Normalparabeln dar, deren Scheitel auf der y-Achse liegen:

$$y = x^2 + C$$

z.B. $C = -1 \quad y = x^2 - 1$

$C = 0 \quad y = x^2$

$C = 1 \quad y = x^2 + 1$

$C = 2 \quad y = x^2 + 2$

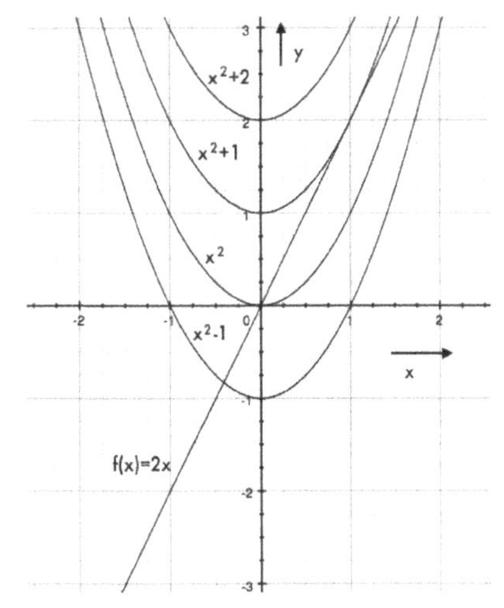

Die Parabelschar überdeckt die x,y-Ebene lückenlos, ohne dass sich die einzelnen Integralfunktionen schneiden; die Funktionswerte der gegebenen Funktion $f(x) = 2x$ sind für jedes x ein Maß für den Anstieg aller Parabeln.

Zu den Beispielen in der Einleitung (Problemstellung):

Zu 1: Aus $v = \frac{ds}{dt}$

ergibt sich $ds = v \cdot dt$ und $s = \int ds = \int v \cdot dt$

Zu 2: Aus $i = C \cdot \frac{du}{dt}$

ergibt sich $du = \frac{1}{C} \cdot i \cdot dt$ und $u = \int du = \frac{1}{C} \cdot \int i \cdot dt$

(siehe Weißgerber: Elektrotechnik für Ingenieure 1, Abschnitt 3.3.4 Verschiebestrom - Strom im Kondensator)

Zu 3: Aus $u = L \cdot \frac{di}{dt}$

ergibt sich $di = \frac{1}{L} \cdot u \cdot dt$ und $i = \int di = \frac{1}{L} \cdot \int u \cdot dt$

(siehe Weißgerber: Elektrotechnik für Ingenieure 1, Abschnitt 3.4.7.1 Die Selbstinduktion)

6.1.2 Elementare Integrationsregeln

Differentiation und Integration nacheinander ausgeführt

Mit der Definition des unbestimmten Integrals

$$\int f(x) \cdot dx = F(x) + C \quad \text{mit} \quad F'(x) = f(x)$$

und

$$\frac{d\int f(x) \cdot dx}{dx} = \frac{d\left[F(x)+C\right]}{dx} = \frac{dF(x)}{dx} + \frac{dC}{dx} = \frac{dF(x)}{dx} = f(x) \quad \text{mit} \quad \frac{dC}{dx} = 0$$

ergibt sich

$$d\int f(x) \cdot dx = d\left[F(x)+C\right] = f(x) \cdot dx \tag{6.3}$$

Die Zeichen d und $\int$ in dieser Reihenfolge heben einander auf.

Aus der Schreibweise des unbestimmten Integrals in Gl. 6.2

$$\int f(x)\cdot dx = \int dF(x) = F(x) + C \tag{6.4}$$

folgt, dass sich das Integralzeichen und d in dieser umgekehrten Reihenfolge auch aufheben, aber die Integrationskonstante C berücksichtigt werden muss.

Integration einer algebraischen Summe von Funktionen – die Summenregel

Gegeben sind die Ableitungsfunktionen

$$f(x) = F'(x) \quad \text{und} \quad g(x) = G'(x)$$

Ihre Summe kann nach der Summenregel der Differentialrechnung zusammengefasst werden:

$$f(x) + g(x) = F'(x) + G'(x) = \left[F(x) + G(x)\right]' = \frac{d\left[F(x) + G(x)\right]}{dx}$$

Die unbestimmten Integrale

$$\int f(x)\cdot dx = F(x) + C \quad \Rightarrow F(x) = \int f(x)\cdot dx - C$$

$$\int g(x)\cdot dx = G(x) + C \quad \Rightarrow G(x) = \int g(x)\cdot dx - C$$

eingesetzt ergibt

$$f(x) + g(x) = \frac{d\left[\int f(x)\cdot dx + \int g(x)\cdot dx\right]}{dx} \quad \text{mit} \quad \frac{dC}{dx} = 0$$

Beide Seiten mit dx multipliziert

$$\left[f(x) + g(x)\right]\cdot dx = d\left[\int f(x)\cdot dx + \int g(x)\cdot dx\right]$$

und integriert, ergibt die Summenregel der Integralrechnung:

$$\int\left[f(x) + g(x)\right]\cdot dx = \int f(x)\cdot dx + \int g(x)\cdot dx \tag{6.5}$$

Das Integral einer algebraischen Summe von Funktionen ist gleich der algebraischen Summe der Integrale der einzelnen Funktionen. Eine Summe von Funktionen kann also gliedweise integriert werden.
Die Integrationskonstanten, die auf beiden Seiten durch die Integration entstehen, werden auf einer Seite durch eine Konstante C zusammengefasst.
<u>Beispiel:</u>

$$\int(2x + a)\cdot dx = \int 2x\cdot dx + \int a\cdot dx = x^2 + a\cdot x + C$$

Integrand mit konstantem Faktor – die Faktorregel

Gegeben ist eine Funktion $f(x) = F'(x)$,

für die die Faktorregel der Differentialrechnung angewendet wird:

$$a \cdot f(x) = a \cdot F'(x) = [a \cdot F(x)]' = \frac{d[a \cdot F(x)]}{dx}$$

Das unbestimmte Integral

$$\int f(x) \cdot dx = F(x) + C \quad \Rightarrow \quad F(x) = \int f(x) \cdot dx - C$$

eingesetzt ergibt

$$a \cdot f(x) = \frac{d\left[a \cdot \int f(x) \cdot dx\right]}{dx} \quad \text{mit} \quad \frac{dC}{dx} = 0$$

Beide Seiten mit *dx* multipliziert

$$a \cdot f(x) \cdot dx = d\left[a \cdot \int f(x) \cdot dx\right]$$

und integriert, ergibt die Faktorregel der Integralrechnung:

$$\int a \cdot f(x) \cdot dx = a \cdot \int f(x) \cdot dx \tag{6.6}$$

Ein konstanter Faktor des Integranden kann vor das Integralzeichen gesetzt werden.
Beispiel:

$$\int 3 \cdot e^x \cdot dx = 3 \cdot \int e^x \cdot dx = 3e^x + C$$

6.1.3 Grundintegrale

Differentiationsregeln und unbestimmte Integrale

Aus den Differentiationsregeln lassen sich für eine geringe Anzahl von Funktionen die unbestimmten Integrale angeben, weil die Integralrechnung die Umkehrung der Differentialrechnung ist.
Jede Formel der Differentialrechnung

$$F'(x) = \frac{dF(x)}{dx} = f(x)$$

ist gleichbedeutend mit der Formel der Integralrechnung

$$\int f(x) \cdot dx = F(x) + C$$

Die aus den Differentiationsregeln ableitbaren Integrale werden Grundintegrale genannt, die bei weiteren Integrationsverfahren wie Substitutionsmethode, partielle Integration u.a. angewendet werden.
Die Richtigkeit der folgenden Grundintegrale kann durch Differenzieren kontrolliert werden:

$[C]' = 0 \qquad \int 0 \cdot dx = C$

$[x]' = 1 \qquad \int 1 \cdot dx = \int dx = x + C$

$\left[x^{n+1}\right]' = (n+1) \cdot x^n \qquad \int x^n \cdot dx = \frac{x^{n+1}}{n+1} + C \quad \text{mit } n \neq -1$

$$\left.\begin{array}{ll} [\ln x]' = \frac{1}{x} & \text{für } x > 0 \\ [\ln(-x)]' = \frac{1}{x} & \text{für } x < 0 \end{array}\right\} \qquad \int \frac{1}{x} \cdot dx = \int \frac{dx}{x} = \ln|x| + C \quad \text{mit } x \neq 0$$

$\left[e^x\right]' = e^x \qquad \int e^x \cdot dx = e^x + C$

$\left[a^x\right]' = a^x \cdot \ln a \qquad \int a^x \cdot dx = \frac{a^x}{\ln a} + C \quad \text{mit } 0 < a \neq 1$

$[\sin x]' = \cos x \qquad \int \cos x \cdot dx = \sin x + C$

$[\cos x]' = -\sin x \qquad \int \sin x \cdot dx = -\cos x + C$

$[\tan x]' = \frac{1}{\cos^2 x} = 1 + \tan^2 x \qquad \int \frac{1}{\cos^2 x} \cdot dx = \tan x + C$

$\int \tan^2 x \cdot dx = \tan x - x + C \quad \text{mit } x \neq \frac{2n+1}{2}\pi,\ n \in \mathrm{G}$

aus $\int \left(1 + \tan^2 x\right) \cdot dx = x + \int \tan^2 x \cdot dx + C_1$

$\int \left(1 + \tan^2 x\right) \cdot dx = \tan x + C_2$

$\int \tan^2 x \cdot dx = \tan x - x + C$

$[\cot x]' = -\frac{1}{\sin^2 x} = -1 - \cot^2 x \qquad \int \frac{1}{\sin^2 x} \cdot dx = -\cot x + C \quad \text{mit } x \neq n\pi,\ n \in \mathrm{G}$

$\int \cot^2 x \cdot dx = -\cot x - x + C$

aus $\int \left(1 + \cot^2 x\right) \cdot dx = x + \int \cot^2 x \cdot dx + C_1$

$\int \left(1 + \cot^2 x\right) \cdot dx = -\cot x + C_2$

$\Rightarrow \int \cot^2 x \cdot dx = -\cot x - x + C$

$$\left.\begin{aligned}[arc\sin x]' &= \frac{1}{\sqrt{1-x^2}} \\ [arc\cos x]' &= -\frac{1}{\sqrt{1-x^2}}\end{aligned}\right\} \qquad \begin{aligned}\int \frac{dx}{\sqrt{1-x^2}} &= arc\sin x + C_1 \\ \int \frac{dx}{\sqrt{1-x^2}} &= -arc\cos x + C_2\end{aligned}$$

mit $arc\sin x = \frac{\pi}{2} - arc\cos x \qquad C_2 = C_1 + \frac{\pi}{2}$

$$\left.\begin{aligned}[arc\tan x]' &= \frac{1}{1+x^2} \\ [arc\cot x]' &= -\frac{1}{1+x^2}\end{aligned}\right\} \qquad \begin{aligned}\int \frac{dx}{1+x^2} &= arc\tan x + C_1 \\ \int \frac{dx}{1+x^2} &= -arc\cot x + C_2\end{aligned}$$

mit $\arctan x = \frac{\pi}{2} - arc\cot x \qquad C_2 = C_1 + \frac{\pi}{2}$

$[\sinh x]' = \cosh x \qquad \int \cosh x \cdot dx = \sinh x + C$

$[\cosh x]' = \sinh x \qquad \int \sinh x \cdot dx = \cosh x + C$

$[\tanh x]' = \frac{1}{\cosh^2 x} = 1 - \tanh^2 x \qquad \int \frac{dx}{\cosh^2 x} = \tanh x + C$

$\int \tanh^2 x \cdot dx = x - \tanh x + C$

$[\coth x]' = -\frac{1}{\sinh^2 x} = 1 - \cot^2 x \qquad \int \frac{dx}{\sinh^2 x} = -\coth x + C \quad \text{mit } x \neq 0$

$\int \coth^2 x \cdot dx = x - \coth x + C$

$[ar\sinh x]' = \frac{1}{\sqrt{x^2+1}} \qquad \int \frac{dx}{\sqrt{x^2+1}} = ar\sinh x + C = \ln\left(x + \sqrt{x^2+1}\right) + C$

$[ar\cosh x]' = \frac{1}{\sqrt{x^2-1}} \qquad \int \frac{dx}{\sqrt{x^2-1}} = ar\cosh x + C \quad \text{mit } x > 1$

$\int \frac{dx}{\sqrt{x^2-1}} = \ln\left|x + \sqrt{x^2-1}\right| + C \quad \text{mit } |x| > 1$

$$\left.\begin{aligned}[ar\tanh x]' &= \frac{1}{1-x^2} \quad \text{mit } |x| < 1 \\ [ar\coth x]' &= \frac{1}{1-x^2} \text{mit } |x| > 1\end{aligned}\right\} \qquad \int \frac{dx}{1-x^2} = \frac{1}{2} \cdot \ln\left|\frac{1+x}{1-x}\right| + C \quad \text{mit } |x| \neq 1$$

$\int \frac{dx}{1-x^2} = ar\tanh x + C = \frac{1}{2} \cdot \ln \frac{1+x}{1-x} + C \quad \text{mit } |x| < 1$

$\int \frac{dx}{1-x^2} = ar\coth x + C = \frac{1}{2} \cdot \ln \frac{x+1}{x-1} + C \quad \text{mit } |x| > 1$

Beispiele
für die Berechnung von unbestimmten Integralen:

1. $d\int \cos x \cdot dx = \cos x \cdot dx$ nach Gl. 6.3

denn $\int \cos x \cdot dx = \sin x + C$

$$d\int \cos x \cdot dx = d(\sin x + C) = d(\sin x) = \cos x \cdot dx$$

mit $\frac{d(\sin x + C)}{dx} = \cos x$ und $\frac{dC}{dx} = 0$

2. $\int d(\cos x) = \cos x + C$ nach Gl. 6.4

denn $\int d(\cos x) = \int(-\sin x) \cdot dx = \cos x + C$

aus $\frac{d(\cos x)}{dx} = -\sin x$ folgt $d(\cos x) = -\sin x \cdot dx$

3. $\int (1 - x^2 + e^x) \cdot dx = \int dx - \int x^2 \cdot dx + \int e^x \cdot dx$

$$= x + C_1 - \frac{x^3}{3} + C_2 + e^x + C_3 = x - \frac{x^3}{3} + e^x + C$$

mit $C = C_1 + C_2 + C_3$

4. $\int \left(x^3 + 4x + \frac{1}{x^2} - 3 \right) \cdot dx = \int x^3 \cdot dx + 4 \cdot \int x \cdot dx + \int \frac{dx}{x^2} - 3 \cdot \int dx$

$$= \frac{x^4}{4} + 4 \cdot \frac{x^2}{2} - \frac{1}{x} - 3x + C = \frac{x^4}{4} + 2x^2 - \frac{1}{x} - 3x + C$$

5. $\int \left(\sqrt{x} - \frac{1}{\sqrt[4]{x}} \right) \cdot dx = \int x^{\frac{1}{2}} dx - \int x^{-\frac{1}{4}} \cdot dx$

$$= \frac{2x^{\frac{3}{2}}}{3} - \frac{4x^{\frac{3}{4}}}{3} + C = \frac{2}{3} x\sqrt{x} - \frac{4}{3}\sqrt[4]{x^3} + C$$

6. $\int \frac{\cos\alpha}{1+t^2} \cdot dt = \cos\alpha \int \frac{dt}{1+t^2} = \cos\alpha \cdot \arctan t + C$

7. $\int \sinh(a\omega)\cdot d(a\omega) = \cosh(a\omega) + C$

8. $\int \frac{dx}{\cos^2\varphi} = \frac{1}{\cos^2\varphi}\int dx = \frac{x}{\cos^2\varphi} + C$

9. $\int \frac{d\varphi}{\cos^2\varphi} = \tan\varphi + C$

10. $\int \frac{1 - xe^{\alpha+x}}{x}\cdot dx = \int \frac{dx}{x} - \int e^{\alpha+x}dx$

$= \int \frac{dx}{x} - e^{\alpha}\int e^{x}dx = \ln|x| - e^{\alpha}e^{x} + C$

$= \ln|x| - e^{\alpha+x} + C$

11. $\int \sin(a+x)\cdot dx = \int [\sin a\cdot\cos x + \cos a\cdot\sin x]\cdot dx$

$= \sin a\int \cos x\cdot dx + \cos a\int \sin x\cdot dx$

$= \sin a\cdot\sin x - \cos a\cdot\cos x + C$

$= -\cos(a+x) + C$

12. $\int \frac{x}{\sqrt{1+x^2}}\cdot dx = \int d\sqrt{1+x^2} = \sqrt{1+x^2} + C$

denn $\frac{d\left(\sqrt{1+x^2}\right)}{dx} = \frac{d\left[\left(1+x^2\right)^{\frac{1}{2}}\right]}{dx} = \frac{1}{2}\cdot\frac{2x}{\sqrt{1+x^2}} = \frac{x}{\sqrt{1+x^2}}$

$\frac{x}{\sqrt{1+x^2}}\cdot dx = d\left(\sqrt{1+x^2}\right)$

13. $\int \frac{x}{t}\cdot dt = x\int \frac{dt}{t} = x\cdot\ln|t| + C$

14. $\int \frac{x}{t}\cdot dx = \frac{1}{t}\int x\cdot dx = \frac{1}{t}\cdot\frac{x^2}{2} + C = \frac{x^2}{2t} + C$

6.2 Das bestimmte Integral

6.2.1 Das partikuläre und das bestimmte Integral

partikuläres Integral

Das unbestimmte Integral erfasst unendlich viele Integralkurven, die sich durch eine reelle Konstante C unterscheiden:

$$\int f(x)\cdot dx = F(x)+C$$

Geometrisch stellt die Menge der Integralkurven eine Kurvenschar dar.

Soll von dieser Menge der Integralkurven eine Integralkurve herausgegriffen werden, dann muss für diese eine Bedingung angegeben werden. Diese spezielle Integralkurve wird partikuläres Integral genannt.
Eine derartige Bedingung ist, dass diese spezielle Integralkurve durch einen bestimmten Punkt verläuft. Dadurch wird die Integrationskonstante C festgelegt.

Es soll die Integralkurve herausgegriffen werden, die durch den Punkt $P(a;0)$ verläuft, d.h. die Integralkurve hat bei $x=a$ eine Nullstelle: bei $x=a$ wird die x-Achse geschnitten.
Die Menge der Integralkurven wird durch die Gleichung

$$y=\int f(x)\cdot dx = F(x)+C$$

beschrieben. Dann bedeutet eine Nullstelle $y=0$ und $x=a$

$$0=F(a)+C$$

Die Integrationskonstante ist damit bestimmt: $C=-F(a)$ und die Gleichung für das partikuläre Integral lautet mit $y=F(x)-F(a)$:

$$I(x)=\int_a^x f(x)\cdot dx = F(x)\Big|_a^x = F(x)-F(a) \qquad (6.7)$$

lies: Integral von a bis x über $f(x)\cdot dx$.

Das partikuläre Integral ist also eine Funktion von x.
<u>Beispiel:</u>
Das unbestimmte Integral der Funktion $f(x)=2x$

$$\int 2x\cdot dx = x^2+C$$

stellt eine Parabelschar dar.

Das partikuläre Integral mit der Bedingung, dass die Integralfunktion durch den Punkt $P(2;0)$ geht, ergibt sich aus $a=2$:

$$y=\int 2x\cdot dx=x^2+C$$

$$y=0,\quad a=2:$$

$$0=F(2)+C=2^2+C=4+C$$

$$\Rightarrow C=-4$$

$$I(x)=\int_2^x 2x\cdot dx=x^2\Big|_2^x=x^2-4$$

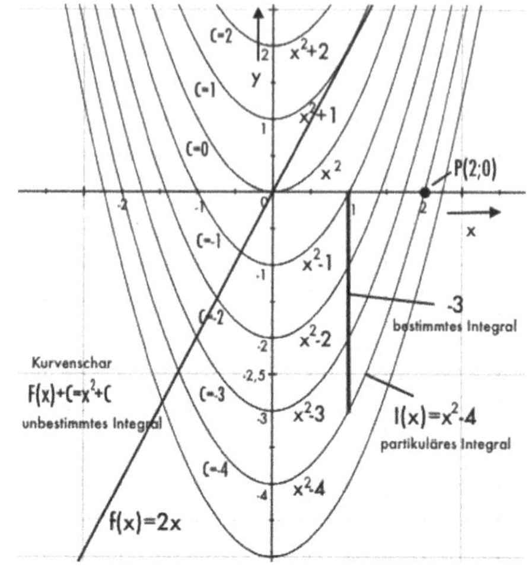

Bestimmtes Integral

Wird in das partikuläre Integral, das die Nullstelle $x=a$ berücksichtigt, für die Variable x ein bestimmter Wert b eingesetzt, dann wird der Funktionswert der herausgegriffenen Integralkurve bei $x=b$ berechnet:

$$I(b)=\int_a^b f(x)\cdot dx=F(x)\Big|_a^b=F(b)-F(a) \qquad (6.8)$$

Dieser Funktionswert des partikulären Integrals wird bestimmtes Integral genannt und ist eine Zahl. Das bestimmte Integral entspricht also geometrisch der y-Koordinate eines Punktes der speziellen Integralkurve, des partikulären Integrals.

Zum Beispiel: $\quad x=b=1$

$$I(1)=\int_2^1 2x\cdot dx=x^2\Big|_2^1=1-4=-3$$

Ein bestimmtes Integral wird berechnet, indem zunächst die Integralfunktion durch unbestimmte Integration ermittelt wird, ohne die Integrationskonstante C zu berücksichtigen, dann wird die Variablen x durch die obere Grenze b und die untere Grenze a in der Integralfunktion ersetzt und schließlich die Differenz $F(b)-F(a)$ berechnet.

Sind speziell die beiden Grenzen gleich, dann entspricht dieses bestimmte Integral dem Funktionswert des partikulären Integrals an der Nullstelle, ist also Null:

$$\int_a^a f(x)\cdot dx=0 \qquad (6.9)$$

Zum Beispiel: $\quad x=b=a=2$

$$\int_2^2 2x\cdot dx=x^2\Big|_2^2=4-4=0$$

6.2.2 Integrationsregeln für das bestimmte Integral

Vertauschen der Integrationsgrenzen

Die bestimmten Integrale mit vertauschten Grenzen

$$\int_a^b f(x)\cdot dx = F(b)-F(a) \qquad \text{und} \qquad \int_b^a f(x)\cdot dx = F(a)-F(b)$$

ergeben $F(b)-F(a)=-\left[F(a)-F(b)\right]$
und

$$\int_a^b f(x)\cdot dx = -\int_b^a f(x)\cdot dx \tag{6.10}$$

Werden die Grenzen eines bestimmten Integrals vertauscht, dann kehrt sich das Vorzeichen des bestimmten Integrals um, wie durch den „Integrationsweg" veranschaulicht werden kann:

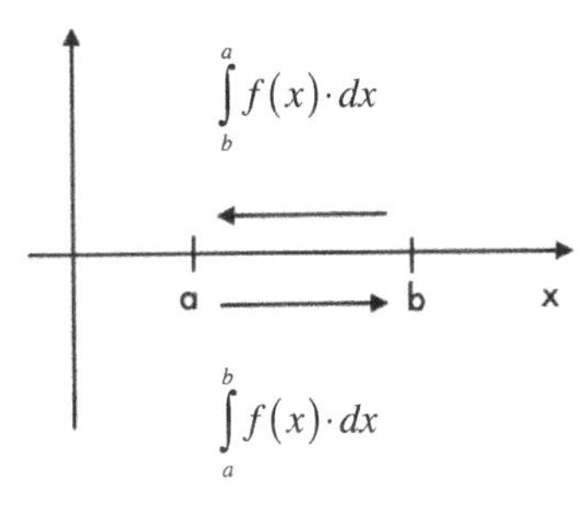

<u>Beispiel:</u>

$$\int_2^4 2x\cdot dx = x^2\Big|_2^4 = 16-4=12 \qquad \int_4^2 2x\cdot dx = x^2\Big|_4^2 = 4-16=-12$$

Zerlegung des Integrationsintervalls in Teilintervalle

Die bestimmten Integrale mit den Grenzen a, b und c

$$\int_a^b f(x)\cdot dx = F(b)-F(a) \qquad \int_a^c f(x)\cdot dx = F(c)-F(a) \qquad \int_c^b f(x)\cdot dx = F(b)-F(c)$$

ergeben

$$\int_a^c f(x)\cdot dx + \int_c^b f(x)\cdot dx = F(c)-F(a)+F(b)-F(c) = F(b)-F(a) = \int_a^b f(x)\cdot dx$$

Das bestimmte Integral mit den Grenzen a und b bleibt unverändert, wenn das Integrationsintervall $[a,b]$ in Teilintervalle $[a,c]$ und $[c,b]$ zerlegt und die Summe der bestimmten Integrale über die Teilintervalle gebildet wird. Dabei kann c innerhalb oder außerhalb des Intervalls $[a,b]$ liegen:

$$\int_a^c f(x)\cdot dx + \int_c^b f(x)\cdot dx = \int_a^b f(x)\cdot dx \qquad (6.11)$$

$\int_a^c f(x)\cdot dx$ $\quad$ $\int_c^b f(x)\cdot dx$

a b c x

$\int_a^b f(x)\cdot dx$

<u>Beispiel:</u> $a=2 \quad b=4 \quad c=6$

$$\int_2^4 2x\cdot dx = x^2\Big|_2^4 = \int_2^6 2x\cdot dx = x^2\Big|_2^6 + \int_6^4 2x\cdot dx = x^2\Big|_6^4$$

mit

$$\int_2^4 2x\cdot dx = x^2\Big|_2^4 = 16-4=12 \qquad \int_2^6 2x\cdot dx = x^2\Big|_2^6 = 36-4=32 \qquad \int_6^4 2x\cdot dx = x^2\Big|_6^4 = 16-36=-20$$

$$12 = 32+(-20) = 32-20 = 12$$

Änderung der Integrationsvariablen

Die unbestimmten Integrale für zwei verschiedene Variable x und t

$$\int f(x)\cdot dx = F(x)+C_1 \quad \text{und} \quad \int f(t)\cdot dt = F(t)+C_2$$

sind Kurvenscharen der entsprechenden Variablen. Dagegen sind die bestimmten Integrale für die gleichen Funktionen und die gleichen Integrationsgrenzen unabhängig von den Variablen:

$$\int_a^b f(x)\cdot dx = F(b)-F(a) \quad \text{und} \quad \int_a^b f(t)\cdot dt = F(b)-F(a)$$

Das bestimmte Integral ist unabhängig von der Integrationsvariablen, weil sie durch die Grenzen ersetzt werden:

$$\int_a^b f(x)\cdot dx = \int_a^b f(t)\cdot dt \qquad (6.12)$$

Beispiele partikulärer und bestimmter Integrale:

1. $$\int_4^x (1-x)\cdot dx = \left[x-\frac{x^2}{2}\right]_4^x = \left(x-\frac{x^2}{2}\right)-\left(4-\frac{16}{2}\right) = -\frac{x^2}{2}+x+4$$

2. $$\int_4^x (1-t)\cdot dt = \left[t-\frac{t^2}{2}\right]_4^x = \left(x-\frac{x^2}{2}\right)-\left(4-\frac{16}{2}\right) = -\frac{x^2}{2}+x+4$$

3. $$\int_2^x \frac{dx}{x} = \left[\ln|x|\right]_2^x = \ln|x| - \ln 2$$

4. $$\int_0^2 \left(1-e^x\right)\cdot dx = \left[x-e^x\right]_0^2 = \left(2-e^2\right)-\left(0-1\right) = 3-e^2 = 4{,}39$$

5. $$\int_1^2 \left(3x^2+1\right)\cdot dx = \left[3\frac{x^3}{3}+x\right]_1^2 = \left[x^3+x\right]_1^2 = (8+2)-(1+1) = 8$$

6. $$\int_0^{\frac{\pi}{2}} \sin x\cdot dx = \left[-\cos x\right]_0^{\pi/2} = \left(-\cos\frac{\pi}{2}\right)-\left(-\cos 0\right) = 1$$

7. $$\int_{\frac{\pi}{2}}^0 \sin x\cdot dx = \left[-\cos x\right]_{\pi/2}^0 = \left(-\cos 0\right)-\left(-\cos\frac{\pi}{2}\right) = -1$$

8. $$\int_{-\frac{\pi}{2}}^0 \cos x\cdot dx + \int_0^{\pi} \cos x\cdot dx + \int_{\pi}^{\frac{3}{2}\pi} \cos x\cdot dx = \left[\sin x\right]_{-\frac{\pi}{2}}^{\frac{3}{2}\pi} = \sin\frac{3\pi}{2} - \sin\left(-\frac{\pi}{2}\right) = -1-(-1) = 0$$

9. $$\int_{-2}^{-6} \frac{dy}{y} = \ln|y|_{-2}^{-6} = \ln 6 - \ln 2 = \ln\frac{6}{2} = \ln 3$$

10. $$\int_{x_1}^{x_2} ab\pi\cdot dt = ab\pi\cdot t\Big|_{x_1}^{x_2} = ab\pi\left(x_2-x_1\right)$$

11. $$\int_0^2 d\left(x^2\right) = \left(x^2\right)\Big|_0^2 = 2 \quad \text{(Die Variable ist } x^2\text{)}$$

6.2.3 Integration und Flächenberechnung

Problemstellung

Der Flächeninhalt, der durch eine Kurve und der x-Achse begrenzt wird, lässt sich im allgemeinen nur angenähert ermitteln.
Mit Hilfe der Integralrechnung ist es allerdings möglich, diese Fläche exakt zu berechnen:
Die Kurve muss im Intervall $[a,b]$ analytisch durch eine stetige Funktion $y = f(x)$ gegeben sein, wobei sie nur aus positiven Funktionswerten besteht. An den Intervallgrenzen ist die Fläche durch die Funktionswerte $f(a)$ und $f(b)$ begrenzt.

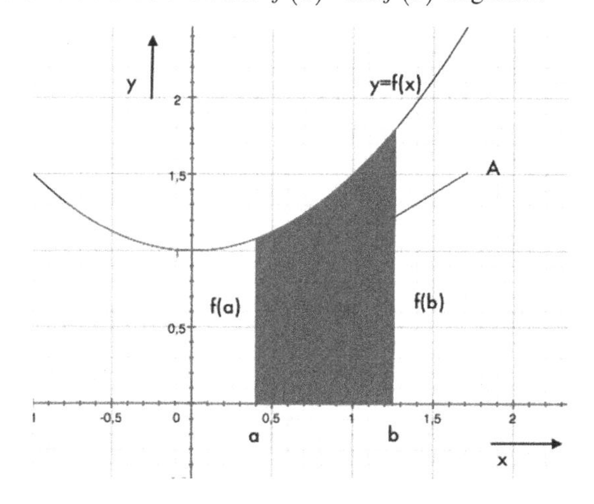

Flächenfunktion

Wird die obere Intervallgrenze variabel angenommen, dann ergibt sich eine von x abhängige Fläche $A(x)$, die so genannte Flächenfunktion mit $A(a) = 0$ und $\mathrm{A}(b)$ (siehe oben).

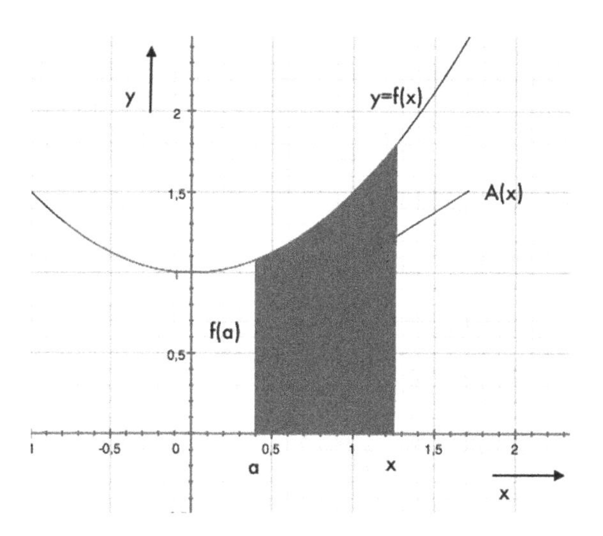

Nun soll der Zusammenhang zwischen der Flächenfunktion $A(x)$ und der Funktion $y=f(x)$ ermittelt werden, die die Fläche begrenzt. Dabei wird eine Teilfläche ΔA betrachtet, die durch das Intervall $[x,x+\Delta x]$ entsteht:

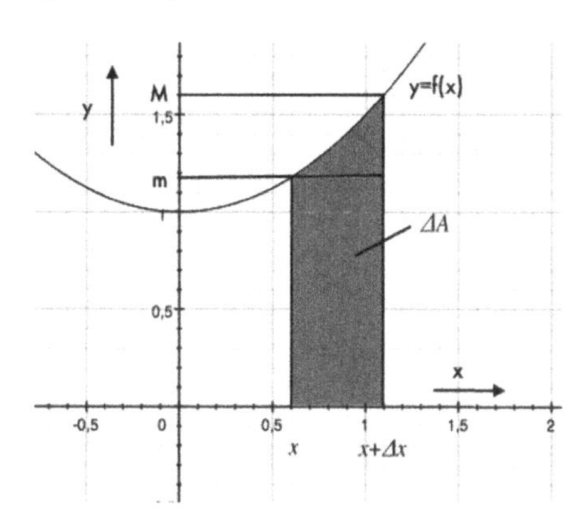

Diese Fläche ΔA kann durch die beiden Rechtecke $m\cdot\Delta x$ und $M\cdot\Delta x$ angenähert werden:

$$m\cdot\Delta x \;\le\; \Delta A \;\le M\cdot\Delta x$$

m ist der minimale Funktionswert, M der maximale Funktionswert der Funktion $y=f(x)$
Diese Ungleichung wird durch Δx geteilt

$$m \le \frac{\Delta A}{\Delta x} \le M$$

Der Grenzwert für $\Delta x \to 0$

$$\lim_{\Delta x\to 0}\frac{\Delta A}{\Delta x}=\frac{dA}{dx}=A'(x)=f(x) \qquad (6.13)$$

ist gleich der Ableitung der Flächenfunktion $A'(x)$ und gleich dem Funktionswert $f(x)$, weil dann $m=M$ ist. Aus der obigen Ungleichung wird für $\Delta x\to 0$ die Gleichung

$$f(x) \;=\; A'(x) \;=\; f(x)$$

Die Ableitung des variablen Flächeninhalts $A(x)$, d.h. der Flächenfunktion, nach x ist also gleich dem Funktionswert f an der Stelle x, deren Kurve die Fläche begrenzt.

Flächenberechnung

Um den Flächeninhalt zu ermitteln, muss die Integralfunktion von $f(x)$ berechnet werden:

$$\frac{dA}{dx}=f(x) \qquad dA=f(x)\cdot dx$$

$$A(x)=\int dA=\int f(x)\cdot dx=F(x)+C$$

Die Konstante C wird mit $x = a$ bestimmt

$$A(a) = 0 = F(a) + C \quad \text{d.h.} \quad C = -F(a)$$

Damit ergibt sich für die Flächenfunktion das partikuläre Integral:

$$A(x) = F(x) - F(a) = \int_a^x f(x) \cdot dx$$

Zusammenfassend folgt aus der Herleitung:
Die variable Fläche $A(x)$ entspricht dem partikulären Integral

$$A(x) = \int_a^x f(x) \cdot dx = F(x) - F(a) \qquad (6.14)$$

die Fläche A im Intervall $[a,b]$ entspricht dem bestimmten Integral

$$A = \int_a^b f(x) \cdot dx = F(b) - F(a) \qquad (6.15)$$

Das bestimmte Integral gibt den Flächeninhalt einer Fläche an, die durch eine im Intervall $[a,b]$ stetigen Funktion mit nur positiven Funktionswerten, von der x-Achse zwischen den Intervallgrenzen $x = a$ und $x = b$ mit $b > a$ und von den beiden Funktionswerten $f(a)$ und $f(b)$ begrenzt wird. Die Intervallgrenzen sind die Grenzen des bestimmten Integrals.

Erweiterung der Flächenberechnung durch Beispiele:

1. Flächeninhalt der Normalparabel $y = f(x) = x^2$ und der x-Achse von $x = 0$ bis $x = b > 0$:

   $$A = \int_0^b x^2 \cdot dx = \left.\frac{x^3}{3}\right|_0^b = \frac{b^3}{3}$$

   Das Rechteck $b \cdot b^2$ wird durch die Parabel im Verhältnis 1:2 geteilt.
   Ist $a < b$, dann ist die Fläche $A > 0$, wenn die Kurve im Intervall $a \le x \le b$ ganz über der x-Achse liegt.

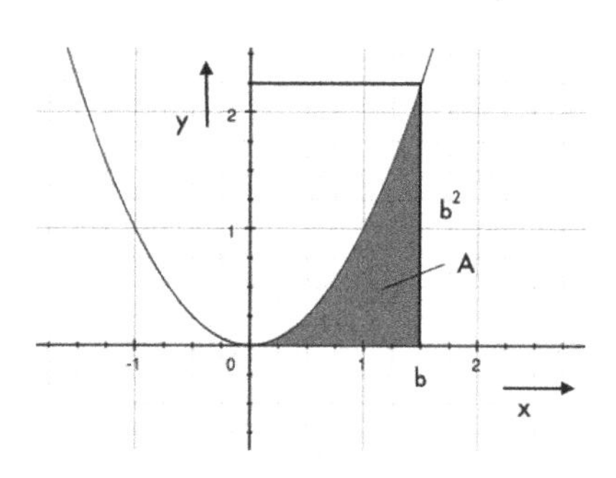

2. Flächeninhalt der Parabel $y = f(x) = -x^2$ und der x-Achse von $x = 0$ bis $x = b > 0$:

   $$A = \int_0^b (-x^2) \cdot dx = -\int_0^b x^2 \cdot dx = -\left.\frac{x^3}{3}\right|_0^b = -\frac{b^3}{3}$$

   Ist $a < b$, dann ist die Fläche $A < 0$, wenn die Kurve im Intervall $a \le x \le b$ ganz unter der x-Achse liegt.
   Der absolute Flächeninhalt ist dann

   $$A = \left| \int_a^b f(x) \cdot dx \right|$$

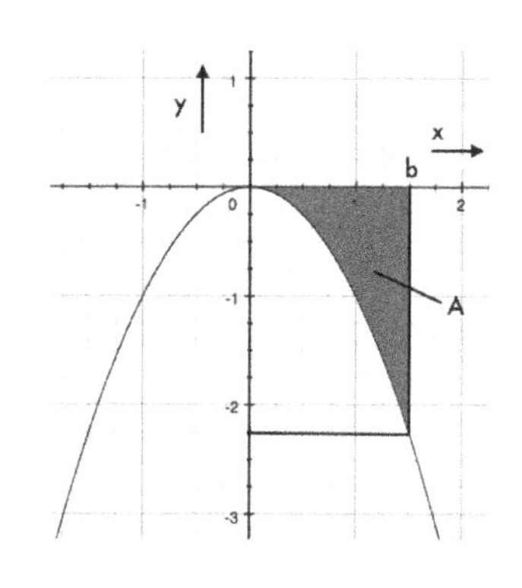

3. Flächeninhalt einer Kosinuskurve $y = f(x) = \cos x$ und der x-Achse zwischen $x = 0$ und $x = 3\pi/2$:

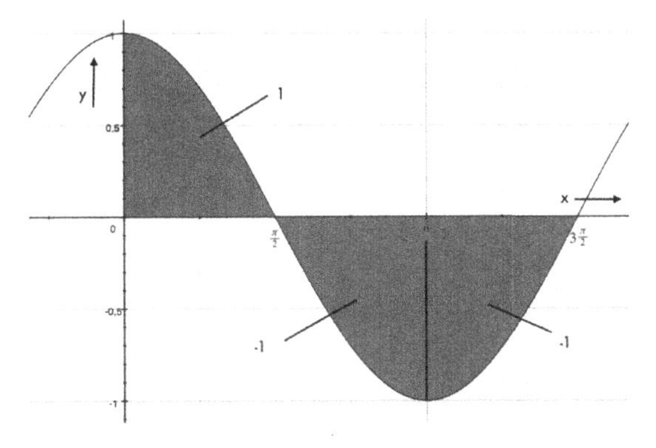

Das Integral muss in zwei Teilintegrale zerlegt werden, wobei das zweite Integral absolut genommen werden muss, weil die Fläche negativ ist:

$$A = \int_0^{\pi/2} \cos x \cdot dx + \left| \int_{\pi/2}^{3\pi/2} \cos x \cdot dx \right| = \sin x\Big|_0^{\pi/2} + \left| [\sin x]_{\pi/2}^{3\pi/2} \right| = 1 + |-1-1| = 3$$

Da die Kosinusfunktion symmetrisch ist, kann die Flächenberechnung auf das Intervall $0 \le x \le \pi/2$ beschränkt werden:

$$A = 3\int_0^{\pi/2} \cos x \cdot dx = 3 \cdot \sin x\Big|_0^{\pi/2} = 3 \cdot 1 = 3$$

Liegt die Kurve der Funktion $y = f(x)$ im betrachteten Intervall $a \le x \le b$ zum Teil über und zum Teil unter der x-Achse, so sind zunächst sämtliche reellen Nullstellen von $f(x)$ zu bestimmen. Dann sind von Nullstelle zu Nullstelle die bestimmten Integrale zu berechnen. Liegt die Kurve unter der x-Achse, dann wird der absolute Flächeninhalt berechnet.

4. Flächeninhalt zwischen einer Geraden $y = f_1(x) = x$ und einer Normalparabel $y = f_2(x) = x^2$ im Intervall $0 \le x \le 1$: Zunächst wird der Flächeninhalt A_1 berechnet, den die Gerade mit der x-Achse einschließt:

$$A_1 = \int_0^1 x \cdot dx = \frac{x^2}{2}\Big|_0^1 = \frac{1}{2}$$

Das Ergebnis konnte man auch ohne Integralrechnung aus der Zeichnung ablesen.

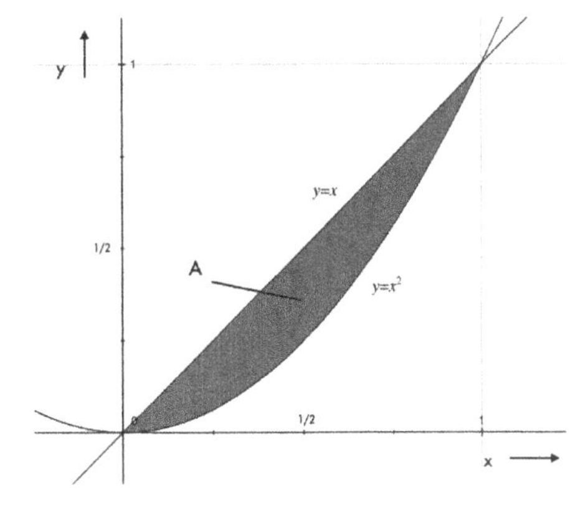

Dann wird der Flächeninhalt A_2 berechnet, der von der Parabel und der x-Achse eingeschlossen wird:

$$A_2 = \int_0^1 x^2 \cdot dx = \frac{x^3}{3}\Big|_0^1 = \frac{1}{3}$$

Die Differenz beider Flächeninhalte ist die gesuchte Fläche:

$$A = A_1 - A_2 = \frac{1}{2} - \frac{1}{3} = \frac{3-2}{6} = \frac{1}{6}$$

Die Fläche hätte man auch mit dem Ansatz

$$A = A_1 - A_2 = \int_0^1 \left[x - x^2\right] \cdot dx$$

berechnen können, indem die Summenregel der Integralrechnung angewendet wird.

Allgemein kann also eine zwischen $x = a$ und $x = b$ gelegene Fläche, die von den Kurven der Funktionen $y = f_1(x)$ und $y = f_2(x)$ begrenzt ist, mit folgendem Ansatz ermittelt werden:

$$A = \int_a^b \left[f_1(x) - f_2(x)\right] \cdot dx$$

5. Flächeninhalt der Fläche, die von den Funktionen $y = x + \sin x \quad y = 0 \quad x = 0 \quad x = 2\pi$ eingeschlossen wird:

Aus dem Bild lässt sich erkennen, dass die Fläche durch das bestimmte Integral

$$A = \int_0^{2\pi} (x + \sin x) \cdot dx$$

ermittelt werden kann:

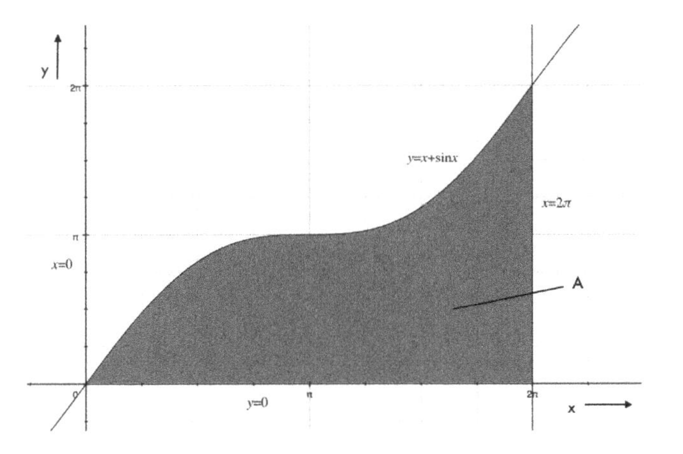

$$A = \left[\frac{x^2}{2} - \cos x\right]_0^{2\pi}$$

$$A = \left(\frac{4\pi^2}{2} - 1\right) - (0 - 1)$$

$$A = 2\pi^2 = 19{,}8$$

Das bestimmte Integral als Fläche und als Funktionswert des partikulären Integrals anhand der Kosinusfunktion über einer Periode $[0;2\pi]$

Die formale Berechnung des bestimmten Integrals der Funktion $f(x) = \cos x$

$$\int_0^{2\pi} \cos x \cdot dx = \sin x\Big|_0^{2\pi} = \sin 2\pi - \sin 0 = 0$$

bedeutet, dass die Flächen vorzeichenbehaftet insgesamt Null ergeben:

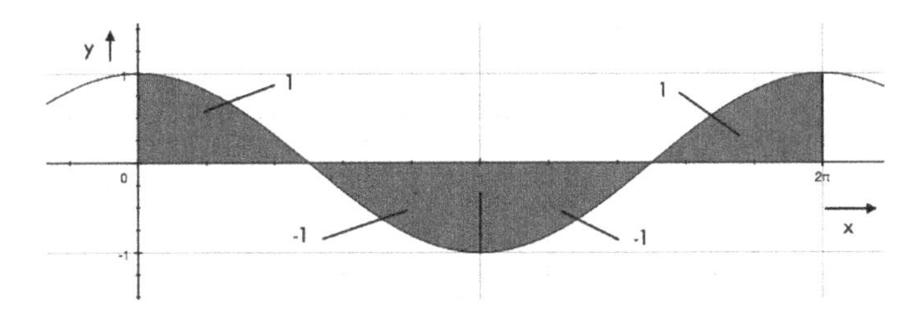

Die absolute Fläche, die die Kosinusfunktion mit der x-Achse über einer Periode einschließt, beträgt 4.
Das bestimmte Integral kann auch über den Funktionswert des partikulären Integrals gedeutet werden:
Das unbestimmte Integral entspricht der Kurvenschar:

$$\int \cos x \cdot dx = \sin x + C \qquad \text{(im Bild unten: } C = -1,\ 0 \text{ und } +1\text{)}$$

Mit $a = 0$ (Nullstelle der Kurvenschar) ergibt sich das partikuläre Integral

$$\int_0^{x} \cos x \cdot dx = \sin x\Big|_0^{x} = \sin x$$

Das bestimmte Integral ist dann der jeweilige Funktionswert des partikulären Integrals für x, z. B. für $x = 2\pi$:

$$\int_0^{2\pi} \cos x \cdot dx = \sin x\Big|_0^{2\pi} = \sin 2\pi - \sin 0 = 0$$

Die Funktionswerte des partikulären Integrals $(y = \sin x)$ geben also die vorzeichenbehafteten Flächen an, die die gegebene Funktion $(y = \cos x)$ von a bis x mit der x-Achse einschließt.

<u>Zum Beispiel:</u>

x	$\frac{\pi}{2}$	π	$\frac{3\pi}{2}$	2π
Funktionswert des partikulären Integrals	$\sin\frac{\pi}{2} = 1$	$\sin\pi = 0$	$\sin\frac{3\pi}{2} = -1$	$\sin 2\pi = 0$
von der gegebenen Funktion eingeschlossene Fläche von 0 bis x	1	$+1-1=0$	$+1-1-1=-1$	$+1-1-1+1=0$

6.2.4 Der Mittelwertsatz der Integralrechnung

Mittelwertsatz der Differentialrechnung

Aus dem Mittelwertsatz der Differentialrechnung lässt sich der Mittelwertsatz der Integralrechnung herleiten. Deshalb zur Erinnerung:

Für eine Funktion $y = F(x)$, die im Intervall $(a;b)$ differenzierbar und in $[a;b]$ stetig ist, gibt es mindestens ein x-Wert mit $a < x < b$, für den der Differenzenquotient gleich dem Differentialquotient für $x = c$ ist:

$$\frac{F(b) - F(a)}{b - a} = F'(c)$$

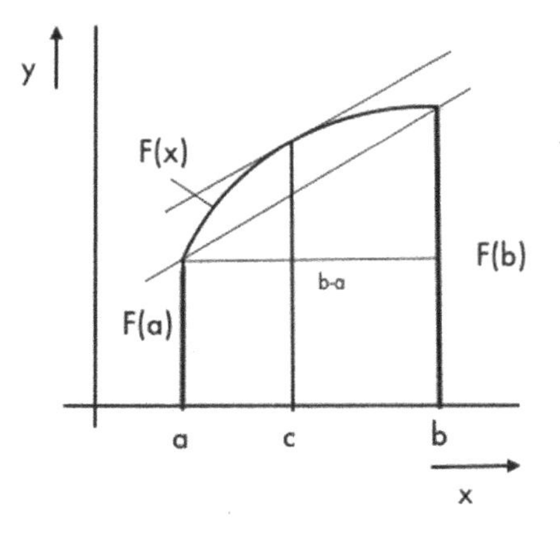

wobei die linke Seite der Gleichung der Anstieg der Sehne für $x = b$ und $x = a$ und die rechte Seite der Gleichung der Anstieg der Tangente bei $x = c$ ist.

Arithmetischer Mittelwert

Mit $F'(x) = f(x)$ und $F'(c) = f(c)$ und dem bestimmten Integral

$$\int_a^b f(x) \cdot dx = F(b) - F(a)$$

ergibt sich aus dem Mittelwertsatz der Differentialrechnung der lineare oder arithmetische Mittelwert der Funktion $f(x)$ im Intervall $[a;b]$:

$$f(c) = \frac{1}{b-a} \int_a^b f(x) \cdot dx \qquad (6.16)$$

Mittelwertsatz der Integralrechnung

Der Mittelwertsatz der Integralrechnung ergibt sich, wenn obige Gleichung umgestellt wird:

$$\int_a^b f(x)\cdot dx = (b-a)\cdot f(c) \qquad (6.17)$$

wobei die Funktion $f(x)$ im Intervall $[a;b]$ stetig ist und $x=c$ innerhalb des Intervalls liegt: $a<c<b$. Das bestimmte Integral auf der linken Seite der Gl. 6.17 stellt die vorzeichenbehaftete Fläche dar, die in den Intervallgrenzen a und b, von der Funktion $f(x)$ und dem Teil der x-Achse eingeschlossen wird. Die rechte Seite der Gleichung entspricht einer Rechteckfläche mit den Seiten $b-a$ und $f(c)$. Die von der Funktion $f(x)$ begrenzte Fläche wird also durch den Mittelwertsatz in ein flächengleiches Rechteck umgeformt. Deshalb wird der Funktionswert $f(c)$ als mittlere Ordinate des Intervalls $[a;b]$ bezeichnet.
Im Unterschied zum arithmetischen Mittelwert wird der quadratische Mittelwert definiert:

$$\sqrt{\frac{1}{b-a}\int_a^b [f(x)]^2 \cdot dx} \qquad (6.18)$$

1. Arithmetischer Mittelwert einer Sinusgröße $f(x)=\sin x$ über einer Halbwelle, d.h. für das Intervall $[0;\pi]$:

$$f(c)=\frac{1}{\pi-0}\int_0^\pi \sin x\cdot dx = \frac{1}{\pi}\cdot[-\cos x]_0^\pi = \frac{1+1}{\pi} = \frac{2}{\pi} = 0{,}637 \qquad (6.19)$$

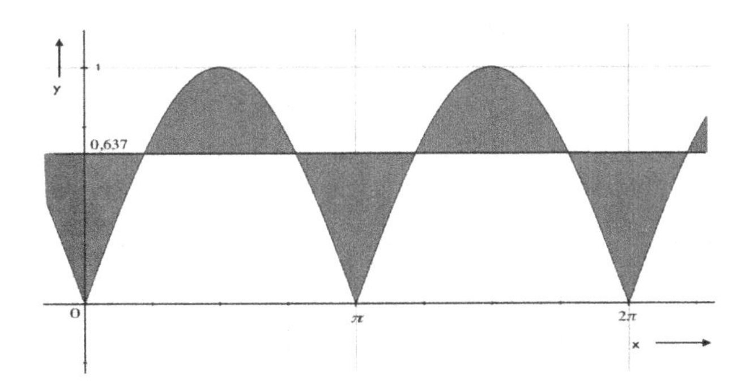

Praktische Anwendung:
Wirksamer Strom in Gleichrichterschaltungen, z.B. bei elektrolytischen Vorgängen in Doppelweg-Gleichrichtung:

$$I_a = \frac{\hat{i}}{\pi}\cdot\int_0^\pi \sin\omega t\cdot d(\omega t) = \frac{\hat{i}}{\pi}\cdot[-\cos\omega t]_0^\pi = \frac{\hat{i}}{\pi}\cdot[1+1] = \frac{2}{\pi}\cdot\hat{i} = 0{,}637\cdot\hat{i}$$

(siehe Weißgerber: Elektrotechnik für Ingenieure 2, Abschnitt 4.1.2 Sinusförmige Wechselgrößen)

2. Arithmetischer Mittelwert der Funktion $y = \frac{1}{x}$ für das Intervall $1 \leq x \leq 4$:

$$f(c) = \frac{1}{4-1} \int_1^4 \frac{dx}{x}$$

$$f(c) = \frac{1}{3} \cdot \left[\ln|x| \right]_1^4$$

$$f(c) = \frac{1}{3} \cdot \ln 4$$

$$f(c) = 0{,}462$$

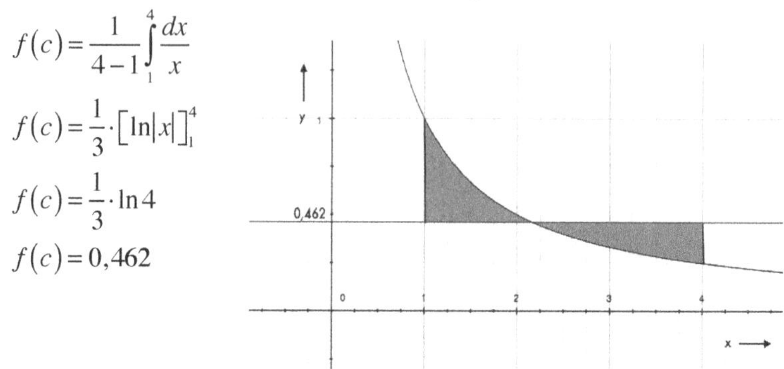

6.2.5 Bestimmtes Integral als Grenzwert einer Summenfolge

Problemstellung

Voraussetzung bei den Erläuterungen des bestimmten Integrals als Funktionswert des partikulären Integrals und als Fläche ist, dass die Funktion $f(x)$ stetig und beschränkt ist. Die Frage nach der Integrierbarkeit von stetigen und unstetigen Funktionen lässt sich beantworten, wenn das bestimmte Integral als Grenzwert einer Summenfolge aufgefasst wird.

Obersumme und Untersumme

Zunächst wird eine im Intervall $[a;b]$ stetige Funktion $y = f(x)$ untersucht, die nur positive Funktionswerte enthält. Es soll wieder der Flächeninhalt A berechnet werden, den die Funktion mit der x-Achse im Intervall $[a;b]$ einschließt.

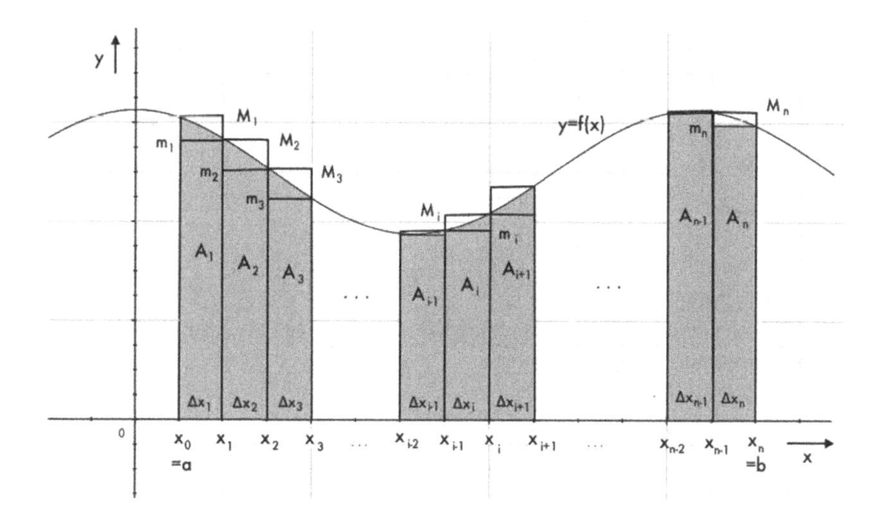

Das Intervall wird in n Teilintervalle zerlegt mit den folgenden x-Werten x_i und den Breiten der Teilintervalle Δx_i:

$$a = x_0 < x_1 < x_2 < x_3 < \ldots < x_{i-1} < x_i < x_{i+1} < \ldots < x_{n-3} < x_{n-2} < x_{n-1} < x_n = b$$

$$\Delta x_1 = x_1 - x_0 \quad \Delta x_2 = x_2 - x_1 \; \ldots \; \Delta x_i = x_i - x_{i-1} \quad \Delta x_{i+1} = x_{i+1} - x_i \; \ldots \; \Delta x_{n-1} = x_{n-1} - x_{n-2} \quad \Delta x_n = x_n - x_{n-1}$$

Die Flächen der Teilintervalle A_i lassen sich durch Rechtecke annähern, indem entweder der jeweils größte Funktionswert im Intervall M_i oder der kleinste Funktionswert m_i berücksichtigt werden:

$$\begin{aligned}
m_1 \cdot \Delta x_1 \le\; & A_1 \le M_1 \cdot \Delta x_1 \\
m_2 \cdot \Delta x_2 \le\; & A_2 \le M_2 \cdot \Delta x_2 \\
m_3 \cdot \Delta x_3 \le\; & A_3 \le M_3 \cdot \Delta x_3 \\
& \cdot \\
m_i \cdot \Delta x_i \le\; & A_i \le M_i \cdot \Delta x_i \\
m_{i+1} \cdot \Delta x_{i+1} \le\; & A_{i+1} \le M_{i+1} \cdot \Delta x_{i+1} \\
& \cdot \\
m_{n-1} \cdot \Delta x_{n-1} \le\; & A_{n-1} \le M_{n-1} \cdot \Delta x_{n-1} \\
m_n \cdot \Delta x_n \le\; & A_n \le M_n \cdot \Delta x_n
\end{aligned}$$

Die gesamte von der Funktion $y = f(x)$ und der x-Achse im Intervall $[a;b]$ eingeschlossene Fläche A wird durch die Summe sämtlicher Teilflächen A_i erfasst und durch die Summe der Rechtecke angenähert und zwar durch die Obersumme S_n und die Untersumme s_n:

$$S_n = \sum_{i=1}^{n} M_i \cdot \Delta x_i \quad \text{und} \quad s_n = \sum_{i=1}^{n} m_i \cdot \Delta x_i$$

wobei

$$s_n \le A \le S_n$$

$$\sum_{i=1}^{n} m_i \cdot \Delta x_i \le A \le \sum_{i=1}^{n} M_i \cdot \Delta x_i$$

Jede beliebige Aufteilung des Intervall $[a;b]$ ergibt eine andere Ober- und Untersumme und damit eine andere Annäherung an die gesuchte Fläche A. Wird die Aufteilung verfeinert, indem n erhöht wird, vergrößert sich die Untersumme und verkleinert sich die Obersumme, so dass mit größer werdendem n die Fläche immer besser angenähert wird.
Die Obersummen und Untersummen stellen also Teilsummenfolgen in Abhängigkeit von n dar, deren Grenzwert die Fläche A ist, denn mit $n \to \infty$ und $\Delta x_i \to 0$ gehen die Obersummen und Untersummen in die Fläche A über. Andererseits ist die Fläche A gleich dem bestimmten Integral, wie bereits behandelt wurde:

$$A = \lim_{n\to\infty} \sum_{i=1}^{n} m_i \cdot \Delta x_i = \lim_{n\to\infty} \sum_{i=1}^{n} M_i \cdot \Delta x_i = \int_a^b f(x) \cdot dx \tag{6.20}$$

Das bestimmte Integral einer Funktion $f(x)$ ist also gleich dem Grenzwert der Obersummen- und Untersummenfolgen.

Allgemeine Beschreibung des *bestimmten Integrals als Grenzwert einer Summenfolge*

Das bestimmte Integral kann auch durch den Grenzwert einer Teilsummenfolge beschrieben werden, wenn anstelle der Maximal- bzw. Minimalwerte beliebige Funktionswerte $f(\varsigma_i)$ im jeweiligen Teilintervall für die Rechteckbildung berücksichtigt werden:

$$m_i \le f(\varsigma_i) \le M_i$$

Die Aufteilung des Intervalls $[a;b]$ in n Teilintervalle hat dann folgendes Aussehen:

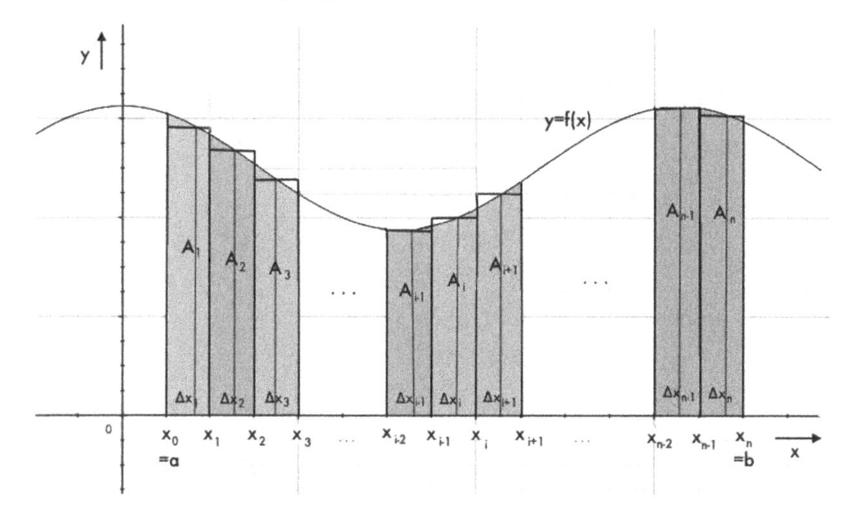

Für jedes n ergibt sich dann eine Fläche, die gleich der Summe der Rechtecke ist. Es entsteht in Abhängigkeit von n eine Teilsummenfolge, die beim Grenzübergang $n \to \infty$ und $\Delta x_i \to 0$ gegen die Fläche A strebt, die von der Funktion $y = f(x)$ und der x-Achse eingeschlossen ist. Das bestimmte Integral kann also auch als Grenzwert der Teilsummenfolge mit Funktionswerten $f(\varsigma_i)$ aufgefasst werden:

$$A = \lim_{n\to\infty} \sum_{i-1}^{n} f(\varsigma_i) \cdot \Delta x_i = \int_a^b f(x) \cdot dx \qquad (6.20)$$

Beispiel:
Bestimmtes Integral der Funktion $y = f(x) = x^2$ im Intervall $[0;1]$ als Grenzwert der Summenfolge mit den Funktionswerten $f(\varsigma_i) = M_i$ (Obersummenfolge):

$$A = \lim_{n\to\infty} \sum_{i=1}^{n} f(\varsigma_i) \cdot \Delta x_i = \lim_{n\to\infty} \sum_{i=1}^{n} M_i \cdot \Delta x_i = \lim_{n\to\infty} \sum_{i=1}^{n} \varsigma_i^{\,2} \cdot \Delta x_i$$

Bei der Normalparabel liegt der Maximalwert jeweils rechts in den Teilintervallen bei $\varsigma_i = x_i$:

$$A = \lim_{n\to\infty} \sum_{i=1}^{n} x_i^{\,2} \cdot \Delta x_i \quad \text{mit} \quad \Delta x_i = x_i - x_{i-1}$$

Die Teilsummenfolge kann nun entwickelt werden:

<u>$n=1$:</u>

$$\sum_{i=1}^{1} x_i^{\,2} \cdot \Delta x_i = x_1^{\,2} \cdot \Delta x_1 = 1 \cdot 1 = 1$$

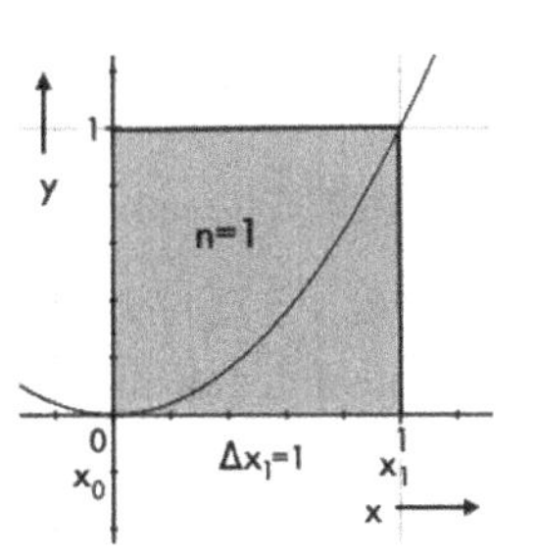

<u>$n=2$:</u>

$$\sum_{i=1}^{2} x_i^{\,2} \cdot \Delta x_i = x_1^{\,2} \cdot \Delta x_1 + x_2^{\,2} \cdot \Delta x_2$$

$$\sum_{i=1}^{2} x_i^{\,2} \cdot \Delta x_i = \left(\frac{1}{2}\right)^2 \cdot \frac{1}{2} + \left(\frac{2}{2}\right)^2 \cdot \frac{1}{2}$$

$$\sum_{i=1}^{2} x_i^{\,2} \cdot \Delta x_i = \frac{1^2 + 2^2}{2^3} = \frac{5}{8}$$

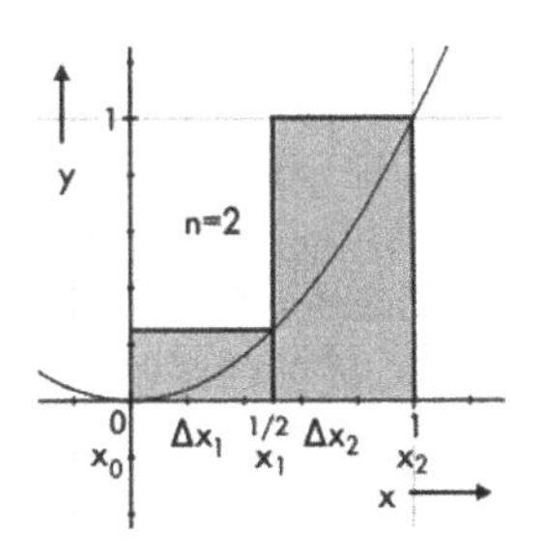

<u>$n=3$:</u>

$$\sum_{i=1}^{3} x_i^{\,2} \cdot \Delta x_i = x_1^{\,2} \cdot \Delta x_1 + x_2^{\,2} \cdot \Delta x_2 + x_3^{\,2} \cdot \Delta x_3$$

$$\sum_{i=1}^{3} x_i^{\,2} \cdot \Delta x_i = \left(\frac{1}{3}\right)^2 \cdot \frac{1}{3} + \left(\frac{2}{3}\right)^2 \cdot \frac{1}{3} + \left(\frac{3}{3}\right)^2 \cdot \frac{1}{3}$$

$$\sum_{i=1}^{3} x_i^{\,2} \cdot \Delta x_i = \frac{1^2 + 2^2 + 3^2}{3^3} = \frac{14}{27}$$

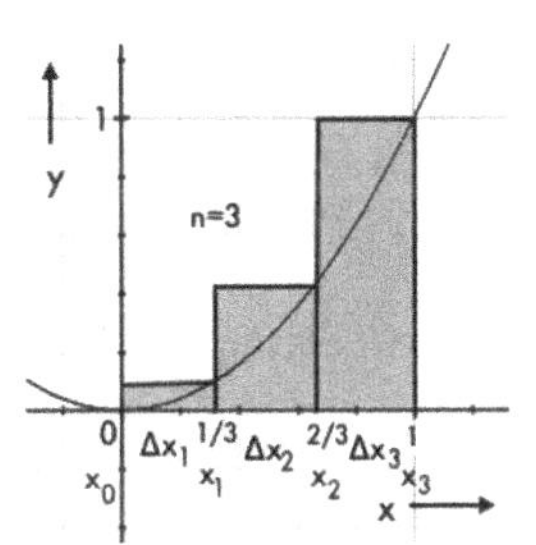

<u>$n=n$:</u>

$$\sum_{i=1}^{n} x_i^2 \cdot \Delta x_i = \frac{1^2 + 2^2 + 3^2 + \ldots + n^2}{n^3}$$

$$\sum_{i=1}^{n} x_i^2 \cdot \Delta x_i = \frac{n(n+1)(2n+1)}{6n^3} \quad \text{mit} \quad \sum_{i=1}^{n} i^2 = 1^2 + 2^2 + 3^2 + \ldots + n^2 = \frac{n(n+1)(2n+1)}{6}$$

$$\sum_{i=1}^{n} x_i^2 \cdot \Delta x_i = \frac{2n^3 + 3n^2 + n}{6n^3} = \frac{1}{3} + \frac{1}{2n} + \frac{1}{6n^2}$$

Das bestimmte Integral ist dann

$$A = \lim_{n \to \infty} \sum_{i=1}^{n} x_i^2 \cdot \Delta x_i = \lim_{n \to \infty} \left(\frac{1}{3} + \frac{1}{2n} + \frac{1}{6n^2} \right) = \frac{1}{3}$$

Kontrolle:

$$\int_0^1 x^2 \cdot dx = \left.\frac{x^3}{3}\right|_0^1 = \frac{1}{3}$$

6.2.6 Integrierbarkeit von Funktionen

Integrierbare Funktionen

Eine Funktion $y = f(x)$ ist in einem Intervall integrierbar, wenn sich in diesem Intervall das bestimmte Integral als Grenzwert einer Summenfolge darstellen lässt, d.h. wenn die Fläche sinnvoll ist.

Beschränkte Funktion

Voraussetzung für die Integrierbarkeit einer Funktion $y = f(x)$ ist, dass sie in diesem Intervall $[a;b]$ beschränkt ist. Besitzt die Funktion in diesem Intervall eine Unendlichkeitsstelle, dann genügt sie nicht der Definition des bestimmten Integrals, weil der Grenzwert der entsprechenden Summenfolge nicht existiert. Eine Fläche lässt sich bei einer Unendlichkeitsstelle nicht angeben.

Stetigkeit einer Funktion

Ist eine Funktion $y = f(x)$ im Intervall $[a;b]$ stetig (siehe Abschnitt 4.3), dann ist die Funktion auch integrierbar.
Zum Beispiel sind Knicke zugelassen wie bei der Doppelweg-Gleichrichtung einer Sinusgröße, weil die Fläche, die die Funktion einschließt, berechenbar ist.

Funktionen mit endlich vielen Sprungstellen

Hat eine beschränkte Funktion $y = f(x)$ im Intervall $[a;b]$ nur endlich viele Sprungstellen (siehe Abschnitt 4.3, Beispiel 2), so ist sie in diesem Intervall integrierbar, denn die Fläche, die diese Funktion mit der x-Achse einschließt, kann berechnet werden. Es wird dann von Sprungstelle zu Sprungstelle integriert.
Beispiel:

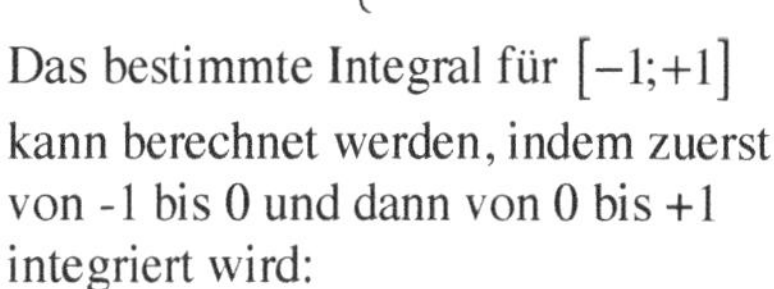

$$f(x) = \begin{cases} -1 & \text{für } x < 0 \\ 0 & \text{für } x = 0 \\ 1 & \text{für } x > 0 \end{cases}$$

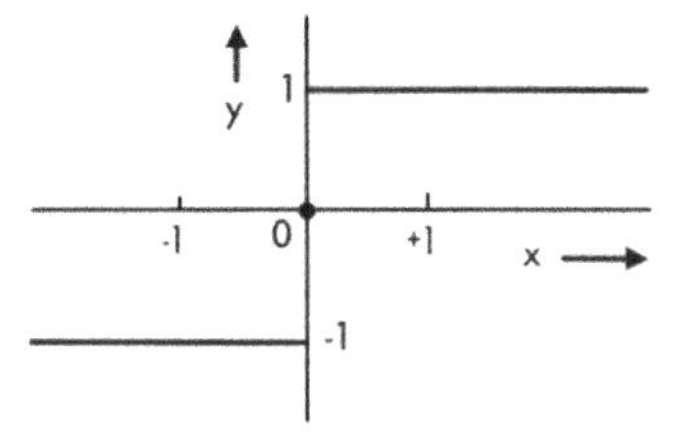

Das bestimmte Integral für $[-1;+1]$ kann berechnet werden, indem zuerst von -1 bis 0 und dann von 0 bis +1 integriert wird:

$$\int_{-1}^{+1} f(x) \cdot dx = \int_{-1}^{0} (-1) \cdot dx + \int_{0}^{+1} (+1) \cdot dx = -x\Big|_{-1}^{0} + x\Big|_{0}^{+1} = -1 + 1 = 0$$

Die Integrierbarkeit einer Funktion $y = f(x)$ kann also möglich sein, obwohl diese nicht stetig ist, also Sprungstellen hat. Diese Feststellung ist besonders wichtig für die Berechnung von Fourierkoeffizienten bei der Ermittlung von Fourierreihen (siehe Weißgerber: Elektrotechnik für Ingenieure 3, Kapitel 9).

6.3 Uneigentliche Integrale

Es gibt zwei Arten von uneigentlichen Integralen:
Die eine Art erkennt man sofort, weil eine oder beide Integrationsgrenzen unendlich sind.
Die zweite Art ist ein Integral, das innerhalb des Intervalls eine oder mehrere Unendlichkeitsstellen hat. Wenn diese nicht erkannt werden und einfach von a bis b integriert wird, kann ein falscher Wert errechnet werden.

Bestimmtes Integral mit unendlichem Integrationsintervall

Ist das Integrationsintervall mit $[a;\infty]$ unbeschränkt, dann wird zunächst das bestimmte Integral für das Intervall $[a;b]$ berechnet und dann der Grenzübergang $b \to \infty$ durchgeführt:

$$\int_a^\infty f(x)\cdot dx = \lim_{b\to\infty}\int_a^b f(x)\cdot dx \tag{6.21}$$

Das Integral kann auch linksseitig unbegrenzt sein, dann muss der Grenzübergang $a \to -\infty$ vorgenommen werden:

$$\int_{-\infty}^b f(x)\cdot dx = \lim_{a\to-\infty}\int_a^b f(x)\cdot dx \tag{6.22}$$

Wenn das Integrationsintervall linksseitig und rechtsseitig unbegrenzt ist, muss entsprechend zweimal der Grenzübergang erfolgen:

$$\int_{-\infty}^\infty f(x)\cdot dx = \lim_{\substack{a\to-\infty \\ b\to\infty}}\int_a^b f(x)\cdot dx \tag{6.23}$$

Existiert der jeweilige Grenzwert, dann ist die Funktion im unbegrenzten Intervall integrierbar. Das Integral wird konvergentes uneigentliches Integral genannt. Ist der Grenzwert unbegrenzt, heißt das uneigentliche Integral divergent.

Beispiele:

1. $$\int_1^\infty \frac{dx}{x^2} = \lim_{b\to\infty}\int_1^b \frac{dx}{x^2} = \lim_{b\to\infty}\left[-\frac{1}{x}\right]_1^b = \lim_{b\to\infty}\left(-\frac{1}{b}+1\right) = 1$$

   (konvergentes uneigentliches Integral)

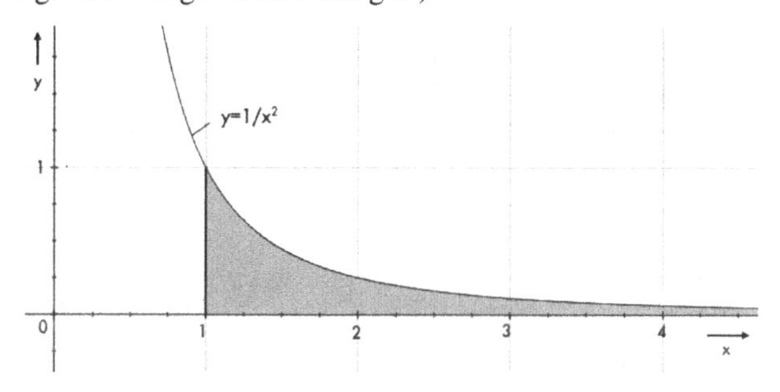

2. $$\int_1^\infty \frac{dx}{x} = \lim_{b\to\infty} \int_1^b \frac{dx}{x} = \lim_{b\to\infty} \left[\ln|x| \right]_1^b = \lim_{b\to\infty} (\ln b - \ln 1) = \lim_{b\to\infty} \ln b = \infty$$

(divergentes uneigentliches Integral)

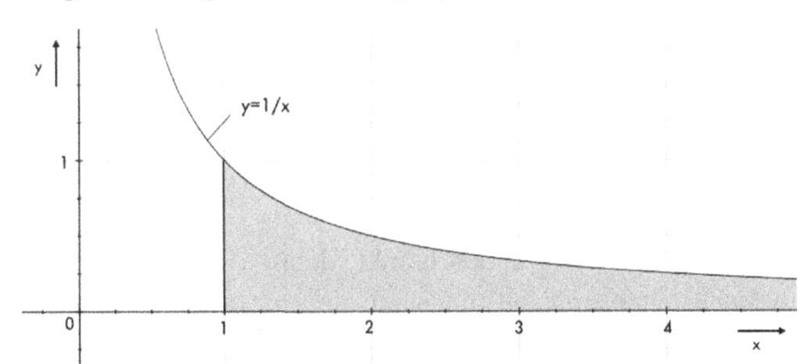

3. $$\int_{-\infty}^0 e^x \cdot dx = \lim_{a\to-\infty} \int_a^0 e^x \cdot dx = \lim_{a\to-\infty} \left[e^x \right]_a^0 = \lim_{a\to-\infty} \left(e^0 - e^a \right) = 1$$

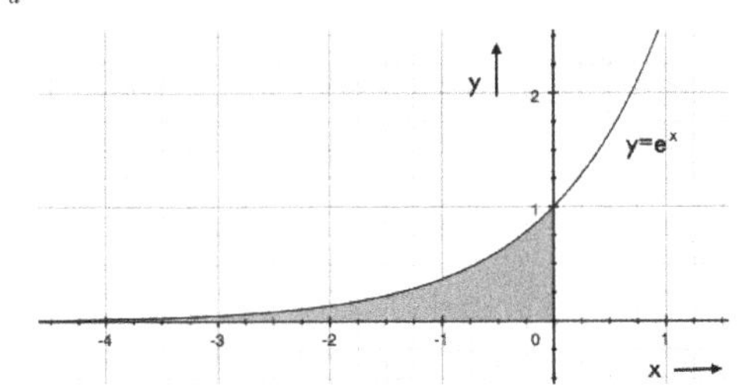

4. $$\int_{-\infty}^\infty \frac{dx}{1+x^2} = \lim_{\substack{a\to-\infty \\ b\to\infty}} \int_a^b \frac{dx}{1+x^2} = \lim_{\substack{a\to-\infty \\ b\to\infty}} \left[\arctan x \right]_a^b = \lim_{\substack{a\to-\infty \\ b\to\infty}} (\arctan b - \arctan a) = \frac{\pi}{2} - \left(-\frac{\pi}{2} \right) = \pi$$

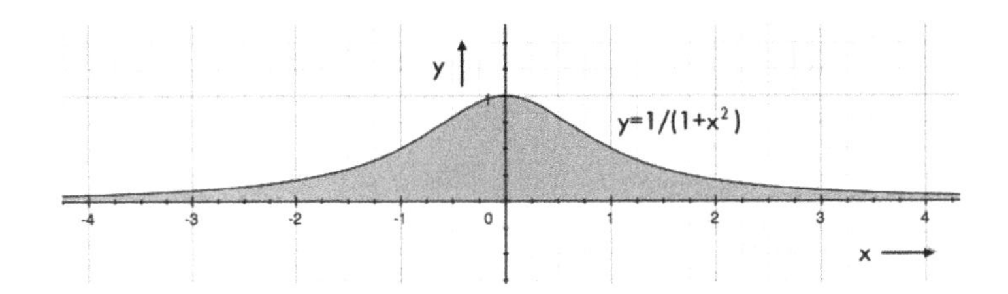

5. $$\int_{-\infty}^\infty \frac{dx}{\cosh^2 x} = \lim_{\substack{a\to-\infty \\ b\to\infty}} \int_a^b \frac{dx}{\cosh^2 x} = \lim_{\substack{a\to-\infty \\ b\to\infty}} \left[\tanh x \right]_a^b = \lim_{\substack{a\to-\infty \\ b\to\infty}} (\tanh b - \tanh a) = 1 - (-1) = 2$$

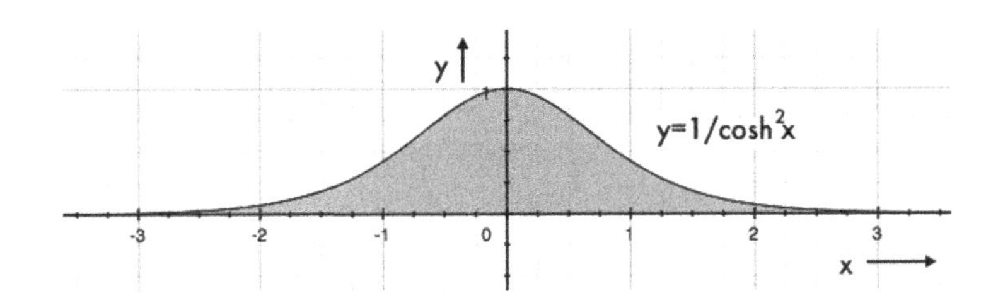

Bestimmtes Integral von unbeschränkten Funktionen

Enthält die zu integrierende Funktion im Intervall $[a;b]$ mindestens eine Unendlichkeitsstelle, dann wird zunächst ein Teilintervall bis nahe an die Unendlichkeitsstelle mit dem Abstand ε festgelegt, dann das Integral errechnet und schließlich der Grenzübergang mit $\varepsilon \to 0$ vorgenommen.

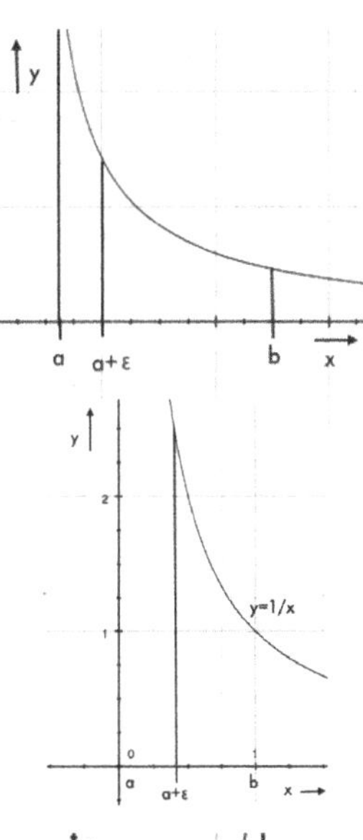

Unendlichkeitsstelle an der unteren Intervallgrenze:

Mit $\lim\limits_{x \to a} f(x) = \pm\infty$

ergibt sich

$$\int_a^b f(x) \cdot dx = \lim_{\varepsilon \to 0} \int_{a+\varepsilon}^b f(x) \cdot dx \qquad (6.24)$$

Beispiel:

$$\lim_{x \to 0} \frac{1}{x} = +\infty$$

$$\int_0^1 \frac{dx}{x} = \lim_{\varepsilon \to 0} \int_{0+\varepsilon}^1 \frac{dx}{x} = \lim_{\varepsilon \to 0} \left[\ln|x| \right]_\varepsilon^1$$

$$\int_0^1 \frac{dx}{x} = \lim_{\varepsilon \to 0} (\ln 1 - \ln \varepsilon) = -\ln 0 = +\infty$$

Unendlichkeitsstelle an der oberen Intervallgrenze:

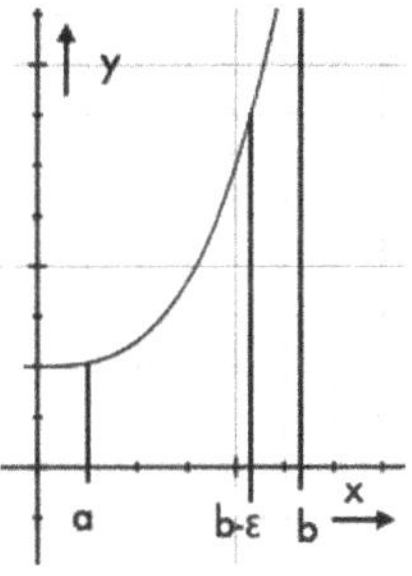

Mit $\lim\limits_{x \to b} f(x) = \pm\infty$

ergibt sich

$$\int_a^b f(x) \cdot dx = \lim_{\varepsilon \to 0} \int_a^{b-\varepsilon} f(x) \cdot dx \qquad (6.25)$$

Beispiel:

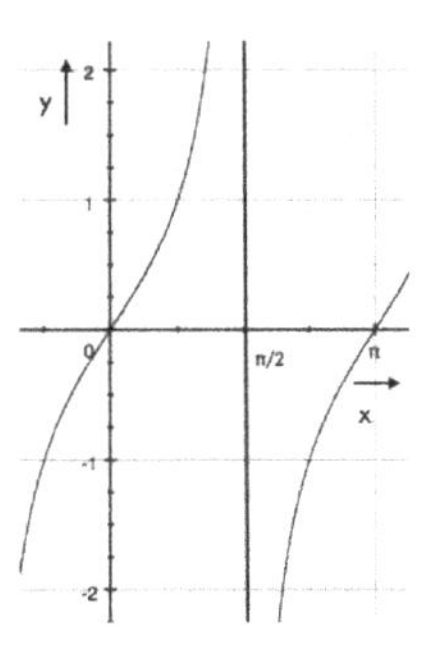

$$\lim_{x \to \pi/2} \tan x = \pm\infty$$

$$\int_0^{\frac{\pi}{2}} \tan x \cdot dx = \lim_{\varepsilon \to 0} \int_0^{\frac{\pi}{2}-\varepsilon} \tan x \cdot dx = \lim_{\varepsilon \to 0} \left[-\ln|\cos x| \right]_0^{\frac{\pi}{2}-\varepsilon}$$

mit $\quad \dfrac{d(-\ln\ \cos x)}{dx} = \dfrac{-\sin x}{-\cos x} = \tan x$

$$\int_0^{\frac{\pi}{2}} \tan x \cdot dx = \lim_{\varepsilon \to 0} \left[-\ln\left|\cos\left(\frac{\pi}{2} - \varepsilon\right)\right| + \ln|\cos 0| \right]$$

$$\int_0^{\frac{\pi}{2}} \tan x \cdot dx = -\ln\cos\frac{\pi}{2} = -\ln 0 = +\infty$$

Unendlichkeitsstelle an der unteren und oberen Intervallgrenze:

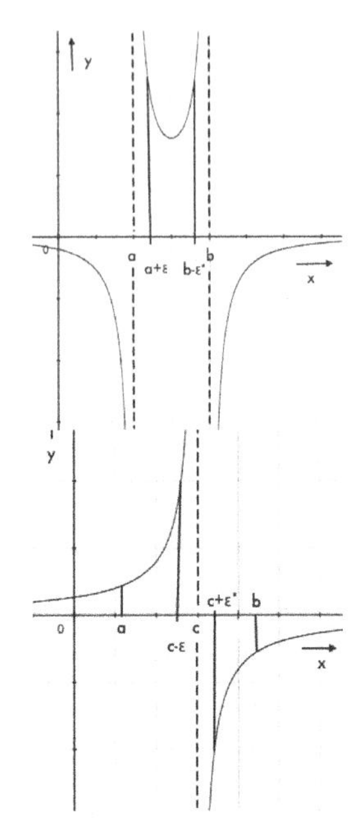

Mit $\lim\limits_{x\to a} f(x) = \pm\infty \quad \lim\limits_{x\to b} f(x) = \pm\infty$
ergibt sich

$$\int_a^b f(x)\cdot dx = \lim_{\substack{\varepsilon\to 0\\ \varepsilon^*\to 0}} \int_{a+\varepsilon}^{b-\varepsilon^*} f(x)\cdot dx \qquad (6.26)$$

Unendlichkeitsstelle innerhalb des Intervalls:

Mit $\lim\limits_{x\to c} f(x) = \pm\lim\limits_{x\to c} f(x) = \pm\infty$

ergibt sich

$$\int_a^b f(x)\cdot dx = \lim_{\varepsilon\to 0} \int_a^{c-\varepsilon} f(x)\cdot dx + \lim_{\varepsilon^*\to 0} \int_{c+\varepsilon^*}^{b} f(x)\cdot dx \qquad (6.27)$$

Beispiel:

$$\int_{0,5}^{2} \frac{dx}{1-x^2} = \lim_{\varepsilon\to 0} \int_{0,5}^{1-\varepsilon} \frac{dx}{1-x^2} + \lim_{\varepsilon^*\to 0} \int_{1+\varepsilon^*}^{2} \frac{dx}{1-x^2}$$

$$= \lim_{\varepsilon\to 0}\left[\frac{1}{2}\cdot\ln\left|\frac{1+x}{1-x}\right|\right]_{0,5}^{1-\varepsilon} + \lim_{\varepsilon^*\to 0}\left[\frac{1}{2}\cdot\ln\left|\frac{1+x}{1-x}\right|\right]_{1+\varepsilon^*}^{2}$$

$$= \lim_{\varepsilon\to 0}\left[\frac{1}{2}\cdot\ln\left|\frac{2-\varepsilon}{\varepsilon}\right| - \frac{1}{2}\cdot\ln\frac{1,5}{0,5}\right] + \lim_{\varepsilon^*\to 0}\left[\frac{1}{2}\cdot\ln\left|\frac{3}{-1}\right| - \frac{1}{2}\cdot\ln\left|\frac{2+\varepsilon^*}{-\varepsilon^*}\right|\right]$$

$$= \frac{1}{2}\cdot\ln\frac{2}{0} - \frac{1}{2}\cdot\ln 3 + \frac{1}{2}\cdot\ln 3 - \frac{1}{2}\cdot\ln\frac{2}{0} = \frac{1}{2}\cdot\left(\ln\frac{2}{0} - \ln\frac{2}{0}\right)$$

$$= \frac{1}{2}(\ln\infty - \ln\infty) = \infty - \infty$$

Bei Beachtung der Unendlichkeitsstelle bei $x = 1$ ergibt sich keine eindeutige Lösung, d.h. keine eindeutige Fläche, die die Kurve mit der x-Achse einschließt. Wird die Unendlichkeitsstelle übersehen und das Integral wie ein bestimmtes Integral berechnet, dann ergibt sich die falsche Aussage, dass sich die positive und negative Fläche aufheben:

$$\int_{0,5}^{2} \frac{dx}{1-x^2} = \left[\frac{1}{2}\cdot\ln\left|\frac{1+x}{1-x}\right|\right]_{0,5}^{2}$$

$$\int_{0,5}^{2} \frac{dx}{1-x^2} = \frac{1}{2}\cdot\ln\left|\frac{3}{-1}\right| - \frac{1}{2}\cdot\ln\frac{1,5}{0,5} = \frac{1}{2}\cdot\ln 3 - \frac{1}{2}\cdot\ln 3$$

6.4 Formale Integration – Integrationsverfahren

Grundintegral – Integrationsverfahren – Angenäherte Integration

Durch die Umkehrung der Differentialrechnung ergeben sich die Grundintegrale, mit denen relativ einfache elementare Funktionen integriert werden können.

Kompliziertere Integrale lassen sich in vielen Fällen durch Umformungen auf Grundintegrale oder bereits gelöste Integrale überführen. Die wichtigsten Integrationsverfahren sind:

1. Integration durch Substitution
2. Partielle Integration
3. Integration nach Partialbruchzerlegung

Oft führen diese Integrationsverfahren nicht zu Lösungen oder die Berechnung der Integrale ist sehr schwierig. In diesen Fällen ist eine angenäherte Integration die einzige Möglichkeit, Lösungen zu finden, deren Ergebnisse für die meisten Anwendungen genau genug sind.

6.4.1 Integration durch Substitution

Prinzip des Substitutionsverfahrens

Durch das Substitutionsverfahren kann ein zu lösendes Integral mit der unabhängigen Variablen x durch die Substitution $z = \varphi(x)$ in ein einfaches Integral oder ein Grundintegral in Abhängigkeit von z umgewandelt werden:

$$\int f[\varphi(x)] \cdot \varphi'(x) \cdot dx = \int f(z) \cdot dz$$

Substitutionsgleichung: $z = \varphi(x)$ (6.28)

$$\frac{dz}{dx} = \varphi'(x)$$

$$dz = \varphi'(x) \cdot dx$$

Weil das Integral für die Variable x zu lösen ist, muss die Substitution anschließend rückgängig gemacht werden.

Beispiel:

$$\int \sin^2 x \cdot \cos x \cdot dx = \int z^2 \cdot dz = \frac{1}{3} \cdot z^3 + C$$

Substitutionsgleichung: $z = \varphi(x) = \sin x$

$$\frac{dz}{dx} = \varphi'(x) = \cos x \qquad dz = \varphi'(x) \cdot dx = \cos x \cdot dx$$

Resubstitution:

$$\int \sin^2 x \cdot \cos x \cdot dx = \frac{1}{3} \cdot \sin^3 x + C$$

Das zu lösende Integral enthält also im Integranden eine Funktion $\varphi(x)$, die noch einmal abgebildet werden darf, und die Ableitung dieser Funktion $\varphi'(x)$ als Faktor. $f[\varphi(x)]$ ist eine mittelbare Funktion. Bei unbestimmten und partikulären Integralen ist die Substitution mit z nach der Lösung des Integrals rückgängig zu machen, weil im zu lösenden Integral die Variable x ist und nicht z (Resubstitution).
Soll ein bestimmtes Integral gelöst werden, dann können entweder die Grenzen für x nach der Resubstitution eingesetzt werden oder es wird auf die Resubstitution verzichtet, indem die Grenzen in z mit der Substitutionsgleichung errechnet und eingesetzt werden. Ein bestimmtes Integral ist von den Integrationsvariablen unabhängig:

$$\int_{\alpha}^{\beta} f[\varphi(x)] \cdot \varphi'(x) \cdot dx = \int_{a}^{b} f(z) \cdot dz$$

$$\text{Substitutionsgleichung:} \quad z = \varphi(x) \qquad (6.29)$$

$$\text{Grenzen in } z\text{:} \quad a = \varphi(\alpha) \qquad b = \varphi(\beta)$$

Zum Beispiel:
Berechnung des bestimmten Integrals nach unbestimmter Integration und Resubstitution:

$$\int \sin^2 x \cdot \cos x \cdot dx = \frac{1}{3} \cdot \sin^3 x + C$$

$$\int_{\pi/2}^{\pi} \sin^2 x \cdot \cos x \cdot dx = \frac{1}{3} \cdot \sin^3 x \Big|_{\pi/2}^{\pi} = \frac{1}{3} \cdot \left(\sin^3 \pi - \sin^3 \frac{\pi}{2} \right) = -\frac{1}{3}$$

Berechnung des bestimmten Integrals mit geänderten Integrationsgrenzen:

$$\int_{\pi/2}^{\pi} \sin^2 x \cdot \cos x \cdot dx = \int_{1}^{0} z^2 \cdot dz = \frac{z^3}{3} \Big|_{1}^{0} = \frac{1}{3} \cdot (0-1) = -\frac{1}{3}$$

$$z = \varphi(x) = \sin x$$

$$a = \varphi(\alpha) = \varphi\left(\frac{\pi}{2}\right) = \sin \frac{\pi}{2} = 1$$

$$b = \varphi(\beta) = \varphi(\pi) = \sin \pi = 0$$

Weil das Integrieren einer zusammengesetzten Funktion in x nicht direkt möglich ist, geht man also bei der Lösung einen Umweg über eine neue Variable z:

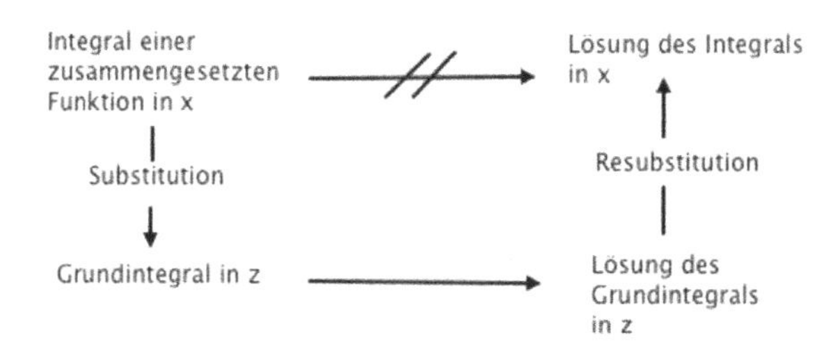

Das Substitutionsverfahren lässt sich auch bei Integralen anwenden, die nicht in der Form in Gleichung 6.28 bzw. 6.29 vorliegen und zu lösen sind.

Beispiel-Berechnungen für die Integration mittels Substitution

$$\int f[\varphi(x)]\cdot\varphi'(x)\cdot dx=\int f(z)\cdot dz$$

$$z=\varphi(z)\qquad \frac{dz}{dx}=\varphi'(x)\qquad dz=\varphi'(x)\cdot dx$$

1. $\int \sin x\cdot\cos x\cdot dx=\int z\cdot dz=\frac{z^2}{2}+C=\frac{1}{2}\cdot\sin^2 x+C$

$$z=\sin x\qquad \frac{dz}{dx}=\cos x\qquad dz=\cos x\cdot dx$$

2. $\int \frac{\ln x}{x}\cdot dx=\int z\cdot dz=\frac{z^2}{2}+C=\frac{1}{2}\cdot(\ln x)^2+C$

$$z=\ln x\qquad \frac{dz}{dx}=\frac{1}{x}\qquad dz=\frac{1}{x}\cdot dx$$

3. $\int \frac{\sqrt{\ln x}}{x}\cdot dx=\int z^{\frac{1}{2}}\cdot dz=\frac{2z^{\frac{3}{2}}}{3}+C=\frac{2}{3}\cdot(\ln x)^{\frac{3}{2}}+C=\frac{2}{3}\cdot\ln x\cdot\sqrt{\ln x}+C$

$$z=\ln x\qquad \frac{dz}{dx}=\frac{1}{x}\qquad dz=\frac{1}{x}\cdot dx$$

4. $\int \frac{\sin(\ln x)}{x}\cdot dx=\int \sin z\cdot dz=-\cos z+C=-\cos\cdot(\ln x)+C$

$$z=\ln x\qquad \frac{dz}{dx}=\frac{1}{x}\qquad dz=\frac{1}{x}\cdot dx$$

5. $\int \frac{(\arctan x)^2}{1+x^2}\cdot dx=\int z^2\cdot dz=\frac{z^3}{3}+C=\frac{1}{3}\cdot(\arctan x)^3+C$

$$z=\arctan x\qquad \frac{dz}{dx}=\frac{1}{1+x^2}\qquad dz=\frac{1}{1+x^2}\cdot dx$$

6. $\int \frac{1}{\cos^4 x}\cdot dx=\int \frac{\cos^2 x+\sin^2 x}{\cos^4 x}\cdot dx=\int\left(\frac{1}{\cos^2 x}+\frac{\frac{\sin^2 x}{\cos^2 x}}{\cos^2 x}\right)\cdot dx$

$$=\int \frac{1}{\cos^2 x}\cdot\left(1+\tan^2 x\right)\cdot dx=\int\left(1+z^2\right)\cdot dz=z+\frac{z^3}{3}+C=\tan x+\frac{1}{3}\cdot\tan^3 x+C$$

$$z=\tan x\qquad \frac{dz}{dx}=\frac{1}{\cos^2 x}\qquad dz=\frac{1}{\cos^2 x}\cdot dx$$

speziell:

$$\int [\varphi(x)]^n \cdot \varphi'(x) \cdot dx = \int z^n \cdot dz = \frac{z^{n+1}}{n+1} + C = \frac{[\varphi(x)]^{n+1}}{n+1} + C$$

$$z = \varphi(x) \qquad \frac{dz}{dx} = \varphi'(x) \qquad dz = \varphi'(x) \cdot dx$$

7. $$\int \cos^5 x \cdot \sin x \cdot dx = -\int z^5 \cdot dz = -\frac{z^6}{6} + C = -\frac{\cos^6 x}{6} + C$$

$$z = \cos x \qquad \frac{dz}{dx} = -\sin x \qquad dz = -\sin x \cdot dx$$

8. $$\int \frac{x^2}{\sqrt{a^2 + x^3}} \cdot dx = \int \frac{1}{\sqrt{z}} \cdot \frac{1}{3} \cdot dz = \frac{1}{3} \int z^{-\frac{1}{2}} \cdot dz = \frac{2}{3} \cdot z^{\frac{1}{2}} + C = \frac{2}{3} \cdot \sqrt{a^2 + x^3} + C$$

$$z = a^2 + x^3 \qquad \frac{dz}{dx} = 3x^2 \qquad dz = 3x^2 \cdot dx \qquad x^2 \cdot dx = \frac{dz}{3}$$

speziell:

$$\int \frac{\varphi'(x)}{\varphi(x)} \cdot dx = \int \frac{dz}{z} = \ln|z| + C = \ln|\varphi(x)| + C$$

$$z = \varphi(x) \qquad \frac{dz}{dx} = \varphi'(x) \qquad dz = \varphi'(x) \cdot dx$$

9. $$\int \cot x \cdot dx = \int \frac{\cos x}{\sin x} \cdot dx = \int \frac{dz}{z} = \ln|z| + C = \ln|\sin x| + C$$

$$z = \sin x \qquad \frac{dz}{dx} = \cos x \qquad dz = \cos x \cdot dx$$

10. $$\int \frac{2x}{x^2 + 1} \cdot dx = \int \frac{dz}{z} = \ln|z| + C = \ln\left(x^2 + 1\right) + C$$

$$z = x^2 + 1 \qquad \frac{dz}{dx} = 2x \qquad dz = 2x \cdot dx$$

11. $$\int \frac{dx}{x \cdot \ln x} = \int \frac{\frac{1}{x}}{\ln x} \cdot dx = \int \frac{dz}{z} = \ln|z| + C = \ln|\ln x| + C$$

$$z = \ln x \qquad \frac{dz}{dx} = \frac{1}{x} \qquad dz = \frac{1}{x} \cdot dx$$

speziell:

$$\int f(a\cdot x+b)\cdot dx=\frac{1}{a}\cdot\int f(z)\cdot dz$$

$$z=a\cdot x+b \qquad \frac{dz}{dx}=a \qquad dx=\frac{dz}{a}$$

12. $$\int\frac{dx}{\sqrt[3]{1-2x}}=\int(1-2x)^{-\frac{1}{3}}\cdot dx=-\frac{1}{2}\cdot\int z^{-\frac{1}{3}}\cdot dz=-\frac{1}{2}\cdot\frac{3\cdot z^{\frac{2}{3}}}{2}+C=-\frac{3}{4}\cdot\sqrt[3]{(1-2x)^2}+C$$

$$z=1-2x \qquad \frac{dz}{dx}=-2 \qquad dx=-\frac{dz}{2}$$

13. $$\int e^{2x+5}\cdot dx=\frac{1}{2}\int e^z\cdot dz=\frac{1}{2}\cdot e^z+C=\frac{1}{2}\cdot e^{2x+5}+C$$

$$z=2x+5 \qquad \frac{dz}{dx}=2 \qquad dx=\frac{dz}{2}$$

14. $$\int\cos(a\varphi-\varphi_0)\cdot d\varphi=\frac{1}{a}\int\cos z\cdot dz=\frac{1}{a}\cdot\sin z+C=\frac{1}{a}\cdot\sin(a\varphi-\varphi_0)+C$$

$$z=a\varphi-\varphi_0 \qquad \frac{dz}{d\varphi}=a \qquad d\varphi=\frac{dz}{a}$$

$$\int\sin^2x\cdot dx=\frac{1}{2}\cdot(x-\sin x\cdot\cos x)+C \qquad \int\cos^2x\cdot dx=\frac{1}{2}\cdot(x+\sin x\cdot\cos x)+C$$

Beweis:

Mit $\sin^2x=\frac{1}{2}\cdot(1-\cos 2x)$

ist $$\int\sin^2x\cdot dx=\frac{1}{2}\int(1-\cos 2x)\cdot dx=\frac{1}{2}\int dx-\frac{1}{2}\int\cos 2x\cdot dx$$

Mit $$\int\cos 2x\cdot dx=\frac{1}{2}\int\cos z\cdot dz=\frac{1}{2}\cdot\sin z+C=\frac{1}{2}\cdot\sin 2x+C$$

$$z=2x \qquad \frac{dz}{dx}=2 \qquad dx=\frac{dz}{2}$$

ergibt sich $$\int\sin^2x\cdot dx=\frac{1}{2}\cdot x-\frac{1}{4}\cdot\sin 2x+C=\frac{1}{2}\cdot(x-\sin x\cdot\cos x)+C$$

weil $\sin 2x=2\cdot\sin x\cdot\cos x$

Mit $\cos^2x=1-\sin^2x$

ist $$\int\cos^2x\cdot dx=\int(1-\sin^2x)\cdot dx=x-\frac{1}{2}\cdot(x-\sin x\cdot\cos x)+C$$

$$\int\cos^2x\cdot dx=\frac{1}{2}\cdot(x+\sin x\cdot\cos x)+C$$

$$\int \sinh^2 x \cdot dx = \frac{1}{2} \cdot (\sinh x \cdot \cosh x - x) + C \qquad \int \cosh^2 x \cdot dx = \frac{1}{2} \cdot (\sinh x \cdot \cosh x + x) + C$$

Beweis:

Die Differenz $\cosh^2 x + \sinh^2 x = \cosh 2x$

$$-\left(\cosh^2 x + \sinh^2 x = 1\right)$$

ergibt $\sinh^2 x = \frac{1}{2} \cdot (\cosh 2x - 1)$

und damit $\int \sinh^2 x \cdot dx = \frac{1}{2} \int (\cosh 2x - 1) \cdot dx = \frac{1}{2} \int \cosh 2x \cdot dx - \frac{1}{2} \int dx$

Mit $\int \cosh 2x \cdot dx = \frac{1}{2} \int \cosh z \cdot dz = \frac{1}{2} \cdot \sinh z + C = \frac{1}{2} \cdot \sinh 2x + C$

$$z = 2x \qquad \frac{dz}{dx} = 2 \qquad dx = \frac{1}{2} \cdot dz$$

ergibt sich $\int \sinh^2 x \cdot dx = \frac{1}{4} \cdot \sinh 2x - \frac{1}{2} \cdot x + C$

$$\int \sinh^2 x \cdot dx = \frac{1}{2} \cdot (\sinh x \cdot \cosh x - x) + C$$

weil $\sinh 2x = 2 \cdot \sinh x \cdot \cosh x$

Mit $\cosh^2 x = 1 + \sinh^2 x$

ist $\int \cosh^2 x \cdot dx = \int \left(1 + \sinh^2 x\right) \cdot dx = x + \frac{1}{2} \cdot (\sinh x \cdot \cosh x - x) + C$

$$\int \cos^2 x \cdot dx = \frac{1}{2} \cdot (\sinh x \cdot \cosh x + x) + C$$

$$\int f\left(x; \sqrt{a^2 - x^2}\right) \cdot dx$$

Substitution: $x = a \cdot \sin z$

$$\frac{dx}{dz} = a \cdot \cos z \qquad dx = a \cdot \cos z \cdot dz$$

$$\sqrt{a^2 - x^2} = \sqrt{a^2 - a^2 \cdot \sin^2 z} = \sqrt{a^2 \cdot \left(1 - \sin^2 z\right)} = a \cdot \cos z$$

$$\sin^2 z + \cos^2 z = 1 \quad \text{bzw.} \quad 1 - \sin^2 z = \cos^2 z$$

Resubstitution: $z = arc \sin \frac{x}{a}$

$$\sin z = \frac{x}{a} \qquad \cos z = \frac{1}{a} \cdot \sqrt{a^2 - x^2}$$

$$\tan z = \frac{x}{\sqrt{a^2 - x^2}} \qquad \cot z = \frac{\sqrt{a^2 - x^2}}{x}$$

Beispiele:

1. $\int 3x\cdot\sqrt{5-x^2}\cdot dx=\int 3\cdot\sqrt{5}\cdot\sin z\cdot\sqrt{5}\cdot\cos z\cdot\sqrt{5}\cdot\cos z\cdot dz=15\cdot\sqrt{5}\cdot\int\cos^2 z\cdot\sin z\cdot dz$

1. Substitution: $x=\sqrt{5}\cdot\sin z$

$$\frac{dx}{dz}=\sqrt{5}\cdot\cos z \qquad dx=\sqrt{5}\cdot\cos z\cdot dz$$

$$\sqrt{5-x^2}=\sqrt{5}\cdot\cos z$$

$$\int 3x\cdot\sqrt{5-x^2}\cdot dx=15\cdot\sqrt{5}\cdot\int\cos^2 z\cdot\sin z\cdot dz=-15\cdot\sqrt{5}\cdot\int t^2\cdot dt$$

2. Substitution: $t=\cos z$

$$\frac{dt}{dz}=-\sin z \qquad \sin z\cdot dz=-dt$$

$$\int 3x\cdot\sqrt{5-x^2}\cdot dx=-15\cdot\sqrt{5}\cdot\int t^2\cdot dt=-15\cdot\sqrt{5}\cdot\frac{t^3}{3}+C$$

$$\int 3x\cdot\sqrt{5-x^2}\cdot dx=-5\cdot\sqrt{5}\cdot t^3+C$$

Resubstitutionen:

$$\int 3x\cdot\sqrt{5-x^2}\cdot dx=-5\cdot\sqrt{5}\cdot\cos^3 z+C$$

$$\int 3x\cdot\sqrt{5-x^2}\cdot dx=-5\cdot\sqrt{5}\cdot\frac{\left(\sqrt{5-x^2}\right)^3}{\left(\sqrt{5}\right)^3}+C=-\sqrt{5-x^2}\cdot\left(5-x^2\right)+C$$

2. $\int\frac{dx}{x^2\sqrt{1-3x^2}}=\frac{1}{\sqrt{3}}\cdot\int\frac{dx}{x^2\cdot\sqrt{\frac{1}{3}-x^2}}=\frac{1}{\sqrt{3}}\cdot\int\frac{\cos z\cdot dz\cdot\sqrt{3}}{\sqrt{3}\cdot\frac{1}{3}\cdot\sin^2 z\cdot\cos z}=\sqrt{3}\cdot\int\frac{dz}{\sin^2 z}=-\sqrt{3}\cdot\cot z+C$

Substitution: $x=\frac{1}{\sqrt{3}}\cdot\sin z$

$$dx=\frac{1}{\sqrt{3}}\cdot\cos z\cdot dz$$

$$\sqrt{\frac{1}{3}-x^2}=\frac{1}{\sqrt{3}}\cdot\cos z$$

Resubstitution:

$$\int\frac{dx}{x^2\sqrt{1-3x^2}}=-\sqrt{3}\cdot\frac{\sqrt{\frac{1}{3}-x^2}}{x}+C=-\frac{1}{x}\cdot\sqrt{1-3x^2}+C$$

$$\int f\left(x;\sqrt{x^2+a^2}\right)\cdot dx$$

Substitution: $x = a \cdot \sinh z$

$dx = a \cdot \cosh z \cdot dz$

$\sqrt{x^2+a^2} = \sqrt{a^2 \cdot \sinh^2 z + a^2} = \sqrt{a^2 \cdot \left(\sinh^2 z + 1\right)} = a \cdot \cosh z$

$\cosh^2 z - \sinh^2 z = 1 \quad \text{bzw.} \quad \sinh^2 z + 1 = \cosh^2 z$

Resubstitution: $z = ar\sinh\frac{x}{a} = \ln\left(x + \sqrt{x^2+a^2}\right) - \ln a$

$\sinh z = \frac{x}{a} \qquad \cosh z = \frac{1}{a} \cdot \sqrt{x^2+a^2}$

$\tanh z = \frac{x}{\sqrt{x^2+a^2}} \qquad \coth z = \frac{\sqrt{x^2+a^2}}{x}$

Beispiel:

$$\int \frac{dx}{x^2 \cdot \sqrt{x^2+2}} = \int \frac{\sqrt{2} \cdot \cosh z \cdot dz}{2 \cdot \sinh^2 z \cdot \sqrt{2} \cdot \cosh z} = \frac{1}{2} \cdot \int \frac{dz}{\sinh^2 z} = -\frac{1}{2} \cdot \coth z + C$$

Substitution: $x = \sqrt{2} \cdot \sinh z$

$dx = \sqrt{2} \cdot \cosh z \cdot dz$

$\sqrt{x^2+2} = \sqrt{2} \cdot \cosh z$

Resubstitution:

$$\int \frac{dx}{x^2 \cdot \sqrt{x^2+2}} = -\frac{1}{2} \cdot \frac{\sqrt{x^2+2}}{x} + C$$

$$\int f\left(x;\sqrt{x^2-a^2}\right)\cdot dx$$

Substitution: $x = a \cdot \cosh z$

$dx = a \cdot \sinh z \cdot dz$

$\sqrt{x^2-a^2} = \sqrt{a^2 \cdot \cosh^2 z - a^2} = \sqrt{a^2 \cdot \left(\cosh^2 z - 1\right)} = a \cdot \sinh z$

$\cosh^2 z - \sinh^2 z = 1 \quad \text{bzw.} \quad \cosh^2 z - 1 = \sinh^2 z$

Resubstitution: $z = ar\cosh\frac{x}{a} = \ln\left(x + \sqrt{x^2-a^2}\right) - \ln a$

$\sinh z = \frac{1}{a} \cdot \sqrt{x^2-a^2} \qquad \cosh z = \frac{x}{a}$

$\tanh z = \frac{\sqrt{x^2-a^2}}{x} \qquad \coth z = \frac{x}{\sqrt{x^2-a^2}}$

Beispiel:

$$\int \sqrt{x^2-6x+4}\cdot dx = \int \sqrt{(x-3)^2-5}\cdot dx = \int \sqrt{z^2-5}\cdot dz$$

1. Substitution: $z = x-3$

$$\frac{dz}{dx} = 1 \qquad dx = dz$$

$$\int \sqrt{x^2-6x+4}\cdot dx = \int \sqrt{5}\cdot \sinh t \cdot \sqrt{5}\cdot \sinh t \cdot dt = 5\cdot \int \sinh^2 t \cdot dt$$

2. Substitution: $z = \sqrt{5}\cdot \cosh t$

$$dz = \sqrt{5}\cdot \sinh t \cdot dt$$

$$\sqrt{z^2-5} = \sqrt{5}\cdot \sinh t$$

$$\int \sqrt{x^2-6x+4}\cdot dx = 5\cdot \int \sinh^2 t\cdot dt = \frac{5}{2}\cdot(\sinh t\cdot \cosh t - t) + C$$

1. Resubstitution:

$$\int \sqrt{x^2-6x+4}\cdot dx = \frac{5}{2}\cdot\left[\frac{1}{\sqrt{5}}\cdot\sqrt{z^2-5}\cdot\frac{z}{\sqrt{5}} - \ln\left(z+\sqrt{z^2-5}\right) + \ln\sqrt{5}\right] + C$$

$$\int \sqrt{x^2-6x+4}\cdot dx = \frac{z}{2}\cdot\sqrt{z^2-5} - \frac{5}{2}\cdot\ln\left(z+\sqrt{z^2-5}\right) + C_1$$

mit $C_1 = C + \frac{5}{2}\cdot \ln\sqrt{5}$

2. Resubstitution:

$$\int \sqrt{x^2-6x+4}\cdot dx = \frac{x-3}{2}\cdot\sqrt{x^2-6x+4} - \frac{5}{2}\cdot\ln\left(x-3+\sqrt{x^2-6x+4}\right) + C_1$$

$$\boxed{\int R(\sin x;\ \cos x;\ \tan x;\ \cot x)\cdot dx}$$

R bedeutet:
Der Integrand ist durch rationale Rechenoperationen verknüpft.

Substitution:

$$z = \tan\frac{x}{2} \qquad x = 2\cdot \arctan z \qquad dx = \frac{2\cdot dz}{1+z^2}$$

$$\sin x = \frac{2z}{1+z^2} \qquad \cos x = \frac{1-z^2}{1+z^2} \qquad \tan x = \frac{2z}{1-z^2} \qquad \cot x = \frac{1-z^2}{2z}$$

Beispiel:

$$\int \frac{dx}{\sin x} = \int \frac{1+z^2}{2z}\cdot\frac{2\cdot dz}{1+z^2} = \int \frac{dz}{z} = \ln|z| + C = \ln\left|\tan\frac{x}{2}\right| + C$$

6.4.2 Partielle Integration

Prinzip

Durch das Verfahren der partiellen Integration wird die Lösung eines Integrals auf die Lösung zweier Teilintegrale zurückgeführt, die sich einfacher als das ursprüngliche Integral berechnen lassen können. Die partielle Integration folgt unmittelbar aus der Produktenregel der Differentialrechnung. Deshalb wird sie bei Integralen angewendet, deren Integranden jeweils als Produkt zweier Funktionen darstellbar sind.
Die Produktenregel der Differentialrechnung lautet

$$\frac{d(u \cdot v)}{dx} = v \cdot \frac{du}{dx} + u \cdot \frac{dv}{dx}$$

und in Differentialform

$$d(u \cdot v) = v \cdot du + u \cdot dv$$

Beiderseitige Integration

$$\int d(u \cdot v) = u \cdot v + C = \int v \cdot du + \int u \cdot dv$$

führt zu der Formel für die partielle Integration:

$$\int u \cdot dv = u \cdot v - \int v \cdot du \qquad (6.30)$$

Die Konstante C kann mit der Konstanten zusammengefasst werden, die im unbestimmten Integral auf der rechten Seite enthalten ist.
Mit

$$\frac{dv}{dx} = v' \quad \text{und} \quad \frac{du}{dx} = u'$$

bzw.

$$dv = v' \cdot dx \quad \text{und} \quad du = u' \cdot dx$$

ergibt sich eine andere Form für die Formel der partiellen Integration:

$$\int u \cdot v' \cdot dx = u \cdot v - \int v \cdot u' \cdot dx \qquad (6.31)$$

Nach dieser Formel muss also einer der beiden Faktoren als Ableitungsfunktion v' bzw. dv und der andere Faktor als Funktion u festgelegt werden. Durch Integration wird aus der Ableitungsfunktion v' bzw. dv die Funktion v ermittelt, ohne die Integrationskonstante C zu berücksichtigen. Die Funktion u ist zu differenzieren, so dass sich u' ergibt. Aus v und u' setzt sich das noch zu lösende Integral zusammen, das möglichst ein Grundintegral oder durch andere Verfahren lösbar sein sollte.
Eine allgemeine Regel gibt es für die Festlegung nicht, welcher Faktor des Integranden u und welcher v' sein soll. Tritt in dem Integranden eine Potenzfunktion mit dem Exponenten n auf, dann empfiehlt es sich in vielen Fällen, diese gleich u zu setzen, damit in dem noch zu lösenden Integral mit u' die Potenz um 1 erniedrigt wird.

Beispiele:

1. $\int x \cdot e^x \cdot dx = x \cdot e^x - \int e^x \cdot dx = x \cdot e^x - e^x + C = e^x \cdot (x-1) + C$ (nach Gl. 6.30)

$u = x \qquad dv = e^x \cdot dx$

$\frac{du}{dx} = 1 \qquad v = \int e^x \cdot dx = e^x$

$du = dx$

$\int x \cdot e^x \cdot dx = x \cdot e^x - \int e^x \cdot dx = x \cdot e^x - e^x + C = e^x \cdot (x-1) + C$ (nach Gl. 6.31)

$u = x \qquad v' = e^x$

$u' = 1 \qquad v = e^x$

2. $\int x \cdot \cos x \cdot dx = x \cdot \sin x - \int \sin x \cdot dx = x \cdot \sin x + \cos x + C$

$u = x \qquad v' = \cos x$

$u' = 1 \qquad v = \sin x$

3. $\int (3x-7) \cdot e^{-x} \cdot dx$

$u = 3x - 7 \qquad v' = e^{-x}$

$u' = 3 \qquad v = \int e^{-x} \cdot dx$

Substitution: $z = -x$

$\frac{dz}{dx} = -1 \qquad dx = -dz$

$v = -\int e^z \cdot dz = -e^z = -e^{-x}$

$$\int (3x-7) \cdot e^{-x} \cdot dx = -(3x-7) \cdot e^{-x} + 3 \cdot \int e^{-x} \cdot dx$$

$$\int (3x-7) \cdot e^{-x} \cdot dx = -(3x-7) \cdot e^{-x} - 3 \cdot e^{-x} + C$$

$$\int (3x-7) \cdot e^{-x} \cdot dx = -(3x-4) \cdot e^{-x} + C$$

4. $\int \ln \cdot dx = x \cdot \ln x - \int 1 \cdot dx = x \cdot \ln x - x + C = x \cdot (\ln x - 1) + C$

$u = \ln x \qquad v' = 1$

$u' = \frac{1}{x} \qquad v = x$

5. $\int x \cdot \sin(3-x) \cdot dx$

$$u = x \qquad v' = \sin(3-x)$$

$$u' = 1 \qquad v = \int \sin(3-x) \cdot dx = -\int \sin z \cdot dz = \cos z = \cos(3-x)$$

Substitution: $z = 3 - x$

$$\frac{dz}{dx} = -1 \qquad dx = -dz$$

$$\int x \cdot \sin(3-x) \cdot dx = x \cdot \cos(3-x) - \int \cos(3-x) \cdot dx$$

mit $-\int \cos(3-x) \cdot dx = \int \cos z \cdot dz = \sin z = \sin(3-x)$

Substitution: $z = 3 - x$

$$\frac{dz}{dx} = -1 \qquad dx = -dz$$

$$\int x \cdot \sin(3-x) \cdot dx = x \cdot \cos(3-x) + \sin(3-x) + C$$

6. $\int \sin^n x \cdot dx = \int \sin^{n-1} x \cdot \sin x \cdot dx$

$$u = \sin^{n-1} x \qquad v' = \sin x$$

$$u' = (n-1) \cdot \sin^{n-2} x \cdot \cos x \qquad v = -\cos x$$

$$\int \sin^n x \cdot dx = -\sin^{n-1} x \cdot \cos x + (n-1) \cdot \int \sin^{n-2} x \cdot \cos^2 x \cdot dx$$

$$\int \sin^{n-2} x \cdot \cos^2 x \cdot dx = \int \sin^{n-2} x \cdot \left(1 - \sin^2 x\right) \cdot dx = \int \sin^{n-2} x \cdot dx - \int \sin^n x \cdot dx$$

$$\int \sin^n x \cdot dx = -\sin^{n-1} x \cdot \cos x + (n-1) \cdot \int \sin^{n-2} x \cdot dx - (n-1) \cdot \int \sin^n x \cdot dx$$

$$\int \sin^n x \cdot dx + (n-1) \cdot \int \sin^n x \cdot dx = -\sin^{n-1} x \cdot \cos x + (n-1) \cdot \int \sin^{n-2} x \cdot dx$$

mit $1 + (n-1) = n$

$$n \cdot \int \sin^n x \cdot dx = -\sin^{n-1} x \cdot \cos x + (n-1) \cdot \int \sin^{n-2} x \cdot dx$$

$$\int \sin^n x \cdot dx = -\frac{1}{n} \cdot \sin^{n-1} x \cdot \cos x + \frac{n-1}{n} \cdot \int \sin^{n-2} x \cdot dx \qquad (6.32)$$

Die Rückführung eines Integrals auf ein Integral gleicher Art, aber mit niedrigerem Exponenten wird Rekursionsformel genannt.

6.4.3 Integration nach Partialbruchzerlegung

Prinzip

Die Integration nach Partialbruchzerlegung wird nur für die Integration gebrochen rationaler Funktionen

$$y = \frac{g(x)}{h(x)} = \frac{a_n \cdot x^n + a_{n-1} \cdot x^{n-1} + a_{n-2} \cdot x^{n-2} + ... + a_1 \cdot x + a_0}{b_m \cdot x^m + b_{m-1} \cdot x^{m-1} + b_{m-2} \cdot x^{m-2} + ... + b_1 \cdot x + b_0}$$

angewendet. Dabei können sich die Berechnungen auf echt gebrochene Funktionen mit $n < m$ beschränken, weil eine unecht gebrochene Funktion mit $n \geq m$ in eine ganzrationale und eine echt gebrochene Funktion überführt werden kann, wie im Abschnitt 2.5, Gl. 2.17 gezeigt wurde. Die Integration einer ganzrationalen Funktion ist ein Grundintegral.
Eine echt gebrochen rationale Funktion wird in eine Summe von Teil- oder Partialbrüchen zerlegt, die dann entweder bereits Grundintegrale sind oder mit Hilfe des Substitutionsverfahrens integriert werden können.
Beispiel:

$$\int \frac{3x}{x^2 - x - 2} \cdot dx = \int \frac{1}{x+1} \cdot dx + \int \frac{2}{x-2} \cdot dx$$

weil $\quad \frac{1}{x+1} + \frac{2}{x-2} = \frac{(x-2) + 2 \cdot (x+1)}{(x+1) \cdot (x-2)} = \frac{3x}{x^2 - x - 2}$

$$\int \frac{dx}{x+1} = \int \frac{dz}{z} = \ln|z| + C = \ln|x+1| + C_1$$

Substitution: $z = x + 1$

$$\frac{dz}{dx} = 1 \qquad dx = dz$$

$$2 \cdot \int \frac{dx}{x-2} = \int \frac{dz}{z} = 2 \cdot \ln|z| + C = 2 \cdot \ln|x-2| + C_2$$

Substitution: $z = x - 2$

$$\frac{dz}{dx} = 1 \qquad dx = dz$$

$$\int \frac{3x}{x^2 - x - 2} \cdot dx = \ln|x+1| + 2 \cdot \ln|x-2| + C$$

mit $C = C_1 + C_2$

Die Schwierigkeit dieses Integrationsverfahrens liegt weniger bei der Integration als bei der Ermittlung der Partialbrüche.
Der Nenner ist eine ganzrationale Funktion, für die zunächst die Nullstellen bestimmt werden. Sind die Nullstellen reell und voneinander verschieden, ist nach Gl. 2.8 eine Produktdarstellung in Linearfaktoren möglich ist. Damit ergeben sich die Nenner der Partialbrüche. Anschließend sind die Zähler der Partialbrüche zu berechnen.
Wie aus der Berechnung der Nullstellen von quadratischen Gleichungen bekannt ist, können die Nullstellen des Nenners unterschiedlich sein:

1. nur reell und voneinander verschieden, also einfach
2. nur reell, aber auch mehrfach
3. komplex und voneinander verschieden, also einfach
4. komplex, aber auch mehrfach

Beispiele:

Zu 1: $x^2 - 1 = 0$

$x_{1,2} = \pm\sqrt{1} = \pm 1$

Zu 3: $x^2 + 1 = 0$

$x_{1,2} = \pm\sqrt{-1} = \pm j$

Eine Zerlegung in Linearfaktoren ist nicht möglich.

Zu 2: $x^2 - 2x + 1 = 0$

$x_{1,2} = 1 \pm \sqrt{1-1} = 1$

Zu 4: $\left(x^2 - 2x + 2\right)^2 = 0$

$x_{1,2,3,4} = 1 \pm \sqrt{1-2} = 1 \pm \sqrt{-1}$

$x_{1,2} = 1 + \sqrt{-1} = 1 + j \qquad x_{3,4} = 1 - \sqrt{-1} = 1 - j$

Mehrfache komplexe Nullstellen treten also erst bei Polynomen 4. Grades auf. Eine Zerlegung in Linearfaktoren ist ebenfalls nicht möglich.

Die folgenden Ausführungen über die Integration nach Partialbruchzerlegung beschränken sich auf gebrochen rationalen Funktionen mit reellen Nullstellen im Nenner. Enthält das Nennerpolynom komplexe Nullstellen, dann ist eine Partialbruchzerlegung nicht möglich; es muss versucht werden, das Integral mit Hilfe des Substitutionsverfahrens z.B. nach Gl. 6.28 zu lösen.

Nenner des Integranden mit einfachen reellen Nullstellen

$$\int \frac{g(x)}{h(x)} \cdot dx = \int \frac{a_n \cdot x^n + a_{n-1} \cdot x^{n-1} + a_{n-2} \cdot x^{n-2} + \ldots + a_1 \cdot x + a_0}{x^m + b_{m-1} \cdot x^{m-1} + b_{m-2} \cdot x^{m-2} + \ldots + b_1 \cdot x + b_0} \cdot dx$$

mit $n < m$ und $b_m = 1$

Ist $b_m \neq 1$, dann kann b_m ausgeklammert werden, nachdem alle $b_{m-1}, \ldots, b_1, b_0$ mit b_m erweitert wurden.

1. Nullstellenbestimmung des Nennerpolynoms:

$$h(x) = x^m + b_{m-1} \cdot x^{m-1} + \ldots + b_1 \cdot x + b_0$$

$$h(x) = (x - x_1) \cdot (x - x_2) \cdot \ldots \cdot (x - x_m)$$

mit $x_1 \neq x_2 \neq x_3 \neq \ldots \neq x_m$

2. Ansatz für die Partialbruchzerlegung:

$$\frac{g(x)}{h(x)} = \frac{A_1}{x - x_1} + \frac{A_2}{x - x_2} + \frac{A_3}{x - x_3} + \ldots + \frac{A_m}{x - x_m} \qquad (6.33)$$

3. Koeffizientenbestimmung $A_1, A_2, A_3, ..., A_m$:
   Die Koeffizienten können vorteilhaft dadurch bestimmt werden, indem die Ansatzgleichung mit dem Hauptnenner multipliziert wird und dann nacheinander die Nullstellen $x_1, x_2, x_3, ..., x_m$ für x eingesetzt werden.

4. Integration der Partialbrüche:

$$\int \frac{g(x)}{h(x)} \cdot dx = A_1 \cdot \int \frac{dx}{x - x_1} + A_2 \cdot \int \frac{dx}{x - x_2} + A_3 \cdot \int \frac{dx}{x - x_3} + ... + A_m \cdot \int \frac{dx}{x - x_m}$$

$$\int \frac{g(x)}{h(x)} \cdot dx = A_1 \cdot \ln|x - x_1| + A_2 \cdot \ln|x - x_2| + A_3 \cdot \ln|x - x_3| + ... + A_m \cdot \ln|x - x_m| + C$$

Beispiel 1: $\int \frac{4x - 9}{x^2 - 8x + 15} \cdot dx$

1. Nullstellenbestimmung des Nennerpolynoms:

$$h(x) = x^2 - 8x + 15$$

$$x_{1,2} = 4 \pm \sqrt{16 - 15} = 4 \pm 1$$

$$x_1 = 5 \qquad x_2 = 3$$

$$h(x) = x^2 - 8x + 15 = (x - 5) \cdot (x - 3)$$

2. Ansatz für die Partialbruchzerlegung:

$$\frac{g(x)}{h(x)} = \frac{4x - 9}{(x - 5)(x - 3)} = \frac{A_1}{x - 5} + \frac{A_2}{x - 3}$$

3. Koeffizientenbestimmung A_1, A_2:

Hauptnenner: $h(x) = (x - 5) \cdot (x - 3)$

$$4x - 9 = A_1 \cdot (x - 3) + A_2 \cdot (x - 5)$$

$x = 5$:	$x = 3$:
$4 \cdot 5 - 9 = A_1 \cdot (5 - 3) + 0$	$4 \cdot 3 - 9 = 0 + A_2 \cdot (3 - 5)$
$11 = 2 \cdot A_1 \quad \Rightarrow A_1 = \frac{11}{2}$	$3 = -2 \cdot A_2 \quad \Rightarrow A_2 = -\frac{3}{2}$

$$\frac{4x - 9}{x^2 - 8x + 15} = \frac{11}{2} \cdot \frac{1}{x - 5} - \frac{3}{2} \cdot \frac{1}{x - 3}$$

4. Integration der Partialbrüche:

$$\int \frac{4x - 9}{x^2 - 8x + 15} \cdot dx = \frac{11}{2} \cdot \int \frac{dx}{x - 5} - \frac{3}{2} \cdot \int \frac{dx}{x - 3}$$

$$\int \frac{4x - 9}{x^2 - 8x + 15} \cdot dx = \frac{11}{2} \cdot \ln|x - 5| - \frac{3}{2} \cdot \ln|x - 3| + C$$

Beispiel 2: $\int \frac{2x^4 - x^2 - 5x + 1}{x^3 - x^2 - 2x} \cdot dx$

Da $n > m$, muss die Division ausgeführt werden:

$$\left(2x^4 - x^2 - 5x + 1\right):\left(x^3 - x^2 - 2x\right) = 2x + 2 + \frac{5x^2 - x + 1}{x^3 - x^2 - 2x}$$

$$\begin{array}{l} -\left(2x^4 - 2x^3 - 4x^2\right) \\ \hline \quad 2x^3 + 3x^2 - 5x + 1 \\ \quad -\left(2x^3 - 2x^2 - 4x\right) \\ \hline \quad\quad 5x^2 - x + 1 \end{array}$$

$$\int \frac{2x^4 - x^2 - 5x + 1}{x^3 - x^2 - 2x} \cdot dx = \int (2x + 2) \cdot dx + \int \frac{5x^2 - x + 1}{x^3 - x^2 - 2x} \cdot dx$$

$\int \frac{5x^2 - x + 1}{x^3 - x^2 - 2x} \cdot dx$:

1. Nullstellenbestimmung des Nennerpolynoms:

$$h(x) = x^3 - x^2 - 2x = 0$$

$$x_1 = 0 \qquad x^2 - x - 2 = 0$$

$$x_{2,3} = \frac{1}{2} \pm \sqrt{\frac{1}{4} + 2} = \frac{1}{2} \pm \sqrt{\frac{9}{4}} = \frac{1}{2} \pm \frac{3}{2} \qquad x_2 = 2 \qquad x_3 = -1$$

$$h(x) = x^3 - x^2 - 2x = x \cdot (x - 2) \cdot (x + 1)$$

2. Ansatz für die Partialbruchzerlegung:

$$\frac{g(x)}{h(x)} = \frac{5x^2 - x + 1}{x \cdot (x - 2) \cdot (x + 1)} = \frac{A_1}{x} + \frac{A_2}{x - 2} + \frac{A_3}{x + 1}$$

3. Koeffizientenbestimmung A_1, A_2, A_3

Hauptnenner: $h(x) = x \cdot (x - 2) \cdot (x + 1)$

$$5x^2 - x + 1 = A_1 \cdot (x - 2) \cdot (x + 1) + A_2 \cdot x \cdot (x + 1) + A_3 \cdot x \cdot (x - 2)$$

$x = 0$: $\quad 1 = -2 \cdot A_1 \Rightarrow A_1 = -\frac{1}{2}$

$x = 2$: $\quad 19 = 6 \cdot A_2 \Rightarrow A_2 = \frac{19}{6}$

$x = -1$: $\quad 7 = 3 \cdot A_3 \Rightarrow A_3 = \frac{7}{3}$

$$\frac{5x^2 - x + 1}{x^3 - x^2 - 2x} = -\frac{1}{2} \cdot \frac{1}{x} + \frac{19}{6} \cdot \frac{1}{x - 2} + \frac{7}{3} \cdot \frac{1}{x + 1}$$

3. Integration der Partialbrüche:

$$\int \frac{5x^2 - x + 1}{x^3 - x^2 - 2x} \cdot dx = -\frac{1}{2} \cdot \int \frac{dx}{x} + \frac{19}{6} \cdot \int \frac{dx}{x - 2} + \frac{7}{3} \cdot \int \frac{dx}{x + 1}$$

Gesamtintegral:

$$\int \frac{2x^4 - x^2 - 5x + 1}{x^3 - x^2 - 2x} \cdot dx = \int (2x + 2) \cdot dx - \frac{1}{2} \cdot \int \frac{dx}{x} + \frac{19}{6} \cdot \int \frac{dx}{x - 2} + \frac{7}{3} \cdot \int \frac{dx}{x + 1}$$

$$\int \frac{2x^4 - x^2 - 5x + 1}{x^3 - x^2 - 2x} \cdot dx = x^2 + 2x - \frac{1}{2} \cdot \ln|x| + \frac{19}{6} \cdot \ln|x - 2| + \frac{7}{3} \cdot \ln|x + 1| + C$$

Nenner des Integranden mit einfachen und mehrfachen reellen Nullstellen

$$\int \frac{g(x)}{h(x)} \cdot dx = \int \frac{a_n \cdot x^n + a_{n-1} \cdot x^{n-1} + a_{n-2} \cdot x^{n-2} + \ldots + a_1 \cdot x + a_0}{x^m + b_{m-1} \cdot x^{m-1} + b_{m-2} \cdot x^{m-2} + \ldots + b_1 \cdot x + b_0} \cdot dx$$

mit $n < m$ und $b_m = 1$

Ist $b_m \neq 1$, dann kann b_m ausgeklammert werden, nachdem alle $b_{m-1}, \ldots, b_1, b_0$ mit b_m erweitert wurden.

1. Nullstellenbestimmung des Nennerpolynoms:
   $h(x) = x^m + b_{m-1} \cdot x^{m-1} + \ldots + b_1 \cdot x + b_0$
   $h(x) = (x - x_1)^{k_1} \cdot (x - x_2)^{k_2} \cdot \ldots \cdot (x - x_r)^{k_r}$
   mit $x_1 \neq x_2 \neq \ldots \neq x_r$
   $k_1 + k_2 + \ldots + k_r = m$ ist gleich dem Grad von $h(x)$

2. Ansatz für die Partialbruchzerlegung:

$$\begin{aligned}\frac{g(x)}{h(x)} &= \frac{A_{11}}{x - x_1} + \frac{A_{12}}{(x - x_1)^2} + \ldots + \frac{A_{1k_1}}{(x - x_1)^{k_1}} + \\ &+ \frac{A_{21}}{x - x_2} + \frac{A_{22}}{(x - x_2)^2} + \ldots + \frac{A_{2k_2}}{(x - x_2)^{k_2}} + \\ &\ldots \\ &+ \frac{A_{r1}}{x - x_r} + \frac{A_{r2}}{(x - x_r)^2} + \ldots + \frac{A_{rk_r}}{(x - x_r)^{k_r}}\end{aligned} \tag{6.34}$$

Anhand des Nennerpolynoms zweiten Grades mit einer zweifachen Nullstelle soll erläutert werden, weshalb der Ansatz für die Partialbruchzerlegung in dieser Weise erfolgen muss:

Ansatz für einfache Nullstellen:

$$\frac{a_1 \cdot x + a_0}{x^2 + b_1 \cdot x + b_0} = \frac{A_1}{x - x_1} + \frac{A_2}{x - x_2}$$

mit $x_1 = x_2$

$$\frac{a_1 \cdot x + a_0}{x^2 + b_1 \cdot x + b_0} \neq \frac{A_1 + A_2}{x - x_1}$$

Diese Gleichung kann nicht erfüllt sein, weil ein lineares Nennerpolynom nicht gleich einem quadratischen Nennerpolynom sein kann.

Ansatz für mehrfache Nullstellen:

mit $m = 2$ und $k_1 = 2$ d.h. x_1 tritt zweifach auf.

$$\frac{a_1 \cdot x + a_0}{x^2 + b_1 \cdot x + b_0} = \frac{A_{11}}{x - x_1} + \frac{A_{12}}{(x - x_1)^2} = \frac{A_{11} \cdot (x - x_1) + A_{12}}{(x - x_1)^2} = \frac{A_{11}x + A_{12} - A_{11} \cdot x_1}{(x - x_1)^2}$$

Diese Gleichung kann erfüllt werden mit $A_{11} = a_1$ und $A_{12} - A_{11} \cdot x_1 = a_0$.

3. Koeffizientenbestimmung A_{ik}
   Die Ansatzgleichung wird mit dem Hauptnenner multipliziert. Dann werden wieder nacheinander für x die Nullstellen $x_1, x_2, \ldots, x_r$ eingesetzt, woraus sich einige A_{ik} ergeben. Die restlichen Koeffizienten A_{ik} lassen sich berechnen, indem für x beliebige Werte gesetzt werden, wodurch sich ein lösbares Gleichungssystem aufstellen lässt.

4. Integration der Partialbrüche

Beispiel 1: $\int \frac{2x+3}{(x-1)^2 \cdot (x+1)} \cdot dx$

1. Nullstellenbestimmung des Nennerpolynoms:
   $h(x) = (x-1)^2 \cdot (x+1)$
   mit $x_1 = 1 \quad k_1 = 2 \qquad$ und $\quad x_2 = -1 \quad k_2 = 1$

2. Ansatz für die Partialbruchzerlegung:
$$\frac{2x+3}{(x-1)^2 \cdot (x+1)} = \frac{A_{11}}{x-1} + \frac{A_{12}}{(x-1)^2} + \\ + \frac{A_{21}}{x+1}$$

3. Koeffizientenbestimmung:
   Hauptnenner: $h(x) = (x-1)^2 \cdot (x+1)$
   $2x+3 = A_{11} \cdot (x-1) \cdot (x+1) + A_{12} \cdot (x+1) + A_{21} \cdot (x-1)^2$
   $x = x_1 = 1$: $\qquad x = x_2 = -1$: $\qquad x = 0$: (beliebig)
   $5 = A_{12} \cdot 2 \qquad 1 = A_{21} \cdot 4 \qquad 3 = -A_{11} + A_{12} + A_{21}$
   $A_{12} = \frac{5}{2} \qquad A_{21} = \frac{1}{4} \qquad 3 = -A_{11} + \frac{5}{2} + \frac{1}{4} \quad \Rightarrow \quad A_{11} = -\frac{12}{4} + \frac{10}{4} + \frac{1}{4} = -\frac{1}{4}$

4. Integration der Partialbrüche:
$$\int \frac{2x+3}{(x-1)^2 \cdot (x+1)} \cdot dx = -\frac{1}{4} \cdot \int \frac{dx}{x-1} + \frac{5}{2} \cdot \int \frac{dx}{(x-1)^2} + \frac{1}{4} \cdot \int \frac{dx}{x+1}$$
   mit
$$\frac{5}{2} \cdot \int \frac{dx}{(x-1)^2} = \frac{5}{2} \cdot \int \frac{dz}{z^2} = \frac{5}{2} \cdot \int z^{-2} \cdot dz = \frac{5}{2} \cdot \frac{z^{-1}}{-1} = -\frac{5}{2} \cdot \frac{1}{z} = -\frac{5}{2} \cdot \frac{1}{x-1}$$
   Substitution: $\quad z = x-1 \qquad \frac{dz}{dx} = 1 \qquad dx = dz$
$$\int \frac{2x+3}{(x-1)^2 \cdot (x+1)} \cdot dx = -\frac{1}{4} \cdot \ln|x-1| - \frac{5}{2} \cdot \frac{1}{x-1} + \frac{1}{4} \cdot \ln|x+1| + C$$

Beispiel 2: $\int \frac{x^3-2x^2+x-4}{x^4-8x^3+24x^2-32x+16} \cdot dx$

1. Nullstellenbestimmung des Nennerpolynoms:

$h(x)=x^4-8x^3+24x^2-32x+16=(x-2)^4$ mit $x_1=2$ $k_1=4$

Nachweis mit Hilfe des Pascalschen Dreiecks im Abschnitt 1.3.2, S. 16:

$\left[a+(-b)\right]^4=1x^4+4x^3(-2)+6x^2(-2)^2+4x(-2)^3+(-2)^4$

2. Ansatz für die Partialbruchzerlegung:

$$\frac{x^3-2x^2+x-4}{(x-2)^4}=\frac{A_{11}}{(x-2)}+\frac{A_{12}}{(x-2)^2}+\frac{A_{13}}{(x-2)^3}+\frac{A_{14}}{(x-2)^4}$$

3. Koeffizientenbestimmung:

Hauptnenner: $h(x)=(x-2)^4$

$$x^3-2x^2+x-4=A_{11}\cdot(x-2)^3+A_{12}\cdot(x-2)^2+A_{13}\cdot(x-2)+A_{14}$$

$$x^3-2x^2+x-4=A_{11}\cdot\left(x^3-6x^2+12x-8\right)+A_{12}\cdot\left(x^2-4x+4\right)+A_{13}\cdot(x-2)+A_{14}$$

$$\begin{aligned} x^3-2x^2+x-4=\ & A_{11}\cdot x^3 \\ & +(-6\cdot A_{11}+A_{12})\cdot x^2 \\ & +(12\cdot A_{11}-4\cdot A_{12}+A_{13})\cdot x \\ & +(-8\cdot A_{11}+4\cdot A_{12}-2\cdot A_{13}+A_{14}) \end{aligned}$$

Durch Koeffizientenvergleich ergibt sich

$$\begin{aligned} A_{11} &= 1 \\ -6\cdot A_{11}+A_{12} &= -2 \\ 12\cdot A_{11}-4\cdot A_{12}+A_{13} &= 1 \\ -8\cdot A_{11}+4\cdot A_{12}-2\cdot A_{13}+A_{14} &= -4 \end{aligned}$$

und

$$\begin{aligned} A_{11} &= 1 \\ A_{12} &= -2+6=4 \\ A_{13} &= 1-12+16=5 \\ A_{14} &= -4+8-16+10=-2 \end{aligned}$$

4. Integration der Partialbrüche:

$$\int\frac{x^3-2x^2+x-4}{(x-2)^4}\cdot dx=\int\frac{dx}{x-2}+4\cdot\int\frac{dx}{(x-2)^2}+5\cdot\int\frac{dx}{(x-2)^3}-2\cdot\int\frac{dx}{(x-2)^4}$$

Mit Hilfe der Substitutionsmethode lassen sich die Integrale lösen:

$$\int\frac{x^3-2x^2+x-4}{(x-2)^4}\cdot dx=\ln|x-2|-\frac{4}{x-2}-\frac{5}{2\cdot(x-2)^2}+\frac{2}{3\cdot(x-2)^3}+C$$

6.5 Numerische Integration

Anwendung der numerischen Integration

Die Integration wird numerisch vorgenommen, wenn

1. das Integral einer Funktion nicht geschlossen lösbar ist,
2. die Integration dieser Funktion zu aufwendig ist oder
3. die Funktion nicht in Form einer Funktionsgleichung, sondern als Wertetabelle oder Kurve vorliegt.

Prinzip der numerischen Integration

Numerische Integration ist die angenäherte Berechnung von bestimmten Integralen, für die unterschiedliche Näherungsformeln angegeben werden können. Der Rechenaufwand und die Anforderungen an die Genauigkeit der bestimmten Integrale bedingen die Anwendung der einen oder anderen Näherungsformel.
Die Berechnung von bestimmten Integralen bedeutet eine Flächenberechnung der Funktion $y = f(x)$ und der x-Achse in den Intervallgrenzen a und b. Die Näherungsformeln lassen sich also geometrisch so deuten, dass mit deren Hilfe Flächen angenähert berechnet werden können. Das Prinzip der numerischen Integration besteht darin, für die gegebene Funktion als Integrand eine einfache Ersatzfunktion zu wählen, die mit der gegebenen Funktion in einer Anzahl von Funktionswerten bzw. Punkten, den so genannten Stützstellen, übereinstimmt.
Das Integrationsintervall $[a;b]$ wird in n Teilintervalle Δx zerlegt, wodurch sich die folgenden x-Werte ergeben:

$$x_0 \quad x_1 \quad x_3 \; ... \; x_{n-1} \quad x_n \qquad \text{mit} \quad x_0 = a \quad \text{und} \quad x_n = b$$

Die zugehörigen y-Werte der Stützstellen sind

$$y_0 \quad y_1 \quad y_3 \; ... \; y_{n-1} \quad y_n \qquad \text{mit} \quad y_0 = f(a) \quad \text{und} \quad y_n = f(b)$$

die aus der Wertetabelle oder Kurve entnommen werden können.

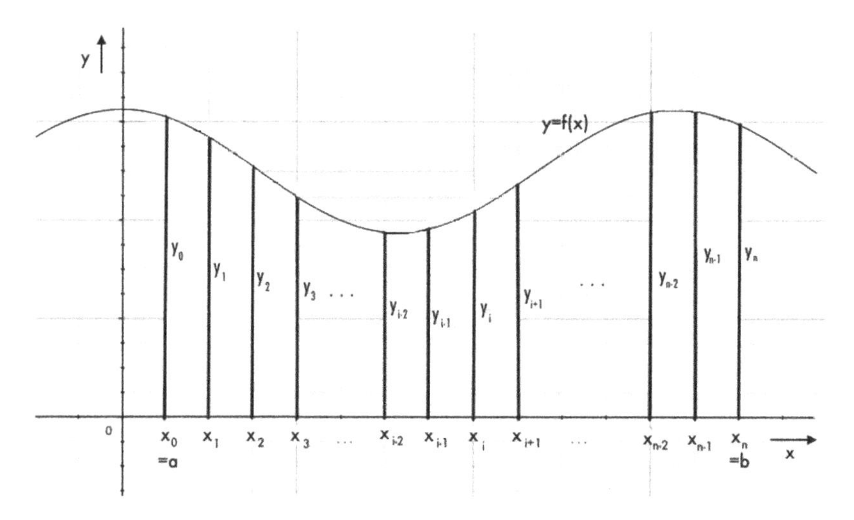

Rechteckformel

Ist die Ersatzfunktion in jedem der n Teilintervalle eine zur x-Achse parallele Gerade, also eine Treppenkurve, dann ergibt sich die Rechteckformel in zweifacher Form.
Entweder wird in jedem Teilintervall der linksseitige Funktionswert berücksichtigt:

$$\int_a^b y \cdot dx \approx \Delta x \cdot \left(y_0 + y_1 + y_2 + \ldots + y_{n-1}\right) \quad \text{mit} \quad \Delta x = \frac{b-a}{n} \tag{6.35}$$

oder in jedem Teilintervall wird der rechtsseitige Funktionswert berücksichtigt:

$$\int_a^b y \cdot dx \approx \Delta x \cdot \left(y_1 + y_2 + y_3 + \ldots + y_n\right) \quad \text{mit} \quad \Delta x = \frac{b-a}{n} \tag{6.36}$$

Beispiel für $n = 2$:

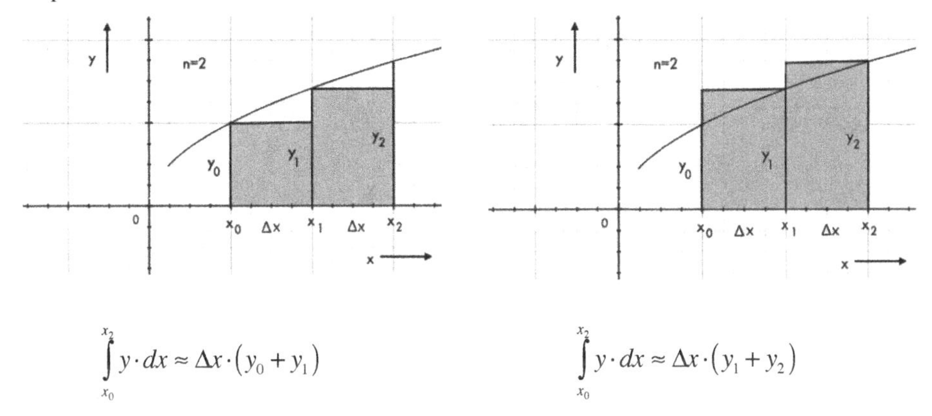

$$\int_{x_0}^{x_2} y \cdot dx \approx \Delta x \cdot \left(y_0 + y_1\right) \qquad \int_{x_0}^{x_2} y \cdot dx \approx \Delta x \cdot \left(y_1 + y_2\right)$$

Sehnen-Trapez-Formel – die 1. Trapezformel

Ist die Ersatzfunktion in jedem der n Teilintervalle eine Gerade, die die beiden Stützstellen verbindet, dann bildet die Näherungsformel eine Fläche ab, die aus Parallelogrammen besteht:

$$\int_a^b y \cdot dx \approx \Delta x \cdot \left(\frac{y_0 + y_1}{2} + \frac{y_1 + y_2}{2} + \frac{y_2 + y_3}{2} + \ldots + \frac{y_{n-1} + y_n}{2}\right)$$

$$\int_a^b y \cdot dx \approx \Delta x \cdot \left(\frac{y_0}{2} + y_1 + y_2 + y_3 + \ldots + y_{n-1} + \frac{y_n}{2}\right) \tag{6.37}$$

Beispiel für $n = 2$:

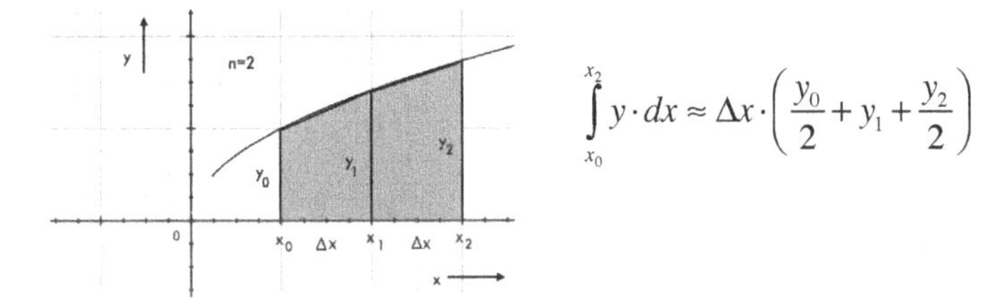

$$\int_{x_0}^{x_2} y \cdot dx \approx \Delta x \cdot \left(\frac{y_0}{2} + y_1 + \frac{y_2}{2}\right)$$

Tangenten-Trapez-Formel – die 2. Trapezformel

Die Ersatzfunktion ist in je zwei benachbarten Teilintervallen eine Gerade, die als Tangente durch den Endpunkt der mittleren von je drei benachbarten Ordinaten verläuft. Die Anzahl n der Teilintervalle muss deshalb gerade sein, weil mit Doppelstreifen der Breite $2\cdot\Delta x$ gerechnet wird. Die Tangenten-Trapez-Formel lautet:

$$\int_a^b y\cdot dx \approx 2\cdot\Delta x\cdot\left(y_1+y_3+y_5+...+y_{n-1}\right) \qquad (6.38)$$

Beispiel für $n=2$:

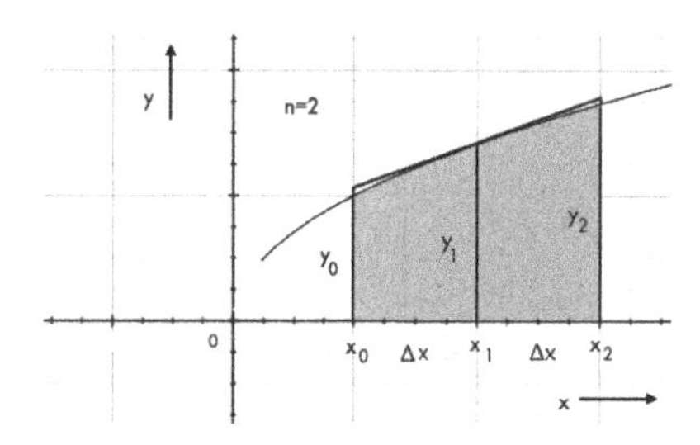

$$\int_{x_0}^{x_2} y\cdot dx \approx 2\cdot\Delta x\cdot y_1$$

Parabel-Formel – Simpsonsche Formel

Bei der Simpsonschen Formel wird ebenfalls mit einer geraden Anzahl von Teilintervallen gerechnet. Die Ersatzfunktion in jeweils zwei benachbarten Teilintervallen ist ein quadratisches Polynom, eine Parabel, mit der Formel

$$P(x)=a_2\cdot x^2+a_1\cdot x+a_0$$

das in den drei Punkten eines jeden Doppelstreifens mit der gegebenen Funktion übereinstimmt. Eine Parabel ist durch drei Punkte eindeutig bestimmt.
Für den ersten Doppelstreifen genügen die drei Stützstellen der Parabelgleichung:

$$P_0: \quad y_0=a_2\cdot x_0^{\ 2}+a_1\cdot x_0+a_0$$
$$P_1: \quad y_1=a_2\cdot x_1^{\ 2}+a_1\cdot x_1+a_0$$
$$P_2: \quad y_2=a_2\cdot x_2^{\ 2}+a_1\cdot x_2+a_0$$

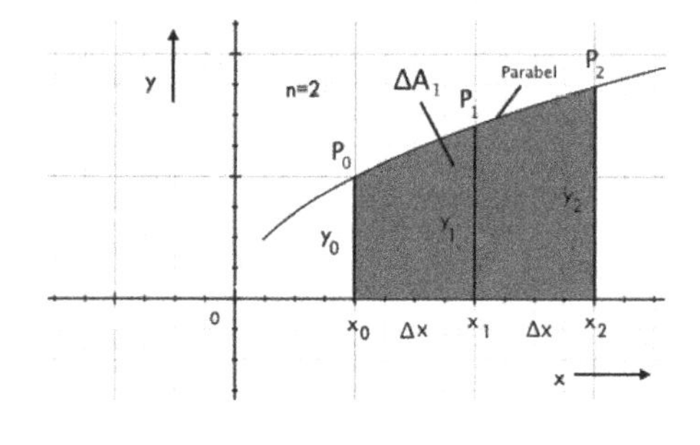

Die Teilfläche des Doppelstreifens ist dann

$$\Delta A_1=\int_{x_0}^{x_2}\left(a_2\cdot x^2+a_1\cdot x+a_0\right)\cdot dx$$

$$\Delta A_1=\left[a_2\cdot\frac{x^3}{3}+a_1\cdot\frac{x^2}{2}+a_0\cdot x\right]_{x_0}^{x_2}=\frac{a_2}{3}\cdot\left(x_2^{\ 3}-x_0^{\ 3}\right)+\frac{a_1}{2}\cdot\left(x_2^{\ 2}-x_0^{\ 2}\right)+a_0\cdot\left(x_2-x_0\right)$$

$$\Delta A_1 = \frac{x_2 - x_0}{6} \cdot \left[2 \cdot a_2 \cdot \left(x_2^{\,2} + x_2 \cdot x_0 + x_0^{\,2}\right) + 3 \cdot a_1 \cdot \left(x_2 + x_0\right) + 6 \cdot a_0\right]$$

weil $\left(x_2 - x_0\right) \cdot \left(x_2^{\,2} + x_2 \cdot x_0 + x_0^{\,2}\right)$

$$\begin{aligned} &= x_2^{\,3} + x_2^{\,2} \cdot x_0 + x_2 \cdot x_0^{\,2} \\ &\quad - x_2^{\,2} \cdot x_0 - x_2 \cdot x_0^{\,2} - x_0^{\,3} \\ \hline &= x_2^{\,3} \qquad\qquad\qquad\quad - x_0^{\,3} \end{aligned}$$

Mit $x_2 - x_0 = 2 \cdot \Delta x$ und $x_1 = \dfrac{x_0 + x_2}{2}$

ergibt sich

$$\Delta A_1 = \frac{\Delta x}{3} \cdot \left[\left(a_2 \cdot x_2^{\,2} + a_1 \cdot x_2 + a_0\right) + 4 \cdot \left(a_2 \cdot x_1^{\,2} + a_1 \cdot x_1 + a_0\right) + \left(a_2 \cdot x_0^{\,2} + a_1 \cdot x_0 + a_0\right)\right]$$

$$\Delta A_1 = \frac{\Delta x}{3} \cdot \left[y_2 + 4 \cdot y_1 + y_0\right]$$

weil

$$a_2 \cdot x_2^{\,2} + a_1 \cdot x_2 + a_0 + 4 \cdot \left[a_2 \cdot \left(\frac{x_0 + x_2}{2}\right)^2 + a_1 \cdot \frac{x_0 + x_2}{2} + a_0\right] + a_2 \cdot x_0^{\,2} + a_1 \cdot x_0 + a_0$$

$$= a_2 x_2^{\,2} + a_1 x_2 + a_0 + a_2 x_0^{\,2} + 2a_2 x_0 x_2 + a_2 x_2^{\,2} + 2a_1 x_0 + 2a_1 x_2 + 4a_0 + a_2 x_0^{\,2} + a_1 x_0 + a_0$$

$$= 2a_2 x_2^{\,2} + 2a_2 x_0 x_2 + 2a_2 x_0^{\,2} + 3a_1 x_2 + 3a_1 x_0 + 6a_0 \qquad \text{(vergleiche oben)}$$

Die Aufsummierung aller Doppelstreifen ergibt

$$A = \frac{\Delta x}{3} \cdot \left(y_0 + 4y_1 + y_2 + y_2 + 4y_3 + y_4 + \ldots + y_{n-4} + 4y_{n-3} + y_{n-2} + y_{n-2} + 4y_{n-1} + y_n\right)$$

und

$$\int_a^b y \cdot dx \approx \frac{\Delta x}{3} \cdot \left(y_0 + 4y_1 + 2y_2 + 4y_3 + 2y_4 + 4y_5 + \ldots + 2y_{n-4} + 4y_{n-3} + 2y_{n-2} + 4y_{n-1} + y_n\right)$$

und

$$\int_a^b y \cdot dx \approx \frac{\Delta x}{3} \cdot \left[y_0 + y_n + 4 \cdot \left(y_1 + y_3 + y_5 + \ldots + y_{n-1}\right) + 2 \cdot \left(y_2 + y_4 + \ldots + y_{n-2}\right)\right] \qquad (6.39)$$

mit $\Delta x = \dfrac{b - a}{n}$

Mit der Simpsonschen Formel lässt sich für viele Zwecke das bestimmte Integral genügend genau berechnen, weil eine Parabel die gegebene Funktion sehr genau anpasst.

Keplersche Fassregel

Für $n = 2$ geht die Simpsonsche Formel in die berühmte Keplersche Formel über:

$$\int_a^b y \cdot dx \approx \frac{\Delta x}{3} \cdot (y_0 + 4 \cdot y_1 + y_2)$$

oder

$$\int_a^b y \cdot dx \approx \frac{b-a}{6} \cdot (y_0 + 4 \cdot y_1 + y_2) \qquad (6.40)$$

mit $\Delta x = \dfrac{b-a}{2}$

Praktische Durchführung der numerischen Berechnungen

1. Zerlegung des Intervalls $[a;b]$ in n Teilintervalle (zum Teil n gerade)
2. Zusammenstellen der x_i und y_i Werte in einer Wertetabelle entsprechend der Aufteilung
3. Multiplikation der Funktionswerte mit den konstanten Faktoren entsprechend der Näherungsformeln
4. Berechnung des angenähert bestimmten Integrals durch Aufsummieren und Multiplikation des Abszissenabschnitts.

Übungsaufgaben zum Kapitel 6

6.1 Ermitteln Sie die folgenden unbestimmten Integrale mit Hilfe der Grundintegrale und elementarer Integrationsregeln:

1. $\mathrm{d}\int x\cdot dx$ 2. $\int d\left(x^2\right)$ 3. $\int\left(1-e^x\right)\cdot dx$ 4. $\int\left(-x^2+\sqrt[3]{x}-1\right)\cdot dx$ 5. $\int a\cdot b^x\cdot dx$

6. $\int\frac{x-1}{x}\cdot dx$ 7. $\int\frac{\sin^2 t+1}{\cos^2 t}\cdot dt$ 8. $\int\cos\alpha\cdot dt$ 9. $\int\left(\sin x+\sinh x+2\cdot e^x-1\right)\cdot dx$

10. $\int\frac{x\cdot dx}{\sqrt{1-x^2}}$ 11. $\int\frac{x-\sqrt{x}\cdot e^{\alpha+x}}{\sqrt{x}}\cdot dx$ 12. $\int\left(m-\frac{1}{m}\right)\cdot dm$

6.2 Ermitteln Sie die beiden partikulären Integrale und stellen Sie diese im kartesischen Koordinatensystem dar:

1. $\int_1^x\frac{dx}{x^2}$ 2. $\int_0^x\sinh x\cdot dx$

6.3 Die folgenden bestimmten Integrale sind zu berechnen:

1. $\int_0^2 d\left(x^2\right)$ 2. $\int_{-2}^{1}(2-4x)\cdot dx$ 3. $\int_0^{\pi}(\sin x-5)\cdot dx$

4. $\int_0^{0,5}\frac{dx}{1-x^2}$ 5. $-\int_5^0\frac{dx}{\sqrt{1+x^2}}$ 6. $\int_2^4\frac{dx}{1-x^2}$

7. $\int_1^{0,1}\frac{dv}{v}$ 8. $\int_0^a 3\cdot e^x\cdot dx$ 9. $\int_2^1(\cos\varphi)\cdot t\cdot dt$

6.4 Der Flächeninhalt, der durch die Funktion $f(x)=e^x$ und der x-Achse in den Intervallgrenzen $0\le x\le 1$ eingeschlossen wird, ist zu berechnen. Überprüfen Sie das Ergebnis durch eine Zeichnung.

6.5 Wie groß ist der Flächeninhalt, den die Sinus- und Kosinusfunktion mit der x-Achse gleichzeitig einschließen, wenn die Intervallgrenzen $x=0$ und $x=\pi/2$ sind?

6.6 Wie groß ist der Flächeninhalt der Funktion $y=\sin x$ im Intervall $0\le x\le 2\pi$, den diese Kurve mit der Kurve $y=-1$ einschließt?

6.7 Stellen Sie die bestimmten Integrale zusammen, die zu der Berechnung des Flächeninhalts der Fläche führt, die durch folgende Funktionen eingeschlossen wird:

$$y=x-2 \quad y=0 \quad y=2 \quad x=0$$

Nehmen Sie eine Zeichnung zu Hilfe und prüfen Sie das Ergebnis.

6.8 Ermitteln Sie das bestimmte Integral der Funktion $y=f(x)=x$ im Intervall $[0;1]$ als Grenzwert der Summenfolge mit $f(\xi_i)$, indem Sie für $f(\xi_i)=f(x_{i-1})$ und $\Delta x_1=\Delta x_2=\Delta x_3=\ldots=\Delta x_n$ wählen. Stellen Sie die Summenfolge für $n=1,2,3,4$ und 5 im kartesischen Koordinatensystem dar. Ist die Summenfolge eventuell eine Unter- oder eine Obersummenfolge? Es gilt: $1+2+3+\ldots+n=\frac{(n+1)\cdot n}{2}$

6.9 Ermitteln Sie das bestimmte Integral der Funktion

$$y = f(x) = \begin{cases} x/2 & \text{für } x < 0 \\ x^2 - 1 & \text{für } x > 0 \end{cases}$$

im Intervall $[-1;+1]$. Nehmen Sie eine Zeichnung zu Hilfe.

6.10 Ermitteln Sie den arithmetischen Mittelwert der Funktion $y = f(x) = e^x$ für das Intervall $-1 \leq x \leq 1$. Erklären Sie die Zusammenhänge des Mittelwertsatzes der Integralrechnung in diesem Bereich anhand einer Zeichnung.

6.11 Ermitteln Sie die beiden uneigentlichen Integrale:

1. $\int_{-1}^{+1} \frac{dx}{x^2}$ 2. $\int_{-\infty}^{-1} \frac{dx}{x^3}$

Nehmen Sie die Graphen der Funktionen zu Hilfe.

6.12 Berechnen Sie folgende Integrale:

1. $\int \frac{dx}{\cos x}$ 2. $\int \frac{dx}{x^2 \cdot \sqrt{4 - x^2}}$ 3. $\int \frac{e^{1/x}}{x^2} \cdot dx$ 4. $\int \frac{dt}{2t + 3}$

5. $\int \cos(2\varphi + 0{,}5) \cdot d\varphi$ 6. $\int \frac{dy}{y \cdot (\ln y)^2}$ 7. $\int_{1{,}5}^{2} \frac{dx}{x \cdot \ln x}$

8. $\int_{1{,}5}^{0{,}5} \frac{dx}{\sqrt{3 + 4x - 4x^2}}$ 9. $\int e^{\sin x} \cdot \cos x \cdot dx$ 10. $\int \frac{3x}{\sqrt{x^2 - 8}} \cdot dx$

6.13 Lösen Sie folgende Integrale:

1. $\int x \cdot (\ln x + 1) \cdot dx$ 2. $\int x \cdot \cosh x \cdot dx$ 3. $\int x^2 \cdot \ln x \cdot dx$

4. $\int x^2 \cdot \sin x \cdot dx$ 5. $\int x \cdot \sin^2 x \cdot dx$ 6. $\int \cos^n x \cdot dx$

6.14 Integrieren Sie die beiden gebrochen rationalen Funktionen, nachdem Sie jeweils eine Partialbruchzerlegung vorgenommen haben:

1. $y = \frac{x^2 - 2}{(x+2) \cdot (x-1) \cdot x}$ 2. $y = \frac{x^3 - 2x^2 + 4}{x^5 - 4x^4 + 4x^3}$

6.15 Was bedeutet das bestimmte Integral

$$\int_0^{2\pi} \sin x \cdot dx \quad ?$$

Berechnen Sie es formal und deuten Sie es über die Fläche und als Funktionswert des partikulären Integrals.

7. Anwendungen der Differentialrechnung

7.1 Kurvendiskussion

Zweck der Kurvendiskussion

Eine Funktion $y = f(x)$ ist eine eindeutige Abbildung der Menge X (Definitionsbereich) auf die Menge Y (Wertebereich oder Wertevorrat), besteht also aus einer Menge von Zahlenpaaren

$$f = \{(x; y) \mid y = f(x)\}$$

Sie lässt sich im kartesischen Koordinatensystem als Kurve darstellen.

Will man sich einen Überblick über den Kurvenverlauf einer Funktion $y = f(x)$ verschaffen, so kommt es in den meisten Fällen nicht auf einen genauen Verlauf an, sondern vielmehr auf eine schnelle qualitative Skizzierung der Kurve anhand ihrer qualitativen Merkmale.

Die Kurvendiskussion erfordert die Bearbeitung folgender Aufgaben:

1. Bestimmung des Definitionsbereichs X
2. Untersuchung auf Symmetrien
3. Untersuchung des Verhaltens im Unendlichen
4. Bestimmung von Unstetigkeitsstellen
5. Bestimmung der Achsenabschnittspunkte
6. Berechnung der Ableitungen $y' = f'(x)$, $y'' = f''(x)$, $y''' = f'''(x)$
7. Bestimmung der Extrempunkte und Art der Extrempunkte
8. Bestimmung der Wendepunkte und des Anstiegs der Wendetangenten
9. Darstellung der Kurve mit Hilfe der ermittelten Ergebnisse und Kontrolle der Kurve durch Eingabe der Funktionsgleichung in ein Rechen- und Zeichenprogramm

Einige dieser Aufgaben wurden schon in den vorigen Kapiteln behandelt, sollen aber noch einmal kurz im Zusammenhang dieser Aufgaben erwähnt werden, damit man nicht dauernd in den behandelten Abschnitten nachsehen muss.

Mit den heutigen Rechenprogrammen lassen sich Kurven auch von komplizierten Funktionen schnell errechnen und darstellen. Die Eigenschaften der Kurven lassen sich aber nur erklären, wenn eine Kurvendiskussion vorgenommen wurde. Dadurch ist aber auch möglich, die Ergebnisse zu kontrollieren, die mit Rechnern erzielt wurden.

Zu 1: Bestimmung des Definitionsbereichs X

Zum Definitionsbereich X einer Funktion $y = f(x)$ gehören alle x-Werte mit $x \in X$, für die die vorgeschriebenen Rechenoperationen in der Funktionsgleichung sinnvoll sind. Der Definitionsbereich kann auch eingeschränkt sein, z.B. nur auf natürliche Zahlen oder auf einen festgelegten Bereich.

W. Weißgerber, *Mathematik zu Elektrotechnik für Ingenieure*,
https://doi.org/10.1007/978-3-658-40837-4_7

Beispiele:
ganzrationale Funktionen:

$$y = a_n \cdot x^n + a_{n-1} \cdot x^{n-1} + ... + a_2 \cdot x^2 + a_1 \cdot x + a_0$$

$X = R$ (reelle Zahlen) mit $-\infty < x < \infty$

gebrochen rationale Funktionen:

$$y = \frac{g(x)}{h(x)} = \frac{a_n x^n + a_{n-1} x^{n-1} + ... + a_1 x + a_0}{b_m x^m + b_{m-1} x^{m-1} + ... + b_1 x + b_0}$$

$X = R \setminus \{x \,|\, h(x) = 0\}$

Erläuterung:

Die Differenz $A \setminus B$ zweier Mengen bedeutet, dass aus A alle B entfernt werden.

Wurzelfunktionen:

$y = \sqrt[n]{r(x)}$ mit $X = \{x \,|\, r(x) \geq 0\}$

z.B. $y = +\sqrt{1 - x^2}$ $|x| \leq 1$ oder $-1 \leq x \leq +1$

Zu 2: Untersuchung auf Symmetrien

(siehe Abschnitt 2.5, S. 64 und 65 "Elementare Eigenschaften reeller Funktionen")
Eine Funktion $y = f(x)$ kann symmetrisch sein:

Eine gerade Funktion ist axialsymmetrisch zur y-Achse mit $f(x) = f(-x)$, eine ungerade Funktion ist zentralsymmetrisch zum Koordinatenursprung mit $f(x) = -f(-x)$.

Werden Symmetrien festgestellt, dann können sich die Untersuchungen auf den positiven Definitionsbereich beschränken, das Verhalten im negativen Definitionsbereich kann dann einfach angegeben werden.

Sind die Funktionen aus elementaren Funktionen $u(x)$ und $v(x)$ zusammengesetzt und besitzen diese Funktionen Symmetrien, dann kann auf die Symmetrie der zusammengesetzten Funktion geschlossen werden:

$u(x)$	$v(x)$	$u(x) \pm v(x)$	$u(x) \cdot v(x)$	$\frac{u(x)}{v(x)}$
gerade	gerade	gerade	gerade	gerade
gerade	ungerade	-	ungerade	ungerade
ungerade	gerade	-	ungerade	ungerade
ungerade	ungerade	ungerade	gerade	gerade

Beispiele:

Die Funktion $y = x^2 - \sin 2x$ ist weder gerade noch ungerade, weil x^2 gerade und $\sin 2x$ ungerade ist.

Die Funktion $y = \cos x \cdot \sin^2 x$ ist gerade, weil $\cos x$ gerade und $\sin^2 x$ gerade ist.

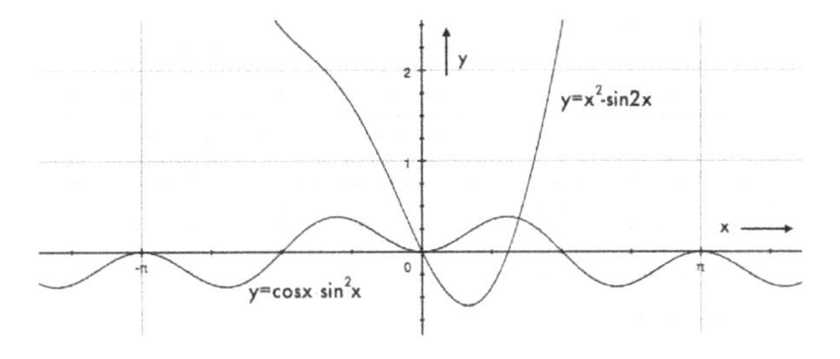

Zu 3. Untersuchung auf Verhalten im Unendlichen

Über die Funktionswerte der Funktion $y = f(x)$ im Unendlichen kann durch die Grenzwertberechnungen

$$\lim_{x\to-\infty} y = \lim_{x\to-\infty} f(x) \quad \text{und} \quad \lim_{x\to+\infty} y = \lim_{x\to+\infty} f(x)$$

ausgesagt werden, die im Kapitel 4.2 vorgenommen wurden.

Beispiele:

1. ganzrationale Funktionen:

$$y = f(x) = a_n \cdot x^n + a_{n-1} \cdot x^{n-1} + ... + a_1 \cdot x + a_0$$

$$\lim_{x\to\pm\infty} y = \lim_{x\to\pm\infty}\left(a_n \cdot x^n + a_{n-1} \cdot x^{n-1} + ... + a_1 \cdot x + a_0\right) = \lim_{x\to\pm\infty} x^n \left(a_n + \frac{a_{n-1}}{x} + ... + \frac{a_1}{x^{n-1}} + \frac{a_0}{x^n}\right)$$

$$\lim_{x\to\pm\infty} y = a_n \cdot \lim_{x\to\pm\infty} x^n \qquad \text{mit} \quad \lim_{x\to\pm\infty}\left(\frac{a_{n-1}}{x} + ... + \frac{a_1}{x^{n-1}} + \frac{a_0}{x^n}\right) = 0$$

a_n und n entscheiden, wie sich das Polynom bei $x \to +\infty$ und $x \to -\infty$ verhält:

$\lim_{x\to+\infty} x^n = +\infty$ mit n gerade und ungerade

$$\lim_{x\to-\infty} x^n = \begin{cases} +\infty, \text{ wenn } n \text{ gerade}, n \neq 0 \\ -\infty, \text{ wenn } n \text{ ungerade} \end{cases}$$

n	a_n	$\lim_{x\to-\infty} y$	$\lim_{x\to+\infty} y$
gerade	>0	$+\infty$	$+\infty$
gerade	<0	$-\infty$	$-\infty$
ungerade	>0	$-\infty$	$+\infty$
ungerade	<0	$+\infty$	$-\infty$

geometrische Bedeutung:

Ist n gerade, dann hat die Kurve bei $\lim_{x\to-\infty} y$ und $\lim_{x\to+\infty} y$ gleiche Werte von $+\infty$ oder $-\infty$.

Ist n ungerade, dann hat die Kurve bei $\lim_{x\to-\infty} y$ und $\lim_{x\to+\infty} y$ unterschiedliche Werte $+\infty$ und $-\infty$.

Beispiele für ganzrationale Funktionen:

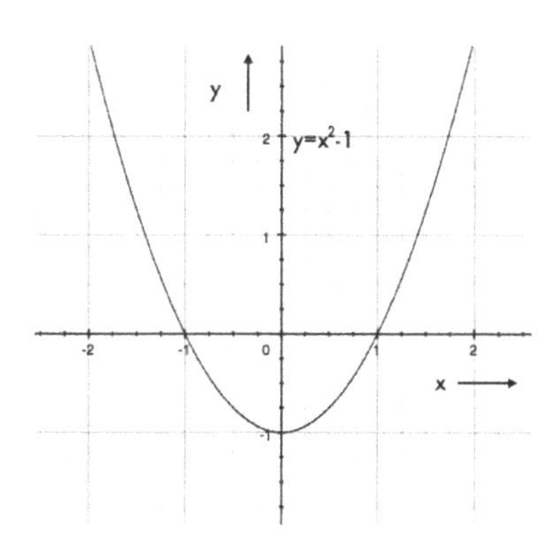

n gerade, $a_2 = 1$

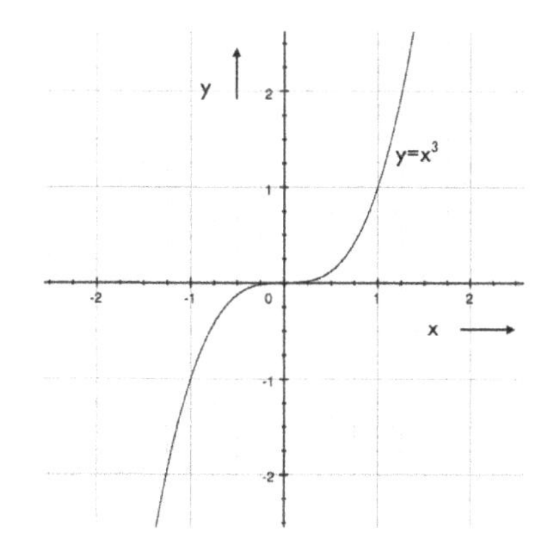

n ungerade, $a_3 = 1$

2. gebrochen rationale Funktionen
   Im Abschnitt 4.2 Grenzwert einer Funktion und zusammengesetzter Funktionen wurde der Grenzwert einer gebrochen rationalen Funktion (siehe Gl. 4.24) mit einem Beispiel behandelt:

$$\lim_{x\to\pm\infty} \frac{a_n x^n + a_{n-1}x^{n-1} + ... + a_0}{b_m x^m + b_{m-1}x^{m-1} + ... + b_0} = \begin{cases} 0 & \text{für } m > n \\ \frac{a_n}{b_m} & \text{für } m = n \\ \pm\infty & \text{für } m < n \end{cases}$$

Für $m > n$ ist die x-Achse die Asymptode,

für $m = n$ ist eine Parallele zur x-Achse die Asymptode.

Beispiel:

$$\lim_{x\to\infty} \frac{3x^2 - 4x + 5}{x^2 + 2x - 1} = \lim_{x\to\infty} \frac{3 - \frac{4}{x} + \frac{5}{x^2}}{1 + \frac{2}{x} - \frac{1}{x^2}} = 3$$

Zu 4. Bestimmung der Unstetigkeitsstellen

Die wichtigsten Unstetigkeitsstellen einer Funktion $y = f(x)$ sind ein endlicher Sprung, eine Unendlichkeitsstelle und eine Lücke. Sie wurden in den Abschnitten 4.2 Grenzwert einer Funktion und zusammengesetzter Funktionen und 4.3 Stetigkeit einer Funktion behandelt.

Endlicher Sprung:

Eine Sprungstelle einer Funktion $y = f(x)$ an der Stelle $x = x_S$ wird durch den rechtsseitigen Grenzwert

$$\lim_{x\to x_S+0} f(x) = g^+ \qquad \text{oder} \qquad f(x) \to g^+ \quad \text{für } x \to x_S + 0$$

und linksseitigen Grenzwert

$$\lim_{x\to x_S-0} f(x) = g^- \qquad \text{oder} \qquad f(x) \to g^- \quad \text{für } x \to x_S - 0$$

mit $g^+ \neq g^-$ beschrieben.

Beispiel:

$$f(x) = \begin{cases} x+2 & \text{für } x < 0 \\ 0 & \text{für } x = 0 \\ x-2 & \text{für } x > 0 \end{cases}$$

an der Stelle $x_S = 0$.

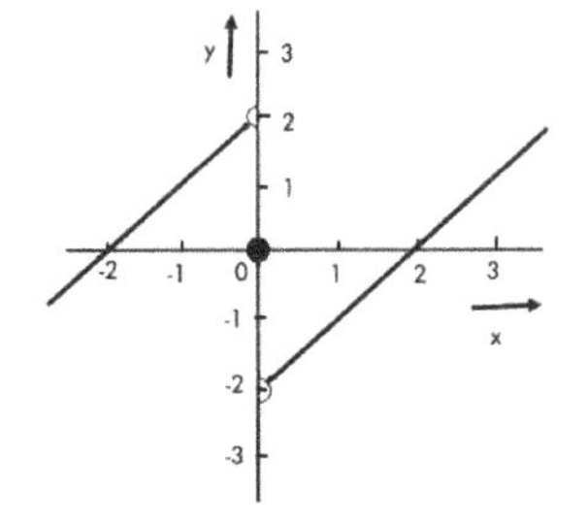

$$\lim_{x\to -0} f(x) = +2 \quad \text{und} \quad \lim_{x\to +0} f(x) = -2$$

Unendlichkeitsstelle:

Ist der Funktionswert einer Funktion an einer Stelle $x = x_P$ unbeschränkt, dann handelt es sich um eine Unendlichkeits- oder Polstelle. Die vertikale Asymptote heißt Pol.

Bei gebrochen rationalen Funktionen ist der Funktionswert dann unbeschränkt, wenn bei $x = x_P$ das Nennerpolynom Null ist und das Zählerpolynom ungleich Null ist.

Die trigonometrischen Funktionen $y = \tan x$ und $y = \cot x$ (siehe Abschnitt 2.5) enthalten auch Polstellen.

Beispiele:

$$y = \frac{1}{x-1}$$

$$x_P = 1$$

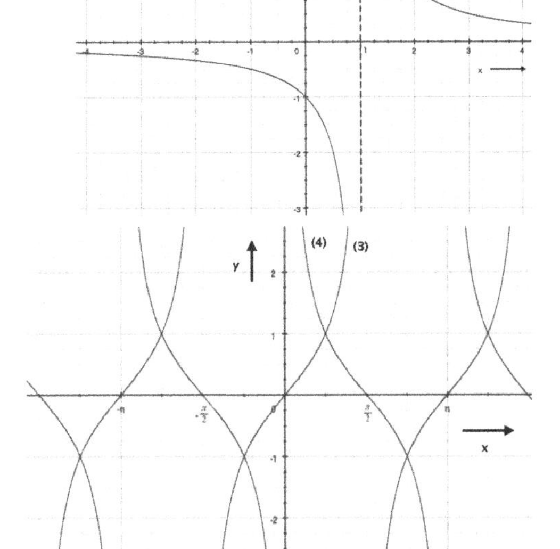

$$y = \tan x \qquad (3)$$

$$x_P = \frac{\pi}{2} + k\pi$$

mit $k = 0,\ \pm 1,\ \pm 2, ...$

$$y = \cot x \qquad (4)$$

$$x_P = k\pi$$

mit $k = 0,\ \pm 1,\ \pm 2, ...$

Lücke:

Ist der Funktionswert einer Funktion an der Stelle $x = x_L$ nicht definiert und sind rechtsseitiger und linksseitiger Grenzwert gleich, dann handelt es sich um eine Lücke:

$$\lim_{x \to x_L + 0} f(x) = g^+ \quad \text{und} \quad \lim_{x \to x_L - 0} f(x) = g^- \quad \text{mit} \quad g^+ = g^- = g$$

Eine Lücke lässt sich beheben, indem der Grenzwert als Funktionswert definiert wird:

$$f(x_L) = g$$

Der Grenzwert einer Lücke lässt sich vorteilhaft mit der Regel von Bernoulli de l´ Hospital ermitteln (siehe Abschnitt 5.7).

Beispiel:

$$f(x) = \frac{x^2 - 1}{x - 1} \quad \text{mit} \quad x_L = 1$$

$$f(x_L) = f(1) = \frac{0}{0}$$

$$\lim_{x \to 1} f(x) = \lim_{x \to 1} \frac{2x}{1} = 2$$

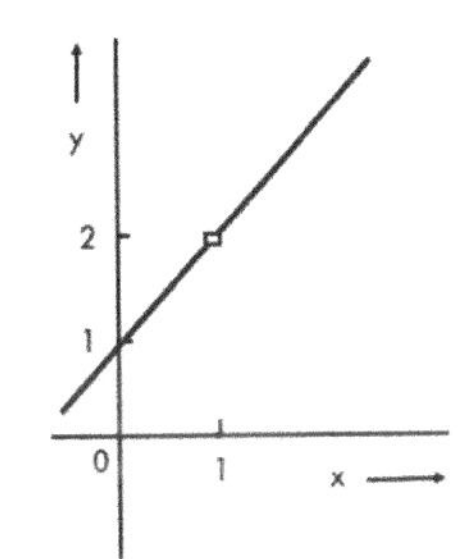

5. Bestimmung der Achsenabschnittspunkte

Schnittpunkte mit der x-Achse

In den Schnittpunkten der Funktion $y = f(x)$ mit der x-Achse sind die Ordinatenwerte gleich Null:

$$y = f(x) = 0 \qquad (7.1)$$

Sie werden deshalb Nullstellen der Funktion genannt, die Nullpunkte im kartesischen Koordinatensystem sind $P(x;\ 0)$.

Beispiel:

Ganzrationale Funktionen oder Polynome gehen in Gleichungen n-ten Grades über, wenn $y = f(x) = 0$ gesetzt wird:

$$a_n \cdot x^n + a_{n-1} \cdot x^{n-1} + \ldots + a_2 \cdot x^2 + a_1 \cdot x + a_0 = 0$$

mit den Nullstellen $x_1,\ x_2,\ \ldots,\ x_n$.

Diese Gleichungen wurden im Abschnitt 2.5 und 6.4.3 behandelt.

Schnittpunkte mit der y-Achse

In dem Schnittpunkt der Funktion $y = f(x)$ mit der y-Achse ist der Abszissenwert gleich Null $x = 0$:

$$y = f(0) \qquad (7.2)$$

Beispiel:

Für ganzrationale Funktionen ergibt sich mit $x = 0$

$$y = f(0) = a_0$$

Beispiel: (siehe Abschnitt 2.5)

$$y = x^5 + 4x^4 + 2x^3 - 2x^2 + x - 3$$

$$f(0) = -3$$

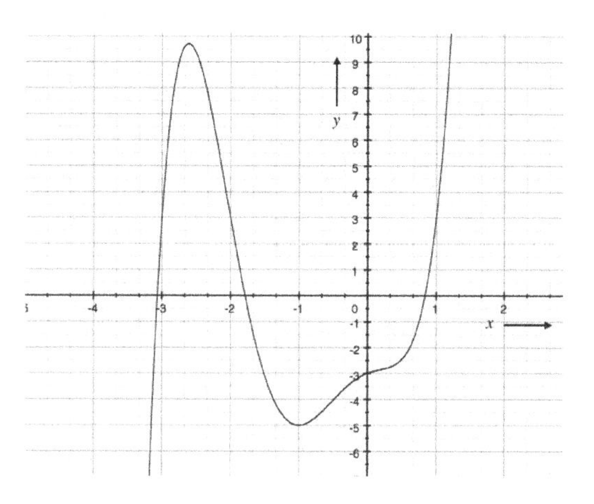

6. *Berechnung der Ableitungen* $y' = f'(x),\ y'' = f''(x),\ y''' = f'''(x)$

Nach den Regeln der Differentialrechnung sind die erste, zweite und dritte Ableitung der Funktion $y = f(x)$ zu bilden (siehe Kapitel 5).

7. *Bestimmung der Extrempunkte und Art der Extrempunkte*

Eine Kurve der Funktion $y = f(x)$ heißt in einem Intervall steigend, wenn mit wachsenden Abszissenwerten x die Funktionswerte größer werden:

$$x_2 > x_1$$
$$f(x_2) > f(x_1)$$

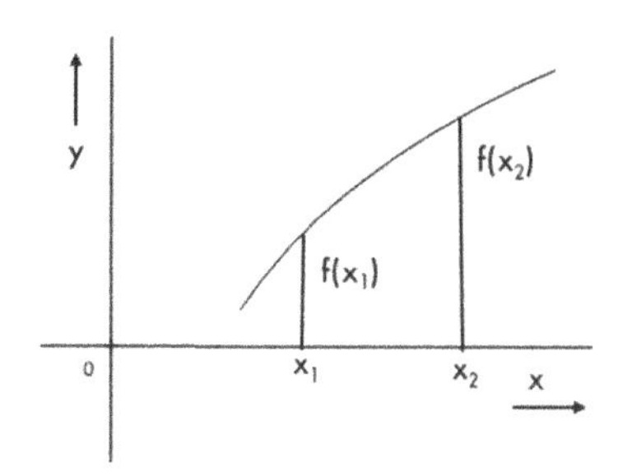

Steigt eine Kurve, so ist dort der Richtungswinkel α der Tangente ein spitzer Winkel. Die Steigung und damit die Ableitung der Funktion sind positiv:

$$f'(x) > 0 \qquad (7.3)$$

Eine Kurve der Funktion $y = f(x)$ heißt in einem Intervall fallend, wenn mit wachsenden Abszissenwerten x die Funktionswerte kleiner werden:

$$x_2 > x_1$$
$$f(x_2) < f(x_1)$$

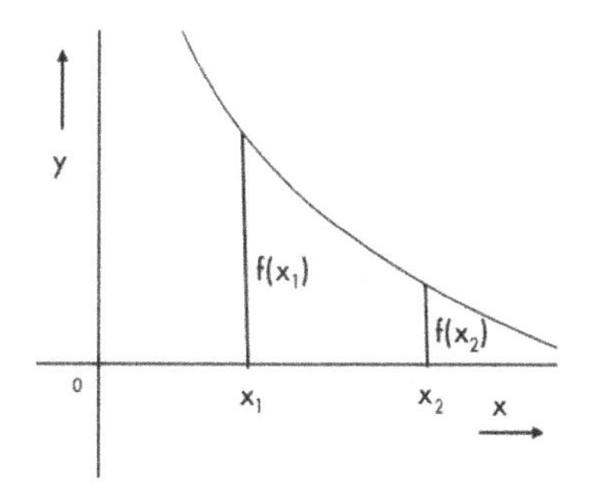

Fällt eine Kurve, so ist dort der Richtungswinkel α der Tangente ein stumpfer Winkel. Die Steigung und damit die Ableitung der Funktion sind negativ:

$$f'(x) < 0 \qquad (7.4)$$

Beispiel:

$y = f(x) = x^2 \qquad y' = f'(x) = 2x$

Bei $x_1 = +1$

ist $f'(x_1) = 2$ steigend,

bei $x_2 = -1$

ist $f'(x_2) = -2$ fallend

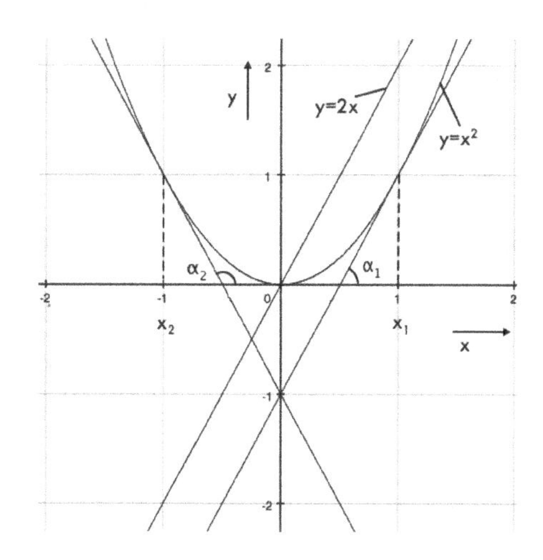

Extrempunkte einer Kurve sind Punkte, in denen steigende und fallende Kurvenbögen stetig ineinander übergehen.

Die <u>notwenige Bedingung für Extrempunkte</u> einer Kurve lautet dann:
Eine Funktion $y = f(x)$ hat an einer Stelle $x = x_E$ ein Maximum bzw. Minimum, wenn der zugehörige Funktionswert im Vergleich zu seinen Nachbarwerten der größte bzw. kleinste ist und die Kurve dort eine waagerechte Tangente besitzt.
Eine notwenige Bedingung für einen Extrempunkt einer Kurve ist also

$$f'(x) = 0 \qquad (7.5)$$

Die Funktion $y = f(x)$ muss dort nicht nur stetig, sondern auch differenzierbar sein.
Dass diese Bedingung nicht hinreichend ist, folgt aus der Existenz einer waagerechten Wendetangente, die auch den Anstieg Null hat, wie das rechte Bild zeigt:

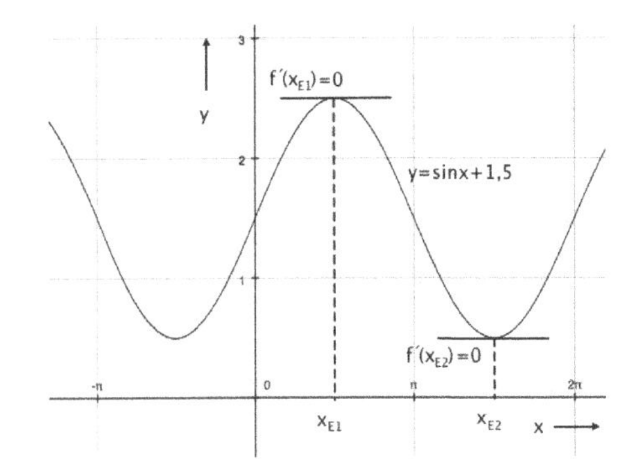

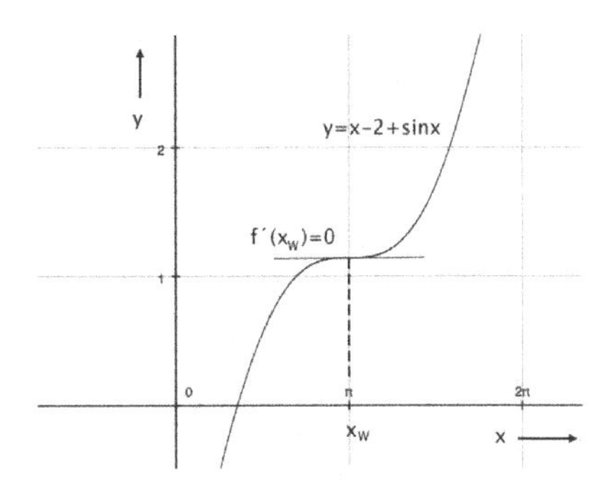

In diesem Wendepunkt ist wohl die Ableitung gleich Null, aber es liegt kein Maximum oder Minimum vor, wie im linken Bild mit zwei Extrempunkten bei x_{E1} und x_{E2}.
Die <u>hinreichende Bedingung für Extrempunkte</u> lautet:
Ein Maximum liegt vor,
wenn für alle Abszissenwerte $x < x_E$ die Ableitung $f'(x) > 0$ (steigende Kurve) ist
und für alle Abszissenwerte $x > x_E$ die Ableitung $f'(x) < 0$ (fallende Kurve) ist.
Ein Minimum liegt vor,
wenn für alle Abszissenwerte $x < x_E$ die Ableitung $f'(x) < 0$ (fallende Kurve) ist
und für alle Abszissenwerte $x > x_E$ die Ableitung $f'(x) > 0$ (steigende Kurve) ist.
Rechnerisch wird die hinreichende Bedingung durch die höheren Ableitungen der Funktion untersucht (ohne Beweis):
Hinreichend für ein Maximum oder Minimum ist, dass die erste nicht verschwindende höhere Ableitung von gerader Ordnung und negativ bzw. positiv ist.
Die Funktion $y = f(x)$ hat an der Stelle $x \doteq x_E$

$$\text{ein Maximum, wenn } f^{(k)}(x) < 0 \text{ und ein Minimum, wenn } f^{(k)}(x) > 0$$
$$\text{mit } k > 1 \text{, gerade und minimal.} \qquad (7.6)$$

Ist die erste nicht verschwindende höhere Ableitung von ungerader Ordnung, so hat die Funktion bei $x = x_E$ kein Extremum.

<u>Praktisch</u> benutzt man als Bestimmungsgleichung $f'(x) = 0$ für mögliche Extremstellen und setzt diese in die höheren Ableitungen $f^{(k)}(x)$ ein, bis eine ungleich Null ist.

Beispiele:

1. Bestimmung der Extrempunkte der Funktion $y = x^4 - 8x^2$:

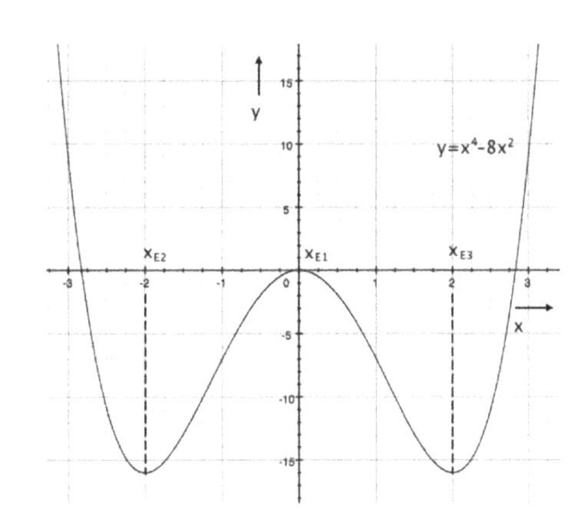

Notwendige Bedingung:

$y' = 4x^3 - 16x = 0$

$x \cdot (4x^2 - 16) = 0$

$x_{E1} = 0 \qquad 4x^2 - 16 = 0$

$4x^2 = 16$

$x^2 = 4$

$x_{E2} = -2 \qquad x_{E3} = +2$

Hinreichende Bedingung:

$y'' = 12x^2 - 16 \quad 12 \cdot x_{E1}^{\ 2} - 16 = -16 < 0$, d.h. bei $x_{E1} = 0$ ist ein Maximum

$12 \cdot x_{E2}^{\ 2} - 16 = 12 \cdot 4 - 16 = 32 > 0$, dh. bei $x_{E2} = -2$ ist ein Minimum

$12 \cdot x_{E3}^{\ 2} - 16 = 12 \cdot 4 - 16 = 32 > 0$, dh. bei $x_{E3} = +2$ ist ein Minimum

2. Bestimmung der Extrempunkte der Funktion $y = x + \cos x$:

Notwendige Bedingung:

$y' = 1 - \sin x = 0 \qquad \sin x = 1$

$x_E = \ldots, -\frac{7\pi}{2}, -\frac{3\pi}{2}, \frac{\pi}{2}, \frac{5\pi}{2}, \frac{9\pi}{2}, \ldots$

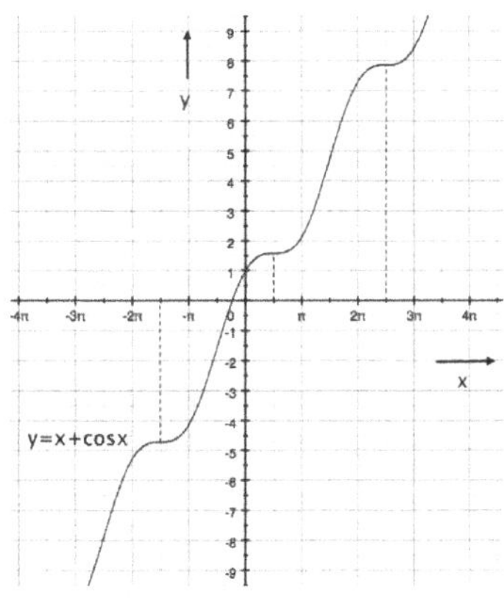

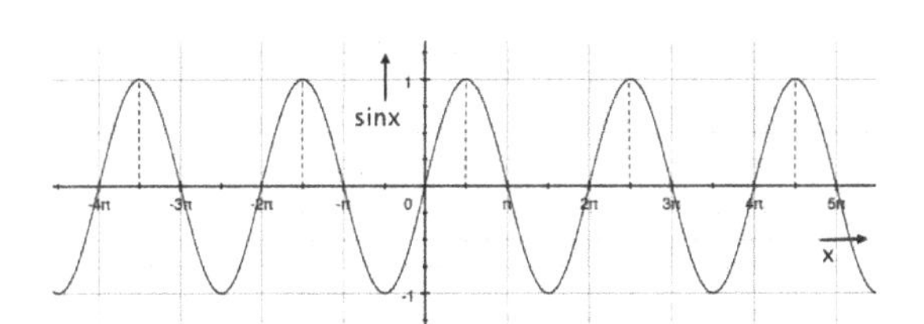

Hinreichende Bedingung:

$y'' = -\cos x$

$$y'' = f''(x_E) = \ldots, -\cos\left(-\frac{7\pi}{2}\right) = 0, -\cos\left(-\frac{3\pi}{2}\right) = 0, -\cos\frac{\pi}{2} = 0, -\cos\frac{5\pi}{2} = 0, -\cos\frac{9\pi}{2} = 0, \ldots$$

Die zweite Ableitung bringt keine Entscheidung, ob ein Extremwert vorliegt.

$y''' = \sin x$

$$y''' = f'''(x_E) = \ldots,\ \sin\left(-\frac{7\pi}{2}\right) = 1,\ \sin\left(-\frac{3\pi}{2}\right) = 1,\ \sin\frac{\pi}{2} = 1,\ \sin\frac{5\pi}{2} = 1,\ \sin\frac{9\pi}{2} = 1,\ \ldots$$

Es existieren also keine Extremwerte, wie die Kurve auch zeigt. Da die erste nicht verschwindende höhere Ableitung von ungerader Ordnung, nämlich 3. Ordnung, ist, kann bei dieser Funktion kein Extremwert vorkommen.

8. *Bestimmung der Wendepunkte und des Anstiegs der Wendetangenten*

Eine Bildkurve der Funktion $y = f(x)$ heißt in einem Intervall *konkav*, wenn die Tangenten in jedem Punkt der Kurve oberhalb der Kurve liegen. Sie wird auch *Rechtskurve* genannt, weil sich die Tangentenschar mit wachsenden Abszissenwerten x nach rechts im Uhrzeigersinn dreht.

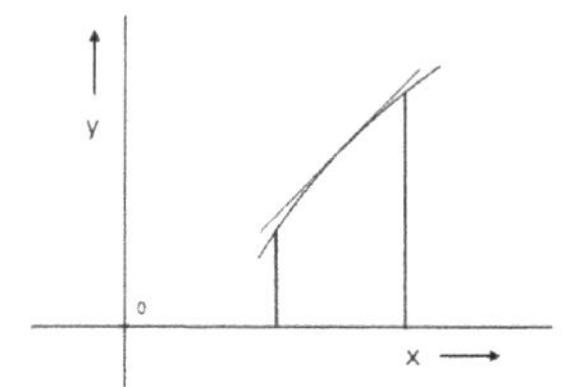

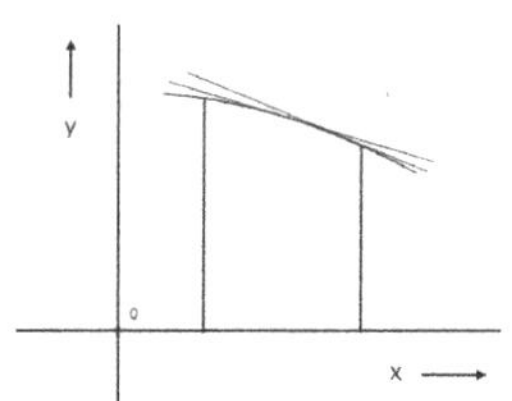

Umgekehrt heißt eine Bildkurve der Funktion $y = f(x)$ *konvex*, wenn die Tangenten in jedem Punkt der Kurve unterhalb der Kurve liegen. Entsprechend wird die Kurve dann *Linkskurve* genannt, weil sich die Tangentenschar mit wachsendem Abszissenwerten x nach links im Gegenuhrzeigersinn dreht.

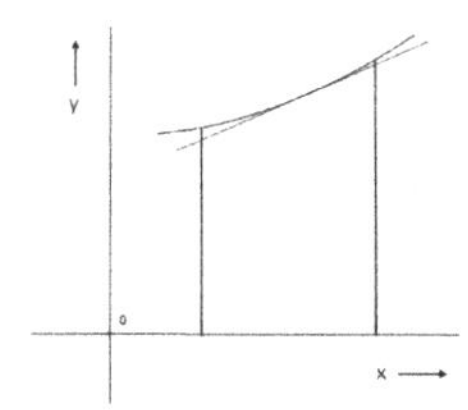

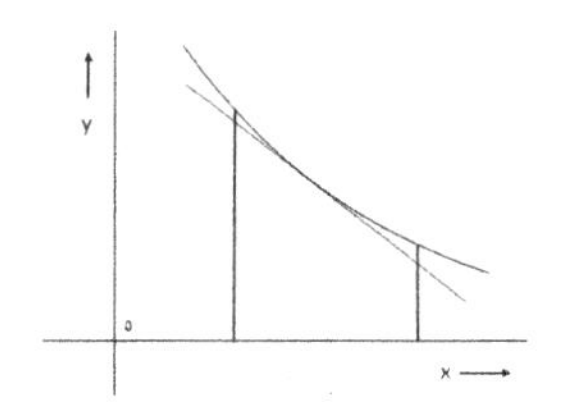

Wie die Bilder veranschaulichen, können sowohl fallende als auch steigende Kurvenbögen konkav oder konvex sein. Konkave und konvexe Kurven werden durch das Vorzeichen der zweiten Ableitung bestimmt. Die Bildkurve einer Funktion $y = f(x)$, die in einem Intervall zweimal differenzierbar ist, ist für alle x:

mit $y'' = f''(x) > 0$ konvex, also eine Linkskurve,

mit $y'' = f''(x) < 0$ konkav, also eine Rechtskurve. (7.7)

Beispiele:

1. $y = x^2 \quad y' = 2x \quad y'' = 2 > 0$
   Die Normalparabel ist konvex und eine Linkskurve.

2. $y = x^3 \quad y' = 3x^2 \quad y'' = 6x$
   Ist $x > 0$, dann ist $y'' > 0$ und die Kurve ist konvex, ist $x < 0$, dann ist $y'' < 0$ und die Kurve ist konkav.

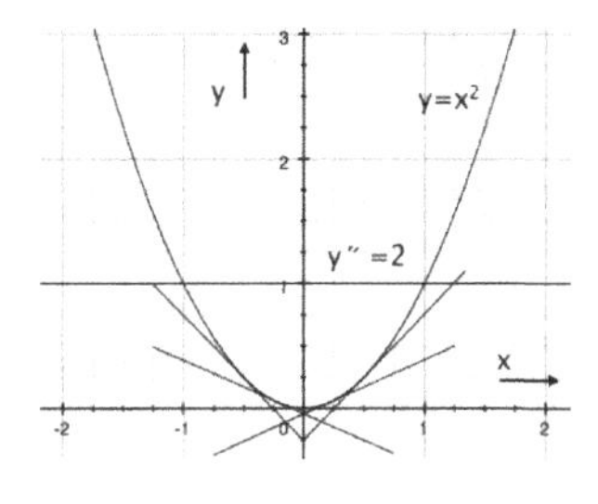

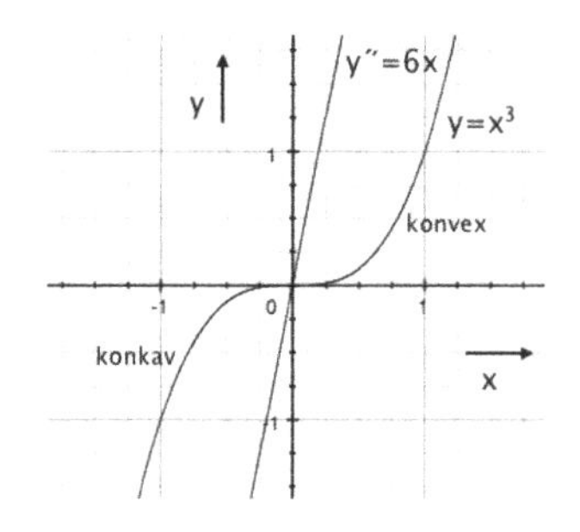

Schließlich sind diejenigen Punkte einer Funktion $y = f(x)$ von Interesse, in denen konkave in konvexe oder umgekehrt stetig ineinander übergehen. Diese Punkte werden Wendepunkte genannt, und ihre Tangenten heißen Wendetangenten, die die Kurve durchsetzen.
Eine Funktion $y = f(x)$ hat an einer Stelle $x = x_W$ einen Wendepunkt, wenn die zweite Ableitung $y'' = f''(x)$ für $x < x_W$, also links von x_W ein anderes Vorzeichen hat als für $x > x_W$, also rechts von x_W.
Die <u>notwendige Bedingung für einen Wendepunkt</u> ist, dass die zweite Ableitung der Funktion Null ist:

$$y'' = f''(x) = 0 \tag{7.8}$$

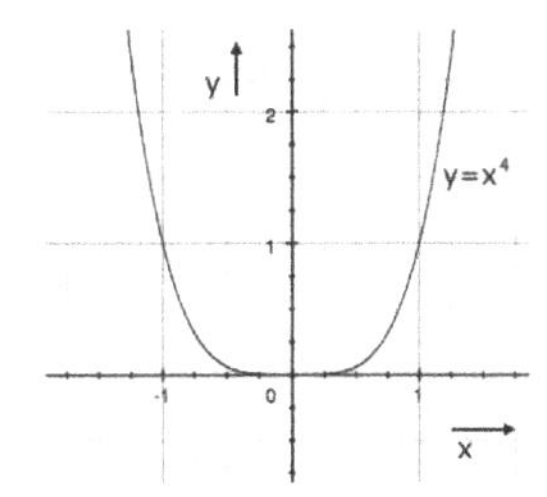

Dass diese Bedingung nicht hinreichend ist, zeigt folgendes Beispiel:

$y = x^4 \quad y' = 4x^3 \quad y'' = 12x^2 \quad y''' = 24$

mit $x = 0$ ergibt sich $y'' = 0$

Bei $x = 0$ befindet sich kein Wendepunkt, sondern ein Extrempunkt, ein Minimum.

Die <u>hinreichende Bedingung</u> für einen Wendepunkt ist, dass die erste nicht verschwindende höhere Ableitung von ungerader Ordnung ist:
Die Funktion $y = f(x)$ hat an einer Stelle $x = x_W$ einen Wendepunkt, wenn

$$f^{(k)}(x_W) \neq 0 \tag{7.9}$$

mit $k > 2$, ungerade, minimal

Ist die erste nicht verschwindende höhere Ableitung von gerader Ordnung, so hat die Funktion $y = f(x)$ bei $x = x_W$ keinen Wendepunkt (siehe obiges Beispiel).

<u>Praktisch</u> benutzt man die zweite Ableitung $f''(x) = 0$ als Bestimmungsgleichung für mögliche Wendepunkte und setzt diese x-Werte in die höheren Ableitungen $f^{(k)}(x)$, bis eine ungleich Null ist.

<u>Beispiel:</u> $y = x + \cos x$

Notwendige Bedingung:

Mit $y' = 1 - \sin x \quad \Rightarrow \quad y'' = -\cos x = 0$

$$x_W = \pm\frac{\pi}{2},\ \pm\frac{3\pi}{2},\ \pm\frac{5\pi}{2},\ \ldots$$

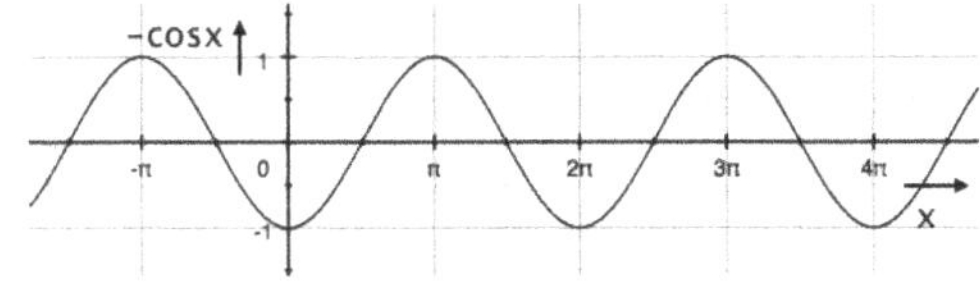

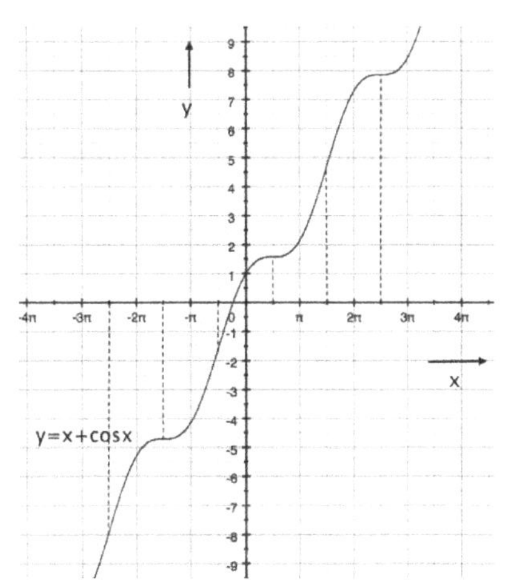

Hinreichende Bedingung:

$y''' = \sin x$

$$\ldots,\ \sin\left(-\frac{\pi}{2}\right),\ \sin\frac{\pi}{2},\ \sin\frac{3\pi}{2},\ldots \neq 0$$

Bestimmung der Wendetangenten:

Die oben ermittelten x_W-Werte sind Abszissen von Wendepunkten. Existiert ein Wendepunkt an der Stelle $x = x_W$, dann lässt sich die Wendetangente mit der Steigung der Wendetangente $f'(x_W)$ und dem Wendepunkt $P_W(x_W; y_W)$ mit Hilfe der Punkt-Richtungsgeraden bestimmen:

Mit $$f'(x_W) = \frac{y - y_W}{x - x_W} \Rightarrow y = f'(x_W) \cdot x + y_W - f'(x_W) \cdot x_W \qquad (7.10)$$

speziell: Ist zusätzlich die erste Ableitung $f'(x_W) = 0$, dann nennt man den Wendepunkt Stufen- oder Terrassenpunkt.

9. *Darstellung der Kurve mit Hilfe der ermittelten Ergebnisse und Kontrolle der Kurve durch Eingabe der Funktionsgleichung in ein Rechen- und Zeichenprogramm*

Beispiel 1: $y = \frac{1}{4}x^3 + \frac{1}{4}x^2 - 2x - 3$

1. *Bestimmung des Definitionsbereichs X*

   Es handelt sich um eine ganzrationale Funktion: deshalb ist $-\infty < x < +\infty$.

2. *Untersuchung auf Symmetrien*

   $f(-x) = -\frac{1}{4}x^3 + \frac{1}{4}x^2 + 2x - 3 \qquad f(x) = \frac{1}{4}x^3 + \frac{1}{4}x^2 - 2x - 3$

   Die Funktion hat keine Symmetrien bezüglich der Ordinate und des Nullpunkts.

3. *Untersuchung des Verhaltens im Unendlichen*

   Mit $n = 3$ und $a_n = \frac{1}{4} > 0$ ist $\lim\limits_{x \to -\infty} y = -\infty$ und $\lim\limits_{x \to +\infty} y = +\infty$.

4. *Bestimmung von Unstetigkeitsstellen*

   Ganzrationale Funktionen sind stetig und besitzen keine Unstetigkeitsstellen.

5. *Bestimmung der Achsenabschnittspunkte*

   Schnittpunkt mit der x-Achse, Nullstellen: $f(x) = 0$

   $f(x) = \frac{1}{4}x^3 + \frac{1}{4}x^2 - 2x - 3 = 0 \qquad x^3 + x^2 - 8x - 12 = 0$

   Durch Probieren, d.h. Einsetzen von $x = \pm 1,\ \pm 2,\ \pm 3, \ldots$ ergibt sich die Nullstelle

   $x_1 = -2$: $\quad (-2)^3 + (-2)^2 - 8 \cdot (-2) - 12 = -8 + 4 + 16 - 12 = 0$

   Damit lässt sich die kubische Gleichung auf eine quadratische Gleichung überführen

   $(x^3 + x^2 - 8x - 12) : (x + 2) = x^2 - x - 6$

   $\underline{-(x^3 + 2x^2)}$

   $-x^2 - 8x$

   $\underline{-(-x^2 - 2x)}$

   $-6x - 12$

   $\underline{-(-6x - 12)}$

   0

   $x^2 - x - 6 = 0$

   $x_{2,3} = \frac{1}{2} \pm \sqrt{\frac{1}{4} + \frac{24}{4}} = \frac{1}{2} \pm \frac{5}{2}$

   $x_2 = -2 \quad x_3 = 3$

   Die Gleichung hat also eine einfache und eine doppelte Nullstelle.

   Schnittpunkt mit der y-Achse: $x = 0 \quad y = f(0) = -3$

6. *Berechnung der Ableitungen* $y' = f'(x)$, $y'' = f''(x)$, $y''' = f'''(x)$

$$y = \frac{1}{4}x^3 + \frac{1}{4}x^2 - 2x - 3 \qquad y'' = \frac{3}{2}x + \frac{1}{2}$$

$$y' = \frac{3}{4}x^2 + \frac{1}{2}x - 2 \qquad y''' = \frac{3}{2}$$

7. *Bestimmung der Extrempunkte und Art der Extrempunkte*

$$y' = \frac{3}{4}x^2 + \frac{1}{2}x - 2 = 0 \qquad x^2 + \frac{2}{3}x - \frac{8}{3} = 0$$

$$x_{E1,E2} = -\frac{1}{3} \pm \sqrt{\frac{1+24}{9}} = -\frac{1}{3} \pm \frac{5}{3}$$

$$x_{E1} = -2 \qquad x_{E2} = \frac{4}{3} = 1{,}33$$

$$f''(-2) = -3 + \frac{1}{2} < 0 \quad \text{Maximum} \qquad f''\left(\frac{4}{3}\right) = 2 + \frac{1}{2} > 0 \quad \text{Minimum}$$

zugehörige Funktionswerte:

$$y_{E1} = f(-2) = 0 \quad \text{Nullstelle,} \qquad y_{E2} = f\left(\frac{4}{3}\right) = \frac{1}{4}\cdot\left(\frac{4}{3}\right)^3 + \frac{1}{4}\cdot\left(\frac{4}{3}\right)^2 - 2\cdot\frac{4}{3} - 3$$

$$y_{E2} = \frac{16}{27} + \frac{4}{9}\cdot\frac{3}{3} - \frac{8}{3}\cdot\frac{9}{9} - \frac{3\cdot 27}{27} = -\frac{125}{27} = -4{,}63$$

Maximum: $(-2;\ 0)$ Minimum: $(1{,}33;\ -4{,}63)$

8. *Bestimmung der Wendepunkte und des Anstiegs der Wendetangenten*

$$y'' = \frac{3}{2}x + \frac{1}{2} = 0 \qquad x_W = -\frac{1}{3}$$

$$f'''\left(-\frac{1}{3}\right) = \frac{3}{2} \neq 0$$

zugehöriger Funktionswert:

$$y_W = f\left(-\frac{1}{3}\right) = \frac{1}{4}\cdot\left(-\frac{1}{3}\right)^3 + \frac{1}{4}\cdot\left(-\frac{1}{3}\right)^2 - 2\cdot\left(-\frac{1}{3}\right) - 3$$

$$y_W = -\frac{1}{108} + \frac{1}{36}\cdot\frac{3}{3} + \frac{2\cdot 36}{3\cdot 36} - 3\cdot\frac{108}{108} = -\frac{250}{108} = -\frac{125}{54} = -2{,}31$$

Wendepunkt: $\left(-\frac{1}{3};\ -2{,}31\right)$

Anstieg der Wendetangente:

$$f'(x_W) = \frac{3}{4}x_W^{\,2} + \frac{1}{2}x_W - 2 = \frac{3}{4}\cdot\frac{1}{9} - \frac{1}{2}\cdot\frac{1}{3} - 2 = \frac{1}{12} - \frac{2}{12} - \frac{24}{12} = -\frac{25}{12} = -2{,}1$$

9. *Darstellung der Kurve mit Hilfe der ermittelten Ergebnisse und Kontrolle der Kurve durch Eingabe der Funktionsgleichung in ein Rechen- und Zeichenprogramm*

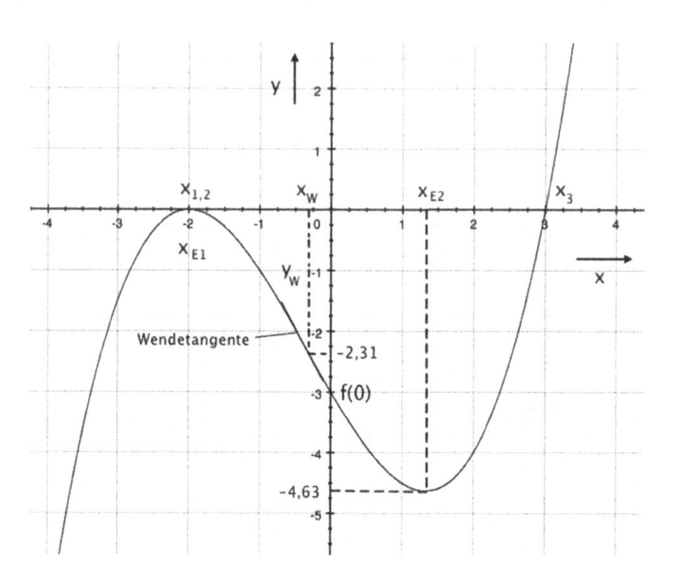

Beispiel 2: $y = \dfrac{x^2 - x - 2}{x - 3}$

1. *Bestimmung des Definitionsbereichs X*

   $X = R \setminus x = 3$

2. *Untersuchung auf Symmetrien*

   $f(-x) = \dfrac{x^2 + x - 2}{-x - 3}$ $\qquad f(x) = \dfrac{x^2 - x - 2}{x - 3}$

   Die Funktion hat keine Symmetrien bezüglich der Ordinate und des Nullpunkts.

3. *Untersuchung des Verhaltens im Unendlichen*

   $\lim\limits_{x \to +\infty} \dfrac{x^2 - x - 2}{x - 3} = +\infty$ $\qquad \lim\limits_{x \to -\infty} \dfrac{x^2 - x - 2}{x - 3} = -\infty$

   Asymptote: $y = x + 2$

   $$\left(x^2 - x - 2\right):\left(x - 3\right) = x + 2 + \frac{4}{x - 3}$$

   $$\underline{-\left(x^2 - 3x\right)}$$

   $$2x - 2$$

   $$\underline{-(2x - 6)}$$

   $$4$$

4. *Bestimmung von Unstetigkeitsstellen*

   Es existiert eine Unendlichkeitsstelle bei $x_P = 3$, wobei der Zähler für $x_P = 3$ ungleich Null sein muss: $x_P{}^2 - x_P - 2 = 9 - 3 - 2 = 4 \neq 0$.

5. *Bestimmung der Achsenabschnittspunkte*
   Schnittpunkt mit der x-Achse, Nullstellen: $f(x)=0$

   $$x^2-x-2=0$$

   $$x_{1,2}=\frac{1}{2}\pm\sqrt{\frac{1}{4}+\frac{8}{4}}=\frac{1}{2}\pm\frac{3}{2}$$

   $$x_1=2 \qquad x_2=-1 \quad \text{mit} \quad x_{1,2}\neq x_P=3$$

   Schnittpunkt mit der y-Achse: $x=0$ $\qquad y=f(0)=\frac{2}{3}$

6. *Berechnung der Ableitungen* $y'=f'(x)$, $y''=f''(x)$, $y'''=f'''(x)$

   $$y=\frac{x^2-x-2}{x-3}=x+2+\frac{4}{x-3}=x+2+4\cdot(x-3)^{-1}$$

   $$y'=1-\frac{4}{(x-3)^2}=1-4\cdot(x-3)^{-2} \qquad y''=\frac{8}{(x-3)^3}$$

7. *Bestimmung der Extrempunkte und Art der Extrempunkte*

   $$y'=1-\frac{4}{(x-3)^2}=0 \qquad \frac{4}{(x-3)^2}=1$$

   $$(x-3)^2=4 \qquad x-3=\pm 2 \qquad x_{E1}=5 \qquad x_{E2}=1$$

   $$y_{E1}=5+2+\frac{4}{5-3}=9 \qquad y_{E2}=1+2+\frac{4}{1-3}=1$$

   $$f''(x_{E1})=f''(5)=\frac{8}{(5-3)^3}=1>0 \quad \text{Minimum}$$

   $$f''(x_{E2})=f''(1)=\frac{8}{(1-3)^3}=-1<0 \quad \text{Maximum}$$

8. *Bestimmung der Wendepunkte und des Anstiegs der Wendetangenten*

   $$f''(x_W)=\frac{8}{(x-3)^3}=0$$

   Diese Gleichung ist für keinen x-Wert erfüllt. Es gibt also keine Wendepunkte.

9. *Darstellung der Kurve mit Hilfe der ermittelten Ergebnisse und Kontrolle der Kurve durch Eingabe der Funktionsgleichung in ein Rechen- und Zeichenprogramm*

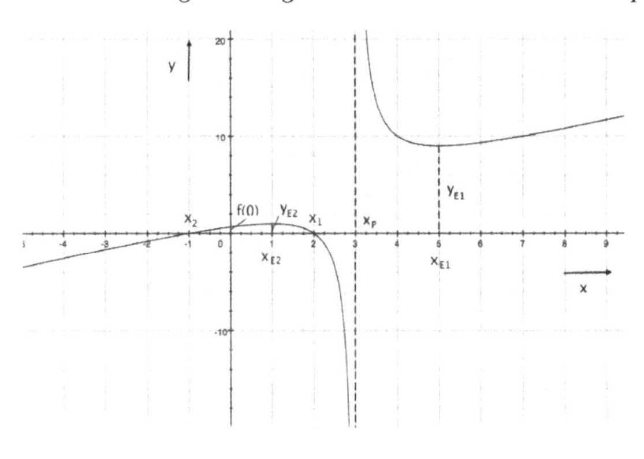

Beispiel 3: $y = e^{\sin x}$

1. *Bestimmung des Definitionsbereichs X*

   $-\infty < x < +\infty$

2. *Untersuchung auf Symmetrien*

   $$f(-x) = e^{\sin(-x)} = e^{-\sin x} \qquad f(x) = e^{\sin x}$$

   Die Funktion hat keine Symmetrien bezüglich der Ordinate und des Nullpunkts.

3. *Untersuchung des Verhaltens im Unendlichen*

   $\lim\limits_{x \to \pm\infty} e^{\sin x}$ ist unbestimmt, weil $-1 \le \sin \le 1$

4. *Bestimmung von Unstetigkeitsstellen*

   Die Funktion hat keine Unstetigkeitsstellen.

5. *Bestimmung der Achsenabschnittspunkte*

   Schnittpunkt mit der x-Achse, Nullstellen: $f(x) = 0$

   $e^{\sin x} = 0$

   Die Funktion hat keinen Schnittpunkt mit der x-Achse.

   Schnittpunkt mit der y-Achse: $y = f(0) = e^{\sin 0} = e^0 = 1$

6. *Berechnung der Ableitungen* $y' = f'(x)$, $y'' = f''(x)$, $y''' = f'''(x)$

   $$y = e^{\sin x} \qquad y' = e^{\sin x} \cdot \cos x$$

   $$y'' = e^{\sin x} \cdot \cos^2 x - e^{\sin x} \cdot \sin x = e^{\sin x} \cdot \left(\cos^2 x - \sin x\right)$$

   $$y''' = e^{\sin x} \cdot \cos x \cdot \left(\cos^2 x - \sin x\right) + e^{\sin x} \cdot (-2 \cdot \cos x \cdot \sin x - \cos x)$$

   $$y''' = e^{\sin x} \cdot \left(\cos^3 x - \cos x \cdot \sin x - 2 \cdot \cos x \cdot \sin x - \cos x\right)$$

   $$y''' = e^{\sin x} \cdot \left(\cos^3 x - 3 \cdot \sin x \cdot \cos x - \cos x\right)$$

7. *Bestimmung der Extrempunkte und Art der Extrempunkte*

   $$y' = f'(x) = e^{\sin x} \cdot \cos x = 0$$

   $$x_E = \pm\frac{\pi}{2},\ \pm\frac{3\pi}{2},\ \pm\frac{5\pi}{2},\ \ldots$$

   $$\ldots = f''\left(-\frac{3\pi}{2}\right) = f''\left(\frac{\pi}{2}\right) = f''\left(\frac{5\pi}{2}\right) = \ldots = -e < 0 \quad \text{Maximum}$$

   $$\ldots = f''\left(-\frac{5\pi}{2}\right) = f''\left(-\frac{\pi}{2}\right) = f''\left(\frac{3\pi}{2}\right) = f''\left(\frac{7\pi}{2}\right) = \ldots = e^{-1} = \frac{1}{e} > 0 \quad \text{Minimum}$$

8. *Bestimmung der Wendepunkte und des Anstiegs der Wendetangenten*

$$y'' = e^{\sin x} \cdot \left(\cos^2 x - \sin x\right) = 0$$

mit $\sin^2 x + \cos^2 x = 1$ und $\cos^2 x = 1 - \sin^2 x$

$$y'' = e^{\sin x} \cdot \left(1 - \sin^2 x - \sin x\right) = 0$$

Ein Produkt ist gleich Null, wenn einer der Faktoren Null ist:

für alle x ist $e^{\sin x} \neq 0$

$$\left(1 - \sin^2 x - \sin x\right) = 0 \quad \Rightarrow \quad \sin^2 x + \sin x - 1 = 0$$

Diese quadratische Gleichung in $\sin x$ wird nach der p,q-Formel gelöst:

$$\sin x = -\frac{1}{2} \pm \sqrt{\frac{1}{4} + 1} = -\frac{1 \pm \sqrt{5}}{2} = -\frac{1 \pm 2{,}236}{2} = -0{,}5 \pm 1{,}118 = \begin{cases} 0{,}618 \\ -1{,}618 \end{cases}$$

Da $|\sin x| \leq 1$, fällt der untere Wert weg.

$\sin x = 0{,}618$ und $x_{W1} = 0{,}666$

Mit $\sin x = \sin(\pi - x) = 0{,}618$ ergibt sich ein weiterer Wendepunkt $x_{W2} = \pi - 0{,}666 = 2{,}476$ usw.

Die zweite Ableitung bestätigt, dass es sich um Wendepunkte handelt:

$$y''' = e^{\sin x} \cdot \left(\cos^3 x - 3 \cdot \sin x \cdot \cos x - \cos x\right)$$

$f'''\left(x_{W1}\right) \neq 0$ und $f'''\left(x_{W2}\right) \neq 0$

9. *Darstellung der Kurve mit Hilfe der ermittelten Ergebnisse und Kontrolle der Kurve durch Eingabe der Funktionsgleichung in ein Rechen- und Zeichenprogramm*

Für bestimmte x-Werte lassen sich aus der Funktionsgleichung Kurvenpunkte errechnen, die die Kurvendiskussion ergänzen:

$x = 0,\ \pm\pi,\ \pm 2\pi,\ \ldots \qquad y = e^0 = 1$

$x = \ldots,\ -\frac{3\pi}{2},\ \frac{\pi}{2},\ \frac{5\pi}{2},\ \ldots \qquad y = e^1 = 2{,}72$

$x = \ldots,\ -\frac{\pi}{2},\ \frac{3\pi}{2},\ \frac{7\pi}{2},\ldots \qquad y = e^{-1} = 0{,}37$

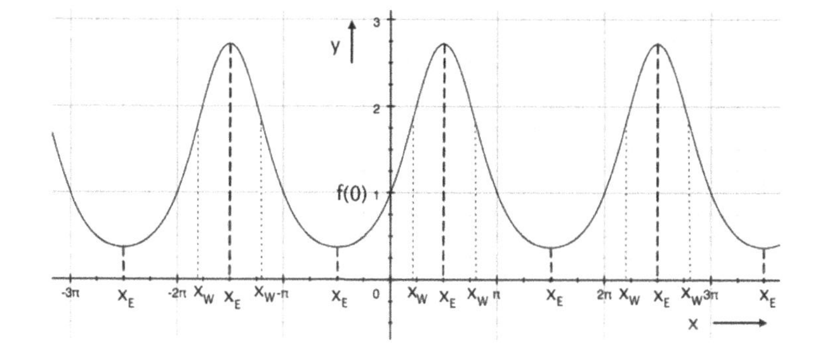

7.2 Extremwertaufgaben

Problemstellung

Bei angewandten Extremwertaufgaben ist ein geometrisches oder physikalisches Problem zu lösen, bei dem nach dem Maximum oder Minimum einer bestimmten Größe y in Abhängigkeit einer Größe x gefragt wird.
Grundsätzlich sollte zunächst für die Größe, die den Extremwert annehmen soll, die Funktionsgleichung aufgestellt werden. Dann werden in dieser Gleichung die Zusatzbedingungen so berücksichtigt, dass die Funktion nur von einer Variablen abhängig ist. Schließlich werden die Extremwerte nach den behandelten Rechenregeln berechnet.

Beispiel 1:
Welches Rechteck mit gegebenem Umfang U hat den größten Flächeninhalt A?

Lösung:

$$A = a \cdot b$$

$$U = 2 \cdot (a+b) = 2a + 2b$$

$$b = \frac{U-2a}{2} = \frac{U}{2} - a$$

$$A = a \cdot \left(\frac{U}{2} - a\right) = \frac{U}{2} \cdot a - a^2 \quad \text{d.h. } A = f(a)$$

$$A'(a) = \frac{U}{2} - 2a = 0$$

$$a = \frac{U}{4}$$

$$A''(a) = -2 < 0 \quad \text{Maximum}$$

$$b = \frac{U}{2} - a = \frac{U}{2} - \frac{U}{4} = \frac{U}{4}$$

b

a

Ein Quadrat hat den größten Flächeninhalt von allen Rechtecken, deren Umfang gegeben ist.

Beispiel 2:
Wie hat man die Maße einer zylindrischen Dose (Radius r, Höhe h) mit Deckel zu wählen, damit diese für einen gegebenen Inhalt V mit einem Minimum an Material hergestellt werden kann?

Lösung:
Die Materialmenge wird durch die gesamte Oberfläche M bestimmt. Sie besteht aus den beiden kreisförmigen Deckelflächen $2r^2\pi$ und der rechteckigen Mantelfläche $2r\pi \cdot h$.

$$M = 2r^2\pi + 2r\pi \cdot h$$

$$V = r^2\pi h \quad \Rightarrow \quad h = \frac{V}{r^2\pi}$$

$$M = 2r^2\pi + 2r\pi \cdot \frac{V}{r^2\pi}$$

$$M = 2r^2\pi + \frac{2V}{r} = 2r^2\pi + 2V \cdot r^{-1} \quad \text{d.h. } M = f(r)$$

r

h

$$M'(r) = 4r\pi - \frac{2V}{r^2} = \frac{4r^3\pi - 2V}{r^2} = 0$$

$$4r^3\pi - 2V = 0 \qquad 4r^3\pi = 2V$$

$$r = \sqrt[3]{\frac{V}{2\pi}}$$

$$M''(r) = 4\pi + \frac{4V}{r^3} = 4\pi + \frac{4V}{\frac{V}{2\pi}} = 12\pi > 0 \quad \text{Minimum}$$

$$h = \frac{V}{r^2\pi} = \frac{V}{\sqrt[3]{\frac{V^2}{4\pi^2}} \cdot \pi} = \frac{V}{\pi} \cdot \sqrt[3]{\frac{4\pi^2}{V^2}} = \sqrt[3]{\frac{4\pi^2}{V^2} \cdot \frac{V^3}{\pi^3}} = \sqrt[3]{\frac{4 \cdot V}{\pi} \cdot \frac{2}{2}} = \sqrt[3]{\frac{8 \cdot V}{2\pi}} = 2 \cdot \sqrt[3]{\frac{V}{2\pi}} = 2 \cdot r$$

$$h = 2 \cdot r \quad \text{oder} \quad \frac{r}{h} = \frac{1}{2}$$

Um Material zu sparen, sollte die Höhe der Dose doppelt so groß sein wie der Radius.

Beispiel 3:
Unter welchem Winkel α muss man einen Körper bei gegebener Anfangsgeschwindigkeit v_0 werfen, damit seine Flugweite x_w am größten wird? Der Luftwiderstand soll nicht berücksichtigt werden, und die Erdbeschleunigung ist g.

Lösung:
Die Flugbahn wird durch Gleichungen in Parameterform beschrieben, wobei bedeuten: Zeit t, Weite x und Höhe y

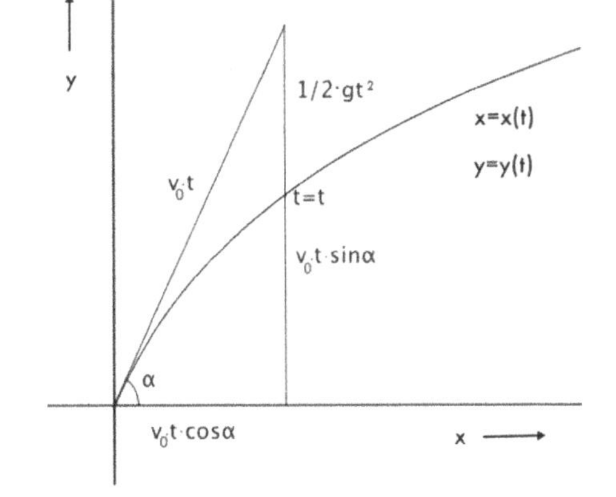

$$x(t) = v_0 \cdot t \cdot \cos\alpha$$

$$y(t) = v_0 \cdot t \cdot \sin\alpha - \frac{1}{2} \cdot g \cdot t^2$$

Für die Flugzeit $t = T$ ist dann

$$x(T) = v_0 \cdot T \cdot \cos\alpha = x_w$$

$$y(T) = v_0 \cdot T \cdot \sin\alpha - \frac{1}{2} \cdot g \cdot T^2 = 0$$

$$\Rightarrow \quad T = \frac{x_w}{v_0 \cdot \cos\alpha}$$

T eingesetzt, ergibt sich

$$y(T) = v_0 \cdot \frac{x_w}{v_0 \cdot \cos\alpha} \cdot \sin\alpha - \frac{1}{2} \cdot g \cdot \frac{x_w^{\,2}}{v_0^{\,2} \cdot \cos^2\alpha} = 0$$

d.h. $\sin\alpha = \frac{1}{2} \cdot g \cdot \frac{x_w}{v_0^{\,2} \cdot \cos\alpha}$

nach x_w aufgelöst ergibt sich

$$x_w(\alpha) = \frac{v_0^{\,2} \cdot 2 \cdot \sin\alpha \cdot \cos\alpha}{g} = \frac{v_0^{\,2} \cdot \sin 2\alpha}{g}$$

dann wird nach α differenziert und die Ableitung gleich Null gesetzt

$$x_w{}'(\alpha) = \frac{2 \cdot v_0^{\,2} \cdot \cos 2\alpha}{g} = 0$$

$\cos 2\alpha = 0$ und $2\alpha = 90^0$ bzw. $\alpha = 45^0$

Die Wurfweite wird maximal, wenn der Körper unter einem Winkel $\alpha = 45^0$ gestartet wird.
Die zweite Ableitung bestätigt den Extremwert:

$$x_w{}''(\alpha) = -\frac{4v_0^{\,2}}{g} \cdot \sin 2\alpha = -\frac{4v_0^{\,2}}{g} \cdot \sin 90^0 = -\frac{4v_0^{\,2}}{g} < 0 \quad \text{Maximum}$$

Die Wurfweite und die Flugzeit lassen sich dann durch Einsetzen des Ergebnisses berechnen:

$$x_w(45^0) = \frac{v_0^{\,2}}{g} \cdot \sin 90^0 = \frac{v_0^{\,2}}{g}$$

$$T = \frac{x_w}{v_0 \cdot \cos 45^0} = \frac{v_0^{\,2}}{g} \cdot \frac{1}{v_0 \cdot \cos 45^0} = \frac{v_0 \cdot \sqrt{2}}{g}$$

Übungsaufgaben zum Kapitel 7

7.1 Ermitteln Sie für

1. $y = x^4 - \frac{16}{3}x^3 + 8x^2$ die Extremwerte
2. $y = x^4 - 16x^2$ die Wendepunkte
3. $y = -x^3 + 6x^2 - 7$ die Nullstellen
4. $y = \frac{x^2 - 4}{2x - 4}$ die Unstetigkeitsstellen
5. $y = \sin^2 x$, ob die Kurve für $x = \frac{\pi}{2}$ steigend oder fallend ist
6. $y = \frac{x^3 - 1}{x}$ die Polstellen
7. $y = \sqrt{x(x^2 - 9)}$ den Definitionsbereich und
8. $y = \frac{e^x}{x^2}$ das Verhalten im Unendlichen.

7.2 Eine Zahl x ist zu zerlegen

1. in zwei Summanden a und b, so dass ihr Produkt $y = a \cdot b$ am größten ist,
2. in zwei Summanden a und b, so dass die Summe ihrer Quadrate $y = a^2 + b^2$ am kleinsten ist,
3. in zwei positive Faktoren a und b, so dass ihre Summe $y = a + b$ am kleinsten ist.

Kontrollieren Sie die Ergebnisse mit Hilfe des Zahlenbeispiels $x = 4$.

7.3 In eine Kugel mit dem Radius R ist der Kegel mit dem größten Volumen V unterzubringen. Wie groß sind der Radius r und die Höhe h des Kegels?

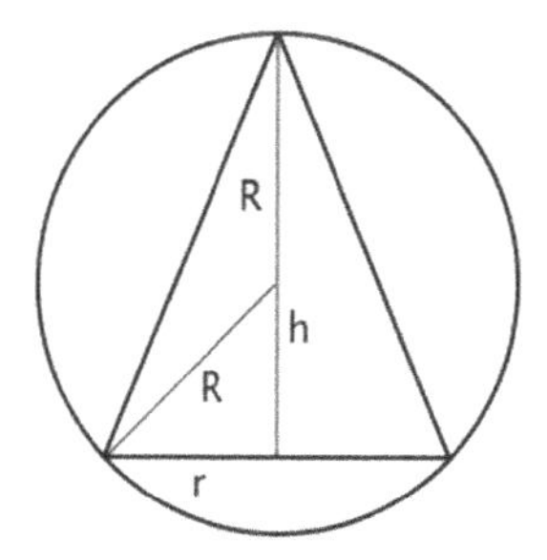

8. Funktionen mit mehreren unabhängigen Veränderlichen

8.1 Funktionsbegriff und geometrische Darstellung

Problemstellung

Bei den bisherigen Ausführungen wurde als Funktion die Zuordnung zwischen zwei Variablen x und y definiert:

$$f = \{(x,y) | y = f(x)\}$$

In der Physik und Technik gibt es viele Beispiele, wo eine Größe von mehreren Größen abhängig ist.

Beispiel:

Ein Gleichstrom I hängt sowohl von der Spannung U und dem ohmschen Widerstand R ab:

$$I = \frac{U}{R}$$

Diese können unabhängig voneinander verändert werden. Der Strom ist also von zwei unabhängigen Veränderlichen U und R abhängig.

Die Funktion f wird analog zur Definition von Wertepaaren bei Funktionen mit einer unabhängigen Veränderlichen als Menge der Wertetripel definiert:

$$f = \left\{(U, R, I) \middle| I = f(U,R) = \frac{U}{R}\right\}$$

Weitere Beispiele:

Leitungstheorie: Strom und Spannung sind vom Ort und der Zeit abhängig:

$u(x,t)$ und $i(x,t)$.

Wirkleistung bei Wechselströmen:

$$\frac{P_a}{P_{a\max}} = \frac{4 \cdot \frac{R_a}{R_i}}{\left(1 + \frac{R_a}{R_i}\right)^2 + \left(\frac{X_i + X_a}{R_i}\right)^2} \qquad z = \frac{4 \cdot x}{(1+x)^2 + y^2}$$

(siehe Weißgerber: Elektrotechnik für Ingenieure 2, Abschnitt 4.7.4, S. 180)

Funktion mit zwei Veränderlichen

Werden in der Funktion $z = f(x,y)$ die unabhängigen Variablen $x \in X$ und $y \in Y$ und die abhängige Variable $z \in Z$ genannt, dann muss für die unabhängigen Variablen als Definitionsbereich die Produktmenge $D = X \times Y$ zur Verfügung stehen. Geometrisch stellt der Definitionsbereich eine Fläche dar.

W. Weißgerber, *Mathematik zu Elektrotechnik für Ingenieure*,
https://doi.org/10.1007/978-3-658-40837-4_8

Liegt eine eindeutige Abbildung der Menge $D = X \times Y$ auf die Menge Z vor, d.h. ist jedem Paar $(x,y) \in D$ eindeutig ein Element $z \in Z$ zugeordnet, dann heißt die Menge der geordneten Tripel (x,y,z) eine Funktion mit zwei unabhängigen Veränderlichen:

$$f = \{(x,y,z) | z = f(x,y)\} \qquad \text{oder kurz} \qquad z = f(x,y) \qquad (8.1)$$

<u>Beispiele:</u>

1. Die Funktion

   $z = 2x^2 - 3y + 1$

   hat als Definitionsbereich die Menge

   $D = X \times Y = R \times R,$

   weil $X = R$ und $Y = R$.

   Die unabhängigen Zahlenpaare (x,y) werden auf $z = 2x^2 - 3y + 1$ abgebildet.

   z.B. $(1;\ 1) \Rightarrow z = 0$

   $(2;\ 1) \Rightarrow z = 6$

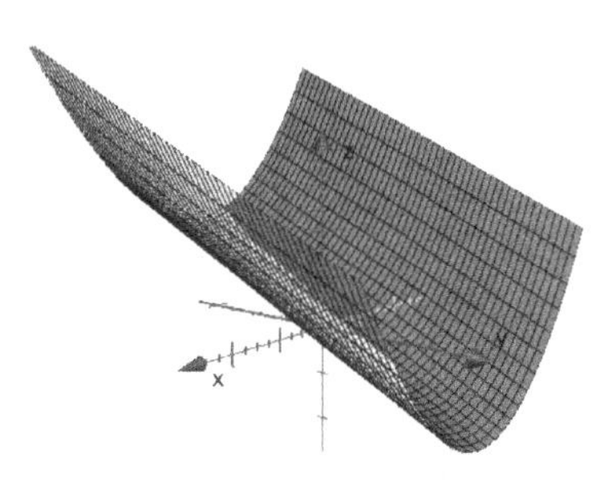

2. Die Funktion

   $z = \sqrt{x^2 + y^2 - 4}$

   hat als Definitionsbereich die Menge aller (x,y)-Werte, für die gilt:

   $x^2 + y^2 - 4 \geq 0$ oder $x^2 + y^2 \geq 4$

   Geometrisch stellt der Definitionsbereich eine Fläche dar, die in diesem Beispiel aus der Menge aller Punkte des Kreises um den Koordinatenursprung mit dem Radius 2 und seinem Äußeren besteht.

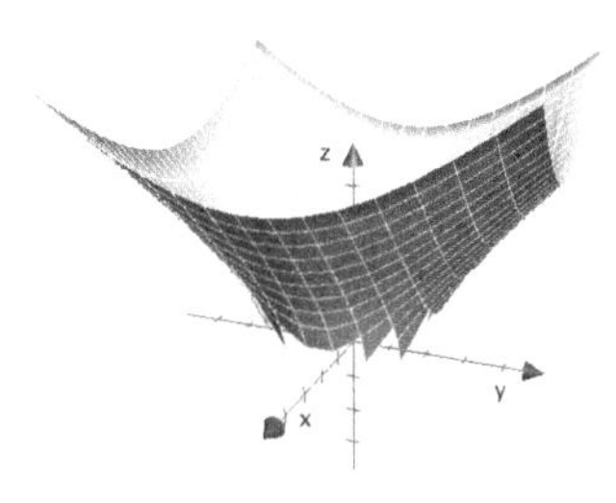

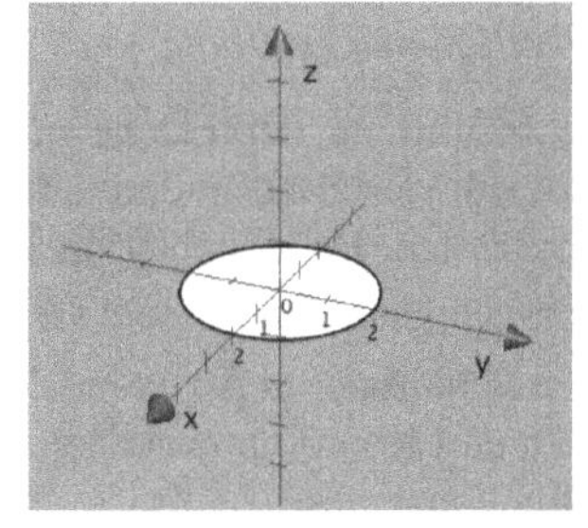

Funktionen mit n unabhängigen Veränderlichen

Entsprechend zur Funktion mit zwei unabhängigen Veränderlichen wird eine Funktion mit n unabhängigen Veränderlichen $x_1, x_2, x_3, \ldots, x_n$ definiert:

Liegt eine eindeutige Abbildung der Menge $D = X_1 \times X_2 \times X_3 \times \ldots \times X_n$ auf eine Menge Y vor, dann heißt diese Menge f der geordneten $(n+1)$-Tupel $(x_1, x_2, x_3, \ldots, x_n, y)$ eine Funktion von n unabhängigen Veränderlichen:

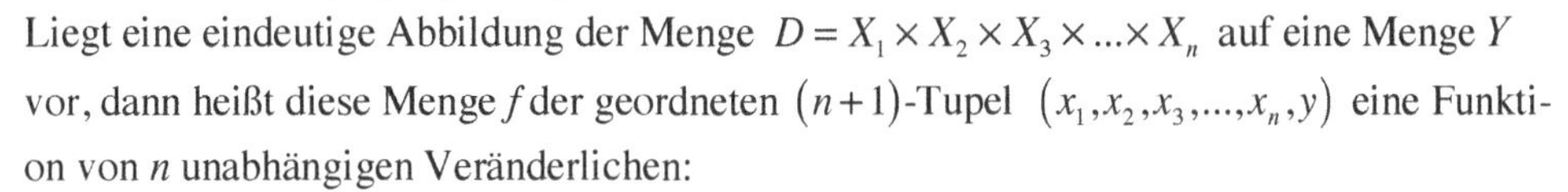

$$f = \{(x_1, x_2, x_3, \ldots, x_n, y) | y = f(x_1, x_2, x_3, \ldots, x_n)\} \qquad (8.2)$$

oder kurz $y = f(x_1, x_2, x_3, \ldots, x_n)$.

D ist der Definitionsbereich, Y der Wertebereich oder Wertevorrat der Funktion.

Geometrische Darstellung

Wie behandelt, lässt sich die Funktion mit einer unabhängigen Veränderlichen $y = f(x)$ als Kurve in einem ebenen kartesischen Koordinatensystem darstellen, weil dem Zahlenpaar (x,y) eineindeutig, also umkehrbar eindeutig, ein Punkt der Ebene mit den Koordinaten x und y zugeordnet werden kann: $(x,y) \Leftrightarrow P(x,y)$

Die Funktion $z = f(x,y)$ besteht aus der Menge von Zahlentripeln, die auch Punkten zugeordnet werden können, die sich im Raum befinden:

$$(x,y,z) \Leftrightarrow P(x,y,z)$$

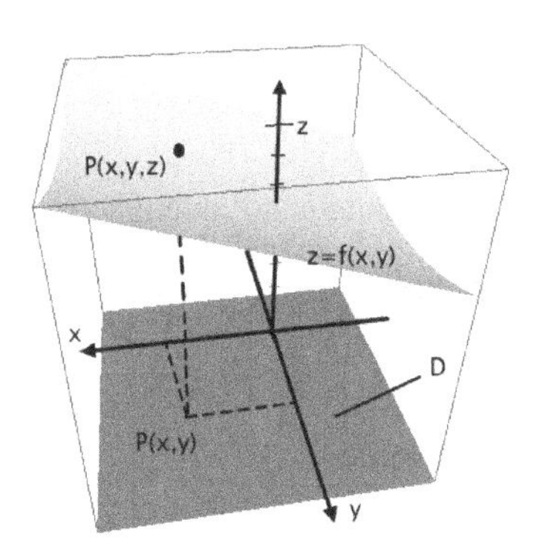

Das kartesische Koordinatensystem zur Darstellung einer Funktion mit zwei unabhängigen Veränderlichen besteht aus drei senkrecht aufeinander stehenden Koordinatenachsen, ist also räumlich. Der Definitionsbereich D entspricht der Menge der Zahlenpaare (x,y), stellt also geometrisch eine Fläche dar. Jedem Punkt $P(x,y)$ des Definitionsbereichs entspricht ein Raumpunkt $P(x,y,z)$, der jeweils senkrecht über $P(x,y)$ liegt. Die Abbildung der Funktion $z = f(x,y)$ ist geometrisch eine Fläche im Raum, der Definitionsbereich D die Projektion dieser Fläche.

Schnittliniendarstellung

Die Ermittlung der Fläche und ihre zeichnerische Darstellung ist mit einfachen Mitteln recht schwierig: besondere Grafik-Programme müssen zu Hilfe genommen werden, um sie darzustellen. Die Flächen im Raum sind wohl anschaulich, aber für quantitative Aussagen nicht geeignet. Aus diesem Grunde wird die Funktion $z = f(x,y)$ durch Kurven erfasst, die beim Schnitt der gegebenen Bildfläche mit Ebenen entstehen; diese Ebenen verlaufen parallel zu den Koordinatenebenen. Diese Art der Funktionsbeschreibung wird Schnittliniendarstellung genannt.

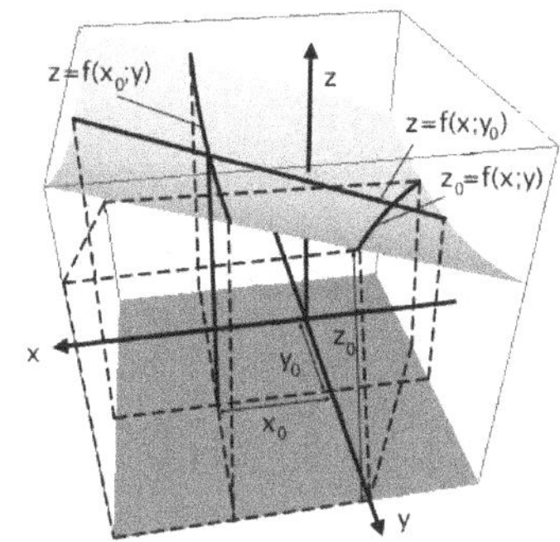

Eine Ebene, die parallel zur x,y-Ebene im Abstand z_0 verläuft, hat die Gleichung $z = z_0$, denn sie stellt die Menge der Punkte dar, deren z-Koordinate gleich z_0 ist. Entsprechend ist $y = y_0$ die Gleichung der x,z-Ebene im Abstand y_0 und $x = x_0$ die Gleichung der zur y,z-Ebene parallelen Ebene im Abstand x_0.

Ausführlich geschrieben sind die Schnittflächen die Punktmengen:

$$E_{yz}(x_0) = \{P(x,y,z) | x = x_0\}$$
$$E_{xz}(y_0) = \{P(x,y,z) | y = y_0\}$$
$$E_{xy}(z_0) = \{P(x,y,z) | z = z_0\}$$

Wenn nacheinander $x_0 = 0$, $y_0 = 0$ und $z_0 = 0$ gesetzt, dann werden dadurch die Punkte der Koordinatenflächen beschrieben.

Wird in der Funktion $z = f(x,y)$ $x = x_0$ gesetzt, dann ergibt sich die Schnittkurve in der z-Fläche

$$z = f(x_0, y) \tag{8.3}$$

und wird $y = y_0$ festgelegt, dann entsteht die Schnittkurve in der z-Fläche

$$z = f(x, y_0) \tag{8.4}$$

Die Funktion

$$z_0 = f(x,y) \tag{8.5}$$

ist die Gleichung einer Höhenlinie, das ist die Schnittkurve der Schnittfläche $z = z_0$ mit der Fläche $z = f(x,y)$. Wird z_0 variiert, dann entsteht eine Kurvenschar von Höhenlinien, wie sie in Landkarten üblich sind. Vorzugsweise werden die in der x,y-Ebene projezierten Höhenlinien zur Veranschaulichung der Fläche $z = f(x,y)$ angewendet.

Beispiele:

1. Die Funktion $z = f(x,y) = x^2 + y^2$ ist durch Schnittlinien und Höhenlinien im kartesischen Koordinatensystem zu veranschaulichen.
   Nimmt man als Schnittflächen die Koordinatenflächen, dann ergeben sich Parabeln:
   $x = x_0 = 0: \quad z = y^2$
   $y = y_0 = 0: \quad z = x^2$
   Als Bild hat die Funktion eine Fläche, die durch Rotation einer Parabel $z = x^2$ oder $z = y^2$ um die z-Achse entsteht.
   Man nennt sie deshalb auch Rotationsparaboloid.
   Die Höhenlinien sind mit variablem z_0 Mittelpunktskreise, die auf die x,y-Ebene projeziert werden.

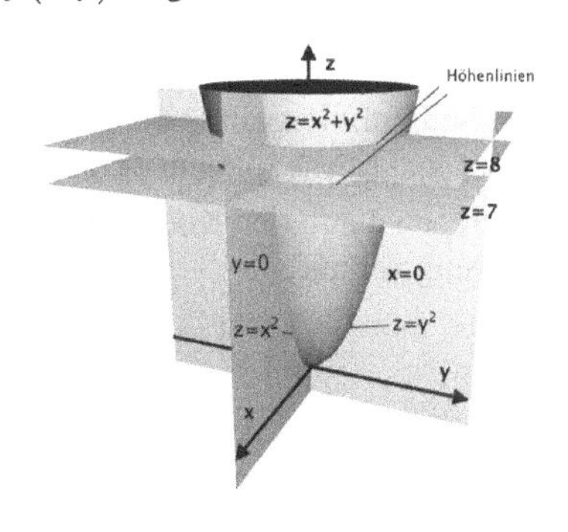

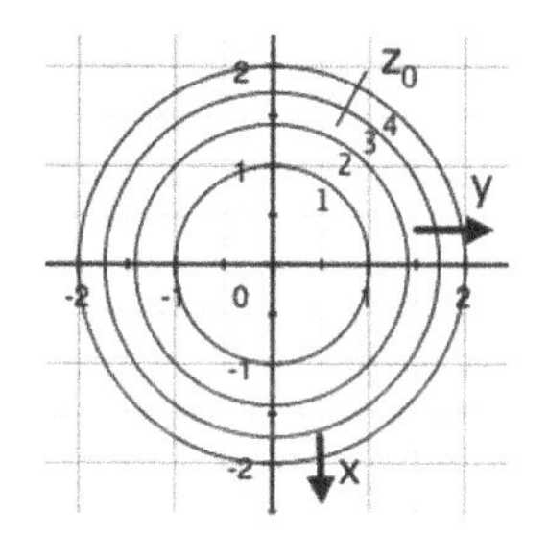

2. Die Schnittliniendarstellung der Funktion

$$z = f(x,y) = x \cdot y$$

ist zu diskutieren.

Ist $z = z_0$, dann entsteht mit

$$z_0 = x \cdot y \text{ bzw. } y = \frac{z_0}{x} = \frac{k}{x}$$

eine Schnittlinienschar von Hyperbeln in der x,y-Ebene, deren Asymptoten die Koordinatenachsen sind.

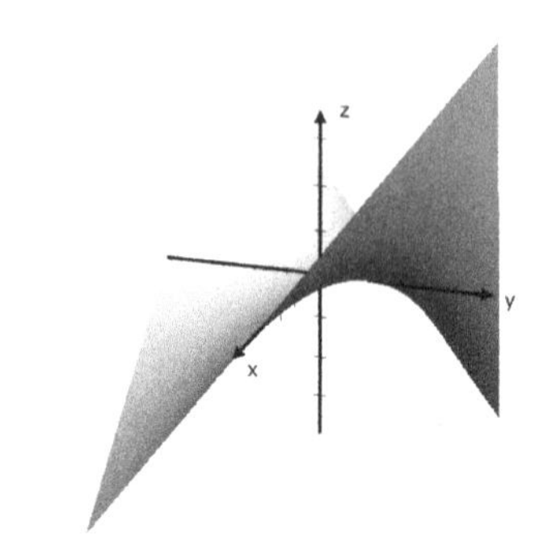

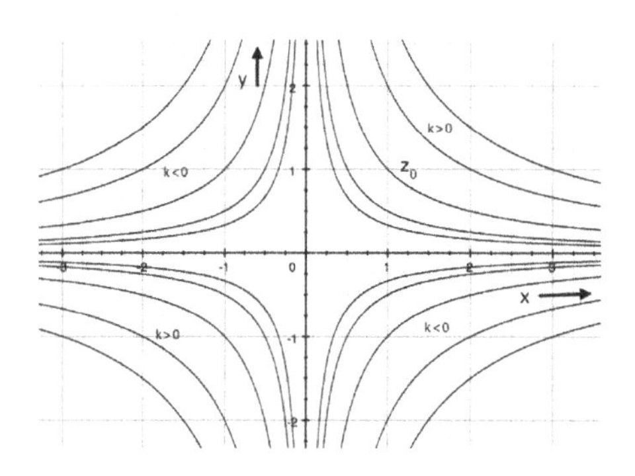

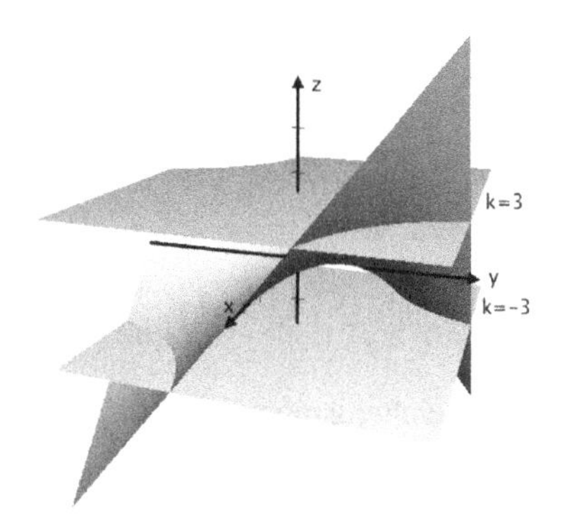

Ist $x = x_0$, dann entsteht mit

$$z = x_0 \cdot y = m \cdot y$$

eine Schnittlinienschar von Geraden in der y,z-Ebene, die mit verschiedenen Anstiegen durch den Koordinatenursprung verlaufen.

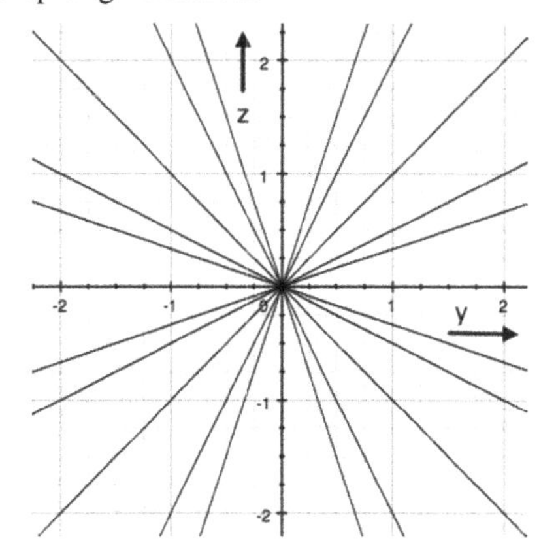

Ist $y = y_0$, dann entsteht mit

$$z = y_0 \cdot x = m \cdot x$$

eine Schnittlinienschar von Geraden in der x,z-Ebene, die mit verschiedenen Anstiegen durch den Koordinatenursprung verlaufen.

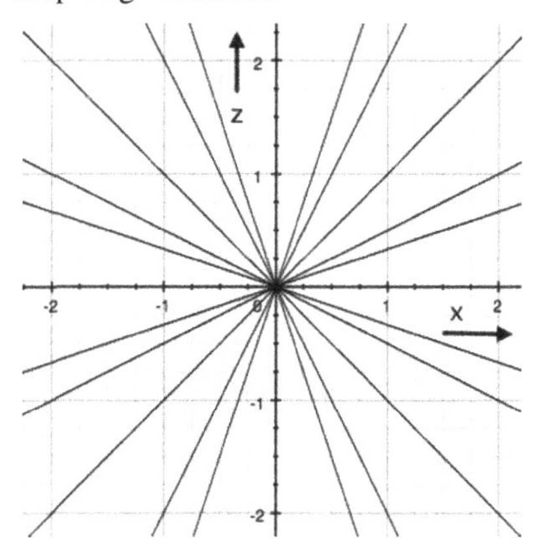

8.2 Partielle Ableitungen

Erste Ableitung von Funktionen mit einer unabhängigen Veränderlichen

Die Ableitung einer Funktion einer unabhängigen Veränderlichen $y = f(x)$ im Punkte $P_0(x_0;\, y_0)$ ergibt sich - wie im 5. Kapitel behandelt - aus dem Grenzwert des Differenzenquotienten:

$$y_0' = f'(x_0) = \lim_{\Delta x \to 0} \frac{f(x_0 + \Delta x) - f(x_0)}{\Delta x}$$

Sie ist geometrisch gleich dem Anstieg der Tangente an der Stelle $x = x_0$.

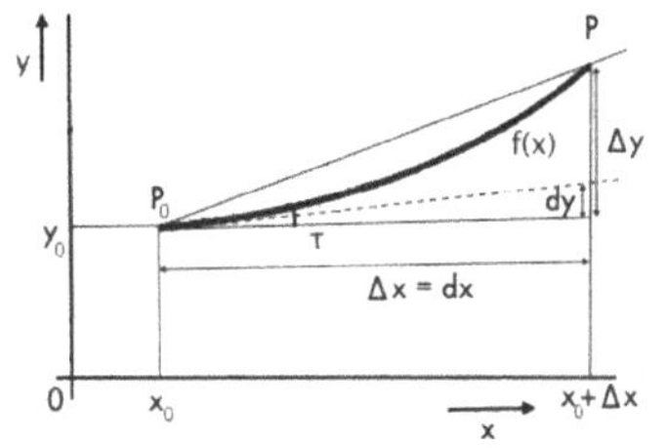

Erste Ableitungen von Funktionen mit zwei unabhängigen Veränderlichen

Analog lässt sich die Ableitung einer Funktion mit zwei unabhängigen Veränderlichen $z = f(x,y)$ erklären. Da es zwei unabhängige Veränderliche gibt, existieren auch zwei erste Teil-Ableitungen, genannt "partielle Ableitungen".
Die Schnittflächen $y = y_0$ und $x = x_0$ mit der Funktion $z = f(x,y)$ ergeben die Schnittkurven $z = f(x,y_0)$ und $z = f(x_0,y)$:

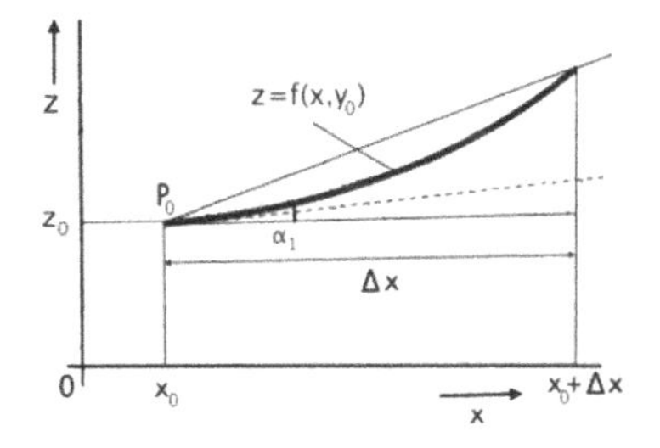

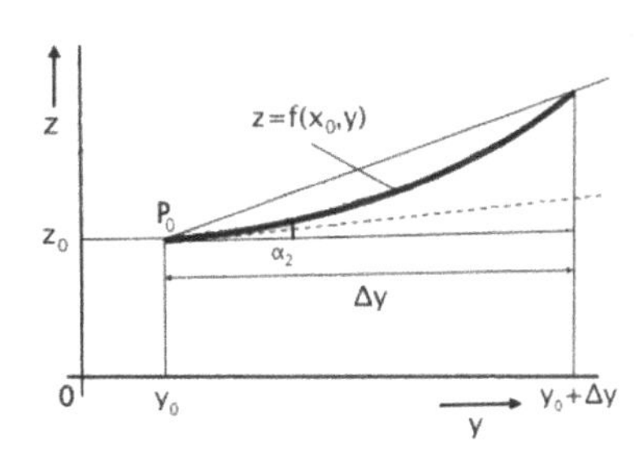

Beide Schnittkurven haben den Punkt $P_0(x_0,\, y_0,\, z_0)$ gemeinsam. In diesem Punkt P_0 sollen die Anstiege der Schnittkurven ermittelt werden. In P_0 werden also wie bei einer Funktion mit einer unabhängigen Veränderlichen die Tangenten an die beiden Schnittkurven gelegt und deren Anstieg ermittelt.
Der Tangentenanstieg ist jeweils gleich dem Grenzwert der Sekantenanstiege, also jeweils gleich dem Grenzwert der Differenzenquotienten für $\Delta x \to 0$ und $\Delta y \to 0$:

$$\lim_{\Delta x \to 0} \frac{f(x_0 + \Delta x,\, y_0) - f(x_0, y_0)}{\Delta x} = \tan \alpha_1 \quad \text{und} \quad \lim_{\Delta y \to 0} \frac{f(x_0,\, y_0 + \Delta y) - f(x_0, y_0)}{\Delta y} = \tan \alpha_2$$

Die Tangentenanstiege sind gleich den partiellen Differentialquotienten oder den ersten partiellen Ableitungen der Funktion $z = f(x,y)$:

$$f_x(x,y) = z_x = \frac{\partial f(x,y)}{\partial x} = \frac{\partial z}{\partial x} = \lim_{\Delta x \to 0} \frac{f(x+\Delta x,\, y) - f(x,y)}{\Delta x}$$

$$f_y(x,y) = z_y = \frac{\partial f(x,y)}{\partial y} = \frac{\partial z}{\partial y} = \lim_{\Delta y \to 0} \frac{f(x,\, y+\Delta y) - f(x,y)}{\Delta y} \qquad (8.6)$$

Die beiden ersten partiellen Ableitungen stellen geometrisch den Anstieg von Tangenten dar, die in einem beliebigen Flächenpunkt $P(x,y)$ der Funktion $z = f(x,y)$ angelegt sind und parallel zur x,z-Ebene bzw. parallel zur y,z-Ebene verlaufen.

Beispiel: $z = x^2 + y + 1$

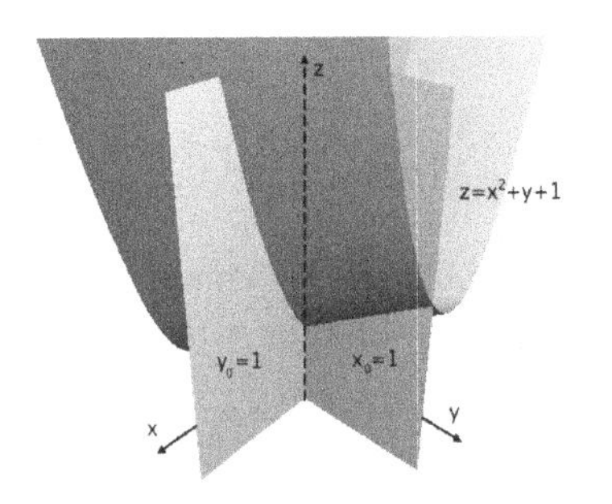

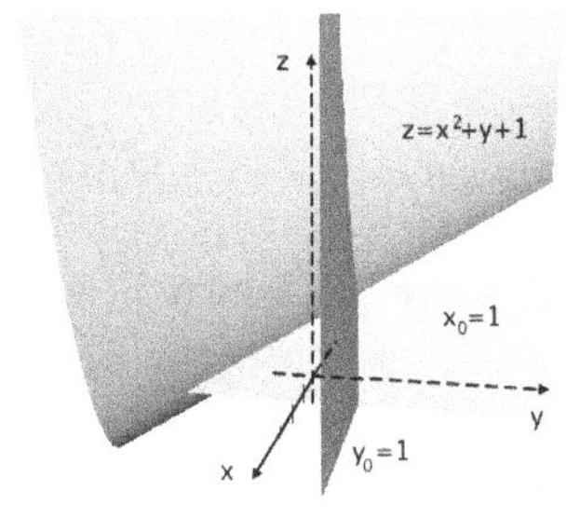

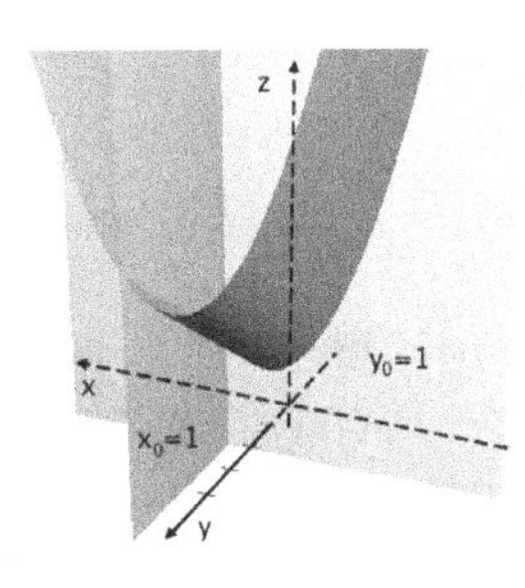

Die Schnittflächen sollen bei $y = y_0 = 1$ und $x = x_0 = 1$ liegen. Damit ergeben sich die Schnittkurven, wenn $y_0 = 1$ und $x_0 = 1$ in $z = f(x,y) = x^2 + y + 1$ eingesetzt werden:

$$z = f(x,y_0) = f(x,\,1) = x^2 + 2 \quad \text{und} \quad z = f(x_0,y) = f(1,\,y) = y + 2$$

Der Tangentenanstieg der Schnittkurven wird durch partielle Differentiation ermittelt:

$$\frac{\partial z}{\partial x} = z_x = 2x \qquad \frac{\partial z}{\partial y} = z_y = 1$$

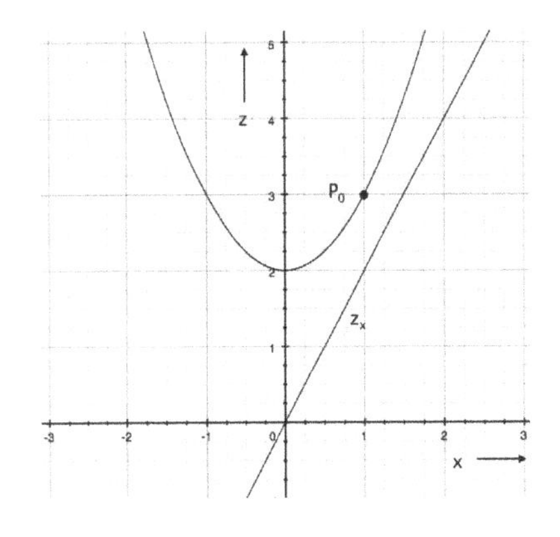

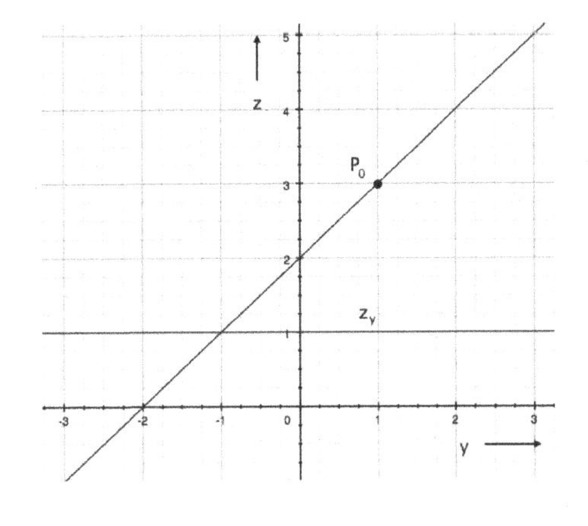

Die Anstiege im Punkt $P_0(1;\ 1;\ 3)$ betragen

in x-Richtung und in y-Richtung

$$\left(\frac{\partial z}{\partial x}\right)_{x=x_0=1} = 2 \qquad \left(\frac{\partial z}{\partial y}\right)_{y=y_0=1} = 1$$

Bei der Bestimmung der Anstiege in einem Punkt mit Hilfe der partiellen Ableitungen ist also zuerst die Differentiation durchzuführen, und dann erst sind die Koordinaten $x = x_0$ und $y = y_0$ einzusetzen.

Praktisch wird die partielle Differentiation einer Funktion mit zwei Veränderlichen wie eine Differentiation einer Funktion mit einer unabhängigen Veränderlichen vorgenommen: die eine Veränderliche wird wie eine Konstante behandelt und nach der anderen Veränderlichen wird differenziert.

Beispiele:

1. $z = x^2 + y + 1$

$$\frac{\partial z}{\partial x} = z_x = 2x \quad \text{und} \quad \frac{\partial z}{\partial y} = z_y = 1$$

2. $z = x^2 - x \cdot y^3$

$$\frac{\partial z}{\partial x} = z_x = 2x - y^3 \quad \text{und} \quad \frac{\partial z}{\partial y} = z_y = -3y^2 x$$

3. $z = x^y - y^x - \sin(x \cdot y) - x - 1$

$$f_x(x,y) = \frac{\partial z}{\partial x} = z_x = y \cdot x^{y-1} - y^x \cdot \ln y - y \cdot \cos(x \cdot y) - 1$$

$$f_y(x,y) = \frac{\partial z}{\partial y} = z_y = x^y \cdot \ln x - x \cdot y^{x-1} - x \cdot \cos(x \cdot y)$$

$$f_x(1;\ 1) = 1 \cdot 1^0 - 1^1 \cdot \ln 1 - 1 \cdot \cos(1 \cdot 1) - 1 = 1 - 0 - \cos 1 = -0{,}540$$

$$f_y(1;\ 1) = 1^1 \cdot \ln 1 - 1 \cdot 1^0 - 1 \cdot \cos(1 \cdot 1) = 0 - 1 - \cos 1 = -1 - 0{,}540 = -1{,}540$$

Erste Ableitungen von Funktionen mit n Veränderlichen

Formal lässt sich die erste partielle Differentiation auch auf Funktionen mit n unabhängigen Veränderlichen $y = f(x_1, x_2, x_3, \ldots, x_n)$ übertragen. Formal deshalb, weil eine geometrische Deutung von Funktionen mit mehr als zwei unabhängigen Veränderlichen nicht möglich ist. Die ersten partiellen Ableitungen der Funktion $y = f(x_1, x_2, x_3, \ldots, x_n)$ sind

$$\frac{\partial y}{\partial x_1}, \ \frac{\partial y}{\partial x_2}, \ \frac{\partial y}{\partial x_3}, \ \ldots, \frac{\partial y}{\partial x_n}$$

und werden analog als Grenzwert des Differenzenquotienten definiert.

$$\frac{\partial y}{\partial x_i} = \lim_{\Delta x_i \to 0} \frac{f(x_1, x_2, x_3, \ldots, x_i + \Delta x_i, \ldots, \ldots, x_n) - f(x_1, x_2, x_3, \ldots, x_i, \ldots, x_n)}{\Delta x_i} \qquad (8.7)$$

Soll z.B. die erste Ableitung nach x_3 gebildet werden, dann sind alle unabhängigen Veränderlichen außer x_3 als konstant anzusehen und die Ableitung nach x_3 ist zu bilden:
mit $i=3$:

$$\frac{\partial y}{\partial x_3} = \lim_{\Delta x_3 \to 0} \frac{f(x_1,x_2,x_3+\Delta x_3,x_4,\ldots,\ldots,x_n)-f(x_1,x_2,x_3,\ldots,x_n)}{\Delta x_3}$$

<u>Beispiel:</u>

$$y=f(x_1,x_2,x_3)=x_1\cdot\sin x_3 - x_2\cdot x_3$$

$$\frac{\partial y}{\partial x_1}=\sin x_3 \qquad \frac{\partial y}{\partial x_2}=-x_3 \qquad \frac{\partial y}{\partial x_3}=x_1\cdot\cos x_3 - x_2$$

Höhere partielle Ableitungen von Funktionen mit zwei unabhängigen Veränderlichen

Die ersten Ableitungen von Funktionen mit zwei unabhängigen Veränderlichen $z=f(x,y)$ sind wieder Funktionen von x und y. Deshalb lassen sich höhere Ableitungen nach x und y bilden.
Für die ersten Ableitungen der Funktion $z=f(x,y)$ gibt es zwei mögliche Ableitungen, für die zweiten partiellen Ableitungen ergeben sich vier mögliche Ableitungen:

1. Ableitungen: $\frac{\partial z}{\partial x}=f_x(x,y) \qquad \frac{\partial z}{\partial y}=f_y(x,y)$

2. Ableitungen:

$$\frac{\partial\left(\frac{\partial z}{\partial x}\right)}{\partial x}=\frac{\partial^2 z}{\partial x^2}=f_{xx}(x,y) \qquad \frac{\partial\left(\frac{\partial z}{\partial x}\right)}{\partial y}=\frac{\partial^2 z}{\partial x\cdot\partial y}=f_{xy}(x,y)$$

$$\frac{\partial\left(\frac{\partial z}{\partial y}\right)}{\partial x}=\frac{\partial^2 z}{\partial y\cdot\partial x}=f_{yx}(x,y) \qquad \frac{\partial\left(\frac{\partial x}{\partial y}\right)}{\partial y}=\frac{\partial^2 z}{\partial y^2}=f_{yy}(x,y) \qquad (8.8)$$

Höhere Ableitungen: z.B. $f_{xyyx}(x,y)$

Die Funktion $z=f(x,y)$ ist zuerst nach x, dann zweimal nach y und schließlich nach x zu differenzieren.

Satz von Schwarz

Unter der Voraussetzung, dass die Funktion $z = f(x,y)$ und ihre partiellen Ableitungen stetig sind, ist die Reihenfolge der partiellen Differentiation gleichgültig:

$$f_{xy} = f_{yx}$$
$$f_{xyy} = f_{yxy} = f_{yyx} \qquad (8.9)$$

<u>Beispiele:</u>

1. $f(x,y) = x^5y^3 - \cos x \cdot \sin y - e^{x \cdot y^2} + 1$

$f_x(x,y) = 5x^4y^3 + \sin x \cdot \sin y - y^2 \cdot e^{x \cdot y^2}$

$f_y(x,y) = 3x^5y^2 - \cos x \cdot \cos y - 2xy \cdot e^{x \cdot y^2}$

$f_{xx}(x,y) = 20x^3y^3 + \cos x \cdot \sin y - y^4 \cdot e^{x \cdot y^2}$

$f_{yy}(x,y) = 6x^5y + \cos x \cdot \sin y - 2x(1 + 2xy^2) \cdot e^{x \cdot y^2}$

$f_{xy}(x,y) = 15x^4y^2 + \sin x \cdot \cos y - 2y(1 + xy^2) \cdot e^{x \cdot y^2}$

$f_{yx}(x,y) = 15x^4y^2 + \sin x \cdot \cos y - 2y(1 + xy^2) \cdot e^{x \cdot y^2}$

d.h. $f_{xy}(x,y) = f_{yx}(x,y)$

bestätigt den Satz von Schwarz

2. $f(x,y) = \sqrt{y} \cdot \ln x = y^{\frac{1}{2}} \cdot \ln x$

$f_x = \dfrac{\sqrt{y}}{x} \qquad f_y = \dfrac{\ln x}{2} \cdot y^{-\frac{1}{2}} = \dfrac{\ln x}{2\sqrt{y}}$

$f_{xx} = -\dfrac{\sqrt{y}}{x^2} \qquad f_{yy} = -\dfrac{1}{2} \cdot \dfrac{\ln x}{2} \cdot y^{-\frac{3}{2}} = -\dfrac{\ln x}{4y\sqrt{y}}$

$f_{xy} = \dfrac{1}{2x\sqrt{y}} \qquad f_{yx} = \dfrac{1}{2x\sqrt{y}}$

$f_{xxx} = \dfrac{2\sqrt{y}}{x^3} \qquad f_{yyy} = \dfrac{3 \cdot \ln x}{8y^2\sqrt{y}}$

$f_{xxy} = -\dfrac{1}{2x^2\sqrt{y}} \qquad f_{xyx} = -\dfrac{1}{2x^2\sqrt{y}} \qquad f_{yxx} = -\dfrac{1}{2x^2\sqrt{y}}$

$f_{yyx} = -\dfrac{1}{4xy\sqrt{y}} \qquad f_{yxy} = -\dfrac{1}{4xy\sqrt{y}} \qquad f_{xyy} = -\dfrac{1}{4xy\sqrt{y}}$

d.h. $\quad f_{xy} = f_{yx} \qquad f_{yyx} = f_{yxy} = f_{xyy}$

bestätigt den Satz von Schwarz

8.3 Das totale Differential

Differential einer Funktion mit einer unabhängigen Veränderlichen

Wird ein beliebiger x-Wert einer Funktion $y = f(x)$ um Δx vergrößert, dann entsteht ein Ordinatenzuwachs Δy:

$$\Delta y = f(x+\Delta x) - f(x)$$

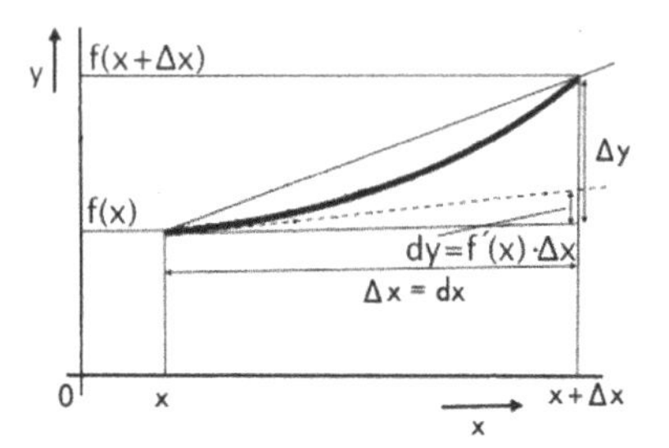

Ist im Punkt $P(x,y)$ eine Tangente angelegt und wird von x nach $x+\Delta x$ nicht die Kurve, sondern die Tangente verfolgt, dann entsteht der Zuwachs dy. Wie behandelt, ist dy das Differential der Funktion $y = f(x)$:

$$dy = y' \cdot dx$$

Totales Differential einer Funktion mit zwei unabhängigen Veränderlichen

Entsprechend lässt sich die Änderung Δz des Zuwachses der Funktion $z = f(x,y)$ angeben, wenn x um Δx und y um Δy geändert wird:

$$\Delta z = f(x+\Delta x,\ y+\Delta x) - f(x,y) \qquad (8.10)$$

Geometrisch bedeutet die Änderung um Δz die Höhenänderung eines Punktes $P(x,y,z)$ der Fläche $z = f(x,y)$ im Vergleich zu einem anderen Punkt $P_1(x+\Delta x,\ y+\Delta y,\ z+\Delta z)$. Wie behandelt, lassen sich an die Schnittkurven Tangenten anlegen. Diese spannen eine Tangentialebene auf. Wird nun diese Höhenänderung dz berücksichtigt, wenn x um Δx und y um Δy geändert, dann ergibt sich analog das Differential der Funktion $z = f(x,y)$. Mit $\Delta x = dx$ und $\Delta y = dy$ ist

$$dz = z_x \cdot dx + z_y \cdot dy = \frac{\partial z}{\partial x} \cdot dx + \frac{\partial z}{\partial y} \cdot dy \qquad (8.11)$$

dz wird vollständiges oder totales Differential genannt. Geometrisch lässt sich dz durch die Schnittkurven erklären, die in den beiden Bildern dargestellt sind:

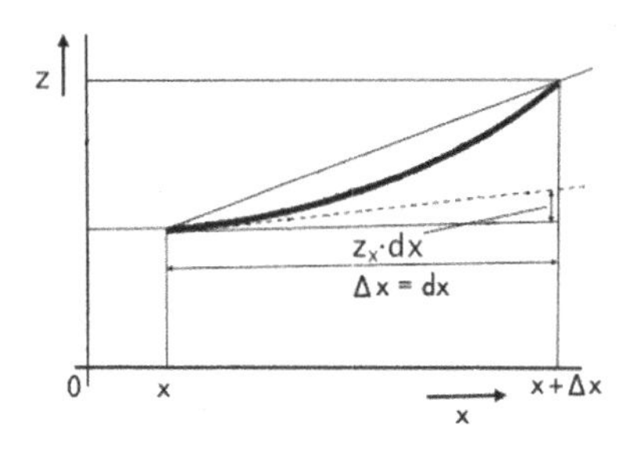

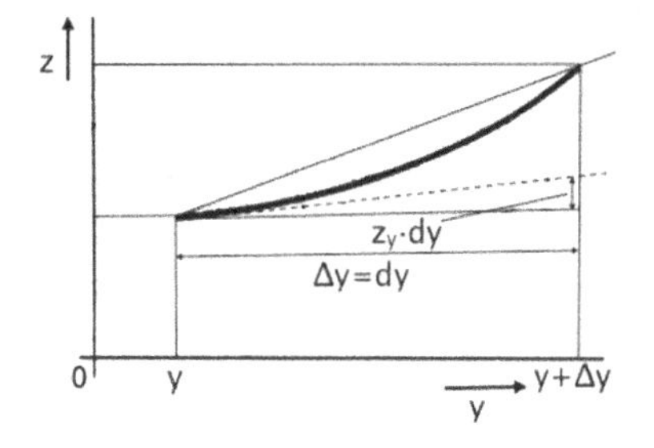

Der Zuwachs in x-Richtung beträgt $z_x \cdot dx$ und der Zuwachs in y-Richtung $z_y \cdot dy$. Der Gesamtzuwachs ergibt sich dann aus der Summe

$$dz = z_x \cdot dx + z_y \cdot dy$$

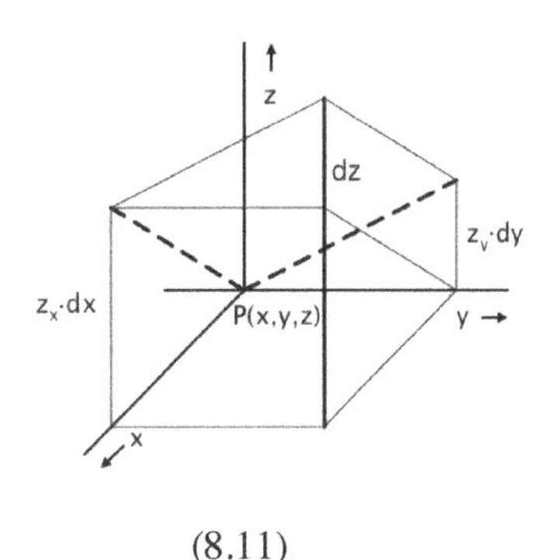

Um die Summe im Bild einfacher zu veranschaulichen, wird der Punkt P in den Koordinatenursprung verlegt.
Für kleine Änderungen dx und dy ist

$$\Delta z \approx dz \tag{8.11}$$

<u>Beispiele:</u>

1. Für die Funktion $z = 2x + y^2$ sind Δz und dz mit $x = 3$, $y = 5$, $dx = 0{,}3$ und $dy = 0{,}2$ zu berechnen, wobei $\Delta x = dx$ und $\Delta y = dy$.

   Lösung:

   $$\Delta z = f(x + \Delta x,\ y + \Delta x) - f(x,y)$$
   $$f(3+0{,}3;\ 5+0{,}2) = f(3{,}3;\ 5{,}2) = 6{,}6 + 27{,}04 = 33{,}64$$
   $$f(3;\ 5) = 2 \cdot 3 + 5^2 = 31$$
   $$\Delta z = 2{,}64$$
   $$dz = \frac{\partial z}{\partial x} \cdot dx + \frac{\partial z}{\partial y} \cdot dy$$
   $$\frac{\partial z}{\partial x} = 2 \qquad \frac{\partial z}{\partial y} = 2y$$
   $$dz = 2 \cdot dx + 2y \cdot dy = 2 \cdot 0{,}3 + 2 \cdot 5 \cdot 0{,}2 = 0{,}6 + 2$$
   $$dz = 2{,}6$$

2. Das totale Differential dz ist mit Δz zu vergleichen und darzustellen von der Funktion $z = x \cdot y$, wobei $\Delta x = dx$ und $\Delta y = dy$.

   Lösung:

   $$dz = \frac{\partial z}{\partial x} \cdot dx + \frac{\partial z}{\partial y} \cdot dy$$
   $$z = x \cdot y \qquad \frac{\partial z}{\partial x} = y \qquad \frac{\partial z}{\partial y} = x$$
   $$dz = y \cdot dx + x \cdot dy$$
   $$\Delta z = f(x + \Delta x, y + \Delta y) - f(x,y)$$
   $$\Delta z = (x + \Delta x) \cdot (y + \Delta y) - x \cdot y$$
   $$\Delta z = (x + dx) \cdot (y + dy) - x \cdot y$$
   $$\Delta z = x \cdot y + y \cdot dx + x \cdot dy + dx \cdot dy - x \cdot y$$
   $$\Delta z = y \cdot dx + x \cdot dy + dx \cdot dy$$
   $$\Delta z - dz = dx \cdot dy$$

dx	y·dx	dx·dy
x		x·dy
	y	dy

Totales Differential einer Funktion mit n unabhängigen Veränderlichen

Analog lässt sich für eine Funktion mit n unabhängigen Veränderlichen

$$y = f(x_1, x_2, x_3, \ldots, x_n)$$

das totale Differential angeben:

$$dy = \frac{\partial y}{\partial x_1} \cdot dx_1 + \frac{\partial y}{\partial x_2} \cdot dx_2 + \frac{\partial y}{\partial x_3} \cdot dx_3 + \ldots + \frac{\partial y}{\partial x_n} \cdot dx_n \qquad (8.12)$$

Näherungsweise gilt hier ebenfalls für kleine dx_i:

$$\Delta y \approx dy$$

mit $\Delta y = f(x_1 + dx_1,\ x_2 + dx_2,\ x_3 + dx_3,\ \ldots,\ x_n + dx_n) - f(x_1, x_2, x_3, \ldots, x_n)$

Eine wichtige Anwendung der partiellen Ableitungen und des totalen Differentials ist die Fehlerrechnung.

8.4 Extremwerte von Funktionen mit zwei unabhängigen Veränderlichen

Extremwerte von Funktionen mit einer unabhängigen Veränderlichen

Die notwendige Bedingung für die Existenz eines Extremwertes einer Funktion $y = f(x)$ ist

$$f'(x_E) = 0$$

Extremwerte von Funktionen mit zwei unabhängigen Veränderlichen

Analog ergibt sich die notwendige Bedingung für einen Extrempunkt der Funktion $z = f(x,y)$, indem die Extremwerte der Schnittkurven angegeben werden:

$$z_x = f_x(x_E, y_E) = 0$$
$$z_y = f_y(x_E, y_E) = 0 \qquad (8.13)$$

Beide Gleichungen liefern die unbekannten Koordinaten des Extrempunktes.

Beispiele:

1. Rotationsparaboloid: $z = x^2 + y^2$ (siehe Beispiel 1, S. 223)

   $$z_x = f_x(x_E, y_E) = 2 \cdot x_E = 0 \qquad z_y = f_y(x_E, y_E) = 2 \cdot y_E = 0$$

   Die Funktion als Fläche hat bei $(x_E,\ y_E) = (0;\ 0)$ einen Extrempunkt: ein Minimum.

   Der Funktionswert des Extrempunktes beträgt $z_E = 0$.

2. $z = 2x^2 + 3xy + 2y^2 - 5x - 2y + 5$

$$\begin{array}{lll} z_x = 4x_E + 3y_E - 5 = 0 & 12 \cdot x_E + 9 \cdot y_E - 15 = 0 & 16 \cdot x_E + 12 \cdot y_E - 20 = 0 \\ z_y = 3x_E + 4y_E - 2 = 0 & -(12 \cdot x_E + 16 \cdot y_E - 8 = 0) & -(9 \cdot x_E + 12 \cdot y_E - 6 = 0) \\ & -7 \cdot y_E - 7 = 0 & 7 \cdot x_E - 14 = 0 \\ & y_E = -1 & x_E = 2 \end{array}$$

Funktionswert:

$$z_E = 2 \cdot 4 + 3 \cdot 2 \cdot (-1) + 2 \cdot 1 - 5 \cdot 2 - 2 \cdot (-1) + 5 = 8 - 6 + 2 - 10 + 2 + 5 = 1$$

Extrempunkt: $(2;\ -1;\ 1)$

Notwendige und hinreichende Bedingung für einen Extremwert einer Funktion mit zwei unabhängigen Veränderlichen

Besitzt die eine Schnittkurve an einer Stelle $(x_S,\ y_S)$ ein Maximum und die andere ein Minimum, dann ist wohl die notwendige Bedingung für einen Extremwert erfüllt, aber es handelt sich nicht um einen Extrempunkt, sondern um einen Sattelpunkt.

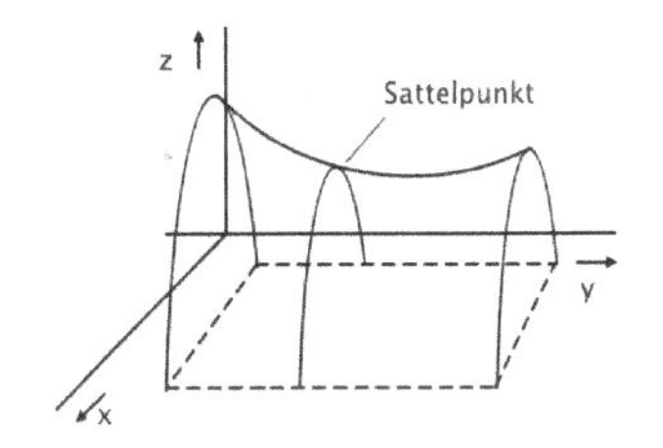

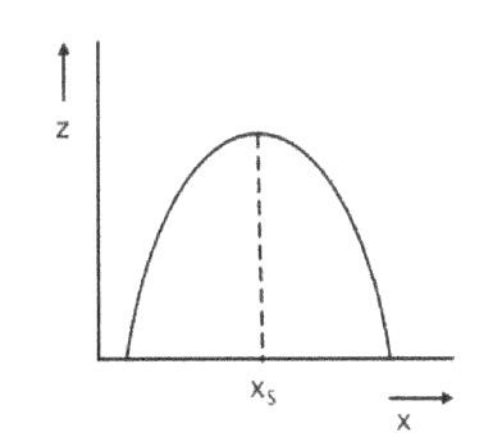

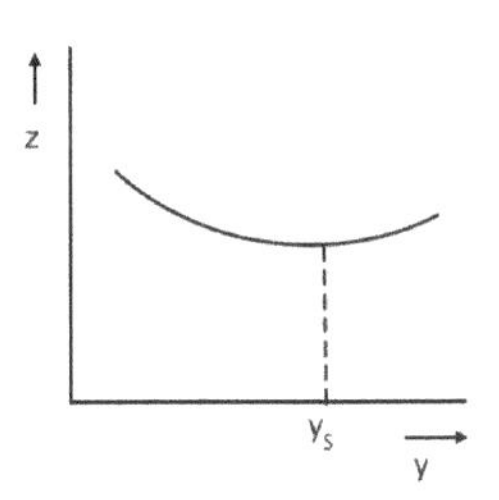

Für die Existenz eines Extrempunktes ist notwendig und hinreichend (ohne Beweis):

$$f_x(x_E,\ y_E) = 0 \qquad f_y(x_E,\ y_E) = 0$$

$$f_{xx}(x_E,\ y_E) \cdot f_{yy}(x_E,\ y_E) - f_{xy}^{\ 2}(x_E,\ y_E) > 0 \tag{8.14}$$

Maximum: $f_{xx}(x_E,\ y_E) < 0$ oder $f_{yy}(x_E,\ y_E) < 0$

Minimum: $f_{xx}(x_E,\ y_E) > 0$ oder $f_{yy}(x_E,\ y_E) > 0$

oder in verkürzter Schreibweise:

$$z_x = 0 \qquad z_y = 0$$

$$z_{xx} \cdot z_{yy} - z_{xy}^{\ 2} > 0 \tag{8.15}$$

Maximum: $z_{xx} < 0$ oder $z_{yy} < 0$

Minimum: $z_{xx} > 0$ oder $z_{yy} > 0$

Beispiele:

1. Für den Rotationsparaboloid mit der Formel $z = x^2 + y^2$ ist der Extremwert zu bestimmen.
   Notwendige Bedingung für einen Extremwert:
   $$z_x = 2x = 0 \quad x_E = 0 \qquad\qquad z_y = 2y = 0 \quad y_E = 0$$
   Hinreichende Bedingung für einen Extremwert:
   $$z_{xx} = 2 \qquad z_{yy} = 2 \qquad z_{xy} = 0$$
   $$z_{xx} \cdot z_{yy} - z_{xy}^{\ 2} = 2 \cdot 2 - 0 = 4 > 0 \qquad \text{Extremwert}$$
   $$z_{xx}(0;\ 0) = 2 > 0 \quad \text{oder} \quad z_{yy}(0;\ 0) = 2 > 0 \quad \text{Minimum}$$

2. Es ist zu untersuchen, ob die Funktion $z = x^2 + 3xy + y^2 - x - 4y + 8$ einen Extremwert besitzt.
   Notwendige Bedingung für einen Extremwert:
   $$z_x = 2x + 3y - 1 = 0 \quad |\cdot 3$$
   $$z_y = 3x + 2y - 4 = 0 \quad |\cdot 2$$
   $$6x + 9y - 3 = 0$$
   $$-(6x + 4y - 8 = 0)$$
   $$5y + 5 = 0 \qquad y_E = -1$$
   $$2x - 3 - 1 = 0 \qquad x_E = 2$$
   Hinreichende Bedingung für einen Extremwert:
   $$z_{xx} = 2 \qquad z_{yy} = 2 \qquad z_{xy} = 3$$
   $$z_{xx} \cdot z_{yy} - z_{xy}^{\ 2} = 2 \cdot 2 - 9 = -5 < 0$$
   kein Extremwert

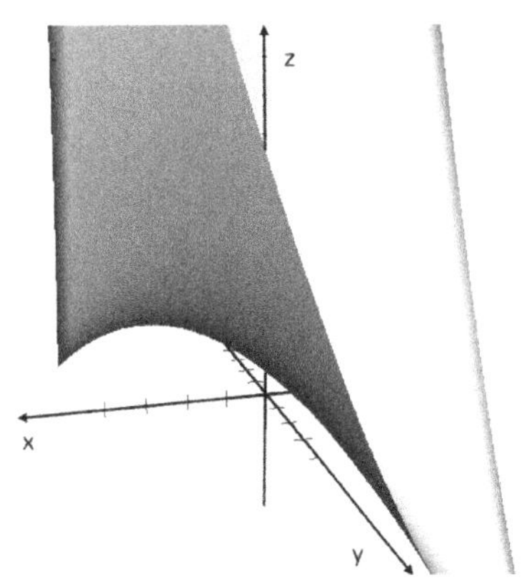

3. Die eingangs dieses Kapitels erwähnte Funktion der Wechselstrom-Wirkleistung
   $$\frac{P_a}{P_{a\max}} = \frac{4 \cdot \dfrac{R_a}{R_i}}{\left(1 + \dfrac{R_a}{R_i}\right)^2 + \left(\dfrac{X_i + X_a}{R_i}\right)^2} \qquad z = \frac{4 \cdot x}{(1+x)^2 + y^2} = 4x \cdot \left[(1+x)^2 + y^2\right]^{-1}$$
   ist eine Funktion mit zwei unabhängigen Veränderlichen, die einer Fläche entspricht und deren wichtigsten Schnittlinien für
   $$x_0 = 1: \quad z = f(1;\ y) = \frac{4}{4 + y^2} \qquad\qquad y_0 = 0: \quad z = f(x;\ 0) = \frac{4 \cdot x}{(1+x)^2}$$
   $$z_0 = 0{,}5;\ 0{,}6;\ 0{,}7;\ 0{,}8;\ 0{,}9;\ 0{,}95: \quad y^2 + \left[x - \left(\frac{2}{z} - 1\right)\right]^2 = \frac{4}{z} \cdot \left(\frac{1}{z} - 1\right)$$
   berechnet und dargestellt sind.
   (siehe Weißgerber: Elektrotechnik für Ingenieure 2, S.180 - 182).
   Sie besitzt ein Maximum bei $x_E = 1$ und $y_E = 0$, wie rechnerisch nachgewiesen werden soll.

Notwendige Bedingung für einen Extremwert:

$$z_x = \frac{4\cdot\left[(1+x)^2+y^2\right]-4x\cdot 2\cdot(1+x)}{\left[(1+x)^2+y^2\right]^2} = 4\cdot\frac{(1+x)^2+y^2-2x\cdot(1+x)}{\left[(1+x)^2+y^2\right]^2} = 0$$

$$z_x = 4\cdot\frac{1+2x+x^2+y^2-2x-2x^2}{\left[(1+x)^2+y^2\right]^2} = 4\cdot\frac{y^2-x^2+1}{\left[(1+x)^2+y^2\right]^2} = 0 \quad \text{d.h.} \quad y^2-x^2+1=0$$

$$z_y = -4x\cdot\left[(1+x)^2+y^2\right]^{-2}\cdot 2y = -\frac{8xy}{\left[(1+x)^2+y^2\right]^2} = 0 \quad \text{d.h.} \quad x\cdot y = 0$$

Mit $x=0 \Rightarrow y^2+1=0$ oder $y=\pm\sqrt{-1}$, d.h. $x=0$ entfällt als Lösung.

Mit $y=0 \Rightarrow -x^2+1=0$ oder $x=\pm 1$, d.h. $x=\frac{R_a}{R_i}=-1$ entfällt,

weil es keine negativen Widerstände gibt.

Der Extremwert kann also nur bei $x_E=1$ und $y_E=0$ liegen.

Hinreichende Bedingung für einen Extremwert:

$$z_{xx}\cdot z_{yy}-z_{xy}^{\;2}>0 \quad \text{mit} \quad z_{xy}=z_{yx}$$

$$z_{xx} = 4\cdot\frac{-2x\cdot\left[(1+x)^2+y^2\right]^2-\left(y^2-x^2+1\right)\cdot 2\cdot\left[(1+x)^2+y^2\right]\cdot 2\cdot(1+x)}{\left[(1+x)^2+y^2\right]^4}$$

$$z_{xx} = 8\cdot\frac{\left[(1+x)^2+y^2\right]\cdot\left\{-x\cdot\left[(1+x)^2+y^2\right]-2\cdot\left(y^2-x^2+1\right)\cdot(1+x)\right\}}{\left[(1+x)^2+y^2\right]^4}$$

$$z_{xx} = -8\cdot\frac{x\cdot\left[(1+x)^2+y^2\right]+2\cdot\left(y^2-x^2+1\right)\cdot(1+x)}{\left[(1+x)^2+y^2\right]^3}$$

$$z_{xx} = f_{xx}(1;\,0) = -8\cdot\frac{1\cdot 4+0}{4^3} = -\frac{2\cdot 4\cdot 4}{4^3} = -\frac{1}{2}$$

$$z_{yy} = -\frac{8x\cdot\left[(1+x)^2+y^2\right]^2-8xy\cdot 2\cdot\left[(1+x)^2+y^2\right]\cdot 2\cdot y}{\left[(1+x)^2+y^2\right]^4}$$

$$z_{yy} = -8\cdot\frac{\left[(1+x)^2+y^2\right]\cdot\left\{x\cdot\left[(1+x)^2+y^2\right]-4xy^2\right\}}{\left[(1+x)^2+y^2\right]^4}$$

$$z_{yy} = -8\cdot\frac{x\cdot\left[(1+x)^2+y^2\right]-4xy^2}{\left[(1+x)^2+y^2\right]^3}$$

$$z_{yy} = f_{yy}(1;\,0) = -8\cdot\frac{1\cdot 4-0}{4^3} = -\frac{2\cdot 4\cdot 4}{4^3} = -\frac{1}{2}$$

$$z_{xy} = 4 \cdot \frac{2y \cdot \left[(1+x)^2 + y^2\right]^2 - 2 \cdot \left[(1+x)^2 + y^2\right] \cdot 2y \cdot \left(y^2 - x^2 + 1\right)}{\left[(1+x)^2 + y^2\right]^4}$$

$$z_{xy} = 8 \cdot \frac{\left[(1+x)^2 + y^2\right] \cdot \left\{y \cdot \left[(1+x)^2 + y^2\right] - 2 \cdot y \cdot \left(y^2 - x^2 + 1\right)\right\}}{\left[(1+x)^2 + y^2\right]^4}$$

$$z_{xy} = 8y \cdot \frac{(1+x)^2 + y^2 - 2 \cdot \left(y^2 - x^2 + 1\right)}{\left[(1+x)^2 + y^2\right]^3}$$

$$z_{xy} = 8y \cdot \frac{1 + 2x + x^2 + y^2 - 2y^2 + 2x^2 - 2}{\left[(1+x)^2 + y^2\right]^3}$$

$$z_{xy} = 8y \cdot \frac{3x^2 + 2x - y^2 - 1}{\left[(1+x)^2 + y^2\right]^3}$$

$$z_{xy} = f_{xy}(1;\ 0) = 0$$

$$z_{yx} = -\frac{8y \cdot \left[(1+x)^2 + y^2\right]^2 - 2 \cdot \left[(1+x)^2 + y^2\right] \cdot 2(1+x) \cdot 8xy}{\left[(1+x)^2 + y^2\right]^4}$$

$$z_{yx} = -8y \cdot \frac{\left[(1+x)^2 + y^2\right] \cdot \left\{\left[(1+x)^2 + y^2\right] - 4x \cdot (1+x)\right\}}{\left[(1+x)^2 + y^2\right]^4}$$

$$z_{yx} = 8y \cdot \frac{-\left[(1+x)^2 + y^2\right] + 4x \cdot (1+x)}{\left[(1+x)^2 + y^2\right]^3} = 8y \cdot \frac{-1 - 2x - x^2 - y^2 + 4x + 4x^2}{\left[(1+x)^2 + y^2\right]^3}$$

$$z_{yx} = 8y \cdot \frac{3x^2 + 2x - y^2 - 1}{\left[(1+x)^2 + y^2\right]^3} = z_{xy}$$

$$z_{yx} = f_{yx}(1;\ 0) = 0$$

$$z_{xx} \cdot z_{yy} - z_{yx}{}^2 = \left(-\frac{1}{2}\right) \cdot \left(-\frac{1}{2}\right) - 0 = \frac{1}{4} > 0 \quad \text{Extremwert existiert}$$

$$z_{xx} = f_{xx}(1;\ 0) = -\frac{1}{2} < 0 \quad \text{oder} \quad z_{yy} = f_{yy}(1;\ 0) = -\frac{1}{2} < 0 \quad \text{Maximum}$$

Übungsaufgaben zum Kapitel 8

8.1 Bilden Sie die ersten Ableitungen von folgenden Funktionen:

1. $z = x^5 + 6x^3y - 2x^2y + 3x^2 - y + 4$
2. $u = x^5 + 6x^3y - 2x^2yz + 3yz^3$
3. $z = \dfrac{xy}{x^2 + y^2}$
4. $z = \cos(x+y) \cdot \cos(x-y)$

8.2 Von folgenden Funktionen sind die ersten und zweiten Ableitungen zu berechnen:

1. $z = \sqrt{x^2 + y^2}$
2. $u = xy + yz + zx$
3. $z = \ln \dfrac{\sin y}{\sin x}$

8.3 Es ist nachzuweisen, dass für die Funktion

$$z = e^{\frac{x^2}{y^2}}$$

die Gleichung $x \cdot z_x + y \cdot z_y = 0$ erfüllt ist.

8.4 Von den Funktionen

$$z = x^y \quad \text{und} \quad z = e^x \cdot \sin y$$

ist jeweils das totale Differential zu bilden.

8.5 Für die Funktion

$$u = xy + yz + zx$$

sind die Funktionsänderung Δu und das totale Differential du zu bilden, wenn $x = 2,\ y = 3$ und $z = 1$ und die Änderungen in den drei Koordinatenrichtungen $dx = 0{,}1 \quad dy = -0{,}2$ und $dz = 0{,}2$ betragen.

8.6 Für die Funktion

$$z = x^2 + y^2 - 4x - 6y + 7$$

sind eventuell vorhandene Extremwerte zu ermitteln.

9. Komplexe Zahlen

9.1 Die imaginäre Einheit und der Bereich der komplexen Zahlen

Problemstellung

Für die Behandlung der bisherigen Aufgaben genügte der Zahlenbereich der reellen Zahlen. Es gibt aber Aufgaben, für die der Bereich der reellen Zahlen erweitert werden muss. Zum Beispiel ist die Lösung der algebraischen Gleichung $x^2+1=0$ keine reelle Zahl, denn das Quadrat einer reellen Zahl x kann nicht -1 sein:

$$x^2=-1$$

$$x_{1,2}=\pm\sqrt{-1} \tag{9.1}$$

Beispiel:
Entsprechend führt die Gleichung

$$x^2-2x+5=0$$

im Reellen zu unlösbaren Ausdrücken mit $\sqrt{-1}$:

$$x_{1,2}=1\pm\sqrt{1-5}=1\pm\sqrt{-4}=1\pm\sqrt{4\cdot(-1)}$$

$$x_{1,2}=1\pm 2\cdot\sqrt{-1}$$

Imaginäre Einheit

Der reelle Zahlenbereich muss um Zahlen erweitert werden, die den unlösbaren Ausdruck $\sqrt{-1}$ enthalten. Dieser Ausdruck wird "imaginäre Einheit" genannt und in der mathematischen Literatur mit i und in der elektrotechnischen Literatur mit j bezeichnet, um ihn nicht mit dem zeitlich veränderlichen Strom i zu verwechseln:

$$j=+\sqrt{-1} \tag{9.2}$$

Die imaginäre Einheit ist also eine Zahl, deren Quadrat -1 ist:

$$j^2=-1 \tag{9.3}$$

Es gibt nur zwei Zahlen, deren Quadrat -1 ist: $-j$ und $+j$:

$$j^2=-1 \qquad (-j)^2=(-1)^2\cdot j^2=-1$$

W. Weißgerber, *Mathematik zu Elektrotechnik für Ingenieure*,
https://doi.org/10.1007/978-3-658-40837-4_9

Imaginäre Zahlen

Das Produkt $j \cdot y$ mit $y \in R$ wird imaginäre Zahl genannt. Damit wird die Bezeichnung "imaginäre Einheit" verständlich, denn j kann wie eine Einheit aufgefasst werden, die zur reellen Zahl y gehört. Während die Einheit hinter der Zahl steht, wird die imaginäre Einheit meistens vor die Zahl gesetzt.
<u>Beispiele:</u>

$$j \cdot 3 \qquad j \cdot \frac{\pi}{2} \qquad -j \cdot 2{,}7$$

Komplexe Zahlen

Im allgemeinen kann die Lösung einer algebraischen Gleichung die Form $x + j \cdot y$ haben, wobei x und y reelle Zahlen sind. Die Summen aus einer reellen Zahl x und einer imaginären Zahl $j \cdot y$ heißen "komplexe Zahlen":

$$\underline{z} = x + j \cdot y \tag{9.4}$$

mit $x, y \in R$

x wird Realteil und y Imaginärteil der komplexen Zahlen genannt.
<u>Beispiele:</u>

$$\underline{z}_1 = x_1 + j \cdot y_1 = 3 + j \cdot 1$$

$$\underline{z}_2 = x_2 + j \cdot y_2 = 0{,}5$$

$$\underline{z}_3 = x_3 + j \cdot y_3 = -2 + j \cdot \frac{\pi}{2}$$

$$\underline{z}_4 = x_4 + j \cdot y_4 = -j \cdot 0{,}1$$

Die Menge der komplexen Zahlen C enthält die reellen Zahlen als Untermenge, weil mit $y = 0$ die komplexen Zahlen reell sind.
Im Abschnitt 1.1 wurde schon gezeigt, dass die komplexen Zahlen Teil des Zahlensystems sind.

konjugiert komplexe Zahlen

Zwei komplexe Zahlen, die sich nur durch das Vorzeichen des Imaginärteils unterscheiden, sind zueinander konjugiert komplex:

$$\underline{z} = x + j \cdot y$$

$$\underline{z}^* = x - j \cdot y \tag{9.5}$$

$\underline{z}^*$ ist die zu $\underline{z}$ konjugiert komplexe Zahl und umgekehrt.

9.2 Die Darstellung komplexer Zahlen in der Gaußschen Zahlenebene

Gaußsche Zahlenebene - Punktdarstellung

Um eine komplexe Zahl darstellen zu können, werden zwei Koordinatenachsen, also die Ebene benötigt, weil die komplexen Zahlen zwei Mengen reller Zahlen enthalten. Jede komplexe Zahl $\underline{z} = x + j \cdot y$ mit $x, y \in R$ entspricht einem geordneten Zahlenpaar (x, y) aus reellen Zahlen. Geordnete Zahlenpaare lassen sich durch Punkte der Ebene darstellen, weil dann eine eineindeutige - d.h. umkehrbar eindeutige - Zuordnung möglich ist:

$$(x, y) \Leftrightarrow P(x, y) \tag{9.6}$$

Im kartesischen Koordinatensystem, das aus einer reellen und einer imaginaären Achse besteht, entspricht der komplexen Zahl $\underline{z} = x + j \cdot y$ einem Punkt $P(x, y)$ mit der Abszisse x und der Ordinate y. Dieses Koordinatensystem mit reeller und imaginärer Achse heißt Gaußsche Zahlenebene:

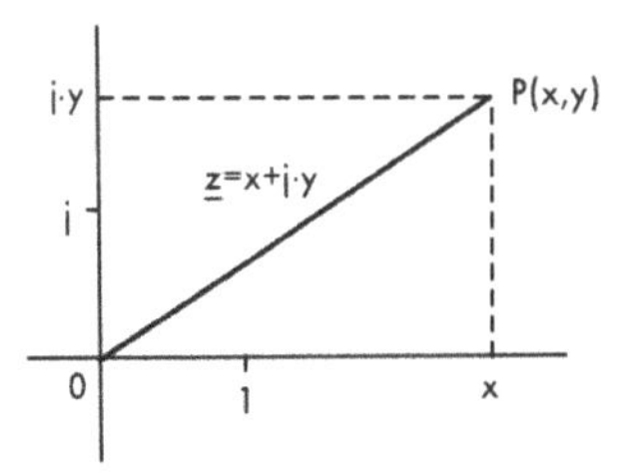

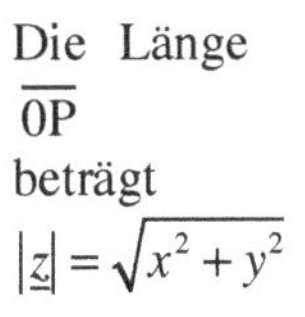

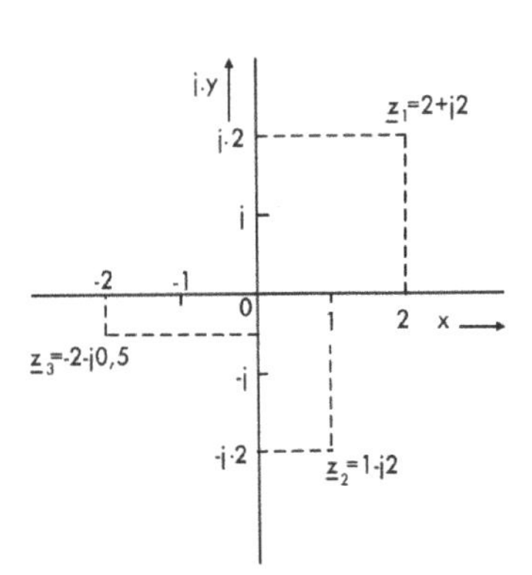

<u>Beispiele:</u>

$\underline{z}_1 = 2 + j \cdot 2 \qquad \underline{z}_2 = 1 - j \cdot 2 \qquad \underline{z}_3 = -2 - j \cdot 0{,}5$

Zeigerdarstellung

Komplexe Zahlen lassen sich nicht nur durch Punkte in der Gaußschen Zahlenebene, sondern durch "Zeiger" vorteilhaft darstellen, mit denen Rechenoperationen mit komplexen Zahlen geometrisch ausgeführt werden können. Einer komplexen Zahl $\underline{z} = x + j \cdot y$ wird ein Zeiger zugeordnet, der als Pfeil vom Nullpunkt 0 zum Punkt $P(x, y)$ verläuft.

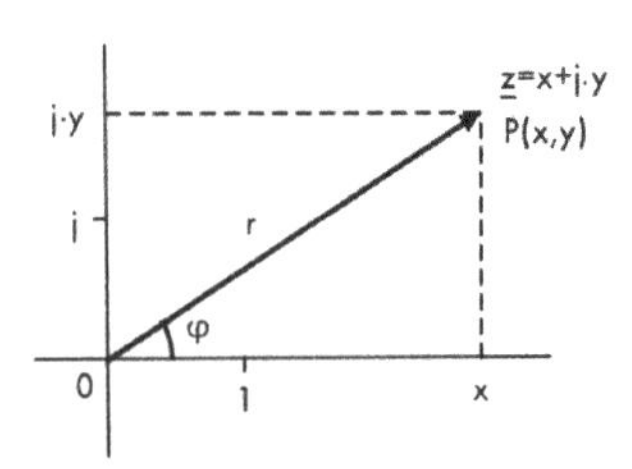

Ein Zeiger ist kein Vektor, obwohl beide durch Pfeile dargestellt werden: Vektoren befinden sich in der reellen Ebene und Zeiger in der komplexen Ebene. Sie unterliegen außerdem anderen Rechengesetzen.

9.3 Darstellungsformen komplexer Zahlen

Arithmetische Form - Goniometrische Form

Die Darstellungsform komplexer Zahlen mit Real- und Imaginärteil

$$\underline{z} = x + j \cdot y$$

heißt arithmetische oder algebraische Form.
Der Zeiger einer komplexen Zahl, dargestellt in der komplexen Ebene, kann auch durch seine Länge r und die Richtung angegeben werden. Die Länge des Zeigers, auch Modul genannt, ist gleich dem Betrag von $\underline{z}$:

$$r = |\underline{z}|$$

Die Richtung wird durch den Winkel φ zwischen dem Zeiger und der positiven reellen Achse erfasst und Argument (Bogen) von $\underline{z}$ genannt:

$$\varphi = arc\ \underline{z}$$

Der Winkel φ wird im mathematisch positiven Sinn gemessen, also im Gegenuhrzeigersinn. Sind Real- und Imaginärteil der komplexen Zahl gegeben, lassen sich r und φ berechnen:

$$r = |\underline{z}| = |x + j \cdot y| = \sqrt{x^2 + y^2} \tag{9.7}$$

Mit $\tan\varphi = \frac{y}{x}$ (9.8)

ergibt sich

$$\varphi = arc\ \underline{z} = \arctan\frac{y}{x} + k \cdot 360^o \tag{9.9}$$

bzw.

$$\varphi = arc\ \underline{z} = \arctan\frac{y}{x} + k \cdot 2\pi \tag{9.10}$$

mit $k = 0,\ \pm 1,\ \pm 2\ ,\pm 3,\ \ldots$

Eine komplexe Zahl hat also eine Periodizität von 360° bzw. 2π:

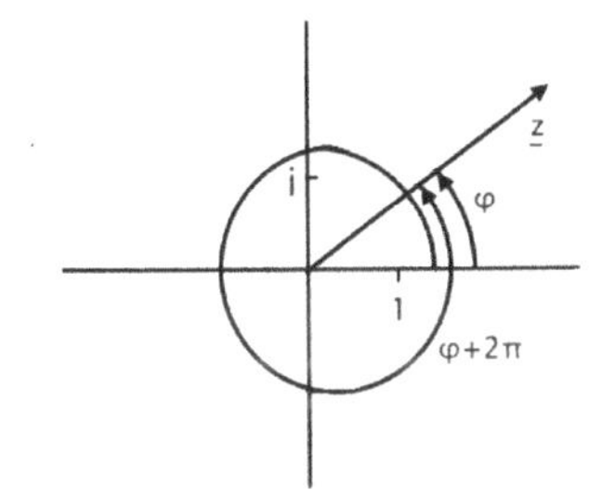

Andererseits gehören zu einem Wert y/x jeweils zwei Winkel, die sich um 180° unterscheiden. Um den Winkel φ eindeutig angeben zu können, müssen die Vorzeichen von x und y berücksichtigt werden.

Beispiel:

$$x = 2 \qquad y = -2$$

$$r = \sqrt{2^2 + 2^2} = \sqrt{8} = 2 \cdot \sqrt{2}$$

$$\tan\varphi = \frac{-2}{2} = -1 \qquad \varphi = 315^o$$

$$\varphi = 135^o \text{ entfällt}$$

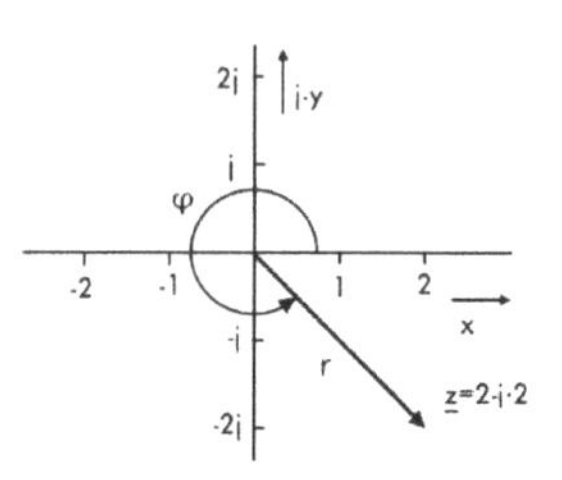

Sind umgekehrt r und φ gegeben und x und y sind gesucht, dann gelten folgende Dreiecksbeziehungen:

$$x = r \cdot \cos\varphi \qquad (9.11)$$

$$y = r \cdot \sin\varphi \qquad (9.12)$$

Werden diese Beziehungen in die arithmetische Form der komplexen Zahl eingesetzt, dann erhält man die goniometrische Form der komplexen Zahl:

$$\underline{z} = r \cdot (\cos\varphi + j \cdot \sin\varphi) \qquad (9.13)$$

$$\text{mit } \quad r \in R \quad r \geq 0 \quad \text{und} \quad 0^o \leq \varphi < 360^o$$

Beispiele:

1. Die arithmetische Form der komplexen Zahl $\underline{z} = 4 \cdot (\cos 30^o + j \cdot \sin 30^o)$ ist zu ermitteln.

   Lösung:

$$x = r \cdot \cos\varphi = 4 \cdot \cos 30^o = 4 \cdot \frac{\sqrt{3}}{2} = 2 \cdot \sqrt{3}$$

$$y = r \cdot \sin\varphi = 4 \cdot \sin 30^o = 4 \cdot \frac{1}{2} = 2$$

$$\underline{z} = 2 \cdot \sqrt{3} + j \cdot 2$$

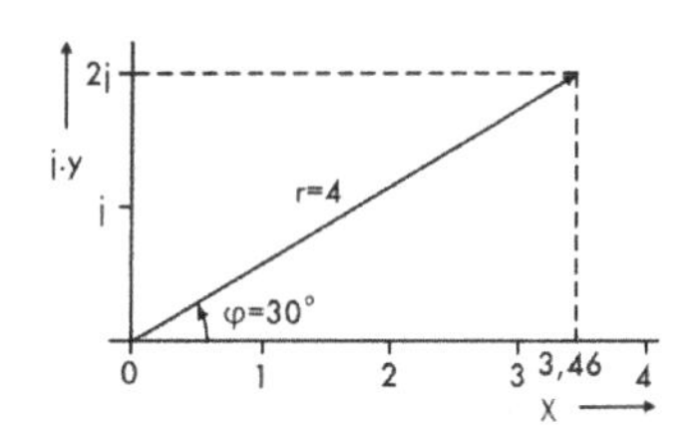

2. Die goniometrische Form der komplexen Zahl $\underline{z} = -\frac{6}{\sqrt{3}} + j \cdot 2$ ist gesucht.

   Lösung:

$$r = \sqrt{x^2 + y^2} = \sqrt{\frac{36}{3} + 4} = \sqrt{16} = 4$$

$$\tan\varphi = \frac{y}{x} = \frac{2}{-\frac{6}{\sqrt{3}}} = -\frac{2\sqrt{3}}{6} = -\frac{\sqrt{3}}{3} = -\frac{1}{\sqrt{3}}$$

$$\varphi = 150^o \qquad \underline{z} = 4 \cdot (\cos 150^o + j \cdot \sin 150^o)$$

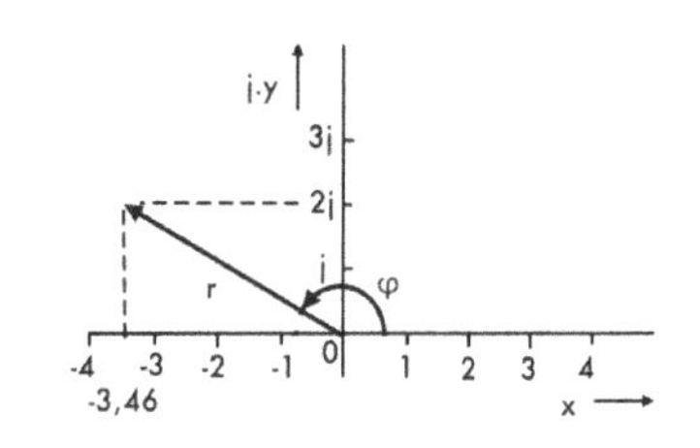

Exponentialform

Um die Exponentialform einer komplexen Zahl angeben zu können, wird zunächst der natürliche Logarithmus einer komplexen Zahl definiert:
Definition:
Der natürliche Logarithmus der komplexen Zahl

$$\underline{z} = r \cdot (\cos\varphi + j \cdot \sin\varphi)$$

ist die komplexe Zahl

$$\ln \underline{z} = \ln r + \ln(\cos\varphi + j \cdot \sin\varphi)$$

$$\ln \underline{z} = \ln r + j \cdot \varphi \qquad (9.14)$$

und bei Berücksichtigung der Periodizität einer komplexen Zahl

$$\ln \underline{z} = \ln r + j \cdot (\varphi + 2k\pi) \qquad (9.15)$$

Wird die Gleichung 9.14 mit der Basis e potenziert, entsteht wieder $\underline{z}$:

$$\underline{z} = e^{\ln \underline{z}} = e^{\ln r + j \cdot \varphi} = e^{\ln r} \cdot e^{j\varphi}$$

Die Exponentialform einer komplexen Zahl ist dann

$$\underline{z} = r \cdot e^{j\varphi} \qquad (9.16)$$

und bei Berücksichtigung der Periodizität einer komplexen Zahl

$$\underline{z} = r \cdot e^{j(\varphi + 2k\pi)} \qquad (9.17)$$

Beispiel:
Konjugiert komplexe Zahl in Exponentialschreibweise:

$$\underline{z} = x + j \cdot y \qquad \underline{z}^* = x - j \cdot y$$
$$\underline{z} = r \cdot e^{j\varphi} \qquad \underline{z}^* = r \cdot e^{-j\varphi} \qquad (9.18)$$

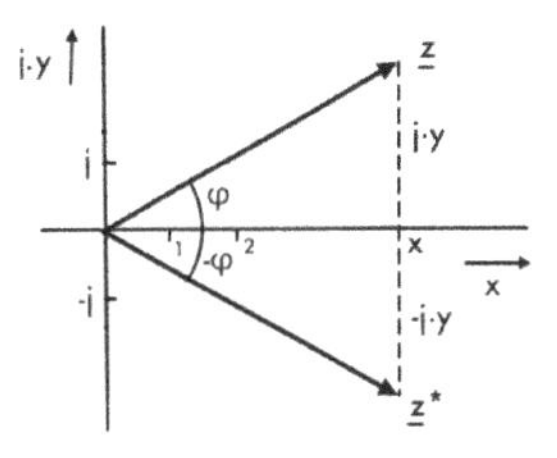

Eulersche Formel

Aus der Exponentialform und der goniometrischen Form einer komplexen Zahl

$$\underline{z} = r \cdot e^{j\varphi} = r \cdot (\cos\varphi + j \cdot \sin\varphi)$$

folgt die Eulersche Formel:

$$e^{j\varphi} = \cos\varphi + j \cdot \sin\varphi \qquad (9.19)$$

deren Richtigkeit durch unendliche Reihen der e-Funktion, cos-Funktion und sin-Funktion nachgewiesen werden kann (siehe Kapitel 12 und Übungsaufgabe 12.4).

Für das negative Argument $-\varphi$ ändert sich die Eulersche Formel in:

$$e^{j(-\varphi)} = e^{-j\varphi} = \cos(-\varphi) + j \cdot \sin(-\varphi)$$

$$e^{-j\varphi} = \cos\varphi - j \cdot \sin\varphi \qquad (9.20)$$

mit $\cos(-\varphi) = \cos\varphi$ und $\sin(-\varphi) = -\sin\varphi$

Durch Addition und Subtraktion von $e^{j\varphi}$ und $e^{-j\varphi}$ ergeben sich zwei Formeln, die den Zusammenhang zwischen der Exponentialfunktion und den trigonometrischen Funktionen darstellen:

$$e^{j\varphi} - e^{-j\varphi} = 2 \cdot j \cdot \sin\varphi \qquad e^{j\varphi} + e^{-j\varphi} = 2 \cdot \cos\varphi$$

$$\sin\varphi = \frac{e^{j\varphi} - e^{-j\varphi}}{2 \cdot j} \quad (9.21) \qquad \cos\varphi = \frac{e^{j\varphi} + e^{-j\varphi}}{2} \quad (9.22)$$

$$\tan\varphi = \frac{\sin\varphi}{\cos\varphi} = \frac{\dfrac{e^{j\varphi} - e^{-j\varphi}}{2 \cdot j}}{\dfrac{e^{j\varphi} + e^{-j\varphi}}{2}} = \frac{e^{j\varphi} - e^{-j\varphi}}{j \cdot \left(e^{j\varphi} + e^{-j\varphi}\right)} = -j \cdot \frac{e^{j\varphi} - e^{-j\varphi}}{e^{j\varphi} + e^{-j\varphi}} \qquad (9.23)$$

$$\cot\varphi = \frac{1}{\tan\varphi} = j \cdot \frac{e^{j\varphi} + e^{-j\varphi}}{e^{j\varphi} - e^{-j\varphi}} \qquad (9.24)$$

Da die Hyperbelfunktionen über die Exponentialfunktion definiert sind (siehe Kapitel 2.5, Gl. 2.26), gibt es mit $x \rightarrow j \cdot x$ folgende Zusammenhänge:

$$\left.\begin{aligned} \sinh jx &= \frac{e^{jx} - e^{-jx}}{2} \\ \sin x &= \frac{e^{jx} - e^{-jx}}{2 \cdot j} \end{aligned}\right\} \quad \sinh jx = j \cdot \sin x \qquad (9.25)$$

$$\left.\begin{aligned} \cosh jx &= \frac{e^{jx} + e^{-jx}}{2} \\ \cos x &= \frac{e^{jx} + e^{-jx}}{2} \end{aligned}\right\} \quad \cos x = \cosh jx \qquad (9.26)$$

Beispiele:

1. Für die komplexen Zahlen $\underline{z}=1+j$ und $\underline{z}=-2$ sind die natürlichen Logarithmen zu berechnen.

   Lösung:
   Zunächst ist die arithmetische Form der komplexen Zahlen in die goniometrische Form zu überführen, und dann ist entsprechend der Formel 9.14 der Logarithmus zu bilden.

   $$\underline{z}=1+j=\sqrt{2}\cdot\left(\cos 45^o+j\cdot\sin 45^o\right)=\sqrt{2}\cdot\left(\cos\frac{\pi}{4}+j\cdot\sin\frac{\pi}{4}\right)$$

   $$\text{mit}\quad r=\sqrt{1^2+1^2}=\sqrt{2}\quad\text{und}\quad\varphi=\arctan\frac{1}{1}=45^o\quad\text{bzw.}\ \frac{\pi}{4}$$

   $$\ln\underline{z}=\ln(1+j)=\ln\sqrt{2}+j\cdot\frac{\pi}{4}=\frac{1}{2}\cdot\ln 2+j\cdot\frac{\pi}{4}=0{,}347+j\cdot 0{,}783$$

   $$\underline{z}=-2=2\cdot\left(\cos 180^o+j\cdot\sin 180^o\right)$$

   $$\text{mit}\quad r=2\quad\text{und}\quad\varphi=\arctan 0=180^o\quad\text{bzw.}\quad\varphi=\pi$$

   $$\ln\underline{z}=\ln(-2)=\ln 2+j\cdot\pi=0{,}693+j\cdot 3{,}142$$

2. Die arithmetische Form der komplexen Zahl $\underline{z}=1+j\cdot\sqrt{3}$ ist zunächst in die goniometrische Form und dann in die Exponentialform zu überführen.

   Lösung:

   $$\underline{z}=1+j\cdot\sqrt{3}$$

   $$\text{mit}\quad r=\sqrt{1^2+3}=2\quad\text{und}\quad\varphi=\arctan\frac{\sqrt{3}}{1}=\arctan\sqrt{3}\qquad\varphi=60^o\quad\text{bzw.}\quad\varphi=\frac{\pi}{3}$$

   $$\underline{z}=2\cdot\left(\cos 60^o+j\cdot\sin 60^o\right)$$

   $$\underline{z}=2\cdot e^{j\cdot\frac{\pi}{3}}$$

3. Die arithmetische Form der beiden komplexen Zahlen $\underline{z}=e^{1-j\cdot\frac{2}{3}\pi}$ und $\underline{z}=e^{j}$ ist zu berechnen.

   Lösung:

   $$\underline{z}=e^{1-j\cdot\frac{2}{3}\pi}=e^1\cdot e^{-j\cdot\frac{2}{3}\pi}=e^1\cdot\left[\cos\left(-\frac{2}{3}\pi\right)+j\cdot\sin\left(-\frac{2}{3}\pi\right)\right]$$

   $$\underline{z}=e\cdot\left(\cos\frac{2}{3}\pi-j\cdot\sin\frac{2}{3}\pi\right)$$

   $$\underline{z}=e\cdot\left(-\frac{1}{2}-j\cdot\frac{1}{2}\sqrt{3}\right)=-1{,}359-j\cdot 2{,}354$$

   $$\underline{z}=e^j=e^{0+j}=e^0\cdot e^j$$

   $$\underline{z}=e^0\cdot(\cos 1+j\cdot\sin 1)$$

   $$\underline{z}=1\cdot\left(\cos 57^o17'+j\cdot\sin 57^o17'\right)=0{,}5403+j\cdot 0{,}841$$

9.4 Das Rechnen mit komplexen Zahlen

Addition und Subtraktion von zwei komplexen Zahlen

Rechnerische Ausführung:
Zwei komplexe Zahlen werden addiert bzw. subtrahiert, indem ihre Real- und Imaginärteile addiert bzw. subtrahiert werden. Dafür eignet sich die arithmetische Form der komplexen Zahlen:

$$\underline{z}_1 = x_1 + j \cdot y_1 \quad \text{und} \quad \underline{z}_2 = x_2 + j \cdot y_2$$

$$\underline{z}_1 \pm \underline{z}_2 = (x_1 \pm x_2) + j \cdot (y_1 \pm y_2) \tag{9.27}$$

Geometrische Ausführung:
Für die geometrische Addition und Subtraktion werden die komplexen Zahlen in der Gaußschen Zahlenebene dargestellt.

Addition:
Die Summe zweier komplexer Zahlen wird gebildet, indem an den einen Zeiger der zweite Zeiger parallel verschoben angesetzt wird. Der vom Nullpunkt zur Spitze des verschobenen Zeigers reichende Zeiger ist der Summenzeiger.

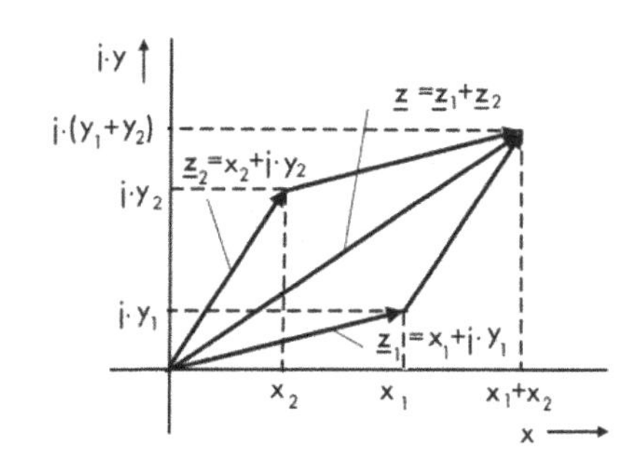

Subtraktion:
Die Differenz zweier komplexer Zahlen wird gebildet, indem die beiden Zeigerspitzen verbunden werden. Der Differenzzeiger besitzt die Länge dieser Verbindung und zeigt nach dem Minuenden. Anschließend wird der Differenzzeiger parallel verschoben, so dass der Zeigeranfang im Nullpunkt liegt. Es wird empfohlen, das Ergebnis durch Addition zu kontrollieren.

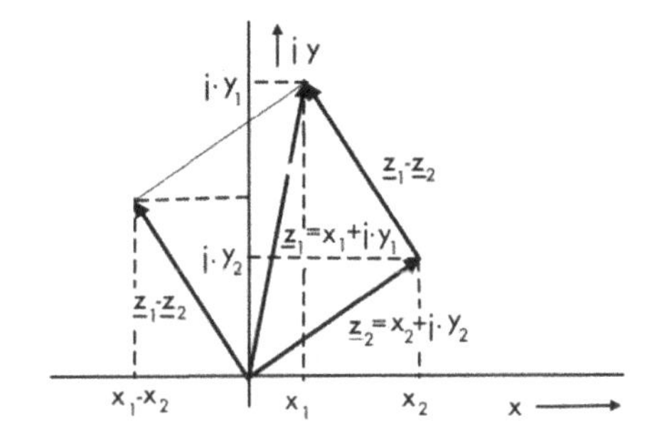

Beispiele:

1. $\underline{z}_1 = 4 + j \cdot 1$ und $\underline{z}_2 = 2 + j \cdot 3$ $\quad \underline{z}_1 + \underline{z}_2 = 6 + j \cdot 4$
2. $\underline{z}_1 = 1 + j \cdot 5$ und $\underline{z}_2 = 3 + j \cdot 2$ $\quad \underline{z}_1 - \underline{z}_2 = -2 + j \cdot 3$

Multiplikation zweier komplexer Zahlen

Faktoren in arithmetischer Form:

$$\underline{z}_1 = x_1 + j \cdot y_1 \qquad \text{und} \qquad \underline{z}_2 = x_2 + j \cdot y_2$$

$$\underline{z}_1 \cdot \underline{z}_2 = (x_1 + j \cdot y_1) \cdot (x_2 + j \cdot y_2)$$
$$\underline{z}_1 \cdot \underline{z}_2 = x_1 \cdot x_2 + j \cdot x_1 \cdot y_2 + j \cdot x_2 \cdot y_1 + j^2 \cdot y_1 \cdot y_2$$

mit $j^2 = -1$ ergibt sich

$$\underline{z}_1 \cdot \underline{z}_2 = (x_1 \cdot x_2 - y_1 \cdot y_2) + j \cdot (x_1 \cdot y_2 + x_2 \cdot y_1) \tag{9.28}$$

Bei mehrfachen Multiplikationen komplexer Zahlen treten Potenzen von j mit natürlichen Zahlen als Exponenten auf, die hier zusammengestellt werden:

$j^1 = j$

$j^2 = -1$

$j^3 = j \cdot j^2 = -j$

$j^4 = j^2 \cdot j^2 = +1$

$j^5 = j \cdot j^4 = j$

$j^6 = j^2 \cdot j^4 = -1$

usw.

allgemein gilt:

$j^{4n} = 1$

$j^{4n+1} = j$

$j^{4n+2} = -1$

$j^{4n+3} = -j$

z.B. $\quad j^{800} = j^{4 \cdot 200} = 1 \qquad j^{22} = j^{4 \cdot 5 + 2} = -1$

Beispiel:

$$\underline{z}_1 = 1 + j \cdot 2 \qquad \underline{z}_2 = -2 - j$$
$$\underline{z}_1 \cdot \underline{z}_2 = (1 + j \cdot 2) \cdot (-2 - j)$$
$$\underline{z}_1 \cdot \underline{z}_2 = (-2 + 2) + j \cdot (-1 - 4)$$
$$\underline{z}_1 \cdot \underline{z}_2 = -j \cdot 5$$

Faktoren in goniometrischer Form:

$$\underline{z}_1 = r_1 \cdot (\cos\varphi_1 + j \cdot \sin\varphi_1) \qquad \text{und} \qquad \underline{z}_2 = r_2 \cdot (\cos\varphi_2 + j \cdot \sin\varphi_2)$$

$$\underline{z}_1 \cdot \underline{z}_2 = r_1 \cdot r_2 \cdot (\cos\varphi_1 + j \cdot \sin\varphi_1) \cdot (\cos\varphi_2 + j \cdot \sin\varphi_2)$$

$$\underline{z}_1 \cdot \underline{z}_2 = r_1 \cdot r_2 \cdot (\cos\varphi_1 \cdot \cos\varphi_2 + j \cdot \cos\varphi_1 \cdot \sin\varphi_2 + j \cdot \sin\varphi_1 \cdot \cos\varphi_2 + j^2 \cdot \sin\varphi_1 \cdot \sin\varphi_2)$$

$$\underline{z}_1 \cdot \underline{z}_2 = r_1 \cdot r_2 \cdot [(\cos\varphi_1 \cdot \cos\varphi_2 - \sin\varphi_1 \cdot \sin\varphi_2) + j \cdot (\sin\varphi_1 \cdot \cos\varphi_2 + \sin\varphi_2 \cdot \cos\varphi_1)]$$

Mit dem Additionstheorem $\cos(\alpha+\beta)=\cos\alpha\cdot\cos\beta-\sin\alpha\cdot\sin\beta$

$\sin(\alpha+\beta)=\sin\alpha\cdot\cos\beta+\cos\alpha\cdot\sin\beta$

ergibt sich

$$\underline{z}_1\cdot\underline{z}_2=r_1\cdot r_2\cdot\left[\cos(\varphi_1+\varphi_2)+j\cdot\sin(\varphi_1+\varphi_2)\right] \tag{9.29}$$

Sind die Faktoren in goniometrischer Form mit r_1, φ_1 und r_2, φ_2 gegeben, dann liegt das Produkt ebenfalls in goniometrischer Form mit $r_1\cdot r_2$, $\varphi_1+\varphi_2$ vor. Das Produkt komplexer Zahlen in goniometrischer Form wird gebildet, indem die Beträge multipliziert und die Argumente addiert werden.

Geometrische Konstruktion des Produkts zweier komplexer Zahlen:
Der Zeiger $\underline{z}_1$ wird bei der Multiplikation mit $\underline{z}_2$ um den Winkel φ_2 gedreht und im Verhältnis $r_2/1$ gestreckt. Die Multiplikation zweier komplexer Zahlen wird daher als Drehstreckung bezeichnet.

An den Zeiger $\underline{z}_1$ wird im mathematisch positiven Sinn ein Strahl mit dem Winkel φ_2 angetragen, wodurch sich die Richtung von $\underline{z}_1\cdot\underline{z}_2$ ergibt.
Der Winkel im Punkt (1, 0) wird an der Zeigerspitze von $\underline{z}_1$ übertragen. Dadurch entsteht ein Schnittpunkt mit dem eingezeichneten Strahl mit dem Argument $\varphi_1+\varphi_2$. Der Zeiger vom Ursprung des Koordinatensystems zu diesem Schnittpunkt ist der Produktzeiger $\underline{z}_1\cdot\underline{z}_2$.

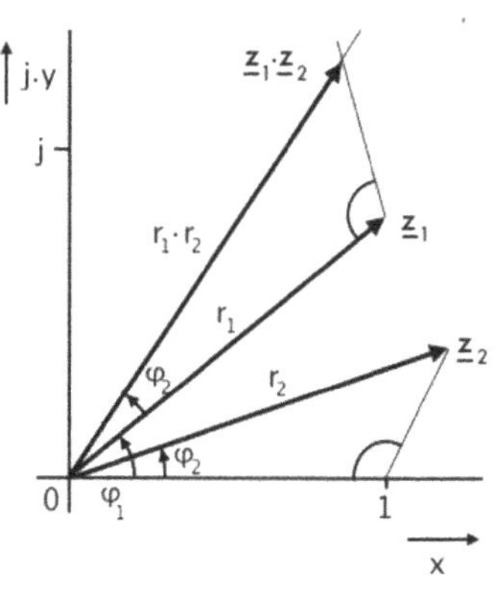

Erläuterung:
Beide gezeichneten Dreiecke sind ähnlich, denn zwei Winkel sind gleich. Damit lässt sich die Proportion

$$\frac{r_1\cdot r_2}{r_1}=\frac{r_2}{1}$$

aufstellen, wodurch die Richtigkeit der Konstruktion nachgewiesen ist.

Faktoren in Exponentialform:

$$\underline{z}_1=r_1\cdot e^{j\cdot\varphi_1}\qquad \underline{z}_2=r_2\cdot e^{j\cdot\varphi_2}$$

$$\underline{z}_1\cdot\underline{z}_2=r_1\cdot r_2\cdot e^{j\cdot(\varphi_1+\varphi_2)} \tag{9.30}$$

Beispiel:

$$\underline{z}_1=2\cdot\left(\cos\ 60^o+j\cdot\sin 60^o\right)=2\cdot e^{j\cdot\frac{\pi}{3}}\qquad \underline{z}_2=3\cdot\left(\cos\ 15^o+j\cdot\sin 15^o\right)=3\cdot e^{j\cdot\frac{\pi}{12}}$$

$$\underline{z}_1\cdot\underline{z}_2=6\cdot\left(\cos\ 75^o+j\cdot\sin\ 75^o\right)=6\cdot e^{j\cdot\frac{5\pi}{12}}$$

Division zweier komplexer Zahlen

Zähler und Nenner in arithmetischer Form:

$$\underline{z}_1 = x_1 + j \cdot y_1 \qquad \text{und} \qquad \underline{z}_2 = x_2 + j \cdot y_2$$

$$\frac{\underline{z}_1}{\underline{z}_2} = \frac{x_1 + j \cdot y_1}{x_2 + j \cdot y_2} = \frac{x_1 + j \cdot y_1}{x_2 + j \cdot y_2} \cdot \frac{x_2 - j \cdot y_2}{x_2 - j \cdot y_2}$$

$$\frac{\underline{z}_1}{\underline{z}_2} = \frac{x_1 \cdot x_2 - j^2 \cdot y_1 \cdot y_2 - j \cdot x_1 \cdot y_2 + j \cdot x_2 \cdot y_1}{x_2^2 - j^2 \cdot y_2^2}$$

$$\frac{\underline{z}_1}{\underline{z}_2} = \frac{x_1 \cdot x_2 + y_1 \cdot y_2}{x_2^2 + y_2^2} + j \cdot \frac{x_2 \cdot y_1 - x_1 \cdot y_2}{x_2^2 + y_2^2} \tag{9.31}$$

mit x_2, y_2 gleichzeitig $\neq 0$

Der Bruch zweier komplexer Zahlen ist also wieder eine komplexe Zahl, wie durch konjugiert komplexes Erweitern nachgewiesen werden kann.
Beispiel:

$$\frac{2-j}{1+j \cdot 4} = \frac{2-j}{1+j \cdot 4} \cdot \frac{1-j \cdot 4}{1-j \cdot 4} = \frac{2-4}{1+16} + j \cdot \frac{-1-8}{1+16} = -\frac{2}{17} - j \cdot \frac{9}{17}$$

Ein wichtiger Hinweis: Der komplexe Nenner darf auf keinen Fall getrennt werden:

$$\frac{x_1 + j \cdot y_1}{x_2 + j \cdot y_2} \neq \frac{x_1}{x_2} + \frac{y_1}{y_2} \quad ! \qquad\qquad \frac{1}{x + j \cdot y} \neq \frac{1}{x} - j \cdot \frac{1}{y} \quad !$$

Außerdem sollte das konjugiert komplexe Erweitern am Anfang einer Rechnung möglichst vermieden werden, weil der Nenner im weiteren Verlauf nicht mehr gekürzt werden kann (siehe Beispielrechnungen in Weißgerber: Elektrotechnik für Ingenieure 2).

Zähler und Nenner in Exponentialform:

$$\underline{z}_1 = r_1 \cdot e^{j \cdot \varphi_1} \qquad \underline{z}_2 = r_2 \cdot e^{j \cdot \varphi_2}$$

$$\frac{\underline{z}_1}{\underline{z}_2} = \frac{r_1 \cdot e^{j \cdot \varphi_1}}{r_2 \cdot e^{j \cdot \varphi_2}}$$

$$\frac{\underline{z}_1}{\underline{z}_2} = \frac{r_1}{r_2} \cdot e^{j \cdot (\varphi_1 - \varphi_2)} \tag{9.32}$$

Sind Zähler und Nenner in Exponentialform mit r_1, φ_1 und r_2, φ_2 gegeben, dann entsteht der Bruch mit r_1 / r_2 und $\varphi_1 - \varphi_2$.

Der Betrag eines Quotienten komplexer Zahlen ist gleich dem Quotient der Beträge der komplexen Zahlen. Das Argument des Quotienten ist gleich der Differenz der Argumente von Dividend und Divisor.
Der Quotient komplexer Zahlen wird gebildet, indem die Beträge dividiert und die Argumente subtrahiert werden.
Zähler und Nenner in goniometrischer Form:

$$\underline{z}_1 = r_1 \cdot (\cos\varphi_1 + j \cdot \sin\varphi_1) \quad \text{und} \quad \underline{z}_2 = r_2 \cdot (\cos\varphi_2 + j \cdot \sin\varphi_2)$$

Mit der Eulerschen Formel

$$e^{j\varphi} = \cos\varphi + j \cdot \sin\varphi$$

wird die Formel in Exponentialform

$$\frac{\underline{z}_1}{\underline{z}_2} = \frac{r_1}{r_2} \cdot e^{j \cdot (\varphi_1 - \varphi_2)}$$

umgewandelt in

$$\frac{\underline{z}_1}{\underline{z}_2} = \frac{r_1}{r_2} \cdot \left[\cos(\varphi_1 - \varphi_2) + j \cdot \sin(\varphi_1 - \varphi_2)\right] \tag{9.33}$$

Geometrische Konstruktion des Quotienten zweier komplexer Zahlen:
An den Zeiger $\underline{z}_1$ wird im mathematisch negativen Sinn ein Strahl mit dem Winkel φ_2 angetragen, der in der Richtung des Quotientenzeigers $\underline{z}_1 / \underline{z}_2$ liegt. Dann wird die Verbindung zwischen der Zeigerspitze von $\underline{z}_2$ nach dem Punkt (1, 0) gezeichnet, und der Winkel an der Zeigerspitze von $\underline{z}_2$ an die Zeigerspitze von $\underline{z}_1$ übertragen, wodurch der Schnittpunkt mit dem ermittelten Strahl entsteht. Der Zeiger vom Nullpunkt zu diesem Schnittpunkt ist der Zeiger $\underline{z}_1 / \underline{z}_2$.
Die Richtigkeit des Ergebnisses kann mit Hilfe der geometrischen Multiplikation nachgewiesen werden.

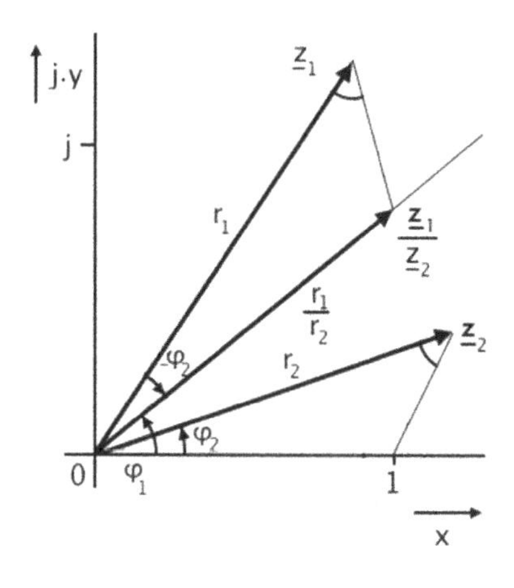

Inversion

Eine spezielle Form der Division ist das Bilden des Kehrwerts, der Inversion:

$$\underline{z}_1 = r_1 \cdot e^{j \cdot \varphi_1}$$

$$\underline{z}_2 = \frac{1}{\underline{z}_1} = \frac{1}{r_1} \cdot e^{-j \cdot \varphi_1} \tag{9.34}$$

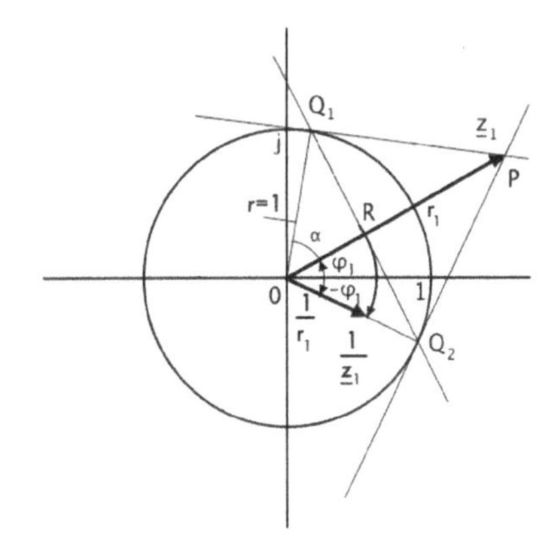

Geometrische Konstruktion der Inversion einer komplexen Zahl:

1. Zeichnen von $\underline{z}_1$
2. Zeichnen der beiden Tangenten durch den Punkt P an den Einskreis ergibt die Punkte Q_1 und Q_2
3. Zeichnen der Verbindungslinie $\overline{Q_1Q_2}$ führt auf $\underline{z}_1$ zum Schnittpunkt R
4. Zeichnen des Strahls mit dem Winkel $-\varphi_1$
5. Abtragen der Strecke $\overline{0R}$ auf diesem Strahl ergibt $1/\underline{z}_1$

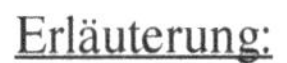
Erläuterung:

$$\cos\alpha = \frac{\overline{0R}}{r} = \frac{r}{\overline{0P}} \quad \text{und mit}$$

$$r = 1 \text{ ist } \overline{0R} = \frac{1}{\overline{0P}} \quad \text{oder} \quad \frac{1}{r_1} = \frac{1}{r_1}$$

Anmerkung: Wenn $r_1 < 1$, muss die Konstruktion umgekehrt werden.

Betrag der invertierten komplexen Zahl

$$\left|\frac{1}{\underline{z}}\right| = \frac{1}{|\underline{z}|} \tag{9.35}$$

Bewiesen wird diese Regel mit der Exponentialform der komplexen Zahl:

$$\left|\frac{1}{r\cdot e^{j\cdot\varphi}}\right| = \frac{1}{\left|r\cdot e^{j\cdot\varphi}\right|} = \frac{1}{r}$$

Potenzieren einer komplexen Zahl

Bei der Berechnung von Potenzen komplexer Zahlen empfiehlt es sich, die Exponentialform oder die goniometrische Form zu verwenden.
Der Betrag der g-ten Potenz einer komplexen Zahl mit $g \in Z$ (ganze rationale Zahlen) ist gleich der g-ten Potenz ihres Betrages. Das Argument der g-ten Potenz einer komplexen Zahl ist gleich dem g-fachen ihres Arguments:

$$\underline{z} = r\cdot e^{j\cdot\varphi} = r\cdot(\cos\varphi + j\cdot\sin\varphi)$$

$$\underline{z}^g = \left(r\cdot e^{j\cdot\varphi}\right)^g = r^g\cdot e^{j\cdot g\cdot\varphi} = r^g\cdot(\cos g\cdot\varphi + j\cdot\sin g\cdot\varphi) \tag{9.36}$$

mit $\quad g \in Z$

Für das Potenzieren gilt die Potenzregel (siehe Gl. 1.23). Dass die Gleichung in goniometrischer Form richtig ist, folgt aus obiger Eulerschen Formel.

Die Richtigkeit der Gleichung 9.36 kann auch mit dem "Satz der vollständigen Induktion" bewiesen werden.

Satz der vollständigen Induktion:

Um eine Aussage zu beweisen, die eine von einer gewissen Größe an frei wählbare natürliche Zahl enthält, genügt es zu zeigen:

1. Die Aussage gilt für die kleinste Wahl von n (Induktionsanfang), z.B. Potenzieren mit $g = n = 1$
2. Wenn sie für $g = n = k$ gilt, ist sie auch für $g = n = k+1$ gültig.
   Das ist der Schluss von k auf $k+1$.
   z.B. Potenzieren
   Ansatz: $g = n = k$, für $g = n = k+1$ muss dann die Aussage bewiesen werden.
3. Folgerung: Dann ist die Aussage für alle n richtig.
   z.B. Potenzieren
   Für alle natürlichen Zahlen ist die Formel für $\underline{z}^g$ richtig und gültig.

Beispiel für den Beweis durch vollständige Induktion:

$g = 0$: $\quad \underline{z}^o = r^o \cdot (\cos 0 + j \cdot \sin 0) = 1$

$g = 1$: $\quad \underline{z}^1 = r^1 \cdot (\cos 1 \cdot \varphi + j \cdot \sin 1 \cdot \varphi) = r \cdot (\cos\varphi + j \cdot \sin\varphi) = \underline{z}$

$g = 2$: $\quad \underline{z}^2 = r^2 \cdot (\cos 2 \cdot \varphi + j \cdot \sin 2 \cdot \varphi) = \underline{z} \cdot \underline{z}$ (siehe Multiplikation Gl. 9.29)

$g = k$: $\quad \underline{z}^k = r^k \cdot (\cos k \cdot \varphi + j \cdot \sin k \cdot \varphi) = \underline{z} \cdot \underline{z} \cdot \ldots \cdot \underline{z}$

$g = k+1$: $\quad \underline{z}^{k+1} = r^{k+1} \cdot [\cos(k+1) \cdot \varphi + j \cdot \sin(k+1) \cdot \varphi]$

$$\underline{z}^{k+1} = \underline{z}^k \cdot \underline{z} = r^k \cdot r \cdot [\cos(k \cdot \varphi + \varphi) + j \cdot \sin(k \cdot \varphi + \varphi)]$$

Außerdem ist

$g = -n$: $\quad \underline{z}^{-n} = \frac{1}{\underline{z}^n} = \frac{1 \cdot (\cos 0 + j \cdot \sin 0)}{r^n \cdot (\cos n \cdot \varphi + j \cdot \sin n \cdot \varphi)} = r^{-n} \cdot [\cos(-n \cdot \varphi) + j \cdot \sin(-n \cdot \varphi)]$

Beispiel:

Von der Zahl $\underline{z} = 1 + j$ ist die 20. Potenz $\underline{z} = (1 + j)^{20}$ zu bilden.

Lösung:

$\underline{z} = r \cdot (\cos\varphi + j \cdot \sin\varphi)$

mit $r = \sqrt{1+1} = \sqrt{2}$ und $\varphi = \arctan\frac{1}{1} = \arctan 1 = 45^o$

$\underline{z} = \sqrt{2} \cdot (\cos 45^o + j \cdot \sin 45^o)$

$\underline{z}^{20} = 2^{10} \cdot (\cos 20 \cdot 45^o + j \cdot \sin 20 \cdot 45^o) = 1024 \cdot (\cos 900^o + j \cdot \sin 900^o)$

$\underline{z}^{20} = 1024 \cdot (\cos 180^o + j \cdot \sin 180^o) = -1024$

mit $\cos 180^o = -1$ und $\sin 180^o = 0$

Radizieren einer komplexen Zahl

Die Addition, Subtraktion, Multiplikation, Division und das Erheben in eine ganzzahlige Potenz sind eindeutige Operationen: es ergeben sich immer eindeutige komplexe Zahlen, auch wenn die Periodizität der komplexen Zahl von 360° bzw. 2π berücksichtigt wird:

$$\underline{z} = r \cdot e^{j(\varphi + k \cdot 360^o)} = r \cdot \left[\cos\left(\varphi + k \cdot 360^o\right) + j \cdot \sin\left(\varphi + k \cdot 360^o\right)\right]$$

bzw.

$$\underline{z} = r \cdot e^{j(\varphi + k \cdot 2\pi)} = r \cdot \left[\cos(\varphi + k \cdot 2\pi) + j \cdot \sin(\varphi + k \cdot 2\pi)\right]$$

mit $k = 0, \pm 1, \pm 2, ...$

Die Periodizität bleibt beim Addieren und Subtrahieren von komplexen Zahlen erhalten oder sie wird beim Multiplizieren komplexer Zahlen ein Vielfaches von 2π. Deshalb wurde die Periodizität bei den bisherigen Operationen nicht dazu geschrieben.

Beispiel:

$$\underline{z}_1 = r_1 \cdot e^{j(\varphi_1 + k \cdot 2\pi)} = r_1 \cdot \left[\cos(\varphi_1 + k \cdot 2\pi) + j \cdot \sin(\varphi_1 + k \cdot 2\pi)\right]$$

$$\underline{z}_2 = r_2 \cdot e^{j(\varphi_2 + k \cdot 2\pi)} = r_2 \cdot \left[\cos(\varphi_2 + k \cdot 2\pi) + j \cdot \sin(\varphi_2 + k \cdot 2\pi)\right]$$

$$\underline{z}_1 \cdot \underline{z}_2 = r_1 \cdot r_2 \cdot e^{j(\varphi_1 + \varphi_2 + k \cdot 4\pi)} = r_1 \cdot r_2 \cdot \left[\cos(\varphi_1 + \varphi_2 + k \cdot 4\pi) + j \cdot \sin(\varphi_1 + \varphi_2 + k \cdot 4\pi)\right]$$

Die Lösungen der Gleichung

$$\underline{x}^n = \underline{z} \quad \text{mit} \quad \underline{x}^n, \underline{z} \in C$$

mit der komplexen Zahl

$$\underline{z} = r \cdot e^{j(\varphi + k \cdot 360^o)} = r \cdot \left[\cos\left(\varphi + k \cdot 360^o\right) + j \cdot \sin\left(\varphi + k \cdot 360^o\right)\right]$$

bzw.

$$\underline{z} = r \cdot e^{j(\varphi + k \cdot 2\pi)} = r \cdot \left[\cos(\varphi + k \cdot 2\pi) + j \cdot \sin(\varphi + k \cdot 2\pi)\right]$$

ergeben n verschiedene komplexe n-te Wurzeln

$$\underline{x}_k = \sqrt[n]{\underline{z}} = \sqrt[n]{r} \cdot e^{j \cdot \frac{\varphi + k \cdot 360^o}{n}} = \sqrt[n]{r} \cdot \left[\cos\frac{\varphi + k \cdot 360^o}{n} + j \cdot \sin\frac{\varphi + k \cdot 360^o}{n}\right] \tag{9.37}$$

bzw.

$$\underline{x}_k = \sqrt[n]{\underline{z}} = \sqrt[n]{r} \cdot e^{j \cdot \frac{\varphi + k \cdot 2\pi}{n}} = \sqrt[n]{r} \cdot \left[\cos\frac{\varphi + k \cdot 2\pi}{n} + j \cdot \sin\frac{\varphi + k \cdot 2\pi}{n}\right] \tag{9.38}$$

mit $k = 0, 1, 2, 3, 4, ..., n\text{-}1$

Der Betrag einer komplexen n-ten Wurzel von $\underline{z}$ ist gleich der n-ten Wurzel aus dem Betrag von $\underline{z}$. Die Argumente der komplexen n-ten Wurzel erhält man, indem zum Argument von $\underline{z}$ das k-fache ($k = 0, 1, 2, 3, 4, ..., n\text{-}1$) des Vollwinkels 360° bzw. 2π addiert wird und die Summen durch n geteilt werden.

Beispiele:

1. Es ist die 6. Wurzel, d.h. die sechs Wurzeln, der komplexen Zahl $\underline{z} = r \cdot e^{j\cdot(\varphi + k\cdot 2\pi)}$ zu ermitteln und in der Gaußschen Zahlenebene darzustellen.
   Lösung:

$$\underline{x}_k = \sqrt[6]{\underline{z}} = \sqrt[6]{r} \cdot e^{j\cdot\frac{\varphi + k\cdot 2\pi}{6}} \quad \text{mit} \quad k = 0,\ 1,\ 2,\ 3,\ 4,\ 5$$

k	$\underline{x}_k$	$arc\ \sqrt[6]{\underline{z}} = \frac{\varphi}{6} + \frac{k \cdot \pi}{3}$
0	$\underline{x}_0$	$\frac{\varphi}{6}$
1	$\underline{x}_1$	$\frac{\varphi}{6} + \frac{\pi}{3}$
2	$\underline{x}_2$	$\frac{\varphi}{6} + \frac{2\pi}{3}$
3	$\underline{x}_3$	$\frac{\varphi}{6} + \pi$
4	$\underline{x}_4$	$\frac{\varphi}{6} + \frac{4\pi}{3}$
5	$\underline{x}_5$	$\frac{\varphi}{6} + \frac{5\pi}{3}$
$(6) \equiv 0$	$\underline{x}_6 \equiv \underline{x}_0$	$\frac{\varphi}{6} + 2\pi$
$(7) \equiv 1$	$\underline{x}_7 \equiv \underline{x}_1$	$\frac{\varphi}{6} + 2\pi + \frac{\pi}{3}$

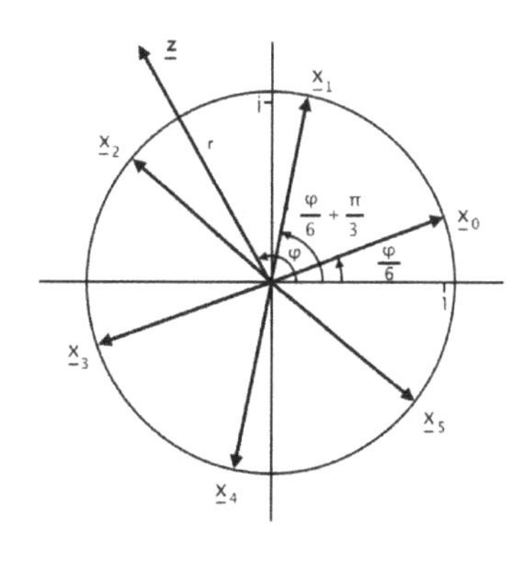

2. Die vier 4. Wurzeln der komplexen Zahl $\underline{z} = 1$ sind zu ermitteln und in der Gaußschen Zahlenebene darzustellen.
   Lösung: Mit $r = 1$ und $\varphi = 0^o$ ist $\underline{z} = 1 \cdot \left(\cos 0^o + j \cdot \sin 0^o\right)$ und

$$\underline{x}_k = \sqrt[4]{\underline{z}} = \sqrt[4]{1} \cdot \left(\cos\frac{k \cdot 360^o}{4} + j \cdot \sin\frac{k \cdot 360^o}{4} \right) = 1 \cdot \left(\cos k \cdot 90^o + j \cdot \sin k \cdot 90^o\right)$$

mit $k = 0,\ 1,\ 2,\ 3$

$$\underline{x}_0 = 1 \cdot \left(\cos 0^o + j \cdot \sin 0^o\right) = 1 + 0 = 1$$

$$\underline{x}_1 = 1 \cdot \left(\cos 90^o + j \cdot \sin 90^o\right) = 0 + j \cdot 1 = j$$

$$\underline{x}_2 = 1 \cdot \left(\cos 180^o + j \cdot \sin 180^o\right) = -1 + 0 = -1$$

$$\underline{x}_3 = 1 \cdot \left(\cos 270^o + j \cdot \sin 270^o\right) = 0 + j \cdot (-1) = -j$$

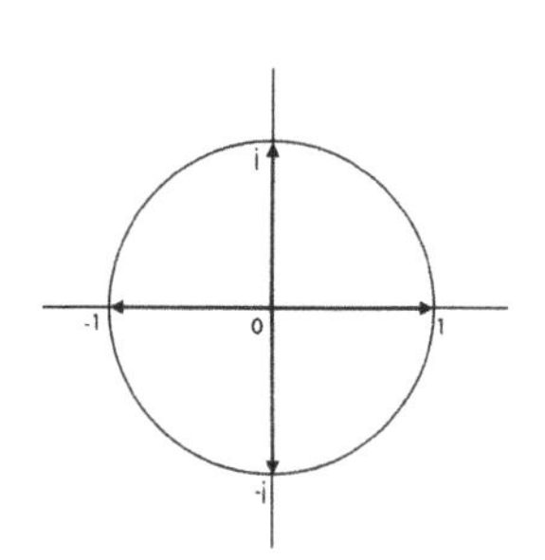

Die Lösungen der Gleichung $\underline{x}^n = 1$, d.h. $\sqrt[n]{1}$ werden komplexe n-te Einheitswurzeln genannt.

Differenzieren nach dem Argument

Das Differenzieren einer komplexen Zahl $\underline{z} = r \cdot e^{j\cdot\varphi}$ nach dem Argument φ bedeutet eine Drehung des Zeigers um 90° im mathematisch positiven Sinn:

$$\frac{d\underline{z}}{d\varphi} = \frac{d}{d\varphi}\left(r \cdot e^{j\cdot\varphi}\right) = j \cdot r \cdot e^{j\cdot\varphi} = j \cdot \underline{z}$$

mit $j = 1 \cdot e^{j\cdot\frac{\pi}{2}} = e^{j\cdot\frac{\pi}{2}}$

$$\frac{d\underline{z}}{d\varphi} = r \cdot e^{j\cdot\left(\varphi + \frac{\pi}{2}\right)} = \underline{z} \cdot e^{j\cdot\frac{\pi}{2}} \qquad (9.39)$$

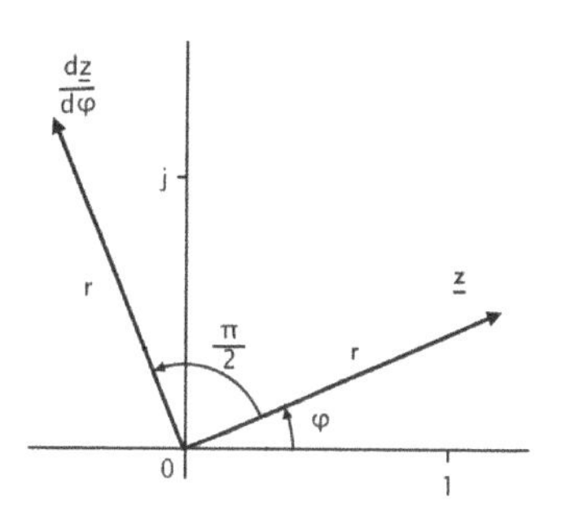

Integrieren nach dem Argument

Das Integrieren einer komplexen Zahl $\underline{z} = r \cdot e^{j\cdot\varphi}$ nach dem Argument φ bedeutet eine Drehung des Zeigers um -90° im mathematisch positiven Sinn:

$$\int \underline{z} \cdot d\varphi = r \cdot \int e^{j\cdot\varphi} d\varphi = r \cdot \frac{e^{j\cdot\varphi}}{j} = -j \cdot r \cdot e^{j\cdot\varphi} = -j \cdot \underline{z}$$

mit $-j = 1 \cdot e^{j\cdot\left(-\frac{\pi}{2}\right)} = e^{-j\cdot\frac{\pi}{2}}$

$$\int \underline{z} \cdot d\varphi = r \cdot e^{j\cdot\left(\varphi - \frac{\pi}{2}\right)} = \underline{z} \cdot e^{-j\cdot\frac{\pi}{2}} \qquad (9.40)$$

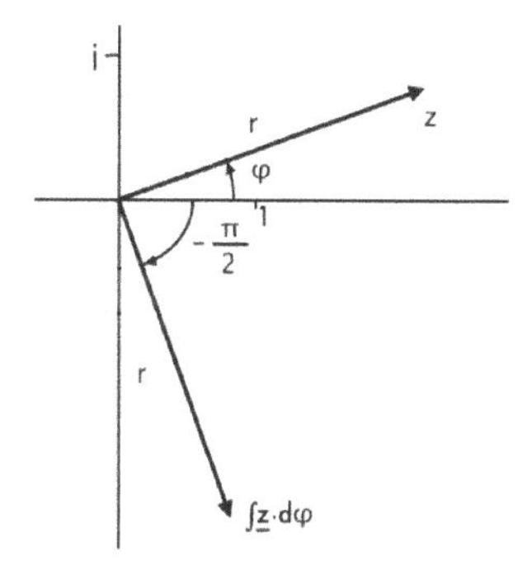

Komplexe Rechnung in der Wechselstromtechnik

Die Berechnung von Wechselstrom-Netzwerken ist ohne komplexe Rechnung sehr aufwendig oder überhaupt nicht möglich. Um Netzwerke mit Wechselspannungsquellen genauso einfach berechnen zu können wie Gleichstromnetze, wird jede sinusförmige Größe in komplexe Zeitfunktionen bzw. komplexe Zeiger transformiert. Es können dann Wechselstromwiderstände und Wechselstromleitwerte definiert werden.
Um gemischte Wechselstromschaltungen in einfache Reihen- oder Parallelschaltungen überführen zu können, wird die Funktion mit komplexen Variablen in zwei Ebenen dargestellt

$$\underline{w} = f(\underline{z}) = \frac{\underline{z} - 1}{\underline{z} + 1} \qquad \text{mit} \quad \underline{w} = u + j \cdot v \quad \text{und} \quad \underline{z} = x + j \cdot y$$

eine so genannte konforme Abbildung. Ortskurven lassen sich im Komplexen konstruieren, Schwingkreise werden komplex berechnet. Transformatoren und Mehrphasensysteme werden rechnerisch und mit Zeigerbildern behandelt, und die Vierpoltheorie setzt die komplexe Rechnung voraus (siehe Weißgerber: Elektrotechnik für Ingenieure 2 und 3).

Übungsaufgaben zum Kapitel 9

9.1 Ermitteln Sie die Lösungen von folgenden quadratischen Gleichungen:

$$x^2 - 8x + 7 = 0$$
$$x^2 - 8x + 16 = 0$$
$$x^2 - 8x + 20 = 0$$

Wie werden die Lösungen genannt?

9.2 Stellen Sie folgende komplexe Zahlen in der Gaußschen Zahlenebene dar, nachdem sie die fehlenden Darstellungsformen entwickelt haben:

$$\underline{z}_1 = 3 + j \cdot 4 \qquad \underline{z}_2 = 2 \cdot e^{-j\frac{\pi}{2}} \qquad \underline{z}_3 = -\frac{1}{2} - j \cdot \frac{\sqrt{3}}{2} \qquad \underline{z}_4 = -3 \qquad \underline{z}_5 = 1 - j$$

9.3 Von folgenden komplexen Zahlen sind die natürlichen Logarithmen zu bilden:

1. $\underline{z} = \sqrt{3} + j$ 2. $\underline{z} = 0{,}5 - j \cdot 0{,}5 \cdot \sqrt{3}$ 3. $\underline{z} = 2 + j \cdot 3$ 4. $\underline{z} = -j$

9.4 Führen Sie folgende Rechenoperationen mit komplexen Zahlen aus:

1. $(3 + j \cdot 4) \cdot (1 - j)$ 2. $(3 + 7j) \cdot 2j$ 3. $(2 + 5j) - (3 + 5j)$
4. $\dfrac{1 + 3j}{1 - j}$ 5. $\left(3 + j \cdot \sqrt{2}\right)^2$ 6. $(3 + 7j) - 10j$ 7. $\dfrac{5}{1 - 2j}$
8. $\left(3 + 2j\sqrt{2}\right)\left(3 - 2j\sqrt{2}\right)$ 9. $\dfrac{3 + 2j}{3j}$ 10. $\dfrac{1}{3 + j\sqrt{2}}$

9.5 Gegeben sind die beiden konjugiert komplexen Zahlen:

$$\underline{z}_1 = 2 + j \cdot 3 \qquad \underline{z}_1^* = 2 - j \cdot 3$$
$$\underline{z}_2 = 4 - j \cdot 2 \qquad \underline{z}_2^* = 4 + j \cdot 2$$

Zu berechnen sind: 1. $\underline{z}_1 \cdot \underline{z}_2$ 2. $\underline{z}_1^* \cdot \underline{z}_2^*$ 3. $\dfrac{\underline{z}_1}{\underline{z}_2}$ 4. $\dfrac{\underline{z}_1^*}{\underline{z}_2^*}$

9.6 Die Wurzeln folgender komplexer Zahlen sind zu ermitteln:

1. die vier 4. Wurzeln von $\underline{z} = -1$ und
2. die drei 3. Wurzeln von $\underline{z} = 1 + j$.

10. Statistik

10.1 Statistik und Wahrscheinlichkeitsrechnung

Viele Vorgänge in der Natur, Technik, Ökonomie, Bevölkerungsentwicklung und anderen Bereichen unterliegen dem Zufall. Es ist nicht möglich vorauszusagen, welchen Ausgang der Vorgang nimmt. Allerdings sind über solche zufällig ablaufenden Vorgänge quantitative Aussagen möglich, wenn nur eine genügend große Anzahl von Vorgängen bei gleichbleibenden Bedingungen beobachtet wird.

Statistik ist der Formalismus zur Erfassung und Beschreibung von zufälligen Ereignissen und Zufallsvariablen, die keine eindeutige Aussage über ihre Wertigkeit zulassen. Zum Beispiel ergibt die Warenkontrolle mit einer Stichprobenprüfung eine Rate für den Ausschuss, die nur mit einer bestimmten Wahrscheinlichkeit dem exakten Wert entspricht.

Verschiedene statistische Verfahren ermöglichen für bestimmte Randbedingungen Aussagen über den Erwartungswert der Zufallsgröße und deren Streuung. Der Erwartungswert wird durch verschiedene Mittelwerte, und die Streuung wird durch Abweichungen von den Mittelwerten beschrieben. Dadurch ist eine Fehlerabschätzung der Mittelwerte relativ zum tatsächlichen Wert möglich.

Die mathematische Beschreibung statistischer Ereignisse und Zufallsvariablen erfordert Kenntnisse der Wahrscheinlichkeitsrechnung und mathematischen Statistik, insbesondere über Mittelwerte und deren statistischen Streuung, über Wahrscheinlichkeiten und Verteilungsfunktionen, über lineare Regression und Korrelation (Zusammenhänge zwischen zwei statistischen Zufallsvariablen) und über Kombinatorik (Gesetze über Anordnungen und Zusammenstellungen von Elementen einer endlichen Menge).

10.2 Mittelwerte

Um statistische Zahlenmengen beurteilen zu können, werden verschiedene Mittelwerte definiert, die im folgenden bewertet werden sollen. Sie werden auch statistische Maßzahlen genannt. Zum Beispiel wird eine zu untersuchende Reihe von Messwerten durch einen einzigen Wert, dem Mittelwert, beschrieben, wodurch ein Vergleich verschiedener Messreihen mit gleicher Eigenschaft möglich ist.

arithmetisches Mittel

Der in der statistischen Praxis am häufigsten verwendete Mittelwert ist der arithmetische Mittelwert von Beobachtungswerten, im allgemeinen Sprachgebrauch auch Durchschnittswert genannt. Das einfache arithmetische Mittel wird berechnet, indem die Summe aller N statistischen Beobachtungswerte x_i durch ihre Anzahl dividiert wird:

$$\overline{x} = \frac{1}{N} \cdot \sum_{i=1}^{N} x_i = \frac{1}{N} \cdot \left(x_1 + x_2 + x_3 + x_4 + \ldots + x_N \right) \tag{10.1}$$

W. Weißgerber, *Mathematik zu Elektrotechnik für Ingenieure*,
https://doi.org/10.1007/978-3-658-40837-4_10

Beispiel:
Die Bearbeitungszeit von 10 Werkstücken ergab in Minuten:

Werkstück	1	2	3	4	5	6	7	8	9	10
Bearbeitungszeit x_i	5,2	6,2	5,8	5,3	4,9	5,3	5,5	5,2	4,9	5,2

$$\bar{x} = \frac{1}{10} \cdot (5{,}2 + 6{,}2 + 5{,}8 + 5{,}3 + 4{,}9 + 5{,}3 + 5{,}5 + 5{,}2 + 4{,}9 + 5{,}2) = 5{,}35$$

Die durchschnittliche Bearbeitungszeit betrug 5,35 Minuten pro Werkstück.
Das gewogene arithmetische Mittel wird berechnet, wenn die Gesamtzahl N aller statistischen Beobachtungswerte $x_1, x_2, x_3, \ldots, x_N$ mit einer bestimmten Häufigkeit oder Gewicht h_i auftreten:

$$\bar{x} = \frac{\sum_{i=1}^{n} x_i \cdot h_i}{\sum_{i=1}^{n} h_i} = \frac{x_1 \cdot h_1 + x_2 \cdot h_2 + x_3 \cdot h_3 + \ldots + x_n \cdot h_n}{N} \qquad (10.2)$$

mit $\quad N = \sum_{i=1}^{n} h_i$

Zum Beispiel:
Die Bearbeitungszeiten von den zehn Werkstücken kommen in bestimmten Häufigkeiten vor:

Bearbeitungszeit x_i	4,9	5,2	5,3	5,5	5,8	6,2
Häufigkeit h_i	2	3	2	1	1	1

Mit der Anzahl gleicher Bearbeitungszahlen $n = 6$ ergibt sich das arithmetische Mittel

$$\bar{x} = \frac{4{,}9 \cdot 2 + 5{,}2 \cdot 3 + 5{,}3 \cdot 2 + 5{,}5 \cdot 1 + 5{,}8 \cdot 1 + 6{,}2 \cdot 1}{2 + 3 + 2 + 1 + 1 + 1} = 5{,}35$$

Eigenschaften des arithmetischen Mittels

1. Die Summe der Abweichungen der einzelnen Beobachtungswerte vom arithmetischen Mittel ist Null:

$$\sum_{i=1}^{n} (x_i - \bar{x}) \cdot h_i = (x_1 - \bar{x}) \cdot h_1 + (x_2 - \bar{x}) \cdot h_2 + \ldots + (x_n - \bar{x}) \cdot h_n = 0 \qquad (10.3)$$

Zum Beispiel: mit $\bar{x} = 5{,}35$

Bearbeitungszeit x_i	4,9	5,2	5,3	5,5	5,8	6,2
Häufigkeit h_i	2	3	2	1	1	1
Differenz $x_i - \bar{x}$	− 0,45	− 0,15	− 0,05	0,15	0,45	0,85
$(x_i - \bar{x}) \cdot h_i$	− 0,9	− 0,45	− 0,1	0,15	0,45	0,85

$$\sum_{i=1}^{6} (x_i - \bar{x}) \cdot h_i = -0{,}9 - 0{,}45 - 0{,}1 + 0{,}15 + 0{,}45 + 0{,}85 = 0$$

2. Wird von den Beobachtungswerten dieselbe konstante Zahl c subtrahiert, so ändert sich auch das arithmetische Mittel um diese Zahl c:

$$\frac{1}{N}\cdot\sum_{i=1}^{n}(x_i-c)\cdot h_i=\bar{x}-c \qquad (10.4)$$

Zum Beispiel: mit $c = 4$ Minuten

Bearbeitungszeit x_i	4,9	5,2	5,3	5,5	5,8	6,2
Häufigkeit h_i	2	3	2	1	1	1
Differenz $x_i - 4$	0,9	1,2	1,3	1,5	1,8	2,2
$(x_i-4)\cdot h_i$	1,8	3,6	2,6	1,5	1,8	2,2

$$\frac{1}{10}\cdot\sum_{i=1}^{6}(x_i-4)\cdot h_i=\frac{1}{10}\cdot 13{,}5=1{,}35=5{,}35-4$$

3. Die Summe der Quadrate der Abstände aller Beobachtungswerte vom arithmetischen Mittel ist kleiner als der Abstand von irgendeinem anderen Wert. Diese Tatsache wird quadratische Minimumeigenschaft genannt:

$$\sum_{i=1}^{n}(x_i-\bar{x})^2\cdot h_i=\text{ Minimum} \qquad (10.5)$$

Beweis:

$$S(x)=\sum_{i=1}^{n}(x_i-x)^2\cdot h_i \quad \text{die Summe in Abhängigkeit von irgendeinen Wert } x$$

$$\frac{S(x)}{dx}=\sum_{i=1}^{n}2\cdot(x_i-x)\cdot(-1)\cdot h_i=-2\cdot\sum_{i=1}^{n}(x_i-x)\cdot h_i=0$$

$$\sum_{i=1}^{n}x_i\cdot h_i=\sum_{i=1}^{n}x\cdot h_i=x\cdot\sum_{i=1}^{n}h_i \qquad x=\frac{\sum_{i=1}^{n}x\cdot h_i}{\sum_{i=1}^{n}h_i}=\bar{x}$$

$$\frac{d^2S}{dx^2}=-2\cdot\sum_{i=1}^{n}(-1)\cdot h_i=2\cdot\sum_{i=1}^{n}h_i=2\cdot N>0 \quad \text{Minimum}$$

zum Beispiel: mit $\bar{x} = 5{,}35$ Minuten

Bearbeitungszeit x_i	4,9	5,2	5,3	5,5	5,8	6,2
Häufigkeit h_i	2	3	2	1	1	1
Differenz $x_i - \bar{x}$	– 0,45	– 0,15	– 0,05	0,15	0,45	0,85
$(x_i-\bar{x})^2\cdot h_i$	0,405	0,0675	0,005	0,0225	0,2025	0,7225

$$\sum_{i=1}^{n}(x_i-\bar{x})^2\cdot h_i=1{,}425$$

geometrisches Mittel

Das einfache geometrische Mittel aus N Beobachtungswerten $x_1, x_2, x_3, \dots, x_N$ ist definiert durch die Formel:

$$g = \sqrt[N]{\prod_{i=1}^{N} x_i} = \sqrt[N]{x_1 \cdot x_2 \cdot x_3 \cdot \dots \cdot x_N} \qquad \text{mit} \quad x_i > 0 \qquad (10.6)$$

Der Logarithmus des geometrischen Mittels ist gleich dem arithmetischen Mittel der Logarithmen aller zu mittelnden Beobachtungswerte:

$$\lg\, g = \lg\, \sqrt[N]{x_1 \cdot x_2 \cdot x_3 \cdot \dots \cdot x_N} = \lg\left(x_1 \cdot x_2 \cdot x_3 \cdot \dots \cdot x_n\right)^{1/N}$$

$$\lg\, g = \frac{1}{N} \cdot \lg\left(x_1 \cdot x_2 \cdot x_3 \cdot \dots \cdot x_N\right) = \frac{1}{N} \cdot \sum_{i=1}^{N} \lg x_i \qquad (10.7)$$

Das gewogene geometrische Mittel ergibt sich aus der Formel

$$g = \sqrt[N]{\prod_{i=1}^{n} x_i^{h_i}} \qquad \text{mit} \quad N = \sum_{i=1}^{n} h_i \qquad (10.8)$$

Beispiele:

1. Berechnung des durchschnittlichen jährlichen Wachstumstempos einer Fertigung

von 1990 bis 1991	von 1991 bis 1992	von 1992 bis 1993	von 1993 bis 1994
Steigerung auf 103%	Steigerung auf 106%	Steigerung auf 104%	Steigerung auf 102%

$$g = \sqrt[4]{x_1 \cdot x_2 \cdot x_3 \cdot x_4} = \sqrt[4]{1{,}03 \cdot 1{,}06 \cdot 1{,}04 \cdot 1{,}02} = 1{,}037 \quad \text{d.h. } 103{,}7\%$$

Die durchschnittliche jährliche Steigerung betrug fast 4%.

2. Berechnung der durchschnittlichen jährlichen Zuwachsrate einer Fertigung in Stückzahlen:

2000	30000 Stck.		
2001	31000 Stck.	von 2000 bis 2001	$31000/30000 = 1{,}0333$
2002	31500 Stck	von 2001 bis 2002	$31500/31000 = 1{,}0161$
2003	32200 Stck.	von 2002 bis 2003	$32200/31500 = 1{,}0222$
2004	32500 Stck.	von 2003 bis 2004	$32500/32200 = 1{,}0093$

$$g = \sqrt[4]{\frac{31000}{30000} \cdot \frac{31500}{31000} \cdot \frac{32200}{31500} \cdot \frac{32500}{32200}} = \sqrt[4]{\frac{32500}{30000}} = 1{,}02$$

Die durchschnittliche jährliche Zuwachsrate betrug 2%.

quadratisches Mittel

Der quadratische Mittelwert ist für die Praxis weniger wichtig, aber für die Behandlung der quadratischen Streuung notwendig. Sie wird auch mittlere quadratische Abweichung oder Standardabweichung genannt.
Der einfache quadratische Mittelwert aus N Beobachtungswerten $x_1, x_2, x_3, ..., x_N$ wird berechnet mit der Formel:

$$q = \sqrt{\frac{1}{N} \cdot \sum_{i=1}^{N} x_i^2} = \sqrt{\frac{x_1^2 + x_2^2 + x_3^2 + ... + x_N^2}{N}} \quad (10.9)$$

Das gewogene quadratische Mittel ergibt sich entsprechend mit $N = \sum_{i=1}^{n} h_i$ aus

$$q = \sqrt{\frac{1}{N} \cdot \sum_{i=1}^{n} x_i^2 \cdot h_i} = \sqrt{\frac{x_1^2 \cdot h_1 + x_2^2 \cdot h_2 + x_3^2 \cdot h_3 + ... + x_n^2 \cdot h_n}{N}} \quad (10.10)$$

Beispiel:
Quadratisches Mittel von folgenden Zahlen, die mit unterschiedlicher Häufigkeit auftreten:

x_i	2	4	6	8	10
h_i	2	3	4	5	2

1. Einfacher quadratischer Mittelwert:
$$q = \sqrt{\frac{1}{5} \cdot \left(2^2 + 4^2 + 6^2 + 8^2 + 10^2\right)} = \sqrt{44} = 6{,}63$$
2. Gewogener quadratischer Mittelwert:
Mit $n = 5$ und $N = 2 + 3 + 4 + 5 + 2 = 16$ ergibt sich
$$q = \sqrt{\frac{1}{16} \cdot \left(2^2 \cdot 2 + 4^2 \cdot 3 + 6^2 \cdot 4 + 8^2 \cdot 5 + 10^2 \cdot 2\right)} = \sqrt{45} = 6{,}71$$

harmonisches Mittel

In der ökonomischen Statistik wird das harmonische Mittel, das der Reziprokwert des arithmetischen Mittels der reziproken Einzelwerte ist, verwendet.
Einfaches harmonisches Mittel:

$$h = \frac{N}{\sum_{i=1}^{N} \frac{1}{x_i}} = \frac{N}{\frac{1}{x_1} + \frac{1}{x_2} + \frac{1}{x_3} + ... + \frac{1}{x_N}} \quad (10.11)$$

Gewogenes harmonisches Mittel:

$$h = \frac{N}{\sum_{i=1}^{n} \frac{1}{x_i} \cdot h_i} = \frac{N}{\frac{1}{x_1} \cdot h_1 + \frac{1}{x_2} \cdot h_2 + \frac{1}{x_3} \cdot h_3 + ... + \frac{1}{x_n} \cdot h_n} \quad \text{mit } N = \sum_{i=1}^{n} h_i \quad (10.12)$$

Beispiel:
Harmonisches Mittel von folgenden Zahlen, die mit unterschiedlicher Häufigkeit auftreten:

x_i	2	4	6	8	10
h_i	2	3	4	5	2

1. Einfaches harmonisches Mittel:

$$h = \frac{5}{\frac{1}{2}+\frac{1}{4}+\frac{1}{6}+\frac{1}{8}+\frac{1}{10}} = 4{,}38$$

2. Gewogenes harmonisches Mittel:

Mit $n = 5$ und $N = 2+3+4+5+2 = 16$ ergibt sich

$$h = \frac{16}{\frac{2}{2}+\frac{3}{4}+\frac{4}{6}+\frac{5}{8}+\frac{2}{10}} = 4{,}94$$

10.3 Häufigkeitsverteilungen

Klassengrenzen und Klassenmitten

Bei vielen praktischen Aufgabenstellungen ist das zu untersuchende Zahlenmaterial durch eine Häufigkeitstabelle gegeben, die in der Praxis nicht weniger als 30 Einzelwerte enthalten sollte. Diese Einzelwerte können in mindestens 6 bis höchstens 20 Klassen oder Gruppen unterteilt werden, wobei die Beobachtungswerte gleichmäßig über jede Klasse verteilt sind. Die Anzahl der Klassen sollte etwa gleich der Quadratwurzel aus der Anzahl der Einzelwerte sein.
Für jede Klasse werden Klassenmitten m_i aus dem arithmetischen Mittel der beiden Klassengrenzen gebildet, denen jeweils die Häufigkeit h_i zugeordnet werden kann.
Beispiel:
Kontrollmessung eines Werkstücks mit Abweichungen in µm:

Klassengrenzen in µm	Klassenmitten m_i in µm	Häufigkeiten h_i Anzahl der Werkstücke
15...20	17,5	3
20...25	22,5	6
25...30	27,5	10
30...35	32,5	12
35...40	37,5	8
40...45	42,5	4
45...50	47,5	2

arithmetisches Mittel

Sind die Beobachtungswerte in Klassen einer Häufigkeitstabelle eingruppiert, dann wird der arithmetische Mittelwert mit Hilfe der Klassenmitten m_i berechnet:

$$\overline{x} = \frac{m_1 \cdot h_1 + m_2 \cdot h_2 + m_3 \cdot h_3 + ... + m_n \cdot h_n}{N} \quad \text{mit} \quad N = \sum_{i=1}^{n} h_i \qquad (10.13)$$

Zum Beispiel:

$$\overline{x} = \frac{17{,}5 \cdot 3 + 22{,}5 \cdot 6 + 27{,}5 \cdot 10 + 32{,}5 \cdot 12 + 37{,}5 \cdot 8 + 42{,}5 \cdot 4 + 47{,}5 \cdot 2}{45} \mu m = 31{,}5 \mu m$$

$$\text{mit} \quad N = \sum_{i=1}^{n} h_i = 3 + 6 + 10 + 12 + 8 + 4 + 2 = 45$$

Treppenpolygon

Werden in einem Koordinatensystem auf der Abszissenachse die Klassengrenzen und auf der Ordinatenachse die Häufigkeiten h_i eingetragen, dann entsteht ein Treppenpolygon, das auch Staffelbild genannt wird.

Häufigkeitspolygon

Werden in dem gleichen Koordinatensystem die Punkte $P_i(m_i, h_i)$ miteinander verbunden, dann entsteht die Häufigkeitsverteilung in Form eines Häufigkeitspolygon. Die Punkte befinden sich jeweils in der Mitte der Klassengrenzen.

Zum Beispiel:

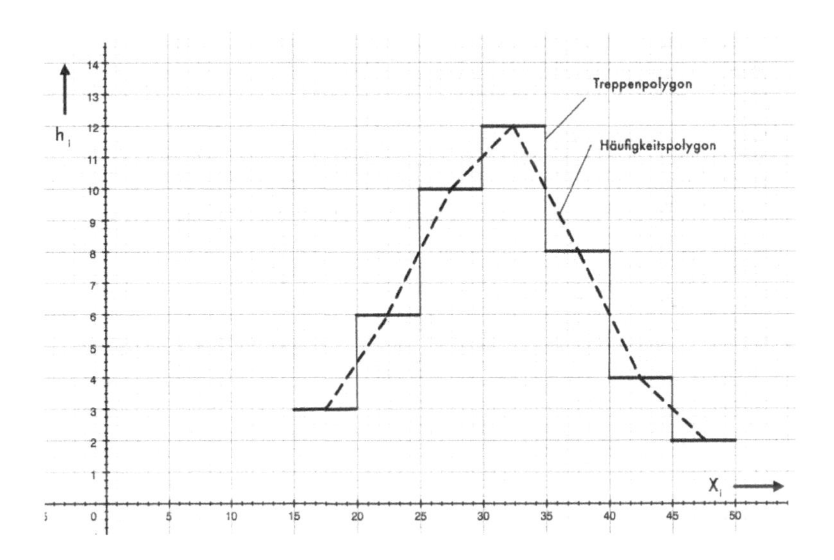

10.4 Die statistische Streuung

Bedeutung der Streuung

Die Mittelwerte von Mengen verschiedener Beobachtungswerte gleicher Art können gleich sein, obwohl die Ausbreitungsbreite der Beobachtungswerte unterschiedlich ist.
Beispiel:

Zahlenmenge x_i	1	6	10	15	20	$\overline{x} = \frac{1}{5} \cdot 52 = 10{,}4$
Zahlenmenge y_i	5	8	10	14	15	$\overline{y} = \frac{1}{5} \cdot 52 = 10{,}4$

Das arithmetische Mittel beider Zahlenmengen ist gleich, obwohl die Menge x_i von 1 bis 20 eine größere Ausbreitungsbreite als die Menge y_i von 5 bis 15 hat.
Um die Mengen von Beobachtungswerten besser beurteilen und vergleichen zu können, muss die Ausbreitungsbreite und die Verteilung der Beobachtungswerte erfasst werden.

Variationsbreite

Das am einfachsten zu berechnende Streuungsmaß ist die Variationsbreite oder Spannweite R. Sie ist gleich der Differenz zwischen dem größten und dem kleinsten Beobachtungswert:

$$R = x_{\max} - x_{\min} \tag{10.14}$$

Zum Beispiel:

Zahlenmenge x_i: $R_x = 20 - 1 = 19$

Zahlenmenge y_i: $R_y = 15 - 5 = 10$

Da die Spannweite nur den kleinsten und größten Beobachtungswert berücksichtigt, nicht aber die übrigen Beobachtungswerte, kann die Variationsbreite nur für Beobachtungsreihen von geringem Umfang angewendet werden.

durchschnittliche Abweichung

Die durchschnittliche Abweichung oder lineare Streuung ist das gewogene Mittel aus absoluten Beträgen der Abweichungen der Einzelwerte vom arithmetischen Mittel:

$$d = \frac{1}{N} \cdot \sum_{i=1}^{n} |x_i - \overline{x}| \cdot h_i \quad \text{mit} \quad N = \sum_{i=1}^{n} h_i \tag{10.15}$$

speziell:
Ist die Häufigkeit aller Beobachtungswerte $h_i = 1$ $(i = 1,2,3,...,n)$, dann ist die durchschnittliche Abweichung

$$d = \frac{1}{n} \cdot \sum_{i=1}^{n} |x_i - \overline{x}| \tag{10.16}$$

Liegen die Beobachtungswerte in Klassen einer Häufigkeitstabelle vor, so werden die Beobachtungswerte durch die Klassenmitten m_i repräsentiert, und die durchschnittliche Abweichung wird durch die Formel

$$d = \frac{1}{N} \cdot \sum_{i=1}^{n} |m_i - \overline{x}| \cdot h_i \qquad (10.17)$$

$$\text{mit} \quad N = \sum_{i=1}^{n} h_i$$

berechnet. Der Nachteil der durchschnittlichen Abweichung besteht darin, dass die Abweichungen nicht gewichtet werden.

Zum Beispiel:

Zahlenmenge x_i	1	6	10	15	20	$\overline{x} = \frac{1}{5} \cdot 52 = 10{,}4$
Zahlenmenge y_i	5	8	10	14	15	$\overline{y} = \frac{1}{5} \cdot 52 = 10{,}4$

$$d_x = \frac{1}{5} \cdot \left(|1 - 10{,}4| + |6 - 10{,}4| + |10 - 10{,}4| + |15 - 10{,}4| + |20 - 10{,}4| \right) = 5{,}68$$

$$d_y = \frac{1}{5} \cdot \left(|5 - 10{,}4| + |8 - 10{,}4| + |10 - 10{,}4| + |14 - 10{,}4| + |15 - 10{,}4| \right) = 3{,}28$$

mittlere Abweichung

Die mittlere Abweichung s heißt auch mittlere quadratische Abweichung, quadratische Streuung oder Standartabweichung. Sie ist das in der mathematischen Statistik gebräuchlichste Streuungsmaß.
Die gewogene mittlere Abweichung aus N Beobachtungswerten $x_1, x_2, x_3, \ldots, x_N$ wird definiert durch die Formel:

$$s = \sqrt{\frac{1}{N-1} \cdot \sum_{i=1}^{n} \left(x_i - \overline{x} \right)^2 \cdot h_i} \qquad (10.18)$$

$$\text{mit} \quad N = \sum_{i=1}^{n} h_i$$

Mit $h_i = 1$ $(i = 1,2,3,\ldots,n)$ lautet die Formel für die einfache mittlere Abweichung

$$s = \sqrt{\frac{1}{n-1} \cdot \sum_{i=1}^{n} \left(x_i - \overline{x} \right)^2} \qquad (10.19)$$

Sind die Beobachtungswerte in Klassen einer Häufigkeitstabelle eingeteilt, dann werden die Beobachtungswerte durch Klassenmitten m_i erfasst und die Formel für die mittlere Abweichung lautet:

$$s = \sqrt{\frac{1}{N-1} \cdot \sum_{i=1}^{n} (m_i - \bar{x})^2 \cdot h_i} \qquad (10.20)$$

$$\text{mit} \quad N = \sum_{i=1}^{n} h_i$$

Zum Beispiel:

Zahlenmenge x_i	1	6	10	15	20	$\bar{x} = \frac{1}{5} \cdot 52 = 10{,}4$
Zahlenmenge y_i	5	8	10	14	15	$\bar{y} = \frac{1}{5} \cdot 52 = 10{,}4$

Die einfache mittlere Abweichung beträgt dann

$$s_x = \sqrt{\frac{1}{4} \cdot \left[(1-10{,}4)^2 + (6-10{,}4)^2 + (10-10{,}4)^2 + (15-10{,}4)^2 + (20-10{,}4)^2 \right]} = 7{,}4364$$

$$s_y = \sqrt{\frac{1}{4} \cdot \left[(5-10{,}4)^2 + (8-10{,}4)^2 + (10-10{,}4)^2 + (14-10{,}4)^2 + (15-10{,}4)^2 \right]} = 4{,}1593$$

Variationskoeffizient

Wird die mittlere Abweichung s auf das arithmetische Mittel $\bar{x}$ bezogen, dann ergibt sich der so genannte Variationskoeffizient:

$$v = \frac{s}{\bar{x}} \qquad (10.21)$$

Zum Beispiel:

Zahlenmenge x_i	1	6	10	15	20	$\bar{x} = \frac{1}{5} \cdot 52 = 10{,}4$
Zahlenmenge y_i	5	8	10	14	15	$\bar{y} = \frac{1}{5} \cdot 52 = 10{,}4$

$$v_x = \frac{s_x}{\bar{x}} = \frac{7{,}4364}{10{,}4} = 0{,}7150 \qquad v_y = \frac{s_y}{\bar{y}} = \frac{4{,}1593}{10{,}4} = 0{,}3999$$

10.5 Einführung in die Wahrscheinlichkeitsrechnung

Wesen der Wahrscheinlichkeitsrechnung

Die Wahrscheinlichkeitsrechnung ist die Grundlage der mathematischen Statistik, d.h. mit ihrer Hilfe werden die Gesetzmäßigkeiten zufälliger Erscheinungen untersucht und mathematisch beschrieben. Voraussetzung derartiger Untersuchungen ist, dass sich die zufälligen Ereignisse in großer Zahl unter gleichen Bedingungen wiederholen lassen können. Zufällige Ereignisse können bei bestimmten Bedingungen eintreten, müssen aber nicht unbedingt eintreten. Ein Experiment, dessen Ausgang nicht mit Sicherheit voraussagbar ist, wird Zufallsexperiment genannt. Das Ergebnis eines Zufallsexperiments ist ein Elementarereignis, kurz Ereignis. Die gesamte Menge der Elementarereignisse bildet den Ereignisraum.
Beispiel:
Wird mit einem "idealen" Würfel gewürfelt, so kann das Ereignis "1" bis "6" auftreten, das Wurfergebnis kann nicht vorausbestimmt werden, wohl aber die Wahrscheinlichkeit des Wurfergebnisses. Dieses Zufallsexperiment hat also sechs Ausgänge mit dem Ereignisraum

$$R=\{1,\ 2,\ 3,\ 4,\ 5\ ,6\}$$

Definition der Wahrscheinlichkeit

Die Wahrscheinlichkeit *P(A)* für das Eintreten eines Ereignisses *A* ist gleich dem Verhältnis der Anzahl N_A der Elementarereignisse mit dem Ergebnis *A* zur Gesamtzahl der Elementarereignisse *N*, d.h. aller möglichen gleich wahrscheinlichen Ereignisse:

$$P(A)=\frac{\text{Anzahl der Elementarereignisse mit dem Ergebnis } A}{\text{Gesamtzahl aller gleich wahrscheinlichen Elementarereignisse}}=\frac{N_A}{N} \qquad (10.22)$$

Die Gesamtzahl darf nur die möglichen Ereignisse enthalten, die gleich wahrscheinlich sind.
Zum Beispiel:
Die Wahrscheinlichkeit *P(A)* für das Ereignis "6" bei einem Wurf mit dem Würfel ist mit $N_A=1$ und $N=6$:

$$P(A)=\frac{1}{6}$$

Die Wahrscheinlichkeit, mit einem normalen Würfel eine von den sechs "Augenzahlen", eine "1", "2", "3", "4", "5" oder "6", zu würfeln, ist 1 zu 6.
Weiteres Beispiel:
Die Wahrscheinlichkeit *P(A)* für das Eintreffen des Ereignisses "eine gerade Augenzahl" bei einem Wurf mit einem Würfel ist mit $N_A=3$ und $N=6$:

$$P(A)=\frac{3}{6}=\frac{1}{2}$$

Die Wahrscheinlichkeit, mit einem normalen Würfel eine von den drei geraden Augenzahlen "2", "4" oder "6" zu würfeln, ist 3 zu 6, also 1/2.

Folgerungen aus der Definition der Wahrscheinlichkeit

1. Die Wahrscheinlichkeit für ein sicheres Ergebnis A mit $N_A = N$ ist

   $$P(A) = \frac{N}{N} = 1 ,$$

   weil alle N Ereignisse sicher möglich sind.

   Beispiel:

   Ein ungewöhnlicher Würfel mit sechs Einsen ergibt immer das Ereignis "1".
2. Die Wahrscheinlichkeit für ein unmögliches Ereignis beträgt mit $N_A = 0$:

   $$P(A) = 0$$

   Beispiel:

   Ein ungewöhnlicher Würfel mit sechs Einsen ergibt nie das Ereignis "2".
3. Die Wahrscheinlichkeit für ein mögliches, aber nicht sicheres Ereignis liegt also zwischen dem sicheren und unmöglichen Ereignis:

   $$0 < P(A) < 1 \tag{10.23}$$

   Beispiel:

   Normaler Würfel mit den "Augenzahlen" 1 bis 6.
4. Treten zwei zufällige Ereignisse A und B gleichzeitig auf, die unabhängig voneinander verlaufen, so ist die Verbund-Wahrscheinlichkeit beider Ereignisse gleich dem Produkt der Wahrscheinlichkeiten für die Einzelereignisse:

   $$P(A, B) = P(A) \cdot P(B) \tag{10.24}$$

   Beispiel 1:

   Die Wahrscheinlichkeit, mit zwei normalen Würfeln zwei Sechsen zu werfen, beträgt 1 zu 36:

   $$P(A) \cdot P(B) = \frac{1}{6} \cdot \frac{1}{6} = \frac{1}{36}$$

   Erläuterung:

   Folgende Ergebniskombinationen sind möglich, wobei jeweils zuerst der Würfel mit den Ereignissen A und dann der Würfel mit den Ereignissen B genannt ist:

11	12	13	14	15	16
21	22	23	24	25	26
31	32	33	34	35	36
41	42	43	44	45	46
51	52	53	54	55	56
61	62	63	64	65	**66**

   Beispiel 2:

   Der Wurf einer Münze ergibt als Ergebnis Kopf oder Zahl. Wird der Wurf der Münze mit dem Wurf eines normalen Würfels kombiniert, dann ist die Wahrscheinlichkeit z.B. "Kopf" und eine "6" gleich 1 zu 12:

   $$P(M) \cdot P(W) = \frac{1}{2} \cdot \frac{1}{6} = \frac{1}{12}$$

   Beide Ereignisse treten unabhängig voneinander auf.

Zufallsgröße und Verteilungsfunktion

Eine zufällige Variable oder Zufallsgröße X ist eine, durch den Zufall bedingte, veränderliche Größe, die bei bestimmten Bedingungen diskrete oder kontinuierlich veränderliche Werte x annehmen kann. Wird die Zufallsgröße X statistisch untersucht, dann muss die Verteilung der Wahrscheinlichkeit für alle Werte ermittelt werden, die die zufällige Variable annehmen kann.

Diskrete Wahrscheinlichkeitsverteilung:

Eine diskrete Zufallsgröße liegt vor, wenn sie endlich viele Werte $x_1, x_2, ..., x_N$ oder abzählbar unendlich viele Werte $x_1, x_2, ..., x_N, ...$ annehmen kann.

Beispiel 1:
Zwei Würfel werden geworfen und ergeben eine zufällige Variable X, z.B. die diskreten Summen der "Augenzahlen" beider Würfel:
$x_i = 2, 3, 4, 5, 6, 7, 8, 9, 10, 11, 12.$
Um die Summe "2" zu bekommen, müssen beide Würfel jeweils eine "1" ergeben, d.h. es gibt nur eine Möglichkeit, die Summe "2" zu erhalten. Um die Summe "5" zu bekommen, können die Würfel vier Kombinationen haben: "1" und "4", "2" und "3", "3" und "2", "4" und "1".
In nebenstehender Tabelle sind alle Kombinationen aufgelistet.

x_i	1. Würfel	2. Würfel	$P_i(A, B)$	Summe P_i
2	1	1	$\frac{1}{36}$	$\frac{1}{36}$
3	1 2	2 1	$\frac{2}{36}$	$\frac{3}{36}$
4	1 2 3	3 2 1	$\frac{3}{36}$	$\frac{6}{36}$
5	1 2 3 4	4 3 2 1	$\frac{4}{36}$	$\frac{10}{36}$
6	1 2 3 4 5	5 4 3 2 1	$\frac{5}{36}$	$\frac{15}{36}$
7	1 2 3 4 5 6	6 5 4 3 2 1	$\frac{6}{36}$	$\frac{21}{36}$
8	2 3 4 5 6	6 5 4 3 2	$\frac{5}{36}$	$\frac{26}{36}$
9	3 4 5 6	6 5 4 3	$\frac{4}{36}$	$\frac{30}{36}$
10	4 5 6	6 5 4	$\frac{3}{36}$	$\frac{33}{36}$
11	5 6	6 5	$\frac{2}{36}$	$\frac{35}{36}$
12	6	6	$\frac{1}{36}$	$\frac{36}{36} = 1$

Die 11 möglichen Ereignisse dieses Zufallsexperiments haben 11 Wahrscheinlichkeiten P_i deren Summe 1 ist.
Die Wahrscheinlichkeitsverteilung der diskreten Zufallsvariablen X wird durch die Verteilungsfunktion als Stabdiagramm und die Summenfunktion dargestellt.

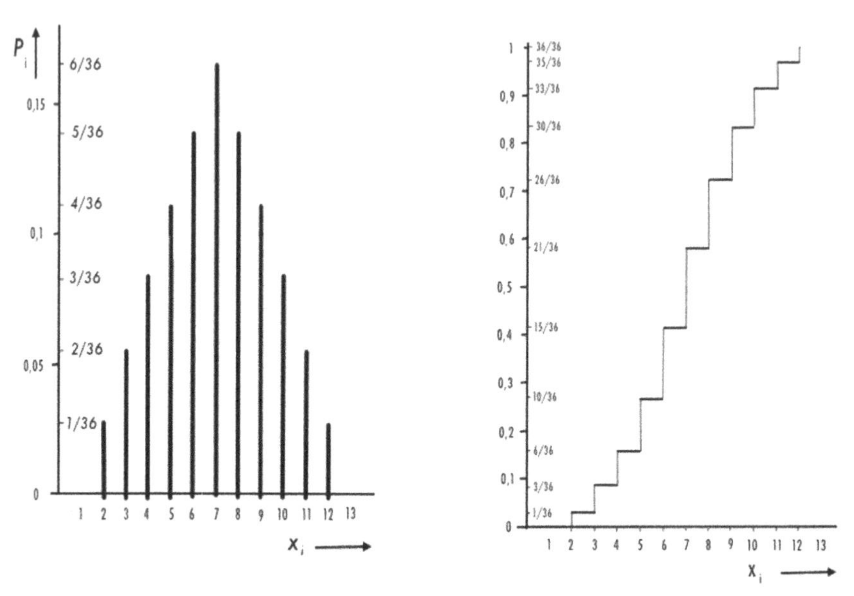

Beispiel 2: Galtonsches Brett

Auf einem Brett sind mehrere Reihen Zylinder dreieckförmig angeordnet, wobei von Reihe zu Reihe ein Zylinder hinzukommt; sie sind auf Lücke angeordnet. Auf den ersten Zylinder fallen nacheinander Kugeln, die nach dem Aufprall zufällig nach rechts oder links weiter fallen auf die zweite Reihe, dann auf die dritte Reihe, usw. Die Wahrscheinlichkeit einer Kugel, nach dem Aufprall auf einen Zylinder nach rechts oder links zu fallen, beträgt bei jedem Zylinder 1/2. Mit der Wahrscheinlichkeit der vorhergehenden Reihe und der Wahrschein-lichkeit 1/2 ergibt sich jeweils die überlagerte Wahrscheinlichkeit, die durch die folgende Formel 10.25 erfasst wird.

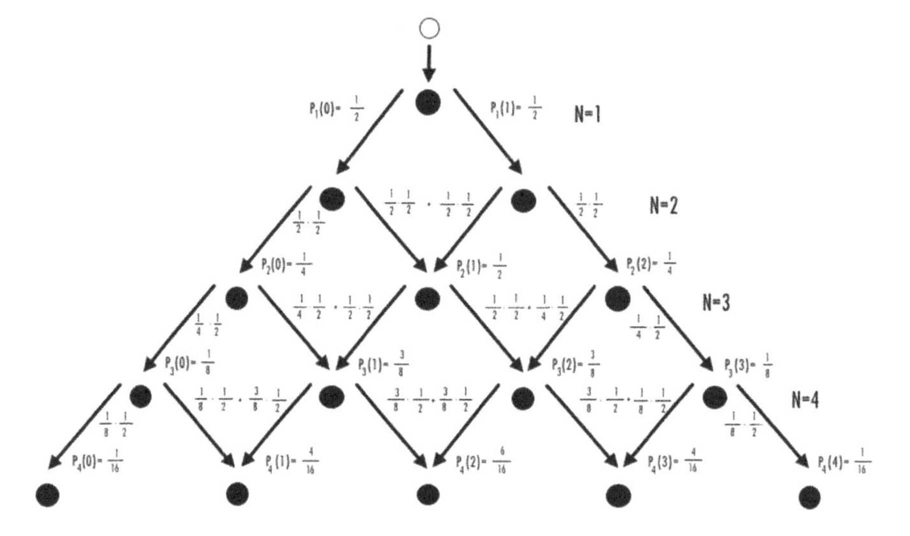

Wahrscheinlichkeit in der Reihe N:

$$P_N(k) = \binom{N}{k} \cdot \left(\frac{1}{2}\right)^N \quad \text{mit} \quad k = 0, 1, 2, 3, \ldots, N \tag{10.25}$$

und dem Binomialkoeffizienten

$$\binom{N}{k} = \frac{N \cdot (N-1) \cdot (N-2) \cdot \ldots}{1 \cdot 2 \cdot 3 \cdot \ldots \cdot k} = \frac{N!}{k!(N-k)!} \quad \text{mit} \quad N \geq k$$

<u>Zum Beispiel mit $N = 4$:</u>

$$P_4(k) = \binom{4}{k} \cdot \left(\frac{1}{2}\right)^4 = \binom{4}{k} \cdot \frac{1}{16}$$

$$P_4(0) = \binom{4}{0} \cdot \frac{1}{16} = 1 \cdot \frac{1}{16} = \frac{1}{16}$$

$$P_4(1) = \binom{4}{1} \cdot \frac{1}{16} = \frac{4}{1} \cdot \frac{1}{16} = \frac{4}{16}$$

$$P_4(2) = \binom{4}{2} \cdot \frac{1}{16} = \frac{4 \cdot 3}{1 \cdot 2} \cdot \frac{1}{16} = \frac{6}{16}$$

$$P_4(3) = \binom{4}{3} \cdot \frac{1}{16} = \frac{4 \cdot 3 \cdot 2}{1 \cdot 2 \cdot 3} \cdot \frac{1}{16} = \frac{4}{16}$$

$$P_4(4) = \binom{4}{4} \cdot \frac{1}{16} = \frac{4 \cdot 3 \cdot 2 \cdot 1}{1 \cdot 2 \cdot 3 \cdot 4} \cdot \frac{1}{16} = \frac{1}{16}$$

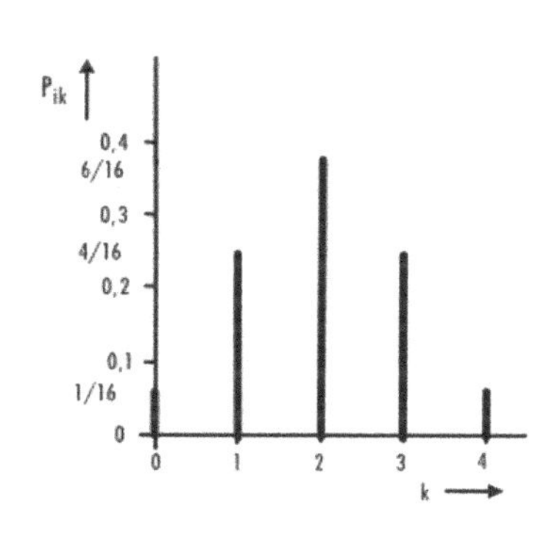

Wenn man den Verlauf der Kugeln im Galtonschen Brett verfolgt, sieht man, dass zufällige Vorgänge Gesetzmäßigkeiten unterliegen. Werden die Kugeln ohne Unterbrechung in die obere Öffnung eingeführt, beobachtet man die Masse der Kugeln, die sich in den unteren Kästen sammeln, wobei die meisten in der Mitte zu finden sind; entsprechend der Wahrscheinlichkeit. Werden die Kugeln aber einzeln durch das Brett geschickt, bis sie unten ankommen, wird jedem Beobachter bewusst, dass sich jede Kugel unabhängig von den anderen entscheidet, wo sie sich hinbewegen muss. Das Ergebnis bleibt dasselbe.

Stetige theoretische Wahrscheinlichkeitsverteilungen

Bei einer stetigen Zufallsgröße X ist jeder beliebige reelle Zahlenwert x eines bestimmten Intervalls möglich. Die Wahrscheinlichkeitsverteilungen sind deshalb stetige Funktionen. Die mathematischen Verteilungen der Natur und Technik folgen angenähert der Gaußschen Normalverteilung. Die Wahrscheinlichkeit $P(x)$ einer stetigen Größe x, die den Parameter σ enthält, ist symmetrisch um den Koordinatenursprung:

$$P_0(x) = \frac{1}{\sigma \cdot \sqrt{2\pi}} \cdot e^{-\frac{1}{2}\left(\frac{x}{\sigma}\right)^2} \tag{10.26}$$

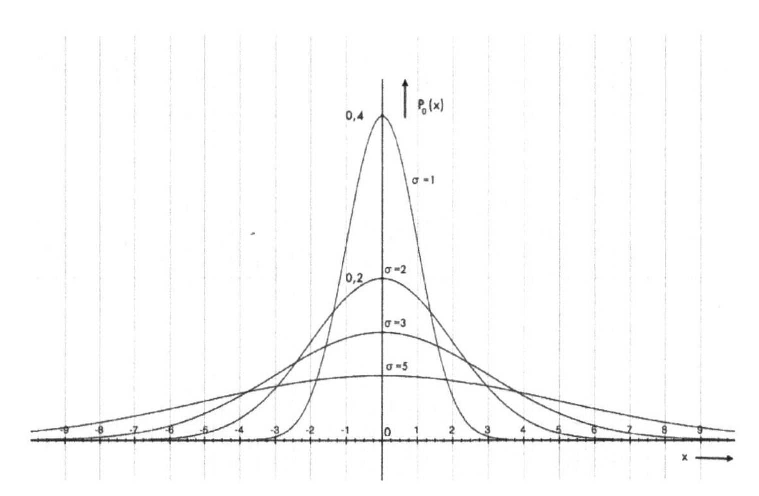

Wird die Kurve der Wahrscheinlichkeit um den Parameter μ nach rechts verschoben, dann entsteht die Formel der Gaußschen Normalverteilung in der Form:

$$P(x) = \frac{1}{\sigma \cdot \sqrt{2\pi}} \cdot e^{-\frac{1}{2}\left(\frac{x-\mu}{\sigma}\right)^2} \tag{10.27}$$

mit den Parametern Standardabweichung σ, Varianz σ^2 und arithmetischer Mittelwert μ:

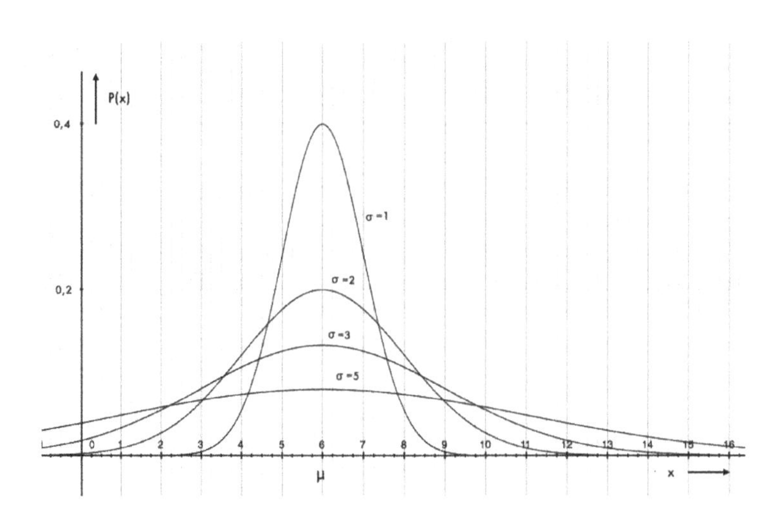

Genauso wie in der diskreten Verteilung ist die Summe aller Wahrscheinlichkeiten gleich 1:

$$\int_{-\infty}^{\infty} P(x)\cdot dx = \int_{-\infty}^{\infty} \frac{1}{\sigma\cdot\sqrt{2\pi}}\cdot e^{-\frac{1}{2}\left(\frac{x-\mu}{\sigma}\right)^2}\cdot dx \;=\; 1 \qquad (10.28)$$

Mit dem Ansatz

$$\Phi(x,\mu,\sigma) = \int_{-\infty}^{x} \frac{1}{\sigma\cdot\sqrt{2\pi}}\cdot e^{-\frac{1}{2}\left(\frac{x-\mu}{\sigma}\right)^2}\cdot dx \;<\; 1 \qquad (10.29)$$

wird die Frage beantwortet, wie groß die Wahrscheinlichkeit für die Zufallsvariable x ist, im Intervall $[-\infty, x]$ einen Wert zu finden. Dies ist ein partikuläres uneigentliches Integral, also eine Funktion von x.
Mit der Substitution

$$t = \frac{x-\mu}{\sigma} \quad \text{und} \quad x = \sigma\cdot t + \mu$$

ergibt sich mit

$$\frac{dx}{dt} = \sigma \quad \text{und} \quad dx = \sigma\cdot dt$$

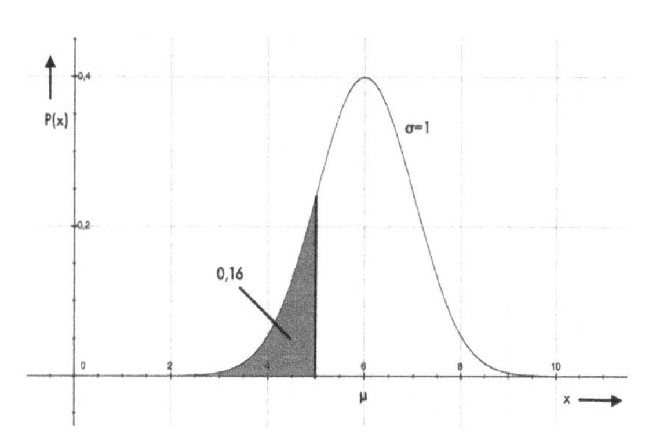

das so genannte Wahrscheinlichkeits-integral

$$\Phi(x,\mu,\sigma) = \frac{1}{\sqrt{2\pi}}\cdot\int_{-\infty}^{x} e^{-\frac{1}{2}t^2}\cdot dt \qquad (10.30)$$

das genauso wie die Summenfunktion der diskreten Wahrscheinlichkeitsverteilung gegen 1 konvergiert.
Das Wahrscheinlichkeitsintegral lässt sich nicht einfach berechnen; deshalb werden seine Werte einer Tabelle entnommen. Die Kurve des Wahrscheinlichkeitsintegrals ist also die Summenkurve der Normalverteilung.

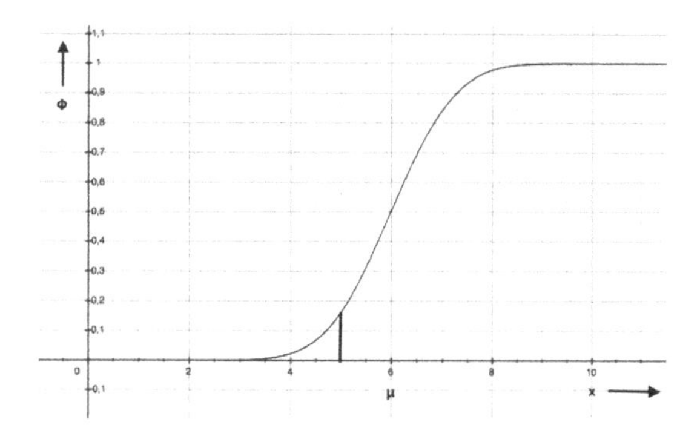

Wie im Abschnitt 6.2.3 dargestellt, ist die Flächenfunktion $A(x)$ gleich dem partikulären Integral (Gl. 6.14), und die Fläche bis zu einem bestimmten Abszissenwert gleich dem Funktionswert des partikulären Integrals, in den Bildern bei $x = 5$.

Für folgende spezielle Intervalle ergeben sich Wahrscheinlichkeiten der Zufallsvariablen x:

Intervall $[\mu-\sigma, \mu+\sigma]$:

$$P_{1\sigma} = \Phi(\mu+\sigma) - \Phi(\mu-\sigma)$$

$$P_{1\sigma} = \int_{\mu-\sigma}^{\mu+\sigma} \frac{1}{\sigma \cdot \sqrt{2\pi}} \cdot e^{-\frac{1}{2}\left(\frac{x-\mu}{\sigma}\right)^2} \cdot dx$$

$$P_{1\sigma} = 0{,}683$$

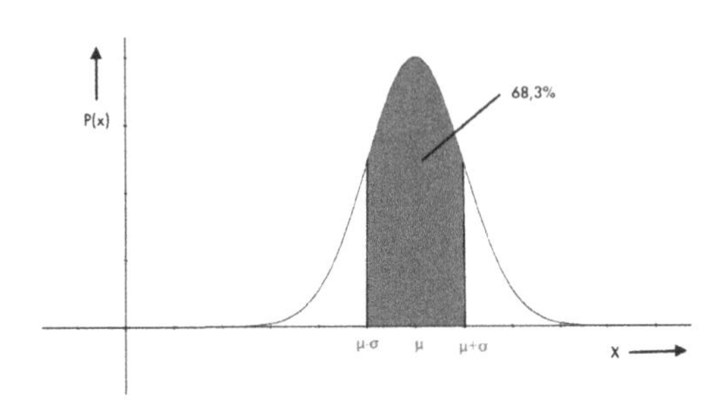

Intervall $[\mu-2\sigma, \mu+2\sigma]$:

$$P_{2\sigma} = \Phi(\mu+2\sigma) - \Phi(\mu-2\sigma)$$

$$P_{2\sigma} = \int_{\mu-2\sigma}^{\mu+2\sigma} \frac{1}{\sigma \cdot \sqrt{2\pi}} \cdot e^{-\frac{1}{2}\left(\frac{x-\mu}{\sigma}\right)^2} \cdot dx$$

$$P_{2\sigma} = 0{,}955$$

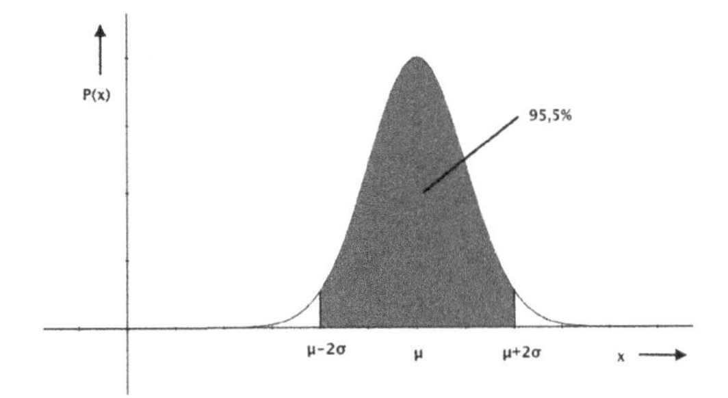

Intervall $[\mu-3\sigma, \mu+3\sigma]$:

$$P_{3\sigma} = \Phi(\mu+3\sigma) - \Phi(\mu-3\sigma)$$

$$P_{3\sigma} = \int_{\mu-3\sigma}^{\mu+3\sigma} \frac{1}{\sigma \cdot \sqrt{2\pi}} \cdot e^{-\frac{1}{2}\left(\frac{x-\mu}{\sigma}\right)^2} \cdot dx$$

$$P_{3\sigma} = 0{,}997$$

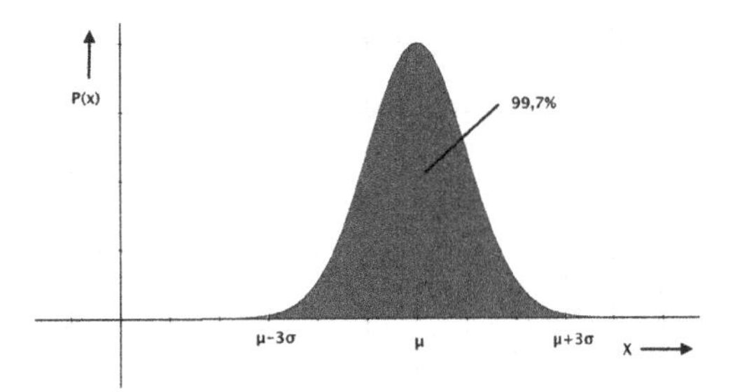

Die Wahrscheinlichkeiten lassen sich in beiden Diagrammen zusammenfassen:

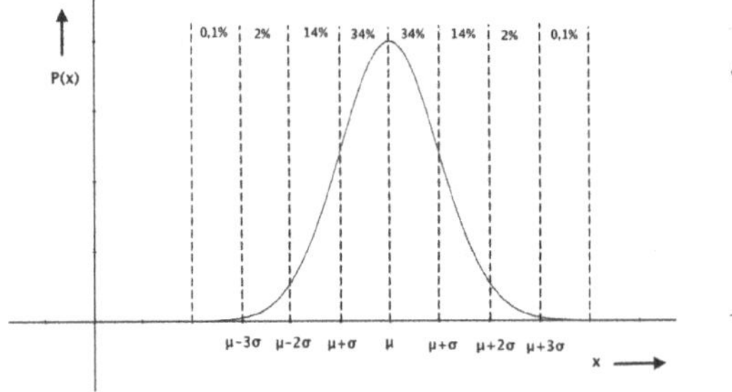

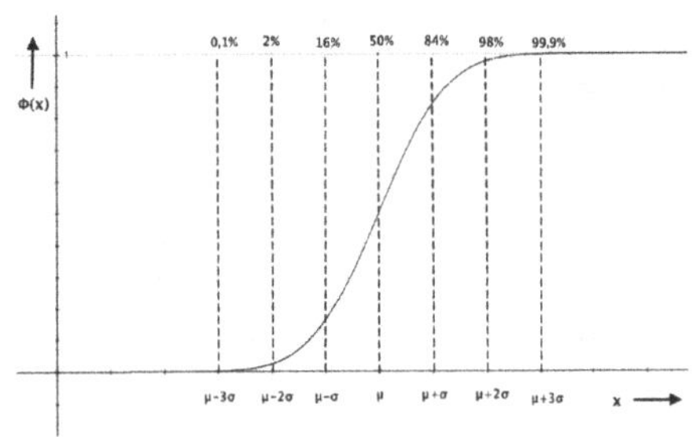

Wird die Ordinate der Summenkurve (Wahrscheinlichkeits-Integral) in einem linearen Maßstab angelegt, so dass aus der gekrümmten Kurve eine Gerade wird, dann können die Untersuchungen über Streuungen von stetigen Zufallsvariablen einfacher vorgenommen werden.

Wird dieses Wahrscheinlichkeitsnetz oder Wahrscheinlichkeitspapier verwendet, dann sollte folgendermaßen vorgegangen werden:

1. Errechnen des arithmetischen Mittelwertes $\bar{x}$
2. Eintragen des arithmetischen Mittels $\bar{x}$ bei 50% und Eintragen der übrigen Beobachtungswerte
   (Liegen die Beobachtungswerte auf einer Geraden, dann liegt eine Normalverteilung vor, und die Untersuchung kann fortgesetzt werden)
3. Ermittlung der Standardabweichung durch die Schnittpunkte mit 16% und 84%

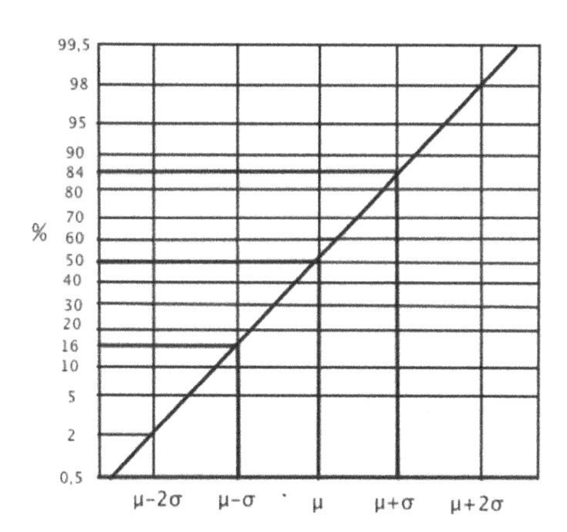

<u>Beispiel:</u>
Die Messung von 200 ohmschen Widerständen mit einem Sollwert von 150 Ω ergab die in der folgenden Tabelle zusammengestellten Beobachtungswerte.

Widerstand in Ω	Besetzungszahl (Häufigkeit)	aufaddierte Besetzungszahlen absolut	aufaddierte Besetzungszahlen relativ bezogen auf 200 Ω	aufaddierte Besetzungszahlen relativ bezogen auf 200 Ω in %
148-149	1	1	0,005	0,5
149-150	5	6	0,030	3,0
150-151	22	28	0,140	14,0
151-152	39	67	0,335	33,5
152-153	38	105	0,525	52,5
153-154	49	154	0,770	77,0
154-155	21	175	0,875	87,7
155-156	17	192	0,960	96,0
156-157	7	199	0,995	99,5
157-158	0	199	0,995	99,5
158-159	1	200	1,000	100,0

1. Zunächst soll der arithmetische Mittelwert errechnet werden.
2. Dann ist nachzuweisen, dass es sich um eine Normalverteilung handelt.
3. Sollte eine Normalverteilung der Beobachtungswerte vorliegen, ist mit Hilfe der Summenkurve die Standardabweichung zu ermitteln.
4. Schließlich soll die Standardabweichung rechnerisch überprüft werden.

Lösung:

Zu 1. Nach 10.13 ergibt sich für den Mittelwert

$$\overline{x} = \frac{m_1 \cdot h_1 + m_2 \cdot h_2 + m_3 \cdot h_3 + ... + m_n \cdot h_n}{N}$$

$$\overline{x} = \frac{148{,}5 \cdot 1 + 149{,}5 \cdot 5 + 150{,}5 \cdot 22 + ... + 158{,}5 \cdot 1}{200}\Omega$$

$\overline{x} = 152{,}87\Omega = \mu$

($\overline{x} = \mu$, weil die Anzahl der Beobachtungswerte sehr groß ist)

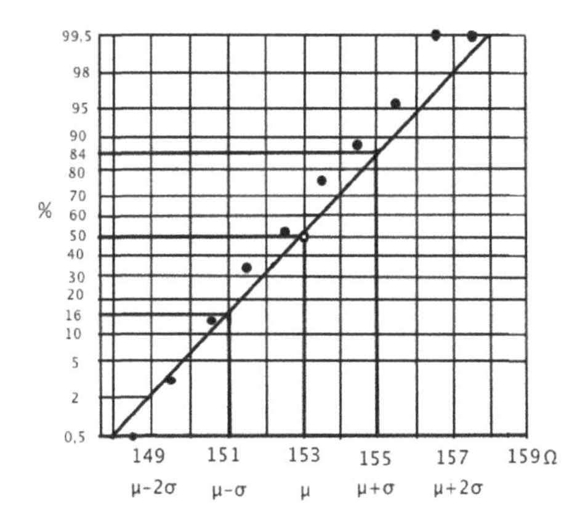

Zu 2. siehe Tabelle und eingetragene Werte in der Summenkurve:
Der Mittelwert $\overline{x} = \mu = 153\Omega$ wird bei 50% eingetragen; dadurch ergeben sich die anderen Punkte, die praktisch auf einer Geraden liegen. Es handelt sich also um eine Normalverteilung.

Zu 3. In den beiden Schnittpunkten bei 16% und 84% mit der Geraden werden abgelesen:

151Ω und 155Ω d.h. $\sigma = \frac{1}{2} \cdot (155\Omega - 151\Omega) = 2\Omega$

Zu 4. Weil die Anzahl der Beobachtungswerte sehr groß ist, ist auch die Standardabweichung gleich der mittleren Abweichung $\sigma = s$:
Nach Gl. 10.20

$$s = \sqrt{\frac{1}{N-1} \cdot \sum_{i=1}^{n} (m_i - \overline{x})^2 \cdot h_i}$$

ergibt sich dann

$$s = \sqrt{\frac{1}{199} \cdot \left[(148{,}5 - 152{,}87)^2 \cdot 1 + (149{,}5 - 152{,}87)^2 \cdot 5 + (150{,}5 - 152{,}87)^2 \cdot 22 + ...\right]}\ \Omega$$

$$s = \sqrt{\frac{1}{199} \cdot [19{,}0969 + 74{,}8845 + 123{,}5718 + 73{,}1991 + ... + 31{,}6969]}\ \Omega$$

$s = 1{,}75\Omega$

Ergebnis: $(153 \pm 1{,}7)\Omega$

Neben der Normalverteilung sind noch die logarithmische Verteilung, die Binomialverteilung und die hypergeometrische Verteilung wichtig, die aber in diesem Rahmen nicht behandelt werden sollen.

11. Fehler- und Ausgleichsrechnung

11.1 Aufgaben der Fehlerrechnung

Problemstellung

Physikalische Größen haben quantitativen Charakter. Sie sind bei entsprechender Maßeinheit durch ihren Zahlenwert eindeutig gegeben. Dieser wird experimentell ermittelt; er wird gemessen. Infolge der Unzulänglichkeit der Messeinrichtungen, der menschlichen Sinnesorgane u.a. kann der wahre Zahlenwert nicht ermittelt werden. Um den wahren Zahlenwert möglichst genau annähern zu können, wird eine Vielzahl von Messungen durchgeführt, deren Messergebnisse sich in einem Toleranzbereich befinden. Mit großer Wahrscheinlichkeit kann der wahre Zahlenwert der physikalischen Größe in dem ermittelten Toleranzbereich vermutet werden. Durch Verbesserung der Messtechnik, sorgfältige Ablesung der Messinstrumente, u.a. lässt sich wohl der Toleranzbereich verkleinern, der wahre Zahlenwert ist nie mit Sicherheit bestimmbar.

Fehlerrechnung

Der Zahlenwert einer physikalischen Größe wird deshalb durch den Mittelwert einer Vielzahl von Messergebnissen angenähert, dessen Fehlergrenzen angegeben werden können.
Die Aufgaben der Fehlerrechnung sind im Wesentlichen:
1. Fehlerbestimmung von Messergebnissen
2. Untersuchung der Fehlerfortpflanzung in weiterführenden Berechnungen

11.2 Fehlerrechnung für wahre Fehler

Fehlerarten

Die bei der Messung von physikalischen Größen auftretenden Fehler werden in drei Fehlerklassen eingeteilt:
<u>Grobe Fehler:</u>
Ein grober Fehler liegt vor, wenn seine Ursachen in einer vermeidbaren groben Unachtsamkeit des Messenden liegen. Sie unterliegen nicht den Betrachtungen einer Fehlertheorie und liegen weit außerhalb der Ablesegenauigkeit.
<u>Beispiel:</u>
Die Messung einer Spannung ist auf 0,2V möglich, aber ein Messwert differiert gegenüber anderen Messwerten um einige Volt.
<u>Systematische Fehler:</u>
Um einen systematischen Fehler handelt es sich, wenn unter gleichen Bedingungen der Fehler einen konstanten Wert besitzt und bei gesetzmäßiger Veränderung der Versuchsbedingungen der Fehler sich ebenfalls gesetzmäßig verändert bzw. konstant bleibt. Auch systematische Fehler sind vermeidbar, indem die Messapparatur überprüft und der Messende über die richtige Handhabung der Messapparatur besser unterrichtet wird.
<u>Beispiele:</u>
Messung von Längen mit falsch kalibrierter Längeneinheit oder Parallaxenfehler beim Ablesen von Längen.

W. Weißgerber, *Mathematik zu Elektrotechnik für Ingenieure*,
https://doi.org/10.1007/978-3-658-40837-4_11

Zufällige Fehler:
Messfehler oder Beobachtungsfehler sind zufällige Fehler, die regellos auftreten und nicht vermeidbar sind. Die Ursachen liegen in der Fertigung von Messinstrumenten, die nur eine begrenzte Genauigkeit bei der Ermittlung der Messgröße haben, an Messverfahren, die unvollkommen sind und an den Messenden, die auch nur begrenzte Möglichkeiten haben, ganz genau zu messen. Die positiven und negativen Fehler sind dann gleich häufig. Die Fehlerrechnung befasst sich mit diesen zufällig auftretenden Fehlern.
Wahre Fehler:
Ist X der wahre, also exakte, Zahlenwert einer zu messenden Größe und der Messwert oder Beobachtungswert x, dann wird ihre Abweichung als wahrer Fehler der Messung bezeichnet:

$$\varepsilon = x - X \tag{11.1}$$

Bei einer Vielzahl von Messungen streut ε um den wahren Zahlenwert X. Da der wahre Zahlenwert X unbekannt ist, lässt sich auch der wahre Fehler ε einer Messung nicht angeben.

Fehlerabschätzung, absoluter und relativer Fehler

Deshalb wird in vielen Fällen einer Messung eine Fehlerabschätzung vorgenommen, indem die maximalen Abweichungen $\pm\Delta x$ mit einer Vielzahl von Messergebnissen geschätzt werden. Der wahre Zahlenwert befindet sich dann mit großer Wahrscheinlichkeit im Intervall

$$x - |\Delta x| < X < x + |\Delta x| \tag{11.2}$$

Dabei ist der absolute Fehler Δx

und der relative Fehler die auf den Messwert x bezogene Größe $\frac{\Delta x}{x}$.

Beispiel:
Bei der Messung einer Spannung ergab sich ein Messwert $U = 12{,}7V$ mit einem geschätzten absoluten Messfehler von $\Delta U = \pm 0{,}2V$. Die Spannung wird dann angegeben in der Form $U = (12{,}7 \pm 0{,}2)V$. Der wahre Wert der Spannung ist mit großer Wahrscheinlichkeit im Intervall $12{,}5V < U < 12{,}9V$ zu erwarten. Mit dem absoluten Fehler lässt sich der relative Fehler errechnen:

$$\frac{\Delta U}{U} = \frac{\pm 0{,}2V}{12{,}7V} = \pm 0{,}0157 = \pm 1{,}6\%$$

Fehlerfortpflanzungsgesetz für wahre Fehler

Ist eine Größe Y von n verschiedenen Größen $X_1, X_2, X_3, ..., X_n$ abhängig

$$Y = f(X_1, X_2, X_3, ..., X_n)$$

und werden diese Größen durch Messungen mit den Größen $x_1, x_2, x_3, x_4, ..., x_n$

angenähert ermittelt, dann besitzen die unabhängigen Größen die wahren Fehler

$$\varepsilon_1 = x_1 - X_1 \quad \varepsilon_2 = x_2 - X_2 \quad \varepsilon_3 = x_3 - X_3 \quad \ldots \quad \varepsilon_n = x_n - X_n \qquad (11.3)$$

Der Einfluss der wahren Fehler ε_i mit $i = 1, 2, 3, ..., n$ auf den Fehler der abhängigen Größe ε_y wird mit Hilfe des totalen Differentials für $y = f(x_1, x_2, x_3, ..., x_n)$ mit der Gleichung 8.12 ermittelt

$$dy = \frac{\partial y}{\partial x_1} \cdot dx_1 + \frac{\partial y}{\partial x_2} \cdot dx_2 + \frac{\partial y}{\partial x_3} \cdot dx_3 + ... + \frac{\partial y}{\partial x_n} \cdot dx_n \qquad (11.4)$$

Mit $dx_i = \varepsilon_i$ und $dy \approx \Delta y = \varepsilon_y$ (weil ε_i relativ klein)
ergibt sich das Fortpflanzungsgesetz für wahre Fehler

$$\varepsilon_y = \frac{\partial y}{\partial x_1} \cdot \varepsilon_1 + \frac{\partial y}{\partial x_2} \cdot \varepsilon_2 + \frac{\partial y}{\partial x_3} \cdot \varepsilon_3 + ... + \frac{\partial y}{\partial x_n} \cdot \varepsilon_n \qquad (11.5)$$

absoluter und relativer Maximalfehler

In praktischen Anwendungen müssen die wahren Fehler ε_i durch die absoluten Fehler Δx_i ersetzt werden, weil die wahren Fehler ε_i nicht angeben werden können; die wahren Zahlenwerte sind nicht erfassbar. Die absoluten Fehler Δx_i werden geschätzt, so dass sich mit dem Fortpflanzungsgesetz für wahre Fehler die Formel für den absoluten Fehler der abhängigen Größe y ergibt:

$$\Delta y_{\max} = \pm\left(\left|\frac{\partial y}{\partial x_1} \cdot \Delta x_1\right| + \left|\frac{\partial y}{\partial x_2} \cdot \Delta x_2\right| + \left|\frac{\partial y}{\partial x_3} \cdot \Delta x_3\right| + ... + \left|\frac{\partial y}{\partial x_n} \cdot \Delta x_n\right|\right) \qquad (11.6)$$

Für die Fehleranteile der unabhängigen Messgrößen $x_1, x_2, x_3, x_4, ..., x_n$ müssen Absolutbeträge berücksichtigt werden, weil die absoluten Fehler positiv und negativ sein können.

Hängt die Größe Y nur von einer Größe X ab, d.h. $Y = f(X)$, dann vereinfacht sich die Formel für den absoluten Maximalfehler

$$\Delta y_{\max} = f'(x) \cdot \Delta x \qquad (11.7)$$

wobei x der Messwert der unabhängigen Größe und Δx der zugehörige absolute Fehler sind.

Für die Funktionen $y = f(x_1, x_2, x_3, ..., x_n)$ und $y = f(x)$ lässt sich auch der relative Maximalfehler definieren.

$$\Delta y_r = \frac{\Delta y_{\max}}{y} \qquad (11.8)$$

Beispiele:

1. Der Durchmesser einer Kugel wird mit $d = (873{,}6 \pm 0{,}2)mm$ angegeben. Der absolute Fehler Δd ist die Garantiefehlergrenze oder Toleranz des Durchmessers.
   Zu ermitteln sind der absolute und relative Maximalfehler des Volumens.
   Lösung:

$$\Delta V_{\max} = V'(d) \cdot \Delta d$$

$$V(d) = \frac{\pi}{6} \cdot d^3 = \frac{\pi}{6} \cdot 873{,}6^3 mm^3 = 349 \cdot 10^6 mm^3$$

$$V'(d) = \frac{3\pi}{6} \cdot d^2 = \frac{\pi}{2} \cdot d^2$$

$$\Delta V_{\max} = \frac{\pi}{2} \cdot d^2 \cdot \Delta d = \pm \frac{\pi}{2} \cdot 873{,}6^2 mm^2 \cdot 0{,}2mm$$

$$\Delta V_{\max} = \pm 240 \cdot 10^3 mm^3$$

$$\Delta V_r = \frac{\Delta V_{\max}}{V} = \frac{\pm 240 \cdot 10^3 mm^3}{349 \cdot 10^6 mm^3}$$

$$\Delta V_r = \pm 688 \cdot 10^{-6}$$

2. Durch eine Strom- und Spannungsmessung soll der relative Maximalfehler des Widerstandes R berechnet werden, wenn $U = (110 \pm 2)V$ und $I = (15 \pm 0{,}3)A$ betragen.
   Lösung:

$$\Delta R_{\max} = \pm \left(\left| \frac{\partial R}{\partial U} \cdot \Delta U \right| + \left| \frac{\partial R}{\partial I} \cdot \Delta I \right| \right)$$

$$R = f(U,I) = \frac{U}{I} = U \cdot I^{-1}$$

$$\frac{\partial R}{\partial U} = \frac{1}{I} \qquad \frac{\partial R}{\partial I} = -\frac{U}{I^2}$$

$$\Delta R_{\max} = \pm \left(\left| \frac{1}{I} \cdot \Delta U \right| + \left| -\frac{U}{I^2} \cdot \Delta I \right| \right) = \pm \left(\left| \frac{1}{I} \cdot \Delta U \right| + \left| \frac{U}{I^2} \cdot \Delta I \right| \right)$$

$$\Delta R_r = \frac{\Delta R_{\max}}{R} = \pm \left(\left| \frac{1}{I \cdot R} \cdot \Delta U \right| + \left| \frac{U}{I^2 \cdot R} \cdot \Delta I \right| \right)$$

mit $U = R \cdot I$

$$\Delta R_r = \pm \left(\left| \frac{\Delta U}{U} \right| + \left| \frac{\Delta I}{I} \right| \right)$$

$$\Delta R_r = \pm \left(\frac{2}{110} + \frac{0{,}3}{15} \right) = \pm 0{,}038$$

$$\Delta R_r \approx \pm 0{,}04$$

Sonderfälle von Funktionen mit n unabhängigen Veränderlichen

Fehler einer Summe oder Differenz:
Ist die Größe y eine Summe oder Differenz der Messgrößen x_1, x_2, x_3, x_4, ..., x_n

$$y = \pm x_1 \pm x_2 \pm x_3 \pm x_4 \pm \ldots \pm x_n$$

dann ist der absolute Maximalfehler mit

$$\frac{\partial y}{\partial x_1} = \pm 1 \quad \frac{\partial y}{\partial x_2} = \pm 1 \quad \frac{\partial y}{\partial x_3} = \pm 1 \quad \ldots \quad \frac{\partial y}{\partial x_n} = \pm 1$$

$$\Delta y_{\max} = \pm\left(|\Delta x_1| + |\Delta x_2| + |\Delta x_3| + \ldots + |\Delta x_n|\right) \tag{11.9}$$

Die absoluten Fehler der Messgrößen werden addiert, wenn die Größe y eine Summe oder Differenz von x_i ist.

Beispiel:
Die Spannungen in einer Masche eines Netzes betragen:

$$U_1 = (30 \pm 0{,}1)V \quad U_2 = (15 \pm 0{,}2)V \quad U_1 = (-25 \pm 0{,}6)V \quad U_1 = (-21 \pm 0{,}3)V$$

$$U = (30 + 15 - 25 - 21)V = -1V$$

$$\Delta U_{\max} = \pm(0{,}1 + 0{,}2 + 0{,}6 + 0{,}3)V = \pm 1{,}2V$$

Fehler eines Potenzprodukts und damit eines Produkts oder eines Quotienten
Hängt die Größe y von den Messgrößen x_1, x_2, x_3, x_4, ..., x_n über das Potenzprodukts

$$y = c \cdot x_1^{p_1} \cdot x_2^{p_2} \cdot x_3^{p_3} \cdot x_4^{p_4} \cdot \ldots \cdot x_n^{p_n}$$

ab, dann lässt sich der relative Maximalfehler der abhängigen Messgröße Δy_r aus den relativen Fehlern der einzelnen Messgrößen $\frac{\Delta x_1}{x_1}$, $\frac{\Delta x_2}{x_2}$, $\frac{\Delta x_3}{x_3}$, ..., $\frac{\Delta x_n}{x_n}$ ermitteln.

In die Gleichung 11.6 für den absoluten Maximalfehler werden die partiellen Ableitungen eingesetzt:

$$\frac{\partial y}{\partial x_1} = c \cdot p_1 \cdot x_1^{p_1 - 1} \cdot x_2^{p_2} \cdot x_3^{p_3} \cdot x_4^{p_4} \cdot \ldots \cdot x_n^{p_n}$$

$$\frac{\partial y}{\partial x_1} = c \cdot p_1 \cdot x_1^{p_1 - 1} \cdot x_2^{p_2} \cdot x_3^{p_3} \cdot x_4^{p_4} \cdot \ldots \cdot x_n^{p_n} \Big| \cdot \frac{x_1}{x_1}$$

$$\frac{\partial y}{\partial x_1} = \frac{p_1}{x_1} \cdot c \cdot x_1^{p_1} \cdot x_2^{p_2} \cdot x_3^{p_3} \cdot x_4^{p_4} \cdot \ldots \cdot x_n^{p_n} = \frac{p_1}{x_1} \cdot y$$

$$\frac{\partial y}{\partial x_2} = \frac{p_2}{x_2} \cdot y$$

$$\vdots$$

$$\frac{\partial y}{\partial x_n} = \frac{p_n}{x_n} \cdot y$$

$$\Delta y_{\max} = \pm\left(\left|p_1 \cdot y \cdot \frac{\Delta x_1}{x_1}\right| + \left|p_2 \cdot y \cdot \frac{\Delta x_2}{x_2}\right| + \left|p_3 \cdot y \cdot \frac{\Delta x_3}{x_3}\right| + \ldots + \left|p_n \cdot y \cdot \frac{\Delta x_n}{x_n}\right|\right)$$

$$\Delta y_r = \frac{\Delta y_{\max}}{y} = \pm\left(|p_1| \cdot \left|\frac{\Delta x_1}{x_1}\right| + |p_2| \cdot \left|\frac{\Delta x_2}{x_2}\right| + |p_3| \cdot \left|\frac{\Delta x_3}{x_3}\right| + \ldots + |p_n| \cdot \left|\frac{\Delta x_n}{x_n}\right|\right) \quad (11.10)$$

Beispiel:
Durch eine Strom- und Spannungsmessung soll der relative Maximalfehler des Widerstandes R berechnet werden, wenn $U = (110 \pm 2)V$ und $I = (15 \pm 0{,}3)A$ betragen.

$$\Delta R_r = \frac{\Delta R_{\max}}{R} = \pm\left(|p_1| \cdot \left|\frac{\Delta U}{U}\right| + |p_2| \cdot \left|\frac{\Delta I}{I}\right|\right)$$

$$\text{mit} \quad R = f(U,I) = \frac{U}{I} = U^1 \cdot I^{-1} \qquad p_1 = 1 \quad p_2 = -1$$

$$\Delta R_r = \pm\left(1 \cdot \frac{2}{110} + 1 \cdot \frac{0{,}3}{15}\right) = \pm 0{,}038 \quad \text{d.h.} \quad \Delta R_r \approx \pm 0{,}04$$

11.3 Allgemeines zur Ausgleichsrechnung

Problemstellung

Um den wahren Zahlenwert einer physikalischen Größe möglichst genau angeben zu können, wird eine Vielzahl von Messungen durchgeführt. Wegen der zufälligen Messfehler ergeben sich abweichende Werte. Um einen plausiblen Wert angeben zu können, der dem wahren Zahlenwert möglichst nahe kommt, werden die abweichenden Werte "ausgeglichen": ein arithmetische Mittelwert der Messreihen wird gebildet. Die Ausgleichsrechnung wird also dort angewendet, wo viele Messgrößen zur genaueren Ermittlung unbekannter Größen vorliegen.

Ausgleichsbedingung

Mit Hilfe der Wahrscheinlichkeitsrechnung und der mathematischen Statistik lässt sich die Ausgleichsbedingung formulieren:

> Von einer gesuchten Größe lässt sich der ausgeglichene Wert ermitteln, wenn die Messwerte mit Korrekturen versehen werden. Die auftretenden Widersprüche werden beseitigt, wenn die Summe der Quadrate der Korrekturen ein Minimum wird.
> (Methode der kleinsten Fehlerquadrate)

Aufgaben der Ausgleichsrechnung

Die Aufgaben der Ausgleichsrechnung werden gegliedert in

1. Ausgleichung direkter Messungen, d.h. die Größen wie Strom, Spannung, Längen werden direkt gemessen und ausgeglichen,
2. Ausgleichung vermittelnder Messungen, d.h. die Größen werden aus anderen gemessenen Größen ermittelt und ausgeglichen,
3. Ausgleichung bedingter Messungen, d.h. die Messgrößen müssen noch zusätzliche Bedingungen erfüllen, z.B. bei der Winkelmessung von Dreiecken: die Summe der Winkel muss 180° betragen.

11.4 Ausgleichsrechnung direkter Messungen

Wahrscheinlichster Wert - das arithmetische Mittel

Eine Größe X wird durch n Messungen bei gleicher Genauigkeit der Messinstrumente, bei gleichen Messverfahren und bei gleichen Messbedingungen erfasst. Die Messergebnisse sind $x_1, x_2, x_3, x_4, ..., x_n$. Damit die Streuung der Messergebnisse möglichst gleichmäßig ausfällt, sollten mindestens acht Messungen vorgenommen werden, wie später bewiesen werden soll. Es werden Korrekturen $v_1, v_2, v_3, v_4, ..., v_n$ eingeführt, wodurch sich der günstigste Wert $\bar{x}$ berechnet lässt, der der wahrscheinlichste Wert von X ist:

$$\bar{x} = x_1 - v_1 \quad \bar{x} = x_2 - v_2 \quad \bar{x} = x_3 - v_3 \quad ... \quad \bar{x} = x_n - v_n$$

oder allgemein

$$\bar{x} = x_i - v_i \quad \text{bzw.} \quad v_i = x_i - \bar{x} \quad \text{mit} \quad i = 1,2,3,...,n \tag{11.12}$$

Nach der Ausgleichsbedingung ist der Mittelwert $\bar{x}$ so zu bestimmen, dass die Summe der Quadrate der Korrekturen ein Minimum wird:

$$\sum_{i=1}^{n} v_i^2 = \sum_{i=1}^{n} (x_i - \bar{x})^2 = \text{Min} \tag{11.13}$$

Die notwenige Bedingung für einen Extremwert besagt, dass die erste Ableitung nach $\bar{x}$ Null gesetzt werden muss:

$$\frac{d}{d\bar{x}} \sum_{i=1}^{n} v_i^2 = \frac{d}{d\bar{x}} \sum_{i=1}^{n} (x_i - \bar{x})^2 = -2 \cdot \sum_{i=1}^{n} (x_i - \bar{x}) = 2 \cdot \sum_{i=1}^{n} \bar{x} - 2 \cdot \sum_{i=1}^{n} x_i = 2 \cdot n \cdot \bar{x} - 2 \cdot \sum_{i=1}^{n} x_i = 0$$

$$\bar{x} = \frac{1}{n} \cdot \sum_{i=1}^{n} x_i \tag{11.14}$$

Die hinreichende Bedingung für ein Minimum ist

$$\frac{d^2}{d\bar{x}^2} \sum_{i=1}^{n} v_i^2 = \frac{d^2}{d\bar{x}^2} \sum_{i=1}^{n} (x_i - \bar{x})^2 = \frac{d}{d\bar{x}} \left(2 \cdot n \cdot \bar{x} - \sum_{i=1}^{n} 2 \cdot x_i \right) = 2 \cdot n > 0$$

Bei direkten Messungen ist der wahrscheinlichste Wert einer Messreihe das einfache arithmetische Mittel $\bar{x}$ aus n Messungen.

wahrscheinliche Fehler

Die n Korrekturen v_i, die die jeweilige Differenz zwischen den Messwerten x_i und dem Mittelwert $\bar{x}$ bilden, heißen wahrscheinliche Fehler:

$$v_i = x_i - \bar{x} \tag{11.15}$$

mit $i = 1, 2, 3, ..., n$

Je mehr Messungen durchgeführt werden, um so näher muss der wahrscheinliste Wert $\overline{x}$ am wahren Wert X liegen. Für große n stimmen also die wahrscheinlichen Fehler nahezu mit den wahren Fehlern ε_i überein.

Die Summe aller wahrscheinlichen Fehler ist gleich Null:

$$\sum_{i=1}^{n} v_i = 0 \tag{11.16}$$

denn

$$\sum_{i=1}^{n} v_i = \sum_{i=1}^{n} (x_i - \overline{x}) = \sum_{i=1}^{n} x_i - n \cdot \overline{x} = \sum_{i=1}^{n} x_i - n \cdot \frac{1}{n} \cdot \sum_{i=1}^{n} x_i = 0$$

Praktische Berechnung des wahrscheinlichsten Wertes - des arithmetischen Mittelwertes

Die Berechnung des arithmetischen Mittelwertes $\overline{x}$ einer Messreihe kann vereinfacht werden, indem ein Näherungswert x_0 verwendet wird:

$$\overline{x} = x_0 + \delta$$

Mit

$$\overline{x} = \frac{1}{n} \cdot \sum_{i=1}^{n} x_i \qquad \text{bzw.} \qquad \overline{x} = x_0 + \delta = \frac{1}{n} \cdot \sum_{i=1}^{n} x_i$$

ergibt sich

$$\delta = \frac{1}{n} \cdot \sum_{i=1}^{n} x_i - x_0 = \frac{1}{n} \cdot \sum_{i=1}^{n} (x_i - x_0) \tag{11.17}$$

Beispiel:

Die Messung einer Strecke erfolgte zehnmal mit folgenden Ergebnissen:

x_i	$x_i - x_0$	$v_i = x_i - \overline{x}$
120,37m	0,07m	+0,025
120,35m	0,05m	+0,005
120,31m	0,01m	–0,035
120,39m	0,09m	+0,045
120,34m	0,04m	–0,005
120,36m	0,06m	–0,015
120,32m	0,02m	–0,025
120,35m	0,05m	+0,005
120,33m	0,03m	–0,015
120,33m	0,03m	–0,015

Berechnung des wahrscheinlichsten Wertes:

$$\overline{x} = \frac{1}{n} \cdot \sum_{i=1}^{n} x_i = \frac{1}{10} \cdot 1203{,}45m = 120{,}345m$$

oder mit dem gewählten Näherungswert:

$$x_0 = 120{,}30m$$

$$\delta = \frac{1}{n} \cdot \sum_{i=1}^{n} (x_i - x_0) = \frac{1}{10} \cdot 0{,}45m = 0{,}045m$$

$$\overline{x} = x_0 + \delta = 120{,}30m + 0{,}045m = 120{,}345m$$

Kontrolle: $\sum_{i=1}^{n} v_i = \sum_{i=1}^{n} (\overline{x} - x_i) = 0{,}095m - 0{,}095m = 0$

durchschnittlicher Fehler

Für die Beurteilung der Genauigkeit der Messwerte x_i kann das arithmetische Mittel der n Korrekturen v_i nicht herangezogen werden, weil die Summe der Korrekturen Null ist.
Der durchschnittliche Fehler berücksichtigt deshalb die absoluten Beträge der Korrekturen:

$$t = \pm\frac{1}{n}\cdot\sum_{i=1}^{n}|v_i| \qquad (11.18)$$

mittlerer Fehler - Standardabweichung - Streuungsmaß

Um die Streuungen der Messungen besser erfassen zu können, werden die Korrekturen v_i quadratisch berücksichtigt:

$$s = \pm\sqrt{\frac{1}{n-1}\cdot\sum_{i=1}^{n}v_i^2} = \pm\sqrt{\frac{1}{n-1}\cdot\sum_{i=1}^{n}(x_i-\overline{x})^2} \qquad (11.19)$$

Der mittlere Fehler s gibt also die mittlere Abweichung der Messwerte x_i vom wahrscheinlichsten Wert $\overline{x}$ an. Er wird auch Standardabweichung einer Einzelmessung genannt und ist ein Maß für die Streuungen der Messungen um den Mittelwert $\overline{x}$
Das Quadrat der Standartabweichung heißt Streuungsmaß:

$$s^2 = \frac{1}{n-1}\cdot\sum_{i=1}^{n}v_i^2 = \frac{1}{n-1}\cdot\sum_{i=1}^{n}(x_i-\overline{x})^2 \qquad (11.20)$$

Beispiel:
Um die folgenden zwei Messreihen beurteilen zu können, sollen der wahrscheinlichste Wert $\overline{x}$, der durchschnittliche Fehler t und der mittlere Fehler s berechnet und verglichen werden. Die Länge eines Werkstücks ist von zwei Messenden durch je acht Messungen möglichst genau ermittelt worden:

Messreihe 1 | Messreihe 2

x_i	$x_i - x_0$	$v_i = x_i - \overline{x}$	$v_i^2 = (x_i - \overline{x})^2$	x_i	$x_i - x_0$	$v_i = x_i - \overline{x}$	$v_i^2 = (x_i - \overline{x})^2$
mm	mm	mm	mm²	mm	mm	mm	mm²
1463,3	1,3	+0,2	0,04	1462,4	0,4	–0,6	0,36
1462,8	0,8	–0,3	0,09	1463,0	1,0	0,0	0,00
1463,0	1,0	–0,1	0,01	1463,3	1,3	+0,3	0,09
1463,4	1,4	+0,3	0,09	1463,0	1,0	0,0	0,00
1463,0	1,0	–0,1	0,01	1462,9	0,9	–0,1	0,01
1463,4	1,4	+0,3	0,09	1463,0	1,0	0,0	0,00
1462,9	0,9	–0,2	0,04	1462,9	0,9	–0,1	0,01
1463,0	1,0	–0,1	0,01	1463,5	1,5	+0,5	0,25
$\sum$	8,8	0,0	0,38	$\sum$	8,0	0,0	0,72

Berechnung der Mittelwerte:

$x_0 = 1462mm$

$$\delta = \frac{1}{n}\cdot\sum_{i=1}^{n}(x_i - x_0) = \frac{1}{8}\cdot 8{,}8mm = 1{,}1mm$$

$\overline{x} = 1462mm + 1{,}1mm = 1463{,}1mm$

$x_0 = 1462mm$

$$\delta = \frac{1}{n}\cdot\sum_{i=1}^{n}(x_i - x_0) = \frac{1}{8}\cdot 8{,}0mm = 1{,}0mm$$

$\overline{x} = 1462mm + 1{,}0mm = 1463{,}0mm$

Berechnung des durchschnittlichen Fehlers:

$$t_1 = \pm\frac{1}{n}\cdot\sum_{i=1}^{n}|v_i| = \pm\frac{1}{8}\cdot 1{,}6\text{mm} = \pm 0{,}2\text{mm} \qquad t_2 = \pm\frac{1}{n}\cdot\sum_{i=1}^{n}|v_i| = \pm\frac{1}{8}\cdot 1{,}6\text{mm} = \pm 0{,}2\text{mm}$$

Die durchschnittlichen Fehler beider Messreihen sind gleich und ermöglichen keine Aussage, welche Messreihe genauer ist.

Berechnung des mittleren Fehlers:

$$s_1 = \pm\sqrt{\frac{1}{n-1}\cdot\sum_{i=1}^{n}v_i^2} = \pm\sqrt{\frac{0{,}38}{7}}\text{mm} \qquad s_2 = \pm\sqrt{\frac{1}{n-1}\cdot\sum_{i=1}^{n}v_i^2} = \pm\sqrt{\frac{0{,}72}{7}}\text{mm}$$

$$s_1 = \pm 0{,}23\text{mm} \qquad s_2 = \pm 0{,}32\text{mm}$$

Die Messreihe 1 wurde sorgfältiger oder mit einem besseren Messgerät ermittelt, wie an den gleichmäßiger verteilten Korrekturen v_i zu sehen ist. Obwohl in der Messreihe 2 drei Messwerte mit den Korrekturen 0 vorkommen, gibt es zwei Messwerte, deren Korrekturen wesentlich größer sind als sämtliche Korrekturen der Messreihe 1. Der mittlere Fehler der Messreihe 2 ist deshalb größer, weil die Korrekturen quadratisch eingehen. Der mittlere Fehler s ist ein besseres Genauigkeitsmaß für die Messwerte einer Messreihe.

mittlerer Fehler einer abhängigen Größe von zwei Einzelmesswerten

Zwei unabhängige Größen x und y haben die mittleren Fehler s_x und s_y. Im Folgenden soll hergeleitet werden, wie sich diese mittleren Fehler auf die abhängige Größe $z = f(x,y)$ auswirken, also fortpflanzen. Um die beiden unabhängigen Größen zu ermitteln, werden jeweils n Messungen durchgeführt, die Mittelwerte $\overline{x}$ und $\overline{y}$ und die mittleren Fehler s_x und s_y berechnet:

unabhängige Größen	x	y
n Messwerte	x_i	y_i
wahrscheinlichste Werte, die Mittelwerte	$\overline{x} = x_i - v_{xi}$ $\overline{x} = \frac{1}{n}\cdot\sum_{i=1}^{n}x_i$	$\overline{y} = y_i - v_{yi}$ $\overline{y} = \frac{1}{n}\cdot\sum_{i=1}^{n}y_i$
die mittleren Fehler	$s_x = \pm\sqrt{\frac{1}{n-1}\cdot\sum_{i=1}^{n}v_{xi}^2}$	$s_y = \pm\sqrt{\frac{1}{n-1}\cdot\sum_{i=1}^{n}v_{yi}^2}$

Aus den jeweils n Messgrößen x_i und y_i lassen sich nach der Funktion f die n Größen z_i berechnen:

$$z_i = f(x_i, y_i) \quad \text{mit } i = 1,2,3,\ldots,n$$

Diese n errechneten Größen z_i werden mit den Korrekturen v_{zi} zum Mittelwert der abhängigen Größe $\overline{z}$ ergänzt:

$$\overline{z} = z_i - v_{zi} \quad \text{mit } i = 1,2,3,\ldots,n$$

Damit lässt sich für die abhängige Größe z ein mittlerer Fehler s_z angeben:

$$s_z = \pm\sqrt{\frac{1}{n-1} \cdot \sum_{i=1}^{n} v_{zi}^2} \qquad (11.21)$$

Um aus den mittleren Fehlern der unabhängigen Größen x und y den mittleren Fehler der abhängigen Größe z berechnen zu können, dient folgende Herleitung, die zu einer entsprechenden Formel führt:
Die Korrekturen der abhängigen Variablen z sind dann

$$v_{iz} = z_i - \bar{z}$$
$$v_{iz} = f(x_i, y_i) - f(\bar{x}, \bar{y})$$
$$v_{iz} = f(\bar{x} + v_{xi}, \bar{y} + v_{yi}) - f(\bar{x}, \bar{y})$$

Dieser Ausdruck für v_{zi} erinnert an den Funktionszuwachs Δz einer Funktion mit zwei unabhängigen Variablen $z = f(x, y)$: (siehe Kapitel 8.3)

$$\Delta z = f(x + \Delta x, y + \Delta y) - f(x, y)$$

Sind die Änderungen $\Delta x = dx$ und $\Delta y = dy$ sehr klein, dann ist der Funktionszuwachs Δz ungefähr gleich dem totalen Differential dz:

$$\Delta z \approx dz = \frac{\partial f(x,y)}{\partial x} \cdot dx + \frac{\partial f(x,y)}{\partial y} \cdot dy$$

Bei den Korrekturen v_{xi} und v_{yi} handelt es sich um sehr kleine Änderungen der Messwerte x_i und y_i; deshalb kann für die Korrekturen der abhängigen Variablen z das totale Differential geschrieben werden:

$$v_{zi} = \frac{\partial f(\bar{x},\bar{y})}{\partial \bar{x}} \cdot v_{xi} + \frac{\partial f(\bar{x},\bar{y})}{\partial \bar{y}} \cdot v_{yi} \qquad (11.22)$$

Für die Bildung des Mittelwertes

$$s_z = \pm\sqrt{\frac{1}{n-1} \cdot \sum_{i=1}^{n} v_{zi}^2}$$

muss v_{zi} quadriert und über $i = 1, 2, 3, ..., n$ aufsummiert werden:

$$v_{zi}^2 = \left[\frac{\partial f(\bar{x},\bar{y})}{\partial \bar{x}}\right]^2 \cdot v_{xi}^2 + \left[\frac{\partial f(\bar{x},\bar{y})}{\partial \bar{y}}\right]^2 \cdot v_{yi}^2 + 2 \cdot \frac{\partial f(\bar{x},\bar{y})}{\partial \bar{x}} \cdot \frac{\partial f(\bar{x},\bar{y})}{\partial \bar{y}} \cdot v_{xi} \cdot v_{yi}$$

$$\sum_{i=1}^{n} v_{zi}^2 = \sum_{i=1}^{n} \left\{\left[\frac{\partial f(\bar{x},\bar{y})}{\partial \bar{x}}\right]^2 \cdot v_{xi}^2 + \left[\frac{\partial f(\bar{x},\bar{y})}{\partial \bar{y}}\right]^2 \cdot v_{yi}^2 + 2 \cdot \frac{\partial f(\bar{x},\bar{y})}{\partial \bar{x}} \cdot \frac{\partial f(\bar{x},\bar{y})}{\partial \bar{y}} \cdot v_{xi} \cdot v_{yi}\right\}$$

$$\sum_{i=1}^{n} v_{zi}^{2} = \left[\frac{\partial f(\bar{x},\bar{y})}{\partial \bar{x}}\right]^{2} \cdot \sum_{i=1}^{n} v_{xi}^{2} + \left[\frac{\partial f(\bar{x},\bar{y})}{\partial \bar{y}}\right]^{2} \cdot \sum_{i=1}^{n} v_{yi}^{2} + 2 \cdot \frac{\partial f(\bar{x},\bar{y})}{\partial \bar{x}} \cdot \frac{\partial f(\bar{x},\bar{y})}{\partial \bar{y}} \cdot \sum_{i=1}^{n} v_{xi} \cdot v_{yi}$$

Da die Korrekturen v_{xi} und v_{yi} gleichwahrscheinlich positiv und negativ sind, hebt sich die Summe der Produkte $v_{xi} \cdot v_{yi}$ etwa auf:

$$\sum_{i=1}^{n} v_{xi} \cdot v_{yi} \approx 0 .$$

Mit dieser Vereinfachung wird die Gleichung durch $n-1$ dividiert:

$$\frac{1}{n-1} \cdot \sum_{i=1}^{n} v_{zi}^{2} = \left[\frac{\partial f(\bar{x},\bar{y})}{\partial \bar{x}}\right]^{2} \cdot \frac{1}{n-1} \cdot \sum_{i=1}^{n} v_{xi}^{2} + \left[\frac{\partial f(\bar{x},\bar{y})}{\partial \bar{y}}\right]^{2} \cdot \frac{1}{n-1} \cdot \sum_{i=1}^{n} v_{yi}^{2}$$

Durch Wurzelziehen des letzten Ausdrucks ergibt sich der mittlere Fehler eines Funktionswertes z_i, der aus den einzelnen Messwerten x_i und y_i mit den mittleren Fehlern s_x und s_y errechnet werden kann:

$$s_z = \sqrt{\left[\frac{\partial f(\bar{x},\bar{y})}{\partial \bar{x}} \cdot s_x\right]^{2} + \left[\frac{\partial f(\bar{x},\bar{y})}{\partial \bar{y}} \cdot s_y\right]^{2}} \qquad (11.23)$$

Beispiel für den mittleren Fehler einer abhängigen Größe:

$$R = f(U,I) = \frac{U}{I} = U \cdot I^{-1} \qquad z = f(x,y) = \frac{x}{y} = x \cdot y^{-1}$$

i	U_i V	v_{Ui} V	v_{Ui}^2 V^2	I_i A	v_{Ii} $10^{-3}A$	v_{Ii}^2 $10^{-6}A^2$	$R_i = \frac{U_i}{I_i}$ Ω	v_{Ri} $10^{-3}\Omega$	v_{Ri}^2 $10^{-6}\Omega^2$
1	110,2	+0,2	0,04	5,012	+3	9	21,9872	+26,7	713
2	110,6	+0,6	0,36	5,007	-2	4	22,0891	+128,6	16538
3	109,7	-0,3	0,09	5,009	0	0	21,9006	-59,9	3588
4	109,8	-0,2	0,04	5,014	+5	25	21,8987	-61,8	3819
5	109,9	-0,1	0,01	5,005	-4	16	21,9580	-2,5	6
6	110,1	+0,1	0,01	5,010	+1	1	21,9760	+15,5	240
7	110,3	+0,3	0,09	5,006	-3	9	22,0336	+73,1	5344
8	109,4	-0,6	0,36	5,009	0	0	21,8407	-119,8	14352
$\sum$	880,0	0	1,00	40,072	0	64	175,6839	$-0,1 \approx 0$	44600

$$\bar{U} = \frac{880V}{8} = 110,0V \qquad \bar{I} = \frac{40,072A}{8} = 5,009A \qquad \bar{R} = \frac{175,6839\Omega}{8} = 21,9605\Omega$$

$$v_{Ui} = U_i - \bar{U} \qquad v_{Ii} = I_i - \bar{I} \qquad v_{Ri} = R_i - \bar{R}$$

$$s_U = \pm\sqrt{\frac{1}{n-1}\cdot\sum_{i=1}^{8} v_{Ui}^{\;2}} \qquad s_I = \pm\sqrt{\frac{1}{n-1}\cdot\sum_{i=1}^{8} v_{Ii}^{\;2}} \qquad s_R = \pm\sqrt{\frac{1}{n-1}\cdot\sum_{i=1}^{8} v_{Ri}^{\;2}}$$

$$s_U = \pm\sqrt{\frac{1{,}00V^2}{7}} \qquad s_I = \pm\sqrt{\frac{64\cdot 10^{-6}A^2}{7}} \qquad s_R = \pm\sqrt{\frac{44600\cdot 10^{-6}\Omega^2}{7}}$$

$$s_U = \pm 0{,}38V \qquad s_I = \pm 3{,}02\cdot 10^{-3}A \qquad s_R = \pm 79{,}8\cdot 10^{-3}\Omega \approx \pm 80\cdot 10^{-3}\Omega$$

Lösung mit Hilfe der Formel 11.23:

$$s_R = \pm\sqrt{\left[\frac{\partial f(\bar{U},\bar{I})}{\partial \bar{U}}\cdot s_U\right]^2 + \left[\frac{\partial f(\bar{U},\bar{I})}{\partial \bar{I}}\cdot s_I\right]^2}$$

mit

$$\frac{\partial f(\bar{U},\bar{I})}{\partial \bar{U}} = \frac{\partial(\bar{U}\cdot\bar{I}^{-1})}{\partial \bar{U}} = \bar{I}^{-1} = \frac{1}{\bar{I}} \qquad \frac{\partial f(\bar{U},\bar{I})}{\partial \bar{I}} = \frac{\partial(\bar{U}\cdot\bar{I}^{-1})}{\partial \bar{I}} = -\bar{U}\cdot\bar{I}^{-2} = -\frac{\bar{U}}{\bar{I}^2}$$

$$s_R = \pm\sqrt{\left[\frac{1}{\bar{I}}\cdot s_U\right]^2 + \left[-\frac{\bar{U}}{\bar{I}^2}\cdot s_I\right]^2} = \pm\sqrt{\left[\frac{1}{5{,}009A}\cdot 0{,}38V\right]^2 + \left[-\frac{110V}{(5{,}009A)^2}\cdot 3{,}02\cdot 10^{-3}A\right]^2}$$

$$s_R = \pm\sqrt{5{,}7553\cdot 10^{-3} + 0{,}1753\cdot 10^{-3}}\Omega = \pm 77{,}0\cdot 10^{-3}\Omega \approx \pm 80\cdot 10^{-3}\Omega$$

mittlerer Fehler des arithmetischen Mittels

Aus dem mittleren Fehler s der Einzelmessung x_i (siehe Gl. 11.19) kann damit auf den mittleren Fehler des arithmetischen Mittels $\bar{x}$ geschlossen werden, indem der Mittelwert $\bar{x}$ als Funktion der x_i Einzelmessungen aufgefasst wird:

$$\bar{x} = \frac{1}{n}\cdot\sum_{i=1}^{n} x_i = \frac{x_1}{n} + \frac{x_2}{n} + \frac{x_3}{n} + \ldots + \frac{x_n}{n}$$

$$\bar{x} = f(x_1, x_2, x_3, \ldots, x_n)$$

Alle Einzelmessungen x_i besitzen den gleichen mittleren Fehler

$$s = \pm\sqrt{\frac{1}{n-1}\cdot\sum_{i=1}^{n} v_i^2} = \pm\sqrt{\frac{1}{n-1}\cdot\sum_{i=1}^{n}(x_i - \bar{x})^2}$$

Wird die Formel für den mittleren Fehler (Gl. 11.23) mit zwei unabhängigen Variablen auf n Variable erweitert, dann ergibt sich der mittlere Fehler des Mittelwertes $\bar{x}$:

$$s_{\bar{x}} = \pm\sqrt{\left[\frac{\partial \bar{x}}{\partial x_1}\cdot s\right]^2 + \left[\frac{\partial \bar{x}}{\partial x_2}\cdot s\right]^2 + \left[\frac{\partial \bar{x}}{\partial x_3}\cdot s\right]^2 + \ldots + \left[\frac{\partial \bar{x}}{\partial x_n}\cdot s\right]^2}$$

$$\text{mit} \quad \frac{\partial \bar{x}}{\partial x_1} = \frac{1}{n} \quad \frac{\partial \bar{x}}{\partial x_2} = \frac{1}{n} \quad \ldots \quad \frac{\partial \bar{x}}{\partial x_n} = \frac{1}{n}$$

$$s_{\bar{x}} = \pm\sqrt{\left[\frac{1}{n}\cdot s\right]^2 + \left[\frac{1}{n}\cdot s\right]^2 + \left[\frac{1}{n}\cdot s\right]^2 + \ldots + \left[\frac{1}{n}\cdot s\right]^2} = \pm\sqrt{n\cdot\frac{s^2}{n^2}}$$

$$s_{\bar{x}} = \frac{s}{\sqrt{n}} = \pm\sqrt{\frac{1}{n\cdot(n-1)}\cdot\sum_{i=1}^{n} v_i^2} \qquad (11.24)$$

Der mittlere Fehler des wahrscheinlichsten Wertes, des Mittelwertes $\bar{x}$, hängt wesentlich von der Anzahl der Messungen ab:

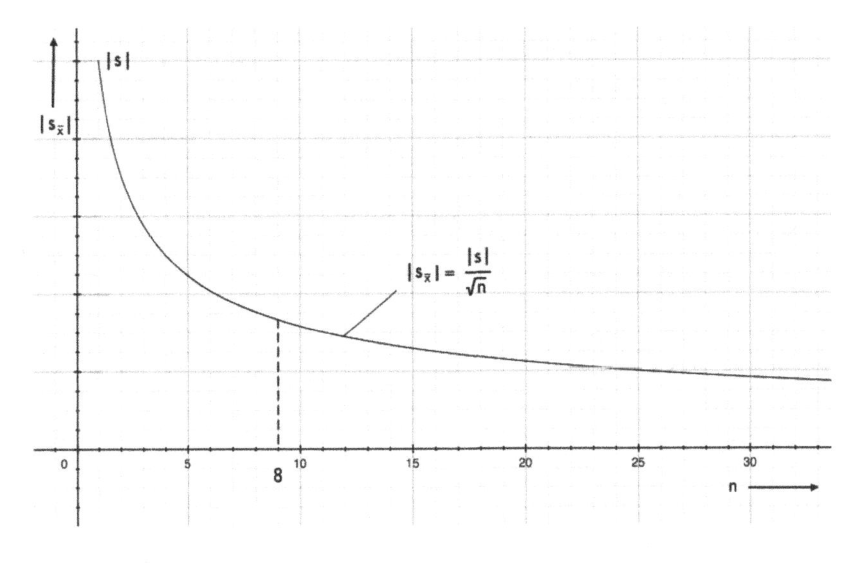

Um den mittleren Fehler $s_{\bar{x}}$ des Mittelwertes $\bar{x}$ mit wenigen Messungen möglichst genau zu ermitteln, sind etwa acht bis zehn Messungen notwendig. Eine weitere Erhöhung der Messungen ist in den meisten Fällen nicht sinnvoll, weil der mittlere Fehler für $n > 10$ relativ zum Aufwand nur noch wenig kleiner wird; die Genauigkeit des Mittelwertes nimmt dann nur noch mit sehr vielen Messungen zu.

Fortpflanzungsgesetz für mittlere Fehler

Für eine Funktion $z = f(x,y)$ gehen die mittleren Fehler s_x und s_y der Mittelwerte $\overline{x}$ und $\overline{y}$ in das Fortpflanzungsgesetz für mittlere Fehler (Gl. 10.23) ein:

$$s_z = \pm\sqrt{\left[\frac{\partial f(\overline{x},\overline{y})}{\partial \overline{x}} \cdot s_x\right]^2 + \left[\frac{\partial f(\overline{x},\overline{y})}{\partial \overline{y}} \cdot s_y\right]^2}$$

Die beiden unabhängigen Größen x und y haben die mittleren Fehler s_x und s_y:

$$s_{\overline{x}} = \frac{s_x}{\sqrt{n}} = \pm\sqrt{\frac{1}{n\cdot(n-1)} \cdot \sum_{i=1}^{n} v_{xi}^{\,2}} \qquad \text{und} \qquad s_{\overline{y}} = \frac{s_y}{\sqrt{n}} = \pm\sqrt{\frac{1}{n\cdot(n-1)} \cdot \sum_{i=1}^{n} v_{yi}^{\,2}}$$

Ist eine Funktion $y = f(x_1, x_2, x_3, \ldots, x_k)$ von k unabhängigen Größen abhängig, dann lässt sich der mittlere Fehler mit folgender Formel berechnen:

$$s_y = \pm\sqrt{\left[\frac{\partial f(\overline{x},\overline{y})}{\partial \overline{x}_1} \cdot s_1\right]^2 + \left[\frac{\partial f(\overline{x},\overline{y})}{\partial \overline{x}_2} \cdot s_2\right]^2 + \left[\frac{\partial f(\overline{x},\overline{y})}{\partial \overline{x}_3} \cdot s_3\right]^2 + \ldots + \left[\frac{\partial f(\overline{x},\overline{y})}{\partial \overline{x}_k} \cdot s_k\right]^2} \qquad (11.25)$$

$\overline{x}_i$ sind die Mittelwerte aus jeweils mehreren Messungen, deren mittlerer Fehler s_i ist.

<u>Beispiel:</u>

Eine Strecke a, die über ein unzugängliches Gelände führt, soll mit Hilfe eines Hilfsdreiecks indirekt über b, α und β nach dem Sinussatz ermittelt werden:

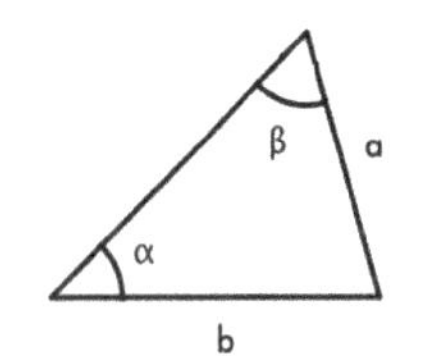

$$\frac{\sin\alpha}{\sin\beta} = \frac{a}{b} \quad \Rightarrow \quad a = b \cdot \frac{\sin\alpha}{\sin\beta} = f(b,\alpha,\beta)$$

Es wurden jeweils zehn Messungen durchgeführt:

b_i m	v_i m	v_i^2 m^2	α_i	$\frac{v_i}{1''}$	$\left(\frac{v_i}{1''}\right)^2$	β_i	$\frac{v_i}{1''}$	$\left(\frac{v_i}{1''}\right)^2$
210,58	-0,02	0,0004	65°26′30″	-10	100	72°37′30″	+70	4900
210,61	+0,01	0,0001	65°26′40″	0	0	72°35′20″	-60	3600
210,60	0	0	65°26′20″	-20	400	72°36′30″	+10	100
210,55	-0,05	0,0025	65°27′20″	+40	1600	72°36′00″	-20	400
210,64	+0,04	0,0016	65°25′20″	-80	6400	72°37′20″	+60	3600
210,61	+0,01	0,0001	65°27′40″	+60	3600	72°37′00″	+40	1600
210,59	-0,01	0,0001	65°26′00″	-40	1600	72°35′40″	-40	1600
210,63	+0,03	0,0009	65°27′10″	+30	900	72°35′10″	-70	4900
210,62	+0,02	0,0004	65°26′10″	-30	900	72°36′20″	0	0
210,57	-0,03	0,0009	65°27′30″	+50	2500	72°36′30″	+10	100
6,0	0	0,0070	13′220″ = 1000″	0	18000	10′200″ = 800″	0	20800

Zu berechnen sind

1. die Mittelwerte $\bar{b}$, $\bar{\alpha}$ und $\bar{\beta}$,
2. die mittleren Fehler der Einzelmessungen s,
3. der mittlere Fehler des arithmetischen Mittels s_b, s_α und s_β,
4. die Strecke a und der mittlere Fehler von a.

Zu 1. $b_0 = 210{,}0m$ $\qquad \alpha_0 = 65^\circ 25'$ $\qquad \beta_0 = 72^\circ 35'$

$\bar{b} = 210m + \frac{6{,}0m}{10}$ $\qquad \bar{\alpha} = 65^\circ 25' + \frac{1000''}{10}$ $\qquad \bar{\beta} = 72^\circ 35' + \frac{800''}{10}$

$\bar{b} = 210{,}6m$ $\qquad \bar{\alpha} = 65^\circ 26' 40'' \triangleq 65{,}44^\circ$ $\qquad \bar{\beta} = 72^\circ 36' 20'' \triangleq 72{,}61^\circ$

Zu 2. $s = \pm\sqrt{\frac{0{,}007m^2}{9}}$ $\qquad s = \pm\sqrt{\frac{18000}{9}}$ $\qquad s = \sqrt{\frac{20800}{9}}$

$s = \pm 0{,}028m$ $\qquad s = \pm 45''$ $\qquad s = \pm 48''$

Zu 3. $s_b = \frac{s}{\sqrt{n}} = \frac{\pm 0{,}028m}{\sqrt{10}}$ $\qquad s_\alpha = \frac{s}{\sqrt{n}} = \frac{\pm 45''}{\sqrt{10}}$ $\qquad s_\beta = \frac{s}{\sqrt{n}} = \frac{\pm 48}{\sqrt{10}}$

$s_b = \pm 0{,}009m$ $\qquad s_\alpha = \pm 14'' = \pm 68 \cdot 10^{-6}$ $\qquad s_\beta = \pm 15'' = 73 \cdot 10^{-6}$

Zu 4. $a = b \cdot \frac{\sin\alpha}{\sin\beta} = 210{,}0m \cdot \frac{\sin 65{,}44}{\sin 72{,}61}$

$a = 200{,}15m$

$$\frac{15''}{3600''} = 0{,}00417^\circ$$

Umrechnung in Bogenmaß:

$360^\circ \triangleq 2\pi$

$1^\circ \triangleq \frac{2\pi}{360}$

$0{,}00417^\circ \triangleq \frac{2\pi}{360} \cdot 0{,}00417 = 72{,}69 \cdot 10^{-6}$

$$s_a = \pm\sqrt{\left[\frac{\partial \bar{a}}{\partial \bar{b}} \cdot s_b\right]^2 + \left[\frac{\partial \bar{a}}{\partial \bar{\alpha}} \cdot s_\alpha\right]^2 + \left[\frac{\partial \bar{a}}{\partial \bar{\beta}} \cdot s_\beta\right]^2}$$

mit $\bar{a} = \bar{b} \cdot \sin\bar{\alpha} \cdot \sin^{-1}\bar{\beta}$

und $\frac{\partial \bar{a}}{\partial \bar{b}} = \frac{\sin\bar{\alpha}}{\sin\bar{\beta}}$ $\qquad \frac{\partial \bar{a}}{\partial \bar{\alpha}} = \frac{\bar{b} \cdot \cos\bar{\alpha}}{\sin\bar{\beta}}$ $\qquad \frac{\partial \bar{a}}{\partial \bar{\beta}} = -\frac{\bar{b} \cdot \sin\bar{\alpha} \cdot \cos\bar{\beta}}{\sin^2\bar{\beta}}$

$$s_a = \pm\sqrt{\left[\frac{\sin\bar{\alpha}}{\sin\bar{\beta}} \cdot s_b\right]^2 + \left[\frac{\bar{b} \cdot \cos\bar{\alpha}}{\sin\bar{\beta}} \cdot s_\alpha\right]^2 + \left[-\frac{\bar{b} \cdot \sin\bar{\alpha} \cdot \cos\bar{\beta}}{\sin^2\bar{\beta}} \cdot s_\beta\right]^2}$$

$$s_a = \pm\sqrt{\left[\frac{\sin\bar{\alpha}}{\sin\bar{\beta}} \cdot s_b\right]^2 + \left[\frac{\bar{b} \cdot \cos\bar{\alpha}}{\sin\bar{\beta}} \cdot s_\alpha\right]^2 + \left[-\frac{\bar{b} \cdot \sin\bar{\alpha} \cdot \cos\bar{\beta}}{\sin^2\bar{\beta}} \cdot s_\beta\right]^2}$$

$$s_a = \pm\sqrt{\left[\frac{\bar{a}}{\bar{b}} \cdot s_b\right]^2 + \left[\frac{\bar{a} \cdot \bar{b} \cdot \cos\bar{\alpha}}{\bar{b} \cdot \sin\bar{\alpha}} \cdot s_\alpha\right]^2 + \left[\frac{\bar{b} \cdot \bar{a} \cdot \sin\bar{\beta} \cdot \cos\bar{\beta}}{\bar{b} \cdot \sin^2\bar{\beta}} \cdot s_\beta\right]^2}$$

$$s_a = \pm\sqrt{\left[\frac{\bar{a}}{\bar{b}} \cdot s_b\right]^2 + \left[\bar{a} \cdot \cot\bar{\alpha} \cdot s_\alpha\right]^2 + \left[\bar{a} \cdot \cot\bar{\beta} \cdot s_\beta\right]^2}$$

$$s_a = \pm\sqrt{\left[\frac{200m}{211m} \cdot 0{,}009m\right]^2 + \left[200m \cdot 0{,}456 \cdot 68 \cdot 10^{-6}\right]^2 + \left[200m \cdot 0{,}313 \cdot 73 \cdot 10^{-6}\right]^2}$$

$s_a = \pm 11{,}5 \cdot 10^{-3} m$ $\qquad$ d.h. $\quad a = (200{,}15 \pm 0{,}01)m$

11.5 Ausgleichung vermittelnder Beobachtungen

Problemstellung

Bei der Ausgleichung vermittelnder Beobachtungen werden mehrere unbekannte Größen bestimmt, die sich aus gemessenen Größen errechnen lassen, weil die unbekannten Größen nicht direkt messbar sind. Dabei müssen wieder mehr Messungen durchgeführt werden als notwendig wäre, um die wahrscheinlichsten Werte angeben zu können.

Ausgleichung von Messwerten durch eine Gerade

Sind zwei unbekannte Größen gesucht, die mit den zu messenden Größen durch eine lineare Beziehung abhängig sind, dann handelt es sich um die Ausgleichung durch eine Gerade.
Beispiele:

1. Geschwindigkeit-Zeit-Funktion einer gleichmäßig beschleunigten geradlinigen Bewegung:

$$v = a \cdot t + v_0$$

mit v Geschwindigkeit, a Beschleunigung, t Zeit, v_0 Anfangsgeschwindigkeit

2. Längenänderung eines metallenen Stabes infolge einer Temperaturänderung

$$l = l_0 \cdot \alpha \cdot \Delta\vartheta + l_0$$

mit l Länge, $\Delta\vartheta$ Temperaturdifferenz, l_0 Anfangslänge, α linearer Ausdehnungskoeffizient

Die lineare Gleichung $y = a \cdot x + b$ enthält die beiden Unbekannten a und b.
Die Variablen x und y sind messbare Größen, d.h. die Größe x kann durch x_i beliebig variiert werden, wobei sich jeweils die messbaren Größen y_i ergeben.
Mit nur zwei Messungen ($n = 2$) können a und b. durch die beiden Gleichungen

$$y_1 = a \cdot x_1 + b \quad \text{und} \quad y_2 = a \cdot x_2 + b$$

berechnet werden. Wegen der zufälligen Fehler, die bei der Messung von y_i-Werten auftreten, können dann aber nicht die wahrscheinlichsten Größen von a und b angegeben werden. Es werden deshalb n Gleichungen

$$y_i = a \cdot x_i + b \quad \text{mit } i = 1,2,3...,n$$

aus n Messungen mit den Größenpaaren (x_i, y_i) ermittelt, die nicht alle einer linearen Funktion genügen können: die Punkte $P_i(x_i, y_i)$, die den Größenpaaren (x_i, y_i) entsprechen, liegen nicht auf der Geraden.

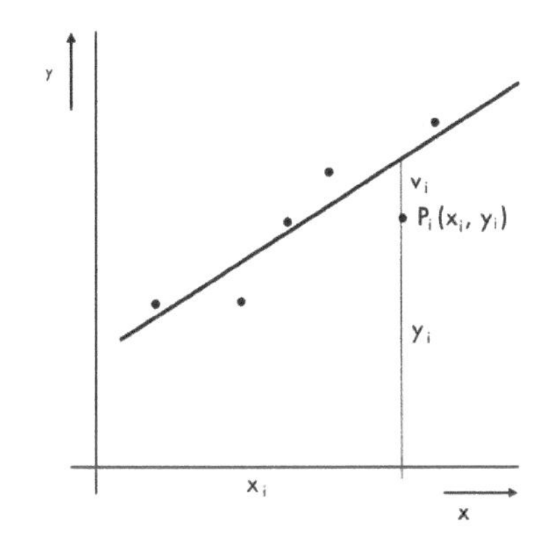

Die wahrscheinlichsten Werte für a und b. entsprechen einer Geraden, deren Punkte zu allen Messpunkten $P_i(x_i, y_i)$ die geringsten Abstände hat. Diese Anpassung der ausgleichenden Geraden an die Messpunkte wird mit der Methode der kleinsten Fehlerquadrate nach Gauß vorgenommen. Sämtliche gemessenen y-Werte werden mit Verbesserungen v_i versehen:

$$y_i + v_i = a \cdot x_i + b \tag{11.26}$$

deren aufsummierten Quadrate ein Minimum sein sollen:

$$\sum_{i=1}^{n} v_i^2 = \text{Minimum} \tag{11.27}$$

Die Verbesserungen v_i sind in den so genannten Verbesserungsgleichungen zusammengefasst:

$$v_i = a \cdot x_i - y_i + b \qquad \text{mit} \quad i = 1,2,3,...,n \tag{11.28}$$

Die Quadrierung ergibt mit $v_i = (a \cdot x_i - y_i) + b$

$$v_i^2 = a^2 \cdot x_i^2 - 2 \cdot a \cdot x_i \cdot y_i + y_i^2 + 2 \cdot (a \cdot x_i - y_i) \cdot b + b^2$$

$$v_i^2 = a^2 \cdot x_i^2 + y_i^2 + b^2 - 2 \cdot a \cdot x_i \cdot y_i + 2 \cdot a \cdot b \cdot x_i - 2 \cdot b \cdot y_i$$

und die Aussummierung der Quadrate

$$\sum_{i=1}^{n} v_i^2 = a^2 \cdot \sum_{i=1}^{n} x_i^2 + \sum_{i=1}^{n} y_i^2 + n \cdot b^2 - 2 \cdot a \cdot \sum_{i=1}^{n} x_i \cdot y_i + 2 \cdot a \cdot b \cdot \sum_{i=1}^{n} x_i - 2 \cdot b \cdot \sum_{i=1}^{n} y_i = f(a,b)$$

Die Minimumbedingung erfordert das Nullsetzen der partiellen Ableitungen nach a und b:

$$\frac{\partial\left(\sum_{i=1}^{n} v_i^2\right)}{\partial a} = 2 \cdot a \cdot \sum_{i=1}^{n} x_i^2 - 2 \cdot \sum_{i=1}^{n} x_i \cdot y_i + 2 \cdot b \cdot \sum_{i=1}^{n} x_i = 0 \tag{11.27}$$

$$\frac{\partial\left(\sum_{i=1}^{n} v_i^2\right)}{\partial b} = 2 \cdot n \cdot b + 2 \cdot a \sum_{i=1}^{n} x_i - 2 \cdot \sum_{i=1}^{n} y_i = 0 \tag{11.28}$$

Die zwei Gleichungen mit den zwei Unbekannten a und b werden in der Ausgleichsrechnung Normalgleichungen genannt:

$$a \cdot \sum_{i=1}^{n} x_i^2 + b \cdot \sum_{i=1}^{n} x_i = \sum_{i=1}^{n} x_i \cdot y_i \tag{11.29}$$

$$a \cdot \sum_{i=1}^{n} x_i + b \cdot n = \sum_{i=1}^{n} y_i$$

Sie werden nach a und b aufgelöst, indem die erste Gleichung mit n und die zweite mit $\sum_{i=1}^{n} x_i$ erweitert werden:

$$a \cdot n \cdot \sum_{i=1}^{n} x_i^2 + b \cdot n \cdot \sum_{i=1}^{n} x_i = n \cdot \sum_{i=1}^{n} x_i \cdot y_i$$

$$a \cdot \left(\sum_{i=1}^{n} x_i \right)^2 + b \cdot n \cdot \sum_{i=1}^{n} x_i = \sum_{i=1}^{n} x_i \cdot \sum_{i=1}^{n} y_i$$

Wird von beiden Gleichungen die Differenz gebildet

$$a \cdot n \cdot \sum_{i=1}^{n} x_i^2 - a \cdot \left(\sum_{i=1}^{n} x_i \right)^2 = n \cdot \sum_{i=1}^{n} x_i \cdot y_i - \sum_{i=1}^{n} x_i \cdot \sum_{i=1}^{n} y_i$$

entsteht die Formel für a

$$a = \frac{n \cdot \sum_{i=1}^{n} x_i \cdot y_i - \sum_{i=1}^{n} x_i \cdot \sum_{i=1}^{n} y_i}{n \cdot \sum_{i=1}^{n} x_i^2 - \left(\sum_{i=1}^{n} x_i \right)^2} \tag{11.31}$$

Auf die gleiche Weise erhält man die Gleichung für b. Die erste Gleichung wird mit $\sum_{i=1}^{n} x_i$, die zweite mit $\sum_{i=1}^{n} x_i^2$ multipliziert:

$$a \cdot \sum_{i=1}^{n} x_i^2 \cdot \sum_{i=1}^{n} x_i + b \cdot \left(\sum_{i=1}^{n} x_i \right)^2 = \sum_{i=1}^{n} x_i \cdot y_i \cdot \sum_{i=1}^{n} x_i$$

$$a \cdot \sum_{i=1}^{n} x_i^2 \cdot \sum_{i=1}^{n} x_i + b \cdot n \cdot \sum_{i=1}^{n} x_i^2 = \sum_{i=1}^{n} x_i^2 \cdot \sum_{i=1}^{n} y_i$$

Wird die erste Gleichung von der zweiten Gleichung abgezogen und b eliminiert, dann entsteht die Formel für b:

$$b = \frac{\sum_{i=1}^{n} x_i^2 \cdot \sum_{i=1}^{n} y_i - \sum_{i=1}^{n} x_i \cdot y_i \cdot \sum_{i=1}^{n} x_i}{n \cdot \sum_{i=1}^{n} x_i^2 - \left(\sum_{i=1}^{n} x_i \right)^2} \tag{11.32}$$

Der mittlere Fehler eines Messwertes y_i wird nach der Formel

$$s = \pm \sqrt{\frac{\sum_{i=1}^{n} v_i^2}{n-2}} \tag{11.33}$$

und die mittleren Fehler von a und b werden nach den beiden folgenden Formeln berechnet:

$$s_a = s \cdot \sqrt{\frac{n}{n \cdot \sum_{i=1}^{n} x_i^2 - \left(\sum_{i=1}^{n} x_i\right)^2}} \tag{11.34}$$

$$s_b = s \cdot \sqrt{\frac{\sum_{i=1}^{n} x_i^2}{n \cdot \sum_{i=1}^{n} x_i^2 - \left(\sum_{i=1}^{n} x_i\right)^2}} \tag{11.35}$$

Beispiel:
Die Konstanten a und b der linearen Gleichung $y = a \cdot x + b$ sollen bestimmt werden, indem zu zehn gewählten x_i-Werten die y_i-Werte gemessen werden.

In den Formeln für a und b müssen alle x_i, y_i, x_i^2, $x_i \cdot y_i$ über $i = 1,2,...,n$ aufsummiert werden. Für die Berechnung der mittleren Fehler s, s_a und s_b ist die Aufsummierung der v_i^2-Werte notwendig.

x_i	y_i	x_i^2	$x_i \cdot y_i$	v_i	v_i^2
1	4,0	1	4,0	-0,033	0,0011
2	4,5	4	9,0	+0,135	0,0181
3	5,0	9	15,0	+0,302	0,0911
4	6,5	16	26,0	-0,531	0,2819
5	6,5	25	32,5	+0,136	0,0186
6	7,5	36	45,0	-0,196	0,0386
7	7,7	49	53,9	+0,271	0,0734
8	9,0	64	72,0	-0,362	0,1309
9	9,0	81	81,0	+0,305	0,0933
10	10,0	100	100,0	-0,027	0,0007
55	69,7	385	438,4	0	0,7477

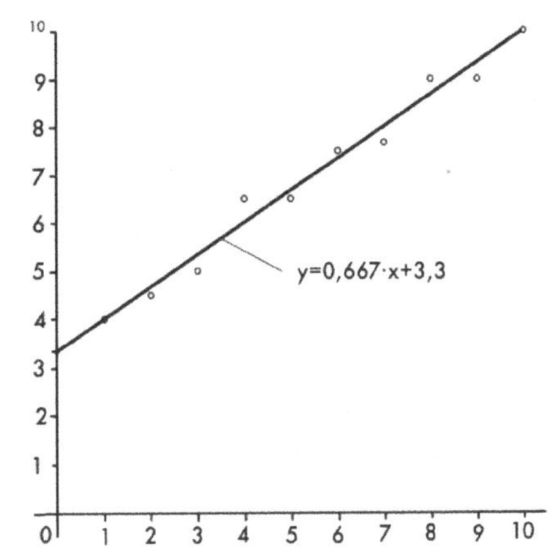

$$a = \frac{n \cdot \sum_{i=1}^{n} x_i \cdot y_i - \sum_{i=1}^{n} x_i \cdot \sum_{i=1}^{n} y_i}{n \cdot \sum_{i=1}^{n} x_i^2 - \left(\sum_{i=1}^{n} x_i\right)^2} = \frac{10 \cdot 438{,}4 - 55 \cdot 69}{10 \cdot 385 - 55^2}$$

$$b = \frac{\sum_{i=1}^{n} x_i^2 \cdot \sum_{i=1}^{n} y_i - \sum_{i=1}^{n} x_i \cdot y_i \cdot \sum_{i=1}^{n} x_i}{n \cdot \sum_{i=1}^{n} x_i^2 - \left(\sum_{i=1}^{n} x_i\right)^2} = \frac{385 \cdot 69{,}7 - 438{,}4 \cdot 55}{10 \cdot 385 - 55^2} = \frac{2722{,}5}{825} = 3{,}3$$

$y = a \cdot x + b = 0{,}667 \cdot x + 3{,}3$ $\qquad$ $v_i = a \cdot x_i + b - y_i = 0{,}667 \cdot x_i + 3{,}3 - y_i$

$$s = \pm\sqrt{\frac{\sum_{i=1}^{n} v_i^2}{n-2}} = \pm\sqrt{\frac{0{,}7477}{8}} = 0{,}3057 \approx 0{,}3$$

$$s_a = s \cdot \sqrt{\frac{n}{n \cdot \sum_{i=1}^{n} x_i^2 - \left(\sum_{i=1}^{n} x_i\right)^2}} = \pm 0{,}3057 \cdot \sqrt{\frac{10}{825}} = \pm 0{,}0337 \approx \pm 0{,}03$$

$$s_b = s \cdot \sqrt{\frac{\sum_{i=1}^{n} x_i^2}{n \cdot \sum_{i=1}^{n} x_i^2 - \left(\sum_{i=1}^{n} x_i\right)^2}} = \pm 0{,}3057 \cdot \sqrt{\frac{385}{825}} = \pm 0{,}2088 \approx \pm 0{,}2$$

Die ausführliche Geradengleichung, d.h. die Geradengleichung mit den mittleren Fehlern, lautet $y = (0{,}67 \pm 0{,}03) \cdot x + (3{,}3 \pm 0{,}2)$.

Ausgleichung von Messwerten durch ein Polynom n-ten Grades

In vielen Fällen besteht zwischen zwei Variablen x und y ein nichtlinearer Zusammenhang. Die n Messpunkte (x_i, y_i) lassen sich nicht durch eine Gerade ausgleichen. In diesen Fällen können die Messpunkte nur durch ein Polynom n-ten Grades ausgeglichen werden:

$$y = a_n \cdot x^n + a_{n-1} \cdot x^{n-1} + \ldots + a_2 \cdot x^2 + a_1 \cdot x + a_0$$

dessen Koeffizienten a_i aus den vorliegenden Messpunkten zu bestimmen sind. Dabei muss die Anzahl der n Messpunkte wesentlich größer sein als der Grad n des Polynoms. Genauso wie bei der Ausgleichung durch eine Gerade werden zu den y_i-Werten Abweichungen v_i hinzugefügt, deren aufsummierten Quadrate ein Minimum sein sollen.

$$v_i = a_n \cdot x_i^n + a_{n-1} \cdot x_i^{n-1} + \ldots + a_2 \cdot x_i^2 + a_1 \cdot x_i + a_0 - y_i \quad \text{mit} \quad i = 1,2,3,\ldots,n \tag{11.36}$$

Die notwendigen Bedingungen für ein Minimum sind die zu Null werdenden ersten partiellen Ableitungen von $\sum_{i=1}^{n} v_i^2$ nach den Koeffizienten $a_0, a_1, a_2, \ldots, a_n$:

$$\sum_{i=1}^{n} v_i^2 = \sum_{i=1}^{n} \left(a_n \cdot x_i^n + a_{n-1} \cdot x_i^{n-1} + \ldots + a_2 \cdot x_i^2 + a_1 \cdot x_i + a_0 - y_i\right)^2 = f(a_0, a_1, a_2, \ldots, a_n)$$

$$\frac{\partial f}{\partial a_0} = 2 \cdot \sum_{i=1}^{n} \left(a_n \cdot x_i^n + a_{n-1} \cdot x_i^{n-1} + \ldots + a_2 \cdot x_i^2 + a_1 \cdot x_i + a_0 - y_i\right) \cdot 1 = 0$$

$$\frac{\partial f}{\partial a_1} = 2 \cdot \sum_{i=1}^{n} \left(a_n \cdot x_i^n + a_{n-1} \cdot x_i^{n-1} + \ldots + a_2 \cdot x_i^2 + a_1 \cdot x_i + a_0 - y_i\right) \cdot x_i = 0$$

$$\vdots$$

$$\frac{\partial f}{\partial a_n} = 2 \cdot \sum_{i=1}^{n} \left(a_n \cdot x_i^n + a_{n-1} \cdot x_i^{n-1} + \ldots + a_2 \cdot x_i^2 + a_1 \cdot x_i + a_0 - y_i\right) \cdot x_i^n = 0$$

Daraus ergeben sich die Normalgleichungen:

$$
\begin{aligned}
&a_0 \cdot n \quad + a_1 \cdot \sum_{i=1}^{n} x_i + a_2 \cdot \sum_{i=1}^{n} x_i^2 + \ldots + a_{n-1} \cdot \sum_{i=1}^{n} x_i^{n-1} + a_n \cdot \sum_{i=1}^{n} x_i^n = \sum_{i=1}^{n} y_i \\
&a_0 \cdot \sum_{i=1}^{n} x_i + a_1 \cdot \sum_{i=1}^{n} x_i^2 + a_2 \cdot \sum_{i=1}^{n} x_i^3 + \ldots + a_{n-1} \cdot \sum_{i=1}^{n} x_i^n + a_n \cdot \sum_{i=1}^{n} x_i^{n+1} = \sum_{i=1}^{n} x_i \cdot y_i \qquad (11.37) \\
&\vdots \\
&a_0 \cdot \sum_{i=1}^{n} x_i^n + a_1 \cdot \sum_{i=1}^{n} x_i^{n+1} + a_2 \cdot \sum_{i=1}^{n} x_i^{n+2} + \ldots + a_{n-1} \cdot \sum_{i=1}^{n} x_i^{2n-1} + a_n \cdot \sum_{i=1}^{n} x_i^{2n} = \sum_{i=1}^{n} x_i \cdot y_i
\end{aligned}
$$

Das ist ein Gleichungssystem aus $n+1$ Gleichungen mit $n+1$ unbekannten Koeffizienten a_i, das zum Beispiel mit Hilfe des Eliminationsverfahren gelöst werden kann.

Ausgleichung einer Geraden: $y = a_1 \cdot x + a_0 = a \cdot x + b$

Normalgleichungen mit $n+1=2$ Gleichungen:

$$
\begin{aligned}
&a_0 \cdot n + a_1 \cdot \sum_{i=1}^{n} x_i = \sum_{i=1}^{n} y_i \qquad (11.38) \\
&a_0 \cdot \sum_{i=1}^{n} x_i + a_1 \cdot \sum_{i=1}^{n} x_i^2 = \sum_{i=1}^{n} x_i \cdot y_i
\end{aligned}
$$

Mit $a_1 = a$ und $a_0 = b$ ist dieses Gleichungssystem das bereits hergeleitete Gleichungssystem mit zwei Gleichungen: (siehe Gl. 11.29)

$$
\begin{aligned}
&b \cdot n + a \cdot \sum_{i=1}^{n} x_i = \sum_{i=1}^{n} y_i \\
&b \cdot \sum_{i=1}^{n} x_i + a \cdot \sum_{i=1}^{n} x_i^2 = \sum_{i=1}^{n} x_i \cdot y_i
\end{aligned}
$$

Ausgleichung einer Parabel 2. Ordnung: $y = a_2 \cdot x^2 + a_1 \cdot x + a_0$

Normalgleichungen mit $n+1=3$ Gleichungen:

$$
\begin{aligned}
&a_0 \cdot n \quad + a_1 \cdot \sum_{i=1}^{n} x_i + a_2 \cdot \sum_{i=1}^{n} x_i^2 = \sum_{i=1}^{n} y_i \\
&a_0 \cdot \sum_{i=1}^{n} x_i + a_1 \cdot \sum_{i=1}^{n} x_i^2 + a_2 \cdot \sum_{i=1}^{n} x_i^3 = \sum_{i=1}^{n} x_i \cdot y_i \qquad (11.39) \\
&a_0 \cdot \sum_{i=1}^{n} x_i^2 + a_1 \cdot \sum_{i=1}^{n} x_i^3 + a_2 \cdot \sum_{i=1}^{n} x_i^4 = \sum_{i=1}^{n} x_i^2 \cdot y_i
\end{aligned}
$$

Bereits bei Ausgleichung von Messwerten durch eine Parabel 2. Ordnung ist der Rechenaufwand erheblich, denn es müssen aus den Messwerten die Summen

$$
\sum_{i=1}^{n} x_i,\ \sum_{i=1}^{n} x_i^2,\ \sum_{i=1}^{n} x_i^3,\ \sum_{i=1}^{n} x_i^4,\ \sum_{i=1}^{n} x_i \cdot y_i,\ \sum_{i=1}^{n} x_i^2 \cdot y_i
$$

gebildet werden. Anschließend ist das Gleichungssystem nach den unbekannten Koeffizienten a_0, a_1 und a_2 aufzulösen.

Übungsaufgaben zum Kapitel 11

11.1 Die Zahl $\pi = 3{,}14159265...$ wird durch den Näherungswert $z = 22/7$ ersetzt. Wie groß ist der wahre Fehler von z ?
Welcher Fehler entsteht für den Umfang eines Kreises mit dem Radius $r = 5\text{m}$, wenn mit dem Näherungswert z gerechnet wird ?

11.2 Bei der Widerstandsmessung mit der Wheatstone-Brücke ergibt sich der zu bestimmende Widerstand aus

$$R_x = R \cdot \frac{x}{1000\text{mm} - x},$$

wobei $R = (1000 \pm 1)\Omega$ der bekannte Widerstand und $x = (765{,}8 \pm 0{,}3)\text{mm}$ die Maßzahl der am Maßstab abgelesenen Länge sind. Wie groß ist der absolute Maximalfehler des gesuchten Widerstands R_x ?

11.3 Die drei Widerstände $R_1 = (100 \pm 1)\Omega$, $R_2 = (50 \pm 1)\Omega$ und $R_3 = (250 \pm 2)\Omega$ sind in Reihe geschaltet. Wie groß ist für die Spannung $U = (220 \pm 2)V$ die Stromstärke des durchfließenden Stroms und ihr relativer Maximalfehler ?

11.4 Mit Hilfe von zehn Messungen wurden die wahrscheinlichsten Widerstandswerte mit ihren mittleren Fehlern ermittelt: $R_1 = (30{,}0 \pm 1{,}2)\Omega$ $R_2 = (50{,}0 \pm 2{,}5)\Omega$.
Wie groß sind die mittleren Fehler der Gesamtwiderstände, wenn die Widerstände einmal in Reihe und einmal parallel geschaltet sind ?

11.5 Der Durchmesser einer Kugel wurde achtmal gemessen und ergab
34,10mm 34,18mm 34,14mm 34,08mm 34,12mm 34,14mm 34,04mm 34,12mm
Zu ermitteln sind:
1. der Mittelwert des Durchmessers d
2. der mittlere Fehler der Einzelmessung s
3. der mittlere Fehler des Mittelwerts s_d
4. das Kugelvolumen V und
5. der mittlere Fehler des Kugelvolumens s_V .

11.6 Für die Abhängigkeit des Widerstands eines metallischen Leiters von der Temperatur gilt innerhalb eines bestimmten Temperaturbereichs die lineare Gleichung
$R = R_0 \cdot (1 + \alpha \cdot \vartheta)$, wobei R der Widerstand bei der Temperatur ϑ ,
R_0 der Widerstand bei der Temperatur 0°
und α der Temperaturkoeffizient ist.
Zu acht als fehlerfrei anzunehmenden Temperaturen ϑ wurden folgende Widerstände gemessen:

ϑ in ^oC	20	30	40	50	60	70	80	90
R in Ω	1,66	1,71	1,76	1,81	1,86	1,93	2,00	2,05

Es sind die Konstanten R_0 und α und die mittleren Fehler s, s_a, $s_b = s_{R_0}$ und s_α zu berechnen, wobei $a = R_0 \cdot \alpha$ und $b = R_0$ sind.

12. Unendliche Reihen

12.1 Reihen mit konstanten Gliedern – numerische Reihen

Definitionen

Ausdrücke der Form

$$\sum_{k=1}^{\infty} u_k = u_1 + u_2 + u_3 + \ldots + u_k + \ldots \tag{12.1}$$

in denen die Zahlen $u_1, u_2, u_3, \ldots, u_k, \ldots$ eine unendliche Zahlenfolge

$$\{u_k\} = u_1, u_2, u_3, \ldots, u_k, \ldots \tag{12.2}$$

bilden, werden numerische Reihen genannt, in der u_k das allgemeine Glied ist.
Die Summen

$$s_1 = u_1$$
$$s_2 = u_1 + u_2$$
$$s_3 = u_1 + u_2 + u_3$$
$$s_4 = u_1 + u_2 + u_3 + u_4$$
$$\vdots$$

sind Partialsummen der numerischen Reihe, wobei die zugehörige Folge der Partialsummen "Partialsummenfolge" heißt:

$$\{s_k\} = s_1, s_2, s_3, s_4, \ldots \tag{12.3}$$

Beispiele:

1. $\sum_{k=1}^{\infty} u_k = 1 + \frac{1}{2} + \frac{1}{3} + \frac{1}{4} + \ldots + \frac{1}{k} + \ldots$

Die Partialsummen

$$s_1 = 1$$
$$s_2 = 1 + \frac{1}{2} = \frac{3}{2}$$
$$s_3 = 1 + \frac{1}{2} + \frac{1}{3} = \frac{6+3+2}{6} = \frac{11}{6}$$
$$s_4 = 1 + \frac{1}{2} + \frac{1}{3} + \frac{1}{4} = \frac{12+6+4+3}{12} = \frac{25}{12}$$
$$\vdots$$

ergeben die Partialsummenfolge: $\{s_k\} = 1, \frac{3}{2}, \frac{11}{6}, \frac{25}{12}, \ldots$

W. Weißgerber, *Mathematik zu Elektrotechnik für Ingenieure*,
https://doi.org/10.1007/978-3-658-40837-4_12

2. $\sum_{k=1}^{\infty} u_k = 1 + \frac{1}{2} + \frac{1}{4} + \frac{1}{8} + ... + \frac{1}{2^{k-1}} + ...$

Partialsummen:

$s_1 = 1$

$s_2 = 1 + \frac{1}{2} = \frac{3}{2}$

$s_3 = 1 + \frac{1}{2} + \frac{1}{4} = \frac{4+2+1}{4} = \frac{7}{4}$

$s_4 = 1 + \frac{1}{2} + \frac{1}{4} + \frac{1}{8} = \frac{8+4+2+1}{8} = \frac{15}{8}$

$s_5 = 1 + \frac{1}{2} + \frac{1}{4} + \frac{1}{8} + \frac{1}{16} = \frac{16+8+4+2+1}{16} = \frac{31}{16}$

$\vdots$

Partialsummenfolge: $\{s_k\} = 1,\ \frac{3}{2},\ \frac{7}{4},\ \frac{15}{8},\ \frac{31}{16},\ ...$

3. $\sum_{k=1}^{\infty} u_k = 1 - \frac{1}{2} + \frac{1}{3} - \frac{1}{4} + ... + (-1)^{k+1} \frac{1}{k} + - ...$

Partialsummen:

$s_1 = 1$

$s_2 = 1 - \frac{1}{2} = \frac{1}{2}$

$s_3 = 1 - \frac{1}{2} + \frac{1}{3} = \frac{6-3+2}{6} = \frac{5}{6}$

$s_4 = 1 - \frac{1}{2} + \frac{1}{3} - \frac{1}{4} = \frac{12-6+4-3}{12} = \frac{7}{12}$

$\vdots$

Partialsummenfolge: $\{s_k\} = 1,\ \frac{1}{2},\ \frac{5}{6},\ \frac{7}{12},\ ...$

4. $\sum_{k=1}^{\infty} u_k = \frac{1}{1 \cdot 2} + \frac{1}{2 \cdot 3} + \frac{1}{3 \cdot 4} + \frac{1}{4 \cdot 5} + ... + \frac{1}{k \cdot (k+1)} + ...$

Partialsummen:

$s_1 = \frac{1}{2}$

$s_2 = \frac{1}{2} + \frac{1}{6} = \frac{3+1}{6} = \frac{4}{6} = \frac{2}{3}$

$s_3 = \frac{1}{2} + \frac{1}{6} + \frac{1}{12} = \frac{6+2+1}{12} = \frac{9}{12} = \frac{3}{4}$

$s_4 = \frac{1}{2} + \frac{1}{6} + \frac{1}{12} + \frac{1}{20} = \frac{30+10+5+3}{60} = \frac{48}{60} = \frac{4}{5}$

$\vdots$

Partialsummenfolge: $\{s_k\} = \frac{1}{2},\ \frac{2}{3},\ \frac{3}{4},\ \frac{4}{5},\ ...$

5. $\sum_{k=1}^{\infty} u_k = \frac{1}{1^2} + \frac{1}{3^2} + \frac{1}{5^2} + \frac{1}{7^2} + ... + \frac{1}{(2k-1)^2} + ...$

Partialsummen:

$s_1 = 1$

$s_2 = 1 + \frac{1}{9}$

$s_3 = 1 + \frac{1}{9} + \frac{1}{25}$

$s_4 = 1 + \frac{1}{9} + \frac{1}{25} + \frac{1}{49}$

$\vdots$

6. $\sum_{k=1}^{\infty} u_k = 1 + 1 + 1 + 1 + ... + 1 + ...$

Partialsummen:

$s_1 = 1$

$s_2 = 1 + 1 = 2$

$s_3 = 1 + 1 + 1 = 3$

$s_4 = 1 + 1 + 1 + 1 = 4$

$\vdots$

Partialsummenfolge: $\{s_k\} = 1,\ 2,\ 3,\ 4,\ ...,k,\ ...$

7. $\sum_{k=1}^{\infty} u_k = 1 - 1 + 1 - 1 + ... + (-1)^{k+1} + ...$

Partialsummen:

$s_1 = 1$

$s_2 = 1 - 1 = 0$

$s_3 = 1 - 1 + 1 = 1$

$s_4 = 1 - 1 + 1 - 1 = 0$

$\vdots$

Konvergenz und Divergenz einer unendlichen numerischen Reihe

Besitzt die Folge der Partialsummen $\{s_k\} = s_1, s_2, s_3, s_4, ...$ einen Grenzwert

$$\lim_{k \to \infty} s_k = s \tag{12.4}$$

dann wird die Reihe konvergent genannt. Der Grenzwert s ist die Summe der Reihe:

$$s = \sum_{k=1}^{\infty} u_k \tag{12.5}$$

Existiert ein Grenzwert nicht, dann ist die Reihe divergent.

Sie ist "bestimmt divergent", wenn

$$\lim_{k\to\infty} s_k = \pm\infty \qquad (12.6)$$

und "unbestimmt divergent" oder "oszillierend divergent", wenn die Reihe weder konvergent noch bestimmt divergent ist.

<u>Zu den Beispielen:</u>

Zu 1. $\sum_{k=1}^{\infty} u_k = 1 + \frac{1}{2} + \frac{1}{3} + \frac{1}{4} + ... + \frac{1}{k} + ...$

Es handelt sich um die harmonische Reihe, für deren Partialsummenfolge kein allgemeines Summenglied angegeben werden kann. Sie ist bestimmt divergent, wie noch bewiesen wird.

$\lim_{k\to\infty} s_k = +\infty$

Zu 2. $\sum_{k=1}^{\infty} u_k = 1 + \frac{1}{2} + \frac{1}{4} + \frac{1}{8} + ... + \frac{1}{2^{k-1}} + ...$

Die Partialsummenfolge

$\{s_k\} = 1,\ \frac{3}{2},\ \frac{7}{4},\ \frac{15}{8},\ \frac{31}{16},\ ...,\frac{2^k - 1}{2^{k-1}},...$

hat einen Grenzwert und ist deshalb konvergent:

$$\lim_{k\to\infty} s_k = \lim_{k\to\infty} \frac{2^k - 1}{2^{k-1}} = \lim_{k\to\infty} \frac{2^k - 1}{2^k \cdot 2^{-1}} = \lim_{k\to\infty} \frac{2^k - 1}{2^k} \cdot 2 = \lim_{k\to\infty} 2 \cdot \left(1 - \frac{1}{2^k}\right) = 2$$

$$s = \sum_{k=1}^{\infty} u_k = \lim_{k\to\infty} s_k = 2$$

Zu 4. $\sum_{k=1}^{\infty} u_k = \frac{1}{1\cdot 2} + \frac{1}{2\cdot 3} + \frac{1}{3\cdot 4} + \frac{1}{4\cdot 5} + ... + \frac{1}{k\cdot(k+1)} + ...$

Die Partialsummenfolge hat ebenfalls einen Grenzwert und ist konvergent:

$\{s_k\} = \frac{1}{2},\ \frac{2}{3},\ \frac{3}{4},\ \frac{4}{5},\ ...,\ \frac{k}{k+1},...$

$\lim_{k\to\infty} s_k = \lim_{k\to\infty} \frac{k}{k+1} = \lim_{k\to\infty} \frac{1}{1+\frac{1}{k}} = 1 \qquad s = \sum_{k=1}^{\infty} u_k = \lim_{k\to\infty} s_k = 1$

Zu 6. $\sum_{k=1}^{\infty} u_k = 1 + 1 + 1 + 1 + ... + 1 + ...$

Die Partialsumme hat keinen Grenzwert und ist bestimmt divergent:

$\{s_k\} = 1,\ 2,\ 3,\ 4,\ ...,k,\ ... \qquad \lim_{k\to\infty} s_k = \infty$

Zu 7. $\sum_{k=1}^{\infty} u_k = 1 - 1 + 1 - 1 + ... + (-1)^{k+1} + ...$

Diese numerische Reihe ist weder konvergent noch bestimmt divergent, also unbestimmt divergent, weil der Grenzwert der Partialsummenfolge unbestimmt ist:

$\{s_k\} = 1,\ 0,\ 1,\ 0,\ ... \qquad \lim_{k\to\infty} s_k$ ist unbestimmt

Notwendige Bedingung für die Konvergenz einer numerischen Reihe

Eine notwenige Bedingung für die Konvergenz einer unendlichen Reihe ist, dass die Glieder einer unendlichen Reihe eine Nullfolge bilden:

$$\lim_{k\to\infty} u_k = 0 \tag{12.7}$$

Allerdings ist dann noch nicht die Konvergenz nachgewiesen; die numerische Reihe kann auch divergent sein.

Zu den Beispielen:

Zu 1. Die Glieder der harmonischen Reihe

$$\sum_{k=1}^{\infty} u_k = 1 + \frac{1}{2} + \frac{1}{3} + \frac{1}{4} + \ldots + \frac{1}{k} + \ldots$$

bildet eine Nullfolge und erfüllt damit die notwendige Bedingung für eine Konvergenz:

$$\{u_k\} = 1,\ \frac{1}{2},\ \frac{1}{3},\ \frac{1}{4},\ \frac{1}{5},\ \ldots\ \frac{1}{k},\ \ldots \qquad \text{mit} \quad \lim_{k\to\infty} u_k = \lim_{k\to\infty} \frac{1}{k} = 0$$

Wie durch Zusammenfassen von 2, 4, ... Gliedern gezeigt werden kann, die jeweils größer als 1/2 sind, wächst die Reihe über alle Grenzen,

$$\sum_{k=1}^{\infty} u_k = 1 + \frac{1}{2} + \left(\frac{1}{3} + \frac{1}{4}\right) + \left(\frac{1}{5} + \frac{1}{6} + \frac{1}{7} + \frac{1}{8}\right) + \ldots$$

$$\frac{1}{3} + \frac{1}{4} = \frac{4+3}{12} = \frac{7}{12} > \frac{1}{2} \qquad \frac{1}{5} + \frac{1}{6} + \frac{1}{7} + \frac{1}{8} = \frac{168+140+120+105}{840} = \frac{533}{840} > \frac{1}{2}$$

Sie ist also bestimmt divergent, obwohl die Glieder der harmonischen Reihe eine Nullfolge bilden.

Zu 4. Die Reihe

$$\sum_{k=1}^{\infty} u_k = \frac{1}{1\cdot 2} + \frac{1}{2\cdot 3} + \frac{1}{3\cdot 4} + \frac{1}{4\cdot 5} + \ldots + \frac{1}{k\cdot(k+1)} + \ldots$$

erfüllt die notwendige Bedingung

$$\{u_k\} = \frac{1}{2},\ \frac{1}{6},\ \frac{1}{12},\ \frac{1}{20},\ \frac{1}{30},\ \ldots,\ \frac{1}{k\cdot(k+1)},\ \ldots \to 0$$

d.h. $\lim_{k\to\infty} u_k = \lim_{k\to\infty} \frac{1}{k\cdot(k+1)} = 0$

und die hinreichende Bedingung, weil der Grenzwert der zugehörigen Partialsummenfolge existiert, wie bereits gezeigt wurde.

Zu 6. Die Glieder der Reihe

$$\sum_{k=1}^{\infty} u_k = 1 + 1 + 1 + 1 + \ldots + 1 + \ldots$$

bilden eine konstante Zahlenfolge

$$\{u_k\} = 1,\ 1,\ 1,\ 1,\ 1,\ \ldots\ 1,\ \ldots \qquad \text{mit dem Grenzwert} \quad \lim_{k\to\infty} u_k = 1$$

Sie erfüllt weder die notwendige noch die hinreichende Bedingung für die Konvergenz und ist bestimmt divergent.

Hinreichende Bedingung für die Konvergenz einer numerischen Reihe

Eine numerische Reihe ist konvergent, wenn die zugehörige Partialsummenfolge konvergent ist.

Alternierende Reihen:

Alternierende Reihen haben abwechselnd positive und negative Glieder. Bilden die absoluten Beträge der Glieder einer alternierenden Reihe eine Nullfolge, dann ist die Reihe konvergent.

Zum Beispiel 3:

$$\sum_{k=1}^{\infty} u_k = 1 - \frac{1}{2} + \frac{1}{3} - \frac{1}{4} + ... + (-1)^{k+1}\frac{1}{k} + - ... \quad \text{mit} \quad \lim_{k\to\infty}|u_k| = \lim_{k\to\infty}\frac{1}{k} = 0$$

Majorantenmethode:

Man nennt dieses Kriterium für die hinreichende Bedingung einer Konvergenz auch Vergleichsmethode. Für die auf Konvergenz zu untersuchende Reihe

$$\sum_{k=1}^{\infty} u_k = u_1 + u_2 + u_3 + ... + u_k + ...$$

mit nur positiven Gliedern sucht man eine Vergleichsreihe, die konvergent ist:

$$\sum_{k=1}^{\infty} v_k = v_1 + v_2 + v_3 + ... + v_k + ... \tag{12.8}$$

Ihre entsprechenden Glieder sind größer oder gleich:

$$u_k \leq v_k \tag{12.9}$$

Wenn das der Fall ist, muss auch die vorliegende Reihe konvergent sein, und ihre Summe ist höchstens gleich der Summe der Vergleichsreihe. Da alle entsprechenden Glieder der Vergleichsreihe größer oder gleich sind, wird die Vergleichsreihe auch Majorantenreihe genannt.

Beispiel:

Zu untersuchen ist die Reihe

$$\sum_{k=1}^{\infty} u_k = \frac{1}{3} + \frac{1}{6} + \frac{1}{11} + \frac{1}{20} + \frac{1}{37} + ... + \frac{1}{2^k + k} + ...$$

Die konvergente Reihe

$$\sum_{k=1}^{\infty} v_k = \frac{1}{2} + \frac{1}{4} + \frac{1}{8} + \frac{1}{16} + \frac{1}{32} + ... + \frac{1}{2^k} + ...$$

eignet sich hier als Vergleichsreihe. Sie ist konvergent, wie im Beispiel 2 nachgewiesen wurde, auch wenn das erste Glied, die "1" weggelassen ist; die Summe s ist dann 1 statt 2. Die entsprechenden Glieder der Vergleichsreihe sind immer größer als die Glieder der zu untersuchenden Reihe:

$$\frac{1}{2} > \frac{1}{3} \quad \frac{1}{4} > \frac{1}{6} \quad \frac{1}{8} > \frac{1}{11} \quad \frac{1}{16} > \frac{1}{20} \quad \frac{1}{32} > \frac{1}{37} \quad ... \quad \frac{1}{2^k} > \frac{1}{2^k + k}$$

Deshalb ist die Reihe $\sum_{k=1}^{\infty} u_k$ auch konvergent.

- Quotientenkriterium nach d´Alembert:

Wenn bei einer numerischen Reihe

$$\sum_{k=1}^{\infty} u_k = u_1 + u_2 + u_3 + \ldots + u_k + u_{k+1} + \ldots$$

von einem bestimmten k an der Quotient

$$\left|\frac{u_{k+1}}{u_k}\right| \le q < 1 \qquad (12.10)$$

ist, so konvergiert die Reihe. Dagegen divergiert die Reihe, wenn

$$\left|\frac{u_{k+1}}{u_k}\right| > 1 \qquad (12.11)$$

Praktisch wird der Grenzwert des Quotienten berechnet und untersucht:

$$\lim_{k\to\infty}\left|\frac{u_{k+1}}{u_k}\right| = q \qquad (12.12)$$

mit $q<1$: Reihe ist konvergent

$q>1$: Reihe ist divergent

$q=1$: keine Aussage möglich

Zu den Beispielen:

Zu 1. $\sum_{k=1}^{\infty} u_k = 1 + \frac{1}{2} + \frac{1}{3} + \frac{1}{4} + \ldots + \frac{1}{k} + \frac{1}{k+1} + \ldots$

$$\lim_{k\to\infty}\left|\frac{\frac{1}{k+1}}{\frac{1}{k}}\right| = \lim_{k\to\infty}\left|\frac{k}{k+1}\right| = \lim_{k\to\infty}\left|\frac{1}{1+\frac{1}{k}}\right| = 1$$

Mit dem Quotientenkriterium ist keine Aussage über die Konvergenz der harmonischen Reihe möglich. Wie nachgewiesen, ist sie divergent.

Zu 2. $\sum_{k=1}^{\infty} u_k = 1 + \frac{1}{2} + \frac{1}{4} + \frac{1}{8} + \ldots + \frac{1}{2^{k-1}} + \frac{1}{2^k} + \ldots$

$$\lim_{k\to\infty}\left|\frac{\frac{1}{2^k}}{\frac{1}{2^{k-1}}}\right| = \lim_{k\to\infty}\left|\frac{2^{k-1}}{2^k}\right| = \frac{1}{2} < 1$$

Die Reihe ist konvergent, wie auch schon nachgewiesen wurde.

Zu 4. $\sum_{k=1}^{\infty} u_k = \frac{1}{1\cdot 2} + \frac{1}{2\cdot 3} + \frac{1}{3\cdot 4} + \frac{1}{4\cdot 5} + \ldots + \frac{1}{k\cdot(k+1)} + \frac{1}{(k+1)\cdot(k+2)} + \ldots$

$$\lim_{k\to\infty}\left|\frac{\frac{1}{(k+1)\cdot(k+2)}}{\frac{1}{k\cdot(k+1)}}\right| = \lim_{k\to\infty}\left|\frac{k\cdot(k+1)}{(k+1)\cdot(k+2)}\right| = \lim_{k\to\infty}\left|\frac{k}{k+2}\right| = \lim_{k\to\infty}\left|\frac{1}{1+\frac{2}{k}}\right| = 1$$

Mit dem Quotientenkriterium ist keine Aussage über die Konvergenz der Reihe möglich. Wie nachgewiesen, ist sie konvergent.

<u>Weiteres Beispiel:</u>

$$\sum_{k=1}^{\infty} u_k = \frac{1}{2} + \frac{2}{2^2} + \frac{3}{2^3} + \frac{4}{2^4} + \ldots + \frac{k}{2^k} + \frac{k+1}{2^{k+1}} + ..$$

$$\lim_{k\to\infty}\left|\frac{\frac{k+1}{2^{k+1}}}{\frac{k}{2^k}}\right| = \lim_{k\to\infty}\left|\frac{2^k\cdot(k+1)}{2^{k+1}\cdot k}\right| = \lim_{k\to\infty}\left|\frac{k+1}{2\cdot k}\right| = \lim_{k\to\infty}\left|\frac{1+\frac{1}{k}}{2}\right| = \frac{1}{2} < 1$$

Die Reihe ist konvergent.

<u>Wurzelkriterium nach Cauchy:</u>

Sind für eine numerische Reihe

$$\sum_{k=1}^{\infty} u_k = u_1 + u_2 + u_3 + \ldots + u_k + u_{k+1} + \ldots$$

von einem bestimmten k an alle Zahlen

$$\sqrt[k]{u_k} \le q < 1 \qquad (12.13)$$

so ist die Reihe konvergent. Die Reihe divergiert, wenn

$$\sqrt[k]{u_k} > 1 \qquad (12.14)$$

Eine Aussage über die Konvergenz einer Reihe ist nicht möglich, wenn

$$\sqrt[k]{u_k} = 1 \qquad (12.15)$$

Praktisch wird der Grenzwert der Wurzel berechnet und untersucht:

$$\lim_{k\to\infty}\sqrt[k]{|u_k|} = q \qquad (12.16)$$

mit $q<1$: Reihe ist konvergent
$q>1$: Reihe ist divergent
$q=1$: keine Aussage möglich

<u>Beispiele:</u>

1. $$\sum_{k=1}^{\infty} u_k = \frac{1}{2} + \left(\frac{2}{3}\right)^4 + \left(\frac{3}{4}\right)^9 + \ldots + \left(\frac{k}{k+1}\right)^{k^2} + \ldots$$

$$\lim_{k\to\infty}\sqrt[k]{\left|\left(\frac{k}{k+1}\right)^{k^2}\right|} = \lim_{k\to\infty}\left(\frac{k}{k+1}\right)^{\frac{k^2}{k}} = \lim_{k\to\infty}\left(\frac{k}{k+1}\right)^{k} = \lim_{k\to\infty}\left(\frac{1}{1+\frac{1}{k}}\right)^{k} = \lim_{k\to\infty}\frac{1}{\left(1+\frac{1}{k}\right)^k} = \frac{1}{e} < 1$$

Die Reihe ist konvergent.

2. $\sum_{k=1}^{\infty} u_k = 1 + \frac{1}{2^2} + \frac{1}{3^3} + \frac{1}{4^4} + \ldots + \frac{1}{k^k} + \ldots$

$$\lim_{k\to\infty} \sqrt[k]{\left|\frac{1}{k^k}\right|} = \lim_{k\to\infty}\left(\frac{1}{k^k}\right)^{\frac{1}{k}} = \lim_{k\to\infty}\left(\frac{1}{k}\right) = 0 < 1$$

Die Reihe ist konvergent.

3. $\sum_{k=1}^{\infty} u_k = 3 + \frac{1}{2} + \frac{3}{4} + \frac{1}{8} + \frac{3}{16} + \ldots + \frac{2+(-1)^{k-1}}{2^{k-1}} + \ldots$

$$\lim_{k\to\infty} \sqrt[k]{\left|\frac{2+(-1)^{k-1}}{2^{k-1}}\right|} = \lim_{k\to\infty} \frac{\sqrt[k]{\left|2+(-1)^{k-1}\right|}}{2^{\frac{k-1}{k}}} = \lim_{k\to\infty} \frac{1}{2^{\frac{1-\frac{1}{k}}{1}}} = \frac{1}{2} < 1 \quad \text{mit} \quad \lim_{k\to\infty} \sqrt[k]{\left|2+(-1)^{k-1}\right|} = 1$$

Die Reihe ist konvergent.
Nachweis:

k	1	2	3	4	$\to\infty$
$\sqrt[k]{\left\|2+(-1)^{k-1}\right\|}$	$\left\|2+(-1)^0\right\|$	$\sqrt{\left\|2+(-1)^1\right\|}$	$\sqrt[3]{\left\|2+(-1)^2\right\|}$	$\sqrt[4]{\left\|2+(-1)^3\right\|}$	
	$=3$	$=\sqrt{1}=1$	$=\sqrt[3]{3}=1{,}44$	$=\sqrt[4]{1}=1$	$\to 1$

12.2 Funktionenreihen

Definition

Eine Reihe, deren Glieder Funktionen einer Veränderlichen x sind, wird Funktionenreihe genannt:

$$\sum_{k=1}^{\infty} f_k(x) = f_1(x) + f_2(x) + f_3(x) + f_4(x) + \ldots + f_k(x) + \ldots \qquad (12.17)$$

Konvergenzbereich einer Funktionenreihe

Wird in den Funktionen $f_k(x)$ die unabhängige Veränderliche $x = a$ gesetzt, dann entsteht die numerische Reihe

$$\sum_{k=1}^{\infty} f_k(a) = f_1(a) + f_2(a) + f_3(a) + f_4(a) + \ldots + f_k(a) + \ldots$$

Dabei muss $x = a$ zum Definitionsbereich aller Funktionen $f_k(x)$ gehören, weil sich sonst nicht der entsprechende Funktionswert berechnen ließe. Sämtlich Werte $x = a$, für die die zugehörigen numerischen Reihen konvergent sind, bilden den Konvergenzbereich der Funktionenreihe. Die Konvergenzbedingung für Funktionenreihen lautet demnach entsprechend der Konvergenzbedingung numerischer Reihen: Der Grenzwert der Partialsummen $s_k(a)$ muss existieren und ist gleich der Summe der Reihe:

$$s(a) = \lim_{k\to\infty} s_k(a) = \sum_{k=1}^{\infty} f_k(a) \qquad (12.18)$$

<u>Beispiele:</u>

1. Potenzreihe:

$$\sum_{k=1}^{\infty} x^k = x + x^2 + x^3 + x^4 + \ldots$$

Für $x = a$ entsteht die numerische Reihe:

$$\sum_{k=1}^{\infty} a^k = a + a^2 + a^3 + a^4 + \ldots$$

für $x = a = 1/2$ ist die Reihe konvergent:

$$\sum_{k=1}^{\infty} \left(\frac{1}{2}\right)^k = \frac{1}{2} + \left(\frac{1}{2}\right)^2 + \left(\frac{1}{2}\right)^3 + \left(\frac{1}{2}\right)^4 + \ldots = \frac{1}{2} + \frac{1}{4} + \frac{1}{8} + \frac{1}{16} + \ldots$$

$x = 1/2$ gehört zum Konvergenzbereich der Potenzreihe (siehe Beispiel 2 der numerischen Reihen)

für $x = a = 2$ ist die Reihe divergent:

$$\sum_{k=1}^{\infty} 2^k = 2 + 2^2 + 2^3 + 2^4 + \ldots = 2 + 4 + 8 + 16 + \ldots$$

$x = 2$ gehört nicht zum Konvergenzbereich.

2. $$\sum_{k=1}^{\infty} \sin^k x = \sin x + \sin^2 x + \sin^3 x + \sin^4 x + \ldots$$

Für $x = a$ entsteht die numerische Reihe:

$$\sum_{k=1}^{\infty} \sin^k a = \sin a + \sin^2 a + \sin^3 a + \sin^4 a + \ldots$$

für $x = a = -\pi/4$ ist die Reihe konvergent:

$$\sum_{k=1}^{\infty} \sin^k\left(-\frac{\pi}{4}\right) = \sin\left(-\frac{\pi}{4}\right) + \sin^2\left(-\frac{\pi}{4}\right) + \sin^3\left(-\frac{\pi}{4}\right) + \sin^4\left(-\frac{\pi}{4}\right) + \ldots$$

mit $\sin\left(-\frac{\pi}{4}\right) = -\sin\frac{\pi}{4} = -\frac{\sqrt{2}}{2}$

$$\sum_{k=1}^{\infty} \left(-\frac{\sqrt{2}}{2}\right)^k = \left(-\frac{\sqrt{2}}{2}\right) + \left(-\frac{\sqrt{2}}{2}\right)^2 + \left(-\frac{\sqrt{2}}{2}\right)^3 + \left(-\frac{\sqrt{2}}{2}\right)^4 + \ldots$$

$$\sum_{k=1}^{\infty} \left(-\frac{\sqrt{2}}{2}\right)^k = -\frac{\sqrt{2}}{2} + \frac{2}{4} - \frac{2 \cdot \sqrt{2}}{8} + \frac{4}{16} + \ldots$$

$$\sum_{k=1}^{\infty} \left(-\frac{\sqrt{2}}{2}\right)^k = -\frac{\sqrt{2}}{2} + \frac{1}{2} - \frac{\sqrt{2}}{4} + \frac{1}{4} - + \ldots$$

$$\sum_{k=1}^{\infty} \left(-\frac{\sqrt{2}}{2}\right)^k = -0{,}707 + 0{,}5 - 0{,}354 + 0{,}25 - + \ldots$$

Diese Funktionenreihe ist für $x = \pi/4$ konvergent, denn eine alternierende numerische Reihe ist konvergent, deren absoluten Summenglieder eine Nullfolge bilden (siehe hinreichende Bedingung für die Konvergenz einer alternierenden Reihe). $x = \pi/4$ gehört also zum Konvergenzbereich dieser Funktionenreihe.

Potenzreihen

Funktionsreihen folgender Form sind Potenzreihen:

$$\sum_{k=0}^{\infty} f_k(x) = a_0 + a_1 \cdot x + a_2 \cdot x^2 + a_3 \cdot x^3 + ... + a_k \cdot x^k + a_{k+1} \cdot x^{k+1} + ... = P(x) \qquad (12.19)$$

Für jede Potenzreihe lässt sich ein Definitionsbereich $x = a$ angeben, für den die zugehörige numerische Reihe konvergent ist.

Konvergenzsatz:

Wenn eine Potenzreihe $P(x)$ für $x = a$ mit $a \geq 0$ konvergent ist, dann ist sie auch für alle x-Werte konvergent, die die Bedingung $-a < x \leq +a$ erfüllen.

Und umgekehrt gilt entsprechend: Ist die Potenzreihe für $x = -a$ konvergent, dann ist sie auch für alle x-Werte konvergent, die dieser Bedingung $-a < x \leq +a$ genügen.

Der maximale x-Wert a, für den die Potenzreihe konvergent ist, wird Konvergenzradius r genannt. Um diesen zu ermitteln, werden die hinreichenden Kriterien für die Konvergenz angewendet.

Quotientenkriterium:

$$\lim_{k\to\infty}\left|\frac{f_{k+1}(x)}{f_k(x)}\right| = \lim_{k\to\infty}\left|\frac{a_{k+1} \cdot x^{k+1}}{a_k \cdot x^k}\right| = |x| \cdot \lim_{k\to\infty}\left|\frac{a_{k+1}}{a_k}\right| < 1$$

$$|x| < \frac{1}{\lim\limits_{k\to\infty}\left|\frac{a_{k+1}}{a_k}\right|} = \lim_{k\to\infty}\left|\frac{a_k}{a_{k+1}}\right| \quad \text{d.h.} \quad r = \lim_{k\to\infty}\left|\frac{a_k}{a_{k+1}}\right| \qquad (12.20)$$

Wurzelkriterium:

$$\lim_{k\to\infty}\sqrt[k]{|f_k(x)|} = \lim_{k\to\infty}\sqrt[k]{|a_k \cdot x^k|} = |x| \cdot \lim_{k\to\infty}\sqrt[k]{|a_k|} < 1$$

$$|x| < \frac{1}{\lim\limits_{k\to\infty}\sqrt[k]{|a_k|}} \quad \text{d.h.} \quad r = \frac{1}{\lim\limits_{k\to\infty}\sqrt[k]{|a_k|}} \qquad (12.21)$$

Das bedeutet: für $|x| < r$ konvergiert die Reihe

für $|x| > r$ divergiert die Reihe

für $|x| = r$ ist das Konvergenzverhalten nicht sofort zu beschreiben, d.h. die numerische Reihe ist genauer zu untersuchen

Beispiele:

1. $$\sum_{k=0}^{\infty} f_k(x) = a_0 + a_1 \cdot x + a_2 \cdot x^2 + a_3 \cdot x^3 + ... + a_k \cdot x^k + a_{k+1} \cdot x^{k+1} + ... = P(x)$$

$$\sum_{k=1}^{\infty} x^k = x + x^2 + x^3 + ... + x^k + x^{k+1} + ... \quad \text{mit } a_0 = 0,\ a_1 = a_2 = a_3 = ... = a_k = a_{k+1} = 1$$

$$r = \lim_{k\to\infty}\left|\frac{a_k}{a_{k+1}}\right| = 1$$

d.h. für $|x|<1$ oder $-1<x<1$ konvergiert die Reihe

z.B. $x=\frac{1}{2}$: $\quad \sum_{k=1}^{\infty}\left(\frac{1}{2}\right)^k=\frac{1}{2}+\frac{1}{4}+\frac{1}{8}+\frac{1}{16}+\ldots$

für $|x|>1$ oder $x>1$ und $x<-1$ divergiert die Reihe

z.B. $x=-2$: $\quad \sum_{k=1}^{\infty}(-2)^k=-2+4-8+16-32+64-+\ldots$

mit $\{s_k\}=-2,+2,-6,+10,-22,+42,\ldots$

für $|x|=1$ oder $|x|=\begin{cases} +1 & \sum_{k=1}^{\infty}u_k=1+1+1\ldots+1,+\ldots \quad \text{Reihe divergent} \\ -1 & \sum_{k=1}^{\infty}u_k=-1+1-1+1-\ldots \quad \text{Reihe unbestimmt divergent} \end{cases}$

2. $\sum_{k=1}^{\infty}f_k(x)=\frac{x}{1}+\frac{x^2}{2}+\frac{x^3}{3}+\frac{x^4}{4}+\frac{x^5}{5}+\ldots+\frac{x^k}{k}+\frac{x^{k+1}}{k+1}+\ldots$

$$r=\lim_{k\to\infty}\left|\frac{a_k}{a_{k+1}}\right|=\lim_{k\to\infty}\left|\frac{\frac{1}{k}}{\frac{1}{k+1}}\right|=\lim_{k\to\infty}\left|\frac{k+1}{k}\right|=\lim_{k\to\infty}\left|\frac{1+\frac{1}{k}}{1}\right|=1$$

d.h. für $|x|<1$ konvergiert die Reihe und für $|x|>1$ divergiert die Reihe

für $x=+1$ ergibt sich die harmonische Reihe, die divergent ist:

$$\sum_{k=1}^{\infty}u_k=1+\frac{1}{2}+\frac{1}{3}+\frac{1}{4}+\frac{1}{5}+\ldots$$

für $x=-1$ entsteht eine alternierende Reihe, deren Summenglieder eine Nullfolge ist:

$$\sum_{k=1}^{\infty}u_k=-\left(1-\frac{1}{2}+\frac{1}{3}-\frac{1}{4}+\frac{1}{5}-+\ldots\right)$$ d.h. die Reihe ist konvergent

3. $\sum_{k=1}^{\infty}f_k(x)=\frac{x}{1}+\frac{x^2}{2^2}+\frac{x^3}{3^3}+\frac{x^4}{4^4}+\frac{x^5}{5^5}+\ldots+\frac{x^k}{k^k}+\frac{x^{k+1}}{(k+1)^{k+1}}+\ldots$

$$r=\lim_{k\to\infty}\left|\frac{a_k}{a_{k+1}}\right|=\lim_{k\to\infty}\left|\frac{\frac{1}{k^k}}{\frac{1}{(k+1)^{k+1}}}\right|=\lim_{k\to\infty}\left|\frac{(k+1)^{k+1}}{k^k}\right|=\lim_{k\to\infty}\frac{(k+1)^k\cdot(k+1)}{k^k}=\lim_{k\to\infty}\left(\frac{k+1}{k}\right)^k\cdot(k+1)$$

$$r=\lim_{k\to\infty}\left(1+\frac{1}{k}\right)\cdot\lim_{k\to\infty}(k+1)=e\cdot\infty=\infty$$

oder einfacher:

$$r=\frac{1}{\lim_{k\to\infty}\sqrt[k]{|a_k|}}=\frac{1}{\lim_{k\to\infty}\sqrt[k]{\frac{1}{k^k}}}=\frac{1}{\lim_{k\to\infty}\frac{1}{k}}=\infty$$

Diese Potenzreihe ist für alle x konvergent: $-\infty<x<\infty$.

12.3 Taylorreihen

Problemstellung

Eine Funktion $y = f(x)$ in eine Potenzreihe zu entwickeln, ermöglicht das einfache Berechnen von Funktionswerten bei komplizierteren Funktionen. Weiterhin können vereinfachte Näherungsrechnungen vorgenommen werden, indem komplizierte Funktionen zunächst in Potenzreihen entwickelt werden, die dann nach beliebigen Gliedern entsprechend der geforderten Genauigkeit abgebrochen werden. Schließlich ist das einfache Integrieren von Funktionen möglich, indem die Funktion in eine Potenzreihe entwickelt und dann gliedweise integriert wird.

Beispiel: $y = f(x) = \dfrac{1}{1+x}$

Durch Division kann die Potenzreihe entwickelt werden:

$$\begin{array}{l} 1 \quad :(1+x) = 1 - x + x^2 - x^3 + - \ldots \\ \underline{-(1+x)} \\ \quad -x \\ \quad \underline{-\left(-x - x^2\right)} \\ \qquad x^2 \\ \qquad \underline{-\left(x^2 + x^3\right)} \\ \qquad\quad -x^3 \end{array}$$

Berechnen von Funktionswerten:

$$y = f(x) = \frac{1}{1+x} \approx 1 - x + x^2$$

Berechnen von Näherungswerten für $x \ll 1$: $\dfrac{1}{1+x} \approx 1 - x$

z.B. $x = 0{,}004$: $\dfrac{1}{1+x} = \dfrac{1}{1+0{,}004} = 0{,}9960159$

$1 - x = 1 - 0{,}004 = 0{,}9960000$

Das Ergebnis ist auf vier Stellen übereinstimmend.

Integrieren von Funktionen:

$$\int \frac{dx}{1+x} = \int \left(1 - x + x^2 - x^3 + - \ldots\right) \cdot dx \quad \Rightarrow \quad \ln(1+x) = x - \frac{x^2}{2} + \frac{x^3}{3} - \frac{x^4}{4} + - \ldots$$

Maclaurinsche Form der Taylorreihe

Um eine Funktion $y = f(x)$ in eine Potenzreihe

$$f(x) = a_0 + a_1 \cdot x + a_2 \cdot x^2 + a_3 \cdot x^3 + a_4 \cdot x^4 + a_5 \cdot x^5 + \ldots$$

zu überführen, müssen die unbekannten Koeffizienten a_0, a_1, a_2, a_3, ... an die Funktion angepasst werden. Sie werden durch Differentiation der Potenzreihe und Nullsetzen von x

ermittelt. Voraussetzung für die Differentiation ist die Konvergenz der Reihe: Ist sie konvergent, darf sie gliedweise differenziert werden. Die differenzierte Reihe hat dann den gleichen Konvergenzradius r wie die ursprüngliche Reihe.

Ermittlung der Koeffizienten:

a_0: $f(x)=a_0+a_1\cdot x+a_2\cdot x^2+a_3\cdot x^3+a_4\cdot x^4+a_5\cdot x^5+\ldots$

mit $x=0$ ist $f(0)=a_0$ $\qquad a_0=f(0)$

a_1: $f'(x)=a_1+2\cdot a_2\cdot x+3\cdot a_3\cdot x^2+4\cdot a_4\cdot x^3+5\cdot a_5\cdot x^4+\ldots$

mit $x=0$ ist $f'(0)=a_1$ $\qquad a_1=\dfrac{f'(0)}{1}=\dfrac{f'(0)}{1!}$

a_2: $f''(x)=2\cdot a_2+2\cdot 3\cdot a_3\cdot x+3\cdot 4\cdot a_4\cdot x^2+4\cdot 5\cdot a_5\cdot x^3+\ldots$

mit $x=0$ ist $f''(0)=2\cdot a_2$ $\qquad a_2=\dfrac{f''(0)}{2}=\dfrac{f''(0)}{2!}$

a_3: $f'''(x)=2\cdot 3\cdot a_3+2\cdot 3\cdot 4\cdot a_4\cdot x+3\cdot 4\cdot 5\cdot a_5\cdot x^2+\ldots$

mit $x=0$ ist $f'''(0)=2\cdot 3\cdot a_3$ $\qquad a_3=\dfrac{f'''(0)}{2\cdot 3}=\dfrac{f'''(0)}{3!}$

a_4: $f^{(4)}(x)=2\cdot 3\cdot 4\cdot a_4+2\cdot 3\cdot 4\cdot 5\cdot a_5\cdot x+\ldots$

mit $x=0$ ist $f^{(4)}(0)=2\cdot 3\cdot 4\cdot a_4$ $\qquad a_4=\dfrac{f^{(4)}(0)}{2\cdot 3\cdot 4}=\dfrac{f^{(4)}(0)}{4!}$

a_5: $f^{(5)}(x)=2\cdot 3\cdot 4\cdot 5\cdot a_5+\ldots$

mit $x=0$ ist $f^{(5)}(0)=2\cdot 3\cdot 4\cdot 5\cdot a_5$ $\qquad a_5=\dfrac{f^{(5)}(0)}{2\cdot 3\cdot 4\cdot 5}=\dfrac{f^{(5)}(0)}{5!}$

$\vdots$

Mit den berechneten Koeffizienten ergibt sich die Maclaurinsche Form der Taylorreihe:

$$f(x)=f(0)+\frac{f'(0)}{1!}\cdot x+\frac{f''(0)}{2!}\cdot x^2+\frac{f'''(0)}{3!}\cdot x^3+\frac{f^{(4)}(0)}{4!}\cdot x^4+\frac{f^{(5)}(0)}{5!}\cdot x^5\ldots \qquad (12.22)$$

Nicht jede Funktion $y=f(x)$ lässt sich in eine Taylorreihe in Maclaurinscher Form entwickeln, z.B. die Funktion $y=1/x$, die bei $x=0$ eine Unendlichkeitsstelle hat.

Beispiele:

1. Entwicklung der Funktion $y=f(x)=\sin x$ in eine Potenzreihe:

$f(x)=\sin x$	$f(0)=0$	$f^{(4)}(x)=\sin x$	$f^{(4)}(0)=0$
$f'(x)=\cos x$	$f'(0)=1$	$f^{(5)}(x)=\cos x$	$f^{(5)}(0)=1$
$f''(x)=-\sin x$	$f''(0)=0$	$f^{(6)}(x)=-\sin x$	$f^{(6)}(0)=0$
$f'''(x)=-\cos x$	$f'''(0)=-1$	$\vdots$	

Potenzreihe der $\sin x$-Funktion:

$$\sin x=\frac{x}{1!}-\frac{x^3}{3!}+\frac{x^5}{5!}-\frac{x^7}{7!}+-\ldots+(-1)^{k+1}\cdot\frac{x^{2k-1}}{(2k-1)!}+\ldots \qquad (12.23)$$

Ermittlung des Konvergenzradius der Potenzreihe:

$$r = \lim_{k\to\infty}\left|\frac{a_k}{a_{k+1}}\right| = \lim_{k\to\infty}\left|\frac{\frac{1}{(2k-1)!}}{\frac{1}{[2(k+1)-1]!}}\right| = \lim_{k\to\infty}\frac{(2k+1)!}{(2k-1)!} = \lim_{k\to\infty} 2k\cdot(2k+1) = \infty$$

d.h. die Potenzreihenentwicklung ist für alle x zulässig.

Erläuterung von $\frac{(2k+1)!}{(2k-1)!} = 2k\cdot(2k+1)$:

$$k=1: \quad \frac{3!}{1!} = \frac{1\cdot 2\cdot 3}{1} = 2\cdot 3$$

$$k=2: \quad \frac{5!}{3!} = \frac{1\cdot 2\cdot 3\cdot 4\cdot 5}{1\cdot 2\cdot 3} = 4\cdot 5$$

$$k=3: \quad \frac{7!}{5!} = \frac{1\cdot 2\cdot 3\cdot 4\cdot 5\cdot 6\cdot 7}{1\cdot 2\cdot 3\cdot 4\cdot 5} = 6\cdot 7$$

$\vdots$

$$k=k: \quad \frac{(2k+1)!}{(2k-1)!} = 2k\cdot(2k+1)$$

2. Entwicklung der Funktion $y = f(x) = e^x$ in eine Potenzreihe:

$$f(x) = e^x \qquad f(0) = 1$$

$$f'(x) = e^x \qquad f'(0) = 1$$

$$f''(x) = e^x \qquad f''(0) = 1$$

$$f''(x) = e^x \qquad f'''(0) = 1$$

$\vdots$

Potenzreihe der e^x -Funktion:

$$e^x = 1 + \frac{x}{1!} + \frac{x^2}{2!} + \frac{x^3}{3!} + \frac{x^4}{4!} + \frac{x^5}{5!} + \ldots = \sum_{k=0}^{\infty} \frac{x^k}{k!} \qquad (12.24)$$

Die Potenzfunktion der e^x -Funktion ist für alle x konvergent (ohne Beweis):

$$-\infty < x < \infty$$

<u>speziell:</u>
Mit $x = 1$ kann die Eulersche Zahl beliebig genau berechnet werden:

$$e = 1 + 1 + \frac{1}{2} + \frac{1}{6} + \frac{1}{24} + \frac{1}{120} + \frac{1}{720} + \ldots = \sum_{k=0}^{\infty} \frac{1}{k!} = 2{,}71828\ldots \qquad (12.25)$$

3. Entwicklung der Binomialreihe $y = f(x) = (a+x)^n$

   Für kleine n können die Binomialkoeffizienten mit Hilfe des Pascalschen Dreiecks berechnet werden (siehe Abschnitt 1.3.2):

$n=1$:	1 1	$(a+x)^1 = a+x$
$n=2$:	1 2 1	$(a+x)^2 = a^2+2ax+x^2$
$n=3$:	1 3 3 1	$(a+x)^3 = a^3+3a^2x+3ax^2+x^3$
$n=4$:	1 4 6 4 1	$(a+x)^4 = a^4+4a^3x+6a^2x^2+4ax^3+x^4$
$n=5$:	1 5 10 10 5 1	$(a+x)^5 = a^5+5a^4x+10a^3x^2+10a^2x^3+5ax^4+x^5$
	usw.	

Für größere n ist die Berechnung der Binome mit dem Pascalschen Dreieck zu aufwendig. Hier liefert die Binomialreihe wesentlich schneller Lösungen.
Nach Maclaurin ist:

$$f(x) = (a+x)^n$$
$$f'(x) = n\cdot(a+x)^{n-1}$$
$$f''(x) = n\cdot(n-1)\cdot(a+x)^{n-2}$$
$$f'''(x) = n\cdot(n-1)\cdot(n-2)\cdot(a+x)^{n-3}$$
$$f^{(4)}(x) = n\cdot(n-1)\cdot(n-2)\cdot(n-3)\cdot(a+x)^{n-4}$$
$$\vdots$$
$$f^{(k)}(x) = n\cdot(n-1)\cdot(n-2)\cdot(n-3)\cdot\ldots\cdot[n-(k-1)]\cdot(a+x)^{n-k}$$
$$f(0) = a^n$$
$$f'(0) = n\cdot a^{n-1}$$
$$f''(0) = n\cdot(n-1)\cdot a^{n-2}$$
$$f'''(0) = n\cdot(n-1)\cdot(n-2)\cdot a^{n-3}$$
$$f^{(4)}(0) = n\cdot(n-1)\cdot(n-2)\cdot(n-3)\cdot a^{n-4}$$
$$\vdots$$
$$f^{(k)}(0) = n\cdot(n-1)\cdot(n-2)\cdot(n-3)\cdot\ldots\cdot[n-k+1]\cdot a^{n-k}$$

Die Formel für die Binomialreihe

$$(a+x)^n = a^n + \frac{n}{1!}\cdot a^{n-1}\cdot x + \frac{n\cdot(n-1)}{2!}\cdot a^{n-2}\cdot x^2 + \frac{n\cdot(n-1)\cdot(n-2)}{3!}\cdot a^{n-3}\cdot x^3 +$$
$$+\frac{n\cdot(n-1)\cdot(n-2)\cdot(n-3)}{4!}\cdot a^{n-4}\cdot x^4 + \ldots$$
$$\ldots + \frac{n\cdot(n-1)\cdot(n-2)\cdot(n-3)\cdot\ldots\cdot[n-k+1]}{k!}\cdot a^{n-k}\cdot x^k + \ldots \qquad (12.26)$$

kann mit der abgekürzten Schreibweise, mit den Binomialkoeffizienten,

$$\frac{n\cdot(n-1)\cdot(n-2)\cdot(n-3)\cdot\ldots\cdot(n-k+1)}{k!}=\binom{n}{k} \tag{12.27}$$

in die folgende Formel für die Binomialreihe überführt werden:

$$(a+x)^n=a^n+\binom{n}{1}\cdot a^{n-1}\cdot x+\binom{n}{2}\cdot a^{n-2}\cdot x^2+\binom{n}{3}\cdot a^{n-3}\cdot x^3+\binom{n}{4}\cdot a^{n-4}\cdot x^4+\ldots$$
$$\ldots+\binom{n}{k}\cdot a^{n-k}\cdot x^k+\ldots \tag{12.28}$$

<u>Beispiel:</u>

$n=4$:

$$(a+x)^4=a^4+\binom{4}{1}\cdot a^3\cdot x+\binom{4}{2}\cdot a^2\cdot x^2+\binom{4}{3}\cdot a^1\cdot x^3+\binom{4}{4}\cdot a^0\cdot x^4$$

mit $\binom{4}{1}=\frac{4}{1}=4 \quad \binom{4}{2}=\frac{4\cdot 3}{1\cdot 2}=6 \quad \binom{4}{3}=\frac{4\cdot 3\cdot 2}{1\cdot 2\cdot 3}=4 \quad \binom{4}{4}=\frac{4\cdot 3\cdot 2\cdot 1}{1\cdot 2\cdot 3\cdot 4}=1$

$$(a+x)^4=a^4+4\cdot a^3\cdot x+6\cdot a^2\cdot x^2+4\cdot a\cdot x^3+x^4$$

Konvergenz der Binomialreihe:

Für welche x-Werte ist die Binomialreihe konvergent?
Ist n ganzzahlig, so ist die Reihe endlich. Für n nicht ganzzahlig, ist die Reihe unendlich, so dass eine Konvergenzbetrachtung notwendig ist:

$$r=\lim_{k\to\infty}\left|\frac{a_k}{a_{k+1}}\right|=\lim_{k\to\infty}\left|\frac{\dfrac{n\cdot(n-1)\cdot(n-2)\cdot\ldots\cdot[n-(k-1)]}{k!}\cdot a^{n-k}}{\dfrac{n\cdot(n-1)\cdot(n-2)\cdot\ldots\cdot[n-(k-1)]\cdot[n-(k+1-1)]}{(k+1)!}\cdot a^{n-(k+1)}}\right|$$

$$r=\lim_{k\to\infty}\left|\frac{n\cdot(n-1)\cdot(n-2)\cdot\ldots\cdot[n-(k-1)]}{n\cdot(n-1)\cdot(n-2)\cdot\ldots\cdot[n-(k-1)]}\cdot\frac{1}{n-k}\cdot\frac{(k+1)!}{k!}\cdot\frac{a^{n-k}}{a^{n-k}\cdot a^{-1}}\right|$$

$$r=\lim_{k\to\infty}\left|\frac{k+1}{n-k}\cdot a\right|=\lim_{k\to\infty}\left|\frac{1+\dfrac{1}{k}}{\dfrac{n}{k}-1}\cdot a\right|$$

$$r=a$$

Das bedeutet, dass die Binomialreihe für $|x|<a$ konvergent ist.

4. Weitere Potenzreihenentwicklungen:

$$\cos x = 1 - \frac{x^2}{2!} + \frac{x^4}{4!} - \frac{x^6}{6!} + - \ldots \qquad \text{für} \quad |x| < \infty$$

$$\tan x = x + \frac{1}{3} \cdot x^3 + \frac{2}{15} \cdot x^5 + \frac{17}{315} \cdot x^7 + \ldots \quad \text{für} \quad |x| < \frac{\pi}{2}$$

$$\cot x = \frac{1}{x} - \left[\frac{x}{3} + \frac{x^3}{45} + \frac{2 \cdot x^5}{945} + \ldots \right] \qquad \text{für} \quad 0 < |x| < \pi$$

$$\sinh x = x + \frac{x^3}{3!} + \frac{x^5}{5!} + \frac{x^7}{7!} + \ldots \qquad \text{für} \quad |x| < \infty$$

$$\cosh x = 1 + \frac{x^2}{2!} + \frac{x^4}{4!} + \frac{x^6}{6!} + \ldots \qquad \text{für} \quad |x| < \infty$$

Hauptform der Taylorreihe

In manchen Anwendungsfällen soll eine Funktion $y = f(x)$ nicht an der Stelle x, sondern an der Stelle $x + h$ in eine Potenzreihe entwickelt werden.

Mit $f(x+h) = g(h)$ und $f(x) = g(0)$ für $h = 0$

wird die Taylorreihe in der Maclaurinschen Form (Gl. 12.22)

$$f(x) = f(0) + \frac{f'(0)}{1!} \cdot x + \frac{f''(0)}{2!} \cdot x^2 + \frac{f'''(0)}{3!} \cdot x^3 + \frac{f^{(4)}(0)}{4!} \cdot x^4 + \frac{f^{(5)}(0)}{5!} \cdot x^5 \ldots$$

umgeformt in

$$g(h) = g(0) + \frac{g'(0)}{1!} \cdot h + \frac{g''(0)}{2!} \cdot h^2 + \frac{g'''(0)}{3!} \cdot h^3 + \frac{g^{(4)}(0)}{4!} \cdot h^4 + \frac{g^{(5)}(0)}{5!} \cdot h^5 \ldots$$

so dass sich die Hautform der Taylorreihe ergibt:

$$f(x+h) = f(x) + \frac{f'(x)}{1!} \cdot h + \frac{f''(x)}{2!} \cdot h^2 + \frac{f'''(x)}{3!} \cdot h^3 + \frac{f^{(4)}(x)}{4!} \cdot h^4 + \frac{f^{(5)}(x)}{5!} \cdot h^5 \ldots \qquad (12.29)$$

<u>Beispiel:</u>
Die Funktion $y = f(x) = \sin x$ soll nach Potenzen von h entwickelt werden:

Mit $f(x) = \sin x$

$f'(x) = \cos x$

$f''(x) = -\sin x$

$f'''(x) = -\cos x$

ist

$$\sin(x+h) = \sin x + \frac{\cos x}{1!} \cdot h - \frac{\sin x}{2!} \cdot h^2 - \frac{\cos x}{3!} \cdot h^3 + \ldots$$

Weitere Formen der Taylorreihe

Mit $x=a$ verändert sich die Hauptform der Taylorreihe in

$$f(a+h)=f(a)+\frac{f'(a)}{1!}\cdot h+\frac{f''(a)}{2!}\cdot h^2+\frac{f'''(a)}{3!}\cdot h^3+\frac{f^{(4)}(a)}{4!}\cdot h^4+\dots$$

und mit $h=x$

$$f(a+x)=f(a)+\frac{f'(a)}{1!}\cdot x+\frac{f''(a)}{2!}\cdot x^2+\frac{f'''(a)}{3!}\cdot x^3+\frac{f^{(4)}(a)}{4!}\cdot x^4+\dots \qquad (12.30)$$

Beispiel:

$$\sin(a+x)=\sin(a)+\frac{\cos a}{1!}\cdot x-\frac{\sin a}{2!}\cdot x^2-\frac{\cos a}{3!}\cdot x^3+\frac{\sin a}{4!}\cdot x^4+\dots$$

für $|x|<\infty$

Wird in der Gl. 12.30 statt $x\rightarrow x-a$ gesetzt, entsteht eine weitere Form der Taylorreihe:

$$f(x)=f(a)+\frac{f'(a)}{1!}\cdot(x-a)+\frac{f''(a)}{2!}\cdot(x-a)^2+\frac{f'''(a)}{3!}\cdot(x-a)^3+\frac{f^{(4)}(a)}{4!}\cdot(x-a)^4+\dots \qquad (12.31)$$

Beispiel:

$$\sin x=\sin a+\frac{\cos a}{1!}\cdot(x-a)-\frac{\sin a}{2!}\cdot(x-a)^2-\frac{\cos a}{3!}\cdot(x-a)^3+\frac{\sin a}{4!}\cdot(x-a)^4-+\dots$$

speziell für $a=0$:

$$\sin x=\frac{x}{1!}-\frac{x^3}{3!}+\frac{x^5}{5!}-\frac{x^7}{7!}+-\dots$$

speziell für $a=\frac{\pi}{2}$:

$$\sin x=\sin\frac{\pi}{2}+\frac{\cos\frac{\pi}{2}}{1!}\cdot\left(x-\frac{\pi}{2}\right)-\frac{\sin\frac{\pi}{2}}{2!}\cdot\left(x-\frac{\pi}{2}\right)^2-\frac{\cos\frac{\pi}{2}}{3!}\cdot\left(x-\frac{\pi}{2}\right)^3+\frac{\sin\frac{\pi}{2}}{4!}\cdot\left(x-\frac{\pi}{2}\right)^4+-\dots$$

$$\sin x=1-\frac{\left(x-\frac{\pi}{2}\right)^2}{2!}+\frac{\left(x-\frac{\pi}{2}\right)^4}{4!}+-\dots$$

Reihenentwicklung durch Integration der Potenzreihe

Jede konvergente Potenzreihe darf im Innern ihres Konvergenzbereichs gliedweise integriert werden.

Beispiele:

1. Durch die Division kann folgende Potenzreihe entwickelt werden: (siehe zu Beginn des Abschnitts 12.3):

$$\frac{1}{1+x} = 1 - x + x^2 - x^3 + x^4 - +$$

Das partikuläre Integral führt zu der Potenzreihe des natürlichen Logarithmus:

$$\int_0^x \frac{1}{1+x} \cdot dx = \int_0^x \left(1 - x + x^2 - x^3 + x^4 - + \ldots\right) \cdot dx$$

$$\ln(1+x) = x - \frac{x^2}{2} + \frac{x^3}{3} - \frac{x^4}{4} + \frac{x^5}{5} - + \ldots \quad \text{für } |x| < 1$$

Wird x durch $-x$ vertauscht, entsteht die Potenzreihe für

$$\ln(1-x) = -x - \frac{x^2}{2} - \frac{x^3}{3} - \frac{x^4}{4} - \frac{x^5}{5} - \ldots \quad \text{für } |x| < 1$$

Wird die Differenz beider Logarithmen gebildet, dann entsteht eine weitere Potenzreihe:

$$\ln(1+x) - \ln(1-x) = \left(x - \frac{x^2}{2} + \frac{x^3}{3} - \frac{x^4}{4} + \frac{x^5}{5} - + \ldots\right) - \left(-x - \frac{x^2}{2} - \frac{x^3}{3} - \frac{x^4}{4} - \frac{x^5}{5} - + \ldots\right)$$

$$\ln\frac{1+x}{1-x} = 2 \cdot \left(x + \frac{x^3}{3} + \frac{x^5}{5} + \frac{x^7}{7} + \ldots\right) \quad \text{für } |x| < 1$$

2. Durch die Division $\frac{1}{1+x^2}$ kann folgende Potenzreihe entwickelt werden:

$$1 \quad : \left(1+x^2\right) = 1 - x^2 + x^4 - x^6 + x^8 - \ldots$$

$$\underline{-(1+x^2)}$$

$$-x^2$$

$$\underline{-\left(-x^2 - x^4\right)}$$

$$x^4$$

$$\underline{-\left(x^4 + x^6\right)}$$

$$-x^6$$

usw.

$$\frac{1}{1+x^2} = 1 - x^2 + x^4 - x^6 + x^8 - + \ldots \qquad \text{konvergent für } |x| < 1$$

Das partikuläre Integral führt zu der Potenzreihe des Arcus Tangens:

$$\int_0^x \frac{1}{1+x^2} \cdot dx = \int_0^x (1 - x^2 + x^4 - x^6 + x^8 - + \ldots) \cdot dx$$

$$\arctan x = x - \frac{x^3}{3} + \frac{x^5}{5} - \frac{x^7}{7} + \frac{x^9}{9} - + \ldots \qquad \text{für } |x| \le 1$$

$$\text{z.B.} \quad x = 1: \qquad \arctan 1 = 1 - \frac{1}{3} + \frac{1}{5} - \frac{1}{7} + \frac{1}{9} - + \ldots = \frac{\pi}{4}$$

Ergänzung: Fourierreihen

Nichtsinusförmige Wechselgrößen $v(t)$, die auch Sprungstellen enthalten, können in eine unendliche Summe von Sinusgrößen v_k, den Fourierreihen, überführt werden:

$$v(t) = \sum_{k=0}^{\infty} v_k = \sum_{k=0}^{\infty} \hat{v}_k \cdot \sin(k\omega t + \varphi_{vk})$$

$$v(t) = \hat{v}_0 \cdot \sin\varphi_{v0} + \hat{v}_1 \cdot \sin(\omega t + \varphi_{v1}) + \hat{v}_2 \cdot \sin(2\omega t + \varphi_{v2}) + \hat{v}_3 \cdot \cdot \sin(3\omega t + \varphi_{v3}) + \ldots$$

Beispiel:

Periodische Sägezahnfunktion $u(\omega t) = \hat{u} \cdot \left(1 - \frac{\omega t}{2\pi}\right)$ für $0 < \omega t < 2\pi$

$$u(\omega t) = \frac{\hat{u}}{2} + \frac{\hat{u}}{\pi} \cdot \frac{\sin \omega t}{1} + \frac{\hat{u}}{\pi} \cdot \frac{\sin 2\omega t}{2} + \frac{\hat{u}}{\pi} \cdot \frac{\sin 3\omega t}{3} + \ldots$$

Die Fourierriehen sind spezielle Funktionenreihen, die vor allem in der Elektrotechnik Anwendung finden.
Ausführlich und mit vielen Rechenbeispielen werden sie in Weißgerber: Elektrotechnik für Ingenieure 3, Kapitel 9 behandelt.

Übungsaufgaben zum Kapitel 12

12.1 Untersuchen Sie folgende unendlichen numerischen Reihen auf ihr Konvergenzverhalten, indem Sie die angegebenen hinreichenden Konvergenzkriterien anwenden:

1. $R = 1 + \frac{1}{1!} + \frac{1}{2!} + \frac{1}{3!} + \frac{1}{4!} + \dots$ mit dem Quotientenkriterium

   mit $k! = 1 \cdot 2 \cdot 3 \cdot 4 \cdot \dots \cdot k$ und $(k+1)! = k! \cdot (k+1)$

2. $R = 1 + \frac{1}{\sqrt{2}} + \frac{1}{\sqrt{3}} + \frac{1}{\sqrt{4}} + \frac{1}{\sqrt{5}} + \dots$ mit dem Quotientenkriterium

3. $R = 1 + \frac{1}{\sqrt{2}} + \frac{1}{\sqrt{3}} + \frac{1}{\sqrt{4}} + \frac{1}{\sqrt{5}} + \dots$ mit dem Majorantenkriterium

4. $R = \frac{1}{3} + \frac{1}{4} + \frac{1}{6} + \frac{1}{10} + \frac{1}{18} + \frac{1}{34} + \frac{1}{66} + \dots$ mit dem Majorantenkriterium

5. $R = \frac{1}{\pi^1} + \frac{2}{\pi^2} + \frac{3}{\pi^3} + \frac{4}{\pi^4} + \dots$ mit dem Wurzelkriterium

   mit $\lim\limits_{k\to\infty} \sqrt[k]{k} = 1$

6. $R = 1 + \frac{1}{e^1} + \frac{4}{e^2} + \frac{27}{e^3} + \frac{256}{e^4} + \dots$ mit dem Wurzelkriterium

7. $R = 1 - \frac{1}{\sqrt{2}} + \frac{1}{\sqrt{3}} - \frac{1}{\sqrt{4}} + \frac{1}{\sqrt{5}} - + \dots$ als alternierende Reihe

8. $R = 1 - \frac{3}{2} + \frac{1}{4} - \frac{3}{8} + \frac{1}{16} - \frac{3}{32} + - \dots$ als alternierende Reihe

12.2 Für die folgenden Potenzreihen ist der Konvergenzradius zu ermitteln:

1. $P(x) = x - \frac{x^2}{2} + \frac{x^3}{3} - \frac{x^4}{4} + \frac{x^5}{5} - + \dots + \frac{x^k}{k} + \frac{x^{k+1}}{k+1} + \dots$

2. $P(x) = \frac{x}{2} + \frac{x^2}{2^2} + \frac{x^3}{2^3} + \frac{x^4}{2^4} + \frac{x^5}{2^5} + \dots + \frac{x^k}{2^k} + \frac{x^{k+1}}{2^{k+1}} + \dots$

3. $P(x) = x + \frac{x^2}{2^3} + \frac{x^3}{3^4} + \frac{x^4}{4^5} + \frac{x^5}{5^6} + \dots + \frac{x^k}{k^{k+1}} + \frac{x^{k+1}}{k^{k+2}} + \dots$

12.3 Überführen Sie die Funktion $y = f(x) = \cos x$ in eine Potenzreihe, indem Sie die Maclaurinsche Form der Taylorreihe verwenden. Für welchen Konvergenzradius ist diese Potenzreihenentwicklung erlaubt? Wie kann die Potenzreihe der cos-Funktion aus der Potenzreihe der sin-Funktion entwickelt werden?

12.4 Aus der Potenzreihe der Funktion $y = f(x) = e^x$ ist die Potenzreihe für $e^{j \cdot x}$ herzuleiten, indem für $x \to j \cdot x$ gesetzt wird.

Gilt die Eulersche Formel $e^{j \cdot x} = \cos x + j \cdot \sin x$ auch für die Potenzreihen?

12.5 Entwickeln Sie aus einer der Formen der Taylorreihen die Reihe für die Funktion $\cos(a + x)$.

13. Differentialgleichungen

13.1 Allgemeines über Differentialgleichungen

Definition einer Differentialgleichung

Eine Differentialgleichung ist eine Gleichung, in der neben einer oder mehreren unabhängigen Veränderlichen und einer oder mehreren unbekannten Funktionen dieser Veränderlichen auch noch die Ableitungen oder Differentiale dieser Funktionen auftreten.

Beispiele:

1. $y \cdot y''' - 2 \cdot (y')^4 = \cos x$
2. $x \cdot d^2 y \cdot dx - dy \cdot (dx)^2 = e^y \cdot (dy)^3$
3. $\dfrac{\partial^2 z}{\partial x \cdot \partial y} = x \cdot y \cdot z \cdot \dfrac{\partial z}{\partial x} \cdot \dfrac{\partial z}{\partial y}$

Gewöhnliche Differentialgleichungen

Die Funktionen und ihre Ableitungen in einer gewöhnlichen Differentialgleichung hängen von nur einer unabhängigen Veränderlichen ab. Die Differentialgleichung im Beispiel 1 besteht aus einer Funktion y und ihren Ableitungen und einer Funktion von der unabhängigen Veränderlichen. Im Beispiel 2 enthält die Differentialgleichung Differentiale der unabhängigen und abhängigen Veränderlichen.

Partielle Differentialgleichungen

Partielle Differentialgleichungen enthalten Funktionen und ihre Ableitungen, die von mehreren unabhängigen Veränderlichen abhängig sind. Im Beispiel 3 enthält die Differentialgleichung zwei unabhängige Veränderliche x und y, die abhängige Veränderliche z und die partiellen Ableitungen. Partielle Differentialgleichungen werden hier nicht behandelt.

Ordnung einer Differentialgleichung

Die höchste in einer Differentialgleichung vorkommende Ableitung bestimmt die Ordnung der Differentialgleichung. In einer Dgl. n-ter Ordnung tritt als höchste Ableitung die n-te Ableitung auf.

Zu den Beispielen:

Zu 1. gewöhnliche Dgl. 3. Ordnung
Zu 2. gewöhnliche Dgl. 2. Ordnung
Zu 3. partielle Dgl. 2. Ordnung

Lösung einer Differentialgleichung

Die Lösung einer Differentialgleichung ist die Menge aller Funktionen, deren Funktionswerte und Ableitungswerte die Differentialgleichung erfüllen. Da das Berechnen der Lösung durch Integrieren erfolgt, wird das Lösen einer Differentialgleichung auch "Integration einer Differentialgleichung" und die Lösung "Integral der Differentialgleichung" genannt.

W. Weißgerber, *Mathematik zu Elektrotechnik für Ingenieure*,
https://doi.org/10.1007/978-3-658-40837-4_13

Beispiele:

1. Dgl. $y' = x$

   Lösung: $y = \frac{x^2}{2} + C$ das ist eine Parabelschar

   denn $y' = \frac{2x}{2} = x$

2. Dgl. $y' \cdot y + x = 0$

   Lösung: $x^2 + y^2 = r^2$ das ist eine Schar von Mittelpunktkreisen

   denn $2x + 2y \cdot y' = 0$ oder $x + y \cdot y' = 0$

Allgemeine und partikuläre Lösung einer gewöhnlichen Differentialgleichung

Die zur Lösung einer Differentialgleichung erforderlichen Integrationen liefern eine Menge von Lösungsfunktionen, die sich nur durch Integrationskonstanten unterscheiden. Sie werden deshalb "allgemeine Lösung der Differentialgleichung" genannt.
Werden für die Konstanten oder Parameter spezielle Werte festgelegt, z.B. durch Anfangsbedingungen, dann wird aus der Menge der Lösungsfunktionen eine einzelne Lösungsfunktion ausgesondert. Diese Lösungsfunktion ist eine "partikuläre Lösung" der Differentialgleichung.
Grafisch stellt die allgemeine Lösung im kartesischen Koordinatensystem eine Kurvenschar dar, in der eine einzelne Kurve eine partikuläre Lösung der Differentialgleichung ist.
Beispiel:
Ermittlung des Weg-Zeit-Gesetzes für den Wurf senkrecht nach oben:
Wird ein Körper mit einer bestimmten Anfangsgeschwindigkeit v_0 senkrecht in die Höhe geworfen, so wird seine nach aufwärts gerichtete Bewegung durch die Schwerkraft verzögert. Auf den Körper wirkt die der Wurfrichtung entgegengesetzt gerichtete Erdbeschleunigung g. Wenn der Körper losgelassen ist, wirkt auf ihn nur noch die Beschleunigung $-g$.
Die Beschleunigung a hängt mit der Geschwindigkeit v differentiell über die Zeit t zusammen, und der Weg s hängt ebenfalls differentiell über die Zeit t mit der Geschwindigkeit v zusammen. Die Beschleunigung ist also gleich der 2. Ableitung des Weges nach der Zeit t:

$$a = \frac{dv}{dt} = -g \qquad \text{mit} \qquad v = \frac{ds}{dt}$$

$$a = \frac{d}{dt}\left(\frac{ds}{dt}\right) = \frac{d^2s}{dt^2} = -g$$

Das Weg-Zeit-Gesetz des senkrechten Wurfes nach oben wird also durch die folgende gewöhnliche Differentialgleichung 2. Ordnung beschrieben:

$$\frac{d^2s}{dt^2} + g = 0$$

Bei bekannter Erdbeschleunigung g ist die Weg-Zeit-Funktion $s(t)$ gesucht, die sich durch zweifaches Integrieren der Differentialgleichung berechnen lässt.

Die erste unbestimmte Integration führt zu der Geschwindigkeit-Zeit-Funktion, wobei eine Integrationskonstante C_1 entsteht:
Mit

$$a = \frac{dv}{dt} = -g \quad \text{ist} \quad dv = a \cdot dt = -g \cdot dt$$

ergibt sich

$$v(t) = \int dv = \int a \cdot dt = -g \cdot \int dt = -g \cdot t + C_1$$

Die zweite unbestimmte Integration ergibt die Weg-Zeit-Funktion, wobei eine weitere Konstante berücksichtigt werden muss:
Mit

$$v = \frac{ds}{dt} \quad \text{ist} \quad ds = v \cdot dt$$

ergibt sich

$$s = \int ds = \int v \cdot dt = \int (-g \cdot t + C_1) \cdot dt$$

und damit die "allgemeine Lösung" der Differentialgleichung:

$$s(t) = -\frac{g}{2} \cdot t^2 + C_1 \cdot t + C_2$$

Wenn also die Differentialgleichung 2. Ordnung ist, muss sie durch zweifache Integration gelöst werden. Sie enthält dann zwei Integrationskonstanten, die frei variiert werden können, soweit sie nicht durch zusätzliche Bedingungen festgelegt sind. Diese Konstanten heißen auch Parameter der allgemeinen Lösung.
Mit den Anfangsbedingungen zu Beginn der Zeitmessung $t = 0$ lassen sich die beiden Konstanten C_1 und C_2 bestimmen.
Bei $t = 0$ beträgt die Anfangsgeschwindigkeit

$$v(0) = v_0$$

und der zurückgelegte Weg bei $t = 0$ hat den Wert

$$s(0) = s_0$$

In obigen Gleichungen für $v(t)$ und $s(t)$ wird $t = 0$ gesetzt:

$$v(0) = v_0 = C_1 \quad \text{und} \quad s(0) = s_0 = C_2$$

Damit ist die partikuläre Lösung der Differentialgleichung ermittelt:

$$s(t) = -\frac{g}{2} \cdot t^2 + v_0 \cdot t + s_0$$

Grafisch stellt die allgemeine Lösung eine Kurvenschar von Parabeln dar, die zwei frei wählbare Parameter enthält.
Die partikuläre Lösung ist eine Parabel, deren Eigenschaften errechnet werden können:
Schnittpunkt mit der s-Achse: $t=0$: $s(0)=s_0$
Schnittpunkte mit der t-Achse, Nullpunkte:

$$s(t)=-\frac{g}{2}\cdot t^2+v_0\cdot t+s_0=0$$

$$t^2-\frac{2\cdot v_0}{g}\cdot t-\frac{2\cdot s_0}{g}=0$$

$$t_{1,2}=\frac{v_0}{g}\pm\sqrt{\left(\frac{v_0}{g}\right)^2+\frac{2\cdot s_0}{g}}=\frac{v_0}{g}\pm\frac{1}{g}\cdot\sqrt{v_0^{\,2}+2\cdot s_0\cdot g}$$

$$t_{1,2}=\frac{1}{g}\cdot\left(v_0\pm\sqrt{v_0^{\,2}+2\cdot s_0\cdot g}\right)$$

wobei t_2 als Lösung entfällt, weil negativ

Extrempunkt:

$$s'(t)=-2\cdot\frac{g}{2}\cdot t+v_0=-g\cdot t+v_0=0 \quad\Rightarrow\quad t_E=\frac{v_0}{g}$$

$$s''(t)=-g<0 \qquad \text{d.h. ein Maximum}$$

$$s(t_E)=-\frac{g}{2}\cdot t_E^{\,2}+v_0\cdot t_E+s_0$$

$$s(t_E)=-\frac{g}{2}\cdot\frac{v_0^{\,2}}{g^2}+v_0\cdot\frac{v_0}{g}+s_0$$

$$s(t_E)=-\frac{v_0^{\,2}}{2\cdot g}+\frac{v_0^{\,2}}{g}+s_0$$

$$s(t_E)=\frac{v_0^{\,2}}{2\cdot g}+s_0$$

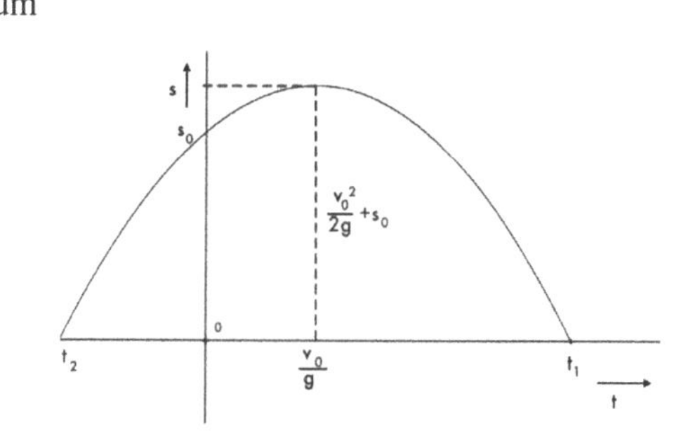

Differentialgleichung einer Kurvenschar

Eine Differentialgleichung n-ter Ordnung ergibt durch n-fache Integration die allgemeine Lösung mit n Integrationskonstanten C_1, C_2, C_3, ..., C_n. Sie ist also eine Gleichung mit n frei wählbaren Parametern, die grafisch eine Kurvenschar darstellt.
Umgekehrt kann aus einer Gleichung einer n-parametrischen Kurvenschar durch n-maliges Differenzieren eine Differentialgleichung n-ter Ordnung gewonnen werden, wenn die n Parameter aus den $n+1$ Gleichungen (eine n-parametrische Gleichung und n differenzierte Gleichungen) eliminiert werden.

Beispiele:

1. Die Differentialgleichung der Mittelpunktkreise ist gesucht.

   Die Gleichung für die Menge aller Mittelpunktkreise mit dem Parameter r $(n=1)$ ist also eine einparametrige Gleichung:

   $$x^2+y^2=r^2$$

Durch einmaliges Differenzieren ergibt sich eine Differentialgleichung 1. Ordnung:

$$\left.\begin{array}{r} x^2+y^2=r^2 \\ 2\cdot x+2\cdot y\cdot y'=0 \end{array}\right\} \quad n+1=2 \quad \text{Gleichungen}$$

Die Differentialgleichung der Mittelpunktkreise lautet

$$x+y\cdot y'=0$$

Durch Differenzieren der Lösung und Einsetzen der Lösung und der differenzierten Lösung bestätigt sich, dass die Differentialgleichung alle Mittelpunktkreise beschreibt:

Lösung: $x^2+y^2=r^2$

nach y eliminiert: $y=\sqrt{r^2-x^2}=\left(r^2-x^2\right)^{\frac{1}{2}}$

differenziert: $y'=\frac{1}{2}\cdot\left(r^2-x^2\right)^{-\frac{1}{2}}\cdot(-2x)=-\frac{x}{\sqrt{r^2-x^2}}$

eingesetzt in die Differentialgleichung: $x+y\cdot y'=0$

ergibt: $x+\sqrt{r^2-x^2}\cdot\left(-\frac{x}{\sqrt{r^2-x^2}}\right)=0$

$$x-x=0$$

2. Die Differentialgleichung der harmonischen Schwingung ist gesucht. Die Gleichung der harmonischen Schwingung ist eine 2-parametrische Gleichung $(n=2)$ mit den Parametern Amplitude $\hat{y}$ und Anfangsphasenwinkel φ bei konstanter Kreisfrequenz ω:

$$y=f(t)=\hat{y}\cdot\sin(\omega t+\varphi)$$

Durch zweimaliges Differenzieren ergibt sich eine Differentialgleichung 2. Ordnung:

$$\left.\begin{array}{r} y=f(t)=\hat{y}\cdot\sin(\omega t+\varphi) \\ y'=f'(t)=\hat{y}\cdot\omega\cdot\cos(\omega t+\varphi) \\ y''=f''(t)=-\hat{y}\cdot\omega^2\cdot\sin(\omega t+\varphi) \end{array}\right\} \quad n+1=3 \quad \text{Gleichungen}$$

Nach $\hat{y}$ aufgelöst

$$\hat{y}=\frac{y}{\sin(\omega t+\varphi)}=\frac{y'}{\omega\cdot\cos(\omega t+\varphi)}=-\frac{y''}{\omega^2\cdot\sin(\omega t+\varphi)}$$

$$\frac{y}{\sin(\omega t+\varphi)}=-\frac{y''}{\omega^2\cdot\sin(\omega t+\varphi)} \quad \Rightarrow \quad y=-\frac{y''}{\omega^2}$$

ergibt sich die Differentialgleichung 2. Ordnung

$$y''+\omega^2\cdot y=0$$

oder $$\frac{d^2y}{dt^2}+\omega^2\cdot y=0$$

13.2 Differentialgleichungen erster Ordnung

Implizite und explizite Differentialgleichung erster Ordnung

Die Differentialgleichung 1. Ordnung enthält mindestens einmal die erste Ableitung der Funktion $y = f(x)$. Sie kann außerdem x und y enthalten.

Bezogen auf y' lautet die implizite Form der Differentialgleichung 1. Ordnung allgemein

$$\Phi(x,y,y') = 0 \qquad (13.1)$$

Die erste Ableitung y' steht nicht allein auf einer Seite der Differentialgleichung.

Beispiel Clairautsche Differentialgleichung

$$y = x \cdot y' + y'^2 \qquad (13.2)$$

Die explizite Form der Differentialgleichung liegt vor, wenn die erste Ableitung y' allein auf einer Seite steht:

$$y' = \varphi(x,y) \qquad (13.3)$$

Beispiel: Bernoullische Differentialgleichung

$$y' = x \cdot \sqrt{y} + \frac{4 \cdot y}{x} \qquad (13.4)$$

Geometrische Deutung der expliziten Differentialgleichung

Aus der Differentialgleichung 1. Ordnung in expliziter Form lässt sich ablesen, dass jedem Wertepaar (x,y) durch die Funktion φ eine Steigung $y' = \tan\alpha$ zugeordnet wird. Mit den Koordinaten x und y lassen sich die Funktionswerte $\varphi(x,y)$ berechnen, die jeweils gleich den Steigungen y' ist. Geometrisch werden die Wertepaare (x,y) Punkten $P(x,y)$ der Ebene zugeordnet. Im kartesischen Koordinatensystem können also in den Punkten $P(x,y)$ Linienelemente eingezeichnet werden, so dass ein Richtungsfeld entsteht. Die Linienelemente werden zu Kurven verbunden. Die Menge der Lösungskurven entspricht der allgemeinen Lösung der Differentialgleichung.

Beispiele: $y' = x$

$x = y'$	$\alpha = \arctan y'$
−2	−63,5°
−1	−45°
0	0°
+1	+45°
+2	+63,5°

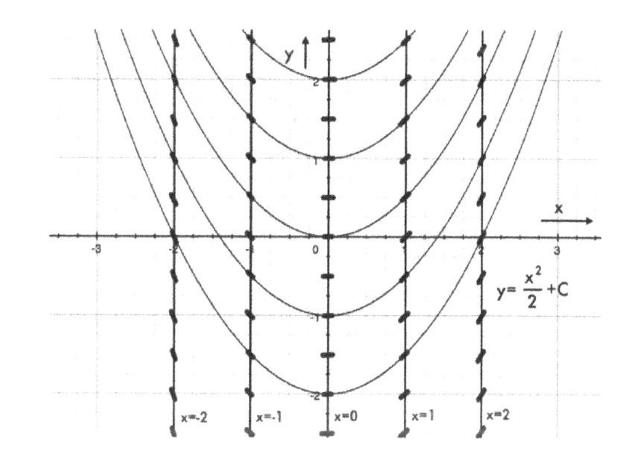

Die allgemeine Lösung der Differentialgleichung ist:

$$y = \frac{x^2}{2} + C$$

2. $y' \cdot y + x = 0$ bzw. $y' = -\frac{x}{y}$

x	y	$y' = -\frac{x}{y}$	$\alpha = \arctan y'$
-2	-2	-1	-45°
-2	-1	-2	-63,5°
-2	0	∞	+90°
-2	+1	+2	+63,5°
-2	+2	+1	+45°
-1	-2	-1/2	-26,5°
-1	-1	-1	-45°
-1	0	∞	+90°
-1	+1	1	+45°
-1	+2	+1/2	+26,5°
0	-2	0	0
0	-1	0	0
0	0	unbest.	unbest.
0	+1	0	0
0	+2	0	0
+1	-2	1/2	+26,5°
+1	-1	1	+45°
+1	0	∞	+90°
+1	+1	-1	-45°
+1	+2	-1/2	-26,5°
+2	-2	1	+45°
+2	-1	2	+63,5°
+2	0	∞	+90°
+2	+1	-2	-63,5°
+2	+2	-1	-45°

Die allgemeine Lösung der Differentialgleichung ist

$$x^2 + y^2 = r^2$$

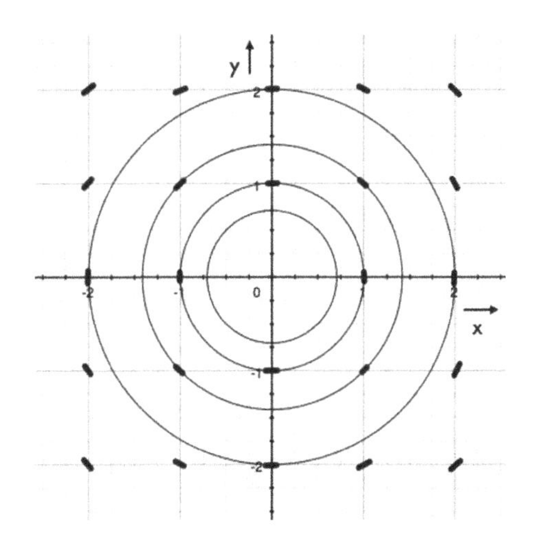

Isoklinenverfahren

Das Richtungsfeld einer Differentialgleichung in explizierter Form punktweise zu errechnen, ist mühsam. Durch das Isoklinenverfahren können die Linienelemente systematischer und damit schneller gefunden werden.

Kurven, auf denen Linienelemente gleiche Steigung haben, werden Isoklinen genannt:

$$y' = C \quad \text{bzw.} \quad \varphi(x,y) = C \tag{13.5}$$

In die Isoklinengleichung $\varphi(x,y) = C$ werden bestimmte C-Werte eingesetzt. Auf jede dieser Kurven ist die Steigung der Linienelemente gleich, wodurch sich das Richtungsfeld ergibt. Damit kann die Lösungsmenge der Differentialgleichung - die allgemeine Lösung der Differentialgleichung - eingezeichnet werden. Die Isoklinengleichung ist also nicht die Lösung der Differentialgleichung.

Das Isoklinenverfahren ist ein grafisches Verfahren zur Ermittlung der allgemeinen und partikulären Lösung von expliziten linearen Differentialgleichungen, das relativ schnell einen Überblick über die Lösungskurven ermöglicht.

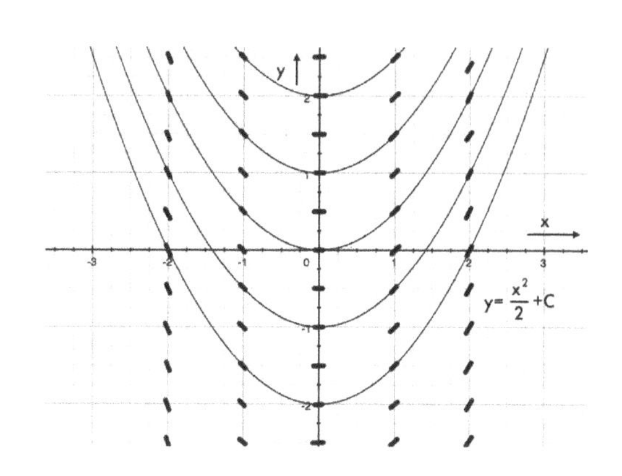

Zum obigen Beispiel 1:
Isoklinengleichung: $y' = C = x$
d.h. die Isoklinengleichungen sind
$x=-2,\ -1,\ 0,\ +1,\ +2$
und die allgemeine Lösung der Differentialgleichung sind die Parabeln

$$y=\frac{x^2}{2}+C$$

Zum obigen Beispiel 2:
Isoklinengleichung

$$y' = -\frac{x}{y} = C \quad \text{bzw.} \quad y=-\frac{1}{C}\cdot x$$

Die Isoklinen sind Geraden durch den Nullpunkt mit verschiedener Steigung.

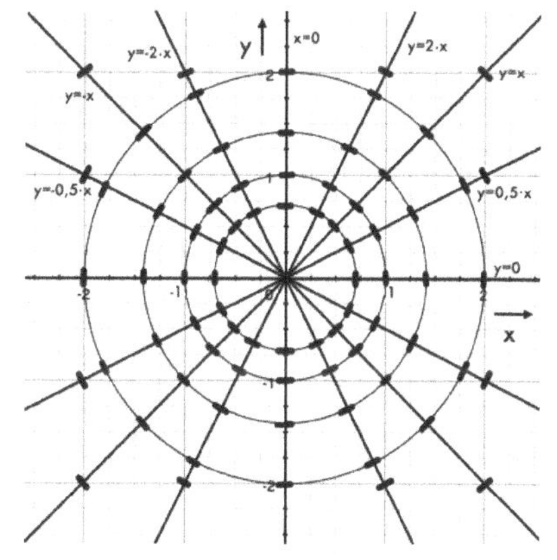

$C=y'$	Isokline
-2	$y=0{,}5\cdot x$
-1	$y=x$
-0,5	$y=2\cdot x$
0	$x=0,\ y\neq 0$
+0,5	$y=-2\cdot x$
+1	$y=-x$
+2	$y=-0{,}5\cdot x$
∞	$y=0$

Die allgemeine Lösung der Differentialgleichung sind konzentrische Kreise $x^2+y^2=r^2$

Beispiel 3:
Die partikuläre Lösung der Differentialgleichung $y'=1-y$ mit $x\geq 0,\quad 0\leq y\leq 1$, die durch den Koordinatenursprung verläuft, ist mit Hilfe des Richtungsfeldes zu ermitteln.
Lösung:
Ermittlung des Richtungsfeldes mit Hilfe der Isoklinengleichung:
$y'=1-y=C \quad \text{bzw.} \quad y=1-C$
Die Isoklinengleichungen sind mit

$C=0:\quad y=1 \qquad \alpha=\arctan 0=0^\circ$

$C=\frac{1}{4}:\quad y=\frac{3}{4} \qquad \alpha=\arctan\frac{1}{4}=14{,}0^\circ$

$C=\frac{1}{2}:\quad y=\frac{1}{2} \qquad \alpha=\arctan\frac{1}{2}=26{,}6^\circ$

$C=\frac{3}{4}:\quad y=\frac{1}{4} \qquad \alpha=\arctan\frac{3}{4}=36{,}9^\circ$

$C=1:\quad y=0 \qquad \alpha=\arctan 1=45^\circ$

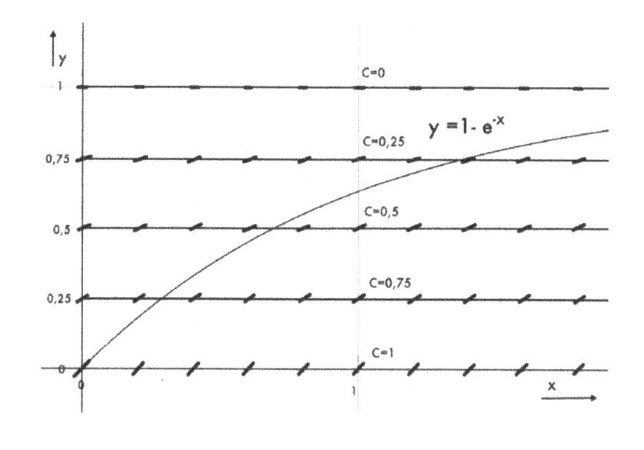

Probe:
Genügt die partikuläre Lösung der Differentialgleichung $y'=1-y$?

$$y=1-e^{-x} \quad \text{und} \quad y'=e^{-x} \quad \Rightarrow \quad e^{-x}=1-\left(1-e^{-x}\right)$$

Differentialgleichung 1. Ordnung mit getrennten Veränderlichen

Wenn die explizite Differentialgleichung 1. Ordnung $y' = \varphi(x,y)$ in der Form

$$y' = g(x) \cdot h(y) \qquad (13.6)$$

geschrieben werden kann, dann lässt sich die Differentialgleichung durch Trennung der Veränderlichen lösen:

$$y' = \frac{dy}{dx} = g(x) \cdot h(y) \quad \Rightarrow \quad \frac{dy}{h(y)} = g(x) \cdot dx$$

$$\int \frac{dy}{h(y)} = \int g(x) \cdot dx \qquad (13.7)$$

Die gesuchte Menge der Lösungsmenge, die allgemeine Lösung der Differentialgleichung, wird berechnet, indem die beiden Integrale gelöst werden.

<u>Beispiele:</u>

1. $x \cdot dy + y \cdot dx = 0$

$$x \cdot \frac{dy}{dx} + y = 0 \quad \Rightarrow y' = -\frac{y}{x}$$

Lösung durch Trennung der Variablen:

$$\frac{dy}{dx} = -\frac{y}{x} \quad \Rightarrow \quad \frac{dy}{y} = -\frac{dx}{x}$$

$$\int \frac{dy}{y} = -\int \frac{dx}{x}$$

$$\ln y = -\ln x + C = -\ln x + \ln c = \ln \frac{c}{x}$$

$$y = \frac{c}{x} \qquad \text{Hyperbelgleichungen}$$

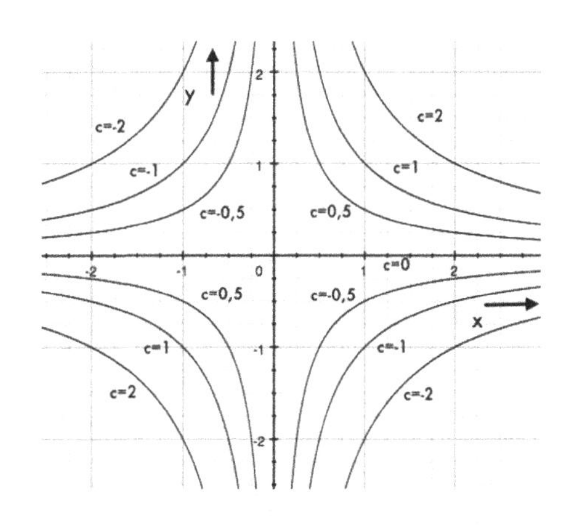

2. $y' = y$ mit $y \neq 0$

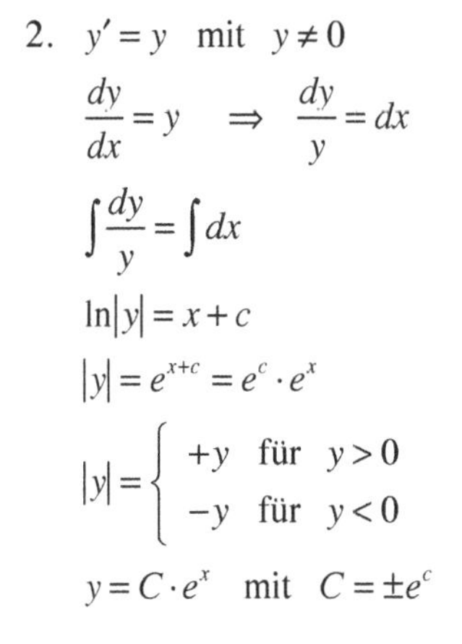

$$\frac{dy}{dx} = y \quad \Rightarrow \quad \frac{dy}{y} = dx$$

$$\int \frac{dy}{y} = \int dx$$

$$\ln|y| = x + c$$

$$|y| = e^{x+c} = e^c \cdot e^x$$

$$|y| = \begin{cases} +y & \text{für } y > 0 \\ -y & \text{für } y < 0 \end{cases}$$

$$y = C \cdot e^x \quad \text{mit} \quad C = \pm e^c$$

Exponentialfunktionen

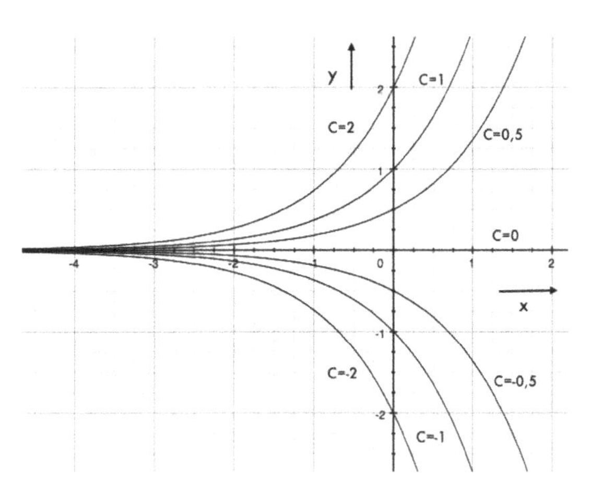

3. $a \cdot y' + y = b$ mit $a \neq 0$ und $y \neq b$

Das ist eine lineare inhomogene Differentialgleichung 1. Ordnung. Sie wird inhomogen genannt, weil eine von x unabhängige Konstante b auftritt.

Lösung:

$$y' = \frac{dy}{dx} = \frac{b-y}{a} = -\frac{y-b}{a} \quad \Rightarrow \quad \frac{dy}{y-b} = -\frac{dx}{a}$$

$$\int \frac{dy}{y-b} = -\int \frac{dx}{a} \quad \Rightarrow \quad \ln|y-b| = -\frac{x}{a} + c$$

$$y - b = \pm e^c \cdot e^{-\frac{x}{a}}$$

$$y(x) = b + C \cdot e^{-\frac{x}{a}} \quad \text{mit} \quad C = \pm e^c$$

Dazu ein Anwendungsbeispiel der Elektrotechnik, eines Ausgleichsvorgangs: Aufladevorgang eines Kondensators über einen Widerstand mittels Gleichspannung (siehe Weißgerber: Elektrotechnik für Ingenieure 3, Abschnitt 8.2.2)

Nach dem Einschalten bei $t = 0$ gilt nach dem Maschensatz für Augenblickswerte der Spannungen folgende Gleichung:

$$R \cdot i + u_C = U$$

$$\text{mit} \quad i(t) = \frac{dq}{dt} = C \cdot \frac{du_C}{dt}$$

$$R \cdot C \cdot \frac{du_C}{dt} + u_C = U$$

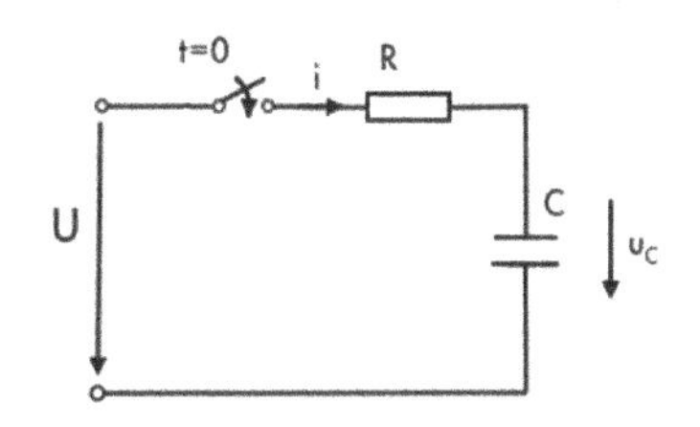

Das ist obige Differentialgleichung mit

$$u_C = y \qquad U = b \qquad t = x$$

$$R \cdot C = \tau = a \quad \text{Zeitkonstante}$$

die dann folgende allgemeine Lösung ergibt

$$u_C(t) = U + K \cdot e^{-\frac{t}{\tau}}$$

Mit der Anfangsbedingung, bei $t = 0$ ist die Kondensatorspannung $u_C = 0$, lässt sich K und damit die partikuläre Lösung der Differentialgleichung bestimmen:

$$u_C(0) = U + K = 0$$

$$K = -U$$

$$u_C(t) = U - U \cdot e^{-\frac{t}{\tau}}$$

$$u_C(t) = U \cdot \left(1 - e^{-\frac{t}{\tau}}\right)$$

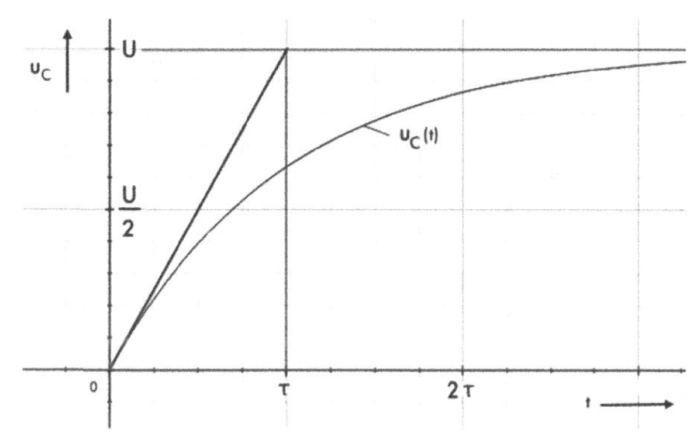

4. Freier Fall einer Masse m bei Berücksichtigung des Luftwiderstands, der bei höheren Geschwindigkeiten dem Quadrat der Geschwindigkeit proportional ist.
Gleichung der Kräfte:

$$F = F_G - F_L$$

mit $F = m \cdot a$ beschleunigende Kraft

$F_G = m \cdot g$ Gravitationskraft

$F_L = c \cdot v^2$ Kraft des Luftwiderstandes, mit c Proportionalitätskonstante

$$m \cdot a = m \cdot g - c \cdot v^2$$

$$m \cdot \frac{dv}{dt} = m \cdot g - c \cdot v^2 \quad \text{mit} \quad a = \frac{dv}{dt}$$

$$\frac{m}{c} \cdot \frac{dv}{dt} + v^2 = \frac{m \cdot g}{c}$$

Das ist eine lineare inhomogene Differentialgleichung 1. Ordnung.
Lösung:

$$\frac{dv}{dt} = g - \frac{c}{m} \cdot v^2 \qquad \frac{dv}{g - \frac{c}{m} \cdot v^2} = dt \qquad \int \frac{dv}{g - \frac{c}{m} \cdot v^2} = \int dt$$

Mit dem Grundintegral $\int \frac{dx}{a^2 - x^2} = \frac{1}{a} \cdot ar\tanh \frac{x}{a} + C$ ergibt sich

$$\int \frac{dv}{g - \frac{c}{m} \cdot v^2} = \frac{m}{c} \cdot \int \frac{dv}{g \cdot \frac{m}{c} - v^2} = \frac{m}{c} \cdot \left(\frac{1}{\sqrt{g \cdot \frac{m}{c}}} \cdot ar\tanh \frac{v}{\sqrt{g \cdot \frac{m}{c}}} + C_1 \right).$$

$$\int \frac{dv}{g - \frac{c}{m} \cdot v^2} = \sqrt{\frac{m^2}{c^2} \cdot \frac{c}{m \cdot g}} \cdot ar\tanh \sqrt{\frac{c}{g \cdot m}} \cdot v + C_2 = \sqrt{\frac{m}{c \cdot g}} \cdot ar\tanh \sqrt{\frac{c}{g \cdot m}} \cdot v = t + C_3$$

$$ar\tanh \sqrt{\frac{c}{g \cdot m}} \cdot v = \sqrt{\frac{c \cdot g}{m}} \cdot t + C_4 \qquad \sqrt{\frac{c}{g \cdot m}} \cdot v = \tanh \sqrt{\frac{c \cdot g}{m}} \cdot t + C_5$$

$$v = \sqrt{\frac{g \cdot m}{c}} \cdot \tanh \sqrt{\frac{c \cdot g}{m}} \cdot t + C$$

Mit der Anfangsbedingung, bei $t = 0$ ist die Anfangsgeschwindigkeit $v = 0$, lässt sich C bestimmen und damit die partikuläre Lösung der Differentialgleichung:

$$0 = \sqrt{\frac{g \cdot m}{c}} \cdot \tanh 0 + C \quad \Rightarrow \quad C = 0 \quad \text{denn} \quad \tanh 0 = 0$$

$$v = \sqrt{\frac{g \cdot m}{c}} \cdot \tanh \sqrt{\frac{c \cdot g}{m}} \cdot t = \sqrt{\frac{g \cdot m}{c}} \cdot \frac{e^{kt} - e^{-kt}}{e^{kt} + e^{-kt}} \qquad \text{mit} \quad k = \sqrt{\frac{c \cdot g}{m}}$$

Nach langer Zeit wird die Geschwindigkeit v konstant:

$$\lim_{t \to \infty} v = \sqrt{\frac{g \cdot m}{c}} \qquad \text{mit} \quad \lim_{t \to \infty} \frac{e^{kt} - e^{-kt}}{e^{kt} + e^{-kt}} = 1$$

Lösung von Differentialgleichungen 1. Ordnung durch Substitution

Es gibt explizite Differentialgleichungen 1. Ordnung $y' = \varphi(x,y)$, die erst nach einer Substitution durch Trennung der Veränderlichen gelöst werden können. Die Differentialgleichung

$$y' = \psi\left(\frac{y}{x}\right) \tag{13.8}$$

wird durch die Substitution

$$u = \frac{y}{x} \tag{13.9}$$

in eine Differentialgleichung mit trennbaren Veränderlichen überführt.
Aus der Substitutionsgleichung folgt

$$y = u \cdot x$$

und mit der Produktregel

$$\frac{dy}{dx} = \frac{du}{dx} \cdot x + u$$

In der Differentialgleichung wird damit y durch u ersetzt:

$$y' = \frac{dy}{dx} = \frac{du}{dx} \cdot x + u = \psi(u)$$

Die explizite Form der Differentialgleichung in $u(x)$ hat dann die Form:

$$\frac{du}{dx} = \frac{1}{x} \cdot [\psi(u) - u] \tag{13.10}$$

Diese Differentialgleichung kann dann durch Trennung der Veränderlichen gelöst werden.
Beispiel:

$$y' = \frac{x-y}{x} \quad \text{oder} \quad y' = 1 - \frac{y}{x}$$

mit der Substitution $u = \dfrac{y}{x}$

$$\Rightarrow \quad y' = \frac{dy}{dx} = \frac{du}{dx} \cdot x + u = 1 - u$$

und explizit

$$\frac{du}{dx} = \frac{1}{x} \cdot (1 - 2 \cdot u)$$

$$\frac{du}{dx} = -\frac{2u-1}{x}$$

Die Trennung der Variablen und die Integration führen dann zur allgemeinen Lösung der Differentialgleichung:

$$\frac{du}{2u-1} = -\frac{dx}{x}$$

$$\int \frac{du}{2u-1} = -\int \frac{dx}{x}$$

$$\frac{1}{2} \cdot \ln|2u-1| = -\ln|x| + \ln|c|$$

$$\ln|2u-1| = 2 \cdot \ln\left|\frac{c}{x}\right| = \ln\left|\frac{c}{x}\right|^2$$

$$2u - 1 = \pm\left(\frac{c}{x}\right)^2$$

$$2 \cdot \frac{y}{x} - 1 = \frac{C}{x^2} \quad \text{mit} \quad u = \frac{y}{x} \quad \text{und} \quad \pm c^2 = C$$

$$y = \frac{x}{2} \cdot \left(\frac{C}{x^2} + 1\right) = \frac{1}{2} \cdot \left(x + \frac{C}{x}\right)$$

Die Differentialgleichung

$$y' = \psi(a \cdot x + b \cdot y + c) \tag{13.11}$$

wird durch die Substitution

$$u = a \cdot x + b \cdot y + c \tag{13.12}$$

in eine Differentialgleichung überführt, die durch die Trennung der Veränderlichen gelöst werden kann.
Die Substitutionsgleichung wird nach y aufgelöst

$$y = \frac{1}{b} \cdot (u - a \cdot x - c)$$

In der Differentialgleichung wird y durch u ersetzt:

$$y' = \frac{dy}{dx} = \frac{1}{b} \cdot \left(\frac{du}{dx} - a\right) = \psi(u)$$

Die explizite Form der Differentialgleichung, die durch Trennung der Veränderlichen gelöst werden kann, lautet dann:

$$\frac{du}{dx} = b \cdot \psi(u) + a \tag{13.13}$$

Beispiel: $y' = (x+y-1)^2$

Substitution: $u = x+y-1 \quad \Rightarrow \quad y = u-x+1$

$$\frac{dy}{dx} = \frac{du}{dx} - 1$$

Daraus ergibt sich die Differentialgleichung in u:

$$y' = \frac{du}{dx} - 1 = u^2$$

und in expliziter Form:

$$\frac{du}{dx} = u^2 + 1$$

Trennung der Veränderlichen:

$$\frac{du}{1+u^2} = dx$$

$$\int \frac{du}{1+u^2} = \int dx$$

$$\arctan u = x + C \quad \text{oder} \quad u = \tan(x+C)$$

Resubstitution: $x+y-1 = \tan(x+C)$

$$y = -x+1+\tan(x+C)$$

Allgemeine Form der linearen Differentialgleichungen 1. Ordnung

Sind die Funktion y und die zugehörige erste Ableitung y' der Differentialgleichung 1. Ordnung ersten Grades, dann handelt es sich um eine Differentialgleichung erster Ordnung. Sie besitzt die allgemeine Form

$$g_1(x) \cdot y' + g_0(x) \cdot y = S(x) \qquad \text{mit} \quad g_1(x) \neq 0 \qquad (13.14)$$

Wird die Differentialgleichung durch $g_1(x)$ dividiert, dann entsteht die so genannte inhomogene lineare Differentialgleichung 1. Ordnung:

$$y' + g(x) \cdot y = s(x) \qquad (13.15)$$

$$\text{mit} \quad \frac{g_0(x)}{g_1(x)} = g(x) \quad \text{und} \quad \frac{S(x)}{g_1(x)} = s(x)$$

Ist $s(x) = 0$, dann heißt die Differentialgleichung homogene lineare Differentialgleichung 1. Ordnung:

$$y' + g(x) \cdot y = 0 \qquad (13.16)$$

Lösung der homogenen Differentialgleichung:
Die homogene Differentialgleichung kann durch Trennung der Veränderlichen gelöst werden:

$$\frac{dy}{dx} = -g(x) \cdot y$$

$$\frac{dy}{y} = -g(x) \cdot dx$$

$$\int \frac{dy}{y} = -\int g(x) \cdot dx$$

$$\ln|y| = -\int g(x) \cdot dx + \ln|K|$$

$$y_h = K \cdot e^{-\int g(x) \cdot dx} \tag{13.17}$$

Die allgemeine Lösung der homogenen linearen Differentialgleichung 1. Ordnung wird mit dem Indes h gekennzeichnet.

Lösung der inhomogenen Differentialgleichung:
Die inhomogene Differentialgleichung unterscheidet sich von der homogenen Differentialgleichung durch die so genannte Störfunktion $s(x)$.
Sie lässt sich durch die "Variation der Konstanten" lösen:
Dabei wird angenommen, dass die Integrationskonstante K nicht konstant, sondern von x abhängig ist. Die Konstante $K(x)$ wird dadurch so bestimmt, dass sie der allgemeinen Lösung der inhomogenen Differentialgleichung entspricht.
Der Lösungsansatz

$$y = K(x) \cdot e^{-\int g(x) \cdot dx} \tag{13.18}$$

wird nach der Produktregel differenziert

$$\frac{dy}{dx} = K'(x) \cdot e^{-\int g(x) \cdot dx} - K(x) \cdot g(x) \cdot e^{-\int g(x) \cdot dx}$$

und in die inhomogene Differentialgleichung

$$y' + g(x) \cdot y = s(x)$$

eingesetzt:

$$K'(x) \cdot e^{-\int g(x) \cdot dx} - K(x) \cdot g(x) \cdot e^{-\int g(x) \cdot dx} + g(x) \cdot K(x) \cdot e^{-\int g(x) \cdot dx} = s(x)$$

$$K'(x) \cdot e^{-\int g(x) \cdot dx} = s(x)$$

$$K'(x) = \frac{dK}{dx} = s(x) \cdot e^{\int g(x) \cdot dx} \quad \text{und} \quad dK = s(x) \cdot e^{\int g(x) \cdot dx} \cdot dx$$

$$K(x) = \int dK = \int s(x) \cdot e^{\int g(x) \cdot dx} \cdot dx + C$$

In den Ansatz für die allgemeine Lösung der inhomogenen Differentialgleichung eingesetzt ergibt sich

$$y = K(x) \cdot e^{-\int g(x) \cdot dx} = \left[\int s(x) \cdot e^{\int g(x) \cdot dx} \cdot dx + C \right] \cdot e^{-\int g(x) \cdot dx} \qquad (13.19)$$

Das Lösen einer inhomogenen linearen Differentialgleichung erfordert zwei Schritte mit zwei Integrationen, nämlich das Lösen der homogenen Differentialgleichung durch Trennung der Veränderlichen und das Lösen der inhomogenen Differentialgleichung durch Variation der Konstanten.
Die Lösung der inhomogenen Differentialgleichung lässt sich auch in der folgenden Form schreiben:

$$y = C \cdot e^{-\int g(x) \cdot dx} + e^{-\int g(x) \cdot dx} \cdot \int s(x) \cdot e^{\int g(x) \cdot dx} \cdot dx \qquad (13.20)$$

Dabei ist

$C \cdot e^{-\int g(x) \cdot dx}$ die allgemeine Lösung der zugehörigen homogenen Differentialgleichung

und

$e^{-\int g(x) \cdot dx} \cdot \int s(x) \cdot e^{\int g(x) \cdot dx} \cdot dx$ eine partikuläre Lösung der inhomogenen Differentialgleichung, wenn $C = 0$ gesetzt wird.

Die allgemeine Lösung einer linearen inhomogenen Differentialgleichung 1. Ordnung ist also gleich der Summe einer partikulären Lösung der inhomogenen Differentialgleichung und der allgemeinen Lösung der zugehörigen homogenen Differentialgleichung.

Erweiterung für eine lineare Differentialgleichung *n*-ter Ordnung:
Eine lineare Differentialgleichung *n*-ter Ordnung hat die allgemeine Form:

$$g_n(x) \cdot y^{(n)} + g_{n-1}(x) \cdot y^{(n-1)} + \ldots + g_1(x) \cdot y' + g_0(x) \cdot y = S(x) \qquad (13.21)$$

Die allgemeine Lösung einer linearen Differentialgleichung *n*-ter Ordnung setzt sich aus einer partikulären Lösung der inhomogenen Differentialgleichung und der allgemeinen Lösung der zugehörigen homogenen Differentialgleichung zusammen.
Beispiele:

1. $y' + \frac{y}{x} = \sin x \quad \text{mit} \quad x \neq 0 \qquad (13.22)$

   wobei $g(x) = \frac{1}{x}$ und $s(x) = \sin x$

   Berechnen der allgemeinen Lösung der homogenen Differentialgleichung durch Trennung der Veränderlichen:

$$y' + \frac{y}{x} = 0$$

$$\frac{dy}{dx} = -\frac{y}{x} \quad \Rightarrow \quad \frac{dy}{y} = -\frac{dx}{x}$$

$$\int \frac{dy}{y} = -\int \frac{dx}{x}$$

$$\ln|y| = -\ln|x| + \ln|K| = \ln \frac{K}{x}$$

$$y_h = \frac{K}{x}$$

Lösung der inhomogenen Differentialgleichung durch Variation der Konstanten:

$$y = \frac{K(x)}{x}$$

differenziert mit der Quotientenregel

$$y' = \frac{K'(x) \cdot x - K(x)}{x^2}$$

eingesetzt in die inhomogene Differentialgleichung

$$y' + \frac{y}{x} = \sin x$$

$$\frac{K'(x) \cdot x - K(x)}{x^2} + \frac{1}{x} \cdot \frac{K(x)}{x} = \sin x$$

$$\frac{K'(x)}{x} - \frac{K(x)}{x^2} + \frac{K(x)}{x^2} = \sin x$$

$$\frac{K'(x)}{x} = \sin x$$

Berechnen von $K(x)$ durch Trennung der Variablen

$$K'(x) = \frac{dK}{dx} = x \cdot \sin x$$

$$K(x) = \int dK = \int x \cdot \sin x \cdot dx$$

$$K(x) = \sin x - x \cdot \cos x + C$$

Die allgemeine Lösung der inhomogenen Differentialgleichung lautet dann

$$y = \frac{K(x)}{x} = \frac{1}{x} \cdot (\sin x - x \cdot \cos x + C) \tag{13.23}$$

$$y = \frac{C + \sin x}{x} - \cos x$$

Kontrolle des Ergebnisses mittels inhomogener Differentialgleichung:

$$y = \frac{C + \sin x}{x} - \cos x = \frac{C}{x} + \frac{\sin x}{x} - \cos x$$

$$y' = -\frac{C}{x^2} + \frac{x \cdot \cos x - \sin x}{x^2} + \sin x$$

$$-\frac{C}{x^2} + \frac{\cos x}{x} - \frac{\sin x}{x^2} + \sin x + \frac{C}{x^2} + \frac{\sin x}{x^2} - \frac{\cos x}{x} = \sin x$$

2. $y' - y \cdot \tan x = \cos x$

Berechnen der allgemeinen Lösung der homogenen Differentialgleichung
$y' - y \cdot \tan x = 0$ durch Trennung der Veränderlichen:

$$\frac{dy}{dx} = y \cdot \tan x \qquad \frac{dy}{y} = \tan x \cdot dx \qquad \int \frac{dy}{y} = \int \tan x \cdot dx$$

$$\ln|y| = -\ln|\cos x| + \ln|K| = \ln \frac{K}{\cos x}$$

$$y_h = \frac{K}{\cos x}$$

Lösung der inhomogenen Differentialgleichung durch Variation der Konstanten:

$$y = \frac{K(x)}{\cos x}$$

differenziert mit der Quotientenregel

$$y' = \frac{K'(x) \cdot \cos x + K(x) \cdot \sin x}{\cos^2 x}$$

eingesetzt in die inhomogene Differentialgleichung

$$\frac{K'(x) \cdot \cos x + K(x) \cdot \sin x}{\cos^2 x} - \frac{K(x)}{\cos x} \cdot \tan x = \cos x$$

$$\frac{K'(x)}{\cos x} + \frac{K(x) \cdot \tan x}{\cos x} - \frac{K(x)}{\cos x} \cdot \tan x = \cos x$$

Berechnen von $K(x)$ durch Trennung der Variablen

$$K'(x) = \frac{dK}{dx} = \cos^2 x$$

$$K(x) = \int dK = \int \cos^2 x \cdot dx = \frac{\sin x \cdot \cos x + x}{2} + C$$

Die allgemeine Lösung der inhomogenen Differentialgleichung lautet dann

$$y = \frac{1}{\cos x} \cdot \left(\frac{\sin x \cdot \cos x + x}{2} + C \right) = \frac{\sin x}{2} + \frac{x}{2 \cdot \cos x} + \frac{C}{\cos x}$$

Kontrolle des Ergebnisses mittels inhomogener Differentialgleichung:

$$y = \frac{\sin x}{2} + \frac{x}{2 \cdot \cos x} + \frac{C}{\cos x}$$

$$y' = \frac{\cos x}{2} + \frac{1}{2} \cdot \frac{\cos x + x \cdot \sin x}{\cos^2 x} + \frac{C \cdot \sin x}{\cos^2} = \frac{\cos x}{2} + \frac{1}{2 \cdot \cos x} + \frac{x \cdot \tan x}{2 \cdot \cos x} + \frac{C \cdot \tan x}{\cos x}$$

$$\frac{\cos x}{2} + \frac{1}{2 \cdot \cos x} + \frac{x \cdot \tan x}{2 \cdot \cos x} + \frac{C \cdot \tan x}{\cos x} - \frac{\sin x \cdot \tan x}{2} - \frac{x \cdot \tan x}{2 \cdot \cos x} - \frac{C \cdot \tan x}{\cos x} = \cos x$$

$$\frac{\cos x}{2} + \frac{1}{2 \cdot \cos x} - \frac{\sin x \cdot \tan x}{2} = \frac{\cos^2 x + 1 - \sin^2 x}{2 \cdot \cos x} = \frac{2 \cdot \cos^2 x}{2 \cdot \cos x} = \cos x$$

3. Einschalten einer sinusförmigen Spannung an eine Spule, deren Ersatzschaltbild eine Reihenschaltung einer Induktivität L und eines ohmschen Widerstandes R ist.
   Zur Zeit $t=0$ wird der Schalter geschlossen. An der verlustbehafteten Induktivität liegt die Spannung $u(t)=\hat{u}\cdot\sin\omega t$ an.

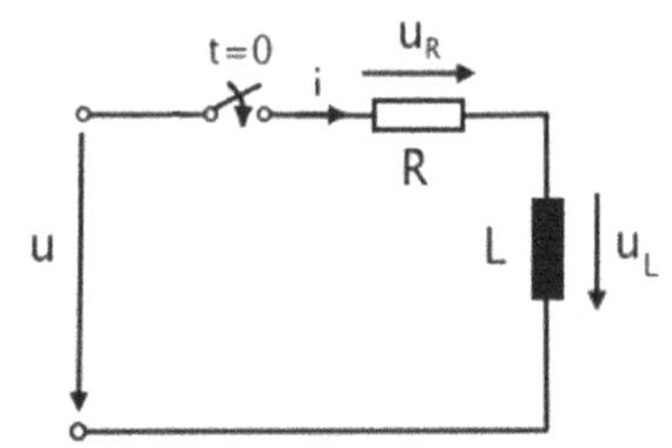

Ab $t=0$ gilt der Maschensatz für Augenblickswerte der Spannungen

$$u_R+u_L=\hat{u}\cdot\sin\omega t$$

$$R\cdot i+L\cdot\frac{di}{dt}=\hat{u}\cdot\sin\omega t$$

$$\frac{di}{dt}+\frac{R}{L}\cdot i=\frac{\hat{u}}{L}\cdot\sin\omega t$$

Das ist eine inhomogene Differentialgleichung 1. Ordnung.

Lösung:

Berechnen der allgemeinen Lösung der homogenen Differentialgleichung durch Trennung der Veränderlichen:

$$\frac{di}{dt}+\frac{R}{L}\cdot i=0 \qquad \frac{di}{dt}=-\frac{R}{L}\cdot i \qquad \frac{di}{i}=-\frac{R}{L}\cdot dt \qquad \int\frac{di}{i}=-\frac{R}{L}\cdot\int dt$$

$$\ln|i|=-\frac{R}{L}\cdot t+\ln|K|$$

$$i_h=K\cdot e^{-\frac{R}{L}\cdot t}$$

Lösung der inhomogenen Differentialgleichung durch Variation der Konstanten:

$$i=K(t)\cdot e^{-\frac{R}{L}\cdot t}$$

$$\frac{di}{dt}=K'(t)\cdot e^{-\frac{R}{L}\cdot t}-K(t)\cdot\frac{R}{L}\cdot e^{-\frac{R}{L}\cdot t}$$

eingesetzt in die inhomogene Differentialgleichung

$$K'(t)\cdot e^{-\frac{R}{L}\cdot t}-K(t)\cdot\frac{R}{L}\cdot e^{-\frac{R}{L}\cdot t}+\frac{R}{L}\cdot K(t)\cdot e^{-\frac{R}{L}\cdot t}=\frac{\hat{u}}{L}\cdot\sin\omega t$$

$$K'(t)\cdot e^{-\frac{R}{L}\cdot t}=\frac{\hat{u}}{L}\cdot\sin\omega t$$

$$K'(t)=\frac{\hat{u}}{L}\cdot e^{\frac{R}{L}\cdot t}\cdot\sin\omega t$$

Berechnen von $K(t)$ durch Trennung der Variablen

$$K'(t)=\frac{dK}{dt}=\frac{\hat{u}}{L}\cdot e^{\frac{R}{L}\cdot t}\cdot\sin\omega t$$

$$K(t)=\int dK=\frac{\hat{u}}{L}\cdot\int e^{\frac{R}{L}\cdot t}\cdot\sin\omega t\cdot dt$$

mit $\int e^{ax}\cdot\sin bx\cdot dx=\frac{e^{ax}}{a^2+b^2}\cdot(a\cdot\sin bx-b\cdot\cos bx)$ mit $a=\frac{R}{L}$ und $b=\omega$

$$K(t) = \frac{\hat{u}}{L} \cdot \frac{e^{\frac{R}{L} \cdot t}}{\left(\frac{R}{L}\right)^2 + \omega^2} \cdot \left(\frac{R}{L} \cdot \sin\omega t - \omega \cdot \cos\omega t\right) + C$$

$$i = \frac{\hat{u}}{R^2 + (\omega L)^2} \cdot (R \cdot \sin\omega t - \omega L \cdot \cos\omega t) + C \cdot e^{-\frac{R}{L} \cdot t}$$

Mit der Anfangsbedingung, bei $t = 0$ ist der Strom $i = 0$, lässt sich die Konstante C bestimmen. Damit ergibt sich die partikuläre Lösung der inhomogenen Diferentialgleichung:

$$0 = \frac{\hat{u}}{R^2 + (\omega L)^2} \cdot (R \cdot \sin 0 - \omega L \cdot \cos 0) + C \cdot e^0$$

$$0 = \frac{\hat{u}}{R^2 + (\omega L)^2} \cdot (0 - \omega L) + C \qquad \Rightarrow \qquad C = \frac{\omega L}{R^2 + (\omega L)^2} \cdot \hat{u}$$

$$i = \frac{\hat{u}}{R^2 + (\omega L)^2} \cdot (R \cdot \sin\omega t - \omega L \cdot \cos\omega t) + \frac{\omega L}{R^2 + (\omega L)^2} \cdot \hat{u} \cdot e^{-\frac{R}{L} \cdot t}$$

$$i = \frac{\hat{u}}{R^2 + (\omega L)^2} \cdot \left(\omega L \cdot e^{-\frac{R}{L} \cdot t} + R \cdot \sin\omega t - \omega L \cdot \cos\omega t\right)$$

$$i = \frac{\hat{u}}{\sqrt{R^2 + (\omega L)^2}} \cdot \left(\frac{\omega L}{\sqrt{R^2 + (\omega L)^2}} \cdot e^{-\frac{R}{L} \cdot t} + \frac{R}{\sqrt{R^2 + (\omega L)^2}} \cdot \sin\omega t - \frac{\omega L}{\sqrt{R^2 + (\omega L)^2}} \cdot \cos\omega t\right)$$

mit der Zeitkonstanten $\tau = -\frac{L}{R}$,

dem Scheinwiderstand $Z = \sqrt{R^2 + (\omega L)^2}$

der Phasenverschiebung φ zwischen der Spannung u und dem Strom i

$$\sin\varphi = \frac{\omega L}{\sqrt{R^2 + (\omega L)^2}} = \frac{\omega L}{Z} \quad \text{und} \quad \cos\varphi = \frac{R}{\sqrt{R^2 + (\omega L)^2}} = \frac{R}{Z}$$

$$\tan\varphi = \frac{\sin\varphi}{\cos\varphi} = \frac{\omega L}{R} \quad \text{bzw.} \quad \varphi = \arctan\frac{\omega L}{R}$$

ergibt sich für den Strom

$$i = \frac{\hat{u}}{Z} \cdot \left(\sin\varphi \cdot e^{-\frac{R}{L} \cdot t} + \cos\varphi \cdot \sin\omega t - \sin\varphi \cdot \cos\omega t\right)$$

und mit dem Additionstheorem $\sin(\alpha - \beta) = \sin\alpha \cdot \cos\beta - \cos\alpha \cdot \sin\beta$

$$i = \frac{\hat{u}}{Z} \cdot \left[\sin\varphi \cdot e^{-\frac{R}{L} \cdot t} + \sin(\omega t - \varphi)\right]$$

Die ausführliche Berechnung und die Darstellung der Kurvenverläufe ist in Weißgerber: Elektrotechnik für Ingenieure 3, Abschnitt 8.2.3 zu finden.

Vereinfachungen bei der Lösung von linearen Differentialgleichungen 1. Ordnung

1. Vereinfachung:
Wenn von einer homogenen linearen Differentialgleichung eine partikuläre Lösung bekannt ist, kann auf die Trennung der Veränderlichen und anschließende Integration verzichtet werden: Die partikuläre Lösung wird mit einer Konstanten C multipliziert, um die allgemeine Lösung der homogenen Differentialgleichung zu bekommen.
Erläuterung:
Die bekannte partikuläre Lösung

$$y_p = f_p(x)$$

genügt der homogenen linearen Differentialgleichung 1. Ordnung: $y' + g(x) \cdot y = 0$:

$$\frac{dy_p}{dx} + g(x) \cdot y_p = 0$$

Wird die partikuläre Lösung mit einer Konstanten C multipliziert

$$y = C \cdot y_p$$

dann genügt sie auch der homogenen Differentialgleichung

$$\frac{d(C \cdot y_p)}{dx} + g(x) \cdot C \cdot y_p = 0$$

$$C \cdot \frac{dy_p}{dx} + C \cdot g(x) \cdot y_p = C \cdot \left(\frac{dy_p}{dx} + g(x) \cdot y_p \right) = 0$$

Die Lösung $y = C \cdot y_p$ enthält eine willkürlich wählbare Konstante und ist damit allgemeine Lösung der homogenen Differentialgleichung:

$$y_h = C \cdot y_p \qquad (13.24)$$

Beispiel:
Von der homogenen Differentialgleichung

$$y' + y \cdot \sin x = 0$$

ist die partikuläre Lösung

$$y_p = e^{1+\cos x}$$

bekannt. Wie lautet die allgemeine Lösung der homogenen Differentialgleichung?
Lösung:
Zunächst wird die Richtigkeit der partikulären Lösung durch Einsetzen in die Differentialgleichung nachgewiesen:

$$y_p = e^{1+\cos x}$$

$$y_p' = -\sin x \cdot e^{1+\cos x}$$

$$-\sin x \cdot e^{1+\cos x} + e^{1+\cos x} \cdot \sin x = e^{1+\cos x} \cdot (\sin x - \sin x) = 0$$

Die allgemeine Lösung der homogenen Differentialgleichung kann sofort angegeben werden:

$$y_h = C \cdot e^{1+\cos x} = C \cdot e \cdot e^{\cos x} = K \cdot e^{\cos x} \quad \text{mit} \quad K = C \cdot e$$

Kontrolle der Lösung durch Trennung der Veränderlichen:

$$\frac{dy}{dx} + y \cdot \sin x = 0 \qquad \frac{dy}{dx} = -y \cdot \sin x \qquad \frac{dy}{y} = -\sin x \cdot dx \qquad \int \frac{dy}{y} = -\int \sin x \cdot dx$$

$$\ln|y| = \cos x + \ln|C|$$

$$y_h = e^{\cos x + \ln|C|} = e^{\ln|C|} \cdot e^{\cos x} = K \cdot e^{\cos x} \qquad \text{mit } K = e^{\ln|C|}$$

<u>2. Vereinfachung:</u>
Wenn von einer inhomogenen linearen Differentialgleichung eine partikuläre Lösung bekannt ist, braucht man statt zwei nur noch eine Integration durchzuführen, um die allgemeine Lösung zu finden.
<u>Erläuterung:</u>
Die bekannte partikuläre Lösung

$$y_p = f_p(x)$$

genügt der inhomogenen linearen Differentialgleichung 1. Ordnung $y' + g(x) \cdot y = s(x)$

$$\frac{dy_p}{dx} + g(x) \cdot y_p = s(x)$$

Mit dem Ansatz

$$y = y_p + u(x)$$

der differenziert wird

$$\frac{dy}{dx} = \frac{dy_p}{dx} + \frac{du}{dx}$$

und in die inhomogene Differentialgleichung eingesetzt wird

$$\left[\frac{dy_p}{dx} + \frac{du}{dx}\right] + \left[g(x) \cdot y_p + g(x) \cdot u(x)\right] = s(x)$$

$$\left[\frac{du}{dx} + g(x) \cdot u(x)\right] + \left[\frac{dy_p}{dx} + g(x) \cdot y_p\right] = s(x) \quad \text{mit} \quad \left[\frac{dy_p}{dx} + g(x) \cdot y_p\right] = s(x)$$

entsteht eine homogene Differentialgleichung

$$\frac{du}{dx} + g(x) \cdot u(x) = 0 \tag{13.25}$$

die durch Trennung der Veränderliche und anschließender einmaliger Integration gelöst werden kann.

Beispiel:
Von der inhomogenen Differentialgleichung (siehe Beispiel 1, Gl. 13.22)

$$y' + \frac{y}{x} = \sin x$$

ist die partikuläre Lösung

$$y_p = \frac{1}{x} \cdot (1 + \sin x - x \cdot \cos x)$$

bekannt. Das ist die allgemeine Lösung der inhomogenen Differentialgleichung mit $C = 1$ (siehe Gl. 13.23).
Wie lautet die allgemeine Lösung der inhomogenen Differentialgleichung?
Lösung:
Mit $y = y_p + u(x)$

$$y = \frac{1}{x} \cdot (1 + \sin x - x \cdot \cos x) + u(x)$$

differenziert nach der Produktregel und Summenregel

$$y' = -\frac{1}{x^2} \cdot (1 + \sin x - x \cdot \cos x) + \frac{1}{x} \cdot (\cos x - \cos x + x \cdot \sin x) + u'(x)$$

eingesetzt in die inhomogene Differentialgleichung

$$-\frac{1 + \sin x - x \cdot \cos x}{x^2} + \sin x + u'(x) + \frac{1 + \sin x - x \cdot \cos x}{x^2} + \frac{u(x)}{x} = \sin x$$

ergibt die homogene Differentialgleichung

$$u'(x) + \frac{u(x)}{x} = 0,$$

die durch Trennung der Veränderliche und anschließende einmalige Integration gelöst wird:

$$\frac{du}{dx} = -\frac{u}{x} \qquad \frac{du}{u} = -\frac{dx}{x} \qquad \int \frac{du}{u} = -\int \frac{dx}{x}$$

$$\ln|u| = -\ln|x| + \ln|K| = \ln\frac{K}{x} \qquad \Rightarrow \qquad u = \frac{K}{x}$$

Damit ist die allgemeine Lösung der inhomogenen Differentialgleichung mit $y = y_p + u(x)$

$$y = \frac{1}{x} \cdot (1 + \sin x - x \cdot \cos x) + \frac{K}{x} = \frac{K + 1 + \sin x - x \cdot \cos x}{x}$$

$$y = \frac{C + \sin x}{x} - \cos x$$

mit $C = K + 1$

3. Vereinfachung:
Wenn von einer inhomogenen linearen Differentialgleichung zwei partikuläre Lösungen y_{p1} und y_{p2} bekannt sind, braucht man keine Integration mehr durchzuführen, um die allgemeine Lösung zu bekommen.
Erläuterung:
Die bekannten partikulären Lösungen

$$y_{p1} = f_{p1}(x) \quad \text{und} \quad y_{p2} = f_{p2}(x)$$

genügen der inhomogenen linearen Differentialgleichung 1. Ordnung: $y' + g(x) \cdot y = s(x)$

$$\frac{dy_{p1}}{dx} + g(x) \cdot y_{p1} = s(x) \qquad \text{und} \qquad \frac{dy_{p2}}{dx} + g(x) \cdot y_{p2} = s(x)$$

Werden beide Differentialgleichungen subtrahiert, dann entsteht die zugehörige homogene Differentialgleichung, weil sich die Störfunktion $s(x)$ aufhebt:

$$\frac{d\left(y_{p2} - y_{p1}\right)}{dx} + g(x) \cdot \left(y_{p2} - y_{p1}\right) = 0$$

d.h. $\left(y_{p2} - y_{p1}\right)$ ist eine partikuläre Lösung der homogenen Differentialgleichung.

Wenn von einer homogenen linearen Differentialgleichung eine partikuläre Lösung bekannt ist, wird diese mit einer Konstanten C multipliziert, um die allgemeine Lösung der homogenen Differentialgleichung zu bekommen (siehe 1. Vereinfachung):

$$y_h = C \cdot \left(y_{p2} - y_{p1}\right)$$

Die allgemeine Lösung der inhomogenen Differentialgleichung ist gleich der Summe der allgemeinen Lösung der homogenen Differentialgleichung und einer partikulären Lösung der inhomogenen Differentialgleichung.

$$y = y_h + y_{p1} = C \cdot \left(y_{p2} - y_{p1}\right) + y_{p1} \tag{13.26}$$

<u>Beispiel:</u>
Von der inhomogenen Differentialgleichung (siehe Beispiel 1, Gl. 13.22)

$$y' + \frac{y}{x} = \sin x$$

sind die partikulären Lösungen

$$y_{p1} = \frac{1}{x} \cdot (1 + \sin x - x \cdot \cos x) \qquad \text{und} \qquad y_{p2} = \frac{1}{x} \cdot (\sin x - x \cdot \cos x)$$

bekannt. Das ist die allgemeine Lösung der inhomogenen Differentialgleichung mit $C = 1$ bzw. $C = 0$ (siehe Gl. 13.23). Wie lautet die allgemeine Lösung der inhomogenen Differentialgleichung?

<u>Lösung:</u>
Die allgemeine Lösung der inhomogenen Differentialgleichung ergibt sich aus den partikulären Lösungen der inhomogenen Differentialgleichung ohne Integration:

$$y = C \cdot \left(y_{p2} - y_{p1}\right) + y_{p1} \qquad \text{mit} \qquad y_{p2} - y_{p1} = -\frac{1}{x}$$

$$y = -\,C \cdot \frac{1}{x} + \frac{1}{x} \cdot (1 + \sin x - x \cdot \cos x)$$

$$y = \frac{1 - C + \sin x}{x} - \cos x$$

$$y = \frac{K + \sin x}{x} - \cos x \qquad \text{mit} \quad K = 1 - C$$

13.3 Differentialgleichungen zweiter und höherer Ordnung mit konstanten Koeffizienten

Differentialgleichungen mit konstanten Koeffizienten

Eine lineare inhomogene Differentialgleichung n-ter Ordnung

$$g_n(x)\cdot y^{(n)} + g_{n-1}(x)\cdot y^{(n-1)} + g_{n-2}(x)\cdot y^{(n-2)} + \ldots + g_2(x)\cdot y'' + g_1(x)\cdot y' + g_0\cdot y = S(x)$$

wird mit (13.27)

$$a_i = \frac{g_i(x)}{g_n(x)} \qquad \text{und} \qquad s(x) = \frac{S(x)}{g_n(x)}$$

in eine lineare inhomogene Differentialgleichung n-ter Ordnung mit konstanten, d.h. von x unabhängigen Koeffizienten überführt:

$$y^{(n)} + a_{n-1}\cdot y^{(n-1)} + a_{n-2}\cdot y^{(n-2)} + \ldots + a_2\cdot y'' + a_1\cdot y' + a_0\cdot y = s(x) \qquad (13.28)$$

mit $a_i \in R$

Ist $s(x) \neq 0$, dann ist die Differentialgleichung inhomogen,
ist $s(x) = 0$, so ist die Differentialgleichung homogen.

speziell $n = 2$: Differentialgleichung 2. Ordnung mit konstanten Koeffizienten

$$y'' + a_1\cdot y' + a_0\cdot y = s(x) \qquad (13.29)$$

Sätze zum Lösen von linearen Differentialgleichungen mit konstanten Koeffizienten

Satz 1:
Sind $y_{p1} = f_{p1}(x)$ und $y_{p2} = f_{p2}(x)$ partikuläre Lösungen einer homogenen linearen Differentialgleichung n-ter Ordnung, so ist auch ihre Summe $y_{p1} + y_{p2} = f_{p1}(x) + f_{p2}(x)$ eine partikuläre Lösung.
Erläuterung:
Werden die partikulären Lösungen in die homogene Differentialgleichung eingesetzt

$$y''_{p1} + a_1\cdot y'_{p1} + a_0\cdot y_{p1} = 0$$
$$y''_{p2} + a_1\cdot y'_{p2} + a_0\cdot y_{p2} = 0$$

und beide Gleichungen addiert

$$\left(y''_{p1} + y''_{p2}\right) + a_1\cdot\left(y'_{p1} + y'_{p2}\right) + a_0\cdot\left(y_{p1} + y_{p2}\right) = 0$$

und in der Form von Differentialquotienten geschrieben

$$\left(\frac{d^2y_{p1}}{dx^2}+\frac{d^2y_{p2}}{dx^2}\right)+a_1\cdot\left(\frac{dy_{p1}}{dx}+\frac{dy_{p2}}{dx}\right)+a_0\cdot\left(y_{p1}+y_{p2}\right)=0$$

und die Summenregel der Differentialrechnung angewendet

$$\frac{d^2\left(y_{p1}+y_{p2}\right)}{dx^2}+a_1\cdot\frac{d\left(y_{p1}+y_{p2}\right)}{dx}+a_0\cdot\left(y_{p1}+y_{p2}\right)=0,$$

wird bestätigt, dass der 1. Satz Gültigkeit hat.

Satz 2:
Ist $y_p=f_p(x)$ eine partikuläre Lösungen einer homogenen linearen Differentialgleichung n-ter Ordnung, so ist auch die mit einer Konstanten C multiplizierte partikuläre Lösung $C\cdot y_p=C\cdot f_p(x)$ eine partikuläre Lösung.
Erläuterung:
Werden die partikulären Lösungen in die homogene Differentialgleichung eingesetzt

$$y_p''+a_1\cdot y_p'+a_0\cdot y_p=0$$

$$\frac{d^2y_p}{dx^2}+a_1\cdot\frac{dy_p}{dx}+a_0\cdot y_p=0$$

$$\frac{d^2\left(C\cdot y_p\right)}{dx^2}+a_1\cdot\frac{d\left(C\cdot y_p\right)}{dx}+a_0\cdot\left(C\cdot y_p\right)=0$$

und die Faktorregel der Differentialrechnung angewendet

$$C\cdot\frac{d^2y_p}{dx^2}+a_1\cdot C\cdot\frac{dy_p}{dx}+a_0\cdot C\cdot y_p=0$$

wird bestätigt, dass der 2. Satz gilt.

Satz 3:
Sind $y_{p1}=f_{p1}(x)$, $y_{p2}=f_{p2}(x)$, $y_{p3}=f_{p3}(x)$, ..., $y_{pn}=f_{pn}(x)$ n wesentliche, voneinander nicht abhängige partikuläre Lösungen einer homogenen linearen Differentialgleichung n-ter Ordnung, dann kann die allgemeine Lösung angegeben werden:

$$y=C_1\cdot y_{p1}+C_2\cdot y_{p2}+C_3\cdot y_{p3}+\ldots+C_n\cdot y_{pn} \quad (13.30)$$

Eine nicht wesentliche Lösung ist die triviale Lösung $y=0$.
Voneinander abhängige Lösungen entstehen durch Überlagerung zweier partikulärer Lösungen oder durch Multiplikation einer partikulären Lösung mit einer Konstanten (siehe 1. und 2. Satz).
z.B. $y_{p1}=1$ $\quad y_{p2}=\sin^2 x$
$y_{p3}=\cos 2x$ scheidet aus, weil y_{p1} und y_{p2} über $y_{p3}=2\cdot\sin^2 x-1$ voneinander abhängig sind.

Erläuterung:
Nach den Sätzen 1 und 2 sind die Summen der partikulären Lösungen, die mit beliebigen Konstanten behaftet sind, auch partikuläre Lösungen der homogenen Differentialgleichungen. Enthält die Lösung einer Differentialgleichung n-ter Ordnung n frei wählbare Parameter, dann ist sie allgemeine Lösung der homogenen Differentialgleichung.
Beispiel:
Von der homogenen linearen Differentialgleichung 2. Ordnung mit konstanten Koeffizienten

$$y'' - y = 0$$

sind die beiden partikulären Lösungen bekannt:

$$y_{p1} = e^{x} \quad \text{und} \quad y_{p2} = e^{-x}$$

Jeweils in die Differentialgleichung eingesetzt, bestätigt sich, dass es sich um partikuläre Lösungen handelt:

$$y_{p1} = e^{x}: \quad \text{mit} \quad y'_{p1} = e^{x} \quad y''_{p1} = e^{x} \quad \Rightarrow \quad e^{x} - e^{x} = 0$$

$$y_{p2} = e^{-x}: \quad \text{mit} \quad y'_{p2} = -e^{-x} \quad y''_{p2} = e^{-x} \quad \Rightarrow \quad e^{-x} - e^{-x} = 0$$

Nach dem 3. Satz lautet die allgemeine Lösung der homogenen Differentialgleichung dann

$$y = C_1 \cdot e^{x} + C_2 \cdot e^{-x}$$

denn sie enthält zwei frei wählbare Parameter.
Durch Einsetzen in die Differentialgleichung kann die allgemeine Lösung kontrolliert werden:

$$y = C_1 \cdot e^{x} + C_2 \cdot e^{-x}$$

$$y' = C_1 \cdot e^{x} - C_2 \cdot e^{-x}$$

$$y'' = C_1 \cdot e^{x} + C_2 \cdot e^{-x}$$

$$y'' - y = C_1 \cdot e^{x} + C_2 \cdot e^{-x} - \left(C_1 \cdot e^{x} + C_2 \cdot e^{-x}\right) = 0$$

Satz 4:
Ist die partikuläre Lösung einer homogenen linearen Differentialgleichung eine Funktion in der Form

$$y = f(x) = u(x) + j \cdot v(x)$$

also komplex, dann sind auch der reale und der imaginäre Teil der Funktion

$$y_{p1} = u(x) \quad \text{und} \quad y_{p2} = j \cdot v(x)$$

jeweils partikuläre Lösungen der homogenen Differentialgleichung.
Erläuterung:
Nach den Sätzen 1 und 2 sind die Summen der partikulären Lösungen, die mit beliebigen Konstanten behaftet sind, auch partikuläre Lösungen der homogenen Differentialgleichungen. Dabei kann auch die imaginäre Einheit j als Konstante auftreten.

Beispiel:
Von der homogenen linearen Differentialgleichung 2. Ordnung mit konstanten Koeffizienten

$$y'' - y = 0$$

sind die beiden partikulären Lösungen bekannt:

$$y_{p1} = u(x) = e^x \quad \text{und} \quad y_{p2} = j \cdot v(x) = j \cdot e^{-x}$$

Jeweils in die Differentialgleichung eingesetzt, bestätigt sich, dass es sich um partikuläre Lösungen handelt:

$$y_{p1} = e^x: \quad \text{mit} \quad y'_{p1} = e^x \qquad y''_{p1} = e^x \quad \Rightarrow \quad e^x - e^x = 0$$

$$y_{p2} = j \cdot e^{-x}: \quad \text{mit} \quad y'_{p2} = -j \cdot e^{-x} \qquad y''_{p2} = j \cdot e^{-x} \quad \Rightarrow \quad j \cdot e^x - j \cdot e^x = 0$$

homogene lineare Differentialgleichung 2. Ordnung

Für die homogene lineare Differentialgleichung 2. Ordnung mit konstanten Koeffizienten

$$y'' + a_1 \cdot y' + a_0 \cdot y = 0 \tag{13.31}$$

lässt sich nach Satz 3 die allgemeine Lösung der Differentialgleichung 2. Ordnung angeben, wenn zwei voneinander unabhängige partikuläre Lösungen gefunden werden. Integrationen sind dann nicht notwendig.
Die Lösung wird mit dem Ansatz

$$y = e^{\lambda \cdot x} \tag{13.32}$$

ermittelt, wobei die Größe λ der Differentialgleichung angepasst werden muss, um ihr zu genügen. Für die Differentialgleichung 2. Ordnung muss der Ansatz zweimal differenziert werden:

$$y = e^{\lambda \cdot x} \qquad y' = \lambda \cdot e^{\lambda \cdot x} \qquad y'' = \lambda^2 \cdot e^{\lambda \cdot x}$$

In die Differentialgleichung eingesetzt,

$$\lambda^2 \cdot e^{\lambda \cdot x} + a_1 \cdot \lambda \cdot e^{\lambda \cdot x} + a_0 \cdot e^{\lambda \cdot x} = 0$$

$$e^{\lambda \cdot x} \cdot \left(\lambda^2 + a_1 \cdot \lambda + a_0\right) = 0 \quad \text{mit} \quad e^{\lambda \cdot x} \neq 0$$

ergibt sich die so genannte "charakteristische Gleichung" der homogenen Differentialgleichung:

$$\lambda^2 + a_1 \cdot \lambda + a_0 = 0 \tag{13.33}$$

Die beiden Lösungen der charakteristischen Gleichung

$$\lambda_{1,2} = -\frac{a_1}{2} \pm \sqrt{\left(\frac{a_1}{2}\right)^2 - a_0} \tag{13.34}$$

können reell und voneinander verschieden, gleich oder konjugiert komplex sein, je nachdem ob die Diskriminante größer, gleich oder kleiner Null ist.

λ_1 und λ_2 sind reell und voneinander verschieden:

d.h.

$$\left(\frac{a_1}{2}\right)^2 - a_0 > 0 \tag{13.35}$$

Nach Satz 3 ist dann die allgemeine Lösung der Differentialgleichung:

$$y = C_1 \cdot e^{\lambda_1 \cdot x} + C_2 \cdot e^{\lambda_2 \cdot x} \tag{13.36}$$

λ_1 und λ_2 sind gleich:

d.h.

$$\left(\frac{a_1}{2}\right)^2 - a_0 = 0 \qquad \lambda_{1,2} = \lambda = -\frac{a_1}{2} = -\delta \tag{13.37}$$

In diesem Fall ist nur eine unabhängige partikuläre Lösung zu finden:

$$y = C \cdot e^{\lambda \cdot x}$$

Mit Hilfe der Variation der Konstanten lässt sich aber eine allgemeine Lösung der homogenen Differentialgleichung berechnen:

$$y = C(x) \cdot e^{\lambda \cdot x}$$
$$y' = C'(x) \cdot e^{\lambda \cdot x} + C(x) \cdot \lambda \cdot e^{\lambda \cdot x}$$
$$y'' = C''(x) \cdot e^{\lambda \cdot x} + C'(x) \cdot \lambda \cdot e^{\lambda \cdot x} + C'(x) \cdot \lambda \cdot e^{\lambda \cdot x} + C(x) \cdot \lambda^2 \cdot e^{\lambda \cdot x}$$

in die Differentialgleichung eingesetzt

$$C''(x) \cdot e^{\lambda \cdot x} + C'(x) \cdot \lambda \cdot e^{\lambda \cdot x} + C'(x) \cdot \lambda \cdot e^{\lambda \cdot x} + C(x) \cdot \lambda^2 \cdot e^{\lambda \cdot x} +$$
$$+ a_1 \cdot C'(x) \cdot e^{\lambda \cdot x} + a_1 \cdot C(x) \cdot \lambda \cdot e^{\lambda \cdot x} + a_0 \cdot C(x) \cdot e^{\lambda \cdot x} = 0$$
$$e^{\lambda \cdot x} \cdot \left[C''(x) + C'(x) \cdot (2\lambda + a_1) + C(x) \cdot \left(\lambda^2 + a_1 \cdot \lambda + a_0\right)\right] = 0$$

mit $e^{\lambda \cdot x} \neq 0$

$2\lambda + a_1 = 0$, weil $\lambda_{1,2} = \lambda = -\frac{a_1}{2}$

$\lambda^2 + a_1 \cdot \lambda + a_0 = 0$, weil die charakteristische Gleichung Null ist

d.h. $C''(x) = 0$

Durch zweifache Integration kann $C(x)$ berechnet werden:

$$\frac{d^2C}{dx^2}=0 \qquad \frac{dC}{dx}=C_1 \qquad C=C_1\cdot x+C_2$$

Damit ergibt sich die Lösung der homogenen Differentialgleichung

$$y=(C_1\cdot x+C_2)\cdot e^{\lambda\cdot x}=(C_1\cdot x+C_2)\cdot e^{-\delta\cdot x} \tag{13.38}$$

<u>λ_1 und λ_2 sind konjugiert komplex:</u>

d.h.

$$\left(\frac{a_1}{2}\right)^2-a_0<0 \tag{13.39}$$

$$\lambda_{1,2}=-\frac{a_1}{2}\pm\sqrt{(-1)\left[a_0-\left(\frac{a_1}{2}\right)^2\right]}=-\frac{a_1}{2}\pm j\cdot\sqrt{a_0-\left(\frac{a_1}{2}\right)^2}$$

$$\lambda_{1,2}=-\delta\pm j\cdot\omega$$

$$\text{mit} \qquad \delta=\frac{a_1}{2} \quad \text{und} \quad \omega=\sqrt{a_0-\left(\frac{a_1}{2}\right)^2} \tag{13.40}$$

Nach Satz 3 ist dann die allgemeine Lösung der Differentialgleichung:

$$y=C_1\cdot e^{\lambda_1\cdot x}+C_2\cdot e^{\lambda_2\cdot x}$$

$$y=C_1\cdot e^{(-\delta+j\cdot\omega)\cdot x}+C_2\cdot e^{(-\delta-j\cdot\omega)\cdot x}$$

$$y=e^{-\delta\cdot x}\cdot\left(C_1\cdot e^{j\cdot\omega x}+C_2\cdot e^{-j\cdot\omega\cdot x}\right) \tag{13.41}$$

Mit $\quad e^{j\alpha}=\cos\alpha+j\cdot\sin\alpha \quad$ und $\quad e^{-j\alpha}=\cos\alpha-j\cdot\sin\alpha$

ist $\quad y=e^{-\delta\cdot x}\cdot\left[C_1\cdot(\cos\omega x+j\cdot\sin\omega x)+C_2\cdot(\cos\omega x-j\cdot\sin\omega x)\right]$

$$y=e^{-\delta\cdot x}\cdot\left[(C_1+C_2)\cdot\cos\omega x+j\cdot(C_1-C_2)\cdot\sin\omega x\right]$$

Nach Satz 4 ist

$$y=e^{-\delta\cdot x}\cdot(A\cdot\cos\omega x+B\cdot\sin\omega x) \tag{13.42}$$

$$\text{mit} \quad A=C_1+C_2 \quad \text{und} \quad B=j\cdot(C_1-C_2)$$

und mit

$$A=K\cdot\sin\varphi \qquad \text{und} \qquad B=K\cdot\cos\varphi$$

$$y=e^{-\delta\cdot x}\cdot(K\cdot\sin\omega x\cdot\cos\varphi+K\cdot\cos\omega x\cdot\sin\varphi)$$

$$y=e^{-\delta\cdot x}\cdot K\cdot\sin(\omega x+\varphi) \tag{13.43}$$

weil $\quad \sin(\alpha+\beta)=\sin\alpha\cdot\cos\beta+\cos\alpha\cdot\sin\beta$

Beispiele:

1. Die Differentialgleichung $y'' + a_1 \cdot y' + a_0 \cdot y = 0$ enthält die Konstanten $a_1 = 4$ und $a_0 = 3$, 4 und 5 .

   Die allgemeine Lösung der Differentialgleichung ist für die drei Fälle zu ermitteln.

   Lösung:

1.1 $y'' + 4 \cdot y' + 3 \cdot y = 0$

Ansatz: $y = e^{\lambda \cdot x}$

zweimal differenziert

$y' = \lambda \cdot e^{\lambda \cdot x} \quad y'' = \lambda^2 \cdot e^{\lambda \cdot x}$

und eingesetzt in die Differentialgleichung

$\lambda^2 \cdot e^{\lambda \cdot x} + 4 \cdot \lambda \cdot e^{\lambda \cdot x} + 3 \cdot e^{\lambda \cdot x} = 0$

ergibt die charakteristische Gleichung der Differentialgleichung

$\lambda^2 + 4 \cdot \lambda + 3 = 0$,

deren Lösungen

$\lambda_{1,2} = -2 \pm \sqrt{4-3} = -2 \pm 1$

$\lambda_1 = -1$ und $\lambda_2 = -3$

reell und voneinander verschieden sind.

Die allgemeine Lösung ist

$y = C_1 \cdot e^{-x} + C_2 \cdot e^{-3x}$

1.2 $y'' + 4 \cdot y' + 4 \cdot y = 0$

charakteristische Gleichung

$\lambda^2 + 4 \cdot \lambda + 4 = 0$

Lösung der charakteristischen Gleichung

$\lambda_{1,2} = -2 \pm \sqrt{4-4} = -2$

$\lambda_1 = \lambda_2 = \lambda = -2$

Die allgemeine Lösung ist dann

$y = (C_1 \cdot x + C_2) \cdot e^{-2x}$

1.3 $y'' + 4 \cdot y' + 5 \cdot y = 0$

charakteristische Gleichung

$\lambda^2 + 4 \cdot \lambda + 5 = 0$

Lösung der charakteristischen Gleichung

$\lambda_{1,2} = -2 \pm \sqrt{4-5} = -2 \pm j$

$\lambda_1 = -2 + j \quad \lambda_2 = -2 - j$

Die allgemeine Lösung ist dann

$y = e^{-2 \cdot x} \cdot \left(C_1 \cdot e^{j \cdot x} + C_2 \cdot e^{-j \cdot x}\right) = e^{-2 \cdot x} \cdot (A \cdot \cos x + B \cdot \sin x)$

mit $\delta = 2$ und $\omega = 1$

2. Entladung eines Kondensators über einer verlustbehafteten Induktivität. Zu ermitteln ist der zeitliche Verlauf der Kondensatorspannung $u_C(t)$ in allgemeiner Form.

   Lösung:

   Ab $t = 0$ gilt der Maschensatz für Augenblickswerte der Spannungen

   $$u_R + u_L + u_C = 0$$

   und mit

   $$u_R = R \cdot i \quad \text{und} \quad u_L = L \cdot \frac{di}{dt}$$

   $$R \cdot i + L \cdot \frac{di}{dt} + u_C = 0$$

   Mit

   $$i = C \cdot \frac{du_C}{dt} \quad \text{und} \quad \frac{di}{dt} = C \cdot \frac{d^2u_C}{dt^2}$$

   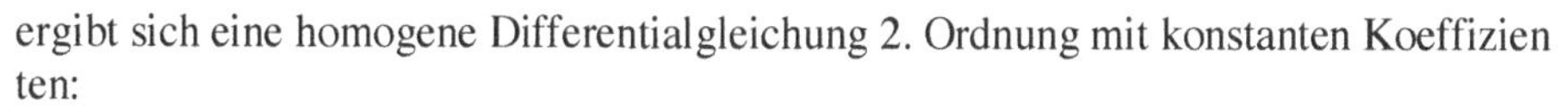

   ergibt sich eine homogene Differentialgleichung 2. Ordnung mit konstanten Koeffizien ten:

   $$L \cdot C \cdot \frac{d^2u_C}{dt^2} + R \cdot C \cdot \frac{du_C}{dt} + u_C = 0$$

   und

   $$\frac{d^2u_C}{dt^2} + \frac{R}{L} \cdot \frac{du_C}{dt} + \frac{1}{LC} \cdot u_C = 0$$

   Mit dem Ansatz

   $$u_C = e^{\lambda \cdot t}$$

   lässt sich die charakteristische Gleichung bilden:

   $$u_C' = \lambda \cdot e^{\lambda \cdot t} \qquad u_C'' = \lambda^2 \cdot e^{\lambda \cdot t}$$

   $$\lambda^2 \cdot e^{\lambda \cdot t} + \frac{R}{L} \cdot \lambda \cdot e^{\lambda \cdot t} + \frac{1}{LC} \cdot e^{\lambda \cdot t} = 0$$

   $$\lambda^2 + \frac{R}{L} \cdot \lambda + \frac{1}{LC} = 0$$

   Die Lösung der charakteristischen Gleichung

   $$\lambda_{1,2} = -\frac{R}{2 \cdot L} \pm \sqrt{\left(\frac{R}{2 \cdot L}\right)^2 - \frac{1}{L \cdot C}}$$

   enthält drei Fälle

   $$\left(\frac{R}{2 \cdot L}\right)^2 > \frac{1}{L \cdot C} \qquad \left(\frac{R}{2 \cdot L}\right)^2 = \frac{1}{L \cdot C} \qquad \left(\frac{R}{2 \cdot L}\right)^2 < \frac{1}{L \cdot C}$$

Mit den Bezeichnungen

$$\delta = \frac{R}{2 \cdot L} \quad \text{Abklingkonstante}$$

$$\omega_0 = \frac{1}{\sqrt{L \cdot C}} \quad \text{Resonanzkreisfrequenz der stationären Schwingung}$$

$$\omega = \sqrt{\frac{1}{L \cdot C} - \left(\frac{R}{2 \cdot L}\right)^2} = \sqrt{\omega_0^2 - \delta^2} \quad \text{Kreisfrequenz des Abklingvorgangs}$$

hat die Lösung der charakteristischen Gleichung folgendes Aussehen:

$$\lambda_{1,2} = -\delta \pm \sqrt{\delta^2 - \omega_0^2} \qquad \text{bzw.} \qquad \lambda_{1,2} = -\delta \pm j \cdot \sqrt{\omega_0^2 - \delta^2} = -\delta \pm j \cdot \omega$$

<u>aperiodischer Fall:</u>

$$\delta > \omega_0 \qquad R > 2 \cdot \sqrt{\frac{L}{C}}$$

allgemeine Lösung:

$$u_C = C_1 \cdot e^{\lambda_1 \cdot t} + C_2 \cdot e^{\lambda_2 \cdot t}$$

<u>aperiodischer Grenzfall:</u>

$$\delta > \omega_0 \qquad \left(\frac{R}{2 \cdot L}\right)^2 = \frac{1}{L \cdot C} \qquad R = 2 \cdot \sqrt{\frac{L}{C}}$$

allgemeine Lösung:

$$u_C = (C_1 \cdot t + C_2) \cdot e^{\lambda \cdot t}$$

<u>Schwingfall:</u>

$$\delta < \omega_0 \qquad \left(\frac{R}{2 \cdot L}\right)^2 < \frac{1}{L \cdot C} \qquad R < 2 \cdot \sqrt{\frac{L}{C}}$$

allgemeine Lösung:

$$u_C = e^{-\delta \cdot t} \cdot (A \cdot \cos \omega t + B \cdot \sin \omega t) \cdot e^{\lambda \cdot t}$$

Für den Ausgleichsvorgang gibt es jeweils für die drei Fälle eindeutige Verläufe, die den partikulären Lösungen entsprechen. Die partikulären Lösungen ergeben sich mit den Anfangsbedingungen bei $t = 0$

$$u_C(0) = -U_q \quad \text{und} \quad i(0) = 0$$

d.h. die Konstanten können bestimmt werden.

In Weißgerber: Elektrotechnik für Ingenieure 3 wird dieser Ausgleichsvorgang im Abschnitt 8.2.4 ausführlich behandelt.

Inhomogene lineare Differentialgleichung 2. Ordnung

Die allgemeine Lösung der inhomogenen linearen Differentialgleichung 2. Ordnung mit konstanten Koeffizienten

$$y'' + a_1 \cdot y' + a_0 \cdot y = s(x)$$

ist gleich der Summe der allgemeinen Lösung der zugehörigen homogenen Differentialgleichung y_h und einer partikulären Lösung der inhomogenen Differentialgleichung y_p:

$$y = y_h + y_p$$

Die allgemeine Lösung der homogenen Differentialgleichung wird mit dem $e^{\lambda \cdot x}$-Ansatz ermittelt, die partikuläre Lösung der inhomogenen Differentialgleichung kann mit Hilfe der Variation der Konstanten gefunden werden.
Hat die Störfunktion $s(x)$ die Form

$$s(x) = \left(p_0 + p_1 \cdot x + p_2 \cdot x^2 + p_3 \cdot x^3 + ... + p_m \cdot x^m\right) \cdot e^{\alpha \cdot x}$$

dann lässt sich die allgemeine Lösung der inhomogenen Differentialgleichung mit einem Lösungsansatz ermitteln; auf die Variation der Konstanten mit Integration kann dann verzichtet werden: Ist α nicht der Lösungswert der charakteristischen Gleichung der zugehörigen homogenen Differentialgleichung, dann lautet der Lösungsansatz:

$$y_p = \left(b_0 + b_1 \cdot x + b_2 \cdot x^2 + b_3 \cdot x^3 + ... + +b_m \cdot x^m\right) \cdot e^{\alpha \cdot x}$$

Ist α eine q-fache Lösung der charakteristischen Gleichung der zugehörigen homogenen Differentialgleichung, dann lautet der Lösungsansatz mit $q \in N$:

$$y_p = x^q \cdot \left(b_0 + b_1 \cdot x + b_2 \cdot x^2 + b_3 \cdot x^3 + ... + b_m \cdot x^m\right) \cdot e^{\alpha \cdot x}$$

Der jeweilige Lösungsansatz wird differenziert und in die inhomogene Differentialgleichung eingesetzt. Durch Koeffizientenvergleich lassen sich b_0, b_1, b_2, b_3 ,..., b_m berechnen.

Beispiele:

1. $y'' - 3 \cdot y' + 2 \cdot y = 2 \cdot x + 1$

   Lösung der homogenen Differentialgleichung

   $$y'' - 3 \cdot y' + 2 \cdot y = 0$$

   Ansatz: $y = e^{\lambda \cdot x}$

   differenziert: $y' = \lambda \cdot e^{\lambda \cdot x}$ $\quad y'' = \lambda^2 \cdot e^{\lambda \cdot x}$

   eingesetzt: $\lambda^2 \cdot e^{\lambda \cdot x} - 3 \cdot \lambda \cdot e^{\lambda \cdot x} + 2 \cdot e^{\lambda \cdot x} = 0$

   charakteristische Gleichung: $\lambda^2 - 3 \cdot \lambda + 2 = 0$

   Lösungen der charakteristischen Gleichung:

   $$\lambda_{1,2} = \frac{3}{2} \pm \sqrt{\frac{9-8}{4}} = \frac{3}{2} \pm \frac{1}{2} \qquad \lambda_1 = 1 \qquad \lambda_2 = 2$$

   allgemeine Lösung der homogenen Differentialgleichung:

   $$y_h = C_1 \cdot e^x + C_2 \cdot e^{2x}$$

partikuläre Lösung der inhomogenen Differentialgleichung:

$$s(x) = 2 \cdot x + 1 = (p_0 + p_1 \cdot x) \cdot e^{\alpha \cdot x}$$

mit $m = 1$ und $\alpha = 0$ (ist nicht Lösung der charakteristischen Gleichung)

Ansatz: $y_p = (b_0 + b_1 \cdot x) \cdot e^0 = b_0 + b_1 \cdot x$

differenziert: $y_p' = b_1 \quad y_p'' = 0$

eingesetzt in die inhomogene Differentialgleichung:

$$0 - 3 \cdot b_1 + 2 \cdot (b_0 + b_1 \cdot x) = 2 \cdot x + 1$$

ergibt: $2 \cdot b_1 \cdot x + 2 \cdot b_0 - 3 \cdot b_1 = 2 \cdot x + 1$

$$2 \cdot b_1 = 2 \qquad b_1 = 1 \qquad\qquad 2 \cdot b_0 - 3 \cdot b_1 = 1 \qquad b_0 = 2$$

partikuläre Lösung: $y_p = 2 + x$

allgemeine Lösung der inhomogenen Differentialgleichung:

$$y = C_1 \cdot e^x + C_2 \cdot e^{2x} + x + 2$$

Ergebniskontrolle:

$$y' = C_1 \cdot e^x + 2 \cdot C_2 \cdot e^{2x} + 1 \qquad y'' = C_1 \cdot e^x + 4 \cdot C_2 \cdot e^{2x} + 0$$

$$C_1 \cdot e^x + 4 \cdot C_2 \cdot e^{2x} - 3 \cdot (C_1 \cdot e^x + 2 \cdot C_2 \cdot e^{2x} + 1) + 2 \cdot (C_1 \cdot e^x + C_2 \cdot e^{2x} + x + 2) = 2 \cdot x + 1$$

$$C_1 \cdot e^x - 3 \cdot C_1 \cdot e^x + 2 \cdot C_1 \cdot e^x + 4 \cdot C_2 \cdot e^{2x} - 6 \cdot C_2 \cdot e^{2x} + 2 \cdot C_2 \cdot e^{2x} + 2 \cdot x - 3 + 4 = 2 \cdot x + 1$$

$$2 \cdot x + 1 = 2 \cdot x + 1$$

2. $y'' - 3 \cdot y' + 2 \cdot y = 2 \cdot x \cdot e^{3x}$

Lösung der homogenen Differentialgleichung

$$y'' - 3 \cdot y' + 2 \cdot y = 0 \quad \text{(siehe Beispiel 1)}$$

allgemeine Lösung der homogenen Differentialgleichung:

$$y_h = C_1 \cdot e^x + C_2 \cdot e^{2x}$$

partikuläre Lösung der inhomogenen Differentialgleichung:

$$s(x) = 2 \cdot x \cdot e^{3x} = (p_0 + p_1 \cdot x) \cdot e^{\alpha \cdot x}$$

mit $m = 1$ und $\alpha = 3$ (ist nicht Lösung der charakteristischen Gleichung)

$$y_p = (b_0 + b_1 \cdot x) \cdot e^{3x} = b_0 \cdot e^{3x} + b_1 \cdot x \cdot e^{3x}$$

$$y_p' = 3 \cdot b_0 \cdot e^{3x} + b_1 \cdot e^{3x} + 3 \cdot b_1 \cdot x \cdot e^{3x} = (3 \cdot b_0 + b_1 + 3 \cdot b_1 \cdot x) \cdot e^{3x}$$

$$y_p'' = 9 \cdot b_0 \cdot e^{3x} + 3 \cdot b_1 \cdot e^{3x} + 3 \cdot b_1 \cdot e^{3x} + 9 \cdot b_1 \cdot x \cdot e^{3x} = (9 \cdot b_0 + 6 \cdot b_1 + 9 \cdot b_1 \cdot x) \cdot e^{3x}$$

eingesetzt in die Differentialgleichung:

$$(9 \cdot b_0 + 6 \cdot b_1 + 9 \cdot b_1 \cdot x) \cdot e^{3x} - 3 \cdot (3 \cdot b_0 + b_1 + 3 \cdot b_1 \cdot x) \cdot e^{3x} + 2 \cdot (b_0 + b_1 \cdot x) \cdot e^{3x} = 2 \cdot x \cdot e^{3x}$$

$$(9 \cdot b_0 + 6 \cdot b_1 + 9 \cdot b_1 \cdot x) - (9 \cdot b_0 + 3 \cdot b_1 + 9 \cdot b_1 \cdot x) + (2 \cdot b_0 + 2 \cdot b_1 \cdot x) = 2 \cdot x$$

$$2 \cdot b_0 + 3 \cdot b_1 + 2 \cdot b_1 \cdot x = 2 \cdot x$$

$$2 \cdot b_1 \cdot x = 2 \cdot x \quad \Rightarrow \quad 2 \cdot b_1 = 2 \qquad b_1 = 1$$

$$2 \cdot b_0 + 3 \cdot b_1 = 0 \quad \Rightarrow \quad 2 \cdot b_0 = -3 \qquad b_0 = -\frac{3}{2}$$

$$y_p = \left(-\frac{3}{2} + x\right) \cdot e^{3x}$$

allgemeine Lösung der inhomogenen Differentialgleichung:

$$y = C_1 \cdot e^x + C_2 \cdot e^{2x} + \left(x - \frac{3}{2}\right) \cdot e^{3x}$$

Ergebniskontrolle:

$$y = C_1 \cdot e^x + C_2 \cdot e^{2x} + \left(x - \frac{3}{2}\right) \cdot e^{3x}$$

$$y' = C_1 \cdot e^x + 2 \cdot C_2 \cdot e^{2x} + e^{3x} + 3 \cdot \left(x - \frac{3}{2}\right) \cdot e^{3x}$$

$$y'' = C_1 \cdot e^x + 4 \cdot C_2 \cdot e^{2x} + 3 \cdot e^{3x} + 3 \cdot e^{3x} + 9 \cdot \left(x - \frac{3}{2}\right) \cdot e^{3x}$$

$$C_1 \cdot e^x + 4 \cdot C_2 \cdot e^{2x} + 6 \cdot e^{3x} + 9 \cdot \left(x - \frac{3}{2}\right) \cdot e^{3x} - 3 \cdot \left[C_1 \cdot e^x + 2 \cdot C_2 \cdot e^{2x} + e^{3x} + 3 \cdot \left(x - \frac{3}{2}\right) \cdot e^{3x}\right] +$$
$$+ 2 \cdot \left[C_1 \cdot e^x + C_2 \cdot e^{2x} + \left(x - \frac{3}{2}\right) \cdot e^{3x}\right] = 2 \cdot x \cdot e^{3x}$$

$$C_1 \cdot e^x - 3 \cdot C_1 \cdot e^x + 2 \cdot C_1 \cdot e^x + 4 \cdot C_2 \cdot e^{2x} - 6 \cdot C_2 \cdot e^{2x} + 2 \cdot C_2 \cdot e^{2x} +$$
$$+ 6 \cdot e^{3x} + 9 \cdot \left(x - \frac{3}{2}\right) \cdot e^{3x} - 3 \cdot e^{3x} - 9 \cdot \left(x - \frac{3}{2}\right) \cdot e^{3x} + 2 \cdot x \cdot e^{3x} - 3 \cdot e^{3x} = 2 \cdot x \cdot e^{3x}$$

$$2 \cdot x \cdot e^{3x} = 2 \cdot x \cdot e^{3x}$$

Hat die Störfunktion $s(x)$ die Form

$$s(x) = (p_0 + p_1 \cdot x + ... + p_m \cdot x^m) \cdot \cos\beta \cdot x + (q_0 + q_1 \cdot x + ... + q_m \cdot x^m) \cdot \sin\beta \cdot x$$

dann lässt sich die allgemeine Lösung der inhomogenen Differentialgleichung mit dem Ansatz

$$y_p = x^q \cdot \left[(b_0 + b_1 \cdot x + ... + b_m \cdot x^m) \cdot \cos\beta \cdot x + (c_0 + c_1 \cdot x + ... + c_m \cdot x^m) \cdot \sin\beta \cdot x\right]$$

lösen, wenn $j \cdot \beta$ und $-j \cdot \beta$ q-fache Lösungen der charakteristischen Gleichung sind.

Ist $\pm j \cdot \beta$ nicht Lösung der charakteristischen Gleichung, dann ist $q = 0$.

Im Ansatz ist m gleich der höchsten Potenz in der Störfunktion $s(x)$.

Beispiele:

1. $y'' - 3 \cdot y' + 2 \cdot y = \cos 2x$

   homogene Differentialgleichung: $y'' - 3 \cdot y' + 2 \cdot y = 0$ $\quad y_h = C_1 \cdot e^x + C_2 \cdot e^{2x}$

   Ansatz für die inhomogene Differentialgleichung: $s(x) = \cos 2x = p_0 \cdot \cos\beta \cdot x$

   mit $m = 0$ und $\beta = 2$ $p_0 = 1$ $q_0 = 0$

   ($\pm j \cdot 2$ sind nicht Lösungen der charakterischen Gleichung)

   mit $y_p = b_0 \cdot \cos 2x + c_0 \cdot \sin 2x$

   $y_p' = -2 \cdot b_0 \cdot \sin 2x + 2 \cdot c_0 \cdot \cos 2x$

   $y_p'' = -4 \cdot b_0 \cdot \cos 2x - 4 \cdot c_0 \cdot \sin 2x$

in die inhomogene Differentialgleichung eingesetzt:

$$-4\cdot b_0\cdot\cos 2x-4\cdot c_0\cdot\sin 2x+$$
$$-3\cdot(-2\cdot b_0\cdot\sin 2x+2\cdot c_0\cdot\cos 2x)$$
$$+2\cdot(b_0\cdot\cos 2x+c_0\cdot\sin 2x)=\cos 2x$$

Koeffizientenvergleich:

$$-4\cdot c_0+6\cdot b_0+2\cdot c_0=0 \qquad 6\cdot b_0-2\cdot c_0=0 \qquad 6\cdot b_0-2\cdot c_0=0$$
$$-4\cdot b_0-6\cdot c_0+2\cdot b_0=1 \qquad -2\cdot b_0-6\cdot c_0=1 \qquad \underline{-6\cdot b_0-18\cdot c_0=3}$$
$$-20\cdot c_0=3$$

$$c_0=-\frac{3}{20} \qquad 6\cdot b_0=2\cdot c_0 \qquad b_0=\frac{2}{6}\cdot c_0=-\frac{1}{3}\cdot\frac{3}{20}=-\frac{1}{20}$$

partikuläre Lösung

$$y_p=-\frac{1}{20}\cdot(\cos 2x+3\cdot\sin 2x)$$

allgemeine Lösung

$$y=y_h+y_p=C_1\cdot e^x+C_2\cdot e^{2x}-\frac{1}{20}\cdot(\cos 2x+3\cdot\sin 2x)$$

Kontrolle:

mit $y=C_1\cdot e^x+C_2\cdot e^{2x}-\frac{1}{20}\cdot\cos 2x-\frac{3}{20}\cdot\sin 2x$

$$y'=C_1\cdot e^x+2\cdot C_2\cdot e^{2x}+\frac{2}{20}\cdot\sin 2x-\frac{6}{20}\cdot\cos 2x$$
$$y''=C_1\cdot e^x+4\cdot C_2\cdot e^{2x}+\frac{4}{20}\cdot\cos 2x+\frac{12}{20}\cdot\sin 2x$$

in die inhomogene Differentialgleichung eingesetzt:

$$C_1\cdot e^x+4\cdot C_2\cdot e^{2x}+\frac{4}{20}\cdot\cos 2x+\frac{12}{20}\cdot\sin 2x-$$
$$-3\cdot\left(C_1\cdot e^x+2\cdot C_2\cdot e^{2x}+\frac{2}{20}\cdot\sin 2x-\frac{6}{20}\cdot\cos 2x\right)+$$
$$+2\cdot\left(C_1\cdot e^x+C_2\cdot e^{2x}-\frac{1}{20}\cdot\cos 2x-\frac{3}{20}\cdot\sin 2x\right)=\cos 2x$$

$$C_1\cdot e^x-3\cdot C_1\cdot e^x+2\cdot C_1\cdot e^x+$$
$$+4\cdot C_2\cdot e^{2x}-6\cdot C_2\cdot e^{2x}+2\cdot C_2\cdot e^{2x}+$$
$$+\left(\frac{12}{20}-\frac{6}{20}-\frac{6}{20}\right)\cdot\sin 2x+\left(\frac{4}{20}+\frac{18}{20}-\frac{2}{20}\right)\cdot\cos 2x=\cos 2x$$

$$\cos 2x=\cos 2x$$

2. $y'' + 4 \cdot y = \cos 2x$

Lösung der homogenen Differentialgleichung:

$$y'' + 4 \cdot y = 0$$

$$y = e^{\lambda \cdot x} \quad y' = \lambda \cdot e^{\lambda \cdot x} \quad y'' = \lambda^2 \cdot e^{\lambda \cdot x}$$

$$\lambda^2 \cdot e^{\lambda \cdot x} + 4 \cdot e^{\lambda \cdot x} = 0$$

$$\lambda^2 + 4 = 0 \qquad \lambda^2 = -4 \qquad \lambda_{1,2} = \pm\sqrt{-4}$$

$$\lambda_1 = +j \cdot 2 \qquad \lambda_2 = -j \cdot 2$$

allgemeine Lösung der homogenen Differentialgleichung:

$$y_h = C_1 \cdot e^{j \cdot 2 \cdot x} + C_2 \cdot e^{-j \cdot 2 \cdot x} = A \cdot \cos 2x + B \cdot \sin 2x$$

Ansatz für die inhomogene Differentialgleichung:

$$s(x) = \cos 2x = p_0 \cdot \cos \beta \cdot x$$

mit $m = 0$ und $\beta = 2$ $q = 1$

(die konjugiert komplexe Lösungen der charakteristischen Gleichung treten nur paarweise auf und werden nur einfach gezählt)

$$y_p = x \cdot [b_0 \cdot \cos 2x + c_0 \cdot \sin 2x]$$

Lösung der inhomogenen Differentialgleichung:

$$y_p = x \cdot b_0 \cdot \cos 2x + x \cdot c_0 \cdot \sin 2x$$

$$y_p' = b_0 \cdot \cos 2x - x \cdot 2 \cdot b_0 \cdot \sin 2x + c_0 \cdot \sin 2x + x \cdot 2 \cdot c_0 \cdot \cos 2x$$

$$y_p'' = -2 \cdot b_0 \cdot \sin 2x - 2 \cdot b_0 \cdot \sin 2x - x \cdot 4 \cdot b_0 \cdot \cos 2x +$$

$$+ 2 \cdot c_0 \cdot \cos 2x + 2 \cdot c_0 \cdot \cos 2x - x \cdot 4 \cdot c_0 \cdot \sin 2x$$

eingesetzt in die Differentialgleichung:

$$-2 \cdot b_0 \cdot \sin 2x - 2 \cdot b_0 \cdot \sin 2x - x \cdot 4 \cdot b_0 \cdot \cos 2x +$$

$$+2 \cdot c_0 \cdot \cos 2x + 2 \cdot c_0 \cdot \cos 2x - x \cdot 4 \cdot c_0 \cdot \sin 2x +$$

$$+4 \cdot x \cdot b_0 \cdot \cos 2x + 4 \cdot x \cdot c_0 \cdot \sin 2x = \cos 2x$$

$$(-4 \cdot b_0 - x \cdot 4 \cdot c_0 + 4 \cdot x \cdot c_0) \cdot \sin 2x +$$

$$+(4 \cdot c_0 - x \cdot 4 \cdot b_0 + 4 \cdot x \cdot b_0) \cdot \cos 2x = \cos 2x$$

$$-4 \cdot b_0 \cdot \sin 2x = 0 \quad \Rightarrow \quad b_0 = 0$$

$$4 \cdot c_0 \cdot \cos 2x = \cos 2x \quad \Rightarrow \quad 4 \cdot c_0 = 1 \qquad c_0 = \frac{1}{4}$$

partikuläre Lösung der inhomogenen Differentialgleichung:

$$y_p = \frac{x}{4} \cdot \sin 2x$$

allgemeine Lösung der inhomogenen Differentialgleichung:

$$y = y_h + y_p = A \cdot \cos 2x + B \cdot \sin 2x + \frac{x}{4} \cdot \sin 2x$$

Kontrolle:

$$y = A \cdot \cos 2x + B \cdot \sin 2x + \frac{x}{4} \cdot \sin 2x$$

$$y' = -A \cdot 2 \cdot \sin 2x + B \cdot 2 \cdot \cos 2x + \frac{1}{4} \cdot \sin 2x + \frac{x}{2} \cdot \cos 2x$$

$$y'' = -A \cdot 4 \cdot \cos 2x - B \cdot 4 \cdot \sin 2x + \frac{1}{2} \cdot \cos 2x + \frac{1}{2} \cdot \cos 2x - x \cdot \sin 2x$$

$$-A \cdot 4 \cdot \cos 2x - B \cdot 4 \cdot \sin 2x + \frac{1}{2} \cdot \cos 2x + \frac{1}{2} \cdot \cos 2x - x \cdot \sin 2x$$
$$4 \cdot A \cdot \cos 2x + 4 \cdot B \cdot \sin 2x + x \cdot \sin 2x = \cos 2x$$

$$(-A \cdot 4 + 4 \cdot A) \cdot \cos 2x + (-B \cdot 4 + 4 \cdot B) \cdot \sin 2x +$$
$$+\left(\frac{1}{2} + \frac{1}{2}\right) \cdot \cos 2x + (-x + x) \cdot \sin 2x = \cos 2x$$
$$\cos 2x = \cos 2x$$

Lineare Differentialgleichungen höherer Ordnung mit konstanten Koeffizienten

Die im Abschnitt 13.4 behandelten Sätze gelten für Differentialgleichungen n-ter Ordnung, lassen sich also auch für lineare Differentialgleichungen höherer Ordnung mit konstanten Koeffizienten anwenden. Sie werden wie lineare Differentialgleichungen 2. Ordnung gelöst, indem zunächst die allgemeine Lösung der zugehörigen homogenen Differentialgleichung mittels $e^{\lambda \cdot x}$-Ansatz berechnet wird, dann eine partikuläre Lösung der inhomogenen Differentialgleichung mit Hilfe der Variation der Konstanten oder mit einem Lösungsansatz gebildet wird und schließlich die allgemeine Lösung der inhomogenen Differentialgleichung durch Addition der allgemeine Lösung der homogenen Differentialgleichung und der partikulären Lösung der inhomogenen Differentialgleichung ermittelt wird.

Beispiel:

$$y^{(4)} - 3 \cdot y''' + y'' + 3 \cdot y' - 2y = 2 \cdot x$$

Lösung der homogenen Differentialgleichung:

$$y^{(4)} - 3 \cdot y''' + y'' + 3 \cdot y' - 2y = 0$$

$$y = e^{\lambda \cdot x} \qquad y' = \lambda \cdot e^{\lambda \cdot x} \qquad y'' = \lambda^2 \cdot e^{\lambda \cdot x} \qquad y''' = \lambda^3 \cdot e^{\lambda \cdot x} \qquad y^{(4)} = \lambda^4 \cdot e^{\lambda \cdot x}$$

$$\lambda^4 \cdot e^{\lambda \cdot x} - 3 \cdot \lambda^3 \cdot e^{\lambda \cdot x} + \lambda^2 \cdot e^{\lambda \cdot x} + 3 \cdot \lambda \cdot e^{\lambda \cdot x} - 2 \cdot e^{\lambda \cdot x} = 0$$

$$\lambda^4 - 3 \cdot \lambda^3 + \lambda^2 + 3 \cdot \lambda - 2 = 0$$

Lösung der charakteristischen Gleichung:

durch Probieren ergibt sich $\lambda_1 = -1$:

$$(-1)^4 - 3 \cdot (-1)^3 + (-1)^2 + 3 \cdot (-1) - 2 = 1 + 3 + 1 - 3 - 2 = 0$$

1. Division führt zur kubischen Gleichung:

$$\begin{array}{l}
\left(\lambda^4-3\cdot\lambda^3+\lambda^2+3\cdot\lambda-2\right):(\lambda+1)=\lambda^3-4\cdot\lambda^2+5\cdot\lambda-2\\
\underline{-\left(\lambda^4+\lambda^3\right)}\\
\quad -4\cdot\lambda^3+\lambda^2\\
\quad \underline{-\left(-4\cdot\lambda^3-4\cdot\lambda^2\right)}\\
\qquad 5\cdot\lambda^2+3\cdot\lambda\\
\qquad \underline{-\left(5\cdot\lambda^2+5\cdot\lambda\right)}\\
\qquad\quad -2\cdot\lambda-2\\
\qquad\quad \underline{-(-2\cdot\lambda-2)}\\
\qquad\qquad 0
\end{array}$$

durch Probieren ergibt sich $\lambda_2=2$:

$2^4-3\cdot2^3+2^2+3\cdot2-2=16-24+4+6-2=0$

oder $2^3-4\cdot2^2+5\cdot2-2=8-16+10-2=0$

2. Division führt zur quadratischen Gleichung:

$$\begin{array}{l}
\left(\lambda^3-4\cdot\lambda^2+5\cdot\lambda-2\right):(\lambda-2)=\lambda^2-2\cdot\lambda+1\\
\underline{-\left(\lambda^3-2\cdot\lambda^2\right)}\\
\quad -2\cdot\lambda^2+5\cdot\lambda\\
\quad \underline{-\left(-2\cdot\lambda^2+4\cdot\lambda\right)}\\
\qquad \lambda-2\\
\qquad \underline{-(\lambda-2)}\\
\qquad\quad 0
\end{array}$$

$\lambda^2-2\cdot\lambda+1=0$

$\lambda_{3,4}=1\pm\sqrt{1-1}=1 \quad \lambda_3=1 \quad \lambda_4=1$ Doppelwurzel

allgemeine Lösung der homogenen Differentialgleichung:

$$y_h=C_1\cdot e^{-x}+C_2\cdot e^{2x}+\left(C_3+C_4\cdot x\right)\cdot e^x$$

Lösung der inhomogenen Differentialgleichung:

Ansatz für die inhomogene Differentialgleichung:

$s(x)=2x=\left(p_0+p_1\cdot x\right)\cdot e^{\alpha\cdot x}$

mit $m=1$ und $\alpha=0$ (nicht Lösungswert der charakteristischen Gleichung)

$y_p=b_0+b_1\cdot x$

$y_p'=b_1$

$y_p''=y_p'''=y_p^{(4)}=0$

eingesetzt in die Differentialgleichung:

$0-0+0+3\cdot b_1-2\cdot\left(b_0+b_1\cdot x\right)=2x$

Koeffizientenvergleich:

$$3\cdot b_1-2\cdot b_0-2\cdot b_1\cdot x=2x \qquad 3\cdot b_1-2\cdot b_0=0$$

$$-2\cdot b_1\cdot x=2x \qquad -3-2\cdot b_0=0$$

$$b_1=-1 \qquad b_0=-\frac{3}{2}$$

partikuläre Lösung der inhomogenen Differentialgleichung:

$$y_p=-\frac{3}{2}-x$$

allgemeine Lösung der inhomogenen Differentialgleichung:

$$y=y_h+y_p=C_1\cdot e^{-x}+C_2\cdot e^{2x}+\left(C_3+C_4\cdot x\right)\cdot e^x-\frac{3}{2}-x$$

Kontrolle:

$$y=C_1\cdot e^{-x}+C_2\cdot e^{2x}+\left(C_3+C_4\cdot x\right)\cdot e^x-\frac{3}{2}-x$$

$$y'=-C_1\cdot e^{-x}+2\cdot C_2\cdot e^{2x}+C_4\cdot e^x+\left(C_3+C_4\cdot x\right)\cdot e^x-1$$

$$y''=C_1\cdot e^{-x}+4\cdot C_2\cdot e^{2x}+C_4\cdot e^x+C_4\cdot e^x+\left(C_3+C_4\cdot x\right)\cdot e^x$$

$$y'''=-C_1\cdot e^{-x}+8\cdot C_2\cdot e^{2x}+C_4\cdot e^x+C_4\cdot e^x+C_4\cdot e^x+\left(C_3+C_4\cdot x\right)\cdot e^x$$

$$y^{(4)}=C_1\cdot e^{-x}+16\cdot C_2\cdot e^{2x}+C_4\cdot e^x+C_4\cdot e^x+C_4\cdot e^x+C_4\cdot e^x+\left(C_3+C_4\cdot x\right)\cdot e^x$$

eingesetzt in die inhomogene Differentialgleichung:

$$\begin{aligned}
&C_1\cdot e^{-x}+16\cdot C_2\cdot e^{2x}+C_3\cdot e^x+4\cdot C_4\cdot e^x+C_4\cdot x\cdot e^x+\\
&-3\cdot\left(-C_1\cdot e^{-x}+8\cdot C_2\cdot e^{2x}+C_3\cdot e^x+3\cdot C_4\cdot e^x+C_4\cdot x\cdot e^x\right)+\\
&+C_1\cdot e^{-x}+4\cdot C_2\cdot e^{2x}+C_3\cdot e^x+2\cdot C_4\cdot e^x+C_4\cdot x\cdot e^x+\\
&+3\cdot\left(-C_1\cdot e^{-x}+2\cdot C_2\cdot e^{2x}+C_3\cdot e^x+C_4\cdot e^x+C_4\cdot x\cdot e^x-1\right)-\\
&-2\cdot\left(C_1\cdot e^{-x}+C_2\cdot e^{2x}+C_3\cdot e^x+C_4\cdot x\cdot e^x-\frac{3}{2}-x\right)=2\cdot x
\end{aligned}$$

$$\begin{aligned}
&C_1\cdot e^{-x}+3\cdot C_1\cdot e^{-x}+C_1\cdot e^{-x}-3\cdot C_1\cdot e^{-x}-2\cdot C_1\cdot e^{-x}+\\
&+16\cdot C_2\cdot e^{2x}-24\cdot C_2\cdot e^{2x}+4\cdot C_2\cdot e^{2x}+6\cdot C_2\cdot e^{2x}-2\cdot C_2\cdot e^{2x}+\\
&+C_3\cdot e^x-3\cdot C_3\cdot e^x+C_3\cdot e^x+3\cdot C_3\cdot e^x-2\cdot C_3\cdot e^x+\\
&+4\cdot C_4\cdot e^x-9\cdot C_4\cdot e^x+2\cdot C_4\cdot e^x+3\cdot C_4\cdot e^x+\\
&C_4\cdot x\cdot e^x-3\cdot C_4\cdot x\cdot e^x+C_4\cdot x\cdot e^x+3\cdot C_4\cdot x\cdot e^x-2\cdot C_4\cdot x\cdot e^x-\\
&-3+3+2\cdot x=2\cdot x\\
&\qquad 2\cdot x=2\cdot x
\end{aligned}$$

Übungsaufgaben zum Kapitel 13

13.1 Geben Sie an, wieviele frei wählbare Parameter die allgemeine Lösung einer linearen Differentialgleichung 3. Ordnung besitzt und wie sie in kartesischen Koordinaten darstellbar ist.

13.2 Die Differentialgleichung aller Parabeln, die durch die allgemeine Gleichung $y = a \cdot x^2 + b$ beschrieben wird, ist zu ermitteln.

13.3 Die Differentialgleichung aller Kreise mit dem Radius r, deren Mittelpunkte auf der x-Achse liegen, ist zu bestimmen.

13.4 Die Differentialgleichung des Ausgleichsvorgangs - Entladung eines Kondensators über einen Widerstand - ist für die Kondensatorspannung $u_C(t)$ für $t \geq 0$ aufzustellen und mit der Anfangsbedingung $u_C(0) = U_q$ zu lösen.

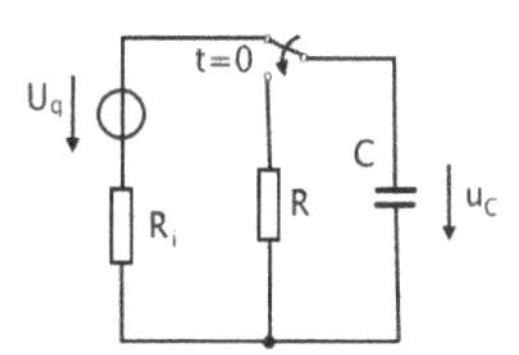

13.5 Mit Hilfe des Isoklinenverfahrens ist die allgemeine Lösung und die Lösungskurve der Differentialgleichung $y = y' \cdot x$ zu ermitteln, die durch den Punkt $(-1;+1)$ verläuft. Welche Besonderheit fällt Ihnen hinsichtlich der allgemeinen Lösung und der Isoklinenkurven auf?

13.6 Durch Trennung der Veränderlichen sind folgende Differentialgleichungen zu lösen:

1. $y' = \frac{x}{y}$ 2. $y' = \frac{y}{x}$ 3. $y' = \frac{e^x}{y}$ 4. $x \cdot y' - \frac{y}{x+1} = 0$

13.7 Durch Substitution sind folgende Differentialgleichungen zu lösen:

1. $y' = x - y$ 2. $y' = x + y$ 3. $y' = \frac{x+y}{x-y}$

13.8 Die folgenden Differentialgleichungen sind zu lösen:

1. $y' - x \cdot y + 2 \cdot x = 0$ 2. $y' - y \cdot \tan x + \sin x = 0$
3. $y' - 2 \cdot x \cdot y + e^{x^2} = 0$ 4. $y' + y + e^x = 0$
mit den Anfangsbedingungen $x = 1$ $y = 0$

13.9 Von der Differentialgleichung $y' + 2 \cdot y = e^{3 \cdot x}$ ist die partikuläre $y_p = \frac{e^{3 \cdot x}}{5}$ bekannt. Wie lautet die allgemeine Lösung der Differentialgleichung? Weisen Sie das Ergebnis durch Lösen der inhomogenen Differentialgleichung nach.

13.10 Lösen Sie die folgenden Differentialgleichungen:

1. $y'' - 6 \cdot y' + 5 \cdot y = 0$ 2. $y'' - 7 \cdot y' + 12 \cdot y = 0$ mit der Anfangsbedingung $P(0;2)$
3. $y'' + 5 \cdot y' + 4 \cdot y = 0$ mit der Anfangsbedingungen für $x = 0 : y = 2$ und $y' = 1$
4. $y'' + 8 \cdot y' + 17 \cdot y = 0$ 5. $y'' + 5 \cdot y' + 4 \cdot y = x$ 6. $y'' - 4 \cdot y' + 4 \cdot y = \sin x$
7. $y'' - 3 \cdot y' = (2 \cdot x + 1) \cdot e^{3x}$ 8. $y''' - y'' + y' - y = \cos 2x$

Anhang: Lösungen der Übungsaufgaben

1. Algebraische Grundlagen

1.1
$$\begin{array}{l}
(a^3+b^3):(a+b)=a^2-ab+b^2\\
\underline{-(a^3+a^2b)}\\
\quad -a^2b+b^3\\
\quad \underline{-(-a^2b-ab^2)}\\
\qquad ab^2+b^3\\
\qquad \underline{-(ab^2+b^3)}\\
\qquad\quad 0
\end{array}$$

1.2
$$\begin{array}{l}
(240x^3-103x^2-18x):(15x^2+2x)=16x-9\\
\underline{-(240x^3+32x^2)}\\
\quad -135x^2-18x\\
\quad \underline{-(-135x^2-18x)}\\
\qquad 0
\end{array}$$

1.3
$$\begin{aligned}
\frac{x-y}{2x}-(1-y)&=\frac{x-y-2x(1-y)}{2x}\\
&=\frac{x-y-2x+2xy}{2x}\\
&=\frac{-x-y+2xy}{2x}\\
&=-\frac{1}{2}-\frac{y}{2x}+y
\end{aligned}$$

1.4
$$\begin{aligned}
\frac{9x-13}{6x-15y}-\frac{2x+3}{20y-8x}-\frac{7(x-1)}{4x-10y}&=\frac{9x-13}{3(2x-5y)}-\frac{2x+3}{4(5y-2x)}-\frac{7(x-1)}{2(2x-5y)}\\
&=\frac{9x-13}{3(2x-5y)}+\frac{2x+3}{4(2x-5y)}-\frac{7(x-1)}{2(2x-5y)}\\
&=\frac{4(9x-13)+3(2x+3)-42(x-1)}{12(2x-5y)}\\
&=\frac{36x-52+6x+9-42x+42}{12(2x-5y)}\\
&=\frac{-1}{12(2x-5y)}=\frac{1}{60y-24x}
\end{aligned}$$

W. Weißgerber, *Mathematik zu Elektrotechnik für Ingenieure*,
https://doi.org/10.1007/978-3-658-40837-4

1.5 $$\frac{m}{n-1}\cdot\frac{n^2-2n+1}{m+mn}=\frac{m(n-1)^2}{(n-1)m(1+n)}$$
$$=\frac{n-1}{n+1}$$

1.6 $$\left(x^2-2+\frac{1}{x^2}\right):\left(x-\frac{1}{x}\right)=x-\frac{1}{x}$$
$$\underline{-\left(x^2-1\right)}$$
$$-1+\frac{1}{x^2}$$
$$\underline{-\left(-1+\frac{1}{x^2}\right)}$$
$$0$$

oder

$$\left(x^2-2+\frac{1}{x^2}\right):\left(x-\frac{1}{x}\right)=\frac{\left(x^2-2+\frac{1}{x^2}\right)}{\left(x-\frac{1}{x}\right)}\cdot\frac{x^2}{x^2}$$
$$=\frac{x^4-2x^2+1}{x^3-x}$$
$$=\frac{\left(x^2-1\right)^2}{x\left(x^2-1\right)}$$
$$=\frac{x^2-1}{x}=x-\frac{1}{x}$$

1.7

$$\frac{\frac{(m+n)^2}{b}}{\frac{m^2-n^2}{a}}=\frac{a(m+n)(m+n)}{b(m-n)(m+n)}=\frac{a(m+n)}{b(m-n)}$$

1.8

$$\frac{\frac{2a-3b}{2a+3b}-\frac{2a+3b}{2a-3b}}{\frac{2a+3b}{2a-3b}-\frac{2a-3b}{2a+3b}}=\frac{\frac{2a-3b}{2a+3b}-\frac{2a+3b}{2a-3b}}{-\left(\frac{2a-3b}{2a+3b}-\frac{2a+3b}{2a-3b}\right)}=-1$$

1.9

$$\left(\frac{4x^3y^{-1}z^2}{5u^{-2}r}\right)^3 : \left(\frac{u^{-1}r^2}{2x^2y^3z^{-1}}\right)^{-4} = \frac{64x^9y^{-3}z^6}{125\ u^{-6}r^3} \cdot \frac{u^{-4}r^8}{16\ x^8y^{12}z^{-4}} = \frac{4x\ u^2\ z^{10}\ r^5}{125\ y^{15}}$$

1.10

$$\left(\frac{x^{-n}y^{2n}}{z^n w^{-2n}}\right)^{-m} = x^{nm}y^{-2nm}z^{nm}w^{-2nm}$$

1.11

$$\left(\sqrt{\frac{2xy^3}{z^5}}\right)^3 \cdot \left(\sqrt[4]{\frac{8x^3y^5}{z^7}}\right)^2 = \left(\frac{2xy^3}{z^5}\right)^{\frac{3}{2}} \cdot \left(\frac{8x^3y^5}{z^7}\right)^{\frac{1}{2}}$$

$$= \left[\left(\frac{2xy^3}{z^5}\right)^3 \cdot \left(\frac{8x^3y^5}{z^7}\right)\right]^{\frac{1}{2}}$$

$$= \left[\frac{2^3x^3y^9}{z^{15}} \cdot \frac{2^3x^3y^5}{z^7}\right]^{\frac{1}{2}}$$

$$= \left[\frac{2^6x^6y^{14}}{z^{22}}\right]^{\frac{1}{2}}$$

$$= \frac{2^3x^3y^7}{z^{11}}$$

1.12

$$\frac{2x}{\sqrt{x+b}-\sqrt{b}} = \frac{2x}{\sqrt{x+b}-\sqrt{b}} \cdot \frac{\sqrt{x+b}+\sqrt{b}}{\sqrt{x+b}+\sqrt{b}}$$

$$= \frac{2x\cdot\left(\sqrt{x+b}+\sqrt{b}\right)}{x+b-b} = \frac{2x\cdot\left(\sqrt{x+b}+\sqrt{b}\right)}{x}$$

$$= 2\cdot\left(\sqrt{x+b}+\sqrt{b}\right)$$

1.13 $\log_{100} 10 = \frac{1}{2}$, denn $100^x = 10 \quad 10^{2x} = 10 \quad 2x = 1 \quad x = 1/2$

1.14 $\log_3 \sqrt[4]{27} = \frac{1}{4} \cdot \log_3 27 = \frac{1}{4} \cdot 3 = \frac{3}{4}$

denn $\log_3 27 = 3$ mit $3^x = 27 = 3^3$ und $x = 3$

1.15 $$\log\frac{\sqrt[3]{b^2}}{\sqrt{a}} = \log b^{\frac{2}{3}} - \log a^{\frac{1}{2}} = \frac{2}{3}\cdot\log b - \frac{1}{2}\cdot\log a$$

1.16 $$\log\frac{\sqrt[3]{a+b\sqrt{c}}}{\sqrt{3ab}} = \log\left(a+b\sqrt{c}\right)^{\frac{1}{3}} - \log(3ab)^{\frac{1}{2}}$$
$$= \frac{1}{3}\cdot\log\left(a+b\sqrt{c}\right) - \frac{1}{2}\cdot\log(3ab)$$
$$= \frac{1}{3}\cdot\log\left(a+b\sqrt{c}\right) - \frac{1}{2}\cdot\log 3 - \frac{1}{2}\cdot\log a - \frac{1}{2}\cdot\log b$$

1.17 $$\log\left(m^2-n^2\right) = \log\left[(m-n)(m+n)\right] = \log(m-n) + \log(m+n)$$

1.18 $$(x+a+b)^2 - (x-a-b)^2 = na+nb$$
$$\left[x+(a+b)\right]^2 - \left[x-(a+b)\right]^2 = n(a+b)$$
$$x^2+2x(a+b)+(a+b)^2 - x^2+2x(a+b)-(a+b)^2 = n(a+b)$$
$$4x(a+b) = n(a+b)$$
$$4x = n$$
$$x = \frac{n}{4}$$

1.19 $$\frac{1}{x+a} + \frac{1}{x-a} = \frac{4}{3\,a}$$
$$\frac{x-a+x+a}{x^2-a^2} = \frac{4}{3a}$$
$$2x\cdot 3a = 4x^2 - 4a^2$$
$$4x^2 - 6a\cdot x - 4a^2 = 0$$
$$x^2 - \frac{3a}{2}\cdot x - a^2 = 0$$
$$x_{1,2} = \frac{3a}{4} \pm \sqrt{\left(\frac{3a}{4}\right)^2 + a^2}$$
$$x_{1,2} = \frac{3a}{4} \pm \sqrt{\frac{9+16}{16}\cdot a^2}$$
$$x_{1,2} = \frac{3a}{4} \pm \frac{5a}{4}$$
$$x_1 = 2a \qquad x_2 = -\frac{a}{2}$$

1.20

$$x^3 - 1 = 0$$

$$x_1 = 1$$

$$\left(x^3 - 1\right) : \left(x - 1\right) = x^2 + x + 1$$

$$\underline{-\left(x^3 - x^2\right)}$$

$$x^2 - 1$$

$$\underline{-\left(x^2 - x\right)}$$

$$x - 1$$

$$\underline{-\left(x - 1\right)}$$

$$0$$

$$x^2 + x + 1 = 0$$

$$x_{2,3} = -\frac{1}{2} \pm \sqrt{\frac{1}{4} - 1}$$

$$x_{2,3} = -\frac{1}{2} \pm \sqrt{-\frac{3}{4}}$$

$$x_{2,3} = \frac{-1 \pm \sqrt{3} \cdot j}{2}$$

1.21

$$\sqrt{x+3} = \sqrt{x-2} + 1$$

$$x + 3 = x - 2 + 2\sqrt{x-2} + 1$$

$$4 = 2\sqrt{x-2}$$

$$2 = \sqrt{x-2}$$

$$4 = x - 2$$

$$x = 6$$

1.22

$$b^x \cdot a^{x-2} = c^{x+3}$$

$$x \cdot \log b + \left(x - 2\right) \cdot \log a = \left(x + 3\right) \cdot \log c$$

$$x \cdot \left(\log b + \log a - \log c\right) = 2 \cdot \log a + 3 \cdot \log c$$

$$x = \frac{2 \cdot \log a + 3 \cdot \log c}{\log b + \log a - \log c}$$

2. Die Funktion

2.1

Mit $|x| = \begin{cases} x & \text{für } x > 0 \\ 0 & \text{für } x = 0 \\ -x & \text{für } x < 0 \end{cases}$ ergeben sich folgende Punktmengen:

A

B

2.2

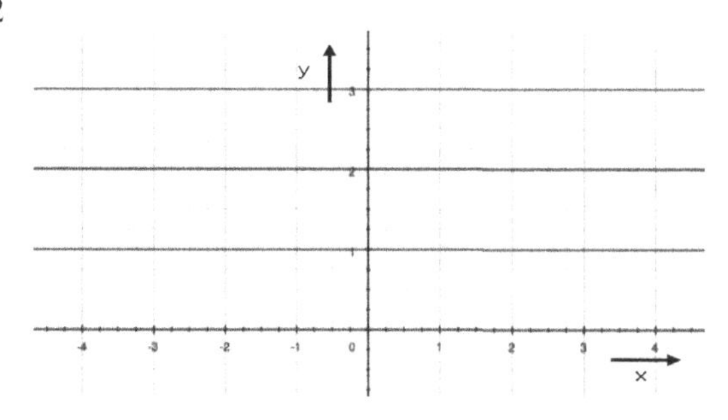

2.3 Zu 1. $(0;1),(1;3),(2;5),(3;7),(4;9)$

Zu 2.

x	0	1	2	3	4
y	1	3	5	7	9

Zu 3.

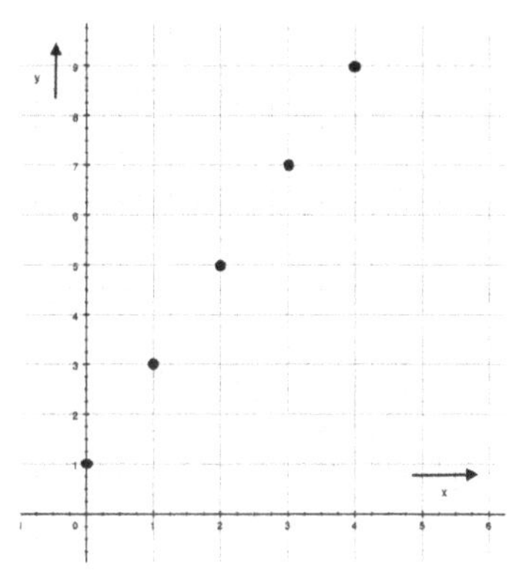

Zu 4. $F = \{(x,y) | \; y = 2x + 1 \wedge x \in Z \wedge -1 < x \leq 4\}$

2.4 Zu 1.

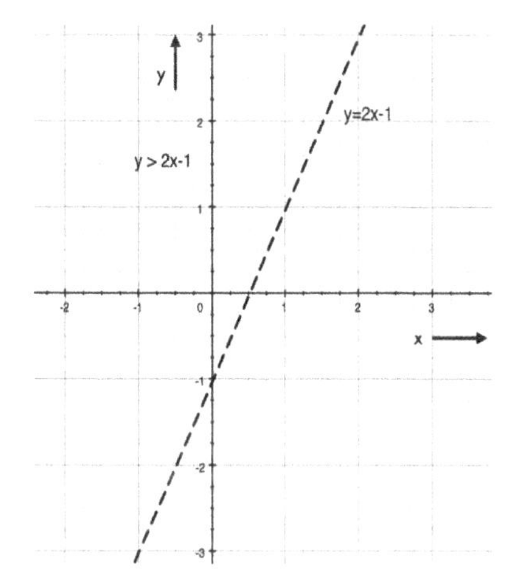

Zu 2.

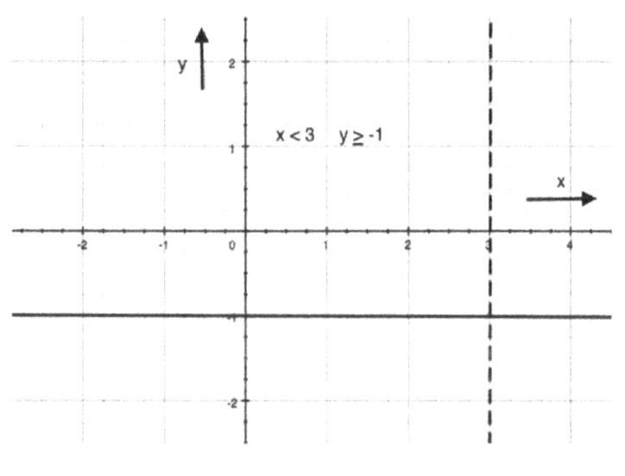

Zu 3.

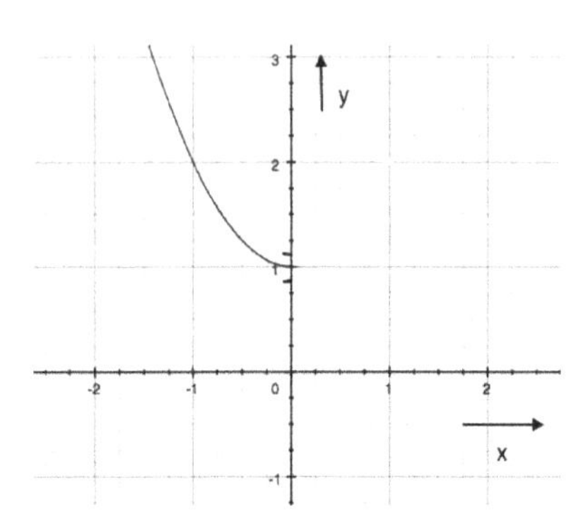

Zu 4.

x	-3	-2	-1	0	1	2	3
$y=\|x\|$	3	2	1	0	1	2	3

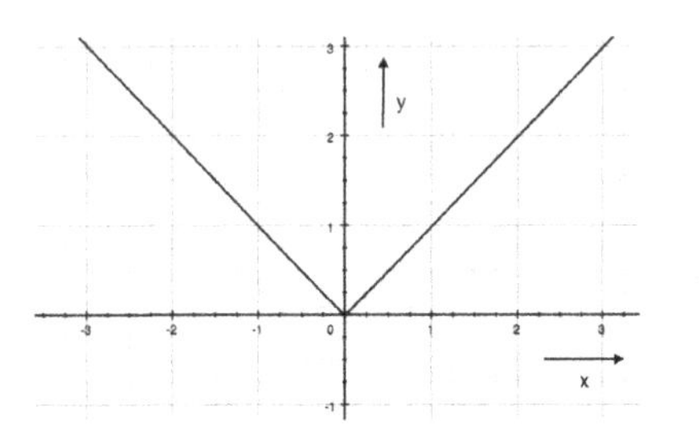

Zu 5.

x	-2	-1	0	1	2
$y=\|x+1\|$	1	0	1	2	3

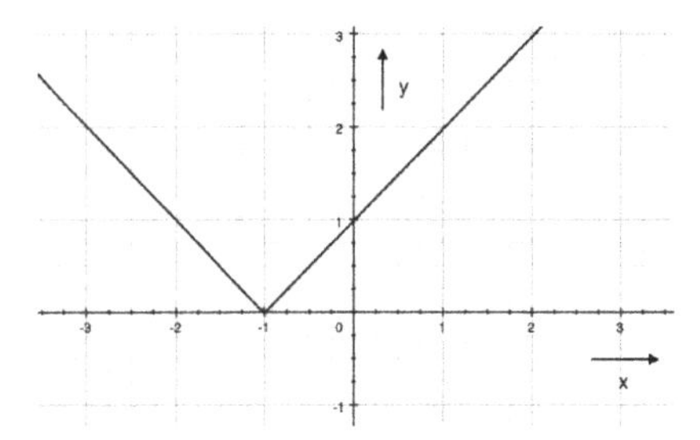

Zu 6.

x	-2	-1	0	1	2
$y=x+\|x\|$	0	0	0	2	4

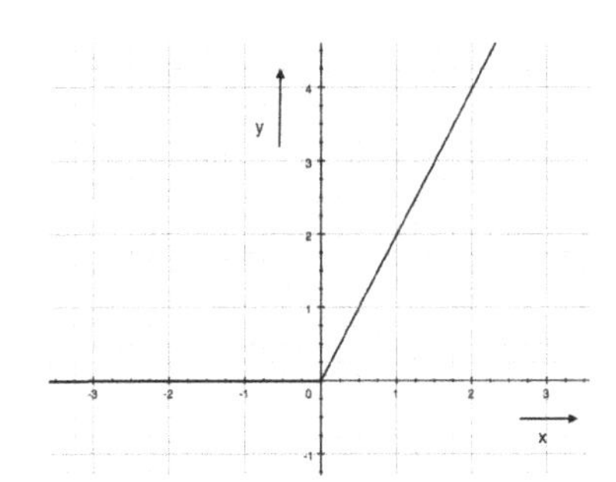

Zu 7.

x	-3	-2	-1	0	1	2	3	4	5
$y=x\cdot\|x-2\|$	-15	-8	-3	0	1	0	3	8	15

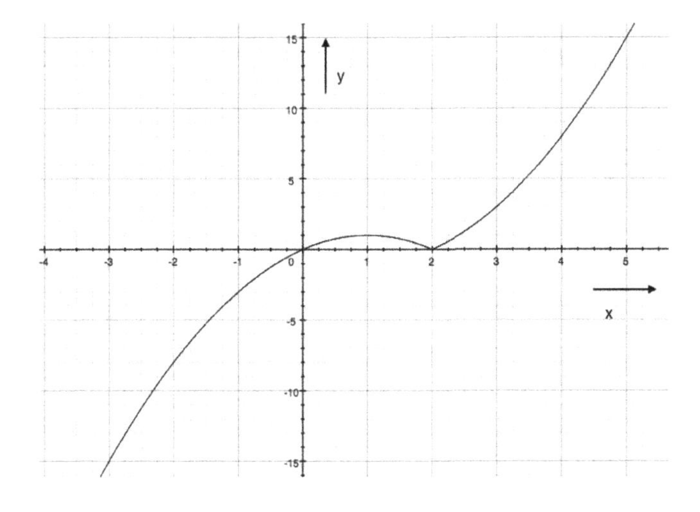

Zu 8.

$$|x-y| = \begin{cases} x-y & \text{für } x-y>0 \\ 0 & \text{für } x-y=0 \\ -(x-y) & \text{für } x-y<0 \end{cases}$$

d.h.			und
$x-y<1$	oder $y>x-1$	für $y<x$	$x \le y < x+1$
$0<1$		für $y=x$	$x-1<y\le x$
$-(x-y)=-x+y<1$	oder $y<x+1$	für $y>x$	$x-1<y<x+1$

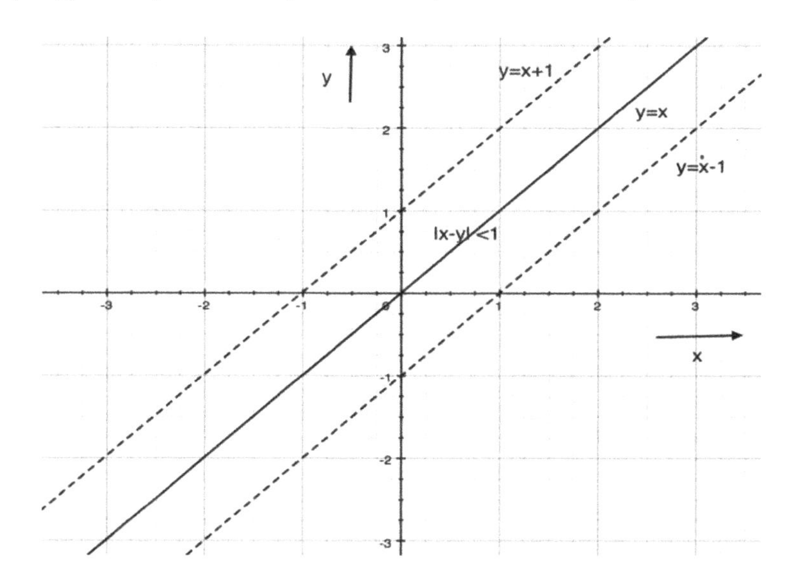

2.5

Zu 1. $y=-x$ $\quad -\infty < x < +\infty \quad -\infty < y < +\infty$

Zu 2. $y=3x+2$ $\quad -\infty < x < +\infty \quad -\infty < y < +\infty$

Zu 3. $y=+\sqrt{1-x^2}$ $\quad -1 \le x \le +1 \quad 0 \le y \le +1$ oder $|x| \le 1$

Zu 4. $y=4-\sqrt{x+5}$ $\quad -5 \le x \le +\infty \quad -\infty < y \le 4$

Zu 5. $y=\cos 3x$ $\quad -\infty < x < +\infty \quad -1 \le y \le 1$

Zu 6. $y=2+e^x$ $\quad -\infty < x < +\infty \quad 2 < y < \infty$

2.6

$$y = 4x + 3 = 4\left(-\frac{t}{2}\right) + 3$$

$$y = -2t + 3 \quad \text{und} \quad x = -\frac{t}{2}$$

t	-1	0	1	2
x	0,5	0	-0,5	-1
y	5	3	1	-1

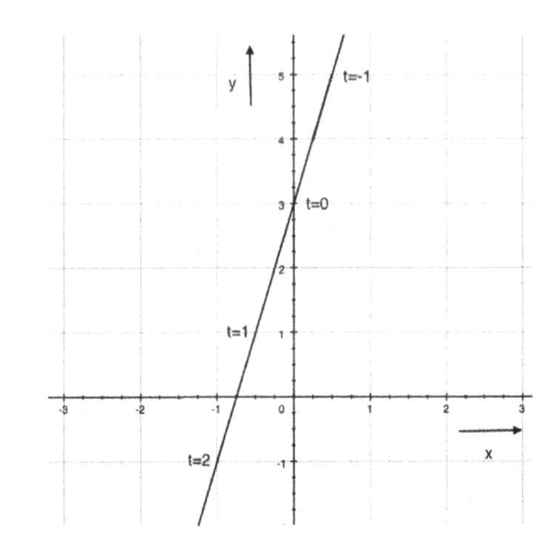

2.7 $y = 3x - 2$

2.8

Zu. 1. $x = \frac{1}{2}t^2 \qquad y = t$

$$y = \pm\sqrt{2x}$$

t	-2	-1	0	1	2
x	2	1/2	0	1/2	2
y	-2	-1	0	1	2

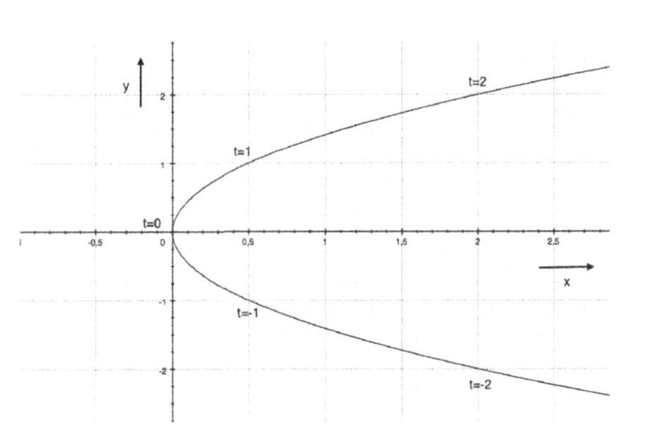

Folgerung:
Durch die Parameterdarstellung wird die doppeldeutige Wurzelfunktion eindeutig darstellbar.

Zu 2.

$$x = 2t + 1 \qquad y = t \cdot (t + 2) = t^2 + 2t$$

mit $t = \frac{x-1}{2}$ ergibt sich

$$y = \frac{(x-1)^2}{4} + \frac{\cancel{2}^{4}(x-1)}{\cancel{2}_{4}}$$

$$y = \frac{1}{4} \cdot \left(x^2 - 2x + 1 + 4x - 4\right)$$

$$y = \frac{1}{4} \cdot \left(x^2 + 2x - 3\right)$$

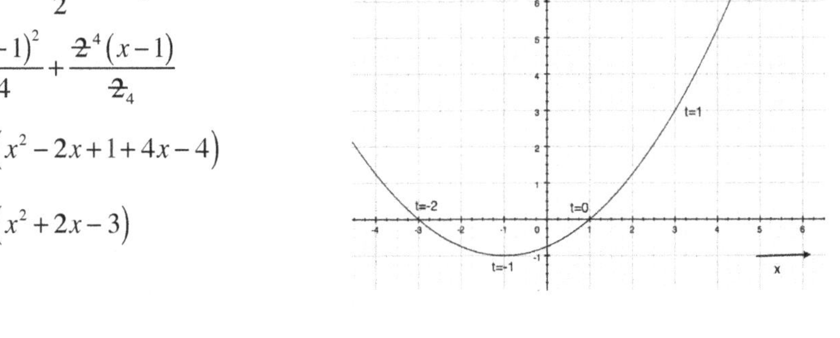

t	-2	-1	0	1	2
x	-3	-1	1	3	5
y	0	-1	0	3	8

Zu 3.

$x = t^2 \qquad y = \frac{1}{2}t^3$

$y = \frac{1}{2}x^{\frac{3}{2}} = \pm\frac{1}{2}\sqrt{x^3}$

oder $y^2 = \frac{1}{4}x^3$

t	-2	-1	0	1	2
x	4	1	0	1	4
y	-4	-0,5	0	0,5	4

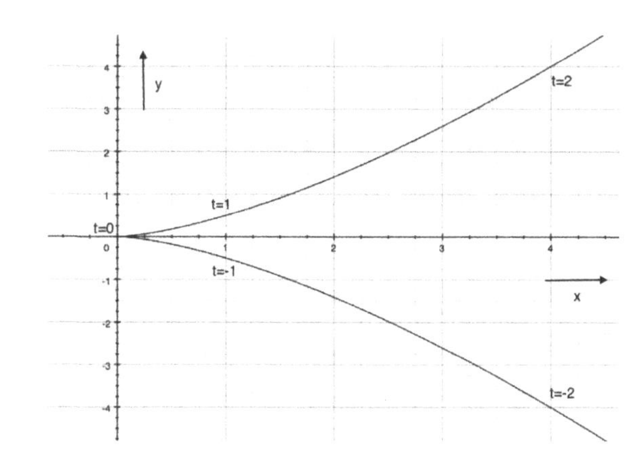

Zu 4.

$x = \cos t \qquad y = \sin t$

$x^2 + y^2 = \cos^2 t + \sin^2 t = 1$

$x^2 + y^2 = 1 \quad \text{oder} \quad y = \pm\sqrt{1 - x^2}$

t	x	y
0^0	1	0
90^0	0	1
180^0	-1	0
270^0	0	-1
360^0	1	0

Das ist der Einskreis in Mittelpunktslage, also eine doppeldeutige Funktion.

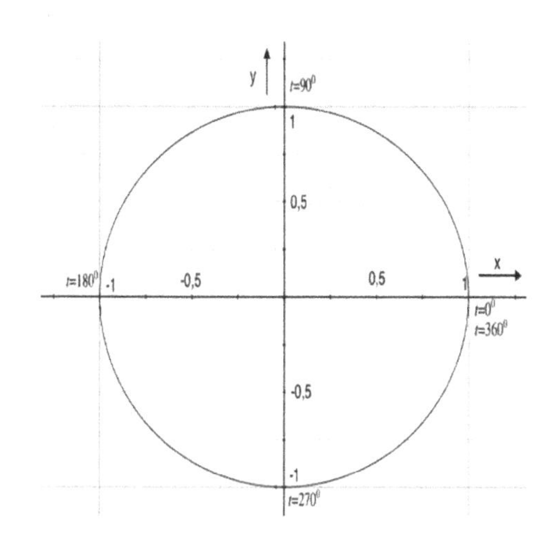

2.9 1. $x^6 - 2x^2 + 4 = (-x)^6 - 2(-x)^2 + 4 = (-1)^6 x^6 - 2(-1)^2 x^2 + 4$ gerade

2. $\tan x = -\tan(-x)$ ungerade

3. $\cosh x = \cosh(-x)$ gerade

4. $\sqrt{1-x^2} = \sqrt{1-(-x)^2}$ gerade

5. $ar\coth x = -\, ar\coth(-x)$ ungerade

6. $x^2 - \sin 2x \neq (-x)^2 - \sin 2(-x) = x^2 + \sin 2x$ weder noch

7. $\cos x \cdot \sin^2 x = \cos(-x) \cdot [\sin(-x)]^2 = \cos x \cdot [-\sin x]^2$ gerade

8. $\tan x + \cos x = \tan(-x) + \cos(-x) = -\tan x + \cos x$ weder noch

9. $|x| + 2 = |-x| + 2$ gerade

10. $\sin|x| = \sin|-x|$ gerade

2.10

1. $y = x \qquad y = x$
2. $y = 3x + 2 \qquad y = \frac{x}{3} - \frac{2}{3}$
3. $y = a^x \qquad y = \log_a x$
4. $y = \tan x \qquad y = arc\tan x$
5. $y = 2x \qquad y = \frac{x}{2}$
6. $y = x^2 \qquad y = \pm\sqrt{x}$
7. $y = e^x \qquad y = \ln x$
8. $y = arc\sin x \qquad y = \sin x$
9. $y = 2^x + 1 \qquad y = \log_2(x-1)$

   oder $\lg(x-1) = \lg 2^y = y \cdot \lg 2$

   $y = \frac{\lg(x-1)}{\lg 2}$
10. $y = 1 + \ln x \qquad y = e^{x-1}$
11. $y = \ln(\ln x) \quad y = (e)^{e^x}$

Während die x^2-Funktion eindeutig ist, ist die $\sqrt{x}$-Funktion doppeldeutig, d.h. einem x-Wert sind zwei y-Werte zugeordnet.

$$y = x^2 \qquad y = \begin{cases} +\sqrt{x} \\ -\sqrt{x} \end{cases}$$

2.11 $f(t) = A \cdot \sin(\omega t + \varphi)$

$f(t + kT) = A \cdot \sin[\omega(t + kT) + \varphi]$

mit

$A \cdot \sin x = A \cdot \sin(x + 2k\pi)$

ergibt sich

$$x + 2k\pi = \omega(t + kT) + \varphi$$
$$-(x = \omega t + \varphi)$$
$$2k\pi = \omega kT$$
$$T = \frac{2\pi}{\omega}$$

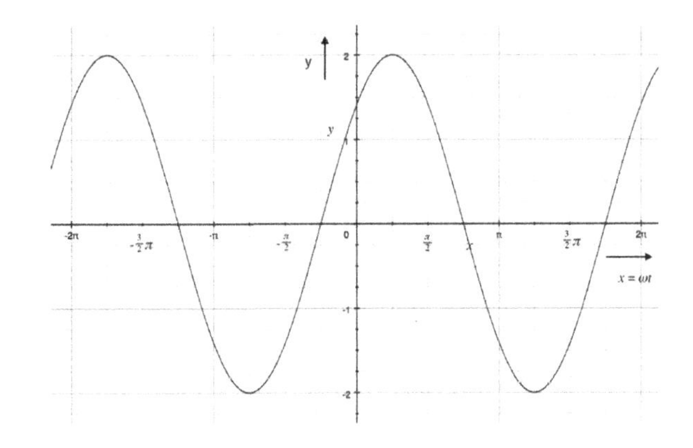

2.12

1. $y = arc\sin\frac{\sqrt{2}}{2}$

   $\sin y = \frac{\sqrt{2}}{2}$

   $y = \frac{\pi}{4}$

2. $y = arc\cos(-0{,}5)$

   $\cos y = -0{,}5$

   $y = \frac{2}{3} \cdot \pi, \ \frac{4}{3} \cdot \pi, \ \ldots$

3. $y = arc\tan\sqrt{3}$

   $\tan y = \sqrt{3}$

   $y = \frac{\pi}{3}$

4. $y = ar\sinh 4$

$$\sinh y = \frac{1}{2}\cdot\left(e^{y} - e^{-y}\right) = 4$$

$$e^{y} - e^{-y} = 8 \quad \left|\cdot e^{y}\right.$$

$$e^{2y} - 1 = 8\cdot e^{y}$$

$$e^{2y} - 8\cdot e^{y} - 1 = 0$$

$$z^2 - 8z - 1 = 0 \qquad \text{mit } e^{y} = z$$

$$z_{1,2} = 4 \pm \sqrt{16+1} = 4 \pm 4{,}12$$

$$e^{y} = 8{,}12;\quad (-0{,}12) \qquad y = \ln 8{,}12 = 2{,}095$$

oder $y = ar\sinh x = \ln\left(x + \sqrt{x^2+1}\right)$

$$y = \ln\left(4 + \sqrt{17}\right)$$

$$y = \ln(4 + 4{,}12) = \ln 8{,}12$$

$$y = 2{,}095$$

5. $y = ar\coth 1{,}5$

$$\coth y = \frac{e^{y} + e^{-y}}{e^{y} - e^{-y}} = 1{,}5$$

$$1{,}5\cdot e^{y} - 1{,}5\cdot e^{-y} = e^{y} + e^{-y} \quad \left|\cdot e^{y}\right.$$

$$1{,}5\cdot e^{2y} - 1{,}5 = e^{2y} + 1$$

$$e^{2y}\cdot(1{,}5 - 1) = 1 + 1{,}5$$

$$e^{2y} = \frac{2{,}5}{0{,}5} = 5 \qquad 2y = \ln 5$$

$$y = \frac{1}{2}\cdot\ln 5 = 0{,}805$$

oder $y = ar\coth = \frac{1}{2}\cdot\ln\left(\frac{x+1}{x-1}\right)$

$$y = \frac{1}{2}\cdot\ln\left(\frac{1{,}5+1}{1{,}5-1}\right)$$

$$y = \frac{1}{2}\cdot\ln\frac{2{,}5}{0{,}5} = \frac{1}{2}\cdot\ln 5 = 0{,}805$$

6. $y = ar\tanh(-0{,}75)$

$$\tanh y = \frac{e^{y} - e^{-y}}{e^{y} + e^{-y}} = -0{,}75$$

$$-0{,}75\cdot e^{y} - 0{,}75\cdot e^{-y} = e^{y} - e^{-y} \quad \left|\cdot e^{y}\right.$$

$$-0{,}75\cdot e^{2y} - 0{,}75 = e^{2y} - 1$$

$$1{,}75\cdot e^{2y} = 0{,}25$$

$$e^{2y} = \frac{0{,}25}{1{,}75} = \frac{1}{7}$$

$$2y = \ln\frac{1}{7}$$

$$y = \frac{1}{2}\cdot\ln\frac{1}{7} = \frac{1}{2}\cdot(\ln 1 - \ln 7) = \frac{1}{2}\cdot(0 - 1{,}9459) = -0{,}97295$$

oder $y = ar\tanh = \frac{1}{2}\cdot\ln\left(\frac{1+x}{1-x}\right)$

$$y = \frac{1}{2}\cdot\ln\left(\frac{1-0{,}75}{1+0{,}75}\right)$$

$$y = \frac{1}{2}\cdot\ln\frac{0{,}25}{1{,}75} = \frac{1}{2}\cdot\ln\frac{1}{7} = -0{,}97295$$

3. Vektoralgebra

3.1

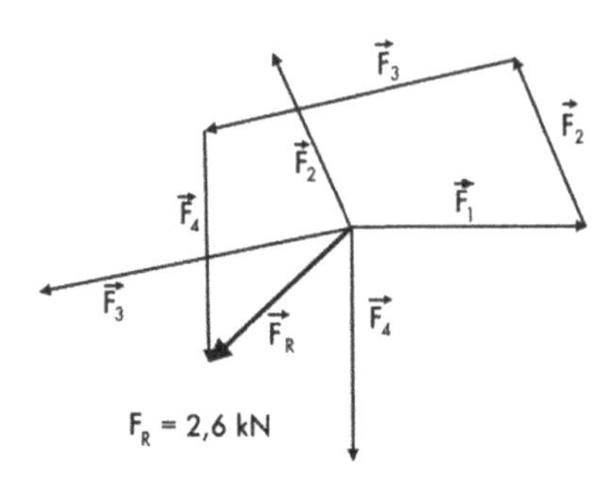

$\angle$ 228°

3.2 rechnerische Lösung:
Mit dem Sinussatz für Dreiecke ergibt sich

$$\frac{F_{S1}}{F_Q} = \frac{\sin 45^0}{\sin 30^0}$$

$$F_{S1} = 18kN \cdot \frac{\sin 45^0}{\sin 30^0} = 18kN \cdot \frac{\sqrt{2}}{2 \cdot 0{,}5}$$

$$F_{S1} = 25{,}42kN$$

zeichnerische Lösung:

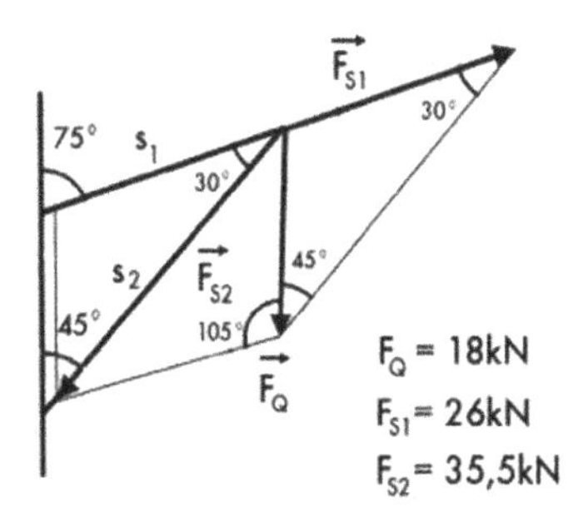

$$\frac{F_{S2}}{F_Q} = \frac{\sin 105^0}{\sin 30^0}$$

Die Winkelsumme eines Dreiecks beträgt 180^0.

$$F_{S2} = 18kN \cdot \frac{\sin 105^0}{\sin 30^0} = 18kN \cdot \frac{\cos 15^0}{0{,}5}$$

$$F_{S2} = 34{,}8kN$$

3.3

$$\vec{e_a} = \frac{\vec{a}}{|\vec{a}|} \qquad \vec{e_b} = \frac{\vec{b}}{|\vec{b}|}$$

$$|\vec{a}| = \sqrt{6^2 + 2^2 + (-3)^2} \qquad |\vec{b}| = \sqrt{\left(\frac{11}{15}\right)^2 + \left(-\frac{2}{3}\right)^2 + \left(\frac{2}{15}\right)^2}$$

$$|\vec{a}| = \sqrt{36+4+9} \qquad |\vec{b}| = \frac{1}{15}\sqrt{121+100+4}$$

$$|\vec{a}| = 7 \qquad |\vec{b}| = \frac{15}{15} = 1$$

$$\vec{e_a} = \frac{6}{7} \cdot \vec{e_x} + \frac{2}{7} \cdot \vec{e_x} - \frac{3}{7} \cdot \vec{e_z} \qquad \vec{e_b} = \vec{b}$$

3.4 Länge: $|r| = \sqrt{16+9+4} = \sqrt{29} = 5{,}385$

Einsvektor: $\vec{e_r} = \frac{\vec{r}}{|\vec{r}|} = 0{,}743 \cdot \vec{e_x} - 0.557 \cdot \vec{e_y} + 0{,}371 \cdot \vec{e_z}$

Winkel: $\cos\alpha = \frac{\vec{r_x}}{|\vec{r}|} = 0{,}743 \qquad \alpha = 42{,}0°$

$\cos\beta = \frac{\vec{r_y}}{|\vec{r}|} = -\ 0{,}557 \qquad \beta = 180° - 56{,}1° = 123{,}9°$

$\cos\gamma = \frac{\vec{r_z}}{|\vec{r}|} = 0{,}371 \qquad \gamma = 68{,}2°$

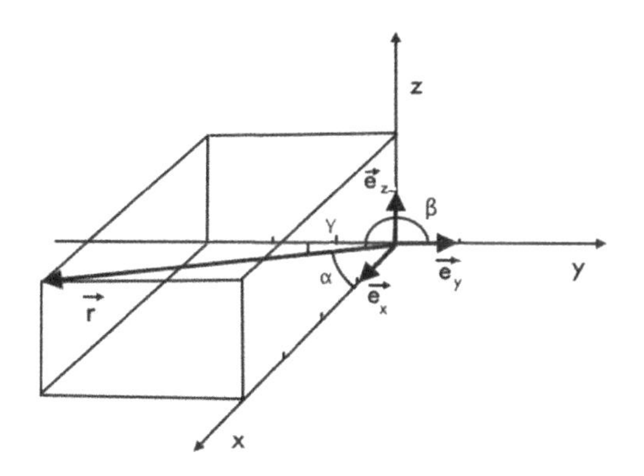

3.5

$\vec{a} + \vec{b} = (3-2) \cdot \vec{e_x} + (-1+3) \cdot \vec{e_y} + 2 \cdot \vec{e_z}$

$\vec{a} + \vec{b} = \vec{e_x} + 2 \cdot \vec{e_y} + 2 \cdot \vec{e_z}$

$\vec{r} = \vec{a} + \vec{b} - \vec{c} = (1-5) \cdot \vec{e_x} + (2+2) \cdot \vec{e_y} + (2-2) \cdot \vec{e_z}$

$\vec{r} = -\ 4 \cdot \vec{e_x} + 4 \cdot \vec{e_y}$

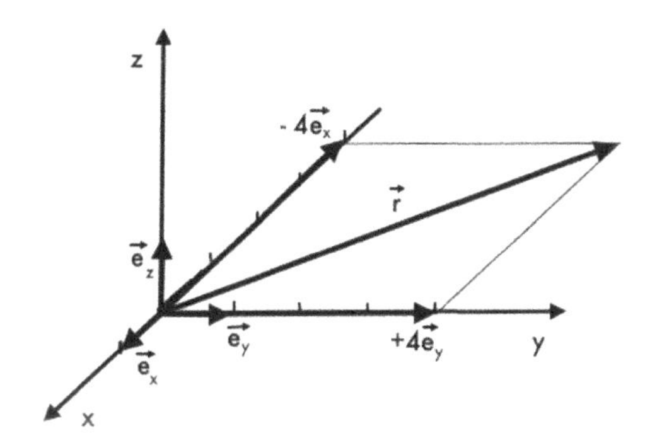

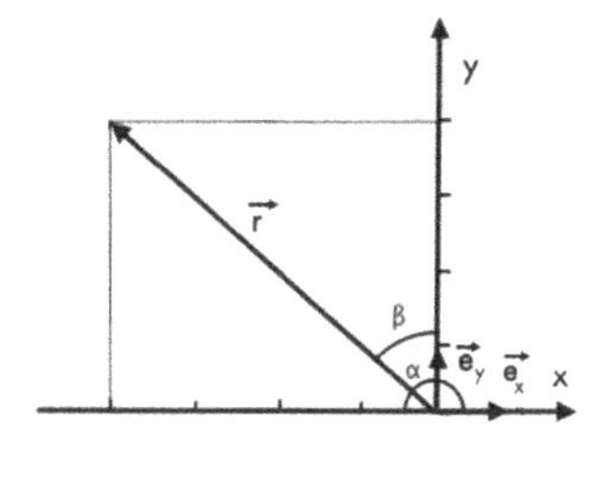

$\alpha = 135° \qquad \beta = 45° \qquad \gamma = 90°$

3.6 Der Summenvektor $\vec{r}_1 + \vec{r}_2$ halbiert nur dann den Winkel φ, wenn $|\vec{r}_1| = |\beta \cdot \vec{r}_2|$ ist.
Die Geradengleichung lautet dann

$$\vec{r} = \lambda \cdot \left(\vec{r}_1 + \beta \cdot \vec{r}_2\right)$$

mit $|\vec{r}_1| = |\beta \cdot \vec{r}_2| = \beta \cdot |\vec{r}_2|$

und $\beta = \dfrac{|\vec{r}_1|}{|\vec{r}_2|}$

$$\vec{r} = \lambda \cdot \left(\vec{r}_1 + \frac{|\vec{r}_1|}{|\vec{r}_2|} \cdot \vec{r}_2\right)$$

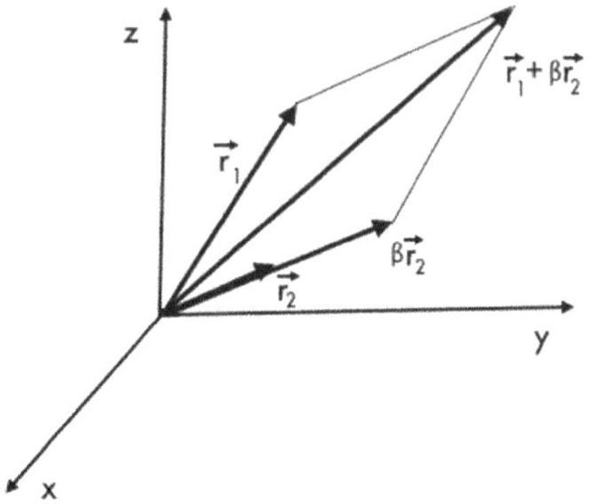

$$|\vec{r}_1| = \sqrt{9+4+1} = \sqrt{14}$$

$$|\vec{r}_2| = \sqrt{1+16+4} = \sqrt{21}$$

$$\beta = \frac{r_1}{r_2} = \sqrt{\frac{14}{21}} = \sqrt{\frac{2}{3}}$$

$$\vec{r} = \lambda \cdot \left(\vec{r}_1 + \sqrt{\frac{2}{3}} \cdot \vec{r}_2\right) = \lambda \cdot \left(3 \cdot \vec{e}_x - 2 \cdot \vec{e}_y - \vec{e}_z + \sqrt{\frac{2}{3}} \cdot \vec{e}_x + \sqrt{\frac{2}{3}} \cdot 4 \cdot \vec{e}_y + \sqrt{\frac{2}{3}} \cdot 2 \cdot \vec{e}_z\right)$$

$$\vec{r} = \lambda \cdot \left[\left(3 + \sqrt{\frac{2}{3}}\right) \cdot \vec{e}_x + \left(-2 + \sqrt{\frac{2}{3}} \cdot 4\right) \cdot \vec{e}_y + \left(-1 + + \sqrt{\frac{2}{3}} \cdot 2\right) \cdot \vec{e}_z\right]$$

$$\vec{r} = \lambda \cdot \left[3{,}816 \cdot \vec{e}_x + 1{,}27 \cdot \vec{e}_y + 0{,}633 \cdot \vec{e}_z\right]$$

3.7

$$\vec{r} = \vec{r}_0 + \lambda \cdot \vec{r}_1$$

$$\vec{r} = -2 \cdot \vec{e}_x + 3 \cdot \vec{e}_y + 5 \cdot \vec{e}_z + \lambda \cdot \left(3 \cdot \vec{e}_x - \vec{e}_y + 2 \cdot \vec{e}_z\right)$$

$$\vec{r} = (-2 + 3 \cdot \lambda) \cdot \vec{e}_x + (3 - \lambda) \cdot \vec{e}_y + (5 + 2 \cdot \lambda) \cdot \vec{e}_z$$

$\lambda = 0$: $\vec{r} = -2 \cdot \vec{e}_x + 3 \cdot \vec{e}_y + 5 \cdot \vec{e}_z$ $\quad P(-2;3;5)$

$\lambda = 1$: $\vec{r} = (-2+3) \cdot \vec{e}_x + (3-1) \cdot \vec{e}_y + (5+2) \cdot \vec{e}_z$ $\quad P(1;\ 2;\ 7)$

$\lambda = -1$: $\vec{r} = (-2-3) \cdot \vec{e}_x + (3+1) \cdot \vec{e}_y + (5-2) \cdot \vec{e}_z$ $\quad P(-5;\ 4;\ 3)$

$\lambda = 3$: $\vec{r} = (-2+9) \cdot \vec{e}_x + (3-3) \cdot \vec{e}_y + (5+6) \cdot \vec{e}_z$ $\quad P(7;\ 0;\ 11)$

$\lambda = -3$: $\vec{r} = (-2-9) \cdot \vec{e}_x + (3+3) \cdot \vec{e}_y + (5-6) \cdot \vec{e}_z$ $\quad P(-11;\ 6;\ -1)$

3.8 Geradengleichung:

$\vec{r} = \vec{r}_1 + \lambda \cdot (\vec{r}_2 - \vec{r}_1)$

$\vec{r} = -\vec{e}_x + 4 \cdot \vec{e}_z + \lambda \cdot [(0+1) \cdot \vec{e}_x + (1-0) \cdot \vec{e}_y + (1-4) \cdot \vec{e}_z]$

$\vec{r} = -\vec{e}_x + 4 \cdot \vec{e}_z + \lambda \cdot (\vec{e}_x + \vec{e}_y - 3 \cdot \vec{e}_z)$

Ebenengleichung:

$\vec{r} = \vec{r}_1 + \lambda \cdot (\vec{r}_2 - \vec{r}_1) + \mu \cdot (\vec{r}_3 - \vec{r}_1)$

mit $\mu \cdot (\vec{r}_3 - \vec{r}_1) = \mu \cdot [(2+1) \cdot \vec{e}_x + 2 \cdot \vec{e}_y + (2-4) \cdot \vec{e}_z]$

$\mu \cdot (\vec{r}_3 - \vec{r}_1) = \mu \cdot (3 \cdot \vec{e}_x + 2 \cdot \vec{e}_y - 2 \cdot \vec{e}_z)$

$\vec{r} = -\vec{e}_x + 4 \cdot \vec{e}_z + \lambda \cdot (\vec{e}_x + \vec{e}_y - 3 \cdot \vec{e}_z) + \mu \cdot (3 \cdot \vec{e}_x + 2 \cdot \vec{e}_y - 2 \cdot \vec{e}_z)$

$\vec{r} = \vec{e}_x \cdot (-1 + \lambda + 3 \cdot \mu) + \vec{e}_y \cdot (\lambda + 2 \cdot \mu) + \vec{e}_z \cdot (4 - 3 \cdot \lambda - 2 \cdot \mu)$

$\underline{P(3;\ 3;\ -1)}$

$\vec{r} = \vec{e}_x \cdot x + \vec{e}_y \cdot y + \vec{e}_z \cdot z = \vec{e}_x \cdot 3 + \vec{e}_y \cdot 3 + \vec{e}_z \cdot (-1)$

$3 = -1 + \lambda + 3 \cdot \mu$ $\qquad \lambda + 3 \cdot \mu = 4$

$3 = \lambda + 2 \cdot \mu$ $\qquad \underline{-(\lambda + 2 \cdot \mu = 3)}$ $\qquad \underline{3 = \lambda + 2}$

$-1 = 4 - 3 \cdot \lambda - 2 \cdot \mu$ $\qquad \mu = 1$ $\qquad \lambda = 1$

d.h. $-1 = 4 - 3 - 2 = -1$ Der Punkt liegt in der Ebene mit $\mu = 1$ und $\lambda = 1$.

Kontrolle durch Einsetzen von P, λ und μ in die Ebenengleichung:

$\vec{r} = \vec{e}_x \cdot (-1 + 1 + 3) + \vec{e}_y \cdot (1 + 2) + \vec{e}_z \cdot (4 - 3 - 2)$

$\vec{r} = 3 \cdot \vec{e}_x + 3 \cdot \vec{e}_y - \vec{e}_z$

3.9 $(\vec{a} + \vec{b}) \cdot (\vec{a} - \vec{b}) = \vec{a} \cdot \vec{a} - \vec{a} \cdot \vec{b} + \vec{b} \cdot \vec{a} - \vec{b} \cdot \vec{b}$

mit $\vec{a} \cdot \vec{a} = a^2$ $\quad \vec{b} \cdot \vec{b} = b^2$ $\quad \vec{b} \cdot \vec{a} = \vec{a} \cdot \vec{b}$

$(\vec{a} + \vec{b}) \cdot (\vec{a} - \vec{b}) = a^2 - b^2$

3.10 $\vec{a} \cdot \vec{b} = |\vec{a}| \cdot |\vec{b}| \cdot \cos(\vec{a}, \vec{b})$

1. $\vec{a} \cdot \vec{b} = 2 \cdot \cos 30° = 2 \cdot \frac{\sqrt{3}}{2} = \sqrt{3}$
2. $\vec{a} \cdot \vec{b} = 2 \cdot \cos 60° = 2 \cdot \frac{1}{2} = 1$
3. $\vec{a} \cdot \vec{b} = 2 \cdot \cos 90° = 0$
4. $\vec{a} \cdot \vec{b} = 2 \cdot \cos 150° = 2 \cdot \left(-\frac{\sqrt{3}}{2}\right) = -\sqrt{3}$

3.11 $\vec{r}_1 \cdot \vec{r}_2 = -15 + 20 - 5 = 0$

Beide Vektoren müssen senkrecht zueinander stehen.

3.12 Zu 1.

$$\vec{r}_1 \times \vec{r}_2 = \begin{vmatrix} \vec{e}_x & \vec{e}_y & \vec{e}_z \\ 2 & 1/2 & -1 \\ 1/2 & -2 & 1 \end{vmatrix}$$

$$\vec{r}_1 \times \vec{r}_2 = \vec{e}_x \cdot \begin{vmatrix} 1/2 & -1 \\ -2 & 1 \end{vmatrix} - \vec{e}_y \cdot \begin{vmatrix} 2 & -1 \\ 1/2 & 1 \end{vmatrix} + \vec{e}_z \cdot \begin{vmatrix} 2 & 1/2 \\ 1/2 & -2 \end{vmatrix}$$

$$\vec{r}_1 \times \vec{r}_2 = \vec{e}_x \cdot (1/2 - 2) - \vec{e}_y \cdot (2 + 1/2) + \vec{e}_z \cdot (-4 - 1/4)$$

$$\vec{r}_1 \times \vec{r}_2 = -\frac{3}{2} \cdot \vec{e}_x - \frac{5}{2} \cdot \vec{e}_y - \frac{17}{4} \cdot \vec{e}_z$$

Zu 2.

$$\vec{r}_1 \times \vec{r}_2 = \begin{vmatrix} \vec{e}_x & \vec{e}_y & \vec{e}_z \\ 3 & 2 & -1/2 \\ -3 & -2 & 1/2 \end{vmatrix}$$

$$\vec{r}_1 \times \vec{r}_2 = \vec{e}_x \cdot \begin{vmatrix} 2 & -1/2 \\ -2 & 1/2 \end{vmatrix} - \vec{e}_y \cdot \begin{vmatrix} 3 & -1/2 \\ -3 & 1/2 \end{vmatrix} + \vec{e}_z \cdot \begin{vmatrix} 3 & 2 \\ -3 & -2 \end{vmatrix}$$

$$\vec{r}_1 \times \vec{r}_2 = \vec{e}_x \cdot (1 - 1) - \vec{e}_y \cdot (3/2 - 3/2) + \vec{e}_z \cdot (-6 + 6)$$

$$\vec{r}_1 \times \vec{r}_2 = \vec{0}$$

3.13 Vektorprodukt: $\left|\vec{a} \times \vec{b}\right| = a \cdot b \cdot \sin\left(\vec{a}, \vec{b}\right)$

Skalarprodukt: $\vec{a} \cdot \vec{b} = a \cdot b \cdot \cos\left(\vec{a}, \vec{b}\right)$

Daraus folgt $\dfrac{\sin\left(\vec{a}, \vec{b}\right)}{\cos\left(\vec{a}, \vec{b}\right)} = \tan\left(\vec{a}, \vec{b}\right) = \dfrac{\left|\vec{a} \times \vec{b}\right|}{\vec{a} \cdot \vec{b}}$

4. Folgen und Grenzwerte

4.1 $\{x_n\}=\{-4,-8,-12,-16,...\}$

$$\{x_n\}=\left\{\frac{1}{1},\frac{2}{3},\frac{3}{5},\frac{4}{7},...\right\}$$

$$\{x_n\}=\left\{(2)^1,\left(\frac{3}{2}\right)^2,\left(\frac{4}{3}\right)^3,\left(\frac{5}{4}\right)^4,...\right\}=\left\{2,\frac{9}{4},\frac{64}{27},\frac{625}{256},...\right\}$$

$$\{x_n\}=\left\{\frac{1}{1!},\frac{1}{2!},\frac{1}{3!},\frac{1}{4!},...\right\}=\left\{\frac{1}{1},\frac{1}{1\cdot 2},\frac{1}{1\cdot 2\cdot 3},...\right\}=\left\{1,\frac{1}{2},\frac{1}{6},\frac{1}{24},...\right\}$$

4.2 $2d=6$ daraus folgt $x_2=-8$ und $x_1=-11$

4.3

1. $\lim\limits_{n\to\infty}\frac{4}{2n+1}=0$ 2. $\lim\limits_{n\to\infty}\frac{2n^2+3}{n-1}=\lim\limits_{n\to\infty}\frac{2n+\frac{3}{n}}{1-\frac{1}{n}}=\infty$ 3. $\lim\limits_{n\to\infty}\frac{4n^3-2}{10n^3+3n}=\lim\limits_{n\to\infty}\frac{4-\frac{2}{n^3}}{10+\frac{3}{n^2}}=\frac{2}{5}$

4. $\lim\limits_{n\to\infty}5^{-n}=\lim\limits_{n\to\infty}\frac{1}{5^n}=0$ 5. $\lim\limits_{n\to\infty}\left(\frac{2}{7}\right)^{-n}=\lim\limits_{n\to\infty}\left(\frac{7}{2}\right)^n=\infty$ 6. $\lim\limits_{n\to\infty}\frac{a\cdot n}{n+1}=\lim\limits_{n\to\infty}\frac{a}{1+\frac{1}{n}}=a$

7. $\lim\limits_{n\to\infty}\frac{(n+3)^2}{n^2-1}=\lim\limits_{n\to\infty}\frac{n^2+6n+9}{n^2-1}=\lim\limits_{n\to\infty}\frac{1+\frac{6}{n}+\frac{9}{n^2}}{1-\frac{1}{n^2}}=1$ 8. $\lim\limits_{n\to\infty}\frac{1}{1+a^n}=\begin{cases}1, \text{ wenn } |a|<1\\ 0, \text{ wenn } |a|>1\end{cases}$

4.4 $\{x_n\}=\{0{,}3;\ 0{,}33;\ 0{,}333;\ ...\}$ $\lim\limits_{n\to\infty}x_n=\frac{1}{3}$

4.5

$$\lim_{x\to+2}\frac{x^3-8}{x-2}=\lim_{n\to\infty}\frac{\left(\frac{2n+1}{n}\right)^3-8}{\frac{2n+1}{n}-2}$$

$$=\lim_{n\to\infty}\frac{(2n+1)^3-8n^3}{n^3\left(\frac{2n+1-2n}{n}\right)}=\lim_{n\to\infty}\frac{\left(4n^2+4n+1\right)\cdot(2n+1)-8n^3}{n^2}$$

$$=\lim_{n\to\infty}\frac{8n^3+8n^2+2n+4n^2+4n+1-8n^3}{n^2}$$

$$=\lim_{n\to\infty}\left(12+\frac{6}{n}+\frac{1}{n^2}\right)=12$$

Direkter Grenzübergang:

$$\lim_{x\to+2}\frac{x^3-8}{x-2}=\lim_{x\to+2}\left(x^2+2x+4\right)=4+4+4=12$$

mit $(x^3-8):(x-2)=x^2+2x+4$

$$\begin{array}{l} \underline{-(x^3-2x^2)} \\ \quad 2x^2-8 \\ \quad \underline{-(2x^2-4x)} \\ \qquad 4x-8 \\ \qquad \underline{-(4x-8)} \\ \qquad\quad 0 \end{array}$$

4.6 1. $\lim_{x\to0}\frac{\sin^2 x}{x}=\lim_{x\to0}\frac{\sin x}{x}\cdot\lim_{x\to0}\sin x=1\cdot0=0$

2. $\lim_{x\to0}\left(\frac{\sin x}{x}\cdot\cos x\right)=\lim_{x\to0}\frac{\sin x}{x}\cdot\lim_{x\to0}\cos x=1\cdot1=1$

3. $\lim_{x\to0}\frac{\tan x}{x}=\lim_{x\to0}\left(\frac{\sin x}{\cos x}\cdot\frac{1}{x}\right)=\lim_{x\to0}\frac{\sin x}{x}\cdot\lim_{x\to0}\frac{1}{\cos x}=1\cdot1=1$

4. $\lim_{x\to+0}\left(\sin x-\frac{\cos x}{x}\right)=\lim_{x\to-0}\sin x-\lim_{x\to+0}\frac{\cos x}{x}=0-\frac{1}{0}=-\infty$

4.7

1. $\lim_{x\to-\infty}\frac{2x^2-2}{x^3-3x}=\lim_{x\to-\infty}\frac{\frac{2}{x}-\frac{2}{x^3}}{1-\frac{3}{x^2}}=0$ 2. $\lim_{x\to2}\frac{x^4-16}{x-2}=\lim_{x\to2}\left(x^3+2x^2+4x+8\right)=8+8+8+8=32$

mit $(x^4-16):(x-2)=x^3+2x^2+4x+8$

$$\begin{array}{l} \underline{-(x^4-2x^3)} \\ \quad 2x^3-16 \\ \quad \underline{-(2x^3-4x^2)} \\ \qquad 4x^2-16 \\ \qquad \underline{-(4x^2-8x)} \\ \qquad\quad 8x-16 \\ \qquad\quad \underline{-(8x-16)} \\ \qquad\qquad 0 \end{array}$$

4.8 1. $y=x\cdot\sin x$ 2. $y=\frac{2x-4}{x-2}$ 3. $y=\frac{x^2+1}{x+1}$ 4. $y=\begin{cases}1 & \text{für } x>0\\ 0 & \text{für } x=0\\ -1 & \text{für } x<0\end{cases}$

stetig für alle x stetig außer der Lücke bei bei $x=2$ stetig außer der Unendlichkeitstelle bei $x=-1$ stetig außer der Sprungstelle bei $x=0$

5. Differentialrechnung

5.1 1. $$y' = \lim_{\Delta x \to 0} \frac{-(x+\Delta x)^2 + x^2}{\Delta x} = \lim_{\Delta x \to 0} \frac{-x^2 - 2 \cdot x \cdot \Delta x - (\Delta x)^2 + x^2}{\Delta x}$$

$$y' = \lim_{\Delta x \to 0} \frac{-2 \cdot x \cdot \Delta x - (\Delta x)^2}{\Delta x} = \lim_{\Delta x \to 0} (-2x - \Delta x) = -2x$$

2. $$y' = \lim_{\Delta x \to 0} \frac{3 \cdot (x+\Delta x)^2 + (x+\Delta x) - 1 - 3 \cdot (x^2 + x - 1)}{\Delta x}$$

$$y' = \lim_{\Delta x \to 0} \frac{3x^2 + 6x \cdot \Delta x + 3 \cdot (\Delta x)^2 + x + \Delta x - 1 - 3x^2 - x + 1}{\Delta x}$$

$$y' = \lim_{\Delta x \to 0} (6x + 3\Delta x + 1) = 6x + 1$$

3. $$y' = \lim_{\Delta x \to 0} \frac{2 \cdot (x+\Delta x) - 1 - 2x + 1}{\Delta x} = \lim_{\Delta x \to 0} \frac{2x + 2 \cdot \Delta x - 1 - 2x + 1}{\Delta x}$$

$$y' = \lim_{\Delta x \to 0} \frac{2 \cdot \Delta x}{\Delta x} = 2$$

4. $$y' = \lim_{\Delta x \to 0} \frac{-2 \cdot (x+\Delta x)^3 + (x+\Delta x)^2 + 2x^3 - x^2}{\Delta x}$$

mit $(x+\Delta x)^3 = x^3 + 3 \cdot x^2 \cdot \Delta x + 3x \cdot (\Delta x)^2 + (\Delta x)^3$

$$y' = \lim_{\Delta x \to 0} \frac{-2x^3 - 6x^2 \cdot \Delta x - 6x \cdot (\Delta x)^2 - 2 \cdot (\Delta x)^3 + x^2 + 2x \cdot \Delta x + (\Delta x)^2 + 2x^3 - x^2}{\Delta x}$$

$$y' = \lim_{\Delta x \to 0} \left(-6x^2 - 6x \cdot \Delta x - 2 \cdot (\Delta x)^2 + 2x + \Delta x\right) = -6x^2 + 2x$$

5. $$\frac{f(x+\Delta x) - f(x)}{\Delta x} = \frac{\sqrt{x+\Delta x} - \sqrt{x}}{\Delta x} \cdot \frac{\sqrt{x+\Delta x} + \sqrt{x}}{\sqrt{x+\Delta x} + \sqrt{x}}$$

$$= \frac{x + \Delta x - x}{\Delta x} \cdot \frac{1}{\sqrt{x+\Delta x} + \sqrt{x}} = \frac{1}{\sqrt{x+\Delta x} + \sqrt{x}}$$

$$y' = \lim_{x \to 0} \frac{1}{\sqrt{x+\Delta x} + \sqrt{x}} = \frac{1}{2 \cdot \sqrt{x}}$$

5.2 1. Funktionswert: $f(x_0) = f(-1) = 2 \cdot (-1)^2 = 2$

Grenzwert:

$$y' = \lim_{\Delta x \to 0} \frac{2 \cdot (x+\Delta x)^2 - 2 \cdot x^2}{\Delta x} = \lim_{\Delta x \to 0} \frac{2x^2 + 4x \cdot \Delta x + (\Delta x)^2 - 2x^2}{\Delta x}$$

$$y' = \lim_{\Delta x \to 0} (4x + \Delta x) = 4x \qquad f'(x_0) = f'(-1) = -4$$

d.h. $y = 2x^2$ ist für $x_0 = -1$ differenzierbar

2. Funktionswert: $f(x_0) = f(0) = \frac{1}{0} = \infty$

Grenzwert:

$$y' = \lim_{\Delta x \to 0} \frac{\frac{1}{x+\Delta x} - \frac{1}{x}}{\Delta x} = \lim_{\Delta x \to 0} \frac{\frac{x-(x+\Delta x)}{x\cdot(x+\Delta x)}}{\Delta x} = \lim_{\Delta x \to 0} \frac{-\Delta x}{\Delta x \cdot x \cdot (x+\Delta x)}$$

$$y' = \lim_{\Delta x \to 0} \frac{-1}{x\cdot(x+\Delta x)} = -\frac{1}{x^2} \qquad f'(x_0) = f'(0) = -\frac{1}{0} = \infty$$

Funktionswert und Grenzwert existieren nicht

d.h. $y = \frac{1}{x}$ ist für $x_0 = 0$ nicht differenzierbar

5.3 $\Delta y = f(x+\Delta x) - f(x)$ $\qquad dy = y' \cdot \Delta x$

$\Delta y = \sqrt{x+\Delta x} - \sqrt{x}$ $\qquad dy = \frac{1}{2\sqrt{x}} \cdot \Delta x$

$\Delta y = \sqrt{1+3} - \sqrt{1}$ $\qquad dy = \frac{1}{2\sqrt{1}} \cdot 3$

$\Delta y = 1$ $\qquad dy = 1{,}5$

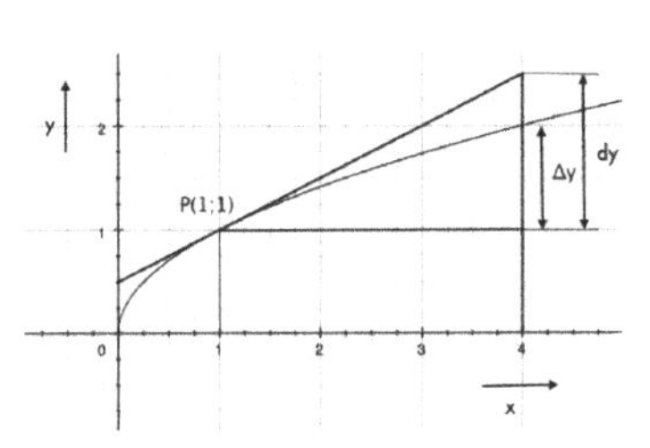

5.4 $\Delta y = f(x+\Delta x) - f(x)$ $\qquad dy = y' \cdot \Delta x$

$\Delta y = 3\cdot(x+\Delta x)^2 + (x+\Delta x) - 1 - 3x^2 - x + 1$ $\qquad dy = (6x+1)\cdot \Delta x$

$\Delta y = 3x^2 + 6x\cdot\Delta x + 3\cdot(\Delta x)^2 + x + \Delta x - 3x^2 - x$ $\qquad dy = 6x\cdot\Delta x + \Delta x$

$\Delta y = 6x\cdot\Delta x + \Delta x + 3\cdot(\Delta x)^2$ $\qquad \Delta y - dy = 3\cdot(\Delta x)^2$

Dieser Unterschied ist von x unabhängig:

$\Delta x = 0{,}1$ $\qquad \Delta y - dy = 3\cdot(0{,}1)^2 = 3\cdot 10^{-2}$

$\Delta x = 0{,}01$ $\qquad \Delta y - dy = 3\cdot(0{,}01)^2 = 3\cdot 10^{-4}$

5.5 1. $y' = -2x$ 2. $y' = 6x+1$ 3. $y' = 2$ 4. $y' = -6x^2 + 2x$ 5. $y' = \frac{1}{2}\cdot x^{-\frac{1}{2}} = \frac{1}{2\sqrt{x}}$

5.6 1. $y' = 28x^3 - 6x^2 + 1$ 2. $y' = 2\sqrt{3}\cdot x - 0{,}75$

3. $y = \sum_{i=0}^{n} a_i \cdot x^i = a_0 + a_1 x + a_2 x^2 + a_3 x^3 + \ldots + a_{n-1} x^{n-1} + a_n x^n$

$$y' = a_1 + 2a_2 x + 3a_3 x^2 + \ldots + (n-1)a_{n-1}x^{n-2} + n\cdot a_n \cdot x^{n-1} = \sum_{i=1}^{n} i\cdot a_i \cdot x^{i-1}$$

4. $y' = (2x-7)(x^3-1) + (x^2-7x+5)(3x^2)$

$y' = 2x^4 - 7x^3 - 2x + 7 + 3x^4 - 21x^3 + 15x^2$

$y' = 5x^4 - 28x^3 + 15x^2 - 2x + 7$

5. $y' = 3(x+a)^2(x-a) + (x+a)^3$

$y' = (x+a)^2[3(x-a) + (x+a)]$

$y' = (x+a)^2(4x-2a)$

6. $y' = (2x-3)(7-x) + 2(x-1)(7-x) - (x-1)(2x-3)$
$y' = 14x - 21 - 2x^2 + 3x + 14x - 14 - 2x^2 + 2x - 2x^2 + 2x + 3x - 3$
$y' = -6x^2 + 38x - 38$

7. $y' = \dfrac{0\cdot(x^2+1) - 2x}{(x^2+1)^2} = -\dfrac{2x}{(x^2+1)^2}$ 8. $y' = 3x^2 - 1 - \dfrac{4}{x^5} + \dfrac{2}{x^2}$

9. $y' = \dfrac{2(x-2)x^5 - 5x^4(x-2)^2}{x^{10}} = \dfrac{2(x-2)x - 5(x-2)^2}{x^6}$
$y' = \dfrac{2x^2 - 4x - 5x^2 + 20x - 20}{x^6} = \dfrac{-3x^2 + 16x - 20}{x^6}$

10. $y' = \dfrac{1}{2}\cdot(3x^2-4)^{-\frac{1}{2}}\cdot 6x = \dfrac{3x}{\sqrt{3x^2-4}}$ 11. $y' = -\sqrt{3}\cdot x^{-\sqrt{3}-1} = -\sqrt{3}\cdot x^{-(1+\sqrt{3})}$

12. $y' = \cos x^2 \cdot 2x = 2x\cdot\cos x^2$ 13. $y' = \dfrac{6x-7}{2\sqrt{3x^2-7x+5}}$

14. $y' = \dfrac{1}{2\cdot\sqrt{\dfrac{x}{1-x^2}}}\cdot\dfrac{1\cdot(1-x^2) + 2x^2}{(1-x^2)^2} = \dfrac{1}{2\cdot\sqrt{\dfrac{x}{1-x^2}}}\cdot\dfrac{1+x^2}{(1-x^2)^2} = \dfrac{1+x^2}{2\cdot\sqrt{x\cdot(1-x^2)^3}}$

15. $y' = \dfrac{3}{7}\cdot x^{\frac{3}{7}-1} = \dfrac{3}{7}\cdot x^{-\frac{4}{7}} = \dfrac{3}{7\cdot\sqrt[7]{x^4}}$

16. $y' = 4\cdot 2\cdot\sin\left(\dfrac{x}{2}-1\right)\cdot\cos\left(\dfrac{x}{2}-1\right)\cdot\dfrac{1}{2} = 4\cdot\sin\left(\dfrac{x}{2}-1\right)\cdot\cos\left(\dfrac{x}{2}-1\right)$
$y' = 2\cdot 2\cdot\sin\left(\dfrac{x-2}{2}\right)\cdot\cos\left(\dfrac{x-2}{2}\right) = 2\cdot\sin(x-2)$ mit $2\cdot\sin\alpha\cdot\cos\alpha = \sin 2\alpha$

17. $y' = \dfrac{-2\cdot\cos x\cdot\sin x}{2\cdot\sqrt{1+\cos^2 x}} = -\dfrac{\sin x\cdot\cos x}{\sqrt{1+\cos^2 x}}$

18. $y = x^2\cdot\sqrt[4]{x^3} = x^2\cdot x^{\frac{3}{4}} = x^{\frac{8}{4}+\frac{3}{4}} = x^{\frac{11}{4}}$ $y' = \dfrac{11}{4}\cdot x^{\frac{11}{4}-1} = \dfrac{11}{4}\cdot x^{\frac{7}{4}} = \dfrac{11}{4}\cdot x\cdot\sqrt[4]{x^3}$

19. $y' = \dfrac{1}{1+(x-1)^2} = \dfrac{1}{1+x^2-2x+1} = \dfrac{1}{x^2-2x+2}$

20. $y' = -\dfrac{1}{1+\cos^2 x}.(-\sin x) = \dfrac{\sin x}{1+\cos^2 x}$

5.7

$y = 3x^4 - 2x^2 + 3$	$y = -\sin x$
$y' = 12x^3 - 4x$	$y' = -\cos x$
$y'' = 36x^2 - 4$	$y'' = \sin x$
$y''' = 72x$	$y''' = \cos x$
$y^{(4)} = 72$	$y^{(4)} = -\sin x$

5.8 $y = f(x) = 2x - 1$ $\qquad x = \varphi(y) = \frac{y}{2} + \frac{1}{2}$

$f'(x) = 2$ $\qquad \varphi'(y) = \frac{1}{2}$

$$\varphi'(y) = \frac{1}{f'(x)} = \frac{1}{2}$$

$y = f(x) = \tan x$ $\qquad x = \varphi(y) = arc\tan y$

$f'(x) = 1 + \tan^2 x$ $\qquad \varphi'(y) = \frac{1}{1+y^2} = \frac{1}{1+\tan^2 x}$

$$\varphi'(y) = \frac{1}{f'(x)} = \frac{1}{1+\tan^2 x} = \frac{1}{1+y^2}$$

5.9

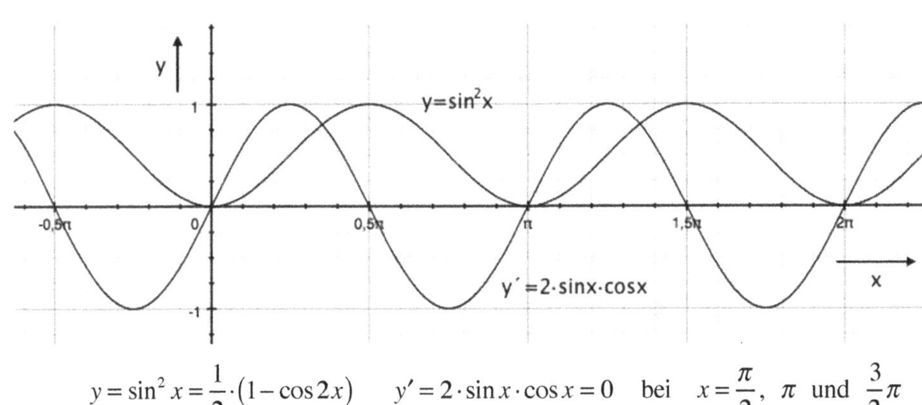

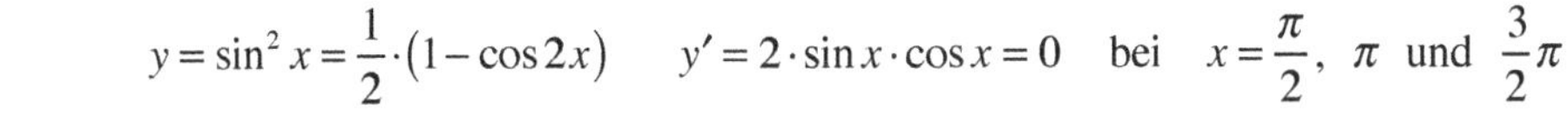

$$y = \sin^2 x = \frac{1}{2}\cdot(1-\cos 2x) \qquad y' = 2\cdot\sin x\cdot\cos x = 0 \quad \text{bei} \quad x = \frac{\pi}{2}, \; \pi \; \text{und} \; \frac{3}{2}\pi$$

5.10 Mittelwertsatz:

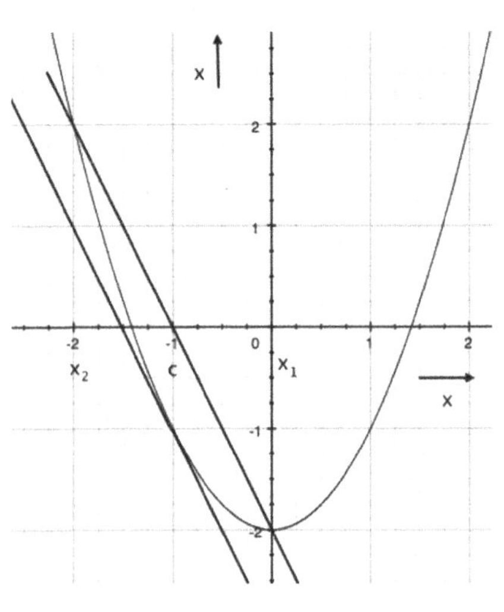

$$f'(c) = \frac{f(x_1) - f(x_2)}{x_1 - x_2}$$

mit $y = x^2 - 2 \qquad y' = 2\cdot x = 2\cdot c$

$$2\cdot c = \frac{(x_1^2 - 2) - (x_2^2 - 2)}{x_1 - x_2}$$

$$2\cdot c = \frac{(0-2)-(4-2)}{0-(-2)} = \frac{-4}{2}$$

$2\cdot c = -2$

$c = -1$

5.11 1. $y' = 1 \cdot \ln x + x \cdot \frac{1}{x} = \ln x + 1$ 2. $y' = \frac{1}{\cos x} \cdot \lg e \cdot (-\sin x) = -\tan x \cdot \lg e$

3. $y' = \frac{1}{3x} \cdot \log_2 e \cdot 3 = \frac{\log_2 e}{x}$ oder $y' = \frac{1 \cdot 3}{3 \cdot x \cdot \ln 2} = \frac{1}{x \cdot \ln 2}$

4. $y' = \frac{1}{\tan\frac{x}{2}} \cdot \frac{1}{\cos^2\frac{x}{2}} \cdot \frac{1}{2} = \frac{\cos\frac{x}{2}}{\sin\frac{x}{2}} \cdot \frac{1}{\cos^2\frac{x}{2}} \cdot \frac{1}{2} = \frac{1}{2 \cdot \sin\frac{x}{2} \cdot \cos\frac{x}{2}}$

$y' = \frac{1}{\sin x}$ mit dem Additionstheorem $2 \cdot \sin\alpha \cdot \cos\alpha = \sin 2\alpha$

5. $y' = \frac{1}{x \cdot \cos x} \cdot [1 \cdot \cos x + x \cdot (-\sin x)] = \frac{1}{x \cdot \cos x} \cdot (\cos x - x \cdot \sin x) = \frac{1}{x} - \tan x$

6. $y' = \left(1 + \tan^2 \sqrt{\ln x}\right) \cdot \frac{1}{2 \cdot \sqrt{\ln x}} \cdot \frac{1}{x} = \frac{1 + \tan^2 \sqrt{\ln x}}{2 \cdot x \cdot \sqrt{\ln x}}$

7. $y' = 2^x \cdot \ln 2$ 8. $y' = \frac{\cos x \cdot e^x - \sin x \cdot e^x}{e^{2x}} = \frac{e^x \cdot (\cos - \sin x)}{e^{2x}} = \frac{\cos x - \sin x}{e^x}$

9. $y' = a^x \cdot \ln a \cdot x^a + a^x \cdot a \cdot x^{a-1} = a^x \cdot \left(x^a \cdot \ln a + a \cdot x^{a-1}\right) = a^x \cdot x^{a-1} \cdot (x \cdot \ln a + a)$

10. $y' = e^{\cos x} \cdot (-\sin x) = -e^{\cos x} \cdot \sin x$ 11. $y' = e^{\ln x} \cdot \frac{1}{x} = 1$ weil $e^{\ln x} = x$

12. $y' = \frac{1}{e^{2x-1}} \cdot e^{2x-1} \cdot 2 = 2$

5.12

1. $y = \sqrt[x]{\cot x} = (\cot x)^{\frac{1}{x}}$

$\ln y = \frac{1}{x} \cdot \ln\ \cot x$

$\frac{y'}{y} = -\frac{1}{x^2} \cdot \ln\ \cot x + \frac{1}{x} \cdot \frac{1}{\cot x} \cdot \left(-\frac{1}{\sin^2 x}\right)$

$y' = -\sqrt[x]{\cot x} \cdot \left(\frac{\ln\ \cot x}{x^2} + \frac{1}{x \cdot \sin x \cdot \cos x}\right)$

2. $y = \left(1 + \frac{1}{x}\right)^x$

$\ln y = x \cdot \ln\left(1 + \frac{1}{x}\right)$

$\frac{y'}{y} = 1 \cdot \ln\left(1 + \frac{1}{x}\right) + x \cdot \frac{1}{1 + \frac{1}{x}} \cdot \left(-\frac{1}{x^2}\right)$

$y' = \left(1 + \frac{1}{x}\right)^x \cdot \left[\ln\left(1 + \frac{1}{x}\right) - \frac{1}{1 + x}\right]$

3. $y = x^{x \cdot \cos x}$

$\ln y = x \cdot \cos x \cdot \ln x$

$\frac{y'}{y} = 1 \cdot \cos x \cdot \ln x + x \cdot (-\sin x) \cdot \ln x + x \cdot \cos x \cdot \frac{1}{x}$

$y' = x^{x \cdot \cos x} \cdot (\cos x \cdot \ln x - x \cdot \sin x \cdot \ln x + \cos x)$

4. $y^x = 2 \cdot e^x \quad y = \sqrt[x]{2} \cdot e = 2^{\frac{1}{x}} \cdot e$

$\ln y = \frac{1}{x} \cdot \ln 2 + \ln e$

$\frac{y'}{y} = -\frac{1}{x^2} \cdot \ln 2$

$y' = -\sqrt[x]{2} \cdot e \cdot \frac{1}{x^2} \cdot \ln 2 = -\frac{e \cdot \ln 2}{x^2} \cdot \sqrt[x]{2}$

5.13

1. $$y' = \frac{1}{\sqrt{1-x^2}} + \left(-\frac{1}{\sqrt{1-x^2}}\right) = 0$$

2. $$y' = \frac{1}{\sqrt{1-\left(1-x^2\right)}} \cdot \frac{1}{2\cdot\sqrt{1-x^2}} \cdot (-2x) = \frac{-2x}{2x\cdot\sqrt{1-x^2}} = -\frac{1}{\sqrt{1-x^2}}$$

3. $$y' = -\frac{x}{1+\frac{x^2}{16}} \cdot \frac{1}{4} + arc\cot\frac{x}{4} = arc\cot\frac{x}{4} - \frac{4x}{16+x^2}$$

4. $$y' = arc\sin\frac{x}{a} + x \cdot \frac{1}{\sqrt{1-\frac{x^2}{a^2}}} \cdot \frac{1}{a} + \frac{-2x}{2\cdot\sqrt{a^2-x^2}}$$

$$y' = arc\sin\frac{x}{a} + \frac{1}{\sqrt{\left(\frac{a}{x}\right)^2 - 1}} - \frac{1}{\sqrt{\left(\frac{a}{x}\right)^2 - 1}} = arc\sin\frac{x}{a}$$

5. $$y' = \frac{1}{2\cdot\cosh^2\frac{x}{2}}$$

6. $$y' = \frac{1}{\cosh 2x} \cdot \sinh 2x \cdot 2 = 2\cdot\tanh 2x$$

7. $$y' = \frac{1}{2\cdot\sqrt{\frac{\cosh 2x - 1}{\cosh 2x + 1}}} \cdot \frac{2\cdot\sinh 2x\cdot(\cosh 2x + 1) - 2\cdot\sinh 2x\cdot(\cosh 2x - 1)}{(\cosh 2x + 1)^2}$$

$$y' = \frac{1}{2}\cdot\sqrt{\frac{\cosh 2x + 1}{\cosh 2x - 1}} \cdot \frac{2\cdot\sinh 2x\cdot(\cosh 2x + 1 - \cosh 2x + 1)}{(\cosh 2x + 1)^2}$$

$$y' = \frac{2\cdot\sinh 2x}{(\cosh 2x + 1)^2} \cdot \sqrt{\frac{\cosh 2x + 1}{\cosh 2x - 1}}$$

8. $$y' = e^{\sinh x} \cdot \cosh x$$

9. $$y' = \frac{1}{\sqrt{\frac{1}{\cos^2 x} - 1}} \cdot \frac{\sin x}{\cos^2 x} = \frac{1}{\cos x} \quad \text{mit} \quad \frac{d(\cos x)^{-1}}{dx} = -1\cdot(\cos x)^{-2}\cdot(-\sin x) = \frac{\sin x}{\cos^2 x}$$

10. $$y' = \frac{1}{1-\frac{4x^2}{\left(1+x^2\right)^2}} \cdot \frac{2\cdot\left(1+x^2\right) - 2x\cdot 2x}{\left(1+x^2\right)^2} = \frac{1}{\left(1+x^2\right)^2 - 4x^2} \cdot \left(2+2x^2-4x^2\right)$$

$$y' = \frac{2\cdot\left(1-x^2\right)}{1+2x^2+x^4-4x^2} = \frac{2\cdot\left(1-x^2\right)}{\left(1-x^2\right)^2} = \frac{2}{1-x^2}$$

11. $$y' = 2\cdot\cosh x\cdot\sinh x + 2\cdot\sinh x\cdot\cosh x = 4\cdot\sinh x\cdot\cosh x = 2\cdot\sinh 2x$$

12. $$y' = ar\sinh x + x\cdot\frac{1}{\sqrt{x^2+1}} - \frac{1}{2\cdot\sqrt{x^2+1}} \cdot 2x = ar\sinh x$$

5.14

1. $\lim\limits_{x\to 8}\frac{3-\sqrt{x+1}}{x^2-64}\to\frac{0}{0}\qquad \lim\limits_{x\to 8}\frac{3-\sqrt{x+1}}{x^2-64}=\lim\limits_{x\to 8}\frac{-\frac{1}{2\cdot\sqrt{x+1}}}{2x}=-\lim\limits_{x\to 8}\frac{1}{4x\cdot\sqrt{x+1}}=-\frac{1}{96}$

2. $\lim\limits_{x\to 0}\frac{2\cdot\cos x+x^2-2}{\sin x-x-x^3}\to\frac{0}{0}\qquad \lim\limits_{x\to 0}\frac{2\cdot\cos x+x^2-2}{\sin x-x-x^3}=\lim\limits_{x\to 0}\frac{-2\cdot\sin x+2x}{\cos x-1-3x^2}\to\frac{0}{0}$

$\lim\limits_{x\to 0}\frac{-2\cdot\sin x+2x}{\cos x-1-3x^2}=\lim\limits_{x\to 0}\frac{-2\cdot\cos x+2}{-\sin x-6x}\to\frac{0}{0}$

$\lim\limits_{x\to 0}\frac{-2\cdot\cos x+2}{-\sin x-6x}=\lim\limits_{x\to 0}\frac{2\cdot\sin x}{-\cos x-6}=\frac{0}{-7}=0$

3. $\lim\limits_{x\to 0}\frac{\sin x-x}{e^{\sin x}-e^x}\to\frac{0}{0}\qquad \lim\limits_{x\to 0}\frac{\sin x-x}{e^{\sin x}-e^x}=\lim\limits_{x\to 0}\frac{\cos x-1}{e^{\sin x}\cdot\cos x-e^x}\to\frac{0}{0}$

$\lim\limits_{x\to 0}\frac{\cos x-1}{e^{\sin x}\cdot\cos x-e^x}=\lim\limits_{x\to 0}\frac{-\sin x}{e^{\sin x}\cdot\cos^2 x-e^{\sin x}\cdot\sin x-e^x}\to\frac{0}{0}$

$\lim\limits_{x\to 0}\frac{-\cos x}{e^{\sin x}\cdot\cos^3 x-e^{\sin x}\cdot 2\cdot\cos x\cdot\sin x-e^{\sin x}\cdot\cos x\cdot\sin x-e^{\sin x}\cdot\cos x-e^x}=1$

mit $e^{\sin x}\cdot\cos^3 x=1\qquad e^{\sin x}\cdot 2\cdot\cos x\cdot\sin x=0$

$e^{\sin x}\cdot\cos x\cdot\sin x=0\qquad e^{\sin x}\cdot\cos x=1\qquad e^x=1$

4. $\lim\limits_{x\to 0}\frac{x-\sin x}{x\cdot\cos x}\to\frac{0}{0}\qquad \lim\limits_{x\to 0}\frac{1-\cos x}{\cos x-x\cdot\sin x}=\frac{0}{1}=0$

5. $\lim\limits_{x\to\infty}\frac{bx+a}{\ln\left(1+e^x\right)}\to\frac{\infty}{\infty}\qquad \lim\limits_{x\to\infty}\frac{b}{\frac{e^x}{1+e^x}}=\lim\limits_{x\to\infty}\frac{b\cdot\left(1+e^x\right)}{e^x}=\lim\limits_{x\to\infty}\frac{b\cdot\left(\frac{1}{e^x}+1\right)}{1}=b$

6. $\lim\limits_{x\to\infty}\frac{\ln x}{\sqrt{x^2-1}}\to\frac{\infty}{\infty}\qquad \lim\limits_{x\to\infty}\frac{\frac{1}{x}}{\frac{2x}{2\sqrt{x^2-1}}}=\lim\limits_{x\to\infty}\frac{\sqrt{x^2-1}}{x^2}=\lim\limits_{x\to\infty}\sqrt{\frac{x^2-1}{x^4}}=\lim\limits_{x\to\infty}\sqrt{\frac{1}{x^2}-\frac{1}{x^4}}=0$

7. $\lim\limits_{x\to 0}\left(e^x-1\right)\cdot\ln 3x\to 0\cdot\infty\qquad \lim\limits_{x\to 0}\left(e^x-1\right)\cdot\ln 3x=\lim\limits_{x\to 0}\frac{\ln 3x}{\frac{1}{e^x-1}}\to\frac{\infty}{\infty}$

$\lim\limits_{x\to 0}\frac{\ln 3x}{\frac{1}{e^x-1}}=\lim\limits_{x\to 0}\frac{\frac{3}{3x}}{-\frac{e^x}{\left(e^x-1\right)^2}}=\lim\limits_{x\to 0}\frac{\frac{1}{x}}{-\frac{e^x}{\left(e^x-1\right)^2}}=-\lim\limits_{x\to 0}\frac{\left(e^x-1\right)^2}{x\cdot e^x}\to\frac{0}{0}$

$-\lim\limits_{x\to 0}\frac{\left(e^x-1\right)^2}{x\cdot e^x}=-\lim\limits_{x\to 0}\frac{2\cdot\left(e^x-1\right)\cdot e^x}{e^x+x\cdot e^x}=-\lim\limits_{x\to 0}\frac{2\cdot\left(e^x-1\right)}{1+x}=\frac{0}{1}=0$

8. $\lim\limits_{x\to 1}\sqrt[3]{(1-x^2)}\cdot ar\tanh x \to 0\cdot\infty \qquad \lim\limits_{x\to 1}\dfrac{ar\tanh x}{\dfrac{1}{\sqrt[3]{(1-x^2)}}}\to\dfrac{\infty}{\infty}$

$$\lim_{x\to 1}\frac{ar\tanh x}{\dfrac{1}{\sqrt[3]{(1-x^2)}}}=\lim_{x\to 1}\frac{\dfrac{1}{1-x^2}}{\dfrac{2x}{3\cdot(1-x^2)^{\frac{4}{3}}}}=\lim_{x\to 1}\frac{3}{2x}\cdot(1-x^2)^{\frac{1}{3}}=0$$

mit $\left[(1-x^2)^{-\frac{1}{3}}\right]'=-\frac{1}{3}\cdot(1-x^2)^{-\frac{4}{3}}\cdot(-2x)=\dfrac{2x}{3\cdot(1-x^2)^{\frac{4}{3}}}$

9. $\lim\limits_{x\to 0}(1-\cos x)\cdot\cot x\to 0\cdot\infty \qquad \lim\limits_{x\to 0}\dfrac{(1-\cos x)}{\tan x}\to\dfrac{\infty}{\infty}$

$$\lim_{x\to 0}\frac{(1-\cos x)}{\tan x}=\lim_{x\to 0}\frac{\sin x}{1+\tan^2 x}=\frac{0}{1}=0$$

10. $\lim\limits_{x\to 1}\left(\dfrac{1}{\ln x}-\dfrac{1}{x-1}\right)=\infty-\infty \qquad \lim\limits_{x\to 1}\left(\dfrac{1}{\ln x}-\dfrac{1}{x-1}\right)=\lim\limits_{x\to 1}\dfrac{x-1-\ln x}{(x-1)\cdot\ln x}\to\dfrac{0}{0}$

$$\lim_{x\to 1}\frac{x-1-\ln x}{(x-1)\cdot\ln x}=\lim_{x\to 1}\frac{1-\dfrac{1}{x}}{1\cdot\ln x+(x-1)\cdot\dfrac{1}{x}}=\lim_{x\to 1}\frac{x-1}{x\cdot\ln x+(x-1)}\to\frac{0}{0}$$

$$\lim_{x\to 1}\frac{1}{\ln x+x\cdot\dfrac{1}{x}+1}=\frac{1}{2}$$

11. $\lim\limits_{x\to 0}(\sin x)^x\to 0^0 \qquad \lim\limits_{x\to 0}(\sin x)^x=\lim\limits_{x\to 0}e^{x\cdot\ln\,\sin x}\to e^{0\cdot(-\infty)}$

$$\lim_{x\to 0}e^{x\cdot\ln\,\sin x}=\lim_{x\to 0}e^{\frac{\ln\,\sin x}{\frac{1}{x}}}\to e^{\frac{-\infty}{\infty}}$$

$$\lim_{x\to 0}e^{\frac{\ln\,\sin x}{\frac{1}{x}}}=\lim_{x\to 0}e^{\frac{\frac{\cos x}{\sin x}}{-\frac{1}{x^2}}}=\lim_{x\to 0}e^{-\frac{x^2}{\tan x}}=e^{-\lim\limits_{x\to 0}\frac{x^2}{\tan x}}\to e^{\frac{0}{0}}$$

$$e^{-\lim\limits_{x\to 0}\frac{x^2}{\tan x}}=e^{-\lim\limits_{x\to 0}\frac{2x}{1+\tan^2 x}}=e^0=1$$

12. $\lim\limits_{x\to\infty}x^{\frac{1}{x}}\to\infty^0 \qquad \lim\limits_{x\to\infty}x^{\frac{1}{x}}=\lim\limits_{x\to\infty}e^{\frac{1}{x}\cdot\ln x}\to e^{0\cdot\infty}$

$$\lim_{x\to\infty}e^{\frac{1}{x}\cdot\ln x}=e^{\lim\limits_{x\to\infty}\frac{\ln x}{x}}\to e^{\frac{\infty}{\infty}} \qquad e^{\lim\limits_{x\to\infty}\frac{\ln x}{x}}=e^{\lim\limits_{x\to\infty}\frac{\frac{1}{x}}{1}}=e^{\lim\limits_{x\to\infty}\frac{1}{x}}=e^0=1$$

6. Integralrechnung

6.1 1. $d\int x \cdot dx = x \cdot dx$ (nach Gl. 6.3)

denn $\int x \cdot dx = \frac{x^2}{2} + C \qquad \frac{d\left(\int x \cdot dx\right)}{dx} = \frac{2x}{2} + 0 = x \quad \Rightarrow \quad d\int x \cdot dx = x \cdot dx$

2. $\int d\left(x^2\right) = x^2 + C$ (nach Gl. 6.4)

denn $\frac{d\left(x^2\right)}{dx} = 2x \qquad d\left(x^2\right) = 2x \cdot dx \qquad \int d\left(x^2\right) = \int 2x \cdot dx = \frac{2x^2}{2} + C = x^2 + C$

3. $\int\left(1 - e^x\right) \cdot dx = \int dx - \int e^x \cdot dx = x - e^x + C$

4. $\int\left(-x^2 + \sqrt[3]{x} - 1\right) \cdot dx = -\int x^2 \cdot dx + \int x^{1/3} \cdot dx - \int dx$

$\int\left(-x^2 + \sqrt[3]{x} - 1\right) \cdot dx = -\frac{x^3}{3} + \frac{x^{4/3}}{4/3} - x + C = -\frac{1}{3} \cdot x^3 + \frac{3}{4} \cdot x \cdot \sqrt[3]{x} - x + C$

5. $\int a \cdot b^x \cdot dx = a \cdot \int b^x \cdot dx = a \cdot \frac{b^x}{\ln b} + C$

6. $\int \frac{x-1}{x} \cdot dx = \int\left(1 - \frac{1}{x}\right) \cdot dx = \int dx - \int \frac{dx}{x} = x - \ln|x| + C$

7. $\int \frac{\sin^2 t + 1}{\cos^2 t} \cdot dt = \int \tan^2 t \cdot dt + \int \frac{dt}{\cos^2 t} = \tan t - t + \tan t + C = 2 \cdot \tan t - t + C$

oder $\int \frac{\sin^2 t + 1}{\cos^2 t} \cdot dt = \int \frac{1 - \cos^2 t + 1}{\cos^2 t} \cdot dt = \int \frac{2 \cdot dt}{\cos^2 t} - \int dt = 2 \cdot \tan t - t + C$

8. $\int \cos\alpha \cdot dt = \cos\alpha \cdot \int dt = t \cdot \cos\alpha + C$

9. $\int\left(\sin x + \sinh x + 2 \cdot e^x - 1\right) \cdot dx = \int \sin x \cdot dx + \int \sinh x \cdot dx + 2 \cdot \int e^x \cdot dx - \int dx$

$\int\left(\sin x + \sinh x + 2 \cdot e^x - 1\right) \cdot dx = -\cos x + \cosh x + 2 \cdot e^x - x + C$

10. $\int \frac{x \cdot dx}{\sqrt{1-x^2}} = -\int d\sqrt{1-x^2} = -\sqrt{1-x^2} + C$

da $\frac{d\sqrt{1-x^2}}{dx} = -\frac{1}{2 \cdot \sqrt{1-x^2}} \cdot 2x = -\frac{x}{\sqrt{1-x^2}}$ und $d\sqrt{1-x^2} = -\frac{x \cdot dx}{\sqrt{1-x^2}}$

11. $\int \frac{x - \sqrt{x} \cdot e^{\alpha+x}}{\sqrt{x}} \cdot dx = \int \frac{x}{\sqrt{x}} \cdot dx - \int e^\alpha \cdot e^x \cdot dx = \int x^{1/2} \cdot dx - e^\alpha \cdot \int e^x \cdot dx$

$\int \frac{x - \sqrt{x} \cdot e^{\alpha+x}}{\sqrt{x}} \cdot dx = \frac{2 \cdot x^{3/2}}{3} - e^\alpha \cdot e^x + C = \frac{2}{3} \cdot x \cdot \sqrt{x} - e^{\alpha+x} + C$

12. $\int\left(m - \frac{1}{m}\right) \cdot dm = \int m \cdot dm - \int \frac{dm}{m} = \frac{m^2}{2} - \ln|m| + C$

6.2 1. $\int_1^x \frac{dx}{x^2} = \int_1^x x^{-2} \cdot dx = \left.\frac{x^{-1}}{-1}\right|_1^x$

$\int_1^x \frac{dx}{x^2} = -\left.\frac{1}{x}\right|_1^x = -\frac{1}{x} + 1$

2. $\int_0^x \sinh x \cdot dx = \cosh x|_0^x = \cosh x - 1$

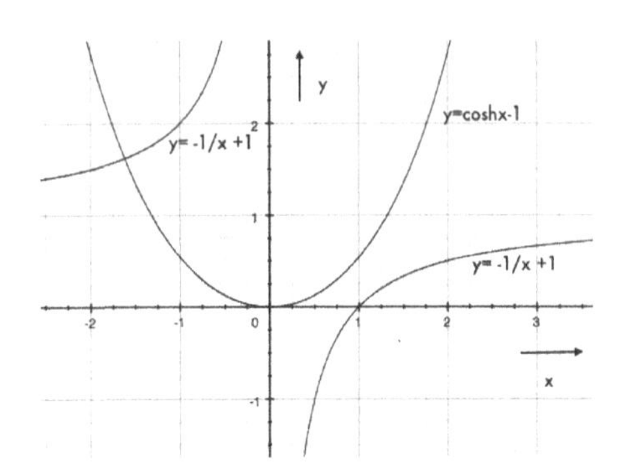

6.3 1. $\int_0^2 d\left(x^2\right) = x^2\Big|_0^2 = 2$

(Die Integrationsvariable ist x^2)

2. $\int_{-2}^{1} (2-4x) \cdot dx = \left[2x - \frac{4x^2}{2}\right]_{-2}^{1} = \left[2x - 2x^2\right]_{-2}^{1} = (2-2) - (-4-8) = 12$

3. $\int_0^{\pi} (\sin x - 5) \cdot dx = [-\cos x - 5x]_0^{\pi} = (1 - 5\pi) - (-1) = 2 - 5\pi \approx -13{,}7$

4. $\int_0^{0,5} \frac{dx}{1-x^2} = \left[\frac{1}{2} \cdot \ln\left|\frac{1+x}{1-x}\right|\right]_0^{0,5} = \frac{1}{2} \cdot \ln\frac{1{,}5}{0{,}5} - \frac{1}{2} \cdot \ln 1 = \frac{1}{2} \cdot \ln 3 = 0{,}55$

5. $-\int_5^0 \frac{dx}{\sqrt{1+x^2}} = -\left[\ln\left(x + \sqrt{x^2+1}\right)\right]_5^0 = -\left[\ln 1 - \ln\left(5 + \sqrt{26}\right)\right] = \ln 10{,}1 = 2{,}31$

6. $\int_2^4 \frac{dx}{1-x^2} = \left[\frac{1}{2} \cdot \ln\left|\frac{1+x}{1-x}\right|\right]_2^4 = \frac{1}{2} \cdot \ln\left|\frac{5}{-3}\right| - \frac{1}{2} \cdot \ln\left|\frac{3}{-1}\right|$

$\int_2^4 \frac{dx}{1-x^2} = \frac{1}{2} \cdot \left(\ln\frac{5}{3} - \ln 3\right) = \frac{0{,}506 - 1{,}1}{2} = -0{,}294$

7. $\int_1^{0,1} \frac{dv}{v} = \ln|v|\Big|_1^{0,1} = \ln 0{,}1 - \ln 1 = \ln 0{,}1 = -\ln 10 = -2{,}303$

8. $\int_0^a 3 \cdot e^x \cdot dx = 3 \cdot e^x\Big|_0^a = 3 \cdot \left(e^a - 1\right)$

9. $\int_2^1 (\cos\varphi) \cdot t \cdot dt = \left[\cos\varphi \cdot \frac{t^2}{2}\right]_2^1$

$\int_2^1 (\cos\varphi) \cdot t \cdot dt = \cos\varphi \cdot \left(\frac{1}{2} - \frac{4}{2}\right)$

$\int_2^1 (\cos\varphi) \cdot t \cdot dt = -\frac{3}{2} \cdot \cos\varphi$

6.4 $A = \int_0^1 e^x \cdot dx = e^x\Big|_0^1 = e - 1 = 1{,}7183$

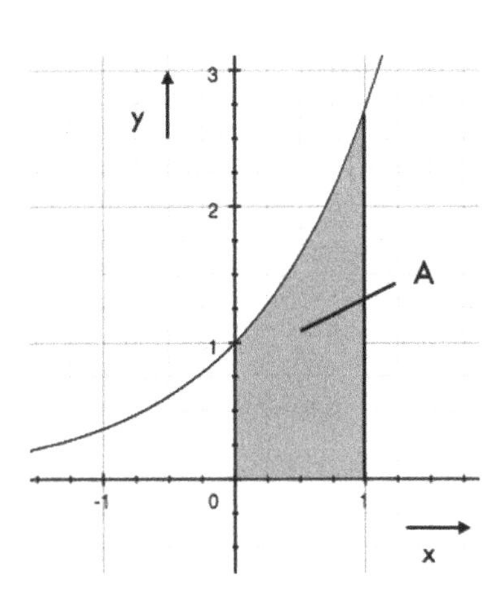

6.5 $A = 2 \cdot \int\limits_0^{\pi/4} \sin x \cdot dx = 2 \cdot [-\cos x]_0^{\pi/4} = 2 \cdot \left(-\frac{\sqrt{2}}{2} + 1 \right) = 0{,}58$

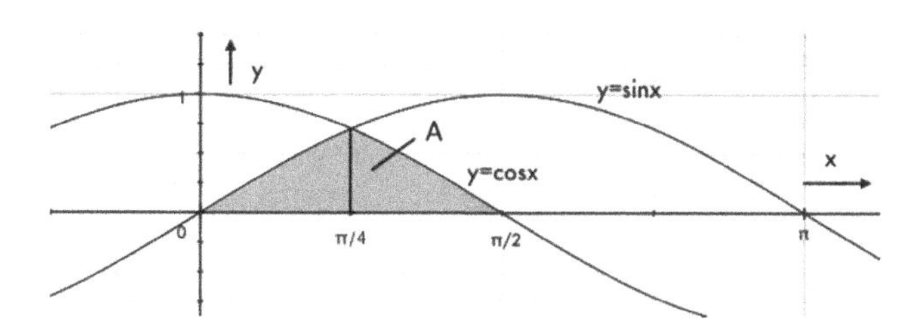

6.6

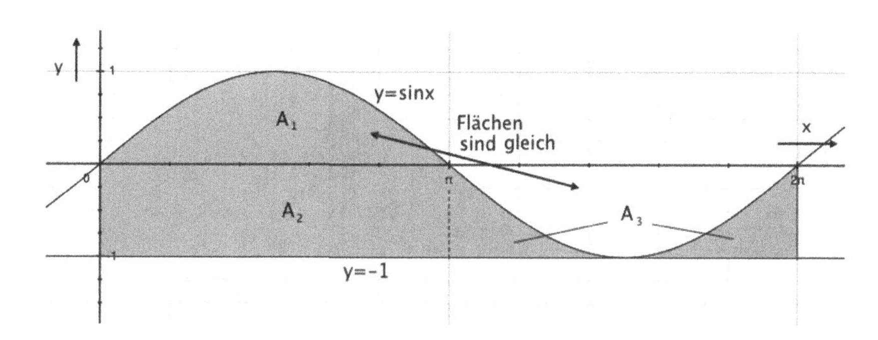

$$\left.\begin{aligned} A_1 &= \int\limits_0^{\pi} \sin x \cdot dx = [-\cos x]_0^{\pi} = 2 \\ A_2 &= \pi \\ A_3 &= \pi - 2 \end{aligned}\right\} A = A_1 + A_2 + A_3 = 2\pi$$

6.7 $A = \int\limits_0^4 2 \cdot dx - \int\limits_2^4 (x-2) \cdot dx$

$A = 2x\Big|_0^4 - \left[\frac{x^2}{2} - 2x \right]_2^4$

$A = 8 - [(8-8) - (2-4)] = 6$

Dieses Ergebnis hätte man auch ohne Integralrechnung ermitteln können.

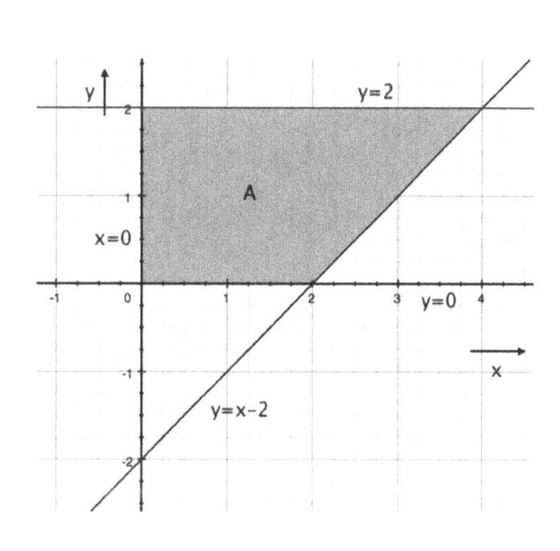

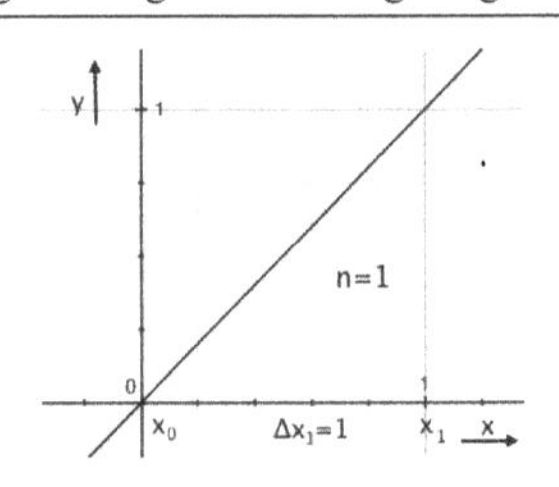

6.8 $A = \lim\limits_{n\to\infty}\sum\limits_{i=1}^{n} f(\xi_i)\cdot\Delta x_i = \lim\limits_{n\to\infty}\sum\limits_{i=1}^{n} x_{i-1}\cdot\Delta x_i$

Entwickeln der Teilsummenfolge:

$n=1$:

$$\sum_{i=1}^{1} x_{i-1}\cdot\Delta x_i = x_0\cdot\Delta x_1 = 0\cdot 1 = 0$$

$n=2$:

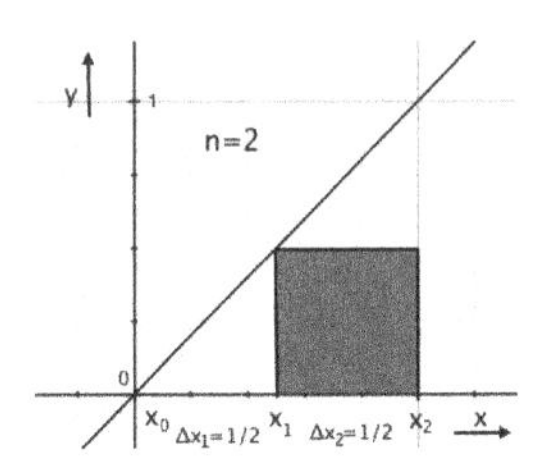

$$\sum_{i=1}^{2} x_{i-1}\cdot\Delta x_i = x_0\cdot\Delta x_1 + x_1\cdot\Delta x_2$$

$$= 0\cdot\frac{1}{2}+\frac{1}{2}\cdot\frac{1}{2} = \frac{1}{4}$$

$n=3$:

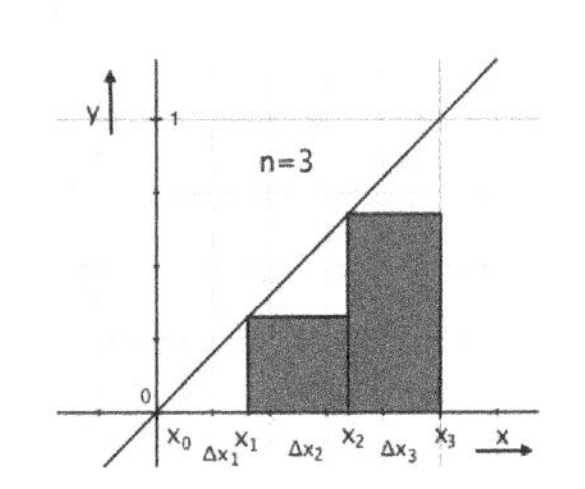

$$\sum_{i=1}^{3} x_{i-1}\cdot\Delta x_i = x_0\cdot\Delta x_1 + x_1\cdot\Delta x_2 + x_2\cdot\Delta x_3$$

$$= 0\cdot\frac{1}{3}+\frac{1}{3}\cdot\frac{1}{3}+\frac{2}{3}\cdot\frac{1}{3}$$

$$= \frac{1}{3^2}\cdot(0+1+2) = \frac{3}{9}$$

$n=4$:

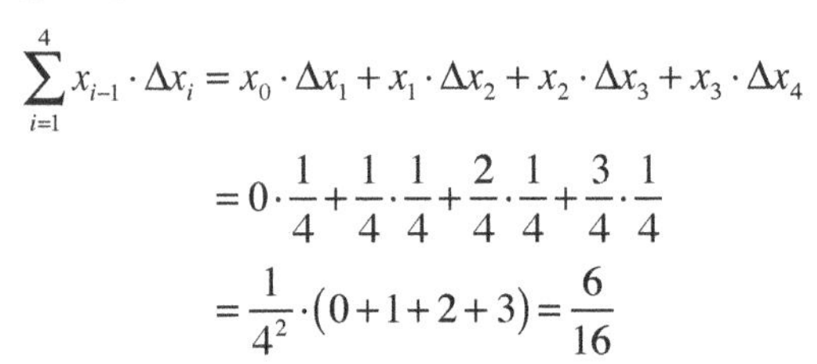

$$\sum_{i=1}^{4} x_{i-1}\cdot\Delta x_i = x_0\cdot\Delta x_1 + x_1\cdot\Delta x_2 + x_2\cdot\Delta x_3 + x_3\cdot\Delta x_4$$

$$= 0\cdot\frac{1}{4}+\frac{1}{4}\cdot\frac{1}{4}+\frac{2}{4}\cdot\frac{1}{4}+\frac{3}{4}\cdot\frac{1}{4}$$

$$= \frac{1}{4^2}\cdot(0+1+2+3) = \frac{6}{16}$$

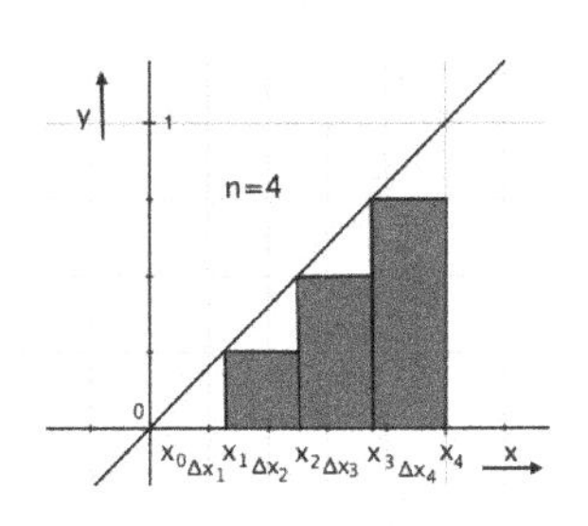

$n=5$:

$$\sum_{i=1}^{5} x_{i-1}\cdot\Delta x_i = x_0\cdot\Delta x_1 + x_1\cdot\Delta x_2 + x_2\cdot\Delta x_3 + x_3\cdot\Delta x_4 + x_4\cdot\Delta x_5$$

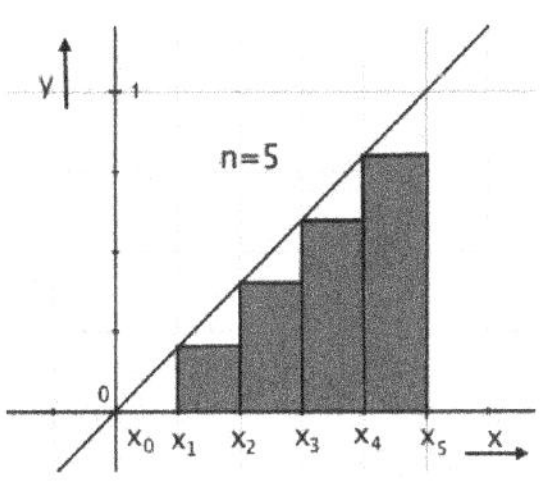

$$= 0\cdot\frac{1}{5}+\frac{1}{5}\cdot\frac{1}{5}+\frac{2}{5}\cdot\frac{1}{5}+\frac{3}{5}\cdot\frac{1}{5}+\frac{4}{5}\cdot\frac{1}{5}$$

$$= \frac{1}{5^2}\cdot(0+1+2+3+4) = \frac{10}{25}$$

allgemein $n=n$:

$$\sum_{i=1}^{n} x_{i-1}\cdot\Delta x_i = \frac{1}{n^2}\cdot(0+1+2+3+4+\ldots+n-1)$$

$$= \frac{1}{n^2}\cdot\left[\frac{(n+1)\cdot n}{2}-n\right] = \frac{1}{n^2}\cdot\frac{n^2+n-2n}{2} = \frac{n^2-n}{2n^2} = \frac{1}{2}-\frac{1}{2n}$$

$A = \lim\limits_{n\to\infty}\sum\limits_{i=1}^{n} x_{i-1}\cdot\Delta x_i = \lim\limits_{n\to\infty}\left(\frac{1}{2}-\frac{1}{2n}\right) = \frac{1}{2}$ Die Summenfolge ist eine Untersummenfolge.

6.9 $\int\limits_{-1}^{1} f(x)\cdot dx = \int\limits_{-1}^{0} \frac{x}{2}\cdot dx + \int\limits_{0}^{1}\left(x^2-1\right)\cdot dx$

$$\int\limits_{-1}^{1} f(x)\cdot dx = \left.\frac{x^2}{4}\right|_{-1}^{0} + \left[\frac{x^3}{3}-x\right]_0^1$$

$$\int\limits_{-1}^{1} f(x)\cdot dx = -\frac{1}{4}+\frac{1}{3}-1 = -\frac{1}{4}-\frac{2}{3} = -\frac{11}{12}$$

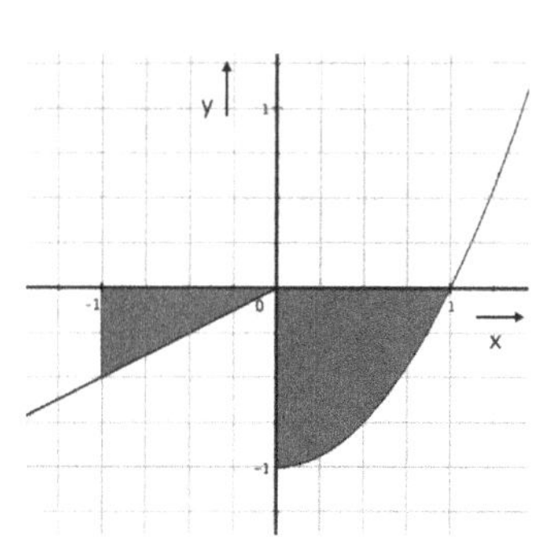

6.10 $f(c) = \frac{1}{1+1}\cdot\int\limits_{-1}^{1} e^x\cdot dx = \frac{1}{2}\cdot e^x\Big|_{-1}^{1}$

$$f(c) = \frac{2{,}72-0{,}368}{2} = 1{,}176$$

Mittelwertsatz der Integralrechnung:

$$\int\limits_{-1}^{1} e^x\cdot dx = 2\cdot 1{,}176$$

Die Fläche unter der Kurve ist gleich der Rechteckfläche.

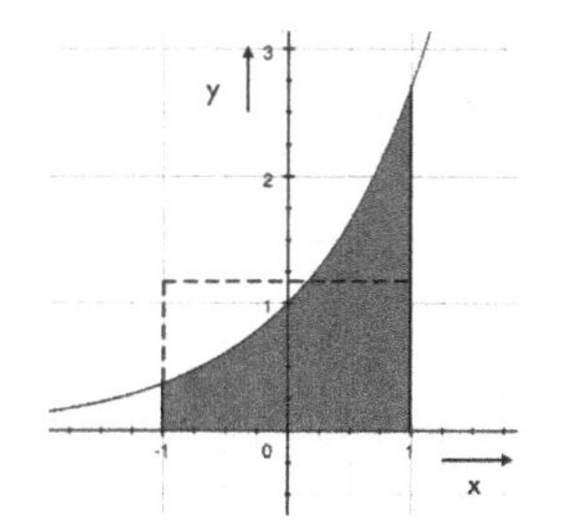

6.11 1. $\int\limits_{-1}^{+1}\frac{dx}{x^2} = \lim\limits_{\varepsilon\to 0}\int\limits_{-1}^{-\varepsilon}\frac{dx}{x^2} + \lim\limits_{\varepsilon^*\to 0}\int\limits_{\varepsilon^*}^{+1}\frac{dx}{x^2}$

weil $\lim\limits_{x\to 0}\frac{1}{x^2} = \infty$

$$\int\limits_{-1}^{+1}\frac{dx}{x^2} = \lim\limits_{\varepsilon\to 0}\left[-\frac{1}{x}\right]_{-1}^{-\varepsilon} + \lim\limits_{\varepsilon^*\to 0}\left[-\frac{1}{x}\right]_{\varepsilon^*}^{+1}$$

$$\int\limits_{-1}^{+1}\frac{dx}{x^2} = \lim\limits_{\varepsilon\to 0}\left(\frac{1}{\varepsilon}-1\right) + \lim\limits_{\varepsilon^*\to 0}\left(-1+\frac{1}{\varepsilon^*}\right) = \infty$$

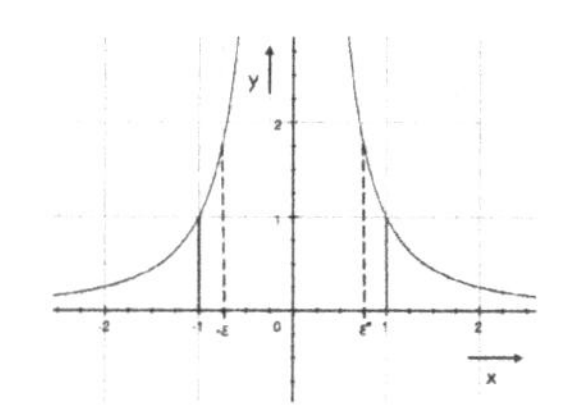

2. $\int\limits_{-\infty}^{-1}\frac{dx}{x^3} = \lim\limits_{a\to-\infty}\int\limits_{a}^{-1}\frac{dx}{x^3} = \lim\limits_{a\to-\infty}\left[-\frac{1}{2x^2}\right]_a^{-1}$

$$\int\limits_{-\infty}^{-1}\frac{dx}{x^3} = \lim\limits_{a\to-\infty}\left[-\frac{1}{2}+\frac{1}{2a^2}\right] = -\frac{1}{2}$$

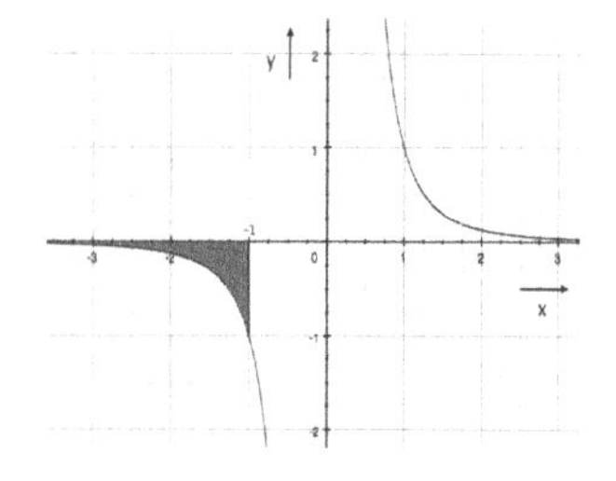

6.12 1. $\int\frac{dx}{\cos x} = \int\frac{1+z^2}{1-z^2}\cdot\frac{2\cdot dz}{1+z^2} = 2\cdot\int\frac{dz}{1-z^2}$ (das ist ein Grundintegral)

Substitution: $z = \tan\frac{x}{2}$ $\quad dx = \frac{2\cdot dz}{1+z^2}$ $\quad \frac{1}{\cos x} = \frac{1+z^2}{1-z^2}$

$$\int\frac{dx}{\cos x} = 2\cdot\frac{1}{2}\cdot\ln\left|\frac{1+z}{1-z}\right| + C = \ln\left|\frac{1+z}{1-z}\right| + C = \ln\left|\frac{1+\tan\frac{x}{2}}{1-\tan\frac{x}{2}}\right| + C$$

mit der Resubstitution: $z = \tan\frac{x}{2}$

2. $\int \frac{dx}{x^2 \cdot \sqrt{4-x^2}} = \int \frac{2 \cdot \cos z \cdot dz}{4 \cdot \sin^2 z \cdot 2 \cdot \cos z} = \frac{1}{4} \cdot \int \frac{dz}{\sin^2 z}$ (das ist ein Grundintegral)

Substitution: $x = 2 \cdot \sin z \qquad dx = 2 \cdot \cos z \cdot dz \qquad \sqrt{4-x^2} = 2 \cdot \cos z$

$$\int \frac{dx}{x^2 \cdot \sqrt{4-x^2}} = -\frac{1}{4} \cdot \cot z + C$$

Resubstitution: $\cot z = \frac{\sqrt{4-x^2}}{x} \qquad \int \frac{dx}{x^2 \cdot \sqrt{4-x^2}} = -\frac{1}{4} \cdot \frac{\sqrt{4-x^2}}{x} + C$

3. $\int \frac{e^{1/x}}{x^2} \cdot dx = -\int e^z \cdot dz = -e^z + C$

Substitution: $z = \varphi(x) = \frac{1}{x}$

$$\frac{dz}{dx} = \varphi'(x) = -\frac{1}{x^2} \qquad \varphi'(x) = -\frac{dx}{x^2} = dz$$

Resubstitution: $z = \frac{1}{x} \qquad \int \frac{e^{1/x}}{x^2} \cdot dx = -e^{1/x} + C$

4. $\int \frac{dt}{2t+3} = \frac{1}{2} \cdot \int \frac{dz}{z} = \frac{1}{2} \cdot \ln|z| + C$

Substitution: $z = \varphi(t) = 2t + 3$

$$\frac{dz}{dt} = \varphi'(t) = 2 \qquad dt = \frac{dz}{2}$$

Resubstition: $z = 2t + 3 \qquad \int \frac{dt}{2t+3} = \frac{1}{2} \cdot \ln|2t+3| + C$

5. $\int \cos(2\varphi + 0{,}5) \cdot d\varphi = \frac{1}{2} \cdot \int \cos z \cdot dz = \frac{1}{2} \cdot \sin z + C$

Substitution: $z = 2\varphi + 0{,}5$

$$\frac{dz}{d\varphi} = 2 \qquad d\varphi = \frac{dz}{2}$$

Resubstitution: $z = 2\varphi + 0{,}5$

$$\int \cos(2\varphi + 0{,}5) \cdot d\varphi = \frac{1}{2} \cdot \sin(2\varphi + 0{,}5) + C$$

6. $\int \frac{dy}{y \cdot (\ln y)^2} = \int \frac{dz}{z^2} = -\frac{1}{z} + C$

Substitution: $z = \varphi(y) = \ln y$

$$\frac{dz}{dy} = \varphi'(y) = \frac{1}{y} \qquad \varphi'(y) \cdot dy = \frac{dy}{y} = dz$$

Resubstitution: $z = \varphi(y) = \ln y \qquad \int \frac{dy}{y \cdot (\ln y)^2} = -\frac{1}{\ln|y|} + C$

7. $\int \frac{dx}{x \cdot \ln x} = \int \frac{dz}{z} = \ln|z| + C$

Substitution: $z = \varphi(x) = \ln x \qquad \frac{dz}{dx} = \varphi'(x) = \frac{1}{x} \qquad \varphi'(x) \cdot dx = \frac{dx}{x} = dz$

Bestimmtes Integral:

1. Resubstitution: $z = \varphi(x) = \ln x$

   und Einsetzen der Grenzen in x: $a = 1{,}5 \qquad b = 2$

$$\int_{1,5}^{2} \frac{dx}{x \cdot \ln x} = \left[\ln|\ln x|\right]_{1,5}^{2} = \ln(\ln 2) - \ln(\ln 1{,}5) = 0{,}5362$$

2. Änderung der Integrationsgrenzen mit Hilfe der Substitutionsgleichung:

   $z = \varphi(x) = \ln x \qquad \alpha = \varphi(a) = \ln 1{,}5 \qquad \beta = \varphi(b) = \ln 2$

$$\int_{1,5}^{2} \frac{dx}{x \cdot \ln x} = \int_{\ln 1,5}^{\ln 2} \frac{dz}{z} = \left[\ln|z|\right]_{\ln 1,5}^{\ln 2} = \ln(\ln 2) - \ln(\ln 1{,}5)$$

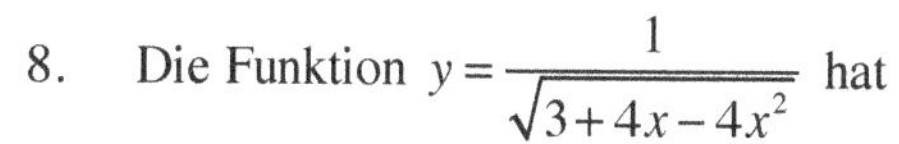

8. Die Funktion $y = \frac{1}{\sqrt{3 + 4x - 4x^2}}$ hat bei $x = 1{,}5$ eine Unendlichkeitsstelle, so dass das Integral ein uneigentliches Integral ist (siehe Gl. 6.25):

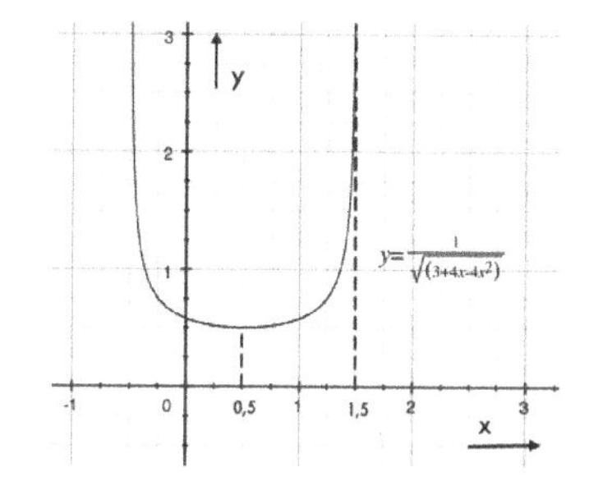

$$\int_{1,5}^{0,5} \frac{dx}{\sqrt{3 + 4x - 4x^2}} = \lim_{\varepsilon \to 0} \int_{1,5-\varepsilon}^{0,5} \frac{dx}{\sqrt{3 + 4x - 4x^2}}$$

unbestimmtes Integral:

$$\int \frac{dx}{\sqrt{3 + 4x - 4x^2}} = \frac{1}{2} \cdot \int \frac{dx}{\sqrt{\frac{3}{4} + x - x^2}} = \frac{1}{2} \cdot \int \frac{dx}{\sqrt{\frac{3}{4} + \left(\frac{1}{2}\right)^2 - \left(\frac{1}{2}\right)^2 + x - x^2}}$$

$$\int \frac{dx}{\sqrt{3 + 4x - 4x^2}} = \frac{1}{2} \cdot \int \frac{dx}{\sqrt{1 - \left(x - \frac{1}{2}\right)^2}} = \frac{1}{2} \cdot \int \frac{dz}{\sqrt{1 - z^2}} = \frac{1}{2} \cdot \arcsin z + C$$

Substitution: $z = x - \frac{1}{2} \qquad \frac{dz}{dx} = 1 \qquad dx = dz$

Resubstitution:

$$\int \frac{dx}{\sqrt{3 + 4x - 4x^2}} = \frac{1}{2} \cdot \arcsin\left(x - \frac{1}{2}\right) + C$$

uneigentliches Integral:

$$\int_{1,5}^{0,5} \frac{dx}{\sqrt{3 + 4x - 4x^2}} = \lim_{\varepsilon \to 0} \int_{1,5-\varepsilon}^{0,5} \frac{dx}{\sqrt{3 + 4x - 4x^2}} = \frac{1}{2} \cdot \lim_{\varepsilon \to 0} \left[\arcsin\left(x - \frac{1}{2}\right)\right]_{1,5-\varepsilon}^{0,5}$$

$$\int_{1,5}^{0,5} \frac{dx}{\sqrt{3 + 4x - 4x^2}} = \frac{1}{2} \cdot \lim_{\varepsilon \to 0} \left[\arcsin 0 - \arcsin(1 - \varepsilon)\right] = -\frac{\pi}{4}$$

9. $\int e^{\sin x} \cdot \cos x \cdot dx = \int e^z \cdot dz = e^z + C$

Substitution:

$$z = \varphi(x) = \sin x \qquad \frac{dz}{dx} = \varphi'(x) = \cos x \qquad \varphi'(x) \cdot dx = \cos x \cdot dx = dz$$

Resubstitution: $z = \sin x$

$$\int e^{\sin x} \cdot \cos x \cdot dx = e^{\sin x} + C$$

10. $\int \frac{3x}{\sqrt{x^2-8}} \cdot dx = \frac{3}{2} \cdot \int \frac{dz}{\sqrt{z}} = \frac{3}{2} \cdot \int z^{-1/2} \cdot dz = \frac{3}{2} \cdot \frac{2 \cdot z^{1/2}}{1} + C = 3 \cdot \sqrt{z} + C$

Substitution: $z = x^2 - 8 \qquad \frac{dz}{dx} = 2x \qquad x \cdot dx = \frac{dz}{2}$

Resubstitution:

$$\int \frac{3x}{\sqrt{x^2-8}} \cdot dx = 3 \cdot \sqrt{x^2-8} + C$$

6.13 1. $\int x \cdot (\ln x + 1) \cdot dx = \frac{x^2}{2} \cdot (\ln x + 1) - \frac{1}{2} \cdot \int x \cdot dx$

$$u = \ln x + 1 \qquad v' = x$$

$$u' = \frac{1}{x} \qquad v = \frac{x^2}{2}$$

$$\int x \cdot (\ln x + 1) \cdot dx = \frac{x^2}{2} \cdot \ln x + \frac{x^2}{2} - \frac{x^2}{4} + C = \frac{x^2}{2} \cdot \left(\ln x + \frac{1}{2} \right) + C$$

2. $\int x \cdot \cosh x \cdot dx = x \cdot \sinh x - \int \sinh x \cdot dx$

$$u = x \qquad v' = \cosh x$$

$$u' = 1 \qquad v = \sinh x$$

$$\int x \cdot \cosh x \cdot dx = x \cdot \sinh x - \cosh x + C$$

3. $\int x^2 \cdot \ln x \cdot dx = \frac{x^3}{3} \cdot \ln x - \frac{1}{3} \cdot \int x^2 \cdot dx$

$$u = \ln x \qquad v' = x^2$$

$$u' = \frac{1}{x} \qquad v = \frac{x^3}{3}$$

$$\int x^2 \cdot \ln x \cdot dx = \frac{x^3}{3} \cdot \ln x - \frac{1}{3} \cdot \frac{x^3}{3} + C = \frac{x^3}{3} \cdot \left(\ln x - \frac{1}{3} \right) + C$$

4. $\int x^2 \cdot \sin x \cdot dx = -x^2 \cdot \cos x + 2 \cdot \int x \cdot \cos x \cdot dx$

$$u = x^2 \qquad v' = \sin x$$

$$u' = 2x \qquad v = -\cos x$$

Mit $\int x \cdot \cos x \cdot dx = x \cdot \sin x + \cos x + C$ (Beispiel 2 im Abschnitt 6.4.2)

$$\int x^2 \cdot \sin x \cdot dx = -x^2 \cdot \cos x + 2 \cdot (x \cdot \sin x + \cos x) + C$$

5. $\int x\cdot\sin^2 x\cdot dx=\frac{1}{2}\cdot x\cdot(x-\sin x\cdot\cos x)-\frac{1}{2}\cdot\int x\cdot dx+\frac{1}{2}\cdot\int\sin x\cdot\cos x\cdot dx$

$u=x \qquad v'=\sin^2 x$

$u'=1 \qquad v=\frac{1}{2}\cdot(x-\sin x\cdot\cos x)$ (Beispiel im Abschnitt 6.4.1)

Mit $\int\sin x\cdot\cos x\cdot dx=\frac{1}{2}\cdot\sin^2 x+C$ (Beispiel 1 im Abschnitt 6.4.1)

$$\int x\cdot\sin^2 x\cdot dx=\frac{1}{2}\cdot x\cdot(x-\sin x\cdot\cos x)-\frac{1}{2}\cdot\frac{x^2}{2}+\frac{1}{2}\cdot\frac{1}{2}\cdot\sin^2 x+C$$

$$\int x\cdot\sin^2 x\cdot dx=\frac{x^2}{4}-\frac{x}{2}\cdot\sin x\cdot\cos x+\frac{1}{4}\cdot\sin^2 x+C$$

6. $\int\cos^n x\cdot dx=\int\cos^{n-1}\cdot\cos x\cdot dx$

$u=\cos^{n-1}x \qquad v'=\cos x$

$u'=(n-1)\cdot\cos^{n-2}x\cdot(-\sin x) \qquad v=\sin x$

$$\int\cos^n x\cdot dx=\cos^{n-1}x\cdot\sin x+(n-1)\cdot\int\cos^{n-2}x\cdot\sin^2 x\cdot dx$$

$$\int\cos^{n-2}x\cdot\sin^2 x\cdot dx=\int\cos^{n-2}x\cdot\left(1-\cos^2 x\right)\cdot dx=\int\cos^{n-2}x\cdot dx-\int\cos^n x\cdot dx$$

$$\int\cos^n x\cdot dx=\cos^{n-1}x\cdot\sin x+(n-1)\cdot\int\cos^{n-2}x\cdot dx-(n-1)\cdot\int\cos^n x\cdot dx$$

$$\int\cos^n x\cdot dx+(n-1)\cdot\int\cos^n x\cdot dx=\cos^{n-1}x\cdot\sin x+(n-1)\cdot\int\cos^{n-2}x\cdot dx$$

$$1+(n-1)=n$$

$$n\cdot\int\cos^n x\cdot dx=\cos^{n-1}x\cdot\sin x+(n-1)\cdot\int\cos^{n-2}x\cdot dx$$

$$\int\cos^n x\cdot dx=\frac{1}{n}\cdot\cos^{n-1}x\cdot\sin x+\frac{n-1}{n}\cdot\int\cos^{n-2}x\cdot dx$$

6.14 1. $\int\frac{x^2-2}{(x+2)\cdot(x-1)\cdot x}\cdot dx$

Nullstellenbestimmung des Nennerpolynoms:

$h(x)=(x+2)\cdot(x-1)\cdot x$ mit $x_1=-2 \qquad x_2=1 \qquad x_3=0$

Ansatz für die Partialbruchzerlegung:

$$\frac{x^2-2}{(x+2)\cdot(x-1)\cdot x}=\frac{A_1}{x+2}+\frac{A_2}{x-1}+\frac{A_3}{x}$$

Koeffizientenbestimmung:

Hauptnenner: $h(x)=(x+2)\cdot(x-1)\cdot x$

$$x^2-2=A_1\cdot(x-1)\cdot x+A_2\cdot(x+2)\cdot x+A_3\cdot(x+2)\cdot(x-1)$$

$x=x_1=-2 \qquad x=x_2=1 \qquad x=x_3=0$

$2=A_1\cdot 6 \qquad -1=A_2\cdot 3 \qquad -2=A_3\cdot(-2)$

$A_1=\frac{1}{3} \qquad A_2=-\frac{1}{3} \qquad A_3=1$

Integration der Partialbrüche:

$$\int \frac{x^2-2}{(x+2)\cdot(x-1)\cdot x}\cdot dx = \frac{1}{3}\cdot\int\frac{dx}{x+2}-\frac{1}{3}\cdot\int\frac{dx}{x-1}+\int\frac{dx}{x}$$

$$\int \frac{x^2-2}{(x+2)\cdot(x-1)\cdot x}\cdot dx = \frac{1}{3}\cdot\ln|x+2|-\frac{1}{3}\cdot\ln|x-1|+\ln|x|+C$$

2. $\int \frac{x^3-2x^2+4}{x^5-4x^4+4x^3}\cdot dx$

Nullstellenbestimmung des Nennerpolynoms:

$$h(x)=x^5-4x^4+4x^3=x^3\cdot\left(x^2-4x+4\right)=x^3\cdot(x-2)^2$$

mit $x_1=0 \quad k_1=3$ mit $x^2-4x+4=0$

$x_2=2 \quad k_2=2$ $x_2=2\pm\sqrt{4-4}=2$

Ansatz für die Partialbruchzerlegung:

$$\frac{x^3-2x^2+4}{x^5-4x^4+4x^3}=\frac{x^3-2x^2+4}{x^3\cdot(x-2)^2}=\frac{A_{11}}{x}+\frac{A_{12}}{x^2}+\frac{A_{13}}{x^3}+$$

$$+\frac{A_{21}}{x-2}+\frac{A_{22}}{(x-2)^2}$$

Koeffizientenbestimmung:

Hauptnenner: $h(x)=x^3\cdot(x-2)^2$

$$x^3-2x^2+4=A_{11}\cdot x^2\cdot(x-2)^2+A_{12}\cdot x\cdot(x-2)^2+A_{13}\cdot(x-2)^2+$$
$$+A_{21}\cdot x^3\cdot(x-2)+A_{22}\cdot x^3$$

$$x^3-2x^2+4=A_{11}\cdot x^2\cdot\left(x^2-4x+4\right)+A_{12}\cdot x\cdot\left(x^2-4x+4\right)+A_{13}\cdot\left(x^2-4x+4\right)+$$
$$+A_{21}\cdot x^3\cdot(x-2)+A_{22}\cdot x^3$$

$$x^3-2x^2+4=A_{11}\cdot x^4-4\cdot A_{11}\cdot x^3+4\cdot A_{11}\cdot x^2+A_{12}\cdot x^3-4\cdot A_{12}\cdot x^2+4\cdot A_{12}\cdot x+$$
$$+A_{13}\cdot x^2-4\cdot A_{13}\cdot x+4\cdot A_{13}+A_{21}\cdot x^4-2\cdot A_{21}\cdot x^3+A_{22}\cdot x^3$$

$$x^3-2x^2+4=\left(A_{11}+A_{21}\right)\cdot x^4+\left(-4\cdot A_{11}+A_{12}-2\cdot A_{21}+A_{22}\right)\cdot x^3+$$
$$+\left(4\cdot A_{11}-4\cdot A_{12}+A_{13}\right)\cdot x^2+\left(4\cdot A_{12}-4\cdot A_{13}\right)\cdot x+4\cdot A_{13}$$

Durch Koeffizientenvergleich ergibt sich

$A_{11}+A_{21}=0$ und $A_{13}=1$

$-4\cdot A_{11}+A_{12}-2\cdot A_{21}+A_{22}=1$ $\qquad 4\cdot A_{12}-4=0 \quad A_{12}=1$

$4\cdot A_{11}-4\cdot A_{12}+A_{13}=-2$ $\qquad 4\cdot A_{11}-4+1=-2 \quad A_{11}=\frac{1}{4}$

$4\cdot A_{12}-4\cdot A_{13}=0$ $\qquad \frac{1}{4}+A_{21}=0 \quad A_{21}=-\frac{1}{4}$

$4\cdot A_{13}=4$ $\qquad -4\cdot\frac{1}{4}+1-2\cdot\left(-\frac{1}{4}\right)+A_{22}=1 \quad A_{22}=\frac{1}{2}$

Integration der Partialbrüche:

$$\int \frac{x^3-2x^2+4}{x^5-4x^4+4x^3}\cdot dx = \frac{1}{4}\cdot\int\frac{dx}{x}+\int\frac{dx}{x^2}+\int\frac{dx}{x^3}-\frac{1}{4}\cdot\int\frac{dx}{x-2}+\frac{1}{2}\cdot\int\frac{dx}{(x-2)^2}$$

$$\int \frac{x^3-2x^2+4}{x^5-4x^4+4x^3}\cdot dx = \frac{1}{4}\cdot\ln|x|-\frac{1}{x}-\frac{1}{2x^2}-\frac{1}{4}\cdot\ln|x-2|-\frac{1}{2\cdot(x-2)}+C$$

6.15 Die formale Berechnung des bestimmten Integrals der Funktion $f(x)=\sin x$

$$\int_0^{2\pi}\sin x\cdot dx=[-\cos x]_0^{2\pi}=-\cos 2\pi+\cos 0=-1+1=0$$

bedeutet, dass die Flächen vorzeichenbehaftet insgesamt Null ergeben:

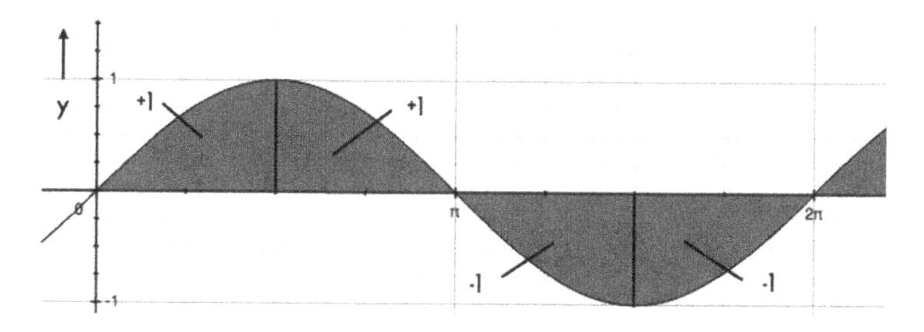

Die absolute Fläche, die die Sinusfunktion mit der x-Achse über einer Periode einschließt, beträgt 4.

Das bestimmte Integral kann auch über den Funktionswert des partikulären Integrals gedeutet werden:

Das unbestimmte Integral entspricht der Kurvenschar:

$$\int \sin x\cdot dx=-\cos x+C \qquad \text{(im Bild unten: } C=-1,\ 0 \text{ und } +1)$$

Mit $a=0$ (Nullstelle der Kurvenschar) ergibt sich das partikuläre Integral

$$\int_0^x \sin x\cdot dx=[-\cos x]_0^x=-\cos x+1$$

Das bestimmte Integral ist dann der jeweilige Funktionswert des partikulären Integrals für x, z. B. für $x=2\pi$:

$$\int_0^{2\pi}\sin x\cdot dx=[-\cos x]_0^{2\pi}$$
$$=-\cos 2\pi+1=-1+1=0$$

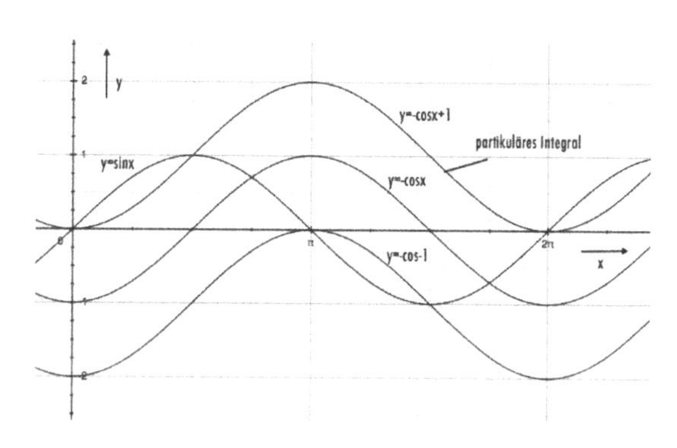

7. Anwendungen der Differentialrechnung

7.1 1. $y = x^4 - \frac{16}{3}x^3 + 8x^2$

$y' = 4x^3 - 16x^2 + 16x = 0$

$x^3 - 4x^2 + 4x = 0$

$x\left(x^2 - 4x + 4\right) = 0$

$x_{E1} = 0$

$x_{E2} = 2 \pm \sqrt{4-4} = 2$

Kontrolle:

$y'' = 12x^2 - 32x + 16$

$f''(0) = 16$ ein Minimum

Extrempunkt (0; 0)

Für $x_{E2} = 2$ gibt es mit

$f''(2) = 48 - 64 + 16 = 0$

keine Entscheidung,

mit $y''' = 24x - 32$ und $f'''(2) = 48 - 32 = 16$ ist kein Extremwert vorhanden.

2. 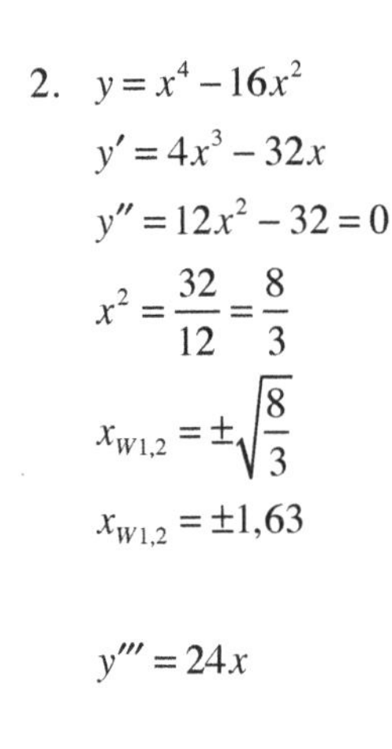

$y = x^4 - 16x^2$

$y' = 4x^3 - 32x$

$y'' = 12x^2 - 32 = 0$

$x^2 = \frac{32}{12} = \frac{8}{3}$

$x_{W1,2} = \pm\sqrt{\frac{8}{3}}$

$x_{W1,2} = \pm 1{,}63$

$y''' = 24x$

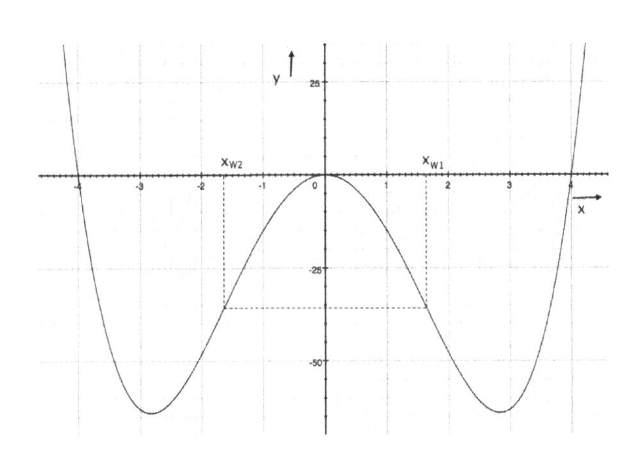

$$f'''\left(+\sqrt{\frac{8}{3}}\right) = 24\cdot\sqrt{\frac{8}{3}} \neq 0 \qquad f'''\left(-\sqrt{\frac{8}{3}}\right) = -24\cdot\sqrt{\frac{8}{3}} \neq 0$$

$$y_{W1,2} = \left(\frac{8}{3}\right)^2 - 16\cdot\frac{8}{3} = \frac{64 - 16\cdot 8\cdot 3}{9} = -\frac{320}{9} = -35{,}6$$

Wendepunkte $(\pm 1{,}63;\ -35{,}6)$

3. $y = -x^3 + 6x^2 - 7 = 0$

durch Probieren:

$x = 1 \quad \Rightarrow \quad -1 + 6 - 7 \neq 0$

$x = -1 \quad \Rightarrow \quad +1 + 6 - 7 = 0$

d.h. $x_1 = -1$

$$\begin{aligned}
&\left(-x^3 + 6x^2 - 7\right) : (x+1) = -x^2 + 7x - 7 \\
&\underline{-\left(-x^3 - x^2\right)} \\
&\qquad 7x^2 - 7 \\
&\quad \underline{-\left(7x^2 + 7x\right)} \\
&\qquad\quad -7x - 7 \\
&\qquad\quad \underline{-(7x - 7)} \\
&\qquad\qquad 0
\end{aligned}$$

$-x^2 + 7x - 7 = 0 \qquad x^2 - 7x + 7 = 0$

$$x_{2,3} = \frac{7}{2} \pm \sqrt{\frac{49}{4} - \frac{28}{4}} = \frac{7 \pm \sqrt{21}}{2} = \frac{7 \pm 4{,}58}{2} \qquad x_2 = \frac{2{,}42}{2} = 1{,}21 \qquad x_3 = \frac{11{,}58}{2} = 5{,}79$$

4. $y = \dfrac{x^2 - 4}{2x - 4}$

$2x - 4 = 0 \qquad 2x = 4 \qquad x = 2$

eingesetzt in den Zähler ergibt

$x^2 - 4 = 4 - 4 = 0$

Die Unstetigkeitsstelle ist eine Lücke. Diese könnte behoben werden, wenn die Division ausgeführt wird:

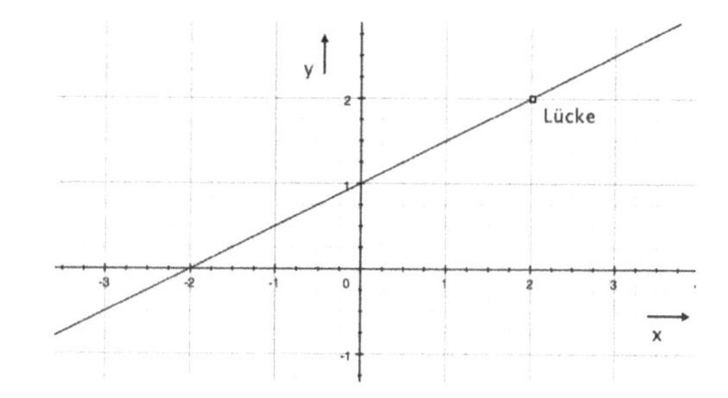

$$y = \frac{x^2 - 4}{2x - 4} = \frac{(x-2)(x+2)}{2(x-2)}$$

$$y = \frac{x}{2} + 1$$

Die gebrochen rationale Funktion und die rationale Funktion unterscheiden sich nur durch die Lücke.

5. $y = \sin^2 x$

$y' = 2 \cdot \sin x \cdot \cos x \qquad f'\left(\dfrac{\pi}{2}\right) = 2 \cdot 1 \cdot 0 = 0$

Die Kurve der Funktion $y = \sin^2 x$ ist für $x = \dfrac{\pi}{2}$ weder steigend noch fallend; der Anstieg ist Null.

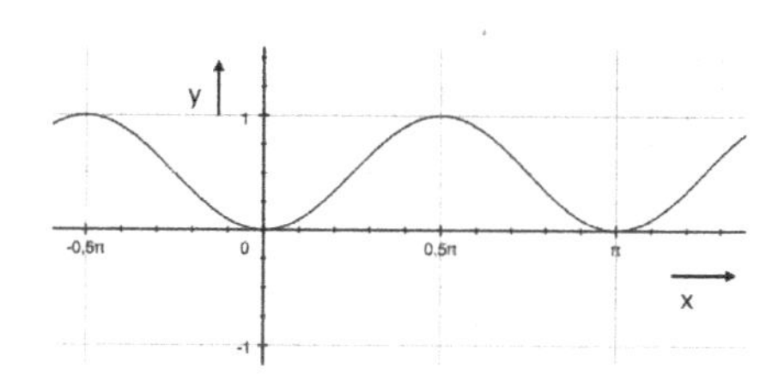

6. $y = \dfrac{x^3 - 1}{x}$

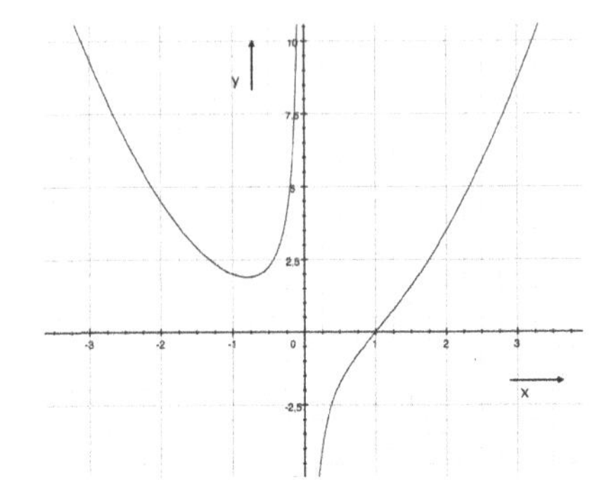

Die Polstelle existiert bei $x_P = 0$.
Der Zähler muss für $x_P = 0$
ungleich Null sein: $x_P^{\ 3} - 1 = -1 \neq 0$

7. $y = \sqrt{x\left(x^2 - 9\right)}$

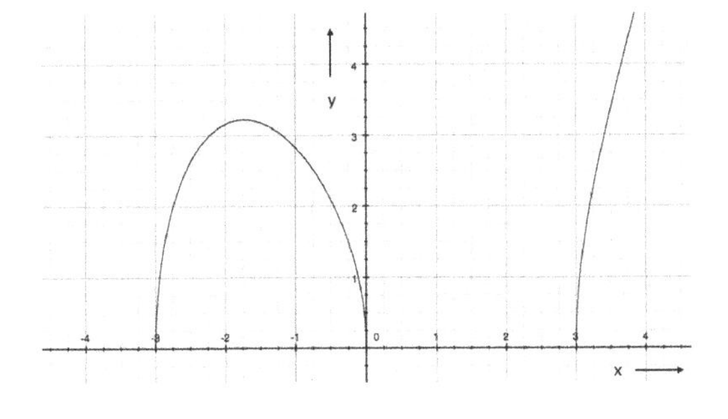

Der Definitionsbereich ist

$-3 \leq x \leq 0$

und $3 \leq x < \infty$,
weil der Wert unter der Wurzel im Reellen nicht negativ werden darf.

8. $y = \dfrac{e^x}{x^2}$

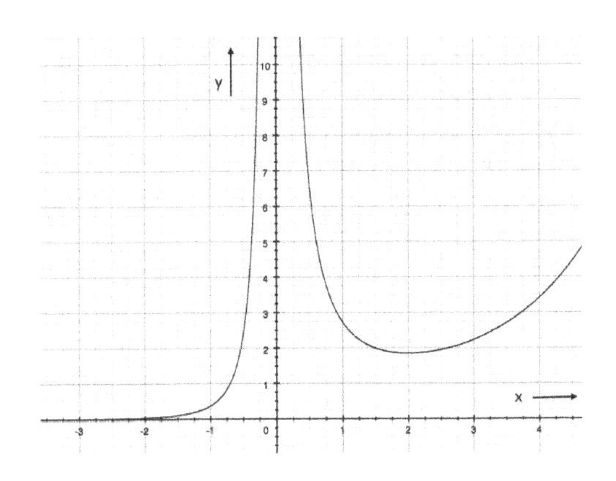

$\lim\limits_{x \to \pm\infty} y = \lim\limits_{x \to \pm\infty} \dfrac{e^x}{x^2} = \dfrac{\infty}{\infty}$

mit der Regel von Bernoulli
und de l´Hospital ergibt sich

$\lim\limits_{x \to \pm\infty} y = \lim\limits_{x \to \pm\infty} \dfrac{e^x}{2x} = \dfrac{\infty}{\infty}$

$\lim\limits_{x \to \pm\infty} y = \lim\limits_{x \to \pm\infty} \dfrac{e^x}{2}$

$\lim\limits_{x \to \pm\infty} y = \begin{cases} +\infty \text{ für } x \to +\infty \\ 0 \text{ für } x \to -\infty \end{cases}$

7.2 1. $y = a \cdot b$

mit $x = a + b \quad \Rightarrow \quad a = x - b$

$y = f(b) = (x - b) \cdot b = -b^2 + x \cdot b$

$y' = f'(b) = -2b + x = 0$

$2b = x$ z.B. $x = 4$ mit $a = 2$ $b = 2$: $a \cdot b = 4$

$b = \dfrac{x}{2} \qquad a = \dfrac{x}{2}$ $x = 4$ mit $a = 1$ $b = 3$: $a \cdot b = 3$

Kontrolle des Extremwertes:

$y'' = f''(b) = -2$ Maximum

2. $y = a^2 + b^2$

mit $x = a + b \quad \Rightarrow \quad a = x - b$

$y = f(b) = (x-b)^2 + b^2 = x^2 - 2xb + b^2 + b^2 = 2b^2 - 2x \cdot b + x^2$

$y' = f'(b) = 4b - 2x = 0$

$4b = 2x$ z.B. $x = 4$ mit $a = 2$ $b = 2$: $4 + 4 = 8$

$b = \dfrac{x}{2} \quad a = \dfrac{x}{2}$ $x = 4$ mit $a = 1$ $b = 3$: $1 + 9 = 10$

Kontrolle des Extremwertes:

$y'' = f''(b) = 4$ Minimum

3. $y = a + b$

mit $x = a \cdot b \quad \Rightarrow \quad b = \dfrac{x}{a}$ und $y = f(a) = a + \dfrac{x}{a} = a + x \cdot a^{-1}$

$y' = f'(a) = 1 - x \cdot a^{-2} = 1 - \dfrac{x}{a^2} = 0$

$\dfrac{x}{a^2} = 1 \quad a^2 = x$ z.B. $x = 4$ mit $a = 2$ $b = 2$: $2 + 2 = 4$

$a = +\sqrt{x} \quad b = \dfrac{x}{a} = +\sqrt{\dfrac{x^2}{x}} = +\sqrt{x}$ $x = 4$ mit $a = 1$ $b = 4$: $1 + 4 = 5$

Kontrolle des Extremwertes:

$y'' = f''(a) = 2 \cdot x \cdot a^{-3} = \dfrac{2x}{a^3}$

$f''\left(+\sqrt{x}\right) = \dfrac{2x}{x \cdot \sqrt{x}} = \dfrac{2}{\sqrt{x}} > 0$ Minimum

7.3 $V = \dfrac{\pi \cdot r^2 \cdot h}{3}$ soll maximal sein

$r^2 + (h-R)^2 = R^2 \quad \Rightarrow \quad r^2 = R^2 - (h-R)^2 = R^2 - h^2 + 2hR - R^2 = -h^2 + 2hR$

$V = \dfrac{\pi}{3} \cdot h \cdot \left(-h^2 + 2hR\right)$ $-3h^2 + 4R \cdot h = 0$

$V(h) = \dfrac{\pi}{3} \cdot \left(-h^3 + 2R \cdot h^2\right)$ $h \cdot (-3h + 4R) = 0$

$V'(h) = \dfrac{\pi}{3} \cdot \left(-3h^2 + 4R \cdot h\right) = 0$ $h = 0 \quad 3h = 4R \quad h = \dfrac{4}{3} \cdot R$

$V''(h) = \dfrac{\pi}{3} \cdot (-6h + 4R) = \dfrac{\pi}{3} \cdot \left(-6 \cdot \dfrac{4}{3} \cdot R + 4R\right) = -\dfrac{\pi}{3} \cdot 4R < 0$ Maximum

$r^2 = R^2 - (h-R)^2 = R^2 - \left(\dfrac{4}{3} \cdot R - R\right)^2 = R^2 - \left(\dfrac{R}{3}\right)^2 = \dfrac{8}{9} \cdot R^2$

$r = \dfrac{\sqrt{8}}{3} \cdot R = \dfrac{2 \cdot \sqrt{2}}{3} \cdot R = 0{,}943 \cdot R$

8. Funktionen mit mehreren unabhängigen Veränderlichen

8.1 1. $z = x^5 + 6x^3y - 2x^2y + 3x^2 - y + 4$

$$z_x = 5x^4 + 18x^2y - 4xy + 6x \qquad z_y = 6x^3 - 2x^2 - 1$$

2. $u = x^5 + 6x^3y - 2x^2yz + 3yz^3$

$$u_x = 5x^4 + 18x^2y - 4xyz \qquad u_y = 6x^3 - 2x^2z + 3z^3 \qquad u_z = -2x^2y + 9yz^2$$

3. $z = \dfrac{xy}{x^2 + y^2}$

$$z_x = \frac{y(x^2+y^2) - xy\cdot 2x}{(x^2+y^2)^2} = \frac{y(x^2+y^2) - 2x^2y}{(x^2+y^2)^2} = y\cdot\frac{y^2 - x^2}{(x^2+y^2)^2}$$

$$z_y = \frac{x(x^2+y^2) - xy\cdot 2y}{(x^2+y^2)^2} = \frac{x(x^2+y^2) - 2y^2x}{(x^2+y^2)^2} = x\cdot\frac{x^2 - y^2}{(x^2+y^2)^2}$$

4. $z = \cos(x+y)\cdot\cos(x-y)$

$$z_x = -\sin(x+y)\cdot\cos(x-y) + [-\sin(x-y)]\cdot\cos(x+y)$$

$$z_x = -\sin(x+y)\cdot\cos(x-y) - \sin(x-y)\cdot\cos(x+y)$$

mit $\sin\alpha\cdot\cos\beta = \frac{1}{2}\cdot[\sin(\alpha-\beta) + \sin(\alpha+\beta)] \qquad \alpha = x \pm y \qquad \beta = x \mp y$

$$z_x = -\frac{1}{2}\cdot[\sin(x+y-x+y) + \sin(x+y+x-y)] - $$
$$-\frac{1}{2}\cdot[\sin(x-y-x-y) + \sin(x-y+x+y)]$$

$$z_x = -\frac{1}{2}\cdot[\sin 2y + \sin 2x - \sin 2y + \sin 2x] = -\sin 2x$$

$$z_y = -\sin(x+y)\cdot\cos(x-y) + \sin(x-y)\cdot\cos(x+y)$$

mit $\sin\alpha\cdot\cos\beta = \frac{1}{2}\cdot[\sin(\alpha-\beta) + \sin(\alpha+\beta)] \qquad \alpha = x \pm y \qquad \beta = x \mp y$

$$z_y = -\frac{1}{2}\cdot[\sin(x+y-x+y) + \sin(x+y+x-y)] + $$
$$+\frac{1}{2}\cdot[\sin(x-y-x-y) + \sin(x-y+x+y)]$$

$$z_y = -\frac{1}{2}\cdot[\sin 2y + \sin 2x + \sin 2y - \sin 2x] = -\sin 2y$$

8.2 1. $z = \sqrt{x^2+y^2} = (x^2+y^2)^{\frac{1}{2}}$

$$z_x = \frac{1}{2\sqrt{x^2+y^2}}\cdot 2x = \frac{x}{\sqrt{x^2+y^2}} = x\cdot(x^2+y^2)^{-\frac{1}{2}}$$

$$z_y = \frac{1}{2\sqrt{x^2+y^2}}\cdot 2y = \frac{y}{\sqrt{x^2+y^2}} = y\cdot(x^2+y^2)^{-\frac{1}{2}}$$

$$z_{xx} = \frac{\sqrt{x^2+y^2} - \frac{x \cdot 2x}{2\sqrt{x^2+y^2}}}{x^2+y^2} = \frac{\sqrt{x^2+y^2}}{x^2+y^2} \cdot \frac{\sqrt{x^2+y^2}}{\sqrt{x^2+y^2}} - \frac{x^2}{\left(\sqrt{x^2+y^2}\right)^3} = \frac{y^2}{\left(\sqrt{x^2+y^2}\right)^3}$$

$$z_{yy} = \frac{\sqrt{x^2+y^2} - \frac{y \cdot 2y}{2\sqrt{x^2+y^2}}}{x^2+y^2} = \frac{\sqrt{x^2+y^2}}{x^2+y^2} \cdot \frac{\sqrt{x^2+y^2}}{\sqrt{x^2+y^2}} - \frac{y^2}{\left(\sqrt{x^2+y^2}\right)^3} = \frac{x^2}{\left(\sqrt{x^2+y^2}\right)^3}$$

$$z_{xy} = -\frac{x}{2} \cdot \left(x^2+y^2\right)^{-\frac{3}{2}} \cdot 2y = -\frac{xy}{\left(\sqrt{x^2+y^2}\right)^3}$$

$$z_{yx} = -\frac{y}{2} \cdot \left(x^2+y^2\right)^{-\frac{3}{2}} \cdot 2x = -\frac{xy}{\left(\sqrt{x^2+y^2}\right)^3} = z_{xy}$$

2. $u = xy + yz + zx$

$u_x = y + z \qquad u_y = x + z \qquad u_z = y + x$

$u_{xx} = 0 \qquad u_{yy} = 0 \qquad u_{zz} = 0$

$u_{xy} = 1 \qquad u_{yx} = 1 \qquad u_{zx} = 1$

$u_{xz} = 1 \qquad u_{yz} = 1 \qquad u_{zy} = 1$

3. $z = \ln\frac{\sin y}{\sin x} = \ln\left(\sin y \cdot \sin^{-1} x\right)$

$z_x = -\frac{\sin x}{\sin y} \cdot \frac{\sin y}{\sin^2 x} \cdot \cos x = -\cot x \qquad z_y = \frac{\sin x}{\sin y} \cdot \frac{\cos y}{\sin x} = \cot y$

$z_{xx} = \frac{1}{\sin^2 x} \qquad z_{yy} = -\frac{1}{\sin^2 y} \qquad z_{xy} = z_{yx} = 0$

8.3 $z = e^{\frac{x^2}{y^2}} = e^{x^2 \cdot y^{-2}} \qquad z_x = e^{\frac{x^2}{y^2}} \cdot \frac{2x}{y^2} \qquad z_y = -e^{\frac{x^2}{y^2}} \cdot x^2 \cdot 2 \cdot \frac{1}{y^3}$

$$x \cdot z_x + y \cdot z_y = e^{\frac{x^2}{y^2}} \cdot \frac{2x^2}{y^2} - e^{\frac{x^2}{y^2}} \cdot x^2 \cdot 2 \cdot \frac{1}{y^2} = e^{\frac{x^2}{y^2}} - e^{\frac{x^2}{y^2}} = 0$$

8.4 $dz = \frac{\partial z}{\partial x} \cdot dx + \frac{\partial z}{\partial y} \cdot dy$

$\underline{z = x^y:}$

$\frac{\partial z}{\partial x} = y \cdot x^{y-1} \qquad \frac{\partial z}{\partial y} = x^y \cdot \ln x \qquad dz = y \cdot x^{y-1} \cdot dx + x^y \cdot \ln x \cdot dy$

$\underline{z = e^x \cdot \sin y:}$

$\frac{\partial z}{\partial x} = e^x \cdot \sin y \qquad \frac{\partial z}{\partial y} = e^x \cdot \cos y \qquad dz = e^x \cdot (\sin y \cdot dx + \cos y \cdot dy)$

8.5 $\Delta u = f(x+\Delta x;\ y+\Delta y;\ z+\Delta z) - f(x;\ y;\ z)$

$$f(2{,}1;\ 2{,}8;\ 1{,}2) = 2{,}1\cdot 2{,}8 + 2{,}8\cdot 1{,}2 + 1{,}2\cdot 2{,}1 = 11{,}76$$

$$f(2;\ 3;\ 1) = 2\cdot 3 + 3\cdot 1 + 1\cdot 2 = 11$$

$\Delta u = 0{,}76$

$$du = \frac{\partial u}{\partial x}\cdot dx + \frac{\partial u}{\partial y}\cdot dy + \frac{\partial u}{\partial z}\cdot dz$$

$$\frac{\partial u}{\partial x} = y+z = 3+1 = 4 \qquad \frac{\partial u}{\partial y} = x+z = 2+1 = 3 \qquad \frac{\partial u}{\partial z} = y+x = 3+2 = 5$$

$du = 4\cdot 0{,}1 + 3\cdot(-0{,}2) + 5\cdot 0{,}2 = 0{,}8$

8.6 $z = x^2 + y^2 - 4x - 6y + 7$

Notwendige Bedingung:

$$z_x = 2x - 4 = 0 \qquad z_y = 2y - 6 = 0$$

$$x_E = 2 \qquad y_E = 3$$

Hinreichende Bedingung:

$$f_{xx}(x_E;\ y_E)\cdot f_{yy}(x_E;\ y_E) - f_{xy}^{\ 2}(x_E;\ y_E) > 0$$

$$z_{xx} = 2 \qquad z_{yy} = 2 \qquad z_{xy} = z_{yx} = 0$$

$2\cdot 2 - 0 = 4 > 0$ Extremwert existiert

$f_{xx}(x_E;\ y_E) = 2 > 0 \quad f_{yy}(x_E;\ y_E) = 2 > 0$ Minimum

Funktionswert des Extremwertes:

$$z_E = x_E^{\ 2} + y_E^{\ 2} - 4x_E - 6y_E + 7 = 4 + 9 - 8 - 18 + 7 = -6$$

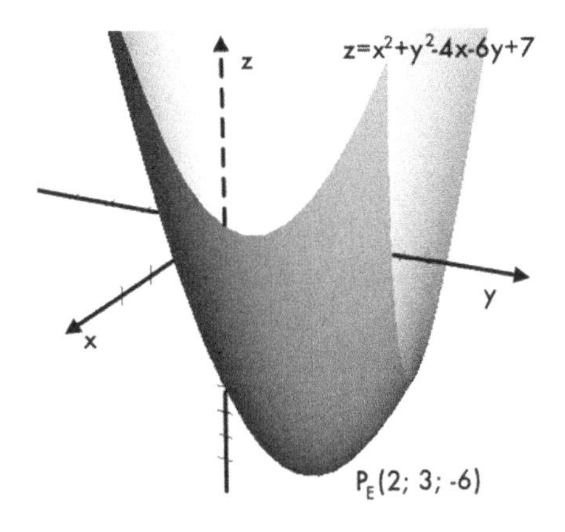

9. Komplexe Zahlen

9.1 $x^2 - 8x + 7 = 0$

$x_{1,2} = 4 \pm \sqrt{16-7} = 4 \pm \sqrt{9} = 4 \pm 3$

$x_1 = 7 \qquad x_2 = 1$ das sind zwei reelle Wurzeln

$x^2 - 8x + 16 = 0$

$x_{1,2} = 4 \pm \sqrt{16-16} = 4$

$x_{1,2} = 4$ das ist eine Doppelwurzel

$x^2 - 8x + 20 = 0$

$x_{1,2} = 4 \pm \sqrt{16-20} = 4 \pm \sqrt{-4} = 4 \pm 2 \cdot \sqrt{-1} = 4 \pm j \cdot 2$

$x_1 = 4 + j \cdot 2 \qquad x_2 = 4 - j \cdot 2$ das sind zwei konjugiert komplexe Wurzeln

9.2 $\underline{z}_1 = 3 + j \cdot 4$

$r_1 = \sqrt{9+16} = 5 \qquad \tan\varphi_1 = \frac{4}{3} = 1{,}33 \qquad \varphi_1 = 53{,}13^o$

$\underline{z}_1 = 5 \cdot e^{j \cdot 53{,}13^o} = 5 \cdot \left(\cos 53{,}13^o + j \cdot \sin 53{,}13^o\right)$

$\underline{z}_2 = 2 \cdot e^{-j \cdot \frac{\pi}{2}} = 2 \cdot \left(\cos\frac{\pi}{2} - j \cdot \sin\frac{\pi}{2}\right)$

$x_2 = 2 \cdot \cos\frac{\pi}{2} = 0 \quad y_2 = -2 \cdot \sin\frac{\pi}{2} = -2$

$\underline{z}_2 = -2 \cdot j$

$\underline{z}_3 = -\frac{1}{2} - j \cdot \frac{\sqrt{3}}{2}$

$r_3 = \sqrt{\frac{1}{4} + \frac{3}{4}} = 1$

$\tan\varphi_3 = \sqrt{3} \quad \varphi_3 = 240^o$

$\underline{z}_3 = e^{j \cdot 240^o} = \cos 240^o + j \cdot \sin 240^o$

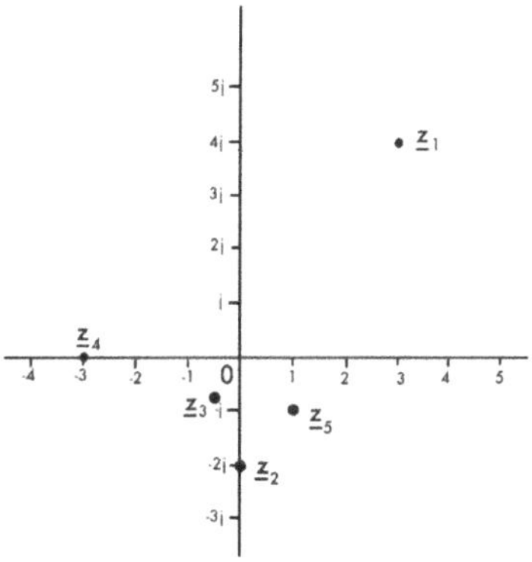

$\underline{z}_4 = -3$

$r_4 = 3 \qquad \tan\varphi_4 = -3 \qquad \varphi_4 = 180^o$

$\underline{z}_4 = 3 \cdot e^{j \cdot 180^o} = 3 \cdot \left(\cos 180^o + j \cdot \sin 180^o\right)$

$\underline{z}_5 = 1 - j$

$r_5 = \sqrt{1+1} = \sqrt{2} \qquad \tan\varphi_5 = -1 \qquad \varphi_5 = 315^o$

$\underline{z}_5 = \sqrt{2} \cdot e^{j \cdot 315^o} = \sqrt{2} \cdot \left(\cos 315^o + j \cdot \sin 315^o\right)$

9.3 1. $\underline{z} = \sqrt{3} + j$

$r = \sqrt{3+1} = 2 \qquad \tan\varphi = \frac{1}{\sqrt{3}} = \frac{\sqrt{3}}{3} \qquad \varphi = 30^o$ bzw. $\frac{\pi}{6}$

$\underline{z} = 2 \cdot e^{j\cdot\frac{\pi}{6}} \qquad \ln\underline{z} = \ln\left(2 \cdot e^{j\cdot\frac{\pi}{6}}\right) = \ln 2 + j\cdot\frac{\pi}{6} = 0{,}693 + j\cdot 0{,}524$

2. $\underline{z} = \frac{1}{2} - j\cdot\frac{\sqrt{3}}{2}$

$r = \sqrt{\frac{1}{4} + \frac{3}{4}} = 1 \qquad \tan\varphi = -\sqrt{3} \qquad \varphi = 300^o$ bzw. $\frac{5\pi}{3}$

$\underline{z} = 1 \cdot e^{j\cdot\frac{5\pi}{3}} \qquad \ln\underline{z} = \ln\left(1 \cdot e^{j\cdot\frac{5\pi}{3}}\right) = \ln 1 + j\cdot\frac{5\pi}{3} = 0 + j\cdot 5{,}236$

oder $\ln\underline{z} = \ln 1 - j\cdot\frac{\pi}{3} = -j\cdot 1{,}047$ wenn Hauptwert bei $-\pi < \varphi \le \pi$

3. $\underline{z} = 2 + j\cdot 3$

$r = \sqrt{4+9} = \sqrt{13} = 3{,}6 \qquad \tan\varphi = \frac{3}{2} = 1{,}5 \qquad \varphi = 0{,}983$

$\underline{z} = 3{,}6 \cdot e^{j\cdot 0{,}983} \qquad \ln\underline{z} = \ln\left(3{,}6 \cdot e^{j\cdot 0{,}983}\right) = \ln 3{,}6 + j\cdot 0{,}983 = 1{,}282 + j\cdot 0{,}983$

4. $\underline{z} = -j$

$r = 1 \qquad \varphi = \frac{3}{2}\cdot\pi$

$\underline{z} = 1 \cdot e^{j\cdot\frac{3}{2}\pi} \qquad \ln\underline{z} = \ln\left(1 \cdot e^{j\cdot\frac{3}{2}\pi}\right) = \ln 1 + j\cdot\frac{3}{2}\cdot\pi = j\cdot 4{,}712$

9.4 1. $(3 + j\cdot 4)\cdot(1 - j) = (3+4) + j\cdot(4-3) = 7 + j$

2. $(3 + 7\cdot j)\cdot 2j = 6\cdot j + 14\cdot j^2 = -14 + j\cdot 6$

3. $(2 + 5\cdot j) - (3 + 5\cdot j) = -1$

4. $\frac{1+3\cdot j}{1-j}\cdot\frac{1+j}{1+j} = \frac{1-3+3\cdot j+j}{1+1} = \frac{-2+j\cdot 4}{2} = -1 + j\cdot 2$

5. $\left(3 + j\cdot\sqrt{2}\right)^2 = 9 + 2\cdot 3\cdot j\cdot\sqrt{2} - 2 = 7 + j\cdot 6\cdot\sqrt{2}$

6. $(3 + 7j) - 10j = 3 - 3\cdot j = 3\cdot(1 - j)$

7. $\frac{5}{1-2j}\cdot\frac{1+2j}{1+2j} = \frac{5+j\cdot 10}{1+4} = 1 + j\cdot 2$

8. $\left(3+2j\sqrt{2}\right)\left(3-2j\sqrt{2}\right)=9+8=17$

9. $\dfrac{3+2j}{3j}=-\dfrac{3j+2j^2}{3}=\dfrac{2}{3}-j$

10. $\dfrac{1}{3+j\sqrt{2}}\cdot\dfrac{3-j\sqrt{2}}{3-j\sqrt{2}}=\dfrac{3-j\sqrt{2}}{9+2}=\dfrac{3}{11}-j\cdot\dfrac{\sqrt{2}}{11}$

9.5

1. $\underline{z}_1\cdot\underline{z}_2=(2+j\cdot3)\cdot(4-j\cdot2)=(8+6)+j\cdot(12-4)=14+j\cdot8$

2. $\underline{z}_1^*\cdot\underline{z}_2^*=(2-j\cdot3)\cdot(4+j\cdot2)=(8+6)+j\cdot(-12+4)=14-j\cdot8$

3. $\dfrac{\underline{z}_1}{\underline{z}_2}=\dfrac{2+j\cdot3}{4-j\cdot2}\cdot\dfrac{4+j\cdot2}{4+j\cdot2}=\dfrac{(8-6)+j\cdot(12+4)}{16+4}=\dfrac{2+j\cdot16}{20}=\dfrac{1}{10}+j\cdot\dfrac{4}{5}$

4. $\dfrac{\underline{z}_1^*}{\underline{z}_2^*}=\dfrac{2-j\cdot3}{4+j\cdot2}\cdot\dfrac{4-j\cdot2}{4-j\cdot2}=\dfrac{(8-6)-j\cdot(12+4)}{16+4}=\dfrac{2-j\cdot16}{20}=\dfrac{1}{10}-j\cdot\dfrac{4}{5}$

9.6

1. $\underline{x}_k=\sqrt[4]{\underline{z}}=\sqrt[4]{-1}=e^{j\cdot\frac{\pi+k\cdot2\pi}{4}}$

denn $-1=e^{j\cdot\pi}$

mit $k=0,\ 1,\ 2,\ 3$

$\underline{x}_0=e^{j\cdot\frac{\pi}{4}}$ $\qquad$ $\underline{x}_1=e^{j\cdot\frac{3\pi}{4}}$

$\underline{x}_2=e^{j\cdot\frac{5\pi}{4}}$ $\qquad$ $\underline{x}_3=e^{j\cdot\frac{7\pi}{4}}$

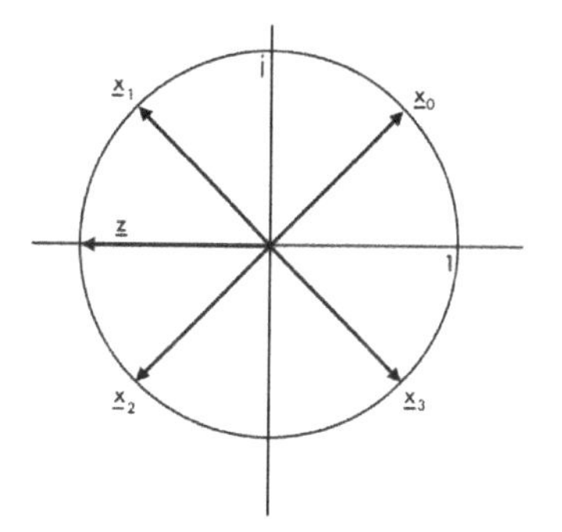

2. $\underline{x}_k=\sqrt[3]{\underline{z}}=\sqrt[3]{1+j}=\sqrt[3]{\sqrt{2}}\cdot e^{j\cdot\frac{\frac{\pi}{4}+k\cdot2\pi}{3}}$

denn $\underline{z}=1+j=\sqrt{2}\cdot e^{j\cdot\left(\frac{\pi}{4}+k\cdot2\pi\right)}$

$\underline{x}_k=\sqrt[6]{2}\cdot e^{j\cdot\frac{\pi+k\cdot8\pi}{12}}=1{,}12\cdot e^{j\cdot\frac{\pi+k\cdot8\pi}{12}}$

mit $k=0,\ 1,\ 2$

$\underline{x}_0=1{,}12\cdot e^{j\cdot\frac{\pi}{12}}=1{,}12\cdot e^{j\cdot15^o}$

$\underline{x}_1=1{,}12\cdot e^{j\cdot\frac{9\pi}{12}}=1{,}12\cdot e^{j\cdot\frac{3\pi}{4}}$

$\underline{x}_1=1{,}12\cdot e^{j\cdot135^o}$

$\underline{x}_2=1{,}12\cdot e^{j\cdot\frac{17\pi}{12}}=1{,}12\cdot e^{j\cdot255^o}$

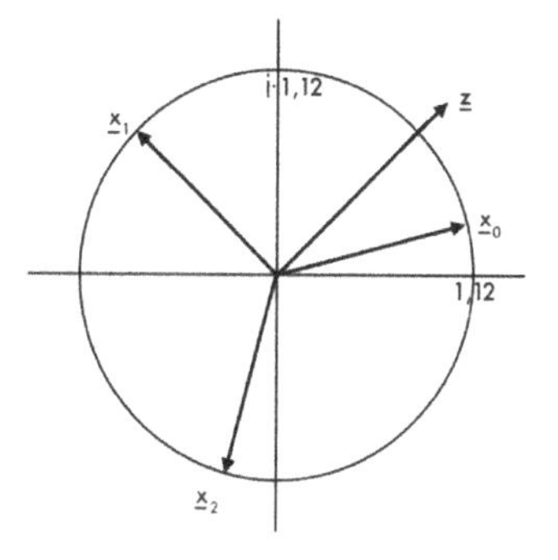

11. Fehler- und Ausgleichsrechnung

11.1 Nach Gleichung 11.1 ist der wahre Fehler von z

$$\varepsilon_z = z - Z = \frac{22}{7} - 3{,}14159265$$

mit $22:7 = 3{,}142857$

$$\begin{array}{r} -3{,}141592 \\ \hline 0{,}001265 \end{array}$$

$$\varepsilon_z \approx 1{,}3 \cdot 10^{-3}$$

Wahrer Fehler des Umfangs $U = 2 \cdot r \cdot \pi = 2 \cdot r \cdot z = 2 \cdot 5\text{m} \cdot \frac{22}{7} = 31{,}43\text{m}$:

Nach Gl. 11.5 ist

$$\varepsilon_U = \frac{\partial U}{\partial z} \cdot \varepsilon_z = 2 \cdot r \cdot \varepsilon_z = 2 \cdot 5\text{m} \cdot 1{,}3 \cdot 10^{-3} = 13 \cdot 10^{-3}\text{m} = 1{,}3\text{cm}$$

11.2 Der absolute Maximalfehler von $R_x = R \cdot \frac{x}{1000\text{mm} - x} = f(R,x)$:

Nach Gl. 11.6 ist

$$\Delta R_{x\max} = \pm\left(\left|\frac{\partial R_x}{\partial R} \cdot \Delta R\right| + \left|\frac{\partial R_x}{\partial x} \cdot \Delta x\right|\right)$$

mit $\frac{\partial R_x}{\partial R} = \frac{x}{1000 - x} = \frac{765{,}8}{234{,}2} = 3{,}27$

$$\frac{\partial R_x}{\partial x} = R \cdot \frac{(1000\text{mm} - x) + x}{(1000\text{mm} - x)^2} = R \cdot \frac{1000\text{mm}}{(1000mm - x)^2} = \frac{10^6\,\Omega\text{mm}}{(234{,}2\text{mm})^2} = 18{,}2\frac{\Omega}{\text{mm}}$$

$$\Delta R_{x\max} = \pm\left(3{,}27 \cdot 1\Omega + 18{,}2\frac{\Omega}{\text{mm}} \cdot 0{,}3\text{mm}\right) = \pm 8{,}7\Omega$$

11.3 $I = \frac{U}{R_1 + R_2 + R_3} = \frac{U}{R_{ges}} = f(U, R_{ges})$ mit $R_{ges} = R_1 + R_2 + R_3$

$$I = \frac{220V}{(100 + 50 + 250)\Omega} = 0{,}55A$$

Nach Gl. 11.10 ist

$$\Delta I_r = \frac{\Delta I_{\max}}{I} = \pm\left(\left|\frac{\Delta U}{U}\right| + \left|\frac{\Delta R_{ges}}{R_{ges}}\right|\right)$$

mit $\Delta R_{ges} = \pm(|\Delta R_1| + |\Delta R_2| + |\Delta R_3|) = \pm\, 4\Omega$ nach Gl. 11.9

$$\Delta I_r = \pm\left(\frac{2V}{220V} + \frac{4\Omega}{400\Omega}\right) = \pm(0{,}009 + 0{,}01) = \pm\, 0{,}019$$

$$\Delta I_r = \pm\, 2\%$$

11.4 $R_r = R_1 + R_2 \qquad R_p = \frac{R_1 \cdot R_2}{R_1 + R_2}$

Nach Gl. 11.23 ist

$$s_r = \pm\sqrt{\left[\frac{\partial R_r}{\partial R_1}\cdot s_{R_1}\right]^2 + \left[\frac{\partial R_r}{\partial R_2}\cdot s_{R_2}\right]^2}$$

mit $\frac{\partial R_r}{\partial R_1} = 1 \qquad \frac{\partial R_r}{\partial R_2} = 1$

$$s_r = \pm\sqrt{{s_{R_1}}^2 + {s_{R_2}}^2} = \pm\sqrt{(1{,}2\Omega)^2 + (2{,}5\Omega)^2}$$

$$s_r = \pm 2{,}8\Omega$$

$$s_p = \pm\sqrt{\left[\frac{\partial R_p}{\partial R_1}\cdot s_{R_1}\right]^2 + \left[\frac{\partial R_p}{\partial R_2}\cdot s_{R_2}\right]^2}$$

mit $\frac{\partial R_p}{\partial R_1} = \frac{R_2\cdot(R_1+R_2) - 1\cdot R_1\cdot R_2}{(R_1+R_2)^2} = \frac{{R_2}^2}{(R_1+R_2)^2}$

$$\frac{\partial R_p}{\partial R_2} = \frac{R_1\cdot(R_1+R_2) - 1\cdot R_1\cdot R_2}{(R_1+R_2)^2} = \frac{{R_1}^2}{(R_1+R_2)^2}$$

$$s_p = \pm\sqrt{\left[\frac{{R_2}^2}{(R_1+R_2)^2}\cdot s_{R_1}\right]^2 + \left[\frac{{R_1}^2}{(R_1+R_2)^2}\cdot s_{R_2}\right]^2}$$

$$s_p = \pm\sqrt{\left[\frac{(50\Omega)^2}{(30\Omega+50\Omega)^2}\cdot 1{,}2\Omega\right]^2 + \left[\frac{(30\Omega)^2}{(30\Omega+50\Omega)^2}\cdot 2{,}5\Omega\right]^2}$$

$$s_p = \pm\sqrt{0{,}22\Omega^2 + 0{,}12\Omega^2} = 0{,}586\Omega$$

$$s_p = \pm 0{,}6\Omega$$

11.5

	$v_i = d_i - \bar{d}$ mm	${v_i}^2$ 10^{-6}mm^2
34,10	-0,015	225
34,18	+0,065	4225
34,14	+0,025	625
34,08	-0,035	1225
34,12	+0,005	25
34,14	+0,025	625
34,04	-0,075	5625
34,12	+0,005	25
0,92	0	12600

Zu 1. $d_0 = 34\text{mm}$

$$d = 34\text{mm} + \frac{0{,}92\text{mm}}{8}$$

$$d = 34{,}115\text{mm}$$

Zu 2. Nach Gl. 11.19 $s = \pm\sqrt{\frac{1}{n-1}\cdot\sum_{i=1}^{n}{v_i}^2}$ ist

$$s = \pm\sqrt{\frac{1}{7}\cdot 12600\cdot 10^{-6}\text{mm}^2} = \pm 0{,}042\text{mm}$$

Zu 3. Nach Gl. 11.24 ist

$$s_{\bar{d}} = \frac{s}{\sqrt{n}} = \pm\frac{0{,}042}{\sqrt{8}} = \pm 0{,}015\text{mm}$$

Zu 4. $V = \frac{\pi}{6} \cdot d^3 = \frac{3{,}14 \cdot (34{,}115\text{mm})^3}{6} = 20789\text{mm}^3$

Zu 5. Nach Gl. 11.25

$$s_V = \pm \frac{\partial V}{\partial d} \cdot s_d \quad \text{mit} \quad \frac{\partial V}{\partial d} = \frac{3 \cdot \pi}{6} \cdot d^2 = \frac{\pi}{2} \cdot d^2$$

$$s_V = \pm \frac{\pi}{2} \cdot d^2 \cdot s_d = \pm \frac{3{,}14 \cdot (34{,}115\text{mm})^2 \cdot 0{,}015\text{mm}}{2} = \pm 27{,}4\text{mm}^3$$

Das Voumen beträgt $V = (20789 \pm 27)\text{mm}^3$

11.6 $R = R_0 \cdot (1 + \alpha \cdot \vartheta) = R_0 \cdot \alpha \cdot \vartheta + R_0 = a \cdot \vartheta + b$

ϑ_i ^oC	R_i Ω	ϑ_i^2 $^oC^2$	$\vartheta_i \cdot R_i$ $^oC \cdot \Omega$	v_i $10^{-3} \cdot \Omega$	v_i^2 $10^{-6}\Omega^2$
20	1,66	400	33,2	-10,0	100,0
30	1,71	900	51,3	-3,57	12,7
40	1,76	1600	70,4	+2,86	8,2
50	1,81	2500	90,5	+9,29	86,3
60	1,86	3600	111,6	+15,71	246,8
70	1,93	4900	135,1	+2,14	4,6
80	2,00	6400	160,0	-11,42	130,4
90	2,05	8100	184,5	-5,0	25,0
440	14,78	28400	836,6	0,01	614,0

Mit Gl. 11.31 ergibt sich

$$a = R_0 \cdot \alpha = \frac{n \cdot \sum_{i=1}^{n} \vartheta_i \cdot R_i - \sum_{i=1}^{n} \vartheta_i \cdot \sum_{i=1}^{n} R_i}{n \cdot \sum_{i=1}^{n} \vartheta_i^2 - \left(\sum_{i=1}^{n} \vartheta_i \right)^2} = \frac{8 \cdot 836{,}6\ ^oC \cdot \Omega - 440^oC \cdot 14{,}78\Omega}{8 \cdot 28400\ ^oC^2 - 440^2\ ^oC^2}$$

$$a = \frac{189{,}6}{33600} \cdot \frac{\Omega}{^oC} = 0{,}0056429 \frac{\Omega}{^oC} \approx 0{,}0056 \frac{\Omega}{^oC}$$

und mit Gl. 11.32

$$b = R_0 = \frac{\sum_{i=1}^{n} \vartheta_i^2 \cdot \sum_{i=1}^{n} R_i - \sum_{i=1}^{n} \vartheta_i \cdot R_i \cdot \sum_{i=1}^{n} \vartheta_i}{n \cdot \sum_{i=1}^{n} \vartheta_i^2 - \left(\sum_{i=1}^{n} \vartheta_i \right)^2} = \frac{28400\ ^oC^2 \cdot 14{,}78\Omega - 836{,}6^oC \cdot \Omega \cdot 440^oC}{8 \cdot 28400\ ^oC^2 - 440^2\ ^oC^2}$$

$$b = \frac{51648}{33600} \cdot \Omega = 1{,}5371429\Omega \approx 1{,}54\Omega$$

$$a = R_0 \cdot \alpha \quad \Rightarrow \quad \alpha = \frac{a}{R_0} = \frac{0{,}0056429 \frac{\Omega}{^0C}}{1{,}5371429\Omega} = 0{,}003671 \frac{1}{^0C} \approx 0{,}0037 \frac{1}{^0C}$$

Damit lautet die Geradengleichung: $R = a \cdot \vartheta + b = 0{,}0056 \frac{\Omega}{^oC} \cdot \vartheta + 1{,}54\Omega$

Der mittlere Fehler des Widerstands ist mit Gl. 11.33

$$s = \pm\sqrt{\frac{\sum_{i=1}^{n} v_i^2}{n-2}} = \pm\sqrt{\frac{614 \cdot 10^{-6}\Omega^2}{6}} = \pm 10{,}1 \cdot 10^{-3}\Omega = \pm 0{,}010\Omega$$

mit $v_i = a \cdot \vartheta_i + b - R_i$

$v_1 = -\ 0{,}01000\Omega$ $v_3 = +\ 0{,}00286\Omega$ $v_5 = +\ 0{,}01571\Omega$ $v_7 = -\ 0{,}01142\Omega$

$v_2 = -\ 0{,}00357\Omega$ $v_4 = +\ 0{,}00929\Omega$ $v_6 = +\ 0{,}00214\Omega$ $v_8 = -\ 0{,}00500\Omega$

$$\sum_{i=1}^{8} v_i^2 = (100 + 12{,}7 + 8{,}2 + 86{,}3 + 246{,}8 + 4{,}6 + 130{,}4 + 25) \cdot 10^{-6}\Omega^2 = 614 \cdot 10^{-6}\Omega^2$$

und die mittleren Fehler von a, b und α betragen

$$s_a = s \cdot \sqrt{\frac{n}{n \cdot \sum_{i=1}^{n} \vartheta_i^2 - \left(\sum_{i=1}^{n} \vartheta_i\right)^2}} \qquad \text{(s. Gl. 11.34)}$$

$$s_a = \pm\ 0{,}010\Omega \cdot \sqrt{\frac{8}{33600}} \frac{\Omega}{^oC} = \pm\ 0{,}000154 \frac{\Omega}{^oC}$$

$$s_b = s \cdot \sqrt{\frac{\sum_{i=1}^{n} \vartheta_i^2}{n \cdot \sum_{i=1}^{n} \vartheta_i^2 - \left(\sum_{i=1}^{n} \vartheta_i\right)^2}} \qquad \text{(s. Gl.11.35)}$$

$$s_b == \pm\ 0{,}010\Omega \cdot \sqrt{\frac{28400}{33600}} = \pm\ 0{,}009\Omega$$

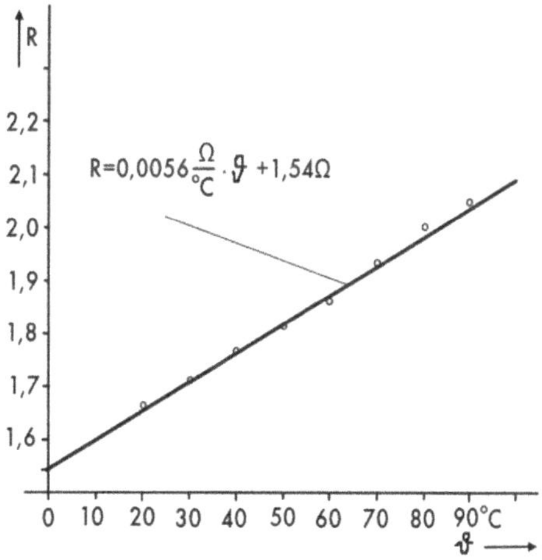

$$\alpha = \frac{a}{R_0} = f(a, R_0)$$

$$s_\alpha = \pm\sqrt{\left[\frac{\partial\alpha}{\partial a} \cdot s_a\right]^2 + \left[\frac{\partial\alpha}{\partial R_0} \cdot s_{R_0}\right]^2}$$

$$s_\alpha = \pm\sqrt{\left[\frac{s_a}{R_0}\right]^2 + \left[-\frac{a}{R_0^2} \cdot s_{R_0}\right]^2}$$

$$s_\alpha = \pm\sqrt{\left[\frac{0{,}000154\Omega}{1{,}537\Omega \cdot ^oC}\right]^2 + \left[\frac{0{,}00564\Omega \cdot 0{,}009\Omega}{(1{,}537\Omega)^2}\right]^2}$$

$$s_\alpha = \pm 105{,}7 \cdot 10^{-6} \frac{1}{^oC} \approx 0{,}000106 \frac{1}{^oC}$$

12. Unendliche Reihen

12.1 1. $R=1+\frac{1}{1!}+\frac{1}{2!}+\frac{1}{3!}+\frac{1}{4!}+\dots\frac{1}{k!}+\frac{1}{(k+1)!}+\dots$

$$\lim_{k\to\infty}\left|\frac{u_{k+1}}{u_k}\right|=\lim_{k\to\infty}\left|\frac{\frac{1}{(k+1)!}}{\frac{1}{k!}}\right|=\lim_{k\to\infty}\left|\frac{k!}{(k+1)!}\right|=\lim_{k\to\infty}\left|\frac{k!}{k!\cdot(k+1)}\right|=\lim_{k\to\infty}\left|\frac{1}{k+1}\right|=0<1$$

Die Reihe ist konvergent.

2. $R=1+\frac{1}{\sqrt{2}}+\frac{1}{\sqrt{3}}+\frac{1}{\sqrt{4}}+\frac{1}{\sqrt{5}}+\dots\frac{1}{\sqrt{k}}+\frac{1}{\sqrt{k+1}}+\dots$

$$\lim_{k\to\infty}\left|\frac{u_{k+1}}{u_k}\right|=\lim_{k\to\infty}\left|\frac{\frac{1}{\sqrt{k+1}}}{\frac{1}{\sqrt{k}}}\right|=\lim_{k\to\infty}\left|\frac{\sqrt{k}}{\sqrt{k+1}}\right|=\lim_{k\to\infty}\left|\sqrt{\frac{k}{k+1}}\right|=\lim_{k\to\infty}\left|\sqrt{\frac{1}{1+\frac{1}{k}}}\right|=1$$

Keine Aussage über die Konvergenz möglich.

3. $R=1+\frac{1}{\sqrt{2}}+\frac{1}{\sqrt{3}}+\frac{1}{\sqrt{4}}+\frac{1}{\sqrt{5}}+\dots\frac{1}{\sqrt{k}}+\frac{1}{\sqrt{k+1}}+\dots$

mit der harmonischen Reihe als Minurante verglichen:

$$R=1+\frac{1}{2}+\frac{1}{3}+\frac{1}{4}+\frac{1}{5}+\dots+\frac{1}{k}+\frac{1}{k+1}+\dots$$

$$1=1\quad \frac{1}{\sqrt{2}}>\frac{1}{2}\quad \frac{1}{\sqrt{3}}>\frac{1}{3}\quad \frac{1}{\sqrt{4}}>\frac{1}{4}\quad \frac{1}{\sqrt{5}}>\frac{1}{5}\quad \dots\quad \frac{1}{\sqrt{k}}>\frac{1}{k}\quad \dots$$

Die Reihe ist bestimmt divergent.

4. $R=\frac{1}{3}+\frac{1}{4}+\frac{1}{6}+\frac{1}{10}+\frac{1}{18}+\frac{1}{34}+\frac{1}{66}+\dots$

mit der konvergenten Reihe als Majorante verglichen:

$$R=\frac{1}{1}+\frac{1}{2}+\frac{1}{4}+\frac{1}{8}+\frac{1}{16}+\frac{1}{32}+\frac{1}{64}+\dots+$$

$$\frac{1}{3}<1\quad \frac{1}{4}<\frac{1}{2}\quad \frac{1}{6}<\frac{1}{4}\quad \frac{1}{10}<\frac{1}{8}\quad \frac{1}{18}<\frac{1}{16}\quad \frac{1}{34}<\frac{1}{32}\quad \frac{1}{66}<\frac{1}{64}\quad \dots$$

Die Reihe ist konvergent.

5. $R=\frac{1}{\pi}+\frac{2}{\pi^2}+\frac{3}{\pi^3}+\frac{4}{\pi^4}+\dots+\frac{k}{\pi^k}+\dots$ $\qquad \lim_{k\to\infty}\sqrt[k]{u_k}=\lim_{k\to\infty}\sqrt[k]{\left|\frac{k}{\pi^k}\right|}=\frac{\lim_{k\to\infty}\sqrt[k]{k}}{\pi}=\frac{1}{\pi}<1$

Die Reihe ist konvergent.

6. $R=1+\left(\frac{1}{e}+\frac{4}{e^2}+\frac{27}{e^3}+\frac{256}{e^4}+\dots+\frac{k^k}{e^k}+\dots\right)$ $\qquad \lim_{k\to\infty}\sqrt[k]{u_k}=\lim_{k\to\infty}\sqrt[k]{\left|\frac{k^k}{e^k}\right|}=\lim_{k\to\infty}\frac{k}{e}=\infty$

Die Reihe ist bestimmt divergent.

7. $R = 1 - \frac{1}{\sqrt{2}} + \frac{1}{\sqrt{3}} - \frac{1}{\sqrt{4}} + \frac{1}{\sqrt{5}} - + \ldots$

Folge der absoluten Summenglieder:

$1, \frac{1}{\sqrt{2}}, \frac{1}{\sqrt{3}}, \frac{1}{\sqrt{4}}, \frac{1}{\sqrt{5}}, \ldots \to 0$ Die Reihe ist konvergent.

8. $R = \frac{1}{1} - \frac{3}{2} + \frac{1}{4} - \frac{3}{8} + \frac{1}{16} - \frac{3}{32} + \frac{1}{64} + \ldots$

Folge der absoluten Summenglieder:

1; 1,5; 0,25; 0,375; 0,0625; 0,094; 0,0156; $\to 0$

Die Reihe ist konvergent.

12.2 1. $r = \lim_{k\to\infty} \left| \frac{a_k}{a_{k+1}} \right| = \lim_{k\to\infty} \frac{\frac{1}{k}}{\frac{1}{k+1}} = \lim_{k\to\infty} \frac{k+1}{k} = \lim_{k\to\infty} \frac{1+\frac{1}{k}}{1} = 1$

d.h. $|x| < 1 \qquad -1 < x < +1$

2. $r = \frac{1}{\lim\limits_{k\to\infty} \sqrt[k]{|a_k|}} = \frac{1}{\lim\limits_{k\to\infty} \sqrt[k]{\frac{1}{2^k}}} = \frac{1}{\frac{1}{2}} = 2$

d.h. $|x| < 2 \qquad -2 < x < +2$

3. $r = \lim_{k\to\infty} \left| \frac{a_k}{a_{k+1}} \right| = \lim_{k\to\infty} \left| \frac{\frac{1}{k^{k+1}}}{\frac{1}{(k+1)^{k+2}}} \right| = \lim_{k\to\infty} \left| \frac{(k+1)^{k+2}}{k^{k+1}} \right| = \lim_{k\to\infty} \left(\frac{k+1}{k} \right)^k \cdot \frac{(k+1)^2}{k}$

$r = \lim_{k\to\infty} e \cdot \frac{k^2 + 2k + 1}{k} = \lim_{k\to\infty} e \cdot \left(k + 2 + \frac{1}{k} \right) = \infty$

oder

$r = \frac{1}{\lim\limits_{k\to\infty} \sqrt[k]{|a_k|}} = \frac{1}{\lim\limits_{k\to\infty} \sqrt[k]{\frac{1}{k^{k+1}}}} = \frac{1}{\lim\limits_{k\to\infty} \frac{1}{k \cdot \sqrt[k]{k}}} = \frac{1}{\lim\limits_{k\to\infty} \frac{1}{k}} = \frac{1}{0} = \infty$

d.h. die Funktionenreihe ist für alle x konvergent: $-\infty < x < +\infty$

12.3 Mit

$f(x) = \cos x$	$f(0) = 1$
$f'(x) = -\sin x$	$f'(0) = 0$
$f''(x) = -\cos x$	$f''(0) = -1$
$f'''(x) = \sin x$	$f'''(0) = 0$
$f^{(4)}(x) = \cos x$	$f^{(4)}(0) = 1$

$$\cos x = 1 - \frac{x^2}{2!} + \frac{x^4}{4!} - \frac{x^6}{6!} + \frac{x^8}{8!} + \ldots + (-1)^{k+1} \cdot \frac{x^{2k-2}}{(2k-2)!} + (-1)^{k+2} \cdot \frac{x^{2(k+1)-2}}{[2(k+1)-2]!}$$

Die Kosinusreihe ist für alle x konvergent: $-\infty < x < +\infty$

$$r = \lim_{k\to\infty}\left|\frac{a_k}{a_{k+1}}\right| = \lim_{k\to\infty}\frac{\frac{1}{(2k-2)!}}{\frac{1}{\left[2(k+1)-2\right]!}} = \lim_{k\to\infty}\frac{(2k)!}{(2k-2)!} = \lim_{k\to\infty}(2k-1)\cdot k = \infty$$

$k=1$	$k=2$	$k=3$	$k=k$
$\frac{2!}{0!}=\frac{1\cdot 2}{1}=2$	$\frac{4!}{2!}=\frac{1\cdot2\cdot3\cdot4}{1\cdot2}=3\cdot4$	$\frac{6!}{4!}=\frac{1\cdot2\cdot3\cdot4\cdot5\cdot6}{1\cdot2\cdot3\cdot4}=5\cdot6$	$(2k-1)\cdot k$

12.4 Mit $e^x = 1+\frac{x}{1!}+\frac{x^2}{2!}+\frac{x^3}{3!}+\frac{x^4}{4!}+\frac{x^5}{5!}+\ldots$

ergibt sich mit $x \to j\cdot x$

$$e^{j\cdot x} = 1+\frac{j\cdot x}{1!}+\frac{(j\cdot x)^2}{2!}+\frac{(j\cdot x)^3}{3!}+\frac{(j\cdot x)^4}{4!}+\frac{(j\cdot x)^5}{5!}+\ldots$$

$$e^{j\cdot x} = 1+j\cdot\frac{x}{1!}-\frac{x^2}{2!}-j\cdot\frac{x^3}{3!}+\frac{x^4}{4!}+j\cdot\frac{x^5}{5!}-+\ldots$$

$$e^{j\cdot x} = \left(1-\frac{x^2}{2!}+\frac{x^4}{4!}-+\ldots\right)+j\cdot\left(\frac{x}{1!}-\frac{x^3}{3!}+\frac{x^5}{5!}-\ldots\right)$$

$$e^{j\cdot x} = \cos x + j\cdot\sin x$$

weil $\cos x = 1-\frac{x^2}{2!}+\frac{x^4}{4!}-+\ldots$ und $\sin x = \frac{x}{1!}-\frac{x^3}{3!}+\frac{x^5}{5!}-+$

Wie nachgewiesen, gilt die Eulersche Formel auch für Potenzreihen.

12.5 $f(a+x) = f(a)+\frac{f'(a)}{1!}\cdot x+\frac{f''(a)}{2!}\cdot x^2+\frac{f'''(a)}{3!}\cdot x^3+\frac{f^{(4)}(a)}{4!}\cdot x^4+\ldots$

$f(x)=\cos x$	$f(a)=\cos a$
$f'(x)=-\sin x$	$f'(a)=-\sin a$
$f''(x)=-\cos x$	$f''(a)=-\cos a$
$f'''(x)=\sin x$	$f'''(a)=\sin a$
$f^{(4)}(x)=\cos x$	$f^{(4)}(a)=\cos a$

$$\cos(a+x) = \cos a - x\cdot\sin a - \frac{x^2}{2!}\cdot\cos a+\frac{x^3}{3!}\cdot\sin a+\frac{x^4}{4!}\cdot\cos a+\ldots$$

13. Differentialgleichungen

13.1 Die allgemeine Lösung enthält drei frei wählbare Parameter (Integrationskonstanten) und stellt in kartesischen Koordinaten eine 3-parametrige Kurvenschar dar, d.h. jeweils zwei Parameter werden festgelegt und ein Parameter wird variiert.

13.2 Die Parabelgleichung $y = a \cdot x^2 + b \cdot x$ ist eine 2-parametrige Gleichung mit den Parametern a und b.
Durch zweimaliges Differenzieren ergeben sich $n+1 = 2+1 = 3$ Gleichungen:

$$y = a \cdot x^2 + b \cdot x \qquad y' = 2 \cdot a \cdot x + b \qquad y'' = 2 \cdot a$$

Durch Eliminieren von a und b entsteht die Differentialgleichung:

$$a = \frac{y''}{2} \qquad b = y' - 2 \cdot a \cdot x = y' - 2 \cdot \frac{y''}{2} \cdot x = y' - y'' \cdot x$$

$$y = a \cdot x^2 + b \cdot x = \frac{y''}{2} \cdot x^2 + (y' - y'' \cdot x) \cdot x = \frac{y''}{2} \cdot x^2 - y'' \cdot x + y' \cdot x = -\frac{y''}{2} \cdot x^2 + y' \cdot x$$

$$y + \frac{y''}{2} \cdot x^2 - y' \cdot x = 0$$

$$y'' - \frac{2 \cdot y'}{x} + \frac{2 \cdot y}{x^2} = 0$$

13.3 Die Kreisgleichung mit den Mittelpunkten auf der x-Achse ist eine einparametrige Gleichung: $(x - x_0)^2 + y^2 = r^2$ mit dem Parameter x_0. Der Radius r ist gegeben.
Durch einmaliges Differenzieren ergeben sich $n+1 = 1+1 = 2$ Gleichungen:

$$(x - x_0)^2 + y^2 = r^2$$

$$2 \cdot (x - x_0) + 2 \cdot y \cdot y' = 0$$

Aus den beiden Gleichungen ergibt sich die Differentialgleichung:

$$(x - x_0) = -y \cdot y'$$

$$(x - x_0)^2 + y^2 = (-y \cdot y')^2 + y^2 = r^2$$

$$y^2 \cdot y'^2 + y^2 = r^2 \quad \text{bzw.} \quad y^2 \cdot (y'^2 + 1) = r^2$$

13.4 Nach dem Umschalten des Schalters bei $t = 0$ gilt nach dem Maschensatz für Augenblickswerte der Spannungen folgende Gleichung:

$$u_R + u_C = i \cdot R + u_C = 0 \quad \text{mit} \quad i = C \cdot \frac{du_C}{dt}$$

$$R \cdot C \cdot \frac{du_C}{dt} + u_C = 0$$

$$\frac{du_C}{dt} + \frac{1}{R \cdot C} \cdot u_C = 0 \quad \text{(lineare homogene Differentialgleichung)}$$

Trennung der Veränderlichen:

$$\frac{du_C}{dt} = -\frac{1}{R \cdot C} \cdot u_C \qquad \frac{du_C}{u_C} = -\frac{1}{R \cdot C} \cdot dt \qquad \int \frac{du_C}{u_C} = -\frac{1}{R \cdot C} \cdot \int dt$$

$$\ln|u_C| = -\frac{1}{R \cdot C} \cdot t + \ln|K|$$

$$u_C = K \cdot e^{-\frac{1}{R \cdot C} \cdot t}$$

Aus dieser allgemeinen Lösung der homogenen Differentialgleichung ergibt sich mit der Anfangsbedingung bei $t = 0$ $u_C(0) = U_q$ die partikuläre Lösung:

$$u_C(0) = K \cdot e^0 = U_q \quad \text{d.h.} \quad K = U_q$$

$$u_C = U_q \cdot e^{-\frac{1}{R \cdot C} \cdot t}$$

13.5 Die Isoklinengleichung lautet mit

$$y' = \frac{y}{x} = C: \qquad y = C \cdot x$$

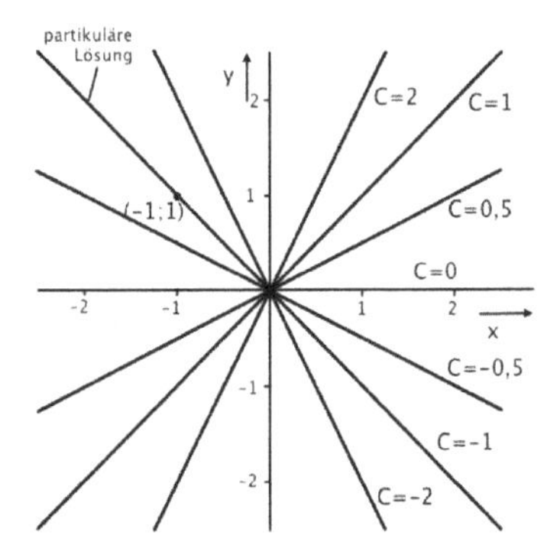

Das sind Geraden durch den Koordinatenursprung. Die Besonderheit ist, dass die Isoklinengleichung gleich der allgemeinen Lösung ist. Die partikuläre Lösung durch den Punkt $(-1;\ 1)$ ist die Gerade $y = -x$.

13.6 1.

$$y' = \frac{dy}{dx} = \frac{x}{y}$$

$$y \cdot dy = x \cdot dx \qquad \int y \cdot dy = \int x \cdot dx$$

$$\frac{y^2}{2} = \frac{x^2}{2} + \frac{C}{2}$$

$$y^2 - x^2 = C \qquad \text{oder} \qquad x^2 - y^2 = C^* \quad \text{mit} \quad C^* = -C$$

2.

$$y' = \frac{dy}{dx} = \frac{y}{x} \qquad \frac{dy}{y} = \frac{dx}{x} \qquad \int \frac{dy}{y} = \int \frac{dx}{x}$$

$$\ln|y| = \ln|x| + \ln C = \ln C \cdot |x| \quad \Rightarrow \quad y = C \cdot x$$

3.

$$y' = \frac{dy}{dx} = \frac{e^x}{y}$$

$$y \cdot dy = e^x \cdot dx \qquad \int y \cdot dy = \int e^x \cdot dx$$

$$\frac{y^2}{2} = e^x + C \quad \Rightarrow \quad y = \sqrt{2 \cdot e^x + C_1} \quad \text{mit} \quad C_1 = 2 \cdot C$$

4. $x \cdot y' - \frac{y}{x+1} = 0$

$$y' = \frac{dy}{dx} = \frac{y}{x \cdot (x+1)} \qquad \frac{dy}{y} = \frac{dx}{x \cdot (x+1)}$$

$$\int \frac{dy}{y} = \int \frac{dx}{x \cdot (x+1)}$$

Integration nach Partialbruchzerlegung:

$$\frac{1}{x \cdot (x+1)} = \frac{A_1}{x} + \frac{A_2}{x+1} = \frac{1}{x} - \frac{1}{x+1}$$

$$1 = A_1 \cdot (x+1) + A_2 \cdot x$$

$$x = 0: \quad 1 = A_1 \qquad x = -1: \quad 1 = A_2 \cdot (-1)$$

$$A_1 = 1 \qquad A_2 = -1$$

$$\ln|y| = \int \frac{dx}{x} - \int \frac{dx}{x+1} = \ln|x| - \ln|x+1| + \ln C_1 = \ln \frac{C_1 \cdot |x|}{|x+1|}$$

$$y = \frac{C_2 \cdot x}{x+1}$$

13.7 1. $y' = x - y$

Diese Differentialgleichung ist vom Typ $y' = \psi(a \cdot x + b \cdot y + c)$ (siehe Gl. 13.11) mit $a = 1$, $b = -1$ und $c = 0$

Substitution: $u = a \cdot x + b \cdot y + c = x - y$

$$y = \frac{1}{b} \cdot (u - a \cdot x - c)$$

$$y' = \frac{dy}{dx} = \frac{1}{b} \cdot \left(\frac{du}{dx} - a \right) = \psi(u)$$

$$\frac{dy}{dx} = -1 \cdot \left(\frac{du}{dx} - 1 \right) = u$$

$$\Rightarrow \quad -\frac{du}{dx} + 1 = u \quad \text{und} \quad \frac{du}{dx} = -u + 1$$

oder nach Gl. 13.13 $\frac{du}{dx} = b \cdot \psi(u) + a = -u + 1 = -(u-1)$

$$\frac{du}{u-1} = -dx \qquad \int \frac{du}{u-1} = -\int dx$$

$$\ln|u-1| = -x + C \qquad u - 1 = e^{-x+C} = C_1 \cdot e^{-x}$$

$$u = C_1 \cdot e^{-x} + 1 = x - y$$

$$y = x - 1 - C_1 \cdot e^{-x}$$

oder $y = x - 1 + C_2 \cdot e^{-x}$ mit $C_2 = -C_1$

2. $y' = x + y$

Diese Differentialgleichung ist ebenfalls vom Typ $y' = \psi(a \cdot x + b \cdot y + c)$

mit $a = 1$, $b = 1$ und $c = 0$

Substitution: $u = a \cdot x + b \cdot y + c = x + y$

$$y = \frac{1}{b} \cdot (u - a \cdot x - c) \qquad y' = \frac{dy}{dx} = \frac{1}{b} \cdot \left(\frac{du}{dx} - a \right) = \psi(u)$$

$$\frac{dy}{dx} = 1 \cdot \left(\frac{du}{dx} - 1 \right) = u \quad \Rightarrow \quad \frac{du}{dx} - 1 = u \quad \text{und} \quad \frac{du}{dx} = u + 1$$

oder nach Gl. 13.13

$$\frac{du}{dx} = b \cdot \psi(u) + a = u + 1$$

$$\frac{du}{u+1} = dx \qquad \int \frac{du}{u+1} = \int dx$$

$$\ln|u+1| = x + C \qquad |u+1| = e^{x+C} = C_1 \cdot e^x \qquad u + 1 = C_2 \cdot e^x \ \text{mit} \ C_2 = \pm C_1$$

$$u = C_2 \cdot e^x - 1 = x + y$$

$$y = -x - 1 + C_2 \cdot e^x$$

3. $$y' = \frac{x+y}{x-y} = \frac{1 + \frac{y}{x}}{1 - \frac{y}{x}}$$

Diese Differentialgleichung ist vom Typ $y' = \psi\left(\frac{y}{x}\right)$ (siehe Gl. 13.8)

Substitution: $u = \frac{y}{x}$

$$\frac{dy}{dx} = \frac{1+u}{1-u} = \frac{du}{dx} \cdot x + u$$

$$\frac{du}{dx} = \frac{1}{x} \cdot \left(\frac{1+u}{1-u} - u \right) = \frac{1}{x} \cdot \frac{1 + u - u + u^2}{1-u}$$

$$\frac{du}{dx} = \frac{1}{x} \cdot \frac{1+u^2}{1-u} \qquad \frac{1-u}{1+u^2} \cdot du = \frac{dx}{x}$$

$$\int \frac{1-u}{1+u^2} \cdot du = \int \frac{1}{1+u^2} \cdot du - \int \frac{u}{1+u^2} \cdot du = \int \frac{dx}{x}$$

mit $$\frac{1}{2} \cdot \int \frac{2 \cdot u}{1+u^2} \cdot du = \frac{1}{2} \cdot \int \frac{dv}{v} = \frac{1}{2} \cdot \ln|v| = \frac{1}{2} \cdot \ln|1+u^2|$$

Substitution: $v = 1 + u^2$

$$\frac{dv}{du} = 2 \cdot u \qquad dv = 2 \cdot u \cdot du$$

$$\int \frac{1-u}{1+u^2} \cdot du = arc\tan u - \frac{1}{2} \cdot \ln\left|1+u^2\right| = \ln|x| + \ln C$$

$$arc\tan\frac{y}{x} = \frac{1}{2} \cdot \ln\left|1+\left(\frac{y}{x}\right)^2\right| + \ln|x| + \ln C$$

$$arc\tan\frac{y}{x} = \ln\left|\sqrt{1+\left(\frac{y}{x}\right)^2}\right| + \ln|x| + \ln C$$

$$arc\tan\frac{y}{x} = \ln\left[x \cdot \sqrt{1+\left(\frac{y}{x}\right)^2} \cdot C\right]$$

$$\frac{y}{x} = \tan\left[\ln\sqrt{x^2+y^2} \cdot C\right]$$

$$y = x \cdot \tan\left[\ln\sqrt{x^2+y^2} \cdot C\right]$$

13.8 1. $y' - x \cdot y + 2 \cdot x = 0$

$$\frac{dy}{dx} = x \cdot y - 2 \cdot x = x \cdot (y-2)$$

$$\frac{dy}{y-2} = x \cdot dx \qquad \int \frac{dy}{y-2} = \int x \cdot dx$$

$$\ln|y-2| = \frac{x^2}{2} + C \qquad y - 2 = e^{\frac{x^2}{2}+C} = K \cdot e^{\frac{x^2}{2}} \qquad y = K \cdot e^{\frac{x^2}{2}} + 2$$

2. $y' - y \cdot \tan x + \sin x = 0$ bzw. $y' - y \cdot \tan x = -\sin x$

Lösung der homogenen Differentialgleichung:

$$y' - y \cdot \tan x = 0$$

$$\frac{dy}{dx} = y \cdot \tan x \qquad \frac{dy}{y} = \tan x \cdot dx \qquad \int \frac{dy}{y} = \int \tan x \cdot dx$$

$$\ln|y| = -\ln|\cos x| + \ln K = \ln\frac{K}{\cos x} \qquad y_h = \frac{K}{\cos x}$$

Lösung der inhomogenen Differentialgleichung durch Variation der Konstanten:

$$y = \frac{K(x)}{\cos x} \qquad y' = \frac{K'(x) \cdot \cos x + K(x) \cdot \sin x}{\cos^2 x}$$

eingesetzt in die inhomogene Differentialgleichung:

$$\frac{K'(x)\cdot\cos x}{\cos^2 x}+\frac{K(x)\cdot\sin x}{\cos^2 x}-\frac{K(x)}{\cos x}\cdot\frac{\sin x}{\cos x}=-\sin x$$

$$\frac{K'(x)}{\cos x}=-\sin x \qquad \frac{dK}{dx}=-\sin x\cdot\cos x$$

$$K=-\int\sin x\cdot\cos x\cdot dx=\frac{1}{2}\cdot\cos^2 x+C$$

$$y=\frac{\cos x}{2}+\frac{C}{\cos x}$$

3. $y'-2\cdot x\cdot y+e^{x^2}=0$ bzw. $y'-2\cdot x\cdot y=-e^{x^2}$

Lösung der homogenen Differentialgleichung:

$$y'-2\cdot x\cdot y=0$$

$$\frac{dy}{dx}=2\cdot x\cdot y \qquad \frac{dy}{y}=2\cdot x\cdot dx \qquad \int\frac{dy}{y}=\int 2\cdot x\cdot dx$$

$$\ln|y|=2\cdot\frac{x^2}{2}+C=x^2+C \qquad y_h=e^{x^2+C}=K\cdot e^{x^2}$$

Lösung der inhomogenen Differentialgleichung durch Variation der Konstanten:

$$y=K(x)\cdot e^{x^2} \qquad y'=K'(x)\cdot e^{x^2}+K(x)\cdot e^{x^2}\cdot 2\cdot x$$

eingesetzt in die inhomogene Differentialgleichung:

$$K'(x)\cdot e^{x^2}+K(x)\cdot e^{x^2}\cdot 2\cdot x-2\cdot x\cdot K(x)\cdot e^{x^2}=-e^{x^2}$$

$$K'(x)\cdot e^{x^2}=-e^{x^2} \qquad \frac{dK}{dx}=-1 \qquad K=-x+C$$

$$y=(-x+C)\cdot e^{x^2}$$

4. $y'+y+e^x=0$ bzw. $y'+y=-e^x$

Lösung der homogenen Differentialgleichung: $y'+y=0$

$$\frac{dy}{dx}=-y \qquad \frac{dy}{y}=-dx \qquad \int\frac{dy}{y}=-\int dx \qquad \ln|y|=-x+C$$

$$y_h=e^{-x+C}=K\cdot e^{-x}$$

Lösung der inhomogenen Differentialgleichung durch Variation der Konstanten:

$$y=K(x)\cdot e^{-x} \qquad y'=K'(x)\cdot e^{-x}-K(x)\cdot e^{-x}$$

eingesetzt in die inhomogene Differentialgleichung:

$$K'(x)\cdot e^{-x}-K(x)\cdot e^{-x}+K(x)\cdot e^{-x}=-e^x$$

$$\frac{dK}{dx}\cdot e^{-x}=-e^x \qquad \frac{dK}{dx}=-e^{2\cdot x} \qquad K=\int dK=-\int e^{2\cdot x}\cdot dx=-\frac{e^{2\cdot x}}{2}+C$$

$$y=\left(-\frac{e^{2\cdot x}}{2}+C\right)\cdot e^{-x}=-\frac{1}{2}\cdot e^x+C\cdot e^{-x}$$

partikuläre Lösung der inhomogenen Differentialgleichung durch Ermittlung der Konstanten:
mit $x=1$ und $y=0$:

$$0=-\frac{1}{2}\cdot e+\frac{C}{e} \qquad C=\frac{e^2}{2}$$

$$y=-\frac{1}{2}\cdot e^x+\frac{e^2}{2}\cdot e^{-x}$$

$$y=\frac{1}{2}\cdot\left(e^{2-x}-e^x\right)$$

13.9 inhomogene Differentialgleichung:

$$y'+2\cdot y=e^{3x}$$

homogene Differentialgleichung:

$$y'+2\cdot y=0$$

$$\frac{dy_h}{dx}+2\cdot y_h=0$$

$$\frac{dy_h}{dx}=-2\cdot y_h$$

$$\frac{dy_h}{y_h}=-2\cdot dx$$

$$\int\frac{dy_h}{y_h}=-2\cdot\int dx$$

$$\ln|y_h|=-2\cdot x+C$$

$$y_h=e^{-2\cdot x+C}=K\cdot e^{-2\cdot x}$$

$$y=y_h+y_p=K\cdot e^{-2\cdot x}+\frac{1}{5}\cdot e^{3\cdot x}$$

Nachweis durch Lösung der inhomogenen Differentialgleichung:

$$y=K(x)\cdot e^{-2\cdot x} \qquad y'=K'(x)\cdot e^{-2\cdot x}-K(x)\cdot e^{-2\cdot x}\cdot 2$$

$$K'(x)\cdot e^{-2\cdot x}-K(x)\cdot e^{-2\cdot x}\cdot 2+2\cdot K(x)\cdot e^{-2\cdot x}=e^{3\cdot x}$$

$$K'(x)\cdot e^{-2\cdot x}=e^{3\cdot x}$$

$$\frac{dK}{dx}=e^{5\cdot x}$$

$$K=\int dK=\int e^{5\cdot x}\cdot dx=\frac{e^{5\cdot x}}{5}+C$$

$$y=\left(\frac{e^{5\cdot x}}{5}+C\right)\cdot e^{-2\cdot x}=\frac{e^{3\cdot x}}{5}+C\cdot e^{-2\cdot x}$$

$$y=\frac{e^{3\cdot x}}{5}+C\cdot e^{-2\cdot x}$$

13.10 1. $y'' - 6\cdot y' + 5\cdot y = 0$

$y = e^{\lambda\cdot x} \qquad y' = \lambda\cdot e^{\lambda\cdot x} \qquad y'' = \lambda^2\cdot e^{\lambda\cdot x}$

$\lambda^2\cdot e^{\lambda\cdot x} - 6\cdot\lambda\cdot e^{\lambda\cdot x} + 5\cdot e^{\lambda\cdot x} = 0 \qquad \lambda^2 - 6\cdot\lambda + 5 = 0$

$\lambda_{1,2} = 3 \pm \sqrt{9-5} = 3 \pm 2$ d.h. $\lambda_1 = 5 \quad \lambda_2 = 1$

allgemeine Lösung:

$y_h = C_1\cdot e^{5\cdot x} + C_2\cdot e^{x}$

2. $y'' - 7\cdot y' + 12\cdot y = 0$

$y = e^{\lambda\cdot x} \qquad y' = \lambda\cdot e^{\lambda\cdot x} \qquad y'' = \lambda^2\cdot e^{\lambda\cdot x}$

$\lambda^2\cdot e^{\lambda\cdot x} - 7\cdot\lambda\cdot e^{\lambda\cdot x} + 12\cdot e^{\lambda\cdot x} = 0 \qquad \lambda^2 - 7\cdot\lambda + 12 = 0$

$\lambda_{1,2} = \frac{7}{2} \pm \sqrt{\frac{49-48}{4}} = \frac{7}{2} \pm \frac{1}{2}$ d.h. $\lambda_1 = 4 \quad \lambda_2 = 3$

allgemeine Lösung:

$y_h = C_1\cdot e^{4\cdot x} + C_2\cdot e^{3\cdot x}$

mit $x = 0 \quad y = 2$

$y_p = 2 = C_1\cdot e^0 + C_2\cdot e^0 = C_1 + C_2$

$C_1 = 2 - C_2$

$y_p = (2 - C_2)\cdot e^{4\cdot x} + C_2\cdot e^{3\cdot x}$

3. $y'' + 5\cdot y' + 4\cdot y = 0$

$y = e^{\lambda\cdot x} \qquad y' = \lambda\cdot e^{\lambda\cdot x} \qquad y'' = \lambda^2\cdot e^{\lambda\cdot x}$

$\lambda^2\cdot e^{\lambda\cdot x} + 5\cdot\lambda\cdot e^{\lambda\cdot x} + 4\cdot e^{\lambda\cdot x} = 0$

$\lambda^2 + 5\cdot\lambda + 4 = 0$

$\lambda_{1,2} = -\frac{5}{2} \pm \sqrt{\frac{25-16}{4}} = -\frac{5}{2} \pm \frac{3}{2}$ d.h. $\lambda_1 = -1 \quad \lambda_2 = -4$

allgemeine Lösung:

$y_h = C_1\cdot e^{-x} + C_2\cdot e^{-4\cdot x}$

$y_h' = -C_1\cdot e^{-x} - 4\cdot C_2\cdot e^{-4\cdot x}$

mit $x = 0 \quad y = 2$ mit $x = 0 \quad y' = 1$

$y = 2 = C_1\cdot e^0 + C_2\cdot e^0 = C_1 + C_2 \qquad y' = 1 = -C_1\cdot e^0 - 4\cdot C_2\cdot e^0 = -C_1 - 4\cdot C_2$

d.h.

$$\begin{array}{r} C_1 + C_2 = 2 \\ -C_1 - 4\cdot C_2 = 1 \\ \hline -3\cdot C_2 = 3 \end{array}$$

$C_2 = -1$ und $C_1 = 2 - C_2 = 2 + 1 = 3$

partikuläre Lösung: $y_p = 3\cdot e^{-x} - e^{-4\cdot x}$

4. $y'' + 8 \cdot y' + 17 \cdot y = 0$

$y = e^{\lambda \cdot x} \qquad y' = \lambda \cdot e^{\lambda \cdot x} \qquad y'' = \lambda^2 \cdot e^{\lambda \cdot x}$

$\lambda^2 \cdot e^{\lambda \cdot x} + 8 \cdot \lambda \cdot e^{\lambda \cdot x} + 17 \cdot e^{\lambda \cdot x} = 0$

$\lambda^2 + 8 \cdot \lambda + 17 = 0$

$\lambda_{1,2} = -4 \pm \sqrt{16 - 17} = -4 \pm j$ d.h. $\lambda_1 = -4 + j \quad \lambda_2 = -4 - j$

allgemeine Lösung:

$y_h = C_1 \cdot e^{(-4+j)x} + C_2 \cdot e^{(-4-j) \cdot x}$

$y_h = e^{-4 \cdot x} \cdot \left(C_1 \cdot e^{jx} + C_2 \cdot e^{-j \cdot x} \right)$

$y_h = e^{-4 \cdot x} \cdot (A \cdot \cos x + B \cdot \sin x)$

5. inhomogene Differentialgleichung: $y'' + 5 \cdot y' + 4 \cdot y = x$

homogene Differentialgleichung: $y'' + 5 \cdot y' + 4 \cdot y = 0$

$y = e^{\lambda \cdot x} \qquad y' = \lambda \cdot e^{\lambda \cdot x} \qquad y'' = \lambda^2 \cdot e^{\lambda \cdot x}$

$\lambda^2 \cdot e^{\lambda \cdot x} + 5 \cdot \lambda \cdot e^{\lambda \cdot x} + 4 \cdot e^{\lambda \cdot x} = 0$

$\lambda^2 + 5 \cdot \lambda + 4 = 0$

$\lambda_{1,2} = -\frac{5}{2} \pm \sqrt{\frac{25 - 16}{4}} = -\frac{5}{2} \pm \frac{3}{2}$ d.h. $\lambda_1 = -1 \quad \lambda_2 = -4$

allgemeine Lösung:

$y_h = C_1 \cdot e^{-x} + C_2 \cdot e^{-4 \cdot x}$

Ansatz für die inhomogene Differentialgleichung:

$s(x) = p_1 \cdot x = x$

mit $m = 1$

und $\alpha = 0$ (ist nicht Lösung der charakteristischen Gleichung)

Ansatz: $y_p = b_0 + b_1 \cdot x \quad \Rightarrow \quad y_p' = b_1 \quad y_p'' = 0$

eingesetzt in die inhomogene Differentialgleichung:

$0 + 5 \cdot b_1 + 4 \cdot (b_0 + b_1 \cdot x) = x$

$4 \cdot b_1 \cdot x = x \qquad 5 \cdot b_1 + 4 \cdot b_0 = 0 \qquad 4 \cdot b_0 = -5 \cdot b_1 = -\frac{5}{4}$

$b_1 = \frac{1}{4} \qquad\qquad b_0 = -\frac{5}{16}$

partikuläre Lösung:

$y_p = -\frac{5}{16} + \frac{1}{4} \cdot x$

allgemeine Lösung der inhomogenen Differentialgleichung:

$$y = C_1 \cdot e^{-x} + C_2 \cdot e^{-4 \cdot x} + \frac{1}{4} \cdot x - \frac{5}{16}$$

6. inhomogene Differentialgleichung: $y'' - 4 \cdot y' + 4 \cdot y = \sin x$

homogene Differentialgleichung: $y'' - 4 \cdot y' + 4 \cdot y = 0$

$y = e^{\lambda \cdot x} \qquad y' = \lambda \cdot e^{\lambda \cdot x} \qquad y'' = \lambda^2 \cdot e^{\lambda \cdot x}$

$\lambda^2 \cdot e^{\lambda \cdot x} - 4 \cdot \lambda \cdot e^{\lambda \cdot x} + 4 \cdot e^{\lambda \cdot x} = 0 \qquad \lambda^2 - 4 \cdot \lambda + 4 = 0$

$\lambda_{1,2} = 2 \pm \sqrt{4-4} = 2$ d.h. $\lambda_1 = \lambda_2 = 2$

allgemeine Lösung: $y_h = (C_1 \cdot x + C_2) \cdot e^{2 \cdot x}$

Ansatz für die inhomogene Differentialgleichung:

$s(x) = \sin x = q_0 \cdot \sin \beta \cdot x$ mit $m = 1$ und $\beta = 1$

$(\pm j \cdot \beta = \pm j \cdot 1$ sind nicht Lösungen der charakteristischen Gleichung$)$

$y_p = b_0 \cdot \cos x + c_0 \cdot \sin x$

$y_p' = -b_0 \cdot \sin x + c_0 \cdot \cos x$

$y_p'' = -b_0 \cdot \cos x - c_0 \cdot \sin x$

in die inhomogene Differentialgleichung eingesetzt:

$-b_0 \cdot \cos x - c_0 \cdot \sin x + 4 \cdot b_0 \cdot \sin x - 4 \cdot c_0 \cdot \cos x + 4 \cdot b_0 \cdot \cos x + 4 \cdot c_0 \cdot \sin x = \sin x$

Koeffizientenvergleich:

$(-b_0 - 4 \cdot c_0 + 4 \cdot b_0) \cdot \cos x + (-c_0 + 4 \cdot b_0 + 4 \cdot c_0) \cdot \sin x = \sin x$

$-b_0 - 4 \cdot c_0 + 4 \cdot b_0 = 3 \cdot b_0 - 4 \cdot c_0 = 0 \quad \Rightarrow \quad b_0 = \frac{4}{3} \cdot c_0$

$-c_0 + 4 \cdot b_0 + 4 \cdot c_0 = 4 \cdot b_0 + 3 \cdot c_0 = 1 \quad \Rightarrow \quad 4 \cdot \frac{4}{3} \cdot c_0 + 3 \cdot c_0 = \frac{16+9}{3} \cdot c_0 = \frac{25}{3} \cdot c_0 = 1$

$c_0 = \frac{3}{25} \qquad b_0 = \frac{4}{3} \cdot c_0 = \frac{4}{3} \cdot \frac{3}{25} = \frac{4}{25}$

partikuläre Lösung:

$y_p = \frac{4}{25} \cdot \cos x + \frac{3}{25} \cdot \sin x$

allgemeine Lösung der inhomogenen Differentialgleichung:

$y = y_h + y_p = (C_1 \cdot x + C_2) \cdot e^{2 \cdot x} + \frac{4}{25} \cdot \cos x + \frac{3}{25} \cdot \sin x$

7. inhomogene Differentialgleichung: $y'' - 3 \cdot y' = (2 \cdot x + 1) \cdot e^{3x}$

homogene Differentialgleichung: $y'' - 3 \cdot y' = 0$

$y = e^{\lambda \cdot x} \qquad y' = \lambda \cdot e^{\lambda \cdot x} \qquad y'' = \lambda^2 \cdot e^{\lambda \cdot x}$

$\lambda^2 \cdot e^{\lambda \cdot x} - 3 \cdot \lambda \cdot e^{\lambda \cdot x} = 0$

$\lambda^2 - 3 \cdot \lambda = \lambda \cdot (\lambda - 3) = 0$

$\lambda_1 = 0 \qquad \lambda_2 = 3$

allgemeine Lösung:

$y_h = C_1 \cdot e^{0 \cdot x} + C_2 \cdot e^{3 \cdot x} = C_1 + C_2 \cdot e^{3 \cdot x}$

Ansatz für die inhomogene Differentialgleichung:
$s(x) = (2x+1)\cdot e^{3x} = (p_0 + p_1 \cdot x)$ mit $m=1$ und $\alpha = 3$
(eine einfche Lösung der charakteristischen Gleichung)

$y_p = x\cdot(b_0 + b_1\cdot x)\cdot e^{3\cdot x}$

$y_p' = (b_0 + b_1\cdot x)\cdot e^{3\cdot x} + x\cdot b_1\cdot e^{3\cdot x} + x\cdot(b_0 + b_1\cdot x)\cdot 3\cdot e^{3\cdot x}$

$y_p' = b_0\cdot e^{3\cdot x} + (2\cdot b_1 + 3\cdot b_0)\cdot x\cdot e^{3\cdot x} + 3\cdot b_1\cdot x^2\cdot e^{3\cdot x}$

$y_p'' = 3\cdot b_0\cdot e^{3\cdot x} + (2\cdot b_1 + 3\cdot b_0)\cdot e^{3\cdot x} + (2\cdot b_1 + 3\cdot b_0)\cdot x\cdot 3\cdot e^{3\cdot x} +$
$\quad + 6\cdot b_1\cdot x\cdot e^{3\cdot x} + 9\cdot b_1\cdot x^2\cdot e^{3\cdot x}$

in die inhomogene Differentialgleichung eingesetzt:

$3\cdot b_0 + (2\cdot b_1 + 3\cdot b_0) + (2\cdot b_1 + 3\cdot b_0)\cdot x\cdot 3 + 6\cdot b_1\cdot x + 9\cdot b_1\cdot x^2 -$
$\quad - 3\cdot(b_0 + b_1\cdot x) - 3\cdot x\cdot b_1 - x\cdot(b_0 + b_1\cdot x)\cdot 9 = (2x+1)$

$2\cdot b_1 + 6\cdot b_0 + x\cdot(12\cdot b_1 + 9\cdot b_0) + 9\cdot b_1\cdot x^2 -$
$\quad - 3\cdot b_0 - x\cdot(6\cdot b_1 + 9\cdot b_0) - x^2\cdot 9\cdot b_1 = (2x+1)$

Koeffizientenvergleich:

$2\cdot b_1 + 6\cdot b_0 - 3b_0 = 2\cdot b_1 + 3\cdot b_0 = 1$

$12\cdot b_1 + 9\cdot b_0 - 6\cdot b_1 - 9\cdot b_0 = 6\cdot b_1 = 2 \quad \Rightarrow \quad b_1 = \frac{1}{3}$

$3\cdot b_0 = 1 - 2\cdot b_1 = 1 - \frac{2}{3} = \frac{1}{3} \quad \Rightarrow \quad b_0 = \frac{1}{9}$

partikuläre Lösung: $y_p = x\cdot\left(\frac{1}{9} + \frac{1}{3}\cdot x\right)\cdot e^{3\cdot x}$

allgemeine Lösung der inhomogenen Differentialgleichung:

$y = y_h + y_p = C_1 + \left(C_2 + \frac{x}{9} + \frac{x^2}{3}\right)\cdot e^{3\cdot x}$

8. inhomogene Differentialgleichung: $y''' - y'' + y' - y = \cos 2x$
homogene Differentialgleichung: $y''' - y'' + y' - y = 0$

$y = e^{\lambda\cdot x} \quad y' = \lambda\cdot e^{\lambda\cdot x} \quad y'' = \lambda^2\cdot e^{\lambda\cdot x} \quad y''' = \lambda^3\cdot e^{\lambda\cdot x}$

$\lambda^3\cdot e^{\lambda\cdot x} - \lambda^2\cdot e^{\lambda\cdot x} + \lambda\cdot e^{\lambda\cdot x} - e^{\lambda\cdot x} = 0$

$\lambda^3 - \lambda^2 + \lambda - 1 = 0$

durch Probieren: $\lambda_1 = 1$

$$\begin{array}{l}(\lambda^3 - \lambda^2 + \lambda - 1):(\lambda - 1) = \lambda^2 + 1\\ \underline{-(\lambda^3 - \lambda^2)}\\ \quad\quad \lambda - 1\\ \quad\quad \underline{-(\lambda - 1)}\\ \quad\quad\quad 0\end{array}$$

$\lambda^2 + 1 = 0 \quad \lambda^2 = -1 \quad \lambda_2 = j \quad \lambda_3 = -j$

allgemeine Lösung der homogenen Differentialgleichung:

$$y_h = C_1 \cdot e^x + A \cdot \cos x + B \cdot \sin x = C_1 \cdot e^x + K \cdot \sin(x + \varphi)$$

Ansatz für die inhomogene Differentialgleichung:

$s(x) = \cos 2x = p_0 \cdot \cos \beta \cdot x$ mit $m = 0$ und $\beta = 2$

$(\pm j \cdot \beta = \pm j \cdot 2$ sind nicht Lösungen der charakteristischen Gleichung$)$

$$y_p = b_0 \cdot \cos 2x + c_0 \cdot \sin 2x$$

$$y_p' = -2 \cdot b_0 \cdot \sin 2x + 2 \cdot c_0 \cdot \cos 2x$$

$$y_p'' = -4 \cdot b_0 \cdot \cos 2x - 4 \cdot c_0 \cdot \sin 2x$$

$$y_p''' = 8 \cdot b_0 \cdot \sin 2x - 8 \cdot c_0 \cdot \cos 2x$$

in die inhomogene Differentialgleichung eingesetzt:

$$8 \cdot b_0 \cdot \sin 2x - 8 \cdot c_0 \cdot \cos 2x + 4 \cdot b_0 \cdot \cos 2x + 4 \cdot c_0 \cdot \sin 2x -$$

$$-2 \cdot b_0 \cdot \sin 2x + 2 \cdot c_0 \cdot \cos 2x - b_0 \cdot \cos 2x - c_0 \cdot \sin 2x = \cos 2x$$

$$(8 \cdot b_0 + 4 \cdot c_0 - 2 \cdot b_0 - c_0) \cdot \sin 2x + (-8 \cdot c_0 + 4 \cdot b_0 + 2 \cdot c_0 - b_0) \cdot \cos 2x = \cos 2x$$

$$(6 \cdot b_0 + 3 \cdot c_0) \cdot \sin 2x + (3 \cdot b_0 - 6 \cdot c_0) \cdot \cos 2x = \cos 2x$$

Koeffizientenvergleich:

$$6 \cdot b_0 + 3 \cdot c_0 = 0 \qquad 6 \cdot b_0 + 3 \cdot c_0 = 0$$

$$3 \cdot b_0 - 6 \cdot c_0 = 1 \qquad \underline{-\{6 \cdot b_0 - 12 \cdot c_0 = 2\}}$$

$$15 \cdot c_0 = -2$$

$$c_0 = -\frac{2}{15} \qquad 6 \cdot b_0 = -3 \cdot c_0 = \frac{3 \cdot 2}{15} \quad \Rightarrow \quad b_0 = \frac{1}{15}$$

partikuläre Lösung: $\quad y_p = \frac{1}{15} \cdot \cos 2x - \frac{2}{15} \cdot \sin 2x$

allgemeine Lösung der inhomogenen Differentialgleichung:

$$y = y_h + y_p = C_1 \cdot e^x + A \cdot \cos x + B \cdot \sin x + \frac{1}{15} \cdot \cos 2x - \frac{2}{15} \cdot \sin 2x$$

$$y = C_1 \cdot e^x + K \cdot \sin(x + \varphi) + \frac{1}{15} \cdot \cos 2x - \frac{2}{15} \cdot \sin 2x$$

Verwendete und weiterführende Literatur:

Nickel, Heinz: Algebra und Geometrie für Ingenieure, VEB Fachbuchverlag Leipzig, 1971
Leupold, Wilhelm: Analysis für Ingenieure, VEB Fachbuchverlag Leipzig, 1970
Ose, Gertrud: Ausgewählte Kapitel der Mathematik, VEB Fachbuchverlag Leipzig, 1971
Weißgerber, Wilfried: Elektrotechnik für Ingenieure 1, 2 und 3 (10. und 11. Auflage)
Springer-Vieweg-Verlag Wiesbaden 2018

Sachwortverzeichnis

W. Weißgerber, *Mathematik zu Elektrotechnik für Ingenieure*,
https://doi.org/10.1007/978-3-658-40837-4

Sachwortverzeichnis

Printed in the United States
by Baker & Taylor Publisher Services